U0853716

21世纪数学教育信息化精品教材

大学数学立体化教材

概率论与数理统计

|理工类·第6版|

主编　吴赣昌　数苑团队

中国人民大学出版社
·北京·

图书在版编目（CIP）数据

概率论与数理统计：理工类/吴赣昌，数苑团队主编. --6 版. --北京：中国人民大学出版社，2025. 9.
（21 世纪数学教育信息化精品教材）. --ISBN 978-7-300-34082-1

Ⅰ. O21

中国国家版本馆 CIP 数据核字第 2025V869Y4 号

21 世纪数学教育信息化精品教材
大学数学立体化教材
概率论与数理统计（理工类·第 6 版）
主编　吴赣昌　数苑团队
Gailülun yu Shuli Tongji

出版发行	中国人民大学出版社		
社　　址	北京中关村大街 31 号	**邮政编码**	100080
电　　话	010－62511242（总编室）		010－62511770（质管部）
	010－82501766（邮购部）		010－62514148（门市部）
	010－62511173（发行公司）		010－62515275（盗版举报）
网　　址	http://www. crup. com. cn		
经　　销	新华书店		
印　　刷	北京昌联印刷有限公司	**版　　次**	2006 年 4 月第 1 版
开　　本	787 mm×1092 mm　1/16		2025 年 9 月第 6 版
印　　张	30. 25 插页 1	**印　　次**	2025 年 9 月第 1 次印刷
字　　数	671 000	**定　　价**	69. 00 元

版权所有　侵权必究　　印装差错　负责调换

内容简介

本书依据高等院校普通本科理工类专业概率论与数理统计课程的教学大纲编写, 系统涵盖随机事件及其概率、随机变量及其分布、多维随机变量及其分布、随机变量的数字特征、数理统计的基础知识、参数估计、假设检验以及方差分析与回归分析等核心内容, 并特别强化数学建模与数学实验环节. 通过由浅入深的理论推导与案例剖析, 帮助读者理解概率论与数理统计在解决现实问题、支撑现代技术中的关键作用.

在延续第 5 版优质内容的基础上, 本书第 6 版结合人工智能、工程技术、生态保护等前沿领域发展, 新增丰富的应用案例, 如计算机网络流量监测与数据包传输分析、人工智能模型图像分类任务中的数据处理、生态保护中的植物 / 动物种群监测、自动化生产线与智能家居的设备故障概率分析、新材料性能测试、医学研究中的患者数据统计等. 案例覆盖计算机网络、人工智能、生态保护、机械工程、电子通信、医学统计、交通物流等多个领域, 部分案例延伸为习题, 推动读者将抽象理论与实际问题紧密对接, 掌握学科内在规律, 熟悉应用场景, 提升分析数据与解决实际问题的能力.

为了更好地适应现代教学与自主学习需求, 作者团队在网络学习空间 (系统支持公式编辑与AI互动) 中配套建设了在线学习系统与习题辅导系统, 并提供了手机端服务. 书中各处设置的二维码为不同专业背景与基础水平的读者提供了个性化的学习路径, 可帮助读者随时随地在线学习, 并针对性地进行在线训练与自主测评, 显著提升学习效率与兴趣.

本书既可作为高等院校理工科概率论与数理统计课程的教材, 也适用于对该领域感兴趣的读者. 通过系统学习, 读者不仅能掌握概率论与数理统计的核心理论与方法, 更能在人工智能、工程检测、生态研究、医学统计、网络技术等领域灵活应用, 拓展知识的实践空间.

前　言

数学是自然科学的基本语言, 是应用模型探索现实世界物质运动机理的主要手段. 对于大学非数学专业的学生而言, 概率论与数理统计 (大学数学基础课程) 的教育意义远不仅仅是学习一种专业工具而已. 中外大量教育实践表明: 优秀的数学教育能培育人的理性思维品格和思辨能力, 启迪智慧, 开发潜在的能动性与创造力, 其价值非一般专业技术教育可比.

自2017 年第 5 版问世以来, 人工智能理论和技术实现了快速突破, 并在各行业得到了广泛应用. 人工智能是引领新一轮科技革命和产业变革的重要驱动力, 正深刻改变着人们的生产、生活、学习方式, 推动人类社会迎来人机协同、跨界融合、共创分享的智能时代. 作为机器学习与大数据分析的基础, 概率论与数理统计对大学生理解并掌握人工智能至关重要. 在此背景下, 对本书进行全面升级与完善、推出第 6 版具有现实的紧迫性与必要性.

本书依据我国高等院校理工类专业概率论与数理统计课程教学大纲编写, 系统涵盖随机事件及其概率、随机变量及其分布、多维随机变量及其分布、随机变量的数字特征、数理统计的基础知识、参数估计、假设检验以及方差分析与回归分析等关键内容, 并特别强化了数学建模与数学实验环节. 通过由浅入深的理论推导与案例剖析, 读者可以更好地理解概率论与数理统计在解决实际问题与支撑现代技术中的关键作用.

在保留前五版优秀内容的基础上, 本书第 6 版进行了全面升级:

1. 内容与案例更新: 紧密结合人工智能、生态保护、工程技术等领域, 深度挖掘概念、定理的应用场景. 全书新增 190 个应用案例, 如计算机网络流量分析、人工智能模型训练数据处理、生态保护中的种群监测、自动化生产线设备故障概率分析、新材料性能测试、医学研究中的样本统计等, 覆盖计算机、人工智能、生态、机械、医学、通信等多个领域. 部分案例延伸为习题, 推动读者将抽象理论与实际问题相结合, 掌握学科规律, 拓展应用视野.

2. 数字化学习生态构建: 作者团队与数苑 (教育科技平台) 合作为其配套建设了系统支持人工智能交互与公式编辑解析的网络学习空间, 形成了“线上 + 线下”的全新学习生态. 该空间的建设包括在线学习系统、习题辅导系统与自主测评系统.

(1) 在线学习系统: 该系统充分利用了数字化时代的技术优势, 以超越纸质教材的容量和形式展示了更丰富的教学内容、教学动画以及相关知识点的交互式链接. 读者只需使用手机端或其他智能设备扫描书中设置的二维码, 即可直接进入相关内容的学习. 通过这种随时随地的“沉浸式”互动学习方式, 读者可以及时回顾课程重点, 观看演示动画, 参与模拟实验, 以更有趣、更直观、更自主的方式来夯实对理论知识的掌握, 实现对抽象概念的动态感知. 对于背景与基础水平各不相同的读者而言, 该系统还能根据个人需求与进度, 提供个性化的学习路径建议, 大幅提升自主学习的效率与兴趣.

(2) 习题辅导系统: 该系统首先对各章节所学知识进行总结; 然后为读者进阶训练安排

典型例题剖析, 衔接教材基础训练与考研训练; 最后为每章节的习题与总习题提供详解, 解答过程按逻辑推理关系分步组织, 并配备相关知识点的交互式链接, 让读者不仅知其然, 还知其所以然. 帮助读者追踪解题的完整思路, 清晰地理解如何将抽象概念、定理与技巧落到实际运算与推理上; 帮助不同层次与需求的读者循序渐进地提升解决问题的能力, 以期显著提升学习质量与效果. 该系统属增值模块, 供用户自行选用.

(3) 自主测评系统: 该系统帮助读者随时随地对学习效果与质量进行自我测评. 作者团队借助先进的人工智能平台, 在试题库中建设了大量用于在线测评的子母题, 其中每个子母题均按解题的思维链分步解答, 由此实现强大的即时评估与反馈功能. 读者完成测评后, 系统会即时给出定量与定性相结合的反馈, 并就薄弱环节提出有针对性的训练建议和资源推荐. 这种个性化的反馈机制对于帮助读者做到“查漏补缺”至关重要, 一方面, 测评结果能提示读者在概念理解、运算技巧或逻辑推理等方面的不足; 另一方面, 系统还可针对性地给出下一步的学习路径及提高建议, 令读者在最短的时间内高效提升, 从而循序渐进地稳步达到更高水平. 对于自我要求较高的读者, 该模块也可以作为后续深化训练的工具, 通过定制难度较大的题目来挑战思维极限, 不断突破自身瓶颈. 自主测评系统属教材的增值模块, 供有需求的读者自行选用.

(4) 公式编辑与AI互动: 数学公式是科学的基本语言, 在网络上便捷地进行公式编辑交互是长期以来没有得到很好解决的问题, 作者团队集成数苑的公式在线编辑软件MathPlay, 在上述网络学习空间各系统页面中接入领先的人工智能软件, 提供“AI互动”功能. 该功能实质上为读者在课程学习过程中打开了通向科学的大门, 提供与AI互动的无尽可能.

本书既可作为高等院校理工科等非数学专业的教材与教学参考书, 也适合对概率论与数理统计感兴趣的其他专业的读者自主学习与考研进阶. 通过系统学习本书的理论与案例, 读者不仅能够培养高效的解题思维, 还能将数学思想灵活运用于工程、科学研究等现代领域, 从而在未来的学术研究或职业发展中赢得优势.

致读者

在本书的学习过程中, 读者可通过封面提供的网址、账号与密码, 登录数苑网络学习空间. 该空间不仅提供了在线学习系统、习题辅导系统和自主测评系统三大功能模块, 还通过手机端服务, 让你随时随地获取教材配套的延伸内容与实践资源. 书中各处的二维码则构建了纸质教材与数字平台的无缝衔接, 帮助你根据自身学习进度与兴趣点, 在恰当的时机快速获取相关知识、解题思路或学习资源, 从而显著提高学习效率、兴趣与质量.

在进入高校后即将学习的所有大学课程中, 微积分、线性代数、概率论与数理统计这些大学数学基础课程最为有用且最值得你努力学习, 无论怎样评价其重要性都不为过, 而学好这些课程, 你将终生受益. 在学习大学数学的过程中, 主动把握好从“看数学”到“做数学”的转变这一点尤为重要, 不要以为在课堂教学过程中听懂了就等于学到了, 事实上, 你需要在课后花更多的时间去主动学习、训练并测评学习效果, 才能真正掌握所学知识.

致教师

使用本书的教师同样可通过封面提供的网址、账号与密码, 登录数苑网络学习空间. 作者团队在那里为教师提供了与本书配套建设的教学课件、备课资源、在线教学系统与习题辅导系统. 此外, 作者团队开发了与本书配套建设的在线学习平台、在线题库系统、在线考评系统及其预约管理系统等增值模块, 供院校教师选用.

正如美国《托马斯微积分》的作者 G.B.托马斯教授指出的, "一套教材不能构成一门课; 教师和学生在一起才能构成一门课", 教学的本质在于师生共同构建的"活的"课程, 教材本身只是一个强有力的支撑与参考. 我们衷心期望, 通过本书及其配套资源的有机结合, 教师可以在教学过程中更好地发挥引导与启发作用, 帮助学生扎实掌握概率论与数理统计, 并将他们的学习热情与创造力充分激发出来. 爱尔兰诗人、诺贝尔文学奖得主威廉 • 巴特勒 • 叶芝 (William Butler Yeats) 曾说过:

"教育不是注满一桶水, 而是点燃一把火."

这句名言抓住了教育的本质. 教育不是灌输知识, 而是激发兴趣. 教育的永恒目标是点燃学习者心中的火焰. 教育最核心的目标不在于填塞更多知识点, 而在于唤醒对未知世界的探索欲与创新意识. 我们希望本书及其配套建设作为教学路上的一把"火", 能够在每位读者和教师的心中持续燃烧, 助力你在数学与科技的无垠海洋里乘风破浪, 迎接更加美好、更加智慧的未来.

目 录

第1章 随机事件及其概率

§1.1 随机事件 …… 1
§1.2 随机事件的概率 …… 11
§1.3 古典概型与几何概型 …… 18
§1.4 条件概率 …… 27
§1.5 事件的独立性 …… 43
总习题一 …… 54

第2章 随机变量及其分布

§2.1 随机变量 …… 57
§2.2 离散型随机变量及其概率分布 …… 61
§2.3 随机变量的分布函数 …… 75
§2.4 连续型随机变量及其概率密度 …… 80
§2.5 随机变量函数的分布 …… 94
总习题二 …… 103

第3章 多维随机变量及其分布

§3.1 二维随机变量及其分布 …… 107
§3.2 条件分布与随机变量的独立性 …… 121
§3.3 二维随机变量函数的分布 …… 133
总习题三 …… 144

第4章 随机变量的数字特征

§4.1 数学期望 …… 148
§4.2 方差 …… 161
§4.3 协方差与相关系数 …… 172
§4.4 大数定律与中心极限定理 …… 190
总习题四 …… 204

第5章 数理统计的基础知识

§5.1 数理统计的基本概念 …… 208
§5.2 常用统计分布 …… 223
§5.3 抽样分布 …… 236
总习题五 …… 252

第6章 参数估计

§6.1 点估计问题概述 …… 256
§6.2 点估计的常用方法 …… 268
§6.3 置信区间 …… 278
§6.4 正态总体的置信区间 …… 286
总习题六 …… 304

第7章 假设检验

§7.1 假设检验的基本概念 …… 309
§7.2 单正态总体的假设检验 …… 316
§7.3 双正态总体的假设检验 …… 326
§7.4 关于一般总体数学期望的假设检验 …… 341
§7.5 分布拟合检验 …… 351
总习题七 …… 362

第8章 方差分析与回归分析

§8.1 单因素假设检验的方差分析 …… 367
§8.2 双因素假设检验的方差分析 …… 380
§8.3 一元线性回归 …… 396
*§8.4 多元线性回归 …… 424

附表 常用分布表

附表1 常用的概率分布表 …… 431
附表2 泊松分布概率值表 …… 433
附表3 标准正态分布函数表 …… 436
附表4 t分布表 …… 437
附表5 χ^2分布表 …… 439
附表6 F分布表 …… 442
附表7 相关系数临界值r_α表 …… 448

习题答案

第1章 答案 …… 449
第2章 答案 …… 451
第3章 答案 …… 456
第4章 答案 …… 462
第5章 答案 …… 465

第 6 章 答案 …… 467
第 7 章 答案 …… 469
第 8 章 答案 …… 472

第 1 章　随机事件及其概率

随机事件及其概率的概念最早源于17世纪的赌博问题. 当时, 数学家如帕斯卡、费马等人试图解决如何在不确定的情形下合理分配赌金的问题. 随着科学研究的发展, 人们发现, 许多自然现象和社会现象本质上是不确定的, 但在长期观察中却呈现出某种统计规律性. 例如, 抛硬币、天气变化以及人口统计数据等现象均表现出随机性. 为此, 数学家们引入概率论来刻画随机事件的发生可能性, 并用数值化的概率来描述随机事件的规律性.

随机事件及其概率的意义, 首先是刻画不确定性. 随机事件的概率量化了不确定性, 将模糊的“可能发生”转化为明确的数值描述. 这种量化能力使得人们能够科学地处理不确定性问题. 其次是揭示统计规律性. 虽然单个随机事件的结果不可预测, 但概率论揭示了大规模试验中的统计规律, 如大数定律和中心极限定理等. 这种规律性是现代科学和工程的重要基础. 最后是理论与实践的桥梁. 概率论作为随机事件的数学语言, 不仅为研究随机现象提供了理论框架, 也为实际问题的建模和解决提供了工具.

随机事件及其概率的应用十分广泛. 在物理学中, 量子力学通过概率描述微观粒子的行为; 在生物学中, 遗传概率分析指导基因研究; 在气象学中, 概率用于预测天气变化; 在经济学和金融学中, 概率用于风险评估和决策制定; 在统计学中, 通过概率模型可以分析社会现象, 例如选举预测和市场分析; 在人工智能和机器学习中, 概率模型用于分类、预测和优化; 在通信领域, 概率论用于优化数据传输和错误校正; 在工程学中, 概率用于指导可靠性设计和风险管理.

总之, 随机事件及其概率通过刻画不确定性和统计规律, 帮助人们理解和预测复杂现象, 其意义深远而广泛. 从理论研究到实际应用, 概率论已成为现代科学技术和社会发展的重要基石. 本章介绍的随机事件及其概率是概率论中最基本、最重要的概念之一.

§1.1　随机事件

一、随机现象

在自然界和人类社会生活中普遍存在着两类现象: 一类是在一定条件下必然出现的现象, 称为**确定性现象**.

例如: (1) 假设一物体从高度为 h(米) 处垂直下落, 则经过 t(秒) 后必然落到地面, 且当高度 h 一定时, 利用已知公式 $h=gt^2/2\,(g=9.8\,(\text{米/秒}^2))$, 可具体算出该物体落到地面所需的时间 $t=\sqrt{2h/g}$ (秒).

(2) 异性电荷相互吸引, 同性电荷相互排斥, 等等.

另一类则是在一定条件下我们事先无法准确预知其结果的现象, 称为**随机现象**.

例如: (1) 在相同的条件下抛同一枚硬币, 我们无法事先预知将出现正面还是反面.

(2) 将来某日某只股票的价格是多少, 等等.

随机现象是指结果具有不确定性的现象, 概率论中所研究的随机现象主要是指那些个体结果不可预测但在大量重复试验中表现出统计规律性的现象. 如抛硬币、彩票中奖、交通拥堵时间、天气变化等现象, 其核心特征是个体结果的偶然性与总体结果的规律性的统一. 从亚里士多德时代开始, 哲学家们就已经认识到生活中无处不在的随机现象, 但直到 20 世纪初, 人们才认识到随机现象亦可以通过数量化的方法来进行研究.

二、随机试验

由于随机现象的结果事先不能预知, 初看似乎毫无规律. 然而, 人们发现同一随机现象大量重复出现时, 其每种可能的结果出现的频率具有稳定性, 从而表明随机现象也有其固有的规律性. 人们把随机现象在大量重复出现时所表现出的量的规律性称为随机现象的**统计规律性**. 概率论与数理统计是研究随机现象统计规律性的一门学科.

历史上, 研究随机现象统计规律性最著名的试验是抛硬币试验. 表 1 − 1 − 1 是历史上抛硬币试验的部分记录.

表 1 − 1 − 1　历史上抛硬币试验的部分记录

试验者	抛掷次数 (n)	正面次数 (r_n)	正面频率 (r_n/n)
德·摩根	2 048	1 061	0.518 1
蒲丰	4 040	2 048	0.506 9
皮尔逊	12 000	6 019	0.501 6
皮尔逊	24 000	12 012	0.500 5

*数学实验

实验 1.1　微信扫描右侧二维码, 可借助软件进行抛硬币仿真试验.

数学随机试验

试验表明: 虽然每次抛硬币事先无法准确预知将出现正面还是反面, 但大量重复试验时, 发现出现正面和反面的次数大致相等, 即各占总试验次数的比例大致为 0.5, 并且随着试验次数的增加, 这一比例更加稳定地趋于 0.5. 这说明虽然随机现象在少数几次试验或观察中其结果没有什么规律性, 但通过长期的观察或大量的重复试验可以看出, 试验的结果是有规律可循的, 这种规律是随机试验的结果自身所具有的特征.

要对随机现象的统计规律性进行研究, 就需要对随机现象进行重复观察, 我们把对随机现象的观察称为**试验**.

例如, 观察某射手对固定目标所进行的射击; 抛一枚硬币三次, 观察其出现正面的次数; 记录某市 120 急救电话一昼夜接到的呼叫次数等均为试验. 它们具有以下共同特征:

(1) 可重复性: 试验可以在相同的条件下重复进行;

(2) 可观察性: 每次试验的可能结果不止一个, 并且能事先明确试验的所有可能结果;

(3) 不确定性: 每次试验出现的结果事先不能准确预知, 但可以肯定会出现上述所有可能结果中的一个.

在概率论中, 我们将这种对随机现象的观察称为**随机试验**, 记为E.

随机试验是研究不确定性现象的基础, 为描述和分析随机事件提供了理论基础. 通过大量的随机试验结果可以估计随机事件的概率. 随机试验在概率论和统计学中至关重要, 它可以帮助我们理解和量化随机现象的本质, 通过模拟随机试验, 可以解决复杂的实际问题, 为科学研究和实践提供可靠的工具.

三、样本空间

尽管一个随机试验将要出现的结果是不确定的, 但其所有的可能结果是明确的, 我们把随机试验的每一种可能的结果称为一个**样本点**, 它们的全体称为**样本空间**, 记为S(或Ω).

例如: (1) 在抛一枚硬币观察其出现正面或反面的试验中, 有两个样本点: 正面、反面. 其样本空间为$S=\{$正面, 反面$\}$. 若ω_1表示正面, ω_2表示反面, 则样本空间为

$$S=\{\omega_1,\omega_2\}.$$

(2) 观察某一电话交换台在一天之内收到的呼叫次数, 其样本点有可数无穷多个i $(i=0, 1, 2, 3, \cdots)$次, 则样本空间为$S=\{0, 1, 2, 3, \cdots\}$.

(3) 在一批灯泡中任意抽取一个, 测试其寿命, 其样本点也有无穷多个(且不可数): $t\,(0\leqslant t<+\infty)$小时. 则样本空间为

$$S=\{t\mid 0\leqslant t<+\infty\}=[0,+\infty).$$

(4) 设随机试验为从装有三个白球 (记号为1, 2, 3) 与两个黑球 (记号为4, 5) 的袋中任取两球.

① 若观察取出的两个球的颜色, 则样本点为ω_{00}(两个白球), ω_{11}(两个黑球), ω_{01}(一白一黑), 于是, 样本空间为$S=\{\omega_{00}, \omega_{11}, \omega_{01}\}$.

② 若观察取出的两球的号码, 则样本点为ω_{ij}(取出第i号与第j号球), 由于球的号码不相同, 我们可以假设$i<j$, $1\leqslant i<j\leqslant 5$. 于是, 样本空间共有$C_5^2=10$个样本点, 样本空间为

$$S=\{\omega_{ij}\mid 1\leqslant i<j\leqslant 5\}.$$

注: 此例说明, 对于同一个随机试验, 试验的样本点与样本空间是根据要观察的内容来确定的.

(5) 将长为l的棒任意折为两段, 其样本点为两段长度组成的数组(x, y), 则样本空间为

$$U=\{(x,y)\mid x+y=l, x>0, y>0\}.$$

样本空间是随机试验中所有可能结果的集合, 它是描述随机试验的基本框架, 为随机试验提供了一个明确的范围, 界定了试验的所有可能结果, 为分析随机现象奠定了基础.

四、随机事件

在随机试验中, 人们除了关心随机试验的结果本身外, 往往还关心试验的结果是否具有

某一指定的可观察的特征. 在概率论中, 我们将具有某一可观察特征的随机试验结果称为**事件**. 事件可以分为以下三类:

(1) **随机事件**: 在随机试验中可能发生也可能不发生的事件, 通常用字母 A, B, C 等表示.

例如, 在掷一颗骰子 (六面) 的试验中, 用 A 表示 "点数为奇数" 这一事件, 则 A 是一个随机事件.

(2) **必然事件**: 在每次试验中都必然发生的事件, 用字母 S (或 Ω) 表示.

例如, 在上述掷骰子的试验中, "点数小于 7" 是一个必然事件.

(3) **不可能事件**: 在任何一次试验中都不可能发生的事件, 用空集符号 $\varnothing$ 表示.

例如, 在上述掷骰子的试验中, "点数为 8" 是一个不可能事件.

显然, 必然事件与不可能事件都是确定性事件, 为了方便讨论, 今后将它们看作两个特殊的随机事件, 并将随机事件简称为**事件**.

随机事件的研究是概率论的核心内容, 其意义在于为理解和处理不确定性现象提供科学的理论基础. 随机事件的特点是结果不可预测, 但通过概率描述, 可以揭示其统计规律性, 从而量化不确定性的研究.

五、事件的集合表示

根据定义, 样本空间 S 是随机试验的所有可能结果 (样本点) 的集合, 每个样本点是该集合的一个元素. 一个事件是由具有该事件所要求的特征的那些可能结果构成的, 所以一个事件是对应于 S 中具有相应特征的样本点所构成的集合, 它是 S 的一个子集. 于是, **任何一个事件都可以用 S 的某个子集来表示**.

我们说某事件 A 发生, 即指属于该事件的某个样本点在随机试验中出现.

例如: 在掷骰子的试验中, 样本空间为 $S=\{1,2,3,4,5,6\}$. 于是,

事件 A: "点数为 5" 可表示为 $A=\{5\}$;

事件 B: "点数小于 5" 可表示为 $B=\{1,2,3,4\}$;

事件 C: "点数小于 5 的偶数" 可表示为 $C=\{2,4\}$.

我们称仅含一个样本点的事件为**基本事件**; 含有两个或两个以上样本点的事件为**复合事件**. 显然, 样本空间 S 作为事件是必然事件, 空集 $\varnothing$ 作为事件是不可能事件.

例 1 两人约定在 $0\sim T$ 时的时间区间内到某地会面, 先到者等 $t\,(\leqslant T)$ 小时后离去, 设他们到达该地的时刻分别用 x, y 表示, 且到达时刻互不影响, 试用集合表示:

(1) 样本空间 U; (2) 能会面的区域 A.

解 题设 x, y 分别是两人到达的时刻, 则

(1) 样本空间: $U=\{(x, y)\mid 0\leqslant x\leqslant T,\ 0\leqslant y\leqslant T\}$;

(2) 由事件的集合表示, 两人会面的区域 $A=\{(x, y)\mid |x-y|\leqslant t,\ 0\leqslant t\leqslant T\}$.

六、事件的关系与运算

因为事件是样本空间的一个子集, 所以事件之间的关系与运算可按集合之间的关系与运算来处理. 下面给出这些关系与运算在概率论中的提法和含义.

(1) 若$A\subset B$, 则称事件B**包含**事件A, 或事件A**包含于**事件B, 或A是B的子事件. 其含义是: 若事件A发生必然导致事件B发生. 因此, $\varnothing\subset A\subset S$.

(2) 若$A=B$, 则称事件A与事件B **相等**. 其含义是: 若事件A发生必然导致事件B发生, 且若事件B发生必然导致事件A发生, 即$A\subset B$ 且$B\subset A$.

(3) 事件$A\cup B=\{\omega\mid\omega\in A$ 或$\omega\in B\}$称为事件A与事件B的**和** (或**并**). 其含义是: 当且仅当事件A, B中至少有一个发生时, 事件$A\cup B$发生. $A\cup B$有时也记作$A+B$.

类似地, 称$\bigcup\limits_{i=1}^{n}A_i$为$n$个事件$A_1,A_2,\cdots,A_n$ 的**和事件**, 称$\bigcup\limits_{i=1}^{\infty}A_i$为可数个事件$A_1,A_2,\cdots,A_n,\cdots$ 的**和事件**.

(4) 事件$A\cap B=\{\omega\mid\omega\in A$ 且$\omega\in B\}$称为事件A与事件B的**积** (或**交**). 其含义是: 当且仅当事件A, B同时发生时, 事件$A\cap B$发生. 事件$A\cap B$也记作AB.

类似地, 称$\bigcap\limits_{i=1}^{n}A_i$为$n$个事件$A_1,A_2,\cdots,A_n$ 的**积事件**, 称$\bigcap\limits_{i=1}^{\infty}A_i$为可数个事件$A_1,A_2,\cdots,A_n,\cdots$ 的**积事件**.

(5) 事件$A-B=\{\omega\mid\omega\in A$ 且 $\omega\notin B\}$称为事件A与事件B的**差**. 其含义是: 当且仅当事件A发生, 且事件B不发生时, 事件$A-B$发生.

例如, 在掷骰子的试验中, 记事件$A=\{$点数为奇数$\}$, $B=\{$点数小于5$\}$, 则

$$A\cup B=\{1,2,3,4,5\};\quad A\cap B=\{1,3\};\quad A-B=\{5\}.$$

(6) 若$A\cap B=\varnothing$, 则称事件A与事件B是**互不相容**的, 或称是**互斥**的. 其含义是: 事件A与事件B不能同时发生.

例如, 基本事件是两两互不相容的.

例 2 设随机试验为掷三颗骰子, 若随机事件A表示“三颗骰子中最小的点数为3”, 随机事件B表示“点数之和为n”, 如果A和B互不相容, 则n应满足怎样的条件?

解 如果事件A出现, 即每一点数至少为3, 那么三颗骰子的点数之和至少为9, 欲使事件A与B互不相容, 即欲使事件A与B不同时出现, 则三颗骰子的点数之和应小于9, 即$n<9$.

(7) 若$A\cup B=S$且$A\cap B=\varnothing$, 则称事件A与事件B互为**对立事件**, 或称事件A与事件B互为**逆事件**. 其含义是: 对每次试验而言, 事件A、B中有且仅有一个发生. 事件A的对立事件记为$\overline{A}$. 于是, $\overline{A}=S-A$.

注: 两个互为对立的事件一定是互斥事件; 反之, 互斥事件不一定是对立事件. 而且, 互斥的概念适用于多个事件, 但是对立概念只适用于两个事件.

例 3 互不相容事件与对立事件的区别何在? 说出100个产品全是合格产品与100个产品中至少有一个是废品的关系.

解 对立事件一定是互不相容事件, 互不相容事件却不一定是对立事件. 对立事件和互不相容事件的共同特点是事件间没有公共的样本点, 但两个对立事件的并 (和) 等于样本空间, 即若A与$\overline{A}$是对立事件, 则

$$A\overline{A}=\varnothing,\ A\cup\overline{A}=S.$$

而两个互不相容事件的并(和)被样本空间所包含, 即若A与B是互不相容事件, 则$AB=\varnothing$, 且$A\cup B\subset S$. 记

$$\text{事件}A=\{100\text{个产品全是合格产品}\},$$
$$\text{事件}B=\{100\text{个产品中至少有一个是废品}\}.$$

显然, $AB=\varnothing$, $A+B=S=\{100\text{个产品}\}$, 所以, A与B是对立事件.

在数学中, 我们常用平面上封闭曲线的内部来代表集合, 这种图称为**维恩图**(Venn diagram). 今后, 在对事件关系的分析中将会经常用到, 它能从几何直观上清晰表达事件之间的关系.

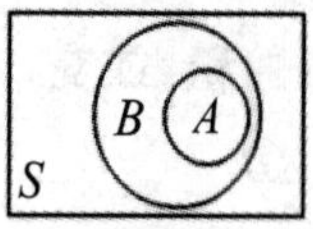

$A\subset B$

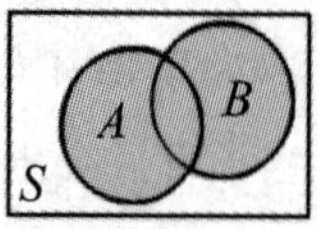

$A\cup B$或$A+B$

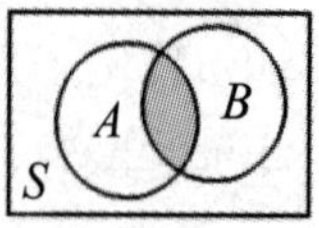

$A\cap B$或AB

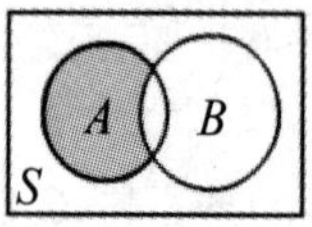

$A-B$

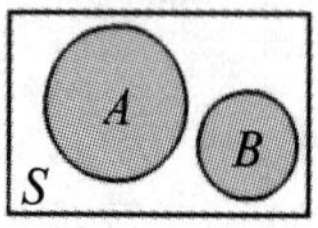

$A\cap B=\varnothing$

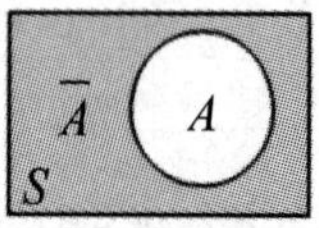

$\overline{A}=S-A$

由上图易见, 事件的运算满足如下基本关系:

① $A\overline{A}=\varnothing$, $A\cup\overline{A}=S$, $\overline{A}=S-A$;

② 若$A\subset B$, 则$A\cup B=B$, $AB=A$;

③ $A-B=A\overline{B}=A-AB$, $A\cup B=A\cup(B-A)=(A-B)\cup B$.

注: 维恩图也叫作韦恩图或文氏图, 由德国物理学家威廉·维恩 (Wilhelm Carl Werner Otto Fritz Franz Wien, 1864—1928) 首次引入, 是用于表示集合关系(交、并、补等)的图形化表示方法. 1911年, 他因对于热辐射等物理法则的贡献, 获得诺贝尔物理学奖.

例如, 常用特定数集$\mathbf{N}_+$, $\mathbf{N}$, $\mathbf{Z}$, $\mathbf{Q}$, $\mathbf{R}$之间的关系可用维恩图(见图1–1–1)表示如下.

图1–1–1

例 4 设随机事件A, B, C满足$C\supset AB$, $\overline{C}\supset\overline{AB}$, 试证: $AC=C\overline{B}\cup AB$.

证明 因$\overline{C}\supset\overline{AB}$, 由事件的基本关系知, $C\subset A\cup B$, 故

$$C\overline{B}\subset(A\cup B)\overline{B}=A\overline{B},\ AC\overline{B}=C\overline{B}\cap A\overline{B}=C\overline{B},\ ACB=C\cap AB=AB,$$

所以, $AC=AC(B\cup\overline{B})=AC\overline{B}\cup ACB=C\overline{B}\cup AB$. 证毕.

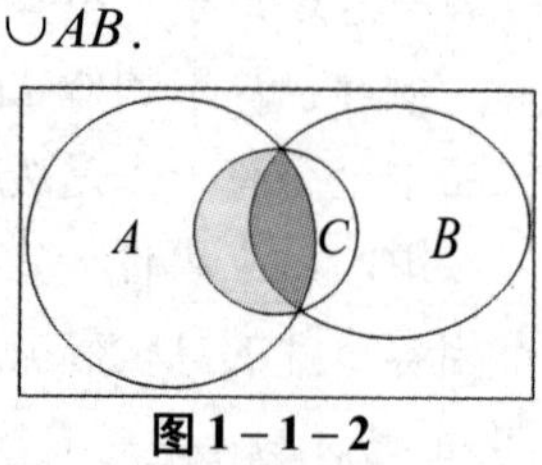

图1–1–2

由维恩图(见图1–1–2)可以清楚地看出, AC为全阴影的部

分, $C\overline{B}$ 为左侧阴影部分, AB 为右侧阴影部分, 所以结论成立.

(8) 完备事件组.

设 $A_1, A_2, \cdots, A_n, \cdots$ 是有限或可数个事件, 若其满足

① $A_i \cap A_j = \varnothing$, $i \neq j$, $i, j = 1, 2, \cdots$, ② $\bigcup\limits_i A_i = S$,

则称 $A_1, A_2, \cdots, A_n, \cdots$ 是一个**完备事件组**, 也称 $A_1, A_2, \cdots, A_n, \cdots$ 是样本空间 S 的一个**划分**.

显然, $\overline{A}$ 与 A 构成一个完备事件组.

例 5 在某企业的计算机网络中, 假设有三个服务器 A、B 和 C, 分别承担不同的服务任务. 为了提高系统的可靠性, 网络管理员采取了冗余机制, 即将任务分配给多个服务器执行. 设事件 A 表示"服务器A启动服务", 事件 B 表示"服务器B启动服务", 事件 C 表示"服务器C启动服务". 假设这些服务器能够独立工作, 并且在任务请求到来时能够快速响应. 试说明: 事件组 $\{A, B, C\}$ 是一个完备事件组.

解 根据完备事件组的定义, 若一组事件能够涵盖样本空间的所有可能情况, 且事件之间两两互斥, 则该事件组是完备事件组. 在本例中, 服务器A、B、C启动服务与否的不同组合构成了样本空间. 我们可以将样本空间表示为以下几种可能的事件:

(1) 事件 A: 服务器A启动服务;

(2) 事件 B: 服务器B启动服务;

(3) 事件 C: 服务器C启动服务;

(4) 事件 $A \cap B$: 服务器A和B同时启动服务;

(5) 事件 $A \cap C$: 服务器A和C同时启动服务;

(6) 事件 $B \cap C$: 服务器B和C同时启动服务;

(7) 事件 $A \cap B \cap C$: 服务器A、B、C同时启动服务;

(8) 事件 $\overline{A} \cap \overline{B} \cap \overline{C}$: 服务器A、B、C都没有启动服务.

上述八个事件组成了一个样本空间, 覆盖了所有可能的网络状态 (服务器启动与否的不同组合). 进一步分析, 这些事件之间两两互斥, 因为每个事件代表不同的服务器启动状态, 它们不可能同时发生, 因此, 它们是互斥的. 综合上述因素可得出结论: 事件组 $\{A, B, C\}$ 是一个完备事件组.

本例通过计算机网络中的冗余服务器机制, 展示了如何通过独立事件的不同组合来构成一个完备事件组. 在这个网络环境中, 事件组 $\{A, B, C\}$ 通过对各个服务器的启动状态进行描述, 涵盖了所有可能的网络状态, 并且事件之间是两两互斥的, 因此满足完备事件组的定义. 这个例子可以帮助学生理解完备事件组的应用, 并能够将其与实际的计算机网络问题结合起来, 进行更为直观的分析.

七、事件的运算规律

由集合的运算律, 易给出事件间的运算规律. 设 A, B, C 为同一随机试验 E 中的事件, 则有以下运算规律.

1. 事件并的运算规律

(1) **交换律**: $A \cup B = B \cup A$;

(2) **结合律**: $A \cup B \cup C = (A \cup B) \cup C = A \cup (B \cup C)$.

2. 事件交的运算规律

(1) **交换律**: $A \cap B = B \cap A$;

(2) **结合律**: $A \cap B \cap C = (A \cap B) \cap C = A \cap (B \cap C)$.

3. 事件并与交的混合运算规律

(1) **第一分配律**: $A \cap (B \cup C) = (A \cap B) \cup (A \cap C)$;

(2) **第二分配律**: $A \cup (B \cap C) = (A \cup B) \cap (A \cup C)$.

注: 上述分配律可推广至有限个集合的情形.

4. 事件的对立运算

若 $B = \overline{A}$, 则 $\overline{B} = A$, 即 $\overline{\overline{A}} = A$ (**自反律**).

5. 并与交的对立运算 (德摩根定律)

(1) **第一对偶律**: $\overline{A \cup B} = \overline{A} \cap \overline{B}$;

(2) **第二对偶律**: $\overline{A \cap B} = \overline{A} \cup \overline{B}$.

注: 上述对偶律可推广至有限个集合的情形.

事件的运算规律是概率论中用于描述和分析事件之间关系的重要工具. 通过事件的运算规律, 可以系统地分析复杂事件. 其意义在于, 它明确了事件之间的逻辑关系, 如通过交运算描述两个事件同时发生的情形, 通过并运算描述至少一个事件发生的情形, 通过补运算描述事件未发生的情形, 从而全面刻画事件的可能性; 它简化了问题的复杂性, 在随机试验中, 复杂事件常由多个基本事件构成, 通过运算规律可以将复杂事件分解为简单事件的组合, 从而便于计算和分析. 事件的运算规律不仅是概率论的数学基础, 还在实际问题中发挥着关键作用, 为研究随机现象提供了清晰的逻辑框架.

例 6　甲、乙、丙三人各射一次靶, 记 A 为“甲中靶”, B 为“乙中靶”, C 为“丙中靶”, 则可用上述三个事件的运算来分别表示下列各事件:

(1) 甲未中靶: $\overline{A}$;

(2) 甲中靶而乙未中靶: $A\overline{B}$;

(3) 三人中只有丙未中靶: $AB\overline{C}$;

(4) 三人中恰好有一人中靶: $A\overline{B}\overline{C} \cup \overline{A}B\overline{C} \cup \overline{A}\overline{B}C$;

(5) 三人中至少有一人中靶: $A \cup B \cup C$ 或 $\overline{\overline{A}\,\overline{B}\,\overline{C}}$;

(6) 三人中至少有一人未中靶: $\overline{A} \cup \overline{B} \cup \overline{C}$ 或 $\overline{ABC}$;

(7) 三人中恰有两人中靶: $AB\overline{C} \cup A\overline{B}C \cup \overline{A}BC$;

(8) 三人中至少有两人中靶: $AB \cup AC \cup BC$;

(9) 三人均未中靶: $\overline{A}\,\overline{B}\,\overline{C}$;

(10) 三人中至多有一人中靶: $A\overline{B}\,\overline{C}\cup\overline{A}B\overline{C}\cup\overline{A}\,\overline{B}C\cup\overline{A}\,\overline{B}\,\overline{C}$;

(11) 三人中至多有两人中靶: $\overline{ABC}$ 或 $\overline{A}\cup\overline{B}\cup\overline{C}$.

注: 用其他事件的运算来表示一个事件, 方法往往不唯一, 如上例中的(6)和(11)实际上是同一事件, 读者应学会用不同的方法表示同一事件, 特别是在解决具体问题时, 往往要根据需要选择一种恰当的表示方法.

例 7　设某人用篮球投篮三次, 用 A_i 表示事件"第 i 次投中" $(i=1,2,3)$, 试用自然语言描述下列事件:

(1) $\overline{A}_1\cup\overline{A}_2\cup\overline{A}_3$;　(2) $\overline{A_1\cup A_2}$;　(3) $A_1A_2\overline{A}_3\cup\overline{A}_1A_2A_3$;　(4) $A_1\cup A_2\cup A_3$.

解　根据随机事件的定义与事件的运算规律, 有

(1) 此人三次投篮中至少有一次没有投中;

(2) 此人第一、二次都没有投中;

(3) 此人恰好连续两次投中;

(4) 此人至少有一次投中.

例 8　试证: $AC=BC$ 成立的充分必要条件是 $\overline{A\cup B}C=\overline{A}C\cup\overline{B}C$.

证明　必要性: 由逆事件、事件的基本关系与事件的运算规律, 有

$$AC=BC\Rightarrow AC\cup BC=BC\Leftrightarrow (A\cup B)C=BC\Leftrightarrow \overline{A\cup B}\cup\overline{C}=\overline{B}\cup\overline{C};$$

$$BC=AC\Rightarrow BC\cup AC=AC\Leftrightarrow (A\cup B)C=AC\Leftrightarrow \overline{A\cup B}\cup\overline{C}=\overline{A}\cup\overline{C}.$$

这样, 若 $AC=BC$, 则

$$\overline{A\cup B}\cup\overline{C}=\overline{A}\cup\overline{B}\cup\overline{C}\Leftrightarrow(\overline{A\cup B}\cup\overline{C})C=(\overline{A}\cup\overline{B}\cup\overline{C})C,$$

从而证得: $\overline{A\cup B}C=\overline{A}C\cup\overline{B}C$.

充分性: 设 $\overline{A\cup B}C=\overline{A}C\cup\overline{B}C$ 成立, 则

$$\overline{\overline{A\cup B}C}=\overline{\overline{A}C\cup\overline{B}C}\Rightarrow A\cup B\cup\overline{C}=AB\cup\overline{C},$$

在 $A\cup B\cup\overline{C}=AB\cup\overline{C}$ 两端同交以事件 C, 再同交以事件 A, 得

$$AC\cup BC=ABC\Rightarrow AC\cup ABC=ABC$$
$$\Rightarrow(A\cup AB)C=ABC\Rightarrow AC=ABC, \qquad ①$$

在 $A\cup B\cup\overline{C}=AB\cup\overline{C}$ 两端同交以事件 C, 再同交以事件 B, 得

$$AC\cup BC=ABC\Rightarrow ABC\cup BC=ABC$$
$$\Rightarrow(AB\cup B)C=ABC\Rightarrow BC=ABC. \qquad ②$$

于是, 由式①与式②得 $AC=BC$, 充分性得证. 证毕.

本例考察了集合运算中的事件关系与推理方法, 尤其对结合事件的交集、并集、补集以及它们之间的运算规律进行证明. 通过充分的运算和推理, 结论显得更加严谨. 本例的推理分析过程可以帮助学生更好地理解事件之间的逻辑关系, 掌握使用事件间的运算规律来证明事件等式的方法.

例 9　设事件 $A(a)=\{(x,y)\,|\,x<a\}$, $B(b)=\{(x,y)\,|\,y<b\}$, 事件 C 表示全平面, 试用 A,

B, C表示事件$Q=\{(x,y)|\min(x,y)\geqslant z\}$.

解　由事件的集合表示、事件的基本关系与事件的运算规律, 得

$$\begin{aligned}Q&=\{(x,y)|\min(x,y)\geqslant z\}=\{(x,y)|x\geqslant z,y\geqslant z\}\\&=\{(x,y)|x\geqslant z\}\cap\{(x,y)|y\geqslant z\}\\&=[C-\{(x,y)|x<z\}]\cap[C-\{(x,y)|y<z\}]\\&=[C-A(z)]\cap[C-B(z)]\\&=\overline{A}(z)\cap\overline{B}(z)=\overline{A(z)\cup B(z)}.\end{aligned}$$

例 10　如果1, 2, 3, 4, 5表示电路开关(见图1-1-3), 用B表示"电路接通"事件, A_i表示第i个开关闭合, 请用A_i表示事件B.

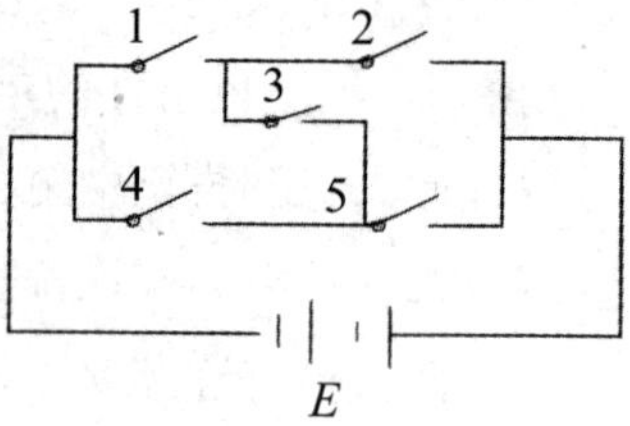

图1-1-3

解　由逆事件与事件的和差积, 有

(1) 若A_3打开, 则接通电路的有: $A_1A_2\cup A_4A_5$;

(2) 若A_3闭合, 则接通电路的有: $A_1A_2\cup A_4A_5\cup A_1A_5\cup A_2A_4$.

综上所述, 得

$$\begin{aligned}B&=[(A_1A_2\cup A_4A_5)\overline{A}_3]\cup[(A_1A_2\cup A_4A_5\cup A_1A_5\cup A_2A_4)A_3]\\&=A_1A_2\cup A_4A_5\cup A_1A_3A_5\cup A_2A_3A_4.\end{aligned}$$

习题 1-1

1. 试说明随机试验应具有的三个特点.

2. 将一枚均匀的硬币抛两次, 事件A, B, C分别表示"第一次出现正面""两次出现同一面""至少有一次出现正面", 试写出样本空间及事件A, B, C中的样本点.

3. 在四张卡片上分别标有数字1, 2, 3, 4, 从中任意依次取出两张组成一个两位数(每次取后不放回), 试写出这一随机试验的样本空间及表示下列事件的集合:

(1)"组成的数是一个偶数"记为事件A;

(2)"组成的数含有数字2"记为事件B;

(3)"组成的数能被3整除"记为事件C.

4. 掷一颗骰子, 观察其出现的点数, 事件

$$A=\{\text{偶数点}\},\ B=\{\text{奇数点}\},\ C=\{\text{点数小于}5\},\ D=\{\text{点数为小于}5\text{的偶数}\},$$

讨论上述事件的关系.

5. 设事件A_k表示"在一天内接到k次电话"($k=0,1,2,3,\cdots$), 事件B表示"在一天内接到不多于4次电话", 事件C表示"在一天内接到多于4次电话", 以上事件中哪些事件有包含关系? 哪些事件有对立关系? 哪些事件互不相容?

6. 设某人向靶子射击三次, 用A_i表示"第i次射击击中靶子"($i=1,2,3$), 试用语言描述下列事件:

(1) $\overline{A}_1\cup\overline{A}_2\cup\overline{A}_3$;　　(2) $\overline{A_1\cup A_2}$;　　(3) $(A_1A_2\overline{A}_3)\cup(\overline{A}_1A_2A_3)$.

7. 判断下列各式哪个成立, 哪个不成立, 并说明为什么.

(1) 若 $A\subset B$, 则 $\overline{B}\subset\overline{A}$;　　(2) $(A\cup B)-B=A$;　　(3) $A(B-C)=AB-AC$.

8. 设事件 $A(a)=\{(x,y)\mid x<a\}$, $B(b)=\{(x,y)\mid y<b\}$, 试用 A,B 表示事件 $P=\{(x,y)\mid \max(x,y)<z\}$.

9. 两个事件互不相容与两个事件对立有何区别? 举例说明.

10. 等式 $A-(B-C)=(A-B)\cup C$ 是否成立? 说明为什么.

11. 将长为 l 的棒任意折为三段, 写出其样本空间.

12. 把长为 L 的线段随机地分成长为 a,b,c 的三段, 考察所得的三段能否构成三角形以及构成怎样的三角形, 事件 A 表示“三段可构成三角形”, 事件 B 表示“三段可构成锐角三角形”, 事件 C 表示“三段可构成钝角三角形”, 事件 D 表示“三段不能构成直角三角形”. 试指出事件 A 与 B, A 与 C, A 与 D 之间的关系.

13. 设 A, B 为两个事件, 若 $AB=\overline{A}\cap\overline{B}$, 问 A 和 B 有什么关系.

14. 如果设 $A_i, B_i\ (i=1,2,\cdots,6)$ 表示它们所在位置的开关的闭合与断开, C 表示“电路接通”, 试用 A_i, B_i 表示 C 及 $\overline{C}$.

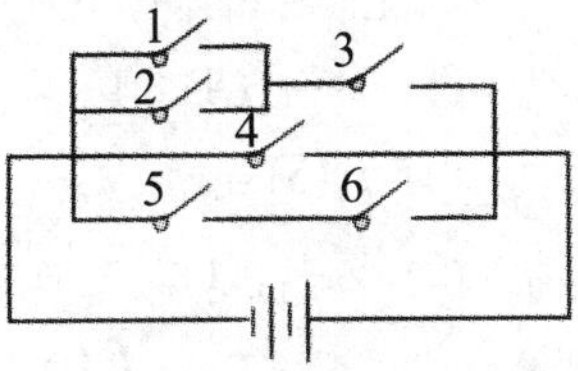

题14图

15. 设事件 A,B,C 满足 $ABC\neq\varnothing$, 试把事件 $B-AC$ 表示为一些互不相容的事件的和.

16. 化简 $\overline{(\overline{AB}\cup C)(\overline{AC})}$.

17. 设 A 和 B 是任意两个事件, 化简下列两式:

(1) $(A\cup B)(A\cup\overline{B})(\overline{A}\cup B)(\overline{A}\cup\overline{B})$;　　(2) $AB\cup\overline{A}B\cup A\overline{B}\cup\overline{A}\,\overline{B}-\overline{AB}$.

18. 设 $A=\{x\mid 1\leqslant x\leqslant 5\}$, $B=\{x\mid 3<x\leqslant 7\}$, $C=\{x\mid x<1\}$ 都是 $\mathbf{R}$ 中的集合, 试求下列各集合:

(1) $A\cup B$;　(2) $B\cap\overline{C}$;　(3) $\overline{A}\cap\overline{B}\cap\overline{C}$;　(4) $(A\cup B)\cap\overline{C}$.

19. 证明: $(A\cup B)-B=A-AB=A\overline{B}=A-B$.

20. 在一个人工智能系统中, 假设我们有甲、乙、丙三个人工智能模型, 分别用于图像分类任务. 定义以下事件:

$A=\{$甲模型分类正确$\}$;　　$B=\{$乙模型分类正确$\}$;　　$C=\{$丙模型分类正确$\}$.

使用自然语言表述下列事件:

(1) $A\overline{B}\,\overline{C}\cup\overline{A}B\overline{C}\cup\overline{A}\,\overline{B}C$;　　(2) $\overline{A}\cup\overline{B}\cup\overline{C}$ 或 $\overline{ABC}$;　　(3) $AB\overline{C}\cup A\overline{B}C\cup\overline{A}BC$;

(4) $A\overline{B}\,\overline{C}\cup\overline{A}B\overline{C}\cup\overline{A}\,\overline{B}C\cup\overline{ABC}$;　　(5) $AB\cup AC\cup BC$;　　(6) $\overline{ABC}$ 或 $\overline{A}\cup\overline{B}\cup\overline{C}$.

§1.2　随机事件的概率

随机事件的概率是量化不确定性的重要数学工具, 它最早源于17世纪的赌博问题, 数学家帕斯卡和费马为解决赌局中的公平分配问题, 提出了概率的早期概念. 随着科学研究的发展, 人们发现自然界和社会中许多现象都具有随机性, 例如天气变化、股票价格波动等. 虽然单次随机事件的结果不可预测, 但在大量重复中展现出统计规律性. 随机事件的概率通过揭示随机现象的规律性, 将不确定性转化为可量化的模型, 为理论研究和实际问题的解决提供了重要支持.

对于一个随机事件 A, 在一次随机试验中, 它是否会发生, 我们事先并不能确定. 但我们会问：在一次试验中，事件 A 发生的可能性有多大？并希望找到一个合适的数来表征事件 A 在一次试验中发生的可能性大小. 为此，本节我们首先引入频率的概念，它描述了事件发生的频繁程度，进而引出表征事件在一次随机试验中发生的可能性大小的数——概率.

一、频率及其性质

定义 1　如果在相同条件下进行 n 次试验，其中事件 A 发生的次数为 $r_n(A)$，那么称

$$f_n(A)=\frac{r_n(A)}{n}$$

为事件 A 发生的**频率**.

易见，频率具有下述基本性质：

(1) $0\leqslant f_n(A)\leqslant 1$；

(2) $f_n(S)=1$；

(3) 设 $A_1, A_2, \cdots, A_m$ 是两两互不相容的事件，则

$$f_n(A_1\cup A_2\cup\cdots\cup A_m)=f_n(A_1)+f_n(A_2)+\cdots+f_n(A_m).$$

根据上述定义，频率反映了一个随机事件在大量重复试验中发生的频繁程度. 例如，抛一枚均匀的硬币时，在一次试验中虽然不能肯定是否会出现正面，但大量重复试验时，发现出现正面和反面的次数大致相等 (见表 1－1－1)，即各占总试验次数的比例大致为 0.5，并且随着试验次数的增加，这一比例更加稳定地趋于 0.5. 这似乎表明，频率的稳定值与事件发生的可能性大小 (概率) 之间有着内在的联系.

例 1　圆周率 $\pi=3.141\,592\,6\cdots\cdots$ 是一个无限不循环小数，我国数学家祖冲之第一次把它计算到小数点后 7 位，这个纪录保持了 1 000 多年！以后不断有人把它算得更精确. 1873 年，英国学者沈克士公布了一个 π 的数值，该数值在小数点后一共有 707 位之多！但几十年后，曼彻斯特的费林生对它产生了怀疑. 他统计了 π 的 608 位小数，以验证 10 个数字出现的随机性，得到了表 1－2－1 的结果.

表 1－2－1　数字的出现次数统计

数字	0	1	2	3	4	5	6	7	8	9
出现次数	60	62	67	68	64	56	62	44	58	67

你能说出他产生怀疑的理由吗？

因为 π 是一个无限不循环小数，所以理论上每个数字出现的次数应近似相等，或它们出现的频率应都接近于 1/10，但 7 出现的频率过小. 这就是费林生产生怀疑的理由.

例 2　检查某工厂一批产品的质量，从中分别抽取 10 件、20 件、50 件、100 件、150 件、200 件、300 件来检查，检查结果及次品出现的频率见表 1－2－2.

表 1－2－2　次品出现的频率统计

抽取产品总件数 n	10	20	50	100	150	200	300
次品数 μ	0	1	3	5	7	11	16
次品频率 μ/n	0	0.050	0.060	0.050	0.047	0.055	0.053

由表1-2-2可以看出，在抽出的n件产品中，次品数μ随着n的不同而取不同的值，但次品频率μ/n仅在0.05附近有微小变化. 这里0.05就是次品频率的稳定值.

在实际观察中，通过大量重复试验得到随机事件的频率稳定于某个数值的例子还有很多. 它们均表明这样一个事实：当试验次数增加时，事件A发生的频率$f_n(A)$总是稳定在一个确定的数值p附近，而且偏差随着试验次数的增加而越来越小. 频率的这种性质在概率论中称为**频率的稳定性**. 频率具有稳定性的事实说明了刻画随机事件A发生的可能性大小的数——概率的客观存在性.

定义2 在相同条件下重复进行n次试验，如果事件A发生的频率$f_n(A)=\dfrac{r_n(A)}{n}$随着试验次数n的增大而稳定地在某个常数$p(0\leqslant p\leqslant 1)$附近摆动，那么称$p$为**事件$A$的概率**，记为$P(A)$.

上述定义称为随机事件概率的统计定义. 根据这一定义，在实际应用时，往往可用试验次数足够多时的频率来估计概率的大小，且随着试验次数的增加，估计的精度会越来越高.

概率的统计定义实际上给出了一个**近似计算随机事件概率的方法**：当试验重复多次时，随机事件A的频率$f_n(A)$可以作为事件A的概率$P(A)$的近似值.

例3 从某鱼池中捉100条鱼，做上记号后再放入该鱼池中. 现从该池中任意捉40条鱼，发现其中两条有记号，问池内大约有多少条鱼?

解 设池内有n条鱼，则从池中捉到一条有记号的鱼的概率为$100/n$，它近似于捉到有记号的鱼的频率2/40，即得

$$\frac{100}{n}\approx\frac{2}{40},$$

解之得$n\approx 2\,000$，所以，池内大约有2 000条鱼.

例4 在某生态保护区，研究人员对一个特定区域的植物种群进行监测. 设该区域内有三种植物，分别为A、B、C. 研究人员对该区域内的200个随机样本进行调查，记录下每种植物出现的频率. 已知在这200个样本中，植物A出现了60次，植物B出现了90次，植物C出现了50次. 请根据这些频率数据计算出每种植物出现的概率，并分析这些频率的性质.

解 我们可用频率来估计每种植物出现的概率. 假设样本调查是独立且随机的，则每种植物在样本中出现的频率可以近似看作该植物在生态系统中真实概率的估计值. 设事件A表示植物A出现，事件B表示植物B出现，事件C表示植物C出现. 根据样本中植物出现的次数，我们可以计算出每种植物出现的概率.

植物A、B、C出现的次数分别为60次、90次、50次，因此，植物A、B、C出现的概率可以分别通过频率估计为

$$P(A)=\frac{60}{200}=0.30,\ P(B)=\frac{90}{200}=0.45,\ P(C)=\frac{50}{200}=0.25.$$

这些频率的性质反映了生态系统中各植物的相对分布情况. 通过这些用频率估计的概率，我们可以进一步分析该区域内植物种群的相对丰度. 例如，植物B出现的概率最高，表明

其在该区域内的数量最多, 而植物 C 出现的概率最低, 表明其数量相对较少. 此外, 考虑到样本容量为 200, 样本频率可以作为真实概率的一个良好估计. 如果增加样本容量, 频率的估计值会更加精确, 更接近植物种群在整个区域内的真实分布.

本例通过分析生态系统中植物出现的频率, 展示了如何利用样本数据计算植物出现的概率, 并讨论了频率估计的性质. 在生态研究中, 频率是一种重要的统计量, 能够有效地反映出生态系统中各物种的相对分布情况. 通过频率的计算与分析, 研究人员能够评估生态系统中物种的生物多样性, 并为生态保护和物种管理提供科学依据.

二、概率的公理化定义

任何一个数学概念都是对现实世界的抽象, 这种抽象使得其具有广泛的适用性. 概率的频率解释为概率提供了经验基础, 但是不能作为一个严格的数学定义, 从概率论有关问题的研究算起, 经过近三个世纪的漫长探索历程, 人们才真正完整地解决了概率的严格数学定义. 1933 年, 苏联著名的数学家柯尔莫哥洛夫在他的《概率论的基本概念》一书中给出了现在已被广泛接受的概率公理化体系, 第一次将概率论建立在严密的逻辑基础上.

定义 3　设 E 是随机试验, S 是它的样本空间, 对于 E 的每一个事件 A 赋予一个实数, 记为 $P(A)$, 若 $P(A)$ 满足下列三个条件:

(1) 非负性: 对每一个事件 A, 有 $P(A)\geqslant 0$,

(2) 完备性: $P(S)=1$,

(3) 可列可加性: 如果 $A_1, A_2, \cdots$ 是两两互不相容的事件, 那么 $P\left(\bigcup_{i=1}^{\infty}A_i\right)=\sum_{i=1}^{\infty}P(A_i)$,

则称 $P(A)$ 为事件 A 的**概率**.

三、概率的性质

由概率的公理化定义, 可推出概率的一些重要性质.

性质 1　不可能事件 $\varnothing$ 的概率等于零, 即 $P(\varnothing)=0$.

证明　令 $A_n=\varnothing\ (n=1, 2, \cdots)$, 则 $\bigcup_{n=1}^{\infty}A_n=\varnothing$, 且 $A_iA_j=\varnothing\,(i\neq j,\ i, j=1, 2, \cdots)$. 由概率的可列可加性, 得

$$P(\varnothing)=P\left(\bigcup_{n=1}^{\infty}A_n\right)=\sum_{n=1}^{\infty}P(A_n)=\sum_{n=1}^{\infty}P(\varnothing).$$

由概率的非负性知, $P(\varnothing)\geqslant 0$, 故由上式可知 $P(\varnothing)=0$. 证毕.

注: 不可能事件的概率为零, 但反之不然.

性质 2 (有限可加性)　设 $A_1, A_2, \cdots, A_n$ 是两两互不相容的事件, 则有

$$P(A_1\cup A_2\cup\cdots\cup A_n)=P(A_1)+P(A_2)+\cdots+P(A_n).$$

证明　令 $A_{n+1}=A_{n+2}=\cdots=\varnothing$, 即有

$$A_iA_j=\varnothing,\ i\neq j,\ i,j=1,2,\cdots.$$

由概率的可列可加性,即可证得

$$P(A_1\cup A_2\cup\cdots\cup A_n)=P\left(\bigcup_{k=1}^{\infty}A_k\right)=\sum_{k=1}^{\infty}P(A_k)=\sum_{k=1}^{n}P(A_k)+\sum_{k=n+1}^{\infty}P(A_k)$$
$$=\sum_{k=1}^{n}P(A_k)+0=P(A_1)+P(A_2)+\cdots+P(A_n).$$

注:上述性质中事件两两互不相容,即多个基本事件中,每两个基本事件之间都是互不相容的.

性质 3 $P(\overline{A})=1-P(A)$.

证明 根据事件的关系与运算,因 $A\cup\overline{A}=S$,且 $A\overline{A}=\varnothing$,由性质 2,证得

$$1=P(S)=P(A\cup\overline{A})=P(A)+P(\overline{A}).$$

性质 4 $P(A-B)=P(A)-P(AB)$. 特别地,若 $B\subset A$,则

(1) $P(A-B)=P(A)-P(B)$; (2) $P(A)\geqslant P(B)$.

证明 由 $A=(A-B)\cup AB$,且 $(A-B)(AB)=\varnothing$,又由概率的有限可加性,得

$$P(A)=P(A-B)+P(AB),$$

所以,$P(A-B)=P(A)-P(AB)$. 特别地,若 $B\subset A$,则

$$P(A)=P(A-B)+P(AB)=P(A-B)+P(B),$$

再由概率的非负性,$P(A-B)\geqslant 0$,故有 $P(A)\geqslant P(B)$. 证毕.

性质 5 对任一随机事件 A,有 $P(A)\leqslant 1$.

证明 设 S 是必然事件,则 $A\subset S$,由性质 4,得 $P(A)\leqslant P(S)=1$. 证毕.

性质 6 对任意两个事件 A, B,有 $P(A\cup B)=P(A)+P(B)-P(AB)$.

证明 因 $A\cup B=A\cup(B-AB)$,且 $A(B-AB)=\varnothing$, $AB\subset B$,故证得

$$P(A\cup B)=P(A)+P(B-AB)=P(A)+P(B)-P(AB).$$

注:性质 6 可推广到任意 n 个事件的并的情形,如 $n=3$ 时,有

$$P(A\cup B\cup C)=P(A)+P(B)+P(C)-P(AB)-P(BC)-P(AC)+P(ABC).$$

一般地,对任意 n 个事件 $A_1,A_2,\cdots,A_n$,有

$$P\left(\bigcup_{i=1}^{n}A_i\right)=\sum_{i=1}^{n}P(A_i)-\sum_{i<j}^{n}P(A_iA_j)+\sum_{i<j<k}^{n}P(A_iA_jA_k)+\cdots+(-1)^{n-1}P(A_1A_2\cdots A_n).$$

特别地,若 $A_1,A_2,\cdots,A_n$ 为完备事件组,则 $\sum_{i}P(A_i)=1$.

例 5 已知 $P(\overline{A})=0.5$, $P(\overline{A}B)=0.2$, $P(B)=0.4$,求:

(1) $P(AB)$; (2) $P(A-B)$; (3) $P(A\cup B)$; (4) $P(\overline{A}\,\overline{B})$.

解 (1) 因 $AB+\overline{A}B=B$,且 AB 与 $\overline{A}B$ 是不相容的,故

$$P(AB)+P(\overline{A}B)=P(B),$$

于是,代入题设数据得

$$P(AB)=P(B)-P(\overline{A}B)=0.4-0.2=0.2.$$

(2) 利用概率的性质 3, 有

$$P(A)=1-P(\overline{A})=1-0.5=0.5,$$

于是,代入题设数据得

$$P(A-B)=P(A)-P(AB)=0.5-0.2=0.3.$$

(3) 同上, 利用概率的性质 6, 有

$$P(A\cup B)=P(A)+P(B)-P(AB)=0.5+0.4-0.2=0.7.$$

(4) 利用第一对偶律与概率的性质 3, 得

$$P(\overline{A}\,\overline{B})=P(\overline{A\cup B})=1-P(A\cup B)=1-0.7=0.3.$$

例 6 设当事件 A 与 B 同时发生时, 事件 C 必然发生, 试证:

$$P(A)+P(B)-1\leqslant P(AB)\leqslant P(C).$$

证明 题设事件 A 与 B 同时发生时, 事件 C 必然发生, 故由事件间的运算, 有 $AB\subset C$, 从而由概率的性质, 有

$$P(AB)\leqslant P(C).$$

又因 $P(A\cup B)=P(A)+P(B)-P(AB)\leqslant 1$, 所以

$$P(A)+P(B)-1\leqslant P(AB).$$

综上可得: $P(A)+P(B)-1\leqslant P(AB)\leqslant P(C)$. 证毕.

例 7 设 A, B 为随机事件, 试证: $P(A\overline{B})=P(B\overline{A})$ 的充要条件为 $P(A)=P(B)$.

证明 依题设, 根据对立事件的概念、事件的运算规律与概率的性质, 可得

$$P(A\overline{B})=P(A-B)=P(A-AB)=P(A)-P(AB),$$
$$P(B\overline{A})=P(B-A)=P(B-BA)=P(B)-P(AB),$$

由 $P(A\overline{B})=P(B\overline{A})$, 得 $P(A)=P(B)$, 此即为其充要条件. 证毕.

例 8 某城市中发行 A, B 两种报纸. 经调查, 在这两种报纸的订阅用户中, 订阅 A 报纸的用户有 45%, 订阅 B 报纸的用户有 35%, 同时订阅 A, B 两种报纸的用户有 10%. 求只订阅一种报纸的概率 α.

解 记事件 $A=\{$订阅 A 报纸$\}$, $B=\{$订阅 B 报纸$\}$, 则

$$\{\text{只订阅一种报纸}\}=(A-B)\cup(B-A)=A\overline{B}\cup B\overline{A},$$

又这两个事件是互不相容的, 由概率的加法公式及性质 4, 有

$$\begin{aligned}\alpha&=P(A-AB)+P(B-AB)=P(A)-P(AB)+P(B)-P(AB)\\&=0.45-0.1+0.35-0.1=0.6.\end{aligned}$$

例 9 在某自动化生产线中, 系统有三台独立工作的设备 A、设备 B 和设备 C, 分别用于生产、检测和包装产品. 假设每台设备的故障概率为 0.05. 为了保障生产线的正常运行,

当任意一台设备出现故障时，系统将会停止运行并发出警报. 请计算以下概率:

(1) 系统因设备A、B或C中至少一台设备出现故障而停止运行的概率;

(2) 系统因设备A、B或C中恰好一台设备出现故障而停止运行的概率.

解　设事件A表示设备A故障，事件B表示设备B故障，事件C表示设备C故障. 依题意，每台设备的故障概率为0.05，即

$$P(A)=P(B)=P(C)=0.05.$$

(1) 系统因设备A、B或C中至少一台设备出现故障而停止运行的概率，即为事件

$$D=A\cup B\cup C$$

发生的概率. 由三事件的加法公式，有

$$P(D)=P(A)+P(B)+P(C)-P(A\cap B)-P(A\cap C)-P(B\cap C)+P(A\cap B\cap C).$$

因为设备A、B和C是独立的，所以可以使用乘法法则来计算交集的概率. 计算每个交集的概率得

$$P(A\cap B)=P(A)P(B)=0.002\,5,$$
$$P(A\cap C)=P(A)P(C)=0.002\,5,$$
$$P(B\cap C)=P(B)P(C)=0.002\,5,$$
$$P(A\cap B\cap C)=P(A)P(B)P(C)=0.000\,125.$$

将其代入三事件的加法公式，得

$$P(D)=0.05+0.05+0.05-0.002\,5-0.002\,5-0.002\,5+0.000\,125$$
$$=0.142\,625.$$

(2) 系统因设备A、B或C中恰好一台设备出现故障而停止运行的概率即为事件

$$E=(A\cap\overline{B}\cap\overline{C})\cup(\overline{A}\cap B\cap\overline{C})\cup(\overline{A}\cap\overline{B}\cap C)$$

发生的概率. 因设备A、B和C是独立的，故可分别计算每个事件的概率:

$$P(A\cap\overline{B}\cap\overline{C})=P(A)P(\overline{B})P(\overline{C})=0.05\times0.95\times0.95=0.045\,125,$$
$$P(\overline{A}\cap B\cap\overline{C})=P(\overline{A})P(B)P(\overline{C})=0.95\times0.05\times0.95=0.045\,125,$$
$$P(\overline{A}\cap\overline{B}\cap C)=P(\overline{A})P(\overline{B})P(C)=0.95\times0.95\times0.05=0.045\,125.$$

因此，系统因设备A、B或C中恰好一台设备出现故障而停止运行的概率为

$$P(E)=0.045\,125+0.045\,125+0.045\,125=0.135\,375.$$

本例通过分析自动化生产线设备故障的概率，展示了如何应用三事件的加法公式来计算多个事件的联合概率. 通过对设备故障事件的计算，学生可以更好地理解事件之间的关系及其对系统可靠性评估的影响. 该方法可以广泛应用于工程技术领域中对系统故障的概率分析和风险评估，为决策者提供优化设计和提高系统稳定性的依据.

习题 1-2

1. 设$P(A)=0.1$, $P(A\cup B)=0.3$, 且A与B互不相容，求$P(B)$.

2. 设事件 A 与事件 B 互不相容, 试证: $P(\overline{A}\cup\overline{B})=1$.

3. 已知 A, B 两个事件满足条件 $P(AB)=P(\overline{A}\,\overline{B})$, 且 $P(A)=p$, 求 $P(B)$.

4. 设 $AB=\varnothing$, $P(A)=0.6$, $P(A\cup B)=0.8$, 求事件 B 的逆事件的概率.

5. 设事件 A, B, C 两两互不相容, $P(A)=0.2$, $P(B)=0.3$, $P(C)=0.4$, 求 $P[(A\cup B)-C]$.

6. 设 $P(A)=1/3$, $P(B)=1/4$, $P(A\cup B)=1/2$, 求 $P(\overline{A}\cup\overline{B})$.

7. 已知 $P(A)=P(B)=P(C)=1/4$, $P(AC)=P(BC)=1/16$, $P(AB)=0$, 求事件 A, B, C 全不发生的概率.

8. 设 A, B 是两事件且 $P(A)=0.6$, $P(B)=0.7$. 问:

(1) 在什么条件下 $P(AB)$ 取得最大值? 最大值是多少?

(2) 在什么条件下 $P(AB)$ 取得最小值? 最小值是多少?

9. 某人外出旅游两天. 据天气预报, 第一天下雨的概率为 0.6, 第二天下雨的概率为 0.3, 两天都下雨的概率为 0.1, 试求: 至少有一天下雨的概率.

10. 向三个相邻的军火库投掷一颗炸弹, 炸中第一军火库的概率为 0.025, 其余两个被炸的概率均为 0.1, 只要炸中一个, 另外两个也会发生爆炸, 求军火库发生爆炸的概率.

11. 某射手对靶连放两枪, 至少有一枪中靶的概率为 0.8, 第二枪未中靶的概率为 0.4. 求下列各事件的概率:

(1) 两枪均未中靶; (2) 第一枪中靶而第二枪未中靶.

12. 设某地有甲、乙、丙三种网络报刊, 据调查, 成年人中有 20% 阅读甲刊, 16% 阅读乙刊, 14% 阅读丙刊, 8% 兼读甲刊和乙刊, 5% 兼读甲刊和丙刊, 4% 兼读乙刊和丙刊, 2% 兼读所有报刊, 问成年人中有百分之几至少读一种报刊?

13. 在某森林保护区, 研究人员对一个特定区域的动物种群进行监测. 设该区域内有四种动物, 分别为鹿、兔、狐狸和狼. 研究人员对该区域内的 300 个随机样本进行调查, 记录下每种动物出现的频率. 已知在这 300 个样本中, 鹿出现了 90 次, 兔出现了 120 次, 狐狸出现了 60 次, 狼出现了 30 次. 请根据这些频率数据计算出每种动物出现的概率, 并分析这些频率的性质.

14. 某智能家居系统有四个独立工作的设备——设备 X、设备 Y、设备 Z 和设备 W, 分别用于照明、温控、安全监控和家电控制. 假设每台设备的故障概率为 0.04. 为了确保家居系统的正常运行, 当任意一台设备出现故障时, 系统将停止运行并发出警报. 请计算以下概率:

(1) 系统因设备 X、Y、Z 或 W 中至少一台设备出现故障而停止运行的概率;

(2) 系统因设备 X、Y、Z 或 W 中恰好两台设备出现故障而停止运行的概率.

§1.3 古典概型与几何概型

古典概型与几何概型是两个尤为重要、具有代表性的概念. 古典概型以有限样本空间为基础, 建立在所有可能结果等可能发生的假设之上; 而几何概型则将研究范围扩展到连续情形, 通过对线段、平面或空间的区域进行测度, 计算事件发生的概率. 它们不仅反映了概率基础研究的两种典型思路, 也在实践中有着广泛的应用. 在古典概型中, 我们常常将有限多个可能结果视为等可能的, 从而能够简单地计算事件发生的概率, 尤其适用于抛硬币、掷骰子等离散场景. 而在几何概型中, 研究重心转向了连续情形的测度与分布, 我们借助几何概念如长度、面积或体积, 对概率进行量化评估, 从而理解事件发生的相对“稀疏度”或“密集度”. 通过对这两种概型的学习, 我们既能在有限离散的情境中快速分析概率, 也能在无限连续的世界里基于测度理论获得更深入的洞察. 古典概型与几何概型不仅涵盖了从简单到复杂、从离散到连续的演变, 也为广泛的概率理论奠定了基础. 掌握这两种概型, 能够帮助我们理解离散与连续问题中的概率特性, 为深入学习各种更复杂的概率模型与统计方法奠定坚实的基础.

引例　一个纸桶中装有10个大小、形状完全相同的球. 将球编号为1~10 (见图1-3-1). 把球搅匀, 蒙上眼睛从中任取一球. 因为抽取时这些球被抽到的可能性是完全相同的, 所以我们没有理由认为这10个球中的某一个会比另一个更容易抽得, 也就是说, 这10个球中的任意一个被抽取的可能性均为1/10.

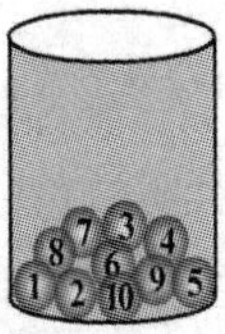

图1-3-1

设 $i\,(i=1,2,\cdots,10)$ 表示取到 i 号球, 则该随机试验的样本空间 $S=\{1,2,\cdots,10\}$, 且每个样本点 (基本事件) $\{i\}\ (i=1,2,\cdots,10)$ 出现的可能性相同.

这类随机试验是最简单的概率模型, 它曾经是概率论发展初期的主要研究对象.

一、古典概型

我们称具有下列两个特征的随机试验模型为**古典概型**.

(1) 随机试验只有有限个可能的结果;

(2) 每个结果发生的可能性大小相同.

因而, 古典概型又称为**等可能概型**. 在概率论的产生和发展过程中, 它是最早的研究对象, 而且在实际应用中也是最常用的一种概率模型. 它在数学上可表述为:

(1)' 试验的样本空间有限, 记 $S=\{\omega_1,\omega_2,\cdots,\omega_n\}$;

(2)' 每一基本事件的概率相同, 记 $A_i=\{\omega_i\}(i=1,2,\cdots,n)$, 即

$$P(A_1)=P(A_2)=\cdots=P(A_n).$$

由概率的公理化定义知, $1=P(S)=P\left(\bigcup_{i=1}^{n}A_i\right)=\sum_{i=1}^{n}P(A_i)=nP(A_i)$, 于是

$$P(A_i)=\frac{1}{n},\ i=1,2,\cdots,n.$$

在古典概型的假设下, 我们来推导事件概率的计算公式. 设事件 A 包含其样本空间 S 中的 k 个基本事件, 即 $A=A_{i_1}\cup A_{i_2}\cup\cdots\cup A_{i_k}$, 则事件 A 发生的概率

$$P(A)=P\left(\bigcup_{j=1}^{k}A_{i_j}\right)=\sum_{j=1}^{k}P(A_{i_j})=\frac{k}{n}=\frac{A\text{包含的基本事件数}}{S\text{中基本事件的总数}},\tag{3.1}$$

称此概率为**古典概率**. 这种确定概率的方法称为古典方法. 这就把求古典概率的问题转化为对基本事件的计数问题.

古典概型适用于有限样本空间且每个基本事件发生的可能性相同的随机试验. 例如, 掷骰子、抛硬币、从一副牌中随机抽取一张牌等, 都是古典概型的典型例子. 古典概型奠定了概率论的基础, 为概率论的初步研究提供了明确而简单的框架, 使人们能够系统地分析随机事件的概率. 古典概型为理解概率提供了直观的入门途径. 虽然古典概型的适用范围有限, 但实际应用中的许多问题都可用其建模, 例如, 博彩游戏分析、基础统计推断、密码学等. 总之, 古典概型通过清晰的定义和直观的方法, 为研究随机现象提供了基本工具.

二、计算古典概型的方法——排列组合

在古典概型中, 由于样本空间由有限且等可能的结果组成, 事件发生的概率通常依赖于对所有可能结果及其有利结果的精确计数. 为实现这一目标, 我们需要熟练运用排列与组合这两大工具. **排列**着重考虑不同元素在序列中排布的先后顺序, 如从 n 个不同元素中选出 m 个排成一排, 强调了不同顺序导致不同结果; 而**组合**则关注从 n 个不同元素中选出 m 个而不考虑顺序, 这在很多实际问题中更具操作性. 例如, 在抽牌、分组、挑选等情形下, 常常只关心选出的对象本身, 而无须顾及其排列顺序. 通过这两种方法, 我们能够有效地将问题拆解为有穷、可操作的步骤: 先利用排列或组合公式确定事件符合条件的结果数目, 再与总结果数目相比较, 最终得到概率值. 如此一来, 古典概率的问题就转化为一个逻辑清晰、计算可行的“数数”过程, 为后续的概率分析与推理奠定了坚实的基础.

下面仅将中学学习过的有关原理和公式简要总结如下.

1. 基本计数原理

(1) **加法原理** 设完成一件事有 m 种方式, 第 i 种方式有 n_i 种方法, 则完成该件事的方法总数为 $n_1+n_2+\cdots+n_m$.

(2) **乘法原理** 设完成一件事有 m 个步骤, 其中第 i 步有 n_i 种方法, 必须通过 m 个步骤的每一步骤才能完成该事件, 则完成该事件的方法总数为 $n_1\times n_2\times\cdots\times n_m$.

2. 排列组合方法

(1) **排列公式** 从 n 个不同元素中任取 $k\ (1\leqslant k\leqslant n)$ 个的不同**排列总数**为

$$\mathrm{P}_n^k=n(n-1)(n-2)\cdots(n-k+1)=\frac{n!}{(n-k)!}.$$

$k=n$ 时称其为**全排列**:

$$\mathrm{P}_n^n=n(n-1)(n-2)\cdots 2\cdot 1=n!.$$

(2) **组合公式** 从 n 个不同元素中任取 $k\ (1\leqslant k\leqslant n)$ 个的不同**组合总数**为

$$\mathrm{C}_n^k=\frac{\mathrm{P}_n^k}{k!}=\frac{n!}{(n-k)!k!},$$

C_n^k 有时记作 $\binom{n}{k}$, 称为**组合系数**.

$$\mathrm{P}_n^k=\mathrm{C}_n^k\cdot k!.$$

3. 二项式展开公式

$$(a+b)^n = C_n^0 b^n + C_n^1 ab^{n-1} + C_n^2 a^2 b^{n-2} + \cdots + C_n^n a^n = \sum_{k=0}^{n} C_n^k a^k b^{n-k} ,$$

式中, 组合系数 C_n^k 又常称为**二项式系数**.

注: 有关排列组合的更多介绍参见本书的网络学习空间.

例 1 一个袋子中装有10个大小相同的球, 其中有3个黑球、7个白球, 求:

(1) 从袋子中任取一球, 这个球是黑球的概率;

(2) 从袋子中任取两球, 刚好一个白球、一个黑球的概率以及两个球全是黑球的概率.

解 (1) 10个球中任取一个, 由组合公式知, 共有 $C_{10}^1=10$ 种取法, 即样本空间包含的基本事件总数为10. 10个球中有3个黑球, 故由组合公式知, 取到黑球的取法有 $C_3^1=3$ 种, 即取到黑球这一事件包含的基本事件数为3. 于是, 根据古典概型的计算公式, 事件 A "取到的球为黑球" 的概率为

$$P(A)=\frac{C_3^1}{C_{10}^1}=\frac{3}{10} .$$

(2) 同理, 由组合公式知, 10个球中任取两球的取法有 C_{10}^2 种, 其中, 刚好一个白球、一个黑球的取法有 $C_3^1 \cdot C_7^1$ 种, 两个球均是黑球的取法有 C_3^2 种, 记事件 B 为 "刚好取到一个白球、一个黑球", 事件 C 为 "两个球均为黑球", 则由古典概型的计算公式, 所求概率为

$$P(B)=\frac{C_3^1 C_7^1}{C_{10}^2}=\frac{21}{45}=\frac{7}{15}, \quad P(C)=\frac{C_3^2}{C_{10}^2}=\frac{3}{45}=\frac{1}{15} .$$

例 2 现将3个球随机地放入4个杯子中, 问杯子中球的个数最多为1, 2, 3 的概率各是多少?

解 设 A, B, C 分别表示杯子中的最多球数为1, 2, 3 的事件. 我们认为球是可以区分的, 于是, 由排列公式知, 放球过程的所有可能结果即为其排列总数 $n=4^3$.

(1) 事件 A 所含的基本事件数: 从4个杯子中任选3个杯子, 每个杯子放入一个球, 由组合公式知, 杯子的选法有 C_4^3 种组合, 球的放法有3! 种, 故由古典概型的计算方法, 得

$$P(A)=\frac{C_4^3 \cdot 3!}{4^3}=\frac{3}{8} .$$

(2) 事件 C 所含的基本事件数: 由于杯子中的球数最多是3, 即3个球放在同一个杯子中, 共有4种放法, 故由古典概型, 得

$$P(C)=\frac{4}{4^3}=\frac{1}{16} .$$

(3) 由于3个球放在4个杯子中的各种可能放法为事件 $A \cup B \cup C$, 显然 $A \cup B \cup C = S$, 且 A, B, C 互不相容, 故由概率的性质2, 得

$$P(B)=1-P(A)-P(C)=\frac{9}{16} .$$

例 3　将 15 名新生 (其中有 3 名优秀生) 随机地分配到 3 个班, 其中一班 4 名、二班 5 名、三班 6 名, 求:

(1) 每个班各分配到一名优秀生的概率;

(2) 3 名优秀生被分配到一个班的概率.

解　15 名新生分别分配给一班 4 名、二班 5 名、三班 6 名的组合分法有

$$\mathrm{C}_{15}^{4}\mathrm{C}_{11}^{5}\mathrm{C}_{6}^{6}=\frac{15!}{4!5!6!}\ (种).$$

(1) 先将 3 名优秀生分配给 3 个班各一名, 共有 3! 种分法, 再将剩余的 12 名新生分配给一班 3 名、二班 4 名、三班 5 名, 共有 $\mathrm{C}_{12}^{3}\mathrm{C}_{9}^{4}\mathrm{C}_{5}^{5}=\dfrac{12!}{3!4!5!}$ 种分法. 根据乘法原理, 每个班分配到一名优秀生的分法有 $3!\cdot\dfrac{12!}{3!4!5!}=\dfrac{12!}{4!5!}$ 种, 所以, 其对应的概率为

$$P=\frac{12!}{4!5!}\bigg/\frac{15!}{4!5!6!}=\frac{12!6!}{15!}=\frac{24}{91}\approx 0.263\,7\,.$$

(2) 用 A_i 表示事件 “3 名优秀生全部分配到 i 班” $(i=1,2,3)$.

A_1 中所含基本事件个数 $m_1=\mathrm{C}_{12}^{1}\cdot\mathrm{C}_{11}^{5}=\dfrac{12!}{5!6!}$;

A_2 中所含基本事件个数 $m_2=\mathrm{C}_{12}^{4}\cdot\mathrm{C}_{8}^{2}=\dfrac{12!}{2!4!6!}$;

A_3 中所含基本事件个数 $m_3=\mathrm{C}_{12}^{4}\cdot\mathrm{C}_{8}^{5}=\dfrac{12!}{3!4!5!}$.

由前面的分析知 $n=\dfrac{15!}{4!5!6!}$, 所以, 其对应概率分别为

$$P(A_1)=\frac{m_1}{n}=\frac{4!12!}{15!}\approx 0.008\,79,$$

$$P(A_2)=\frac{m_2}{n}=\frac{12!5!}{2!15!}\approx 0.021\,98,$$

$$P(A_3)=\frac{m_3}{n}=\frac{12!6!}{3!15!}\approx 0.043\,96\,.$$

因为 A_1, A_2, A_3 互不相容, 所以, 3 名优秀生被分配到同一个班的概率为

$$P(A)=P(A_1\cup A_2\cup A_3)=P(A_1)+P(A_2)+P(A_3)=0.074\,73.$$

例 4　从 1 ~ 2 000 的整数中随机地取一个数, 问取到的整数既不能被 6 整除, 又不能被 8 整除的概率是多少?

解　设事件 $A=\{取到的数能被 6 整除\}$, $B=\{取到的数能被 8 整除\}$, 则所求概率为

$$P(\overline{A}\,\overline{B})=P(\overline{A\cup B})=1-P(A\cup B)=1-\{P(A)+P(B)-P(AB)\}\,.$$

因 $333<\dfrac{2\,000}{6}<334$, 故 $P(A)=\dfrac{333}{2\,000}$. 又因 $\dfrac{2\,000}{8}=250$, 故 $P(B)=\dfrac{250}{2\,000}$.

一个数同时能被6与8整除, 相当于能被24整除, 再因 $83<\dfrac{2\,000}{24}<84$, 故

$$P(AB)=\frac{83}{2\,000},$$

将上述结果代入前式, 得所求概率:

$$p=1-\left(\frac{333}{2\,000}+\frac{250}{2\,000}-\frac{83}{2\,000}\right)=\frac{3}{4}.$$

三、几何概型

古典概型只考虑了有限等可能结果的随机试验的概率模型. 这里我们进一步研究样本空间为一线段、平面区域或空间立体等的等可能随机试验的概率模型——**几何概型**.

(1) 设样本空间 S 是平面上某个区域, 其面积记为 $\mu(S)$.

(2) 向区域 S 上随机投掷一点, 这里“随机投掷一点”的含义是指该点落入 S 内任何部分区域内的可能性只与区域 A 的面积 $\mu(A)$ 成比例, 而与区域 A 的位置和形状无关, 如图1-3-2所示. 向区域 S 上随机投掷一点, 该点落在区域 A 的事件仍记为 A, 则 A 的概率为

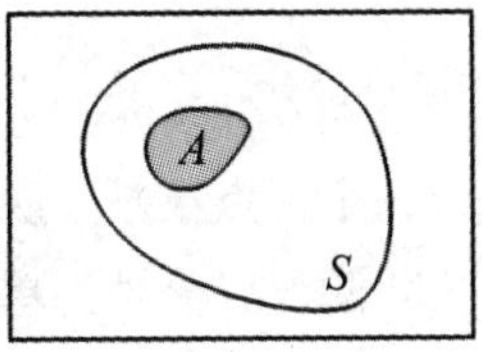

图1-3-2

$$P(A)=\lambda\mu(A)\ (\lambda\ \text{为常数}),$$

而 $P(S)=\lambda\mu(S)$, 于是, 得 $\lambda=\dfrac{1}{\mu(S)}$, 从而事件 A 的概率为

$$P(A)=\frac{\mu(A)}{\mu(S)}. \tag{3.2}$$

注: *若样本空间 S 为一线段或一空间立体, 则向 S“随机投掷一点”的相应概率仍可用上式来确定, 但 $\mu(\cdot)$ 应理解为长度或体积.*

几何概型是概率论中处理无限样本空间问题的重要模型, 适用于样本空间中每个基本事件的发生都是等可能的, 但基本事件无法用有限个数描述的情形. 在几何概型中, 事件概率定义为可测量的几何量(如长度、面积或体积)的比值. 例如, 在单位长度的线段上随机取一点, 落在某特定区间内的概率可用几何概型计算. 几何概型扩展了古典概率理论的适用范围, 突破了古典概型只能处理有限样本空间的限制, 使概率论能够应用于连续样本空间的问题, 如物理学中的位置和时间分布. 通过几何量计算概率, 避免了对无限基本事件的逐一列举, 简化了实际问题的建模和求解. 几何概型广泛应用于工程、物理、统计和随机模拟, 如计算随机变量的分布、优化设备布置、分析自然现象等. 总之, 几何概型通过引入几何量的比值方法, 为连续样本空间的概率分析提供了直观而有效的工具, 丰富了概率论的理论体系, 拓展了概率论的应用场景.

例 5　任取两个真分数, 求它们的乘积不大于 1/4 的概率.

解　设 x 与 y 为所求的真分数, 则样本空间

$$S=\{0<x<1,\ 0<y<1\}.$$

将 (x, y) 表示为平面上一点的坐标, 则 S 为如图 1－3－3 所示的边长为 1 的正方形, S 的面积为 1. 设 A 表示“两个真分数的乘积不大于 1/4”, 则

$$A=\{(x, y)\,|\,xy\leqslant 1/4,\ (x, y)\in S\},$$

即 A 为图 1－3－3 所示的阴影区域.

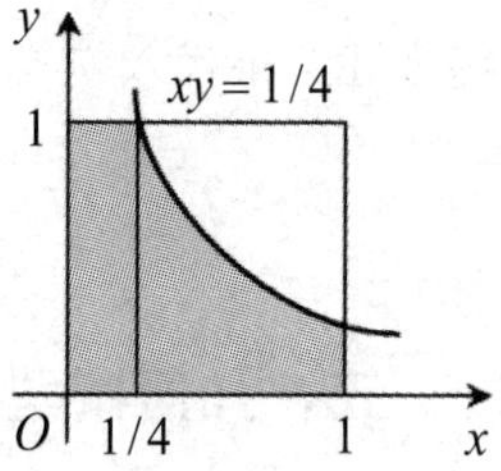

图 1－3－3

利用直角坐标系下平面图形面积的计算、基本积分公式与微积分基本公式, 得区域 A 的面积为

$$\frac{1}{4}+\int_{1/4}^{1}\frac{1}{4x}\mathrm{d}x=\frac{1}{4}+\frac{1}{2}\ln 2,$$

故由几何概率的计算公式, 得所求概率为

$$P(A)=\frac{\mu(A)}{\mu(S)}=\frac{1}{4}+\frac{1}{2}\ln 2\approx 0.597.$$

例 6　某人午觉醒来, 发觉表停了, 他唤醒AI智能音响打开收音机, 想听电台报时, 设电台每个正点报时一次, 求他等待时间少于 10 分钟的概率.

解　以分钟为单位, 记上一次报时时刻为 0, 则下一次报时时刻为 60, 于是, 这个人打开收音机的时间必在 (0, 60) 内, 记“等待时间少于 10 分钟”为事件 A, 则有

$$S=(0, 60),\quad A=(50, 60)\subset S,$$

于是, 根据几何概型公式得

$$P(A)=\frac{10}{60}=\frac{1}{6}.$$

例 7　在线段 AD 上任取两点 B, C, 将 AD 分为 AB, BC, CD, 记事件 E 为“这三条线段能构成三角形”. 求事件 E 的概率.

解　依题意, 设 AD 的长为 l, 记 $AB=x$, $BC=y$, 则 $CD=l-x-y$, 从而样本空间为

$$S=\{(x, y)\,|\,0<x<l,\ 0<y<l,\ 0<l-x-y<l\}.$$

根据三角形的性质——两边之和大于第三边, AB, BC, CD 构成三角形的事件 E 应满足:

$$E=\{(x, y)\,|\,0<x<l/2,\ 0<y<l/2,\ l/2<x+y<l\}.$$

如图 1－3－4 所示, S 对应的点集为 ΔOPQ, E 对应的点集为 ΔMNR, 故几何概率

$$P(E)=\frac{\mu(E)}{\mu(S)}=\frac{S_{\Delta MNR}}{S_{\Delta OPQ}}=\frac{\frac{1}{2}\cdot\frac{l}{2}\cdot\frac{l}{2}}{\frac{1}{2}\cdot l\cdot l}=\frac{1}{4},$$

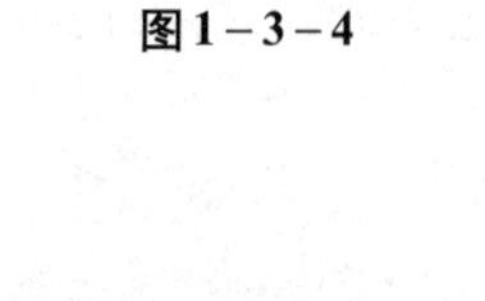

图 1－3－4

即将线段随机折成三段后能够构成三角形的概率为 1/4.

例 8(会面问题)　甲、乙两人相约在7点到8点之间在某地会面,先到者等候另一人20分钟,过时就离开. 如果每个人可在指定的一小时内任意时刻到达,试计算两人能够会面的概率.

解　记7点为计算时刻的0时,以分钟为单位,用x, y分别记甲、乙到达指定地点的时刻,则样本空间为

$$S=\{(x,y)\mid 0\leqslant x\leqslant 60,\ 0\leqslant y\leqslant 60\}.$$

以A表示事件“两人能会面”,则显然有

$$A=\{(x,y)\mid (x,y)\in S,\ |x-y|\leqslant 20\}\ (\text{见图}1-3-5).$$

依题意,这是一个几何概型问题,于是

$$P(A)=\frac{\mu(A)}{\mu(S)}=\frac{60^2-40^2}{60^2}=\frac{5}{9}.$$

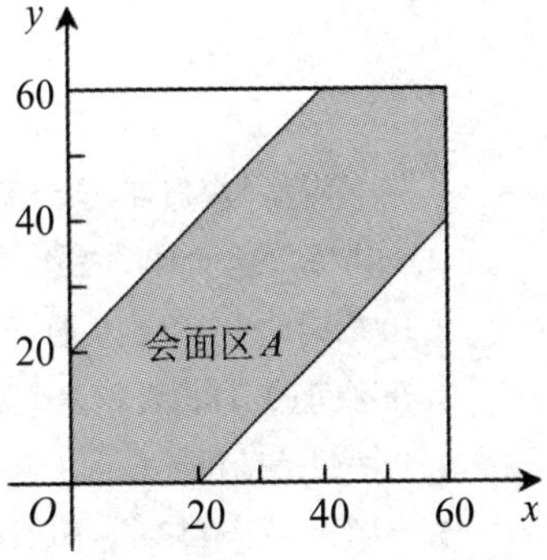

图1-3-5

*数学实验

实验 1.2　18世纪,法国数学家蒲丰(Buffon, 1707－1788)最先设计“投针试验”,故常称为**蒲丰投针试验**:

假设在一平面上画有一组间距为d的平行线,并在该平面上投掷一根长度为$l\,(0<l<d)$的针,蒲丰本人证明了此针与这组平行线中任意一条相交的概率

$$P=\frac{2l}{\pi d}\ (\text{其中}\pi\text{是圆周率}).$$

蒲丰通过统计实验还惊奇地发现:投针与平行线相交的次数m和投针与平行线不相交的次数n的比值是一个包含π的表示式,即

$$\frac{m}{n}\approx\frac{2l}{\pi d}\Rightarrow \pi=\frac{2ln}{dm},$$

并且投针的总次数越多,就能求出越精确的近似值. 特别地,当取$l=d/2$时,有$\pi\approx n/m$,这样,只要重复投针相当多次,数一数投针与平行线相交的次数,就可以得到圆周率π的近似值. 表1-3-1中列出了一些历史资料.

表1-3-1

试验者	年份	投掷次数	相交次数	圆周率估计值
沃尔夫	1850	5 000	2 531	3.159 6
史密斯	1855	3 204	1 219	3.155 4
德·摩根	1860	600	383	3.137
福克斯	1884	1 030	489	3.159 5
拉泽里尼	1901	3 408	1 808	3.141 592 9
赖纳	1925	2 520	859	3.179 5

从表中数据可见,1850年沃尔夫在投针试验中得到的π的近似值为3.159 6. 1901年,意大利数学家拉泽里尼进行了3 408次投针,给出π的值为3.141 592 9——精确到小数点后7位,不过,他的试验结果受到了一些数学家的怀疑.

蒲丰试验并不是为了求得比其他方法更精确的π值,但它是第一个用几何形式表达概率问题的例子.

蒲丰首次使用随机试验处理确定性的数学问题, 对概率论的发展起到了一定的推动作用 (详见教材配套的网络学习空间).

习题 1-3

1. 袋中装有 5 个白球、3 个黑球, 从中一次任取 2 个.

(1) 求取到的 2 个球颜色不同的概率;　(2) 求取到的 2 个球有黑球的概率.

2. 10 把钥匙中有 3 把能打开门, 今任取 2 把, 求能打开门的概率.

3. 在区间 (0, 1) 内任取两个数, 求事件 "两数之和小于 6/5" 的概率.

4. 将两封信随机地投入 4 个邮筒, 求前 2 个邮筒内没有信的概率及第一个邮筒内只有一封信的概率.

5. 一副扑克牌有52张, 不放回地抽样, 每次 1 张, 连续抽 4 张, 求 4 张扑克牌花色各异的概率.

6. n 张奖券中含有 m 张有奖的, k 个人购买, 每人一张, 求其中至少有一个人中奖的概率.

7. 从 1, 2, 3, 4, 5 这 5 个数中, 任取 3 个不同的数排成三位数, 求:

(1) 所得三位数为偶数的概率;　(2) 所得三位数为奇数的概率.

8. 袋中有红、黄、黑色球各一个, 有放回地抽取三次, 求下列事件的概率:

$A=\{$三次都是红球$\}$, $B=\{$三次未抽到黑球$\}$, $C=\{$颜色全不相同$\}$, $D=\{$颜色不全相同$\}$.

9. 从 0, 1, 2, ⋯, 9 中任意选出 3 个不同的数字, 试求下列事件的概率:

$A_1=\{$3 个数字中不含 0 与 5$\}$, $A_2=\{$3 个数字中不含 0 或 5$\}$.

10. 每个路口有红、绿、黄三色指示灯, 各灯的开闭是等可能的. 一个人骑车经过三个路口, 试求下列事件的概率:

$A=\{$三个都是红灯$\}=\{$全红$\}$;　$B=\{$全绿$\}$;　$C=\{$全黄$\}$;

$D=\{$无红$\}$;　$E=\{$无绿$\}$;　$F=\{$三次颜色相同$\}$;

$G=\{$颜色全不相同$\}$;　$H=\{$颜色不全相同$\}$.

11. 从一副扑克牌 (52张) 中任取 3 张 (不重复), 计算取出的 3 张牌中至少有 2 张花色相同的概率.

12. 10个人中有一对夫妇, 他们随意坐在一张圆桌周围, 求这对夫妇正好坐在一起的概率.

13. 在 1 500 个产品中有 400 个次品、1 100 个正品, 任取 200 个.

(1) 求恰有 90 个次品的概率;　(2) 求至少有 2 个次品的概率.

14. 从 5 双不同的鞋子中任取 4 只, 问这 4 只鞋子中至少有两只配成一双的概率是多少?

15. 打桥牌时, 把一副扑克牌 (52 张) 发给 4 人, 求指定的某人没有得到黑桃 A 或黑桃 K 的概率.

16. 任取两个真分数, 求它们的差不小于 $\dfrac{1}{3}$ 的概率.

17. 在一张打上方格的纸上随机地投一枚硬币, 若方格的边长为 a, 硬币的直径为 $2b$ $(2b<a)$, 且硬币落在每一处是等可能的, 记事件 A 为硬币与方格线不相交, 试求事件 A 的概率.

18. 在半径为 R 的圆内, 作垂直于某直径的平行弦, 若垂足在该直径上的位置是等可能的, 求事件 "弦长小于 R" 的概率.

19. D 是半径为 R 的圆周上的一个定点, 现在在圆周上随机取一点 C, 连接 CD 得一弦, 若 A 表示事件 "所得弦长大于圆内接等边三角形的边长", 求 $P(A)$.

20. 任意将10本书放在书架上, 其中有两套书, 一套3卷, 另一套4卷, 求两套各自放在一起的概率.

21. 盒中装有10个电阻、4个电感、6个电容. 从盒中任取6个元件, 求所取元件中至少有一个电阻同时至少有一个电感的概率.

22. 50只铆钉随机地取来用在10个部件上, 其中有3只铆钉强度太弱, 每个部件用3只铆钉, 若将3只强度太弱的铆钉都装在一个部件上, 则这个部件强度就太弱, 问发生一个部件强度太弱的概率是多少?

23. 某专业研究生复试时有3张考签, 3个考生应试, 一个人抽一张后立即放回, 再由另一个人抽, 如此3人各抽一次, 求抽签结束后, 至少有一张考签没有被抽到的概率.

24. 从1～9的整数中有放回地随机取3次, 每次取一个数, 求取出的3个数之积能被10整除的概率.

25. 甲、乙两人约定在下午1时到2时之间到某站乘公共汽车, 又这段时间内有4班公共汽车, 它们的开车时刻分别为1:15、1:30、1:45、2:00. 如果他们约定最多等一辆车, 求甲、乙同乘一车的概率. 假定甲、乙两人到达车站的时刻是互不相关的, 且每人在1时到2时的任何时刻到达车站是等可能的.

§1.4　条件概率

条件概率是概率论中揭示事件间相互影响的关键概念. 当我们已经知道某个事件 A 发生时, 另一个事件 B 的发生概率便会随之改变, 这种情形用 $P(B|A)$ 来描述. 从数学表达上看, 条件概率可由 $P(B|A)=P(AB)/P(A)$ 给出, 这说明若事件 A 已经发生, 则事件 A 和 B 同时发生的可能性在整件事情所处背景中的比重会随之调整. 条件概率不仅能够刻画部分信息已知时的概率分布特性, 也能让人更加精准地衡量不同事件之间的依赖程度. 在医学诊断中, 通过症状检测结果来推断患病风险; 在金融分析中, 根据市场信号来判断资产价格的波动倾向; 在人工智能与机器学习领域, 则常利用条件概率来构建预测模型或评估分类结果的准确度. 条件概率还与全概率公式、贝叶斯公式以及事件独立性等理论紧密相连, 共同为理解更复杂的随机模型打下坚实的基础. 正因为条件概率具有能在各种场合有效捕捉"部分信息改变整体判断"的特点, 掌握并灵活运用这一概念对于深入理解概率论乃至整个数据分析过程都至关重要.

一、条件概率的概念

引例　一批同型号产品由甲、乙两厂生产, 产品结构如表1－4－1所示.

表1－4－1

等级	厂别		合计
	甲厂	乙厂	
合格品	475	644	1 119
次品	25	56	81
合计	500	700	1 200

从这批产品中随意地抽取一件, 则这件产品为次品的概率为

$$\frac{81}{1\,200}=6.75\%.$$

现在假设被告知取出的产品是甲厂生产的, 那么这件产品为次品的概率又是多大呢? 回答这一问题并不困难. 当我们被告知取出的产品是甲厂生产的时, 我们不能肯定的只是该件产品是甲厂生产的500件中的哪一件, 由于500件中有25件次品, 自然我们可从中得出, 在已知取出的产品由甲厂生产的条件下, 它是次品的概率为

$$\frac{25}{500}=5\%.$$

记“取出的产品是甲厂生产的”这一事件为A, “取出的产品为次品”这一事件为B.

在事件A发生的条件下, 求事件B发生的概率, 这种概率就是所谓的条件概率, 记作$P(B|A)$. 在本例中, 我们注意到:

$$P(B|A)=\frac{25}{500}=\frac{25/1\,200}{500/1\,200}=\frac{P(AB)}{P(A)}.$$

事实上, 容易验证, 对一般的古典概型, 只要$P(A)>0$, 总有

$$P(B|A)=\frac{P(AB)}{P(A)}.$$

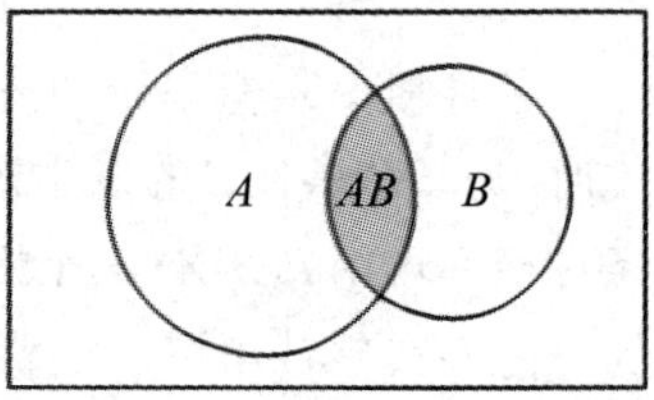

图1－4－1

在几何概型中 (以平面区域情形为例), 对于在平面上的有界区域S内等可能地投点 (见图1－4－1), 若已知A发生, 则B发生的概率为

$$P(B|A)=\frac{\mu(AB)}{\mu(A)}=\frac{\mu(AB)/\mu(S)}{\mu(A)/\mu(S)}=\frac{P(AB)}{P(A)}.$$

可见, 在古典概型和几何概型这两类“等可能”概率模型中总有

$$P(B|A)=\frac{P(AB)}{P(A)}.$$

由这些共性得到启发, 我们在一般的概率模型中引入条件概率的数学定义.

二、条件概率的定义

定义 1　设A, B是两个随机事件, 且$P(A)>0$, 则称

$$P(B|A)=\frac{P(AB)}{P(A)} \tag{4.1}$$

为在事件A发生的条件下, 事件B的**条件概率**. 相应地, 称$P(B)$为**无条件概率**.

注: $P(B)$表示“B发生”这个随机事件的概率, 而$P(B|A)$表示在A发生的条件下, 事件B发生的条件概率. 计算$P(B)$时, 是在整个样本空间S上考察B发生的概率, 而计算$P(B|A)$时, 实际上是仅局限于在事件A发生的范围内考察事件B发生的概率, 一般地

$$P(B|A)\neq P(B).$$

因条件概率是概率, 故条件概率也具有下列性质: 设A是一事件, 且$P(A)>0$, 则

(1) 对任一事件B, $0 \leqslant P(B|A) \leqslant 1$;

(2) $P(S|A)=1$;

(3) 设$A_1, A_2, \cdots, A_n$互不相容, 则

$$P(A_1 \cup A_2 \cup \cdots \cup A_n \mid A)=P(A_1|A)+P(A_2|A)+\cdots+P(A_n|A).$$

此外, 前面所证概率的性质都适用于条件概率.

例 1　设随机事件A, B, C满足$P(BC)>0$, $0<P(C)<1$, 则等式

$$P(AB|C)=P(A|C)P(B|C)$$

成立的充要条件为$P(A|BC)=P(A|C)$.

证明　必要性: 设$P(AB|C)=P(A|C)P(B|C)$. 由条件概率的定义, 有

$$P(A|BC)=\frac{P(ABC)}{P(BC)},\quad P(A|C)=\frac{P(AC)}{P(C)},$$

再由上述假设条件$P(AB|C)=P(A|C)P(B|C)$, 有

$$\frac{P(ABC)}{P(C)}=\frac{P(AC)}{P(C)}\cdot\frac{P(BC)}{P(C)} \Rightarrow P(ABC)P(C)=P(AC)P(BC),$$

将上述右端等式代入, 得

$$P(A|BC)=\frac{P(ABC)}{P(BC)}=\frac{P(AC)P(BC)}{P(BC)P(C)}=\frac{P(AC)}{P(C)}=P(A|C).$$

充分性: 设$P(A|BC)=P(A|C)$. 由条件概率的定义, 有

$$P(AB|C)=\frac{P(ABC)}{P(C)},\ P(A|C)=\frac{P(AC)}{P(C)},\ P(B|C)=\frac{P(BC)}{P(C)},$$

将上述右端等式代入，得

$$P(A|C)P(B|C)=\frac{P(AC)}{P(C)}\cdot\frac{P(BC)}{P(C)}=\frac{P(AC)P(BC)}{[P(C)]^2}.$$

又由假设条件$P(A|BC)=P(A|C)$，得

$$\frac{P(ABC)}{P(BC)}=P(A|C),$$

代入即证得

$$P(AB|C)=\frac{P(ABC)}{P(C)}=\frac{P(A|C)P(BC)}{P(C)}=P(A|C)P(B|C).$$

条件概率描述了在已知某事件发生的前提下, 另一个事件发生的概率. 其意义主要体现在以下几个方面: 首先是刻画事件的相关性, 条件概率通过量化两个事件间的关联性, 帮助我们理解和分析随机现象的内在关系; 其次是动态更新概率, 条件概率是本节后面介绍的贝叶斯定理的核心, 为在新信息下动态更新概率提供了科学工具, 这在科学推断和决策优化中极为重要. 最后是简化复杂问题, 通过将复杂事件分解为条件事件, 可以更高效地分析和计算多事件系统的概率.

例 2　一袋中装有10个球, 其中3个黑球、7个白球, 先后两次从袋中各取一球 (不放回).

(1) 已知第一次取到的是黑球, 求第二次取到的仍是黑球的概率;

(2) 已知第二次取到的是黑球, 求第一次取到的也是黑球的概率.

解　记 A_i 为事件"第 i 次取到的是黑球"$(i=1, 2)$.

(1) 在已知 A_1 发生, 即第一次取到的是黑球的条件下, 第二次取球就从剩下的 2 个黑球、7 个白球共 9 个球中任取一个, 根据古典概率计算, 取到黑球的概率为 2/9, 即有

$$P(A_2 \mid A_1)=2/9.$$

(2) 在已知 A_2 发生, 即第二次取到的是黑球的条件下, 求第一次取到黑球的概率. 由于第一次取球发生在第二次取球之前, 故问题的结构不像 (1) 那么直观. 我们可按条件概率的定义来计算 $P(A_1 \mid A_2)$. 由 $P(A_1A_2)=\dfrac{\mathrm{P}_3^2}{\mathrm{P}_{10}^2}=\dfrac{1}{15}$, $P(A_2)=\dfrac{3}{10}$, 得

$$P(A_1 \mid A_2)=\frac{P(A_1A_2)}{P(A_2)}=\frac{2}{9}.$$

注: ① 用维恩图表示式 (4.1), 如图 1-4-2 所示. 若事件 A 已发生, 则为使事件 B 也发生, 试验结果必须是既在 A 中又在 B 中的样本点, 即此点必属于 AB. 因已知 A 已发生, 故 A 成为计算条件概率 $P(B|A)$ 的新的样本空间.

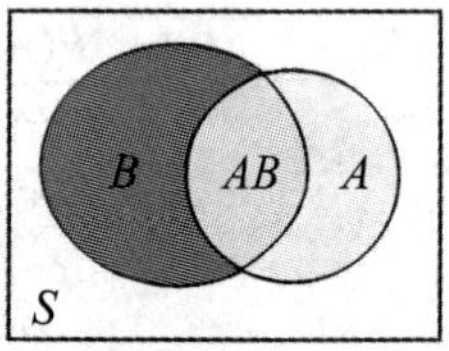

图 1-4-2

② 计算条件概率有两种方法:

(a) 在样本空间 S 中, 先求事件 $P(AB)$ 和 $P(A)$, 再按定义计算 $P(B|A)$;

(b) 在缩减的样本空间 A 中求事件 B 的概率, 就得到 $P(B|A)$.

例 3　袋中有 5 个球, 其中 3 个红球、2 个白球. 现从袋中不放回地连取两个, 已知第一次取到红球, 求第二次取到白球的概率.

解　设 A 表示"第一次取到红球", B 表示"第二次取到白球", 求条件概率 $P(B|A)$.

方法一　根据乘法原理, 缩减样本空间 A 中的样本点数, 即第一次取到红球的取法有 $\mathrm{P}_3^1\mathrm{P}_4^1$ 种, 其中, 第二次取到白球的取法有 $\mathrm{P}_3^1\mathrm{P}_2^1$ 种, 所以

$$P(B|A)=\frac{\mathrm{P}_3^1\mathrm{P}_2^1}{\mathrm{P}_3^1\mathrm{P}_4^1}=\frac{1}{2}.$$

也可以直接计算, 因为第一次取走了 1 个红球, 袋中只剩下 4 个球, 其中有 2 个白球, 再从中任取 1 个, 取到白球的概率为 2/4, 所以

$$P(B|A)=\frac{2}{4}=\frac{1}{2}.$$

方法二　从 5 个球中不放回地连取两球的取法有 P_5^2 种, 其中, 第一次取到红球的取法有 $\mathrm{P}_3^1\mathrm{P}_4^1$ 种, 第一次取到红球、第二次取到白球的取法有 $\mathrm{P}_3^1\mathrm{P}_2^1$ 种, 所以

$$P(A)=\frac{\mathrm{P}_3^1\mathrm{P}_4^1}{\mathrm{P}_5^2}=\frac{3}{5},\quad P(AB)=\frac{\mathrm{P}_3^1\mathrm{P}_2^1}{\mathrm{P}_5^2}=\frac{3}{10}.$$

由条件概率的定义, 得

$$P(B|A)=\frac{P(AB)}{P(A)}=\frac{3/10}{3/5}=\frac{1}{2}.$$

三、乘法公式

由条件概率的定义立即得到:

$$P(AB)=P(A)P(B|A)\ \ (P(A)>0). \tag{4.2}$$

注意到$AB=BA$, 以及A, B的对称性可得到:

$$P(AB)=P(B)P(A|B)\ \ (P(B)>0). \tag{4.3}$$

式(4.2)和式(4.3)都称为**乘法公式**, 利用它们可计算两个事件同时发生的概率.

上述乘法公式可进一步推广到有限个事件积的概率情形.

1. 三事件乘法公式

$$P(ABC)=P(A)P(B|A)P(C|AB)\ \ (P(AB)>0).$$

2. *n*事件乘法公式

设$A_1, A_2, \cdots, A_n$为n个事件, 且$P(A_1A_2\cdots A_{n-1})>0$, 则

$$P(A_1A_2\cdots A_n)=P(A_1)P(A_2|A_1)P(A_3|A_1A_2)\cdots P(A_n|A_1\cdots A_{n-1}). \tag{4.4}$$

乘法公式是分析多个事件联合概率的重要工具, 即事件A与B同时发生的概率可以通过A的概率与在A发生的条件下B发生的条件概率$P(B|A)$的乘积来计算. 其优点是分解了复杂事件概率的计算, 便于理解和计算复杂事件的概率, 揭示了事件之间的依赖关系. 通过乘法公式可以量化事件之间的关联程度, 帮助分析随机现象的结构和关系.

例4 一袋中装有10个球, 其中3个黑球、7个白球, 先后两次从中随意各取一球 (不放回), 求两次取到的均为黑球的概率.

解 我们曾用古典概型方法计算过这一概率, 这里我们使用乘法公式来计算. 在本例中, 问题本身提供了两步完成一个试验的结构, 这恰恰与乘法公式的形式相对应, 合理地利用问题本身的结构来使用乘法公式往往是使问题得到简化的关键.

设事件$A_i=\{$第i次取到的是黑球$\}$ $(i=1, 2)$, 则事件

$$A_1A_2=\{\text{两次取到的均为黑球}\}.$$

由题设知$P(A_1)=\dfrac{3}{10}$, $P(A_2|A_1)=\dfrac{2}{9}$, 于是, 由乘法公式, 得

$$P(A_1A_2)=P(A_1)P(A_2|A_1)=\frac{3}{10}\times\frac{2}{9}=\frac{1}{15}.$$

例5 设某光学仪器厂制造的透镜, 第一次落下时打破的概率为1/2; 若第一次落下未打破, 第二次落下时打破的概率为7/10; 若前两次落下未打破, 第三次落下时打破的概率为9/10. 试求透镜落下三次而未打破的概率.

解 记事件$A_i=\{$透镜第i次落下时打破$\}$ $(i=1, 2, 3)$, $B=\{$透镜落下三次而未打

破}. 于是, 根据对立事件与事件的运算规律, 有 $B=\overline{A}_1\overline{A}_2\overline{A}_3$, 故由乘法公式与条件概率, 得

$$P(B)=P(\overline{A}_1\overline{A}_2\overline{A}_3)=P(\overline{A}_1)P(\overline{A}_2|\overline{A}_1)P(\overline{A}_3|\overline{A}_1\overline{A}_2)$$

$$=\left(1-\frac{1}{2}\right)\left(1-\frac{7}{10}\right)\left(1-\frac{9}{10}\right)=\frac{3}{200}.$$

例 6　为了防止意外, 在矿内同时设有两种警报系统 A 与 B, 每种系统单独使用时, 其有效的概率 A 为 0.93, B 为 0.94, 在 A 失灵的条件下, B 有效的概率为 0.85, 试求发生意外时, 这两个警报系统至少有一个有效的概率.

解　设事件 $A_1=\{$警报系统 A 有效$\}$, $A_2=\{$警报系统 B 有效$\}$, 依题意, 有

$$P(A_1)=0.93,\ P(A_2)=0.94,\ P(A_2|\overline{A}_1)=0.85,$$

则由事件的基本关系与乘法公式, 有

$$P(\overline{A}_1A_2)=P(\overline{A}_1)P(A_2|\overline{A}_1)=0.07\times0.85=0.059\,5,$$

$$P(A_1A_2)=P(A_2)-P(\overline{A}_1A_2)=0.94-0.059\,5=0.880\,5,$$

于是由概率的性质6, 得

$$P(A_1\cup A_2)=P(A_1)+P(A_2)-P(A_1A_2)=0.93+0.94-0.880\,5=0.989\,5.$$

或用下面方法计算

$$P(A_1\cup A_2)=1-P(\overline{A_1\cup A_2})=1-P(\overline{A}_1\overline{A}_2)$$

$$=1-P(\overline{A}_1)P(\overline{A}_2|\overline{A}_1)=1-P(\overline{A}_1)[1-P(A_2|\overline{A}_1)]$$

$$=1-0.07\times(1-0.85)=0.989\,5.$$

四、全概率公式

全概率公式是概率论中一种极为重要的工具, 能够帮助我们在面对复杂事件时简化推断过程. 它将计算一个复杂事件的总概率问题, 转化为在不同情况或不同原因下发生的简单事件的概率的加权求和问题. 通过全概率公式, 可以基于部分概率 (条件概率) 推导整体概率, 揭示事件在各种可能条件下的综合发生规律. 全概率公式为概率理论提供了严谨的计算框架, 是本节即将介绍的贝叶斯定理的重要基础, 广泛应用于推理和预测.

定理 1　设 $A_1, A_2, \cdots, A_n, \cdots$ 是一完备事件组, 且 $P(A_i)>0\ (i=1, 2, \cdots)$, 则对任一随机事件 B, 有

$$P(B)=P(A_1)P(B|A_1)+P(A_2)P(B|A_2)+\cdots+P(A_n)P(B|A_n)+\cdots. \tag{4.5}$$

证明　题设 $A_1, A_2, \cdots, A_n, \cdots$ 是一完备事件组, 且 $P(A_i)>0\ (i=1, 2, \cdots)$, 故由概率的性质, 对任一随机事件 B, 证得

$$P(B)=P(B\cap S)=P(B\cap(\bigcup_i A_i))=P(\bigcup_i(B\cap A_i))$$

$$= \sum_i P(B \cap A_i) = \sum_i P(A_i)P(B|A_i).$$

注: 公式指出, 在复杂情况下不易直接计算概率 $P(B)$ 时, 可根据具体情况构造一个完备事件组 $\{A_i\}$, 使事件 B 发生的概率是各事件 $A_i\ (i=1, 2, \cdots)$ 发生的条件下引起事件 B 发生的概率的总和. 直观示意图如图 1-4-3 所示.

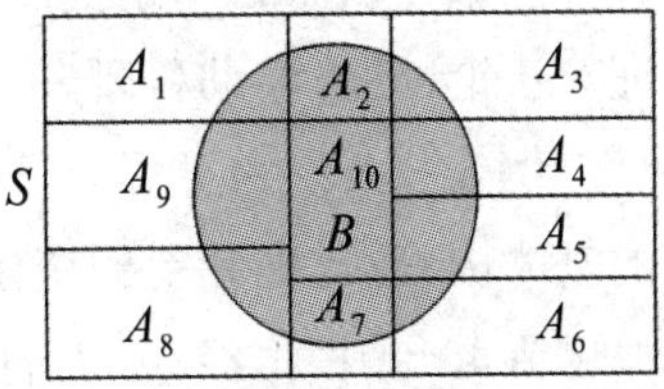

图1-4-3

特别地, 若取 $n=2$, 并将 A_1 记为 A, 则 A_2 就是 $\overline{A}$. 由此可得公式

$$P(B) = P(A)P(B|A) + P(\overline{A})P(B|\overline{A}).$$

例 7 某研究团队正在研究一种新型材料的性能, 已知该材料的耐高温性能在不同的生产批次中有所不同. 研究发现, 在所有生产批次中, 60% 的批次制造出的材料耐高温性能较高, 40% 的批次制造出的材料耐高温性能较低. 此外, 80% 的高耐高温性能材料通过了严格的质量检测, 30% 的低耐高温性能材料也通过了质量检测. 若随机选择一批材料, 并且已知该材料通过了质量检测, 求该材料来自高耐高温性能批次的条件概率.

解 设事件 A 表示材料来自高耐高温性能批次, 事件 B 表示材料通过了质量检测. 根据题意, 已知:

材料来自高耐高温性能批次的比例 $P(A)=0.6$;

材料来自低耐高温性能批次的比例 $P(\overline{A})=0.4$;

高耐高温性能材料通过质量检测的条件概率 $P(B|A)=0.8$;

低耐高温性能材料通过质量检测的条件概率 $P(B|\overline{A})=0.3$.

我们要求的是在已知该材料通过质量检测的条件下, 该材料来自高耐高温性能批次的条件概率 $P(A|B)$. 根据条件概率的计算公式, 我们首先需要计算 $P(AB)$ 和 $P(B)$.

$P(AB)$ 是指材料来自高耐高温性能批次且通过质量检测的概率, 可通过以下公式计算:

$$P(AB) = P(B|A)P(A) = 0.8 \times 0.6 = 0.48.$$

$P(B)$ 是材料通过质量检测的总概率, 可通过全概率公式来计算:

$$P(B) = P(B|A)P(A) + P(B|\overline{A})P(\overline{A})$$
$$= 0.8 \times 0.6 + 0.3 \times 0.4 = 0.6.$$

利用上述结果, 即可计算该材料来自高耐高温性能批次的条件概率:

$$P(A|B) = \frac{P(AB)}{P(B)} = \frac{0.48}{0.6} = 0.8.$$

本例通过分析材料通过质量检测的条件概率, 展示了如何运用条件概率公式和全概率公式来解决科学技术研究中的实际问题. 在科研领域, 条件概率有助于研究人员在已知部分信息的基础上推断其他信息. 例如, 在本例中, 研究人员利用已知材料通过质量检测的信息, 计算出该材料来自高耐高温性能批次的概率. 这种方法广泛应用于科研实验分析、技术验证及决策过程, 帮助科研人员评估实验结果与现有理论的关系, 进而优化研究和开发过程.

例 8 人们为了解一只股票未来一定时期内的价格变化, 往往会去分析影响股票价格的基本因素, 比如利率的变化. 现假设人们经分析估计利率下调的概率为60%, 利率不变的概率为40%. 根据经验, 人们估计, 在利率下调的情况下, 该只股票价格上涨的概率为80%, 而在利率不变的情况下, 其价格上涨的概率为40%, 求该只股票价格将上涨的概率.

解 若记事件A= {利率下调}, 则其对立事件$\overline{A}$= {利率不变}, 并记事件B= {股票价格上涨}. 故由对立事件与条件概率的定义, 有

$$P(A)=60\%,\ P(\overline{A})=40\%,\ P(B|A)=80\%,\ P(B|\overline{A})=40\%,$$

于是

$$\begin{aligned}P(B)&=P(AB)+P(\overline{A}B)=P(A)P(B|A)+P(\overline{A})P(B|\overline{A})\\&=60\%\times80\%+40\%\times40\%=64\%.\end{aligned}$$

例 9 有三个罐子, 1 号装有 2 红 1 黑共 3 个球, 2 号装有 3 红 1 黑共 4 个球, 3 号装有 2 红 2 黑共 4 个球, 如图 1－4－4 所示. 某人从中随机取一罐, 再从中任意取出一球, 求取得红球的概率.

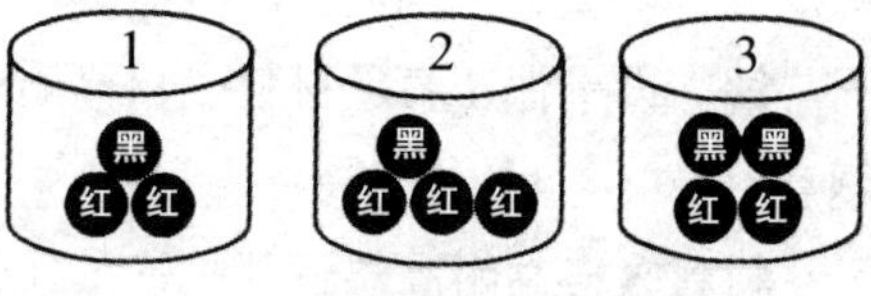

图 1－4－4

解 记事件B_i = {球取自i号罐} $(i=1, 2, 3)$, A= {取得红球}. 因事件A发生总是伴随着事件B_1, B_2, B_3之一同时发生, 故事件组B_1, B_2, B_3是样本空间的一个划分 (完备事件组).

由全概率公式, 得

$$P(A)=\sum_{i=1}^{3}P(B_i)P(A|B_i).$$

依题意, 有

$$P(A|B_1)=2/3,\ P(A|B_2)=3/4,\ P(A|B_3)=1/2,\ P(B_1)=P(B_2)=P(B_3)=1/3.$$

将其代入全概率公式, 计算得

$$P(A)\approx 0.639.$$

现在如果我们取出的一个球是红球, 那么红球是从 1 号罐中取出的概率是多少? 下一节的贝叶斯公式将给出这个问题的解释.

五、贝叶斯公式

利用全概率公式, 可通过综合分析一事件发生的不同原因或情况及其可能性来求得该事件发生的概率. 下面给出的贝叶斯公式则考虑与之完全相反的问题, 即若一事件已经发生, 考察引发该事件发生的各种原因或情况的可能性大小.

定理 2 设 $A_1, A_2, \cdots, A_n, \cdots$ 是一个完备事件组, 则对任一事件 B, 有 $P(B)>0$, 且

$$P(A_i|B)=\frac{P(A_iB)}{P(B)}=\frac{P(A_i)P(B|A_i)}{\sum_j P(A_j)P(B|A_j)},\ i=1,2,\cdots, \tag{4.6}$$

上述公式称为**贝叶斯公式**.

由条件概率的定义及全概率公式即可证得上述定理.

注: 特别地, 若完备事件组中有 n 个事件, 则贝叶斯公式为

$$P(A_i|B)=\frac{P(A_iB)}{P(B)}=\frac{P(A_i)P(B|A_i)}{\sum_{j=1}^{n} P(A_j)P(B|A_j)},\ i=1,2,\cdots,n.$$

若 $n=2$, 并记 $A_1=A$, $A_2=\overline{A}$, 则贝叶斯公式为

$$P(A|B)=\frac{P(AB)}{P(B)}=\frac{P(A)P(B|A)}{P(A)P(B|A)+P(\overline{A})P(B|\overline{A})},$$

$$P(\overline{A}|B)=\frac{P(\overline{A}B)}{P(B)}=\frac{P(\overline{A})P(B|\overline{A})}{P(A)P(B|A)+P(\overline{A})P(B|\overline{A})}.$$

式 (4.6) 中, $P(A_i)$ 和 $P(A_i|B)$ 分别称为原因的**先验概率**和**后验概率**. $P(A_i)$ $(i=1,2,\cdots)$ 是在没有进一步信息 (不知道事件 B 是否发生) 的情况下诸事件发生的概率. 在获得新的信息 (知道 B 发生) 后, 人们对诸事件发生的概率 $P(A_i|B)$ 就有了新的估计. 贝叶斯公式则从数量上刻画了这种变化.

以医生给病人看病为例, 我们来解释一下先验概率和后验概率. 设 $A_1, A_2, \cdots, A_n$ 是病人可能患的不同种类的疾病, 在看病前先诊断这些疾病相关的指标 (如验血, 量体温, 等等), 如果病人的某些指标偏离正常值 (即 B 发生), 问该病人患了什么病? 从概率论的角度来看, 若 $P(A_i|B)$ 大, 则病人患 A_i 病的可能性也较大, 利用贝叶斯公式就可以计算 $P(A_i|B)$.

人们通常喜欢找老医生看病, 主要是老医生经验丰富, 过去的经验能帮助医生做出较为准确的诊断, 就能更好地为病人治病, 而经验越丰富, 先验概率就越高, 贝叶斯公式正是利用了先验概率. 也正因为如此, 此类方法受到人们的普遍重视, 并称之为 “贝叶斯方法”.

例 10 (确诊率问题) 假设某地区的居民患某疾病的概率为 0.5‰, 该地区某医院对此疾病的诊出率能达到99%, 但未患该种疾病而被误诊为患有该疾病的概率为 0.2‰. 该医院在某次对该种疾病的抽查中, 发现有一人被诊断为患有该疾病, 求这个人确实患有该疾病的概率.

解 设事件 $A=\{$这个人被诊断患有该疾病$\}$, $B=\{$这个人确实患有该疾病$\}$, 那么, 所求的条件概率为 $P(B|A)$, 而

$$P(B)=0.000\,5,\quad P(A|B)=0.99,\quad P(A|\overline{B})=0.000\,2,$$

故由贝叶斯公式, 得

$$P(B|A)=\frac{P(B)P(A|B)}{P(B)P(A|B)+P(\overline{B})P(A|\overline{B})}=\frac{0.000\,5\times 0.99}{0.000\,5\times 0.99+0.999\,5\times 0.000\,2}=0.712\,3.$$

由计算结果可见，这个人确实患有该疾病的概率为71.23%，明显低于该医院的诊出率99%，这是因为“患病率0.5‰”与“误诊率0.2‰”相差不大，受到了误诊率的影响. 在此情况下，医院应结合患者多方面的因素来综合判断，最终确诊.

贝叶斯公式的意义在于，它提供了一种合理的方式整合先验知识与新证据，更新对未知事件的认知. 这种基于数据和先验知识动态推理的方法，在不确定性问题中尤为关键. 贝叶斯公式的应用广泛，涵盖了科学研究、工程实践和日常生活. 例如，在医学诊断中，通过病症出现的概率更新疾病的可能性；在机器学习中，贝叶斯分类器通过公式实现概率推断；在金融领域，用于风险评估和决策分析. 贝叶斯公式为复杂问题的量化分析提供了理论工具，有助于理性决策和科学预测.

例 11　某次中程导弹射击中，在距目标250千米、200千米、150千米处射击的概率分别为0.1，0.7，0.2，而在各距离处射击的命中率依次为0.05，0.1，0.2. 现已知目标被击中，求击中目标的导弹是在200千米处射击的概率.

解　依题意，$A_i\ (i=1,2,3)$ 分别表示在距目标250千米、200千米、150千米处射击的事件，B 表示“击中目标”，则由条件概率的定义，有

$$P(A_1)=0.1,\ P(A_2)=0.7,\ P(A_3)=0.2.$$

$$P(B|A_1)=0.05,\ P(B|A_2)=0.1,\ P(B|A_3)=0.2.$$

故由全概率公式，得

$$\begin{aligned}P(B)&=\sum_{i=1}^{3}P(A_i)P(B|A_i)\\&=0.1\times 0.05+0.7\times 0.1+0.2\times 0.2=0.115.\end{aligned}$$

再由贝叶斯公式，得

$$P(A_2|B)=\frac{P(A_2)P(B|A_2)}{P(B)}=\frac{0.07}{0.115}\approx 0.608\,7,$$

所以，击中目标的导弹是在200千米处射击的概率约为0.608 7.

例 12　两个不同的小麦品种的种子混杂在一起，已知第一个品种的种子发芽率为90%，第二个品种的种子发芽率为96%，并且已知第一个品种的种子比第二个品种的种子多一倍，求：

(1) 从中任取一粒种子，它能发芽的概率；

(2) 如果取到的一粒种子能发芽，那么它是第一个品种的概率是多少？

解　$A_i\ (i=1,2)$ 分别表示取到的一粒种子是第一、二个品种的事件，B 表示“取到的一粒种子能发芽”，则由条件概率的定义，有

$$P(A_1)=\frac{2}{3},\ P(B|A_1)=90\%;\ P(A_2)=\frac{1}{3},\ P(B|A_2)=96\%.$$

再由全概率公式, 得

$$P(B)=\sum_{i=1}^{2}P(A_i)P(B|A_i)=\frac{2}{3}\times 0.9+\frac{1}{3}\times 0.96=0.92.$$

最后由贝叶斯公式, 得

$$P(A_1|B)=\frac{P(A_1)P(B|A_1)}{P(B)}=\frac{0.60}{0.92}\approx 0.65.$$

例 13 对于例9, 若取出的一球是红球, 试求该红球是从1号罐中取出的概率.

解 仍然用例9的记号, 求 $P(B_1|A)$. 由贝叶斯公式, 得

$$\begin{aligned}P(B_1|A)&=\frac{P(A|B_1)P(B_1)}{P(A|B_1)P(B_1)+P(A|B_2)P(B_2)+P(A|B_3)P(B_3)}\\&=\frac{P(A|B_1)P(B_1)}{P(A)}\approx 0.348.\end{aligned}$$

例 14 某通信渠道中传送的字符为AAAA, BBBB, CCCC三者之一. 假定传送这三组字符的概率分别为0.3, 0.4, 0.3. 由于通道噪声的干扰, 每个字母被正确接收的概率为0.8, 而接收到其他两个字母的概率都为0.1. 假定前后字母是否被歪曲互不影响. 若接收到的字符为ABBC, 求被传送的字符为BBBB的概率.

解 设 B_1, B_2, B_3 分别表示传送的字符为AAAA, BBBB, CCCC的事件. A 表示接收到的字符为ABBC的事件, 则由条件概率的定义, 有

$$P(B_1)=0.3,\ P(B_2)=0.4,\ P(B_3)=0.3.$$

下面应用贝叶斯公式来计算在接收到字符ABBC的情况下, 传送的字符分别为AAAA, BBBB, CCCC的条件概率.

(1) 假设通道噪声导致接收到的字符为ABBC的情况下, 传送的字符为AAAA的条件概率: 第一个字母A被正确接收 (概率为0.8); 第二个字母B被错误接收 (概率为0.1); 第三个字母B被错误接收 (概率为0.1); 第四个字母C被错误接收 (概率为0.1), 由乘法公式, 得

$$P(A|B_1)=0.8\times 0.1\times 0.1\times 0.1=0.000\,8.$$

(2) 假设通道噪声导致接收到的字符为ABBC的情况下, 传送的字符为BBBB的条件概率为

$$P(A|B_2)=0.1\times 0.8\times 0.8\times 0.1=0.006\,4.$$

(3) 假设通道噪声导致接收到的字符为ABBC的情况下, 传送的字符为CCCC的条件概率为

$$P(A|B_3)=0.1\times 0.1\times 0.1\times 0.8=0.000\,8.$$

下面应用全概率公式来计算在所有可能的传送字符(即AAAA, BBBB, CCCC)的情况下接收到字符ABBC的概率:

$$\begin{aligned}P(A)&=P(A|B_1)P(B_1)+P(A|B_2)P(B_2)+P(A|B_3)P(B_3)\\&=0.000\,8\times 0.3+0.006\,4\times 0.4+0.000\,8\times 0.3\\&=0.000\,24+0.002\,56+0.000\,24=0.003\,04.\end{aligned}$$

最后,利用贝叶斯公式计算$P(B_2|A)$,即在接收到字符ABBC的情况下,传送字符为BBBB的概率:

$$P(B_2|A)=\frac{P(B_2)P(A|B_2)}{P(A)}\approx 0.842\,1,$$

即被传送的字符为BBBB的概率是0.842 1.

本例展示了如何在通信系统中使用贝叶斯公式和全概率公式来推断传送字符的概率.在实际通信过程中,噪声会导致接收到的字符与传送字符不同,但通过贝叶斯推理,我们可以基于已知的接收字符计算传送字符的后验概率.这种方法在通信系统的错误检测与纠正中具有广泛的应用,能够帮助优化信号处理和提高数据传输的可靠性.

例 15 在计算机网络的流量监测与分析中,某网络设备可能会出现不同类型的网络故障.通过网络监控系统收集到的网络流量信号模式可以帮助分析设备故障的类型.为了提高故障检测的准确性,使用贝叶斯公式来推断在检测到特定信号模式的情况下,设备出现的故障的类型.设网络设备可能出现以下五种故障类型:

故障类型A_1:网络延迟过高; 故障类型A_2:网络带宽饱和;

故障类型A_3:数据丢包; 故障类型A_4:网络连接中断;

故障类型A_5:网络间歇性断连.

已知网络设备故障的先验概率:

$$P(A_1)=0.15,\ P(A_2)=0.25,\ P(A_3)=0.3,\ P(A_4)=0.2,\ P(A_5)=0.1.$$

信号模式B_1表示高流量网络信号,信号模式可能对应不同类型的故障.已知该信号与各类故障的条件概率如下:

$$P(B_1|A_1)=0.7,\ P(B_1|A_2)=0.8,$$
$$P(B_1|A_3)=0.6,\ P(B_1|A_4)=0.4,\ P(B_1|A_5)=0.3.$$

现在,如果检测到信号模式B_1,试用贝叶斯公式计算在给定信号模式下,设备故障为网络延迟过高(A_1)、网络带宽饱和(A_2)等的后验概率.

解 依题意,根据贝叶斯公式,给定信号模式B_1,我们可以计算出每种故障类型的后验概率:

$$P(A_i|B_1)=\frac{P(B_1|A_i)P(A_i)}{P(B_1)}\ (i=1,2,3,4,5),$$

式中,$P(B_1)$是信号模式B_1的边际概率,可以通过全概率公式计算:

$$\begin{aligned}P(B_1)&=\sum_{i=1}^{5}P(B_1|A_i)P(A_i)\\&=0.7\times 0.15+0.8\times 0.25+0.6\times 0.3+0.4\times 0.2+0.3\times 0.1\end{aligned}$$

$$=0.105+0.2+0.18+0.08+0.03=0.595.$$

因此, 在检测到信号模式B_1的情况下, 每种故障类型在给定信号模式下的后验概率分别为:

$$P(A_1|B_1)=\frac{P(B_1|A_1)P(A_1)}{P(B_1)}=\frac{0.7\times 0.15}{0.595}=\frac{0.105}{0.595}\approx 0.176\,5;$$

$$P(A_2|B_1)=\frac{P(B_1|A_2)P(A_2)}{P(B_1)}=\frac{0.8\times 0.25}{0.595}=\frac{0.2}{0.595}\approx 0.336\,1;$$

$$P(A_3|B_1)=\frac{P(B_1|A_3)P(A_3)}{P(B_1)}=\frac{0.6\times 0.3}{0.595}=\frac{0.18}{0.595}\approx 0.302\,5;$$

$$P(A_4|B_1)=\frac{P(B_1|A_4)P(A_4)}{P(B_1)}=\frac{0.4\times 0.2}{0.595}=\frac{0.08}{0.595}\approx 0.134\,5;$$

$$P(A_5|B_1)=\frac{P(B_1|A_5)P(A_5)}{P(B_1)}=\frac{0.3\times 0.1}{0.595}=\frac{0.03}{0.595}\approx 0.050\,4.$$

本例通过应用贝叶斯公式, 演示了如何在计算机网络的故障检测中利用条件概率和全概率公式计算各种故障类型的后验概率. 通过给定信号模式B_1, 我们计算了各个可能的故障类型发生的概率. 这为网络管理员提供了一个有效的工具, 用于在检测到网络故障信号时判断故障的类型, 并采取相应的修复措施. 这种方法在计算机网络管理、故障检测和智能监控系统中具有广泛的应用, 能够提高故障检测的准确性, 并为系统优化提供数据支持.

例 16　一条自动生产线连续生产n件产品不出故障的概率为

$$\frac{\lambda^n}{n!}e^{-\lambda},\ n=0,\ 1,\ 2,\ \cdots.$$

假设产品的优质品率为$p\,(0<p<1)$, 若各件产品是否为优质品相互独立.

(1) 求生产线在两次故障间共生产$k\ (k=0,\ 1,\ 2,\ \cdots)$件优质品的概率;

(2) 若已知在某两次故障间该生产线生产了k件优质品, 求它共生产m件产品的概率.

解　依题意, 设事件

$$B_k=\{\text{两次故障间共生产}\,k\,\text{件优质品}\},\ k=0,1,2,\cdots;$$

$$A_n=\{\text{两次故障间共生产}\,n\,\text{件产品}\},\ n=0,1,2,\cdots.$$

显然, A_0, A_1, A_2, $\cdots$ 构成一个完备事件组.

(1) 条件概率$P(B_k|A_n)$的计算是一个n重伯努利概型问题. 因为每件产品的质量均有优质品与非优质品之分, 并且各件产品是否为优质品是相互独立的, 又每件产品的优质品率是p. 因此:

$$\text{当}\,n<k\,\text{时},\ P(B_k|A_n)=0;\ \text{当}\,n\geqslant k\,\text{时},\ P(B_k|A_n)=C_n^k p^k q^{n-k}.$$

故由全概率公式知, 生产线在两次故障间共生产k件优质品的概率为

$$P(B_k)=\sum_{n=0}^{\infty}P(A_n)P(B_k|A_n)=\sum_{n=k}^{\infty}P(A_n)P(B_k|A_n)$$

$$=\sum_{n=k}^{\infty}\frac{\lambda^n}{n!}\mathrm{e}^{-\lambda}\frac{n!}{k!(n-k)!}p^k q^{n-k}=\frac{(\lambda p)^k}{k!}\mathrm{e}^{-\lambda p}\sum_{n=k}^{\infty}\frac{(\lambda q)^{n-k}}{(n-k)!}\mathrm{e}^{-\lambda q}$$

$$=\frac{(\lambda p)^k}{k!}\mathrm{e}^{-\lambda p}\ (k=0,\ 1,\ 2,\ \cdots).$$

(2) 当$m<k$时, $P(A_m|B_k)=0$; 当$m\geqslant k$时, 由贝叶斯公式知, 若已知在某两次故障间该生产线生产了k件优质品, 则它共生产m件产品的概率为

$$P(A_m|B_k)=\frac{P(A_m)P(B_k|A_m)}{P(B_k)}$$

$$=\frac{k!}{(\lambda p)^k\mathrm{e}^{-\lambda p}}\cdot\frac{\lambda^m}{m!}\mathrm{e}^{-\lambda}\cdot\frac{m!}{k!(m-k)!}p^k q^{m-k}$$

$$=\frac{(\lambda q)^{m-k}}{(m-k)!}\mathrm{e}^{-\lambda q}\ (m=k,\ k+1,\ \cdots),$$

其中$q=1-p$.

例 17　在机器学习领域, 某公司正在开发一个用于预测客户是否购买产品的分类模型. 该公司将客户按照是否忠诚分为两类: 忠诚客户和非忠诚客户. 忠诚客户的特征是他们重复购买公司的产品, 而非忠诚客户则在购买产品时较为犹豫. 为了提高模型预测的准确性, 公司收集了大量的客户数据, 并根据客户的购买历史和年龄信息建立了分类模型. 已知客户的类别分布如下:

(1) 忠诚客户的比例为70%;

(2) 非忠诚客户的比例为30%;

(3) 忠诚客户购买产品的条件概率为90%;

(4) 非忠诚客户购买产品的条件概率为40%.

现在, 假设公司想要预测一位新客户购买产品的概率, 已知该客户购买了产品. 试用全概率公式计算该客户是忠诚客户的后验概率.

解　设事件L表示客户是忠诚客户, 事件N表示客户是非忠诚客户, 事件P表示客户购买产品. 根据题意, 已知:

(1) 忠诚客户的比例为$P(L)=0.7$;

(2) 非忠诚客户的比例为$P(N)=0.3$;

(3) 忠诚客户购买产品的条件概率为$P(P|L)=0.9$;

(4) 非忠诚客户购买产品的条件概率为$P(P|N)=0.4$.

我们要求的是在已知该客户购买了产品的情况下, 该客户是忠诚客户的条件概率$P(L|P)$, 它可由贝叶斯公式求得:

$$P(L|P)=\frac{P(P|L)P(L)}{P(P)},$$

其中, $P(P)$ 是客户购买产品的总概率, 由全概率公式, 计算得

$$\begin{aligned}P(P)&=P(P|L)P(L)+P(P|N)P(N)\\&=0.9\times0.7+0.4\times0.3=0.63+0.12=0.75.\end{aligned}$$

下面利用贝叶斯公式, 计算得

$$P(L|P)=\frac{P(P|L)P(L)}{P(P)}=\frac{0.9\times0.7}{0.75}=\frac{0.63}{0.75}=0.84,$$

即在已知该客户购买了产品的情况下, 该客户是忠诚客户的后验概率为

$$P(L|P)=0.84.$$

本例通过全概率公式和贝叶斯公式, 展示了如何在机器学习的分类问题中, 基于先验概率和条件概率来计算某个类别的后验概率. 在本例中, 已知客户购买产品的信息, 我们能够推断出该客户是忠诚客户的概率. 这种方法广泛应用于机器学习中的分类模型、推荐系统和预测分析等领域, 帮助数据科学家根据历史数据和已知信息更好地理解模型的输出, 进而优化决策过程.

习题 1-4

1. 一批产品 100 件, 包括 80 件正品、20 件次品, 其中甲厂生产的为 60 件, 有 50 件正品、10 件次品, 余下的 40 件均由乙厂生产. 现从该批产品中任取一件, 记 $A=\{$正品$\}$, $B=\{$甲厂生产的产品$\}$, 求 $P(A)$, $P(B)$, $P(AB)$, $P(B|A)$, $P(A|B)$.

2. 假设一批产品中一、二、三等品各占 60%, 30%, 10%, 从中任取 1 件, 结果不是三等品, 求取到的是一等品的概率.

3. 已知 $P(A)=\frac{1}{4}$, $P(B|A)=\frac{1}{3}$, $P(A|B)=\frac{1}{2}$, 求 $P(A\cup B)$.

4. 设 A, B 为随机事件, $P(A)=0.7$, $P(B)=0.5$, $P(A-B)=0.3$, 求 $P(AB)$, $P(B-A)$, $P(\overline{B}|\overline{A})$.

5. 设事件 A 与 B 互斥, 且 $0<P(B)<1$, 试证: $P(A|\overline{B})=\dfrac{P(A)}{1-P(B)}$.

6. 设 $0<P(C)<1$, 试证: 对于两个互不相容的事件 A, B, 恒有 $P[(A\cup B)|C]=P(A|C)+P(B|C)$.

7. 证明: 若 $0<P(A)<1$, $0<P(B)<1$, $P(A|B)>P(A|\overline{B})$, 则 $P(B|A)>P(B|\overline{A})$.

8. 甲、乙两选手进行乒乓球单打比赛. 甲先发球, 甲发球成功后, 乙回球失误的概率为 0.3; 若乙回球成功, 甲回球失误的概率为 0.4; 若甲回球成功, 乙再次回球失误的概率为 0.5. 试计算这几个回合中乙输掉 1 分的概率.

9. 用 3 部机床加工同一种零件, 零件由各机床加工的概率分别为 0.5, 0.3, 0.2, 各机床加工的零件为合格品的概率分别等于 0.94, 0.9, 0.95, 求全部产品的合格率.

10. 12 个乒乓球中有 9 个新的、3 个旧的, 第一次比赛取出了 3 个, 用完后放回去, 第二次比赛又取出

了3个, 求第二次取出的3个球中有2个新球的概率.

11. 某仓库有同样规格的产品六箱, 其中三箱是甲厂生产的, 两箱是乙厂生产的, 另一箱是丙厂生产的, 且它们的次品率依次为$1/10, 1/15, 1/20$. 现从中任取一件产品, 试求取得的一件产品是正品的概率.

12. 某人忘记了电话号码的最后一个数字, 因而他随意地拨号, 求他拨号不超过三次就接通所需电话的概率. 若已知最后一个数字是奇数, 那么此概率是多少?

13. 轰炸机要完成它的使命, 驾驶员必须找到目标, 同时投弹员必须投中目标. 设驾驶员甲、乙找到目标的概率分别为0.9, 0.8; 投弹员丙、丁在找到目标的条件下投中的概率分别为0.7, 0.6. 现在要配备两组轰炸人员, 问甲、乙、丙、丁怎样配合才能使完成使命有较大的概率 (只要有一架飞机投中目标即完成使命)? 此概率是多少?

14. 在生态系统研究中, 某研究团队正在分析不同类型植物的生长情况, 并探讨环境因素对植物生长的影响. 研究发现, 植物的生长分为两类: 快速生长型和慢速生长型. 快速生长型植物生长较快且对环境条件的适应性强, 而慢速生长型植物生长较慢但更能承受极端环境条件. 团队基于过去几年的数据发现: 快速生长型植物的比例为60%; 慢速生长型植物的比例为40%. 此外, 团队观察到, 在特定的气候条件下, 植物的生长速度与环境因素之间存在一定的关系: 在良好的气候条件下, 快速生长型植物生长的条件概率为0.8, 慢速生长型植物生长的条件概率为0.5. 假设某地区的气候条件为良好, 现已知该地区的植物生长良好, 要求计算该地区植物为快速生长型植物的后验概率.

15. 甲、乙两个盒子里各装有10只螺钉, 每个盒子的螺钉中各有一只是次品, 其余均为正品, 现从甲盒中任取两只螺钉放入乙盒中, 再从乙盒中取出两只, 问从乙盒中恰好取出一只正品、一只次品的概率是多少?

16. 以往资料表明, 某一三口之家患某种传染病的概率有以下规律:

$$P\{\text{孩子得病}\}=0.6,\quad P\{\text{母亲得病}\mid\text{孩子得病}\}=0.5,\quad P\{\text{父亲得病}\mid\text{母亲及孩子得病}\}=0.4.$$

求母亲及孩子得病但父亲未得病的概率.

17. 假设某地区位于甲、乙两河流的汇合处, 当任一河流泛滥时, 该地区即遭受水灾. 设某时期内甲河流泛滥的概率为0.1, 乙河流泛滥的概率为0.2. 当甲河流泛滥时, 乙河流泛滥的概率为0.3, 求:

(1) 该时期内这个地区遭受水灾的概率; (2) 当乙河流泛滥时甲河流泛滥的概率.

18. 无线电通信中, 由于随机干扰, 当发出信号"•"时, 收到信号为"•""不清""－"的概率依次为0.7, 0.2和0.1; 当发出信号"－"时, 收到信号为"－""不清""•"的概率依次为0.9, 0.1和0; 如果整个发送信号的过程中"•""－"出现的概率分别为0.6, 0.4, 求收到信号"不清"的概率. 又当收到信号为"不清"时, 原发信号是什么信号的可能性较大?

19. 在某人工智能神经网络模型的训练过程中, 目标是对输入数据进行分类 (如识别图像中的物体等). 假设有一个神经网络分类器, 它根据图像的不同特征组合给出多个可能的类别标签$Y_i\,(i=1, 2, 3)$, 每个类别都有不同的出现概率. 设定如下数据: 类别Y_1的先验概率为$P(Y_1)=0.3$, 类别Y_2的先验概率为$P(Y_2)=0.4$, 类别Y_3的先验概率为$P(Y_3)=0.3$; 条件概率为

$$P(X\mid Y_1)=0.5,\ P(X\mid Y_2)=0.3,\ P(X\mid Y_3)=0.2.$$

请计算在给定输入数据X的情况下, 每个类别发生的条件概率, 并通过贝叶斯公式证明条件概率的计算.

20. 有朋友自远方来, 他乘坐火车、轮船、汽车、飞机来的概率分别为0.3, 0.2, 0.1, 0.4. 若乘坐火车来, 迟到的概率是0.25; 若乘坐轮船来, 迟到的概率是0.3; 若乘坐汽车来, 迟到的概率是0.1; 若乘坐飞机来,

则不会迟到. 实际上他迟到了, 推测他坐哪种交通工具来的可能性最大.

21. 将两种信息分别编码为0和1传送出去, 由于随机干扰, 接收有误, 0被误收为1的概率为0.02, 1被误收为0的概率为0.01, 在整个传送过程中, 0与1的传送次数比为7:3, 试求当接收到的信息是0时, 原发信息也是0的概率.

22. 甲、乙两厂生产的电池放在一起, 已知其中有75%是甲厂生产的, 有25%是乙厂生产的, 甲厂生产的电池的次品率是0.02, 乙厂生产的电池的次品率是0.04.

(1) 从这批电池中任意取一个, 求它是次品的概率;

(2) 现在发现任意取出一个电池是次品, 求它是乙厂生产的电池的概率.

23. 已知5%的男性和0.25%的女性是色盲患者, 假设男性和女性各占一半, 现随机挑选一人.

(1) 求此人是色盲的概率;

(2) 若已知此人不是色盲, 求此人是男性的概率.

24. 设某地区成年居民肥胖者占10%, 不胖不瘦者占82%, 瘦者占8%, 又知肥胖者患高血压病的概率为20%, 不胖不瘦者患高血压病的概率为10%, 瘦者患高血压病的概率为5%, 试求:

(1) 该地区居民患高血压病的概率;

(2) 若已知某人患高血压病, 可否断定他属于肥胖者?

25. 在所抽取的样本中, 95%的汽车司机系了安全带, 60%的发生严重事故的汽车司机如果不系安全带会死亡, 而80%系了安全带的司机幸存下来, 试求严重事故中的司机没有系安全带并且幸存下来的概率.

26. 一家保险公司拥有这些数据: 在一年的时间内, 30岁以下人群获得保险索赔的概率为4%, 30岁以上人群获得保险索赔的概率为2%, 而且众所周知, 目标人群中有30%的人年龄在30岁以下. 从目标人群中随机选择一个人, 他在一年内获得保险索赔的概率是多少?

§1.5　事件的独立性

随机事件的独立性是概率论中的一个重要概念. 两个随机事件 A 和 B 独立, 当且仅当其中一个事件发生与否不影响另一个事件发生的概率, 即满足 $P(AB)=P(A)P(B)$. 这意味着它们的发生是完全无关联的, 彼此独立. 独立性的意义在于, 它是研究复杂随机现象的重要基础, 能够简化事件之间关系的分析. 独立性假设广泛应用于理论建模, 如统计推断、随机过程和机器学习中, 假定数据之间独立同分布 (i.i.d.) 是许多算法的核心前提. 在实际应用中, 独立性广泛应用于保险、金融、工程等领域. 如在保险领域, 保险公司假设不同保单之间理赔事件相互独立, 从而计算总体风险; 在通信领域, 信号噪声通常被建模为独立随机变量, 以简化系统分析和设计. 这种假设不仅简化计算, 还为理解和预测系统行为提供理论支持.

由上节例子可知, 一般情况下, $P(B)\neq P(B|A)$, 即事件 A, B 中某个事件发生对另一个事件发生的概率是有影响的. 但在许多实际问题中, 常会遇到两个事件中任何一个事件的发生都不会对另一个事件发生的概率产生影响. 此时 $P(B)=P(B|A)$, 于是, 乘法公式可写成

$$P(AB)=P(A)P(B|A)=P(A)P(B).$$

由此引出了事件间的相互独立问题.

一、两个事件的独立性

定义 1 若两事件 A, B 满足

$$P(AB)=P(A)P(B), \tag{5.1}$$

则称 A, B **独立**, 或称 A, B **相互独立**.

注: 两事件互不相容与相互独立是完全不同的两个概念, 它们分别从两个不同的角度表述了两事件间的某种联系. 互不相容是表述在一次随机试验中两事件不能同时发生, 而相互独立是表述在一次随机试验中一事件是否发生与另一事件是否发生互不影响. 此外, 当 $P(A)>0$, $P(B)>0$ 时, A, B 相互独立与 A, B 互不相容不能同时成立. 进一步还可以证明: 若 A 与 B 既独立又互斥, 则 A 与 B 至少有一个是零概率事件.

定理 1 设 A, B 是两事件, 若 A, B 相互独立, 且 $P(B)>0$, 则 $P(A|B)=P(A)$. 反之亦然.

证明 由条件概率和两事件独立性的定义即得.

定理 2 设事件 A, B 相互独立, 则事件 A 与 $\overline{B}$, $\overline{A}$ 与 B, $\overline{A}$ 与 $\overline{B}$ 也相互独立.

证明 由 $A(B\cup\overline{B})=AB\cup A\overline{B}$, 得

$$P(A)=P(AB\cup A\overline{B})=P(AB)+P(A\overline{B})=P(A)P(B)+P(A\overline{B}),$$
$$P(A\overline{B})=P(A)[1-P(B)]=P(A)P(\overline{B}).$$

故 A 与 $\overline{B}$ 相互独立. 由此易推得 $\overline{A}$ 与 B, $\overline{A}$ 与 $\overline{B}$ 相互独立. 证毕.

例 1 设两个相互独立的事件 A 和 B 都不发生的概率为 $1/9$, 事件 A 发生 B 不发生的概率与事件 B 发生 A 不发生的概率相等, 求 $P(A)$.

解 依题设, 由概率的性质3, 有

$$P(\overline{A\cup B})=1-P(A\cup B)=1/9; \tag{①}$$
$$P(\overline{A}B)=P(A\overline{B}). \tag{②}$$

又由事件的基本关系有: $A=A\overline{B}+AB$, $B=BA+B\overline{A}$, 故

$$P(A)=P(A\overline{B})+P(AB),$$
$$P(B)=P(BA)+P(B\overline{A}).$$

由式②有 $P(A)-P(AB)=P(B)-P(AB)$, 即

$$P(A)=P(B). \tag{③}$$

又事件 A, B 相互独立, 根据式①及式③, 有

$$1-P(A)-P(B)+P(A)P(B)=P^2(A)-2P(A)+1=[P(A)-1]^2=1/9,$$

从上式右端解得 $P(A)=1\pm1/3$, 从而

$$P(A)=2/3,\ P(A)=4/3\ (舍去),$$

所以, $P(A)=2/3$.

例 2 从一副不含大小王的扑克牌中任取一张, 记 $A=\{$抽到K$\}$, $B=\{$抽到的牌是黑色的$\}$, 问事件 A, B 是否独立?

解 方法一 依题意, 一副不含大小王的扑克牌共有52张, 其中有4张K, 黑色的牌有26张, 利用古典概型, 有

$$P(A)=\frac{4}{52}=\frac{1}{13},\ P(B)=\frac{26}{52}=\frac{1}{2},\ P(AB)=\frac{2}{52}=\frac{1}{26},$$

从上可见, $P(AB)=P(A)P(B)$, 由事件相互独立的概念知, 事件 A 与 B 相互独立.

方法二 利用条件概率的定义来判断. 同上, 有

$$P(A)=\frac{1}{13},\ P(A|B)=\frac{2}{26}=\frac{1}{13},$$

由此得到 $P(A)=P(A|B)$, 所以事件 A, B 相互独立.

注: 由例2可见, 判断事件的独立性, 可利用定义或通过计算条件概率来判断. 但在实际应用中, 常根据问题的实际意义去判断两事件是否独立.

例如, 甲、乙两人向同一目标射击, 记事件 $A=\{$甲命中$\}$, $B=\{$乙命中$\}$, 则"甲命中"并不影响"乙命中"的概率, 故事件 A 与 B 相互独立.

又如, 一批产品共 n 件, 从中抽取2件, 设事件 $A_i=\{$第 i 件是合格品$\}$ $(i=1, 2)$. 若抽取是有放回的, 则 A_1 与 A_2 相互独立, 因第二次抽取的结果不受第一次抽取的影响. 若抽取是不放回的, 则 A_1 与 A_2 不独立.

例 3 设 A, B 是任意两个事件, 其中 $0<P(A)<1$, 证明: 事件 A 和 B 独立的充分必要条件为 $P(B\mid A)=P(B\mid \overline{A})$.

证明 依题设, 事件 A 的概率不等于0和1.

必要性: 若事件 A 和 B 相互独立, 则由两事件独立的性质知, 事件 $\overline{A}$ 和 B 也独立, 因此

$$P(B\mid A)=P(B),\quad P(B\mid \overline{A})=P(B),$$

所以, 条件概率 $P(B\mid A)=P(B\mid \overline{A})$.

充分性: 若 $P(B\mid A)=P(B\mid \overline{A})$, 则利用事件的运算规律、概率的性质、条件概率的定义与两事件独立的性质, 有

$$\frac{P(AB)}{P(A)}=\frac{P(\overline{A}B)}{P(\overline{A})}=\frac{P(B)-P(AB)}{1-P(A)},$$

$$P(AB)[1-P(A)]=P(A)P(B)-P(A)P(AB)\Rightarrow P(AB)=P(A)P(B).$$

所以, 事件 A 和 B 相互独立. 证毕.

例 4 在某生态系统中, 研究人员正在研究两个物种 (物种A和物种B) 的繁殖情况. 已知这两个物种的繁殖均显著受外部环境因素 (如气候条件、食物资源可获取量等) 的影响,

经长期观测,研究人员确定物种A在特定季节内成功繁殖的概率为60%;物种B在同一季节内成功繁殖的概率为50%.由于这两个物种的繁殖是否成功与外部环境因素的变化紧密相关,研究人员想要分析物种A和物种B的繁殖事件是否相互独立,即探究物种A的繁殖成功与否对物种B成功繁殖的概率是否存在影响.为此,研究人员通过广泛的实地调查和数据统计分析,得到了这两个物种在特定季节内同时成功繁殖的概率为0.3.试根据上述已知信息,判断物种A和物种B的繁殖事件是否相互独立.

解 设事件$A=\{$物种A成功繁殖$\}$,$B=\{$物种B成功繁殖$\}$.已知

$$P(A)=0.6,\ P(B)=0.5,\ P(AB)=0.3.$$

因$P(A)P(B)=0.6\times0.5=0.3$,故

$$P(AB)=0.3=P(A)P(B),$$

即两个事件的联合概率等于两个事件各自概率的乘积,由此可得出物种A和物种B的繁殖事件是相互独立的.

本例展示了如何通过计算联合概率与事件概率的乘积来检验两个事件是否独立.在生态学研究中,判断不同物种的事件是否独立有助于理解它们之间的相互关系,进而为物种保护、生态系统管理和物种共存的研究提供理论支持.

二、有限个事件的独立性

定义 2 设A, B, C为三个事件,若满足等式

$$\begin{cases}P(AB)=P(A)P(B)\\P(AC)=P(A)P(C)\\P(BC)=P(B)P(C)\\P(ABC)=P(A)P(B)P(C)\end{cases}, \tag{5.2}$$

则称事件A, B, C**相互独立**.

进一步,可类似地定义$n\,(n>1)$个事件的独立性:

设$A_1,A_2,\cdots,A_n$是n个事件,如果对其中任意$k\,(1<k\leqslant n)$个事件$A_{i_1},A_{i_2},\cdots,A_{i_k}$ $(1\leqslant i_1<i_2<\cdots<i_k\leqslant n)$,均满足等式

$$P(A_{i_1}A_{i_2}\cdots A_{i_k})=P(A_{i_1})P(A_{i_2})\cdots P(A_{i_k}), \tag{5.3}$$

就称事件$A_1,A_2,\cdots,A_n$**相互独立**.

注:式(5.3)包含的等式总数为$\mathrm{C}_n^2+\mathrm{C}_n^3+\cdots+\mathrm{C}_n^n=(1+1)^n-\mathrm{C}_n^1-\mathrm{C}_n^0=2^n-n-1$.

定义 3 设$A_1, A_2, \cdots, A_n$是n个事件,若其中任意两个事件之间均相互独立,则称$A_1, A_2, \cdots, A_n$**两两独立**.

多个相互独立的事件具有如下性质:

性质 1 若事件$A_1,A_2,\cdots,A_n\ (n\geqslant2)$相互独立,则其中任意$k\,(1<k\leqslant n)$个事件也相互独立.

性质 2　若 n 个事件 $A_1, A_2, \cdots, A_n$ $(n \geqslant 2)$ 相互独立, 则将事件 $A_1, A_2, \cdots, A_n$ 中任意 m $(1 \leqslant m \leqslant n)$ 个事件换成它们的对立事件, 所得的 n 个事件仍相互独立.

例 5　证明: 若三个事件 A, B, C 独立, 则 $A \cup B$ 与 C 相互独立.

证明　依题设, 根据事件间的运算规律、概率的性质以及多事件间相互独立的概念, 有

$$\begin{aligned} P[(A \cup B)C] &= P(AC \cup BC) \\ &= P(AC) + P(BC) - P(ABC) \\ &= P(A)P(C) + P(B)P(C) - P(A)P(B)P(C) \\ &= [P(A) + P(B) - P(A)P(B)]P(C) \\ &= P(A \cup B)P(C), \end{aligned}$$

所以 $A \cup B$ 与 C 相互独立.

例 6　设事件 $A_1, A_2, \cdots, A_n$ 相互独立, $P(A_n) = p_k$ $(k = 1, 2, \cdots, n)$. 求诸事件中至少发生一次的概率.

解　依题设, 由概率的性质3、对偶律与多事件相互独立的定义, 诸事件中至少发生一次的概率为

$$\begin{aligned} P &= P(A_1 \cup A_2 \cup \cdots \cup A_n) = 1 - P(\overline{A}_1 \cap \overline{A}_2 \cap \cdots \cap \overline{A}_n) \\ &= 1 - (1 - p_1)(1 - p_2) \cdots (1 - p_n). \end{aligned}$$

例 7　在人工智能领域, 某AI模型被用于判断邮件是否为垃圾邮件. 系统通过分析邮件的特征来进行分类, 特征包括发件人的IP地址、邮件内容中是否包含特定关键词以及邮件发送的时间段. 这些特征可以表示为三个事件. 事件 A: 邮件的发件人来自某特定IP地址; 事件 B: 邮件中包含特定的垃圾邮件关键词; 事件 C: 邮件是在特定的时间段内发送的. 已知, 通过历史数据分析, AI模型得出了以下概率:

$$P(A) = 0.4,\ P(B) = 0.5,\ P(C) = 0.6,\ P(AB) = 0.2,$$
$$P(BC) = 0.3,\ P(AC) = 0.24,\ P(ABC) = 0.12.$$

请判断这三个事件 A, B 和 C 是否独立.

解　依题设, 根据事件的独立性定义, 分别计算如下. 因

$$P(A)P(B) = 0.4 \times 0.5 = 0.2,$$

故由 $P(AB) = P(A)P(B)$ 知, 事件 A 和 B 是相互独立的. 又因

$$P(B)P(C) = 0.5 \times 0.6 = 0.3,$$

故由 $P(BC) = P(B)P(C)$ 知, 事件 B 和 C 是相互独立的. 再因

$$P(A)P(C) = 0.4 \times 0.6 = 0.24,$$

故由 $P(AC) = P(A)P(C)$ 知, 事件 A 和 C 是相互独立的. 最后因

$$P(A)P(B)P(C) = 0.4 \times 0.5 \times 0.6 = 0.12,$$

故由 $P(ABC) = P(A)P(B)P(C)$ 知, 事件 A, B 和 C 是独立的.

本例展示了如何运用概率统计中的事件独立性检验, 分析人工智能系统中不同特征之

间是否相互独立. 在AI模型中, 判断输入特征的独立性有助于优化模型结构, 提高模型的准确性和效率. 通过这种方法, AI研究人员能够评估不同特征对模型预测结果的影响, 进而优化数据处理过程.

例 8 如图1－5－1所示的是一个串并联电路系统. A, B, C, D, E, F, G, H 都是电路中的元件. 元件下方的数字是它们各自正常工作的概率, 求该电路系统的可靠性.

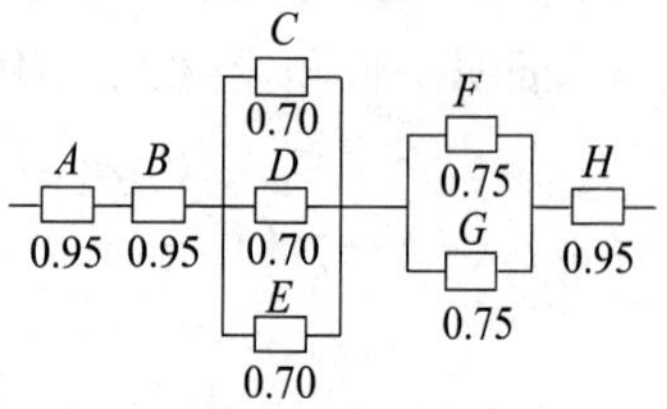

图1－5－1

解 依题设, 根据事件的和与积运算, 以事件 W 表示电路系统正常工作, 则有

$$W = A \cap B \cap (C \cup D \cup E) \cap (F \cup G) \cap H,$$

因各元件独立工作, 故

$$P(W) = P(A)P(B)P(C \cup D \cup E)P(F \cup G)P(H). \tag{5.4}$$

利用对立事件、事件间的运算规律、概率的性质与三个事件的相互独立性, 有

$$\begin{aligned} P(C \cup D \cup E) &= 1 - P(\overline{C \cup D \cup E}) \\ &= 1 - P(\overline{C} \cap \overline{D} \cap \overline{E}) = 1 - P(\overline{C})P(\overline{D})P(\overline{E}) = 0.973, \end{aligned}$$

同理, 利用两个事件的相互独立性, 有

$$P(F \cup G) = 1 - P(\overline{F \cup G}) = 1 - P(\overline{F} \cap \overline{G}) = 1 - P(\overline{F})P(\overline{G}) = 0.937\,5,$$

将上述结果代入式(5.4), 得概率 $P(W) \approx 0.782$.

例 9 甲、乙两人进行乒乓球比赛, 每局甲胜的概率为 $p\,(p \geqslant 1/2)$. 问对甲而言, 采用三局两胜制有利, 还是采用五局三胜制有利? 设各局胜负相互独立.

解 采用三局两胜制, 甲最终获胜, 胜局的情况是: “甲甲” 或 “乙甲甲” 或 “甲乙甲”, 而这三种结局互不相容, 于是, 由题设各局胜负的相互独立与乘法原理知, 甲最终获胜的概率为

$$p_1 = p^2 + (1-p)p^2 + p(1-p)p = p^2 + 2p^2(1-p).$$

采用五局三胜制, 甲最终获胜, 至少需赛3局 (可能赛3局, 也可能赛4局或5局), 且最后一局必须是甲胜, 而前面甲需胜两局. 例如, 共赛4局, 则甲的胜局情况是 “甲乙甲甲” “乙甲甲甲” “甲甲乙甲”, 且这三种结局互不相容. 由多事件的独立性知, 在五局三胜制下甲最终获胜的概率为 $p_2 = p^3 + C_3^2 p^3(1-p) + C_4^2 p^3(1-p)^2$, 而

$$p_2 - p_1 = p^2(6p^3 - 15p^2 + 12p - 3) = 3p^2(p-1)^2(2p-1).$$

当 $p > 1/2$ 时, $p_2 > p_1$; 当 $p = 1/2$ 时, $p_2 = p_1 = 1/2$. 故当 $p > 1/2$ 时, 对甲来说采用五局三胜制较为有利; 当 $p = 1/2$ 时, 两种赛制下甲、乙最终获胜的概率是相同的, 都是50%.

*数学实验

实验 1.3 中国福利彩票的双色球投注方式中, 红色球号码区由1～33共33个号码组成, 蓝色球号码区由1～16共16个号码组成. 投注时选择6个红色球号码和1个蓝色球号码组成一组进行单式投注, 每注

2元. 开奖规定如下:

一等奖: 五百万至亿元级. 投注号码与当期开奖号码全部相同, 即中奖.

二等奖: 百万至千万元级. 投注号码与当期开奖号码中的6个红色球号码相同, 即中奖.

三等奖: 单注奖金固定为3 000元. 投注号码与当期开奖号码中的任意5个红色球号码和1个蓝色球号码相同, 即中奖.

四等奖: 单注奖金固定为200元. 投注号码与当期开奖号码中的任意5个红色球号码相同, 或与任意4个红色球和1个蓝色球号码相同, 即中奖.

五等奖: 单注奖金固定为10元. 投注号码与当期开奖号码中的任意4个红色球号码相同或与任意3个红色球和1个蓝色球号码相同, 即中奖.

六等奖: 单注奖金固定为5元. 投注号码与当期开奖号码中的1个蓝色球号码相同, 即中奖.

试分别求出投注者中上述各类奖的概率 (详见教材配套的网络学习空间).

这里我们要指出的是: 投注者如果想要以99%以上的概率中一等奖, 则他必须连续投注53万年以上 (按每年独立投注156期计算); 而投注者如果想要以99%以上的概率中二等奖, 则他必须连续投注3.3万年以上 (按每年独立投注156期计算).

三、伯努利概型

伯努利概型是概率论中的一种基本模型, 它描述了独立重复试验的统计特性. 其核心特征是: 每次试验只有两种可能的结果 (通常称为"成功"和"失败"), 成功的概率为p, 失败的概率为$1-p$, 且各次试验之间相互独立. 伯努利概型的意义在于, 它为分析和描述大量实际问题提供了简单而有效的理论模型. 通过这一模型, 可以分析随机现象的发生频率和规律. 进一步推广至更复杂的概率模型, 如泊松分布和正态分布. 在实际应用中, 伯努利概型广泛用于质量控制 (如检测合格品率)、市场调查 (如计算消费者偏好)、生物学实验 (如计算基因突变概率) 等领域. 它通过简单的模型揭示了二项选择中概率分布的本质, 成为概率论与统计学的重要基石.

若随机试验只有两种可能的结果——事件A发生或事件A不发生, 则称这样的试验为**伯努利** (Bernoulli) **试验**. 记

$$P(A)=p,\ P(\overline{A})=1-p=q\ (0<p<1,\ p+q=1).$$

将伯努利试验在相同条件下独立地重复进行n次, 称这一串重复的独立试验为***n*重伯努利试验**, 或简称为**伯努利概型**.

注: n重伯努利试验是一种很重要的数学模型, 在实际问题中具有广泛的应用. 其特点是: 事件A在每次试验中发生的概率均为p, 且不受其他各次试验中A是否发生的影响.

定理 3 (伯努利定理) 设在一次试验中, 事件A发生的概率为$p\,(0<p<1)$, 则在n重伯努利试验中, 事件A恰好发生k次的概率为

$$b(k;n,p)=\mathrm{C}_n^k p^k(1-p)^{n-k}\ (k=0,1,\cdots,n).$$

证明 记 $A_i=\{$第i次试验中事件A发生$\}(i=1,2,\cdots,n)$, $B_k=\{$事件A恰好发生k次$\}$, 则事件B_k是下列C_n^k个两两不相容事件的并:

$$A_{i_1}, A_{i_2}, \cdots, A_{i_k}; \overline{A}_{j_1}, \overline{A}_{j_2}, \cdots, \overline{A}_{j_{n-k}},$$

其中, $i_1, i_2, \cdots, i_k$ 是取遍 $1, 2, \cdots, n$ 中的任意 k 个数 (共有 C_n^k 种取法); $j_1, j_2, \cdots, j_{n-k}$ 是取走 $i_1, i_2, \cdots, i_k$ 后剩下的 $n-k$ 个数. 而对任意取出的 $i_1, i_2, \cdots, i_k$, 根据多事件的独立性与 $P(A_i)=p$, 有

$$P(A_{i_1}A_{i_2}\cdots A_{i_k}\overline{A}_{j_1}\overline{A}_{j_2}\cdots\overline{A}_{j_{n-k}})=P(A_{i_1})P(A_{i_2})\cdots P(A_{i_k})P(\overline{A}_{j_1})P(\overline{A}_{j_2})\cdots P(\overline{A}_{j_{n-k}})=p^k q^{n-k},$$

所以, $b(k;n,p)=P(B_k)=C_n^k p^k q^{n-k}$. 证毕.

推论 1 设在一次试验中, 事件 A 发生的概率为 $p\,(0<p<1)$, 则在伯努利试验序列中, 事件 A 在第 k 次试验中才首次发生的概率为

$$p(1-p)^{k-1}\ (k=1, 2, \cdots).$$

事实上, 注意到 "事件 A 在第 k 次试验中才首次发生" 等价于在前 k 次试验组成的 k 重伯努利试验中 "事件 A 在前 $k-1$ 次试验中均不发生而在第 k 次试验中发生", 再由伯努利定理即可推得.

例 10 假设飞机在飞行中引擎出故障的概率为 $1-p$, 且各引擎是否出故障是相互独立的, 如果有 50% 的引擎能正常运行就可保障飞机成功地飞行, 试分别求四引擎飞机及双引擎飞机成功飞行的概率 p_1 及 p_2, 并求 p 取何值时可使 $p_1 \geqslant p_2$.

解 因为引擎出故障是独立的, 故由伯努利定理, 有

$$\begin{aligned} p_1 &= C_4^2 p^2(1-p)^{4-2} + C_4^3 p^3(1-p) + C_4^4 p^4 \\ &= 6p^2(1-p)^2 + 4p^3(1-p) + p^4, \end{aligned}$$

$$p_2 = C_2^1 p(1-p) + C_2^2 p^2 = 2p(1-p) + p^2,$$

要使 $p_1 \geqslant p_2$, 则有

$$6p^2(1-p)^2 + 4p^3(1-p) + p^4 \geqslant 2p(1-p) + p^2,$$

即有

$$p(p-1)^2(3p-2) \geqslant 0,$$

由此可知: 当 $2/3 \leqslant p \leqslant 1$ 时, $p_1 \geqslant p_2$.

例 11 某神经网络模型被应用于图像识别任务. 模型通过训练学习到了图像中每个像素点属于特定类别的概率, 假设图像识别的任务是将图像中的像素点分类为 "目标像素点" (即目标类别) 或 "非目标像素点". 对于每个像素点, 模型输出的概率值可以看作一个伯努利分布事件. 已知: 每个像素点属于目标类别的概率 $p=0.7$; 每个像素点属于非目标类别的概率 $1-p=0.3$.

现在考虑一个图像包含 n 个像素点, 模型对这些像素点的识别结果是相互独立的. 假设我们有一个特定的图像, 图像中有 5 个像素点, 其中 3 个像素点属于目标类别, 2 个像素点属于非目标类别. 请计算该图像中恰好有 3 个目标像素点的概率.

解 本题属于伯努利概型的应用,因为每个像素点的识别结果要么是目标像素点,要么是非目标像素点,并且每个像素点的识别结果是独立的.我们可以使用伯努利试验的概率模型来计算图像中恰好有3个目标像素点的概率.该问题可以转换为从5个像素点中选择3个目标像素点的组合问题.计算该事件的概率时,使用伯努利定理:

$$P(X=k)=\mathrm{C}_n^k p^k(1-p)^{n-k},$$

其中,$n=5$为图像中的总像素点数;$k=3$为我们感兴趣的目标像素点的数量;$p=0.7$为每个像素点是目标像素点的概率;$1-p=0.3$为每个像素点是非目标像素点的概率.将数据代入上式,即可计算出恰好有3个目标像素点的概率:

$$P(X=3)=\mathrm{C}_5^3(0.7)^3(0.3)^2=10\times0.343\times0.09=0.308\,7.$$

本例展示了如何在神经网络领域应用伯努利分布来解决图像识别任务中的问题.在神经网络的训练中,像素点的分类结果通常被建模为独立的伯努利试验,每个像素点可以属于目标类别或非目标类别.利用伯努利定理,可以计算出图像中目标像素点的数量的概率分布,这对图像分类、目标检测等任务中的性能评估具有重要意义.这种方法也为理解和优化神经网络的预测结果提供了理论支持.

例12 某型号高炮,每门炮发射一发炮弹击中飞机的概率为0.6,现若干门炮同时各发射一发.

(1) 问:欲以99%的把握击中一架来犯的敌机至少需配置几门炮?

(2) 现有3门炮,欲以99%的把握击中一架来犯的敌机,问:每门炮的命中率应该提高到多少?

解 (1) 设需配置n门炮.因为n门炮是各自独立发射的,所以,该问题可以看作n重伯努利试验.

设事件$A=\{$高炮击中飞机$\}$,$B=\{$敌机被击中$\}$,则依题设,有$P(A)=0.6$,且

$$P(B)=\sum_{k=1}^{n}\mathrm{C}_n^k\,0.6^k\,0.4^{n-k},$$

故由伯努利定理,问题归结为求满足下面不等式的n:

$$P(B)=\sum_{k=1}^{n}\mathrm{C}_n^k\,0.6^k\,0.4^{n-k}\geqslant0.99.$$

利用二项式展开公式:

$$\mathrm{C}_n^0(1-p)^n+\mathrm{C}_n^1p(1-p)^{n-1}+\mathrm{C}_n^2p^2(1-p)^{n-2}+\cdots+\mathrm{C}_n^np^n=1$$

以及概率的性质,上述不等式化为

$$P(B)=1-P(\overline{B})=1-0.4^n\geqslant0.99,\text{ 或 }0.4^n\leqslant0.01,$$

利用对数函数的运算性质,解得$n\geqslant\dfrac{\lg0.01}{\lg0.4}\approx5.03$.对该结果取整知,至少应该配置6门炮才能达到要求.

(2) 设命中率为p，由 $P(B)=\sum_{k=1}^{3}C_3^k p^k q^{3-k}\geqslant 0.99$；同上，利用二项式展开公式与概率的性质，可得$1-q^3\geqslant 0.99$，解此不等式得

$$q\leqslant 0.215 \Rightarrow p\geqslant 0.785,$$

对该结果取整知，每门炮的命中率至少应为0.785.

注：对于给定一事件的概率求某个参数的逆问题，应先求出事件的概率(含所求参数)，从而得到所求参数满足的方程或不等式，再解之.

习题 1-5

1. 设$P(AB)=0$，则(　).

(A) A和B不相容；　(B) A和B独立；　(C) $P(A)=0$或$P(B)=0$；　(D) $P(A-B)=P(A)$.

2. 若A, B, C相互独立，且$P(A)=P(B)=P(C)=1/2$，求$P(\overline{A}\cup\overline{B}\cup\overline{C})$.

3. 设A_1, A_2, A_3是随机试验E的三个相互独立的事件，已知$P(A_1)=\alpha$，$P(A_2)=\beta$，$P(A_3)=\gamma$，求A_1, A_2, A_3至少有一个发生的概率.

4. 证明：若三个事件A, B, C独立，则$A-B$与C独立.

5. 设两两相互独立的三个事件A, B和C满足条件：

$$ABC=\varnothing,\quad P(A)=P(B)=P(C)<1/2,$$

且已知$P(A\cup B\cup C)=9/16$，求$P(A)$.

6. 设事件$A_1, A_2, \cdots, A_n$相互独立，$P(A_n)=p_k\ (k=1, 2, \cdots, n)$. 求诸事件恰好发生一次的概率.

7. 设每次试验的成功率为$p\ (0<p<1)$，进行重复试验，求直到第10次试验才取得4次成功的概率.

8. 甲、乙两人射击，甲击中的概率为0.8，乙击中的概率为0.7，两人同时射击，并假定中靶与否是独立的，求：

(1) 两人都中靶的概率；　(2) 甲中乙不中的概率；　(3) 甲不中乙中的概率.

9. 甲、乙两位乒乓球运动员实力相当. 若他们连赛数局，问下面哪种结果的可能性大？

(1) 赛3局，甲胜2局；　(2) 赛5局，甲胜3局.

10. 开关使用1 800次以上的概率为0.2，求三个开关在使用1 800次以后最多只有一个损坏的概率.

11. 一个自动报警器由雷达和计算机两部分组成，若两部分有任何一个失灵，这个报警器就失灵. 若使用100小时后，雷达失灵的概率为0.1，计算机失灵的概率为0.3，两部分失灵与否是独立的，求这个报警器使用100小时而不失灵的概率.

12. 制造一种零件可采用两种工艺：第一种工艺有三道工序，每道工序的废品率分别为0.1，0.2，0.3；第二种工艺有两道工序，每道工序的废品率都是0.3. 如果用第一种工艺，合格品中的一级品率为0.9；如果用第二种工艺，合格品中的一级品率只有0.8. 试问哪种工艺能保证得到一级品的概率较大？

13. 3人独立地破译一个密码，他们能破译出的概率分别为1/5, 1/3, 1/4，问能将此密码破译出的概率是多少？

14. 一批产品共有N个，其中M个是次品. 从这批产品中任取1个检查，记录其等级后，仍放回去. 求：

(1) n次都取得合格品的概率；

(2) n 次中至少有 1 次取得合格品的概率;

(3) n 次中恰有 $k\,(0\leqslant k\leqslant n)$ 次取得合格品的概率.

15. 甲、乙、丙 3 部机床独立地工作, 由 1 个人照管. 某段时间内, 它们不需要照管的概率依次是 0.9, 0.8, 0.85, 求在这段时间内, 机床因无人照管而停工的概率.

16. 一猎人用猎枪向一只野兔射击, 第一枪距离野兔 200 m 远; 如果未击中, 他追到距离野兔 150 m 处进行第二次射击; 如果仍未击中, 他追到距离野兔 100 m 处进行第三次射击, 此时击中的概率为 $\dfrac{1}{2}$. 如果这个猎人射击的命中率与他离野兔的距离的平方成反比, 求猎人击中野兔的概率.

17. 排球比赛的规则规定: 发球方赢球时得分, 输球时则被对方夺得发球权. 甲、乙两个排球队进行比赛, 已知当甲队发球时, 甲队赢球和输球的概率分别是 0.4 和 0.6; 当乙队发球时, 甲队赢球和输球的概率都是 0.5. 无论哪个队先发球, 比赛进行到任一队得分时为止, 求当甲队发球时各队得分的概率.

18. 设有 4 个独立工作的元件 1, 2, 3, 4. 它们的可靠性分别为 p_1, p_2, p_3, p_4, 将它们按右图的方式连接 (称为并串联系统), 求这个系统的可靠性.

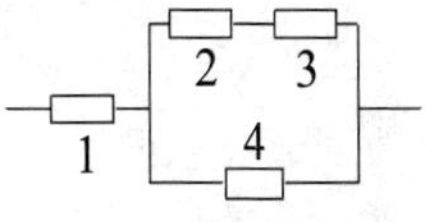

题18图

19. 设 A, B, C 三个事件相互独立, 证明: $A\cup B$, AB 肯定与 C 相互独立.

20. 设 $0<P(A)<1$, $0<P(B)<1$, $P(A|B)+P(\overline{A}|\overline{B})=1$, 试证: 事件 A 和 B 相互独立.

21. 设平面区域 D_1 由 $x=1$, $y=x$ 所围成, 今向 D_1 内随机地投入 10 个点, 求这 10 个点中至少有 2 个点落在由曲线 $y=x^2$ 与 $y=x$ 所围成的区域 D 内的概率.

22. 将一枚硬币独立地抛两次, 引入事件:

$$A_1=\{抛第一次出现正面\},\quad A_2=\{抛第二次出现正面\},\quad A_3=\{正、反面各出现一次\}.$$

试讨论事件 A_1, A_2, A_3 的两两独立性与相互独立性.

23. 设一个病人在某种心脏手术中存活的概率是 0.8, 求:

(1) 3 个病人中恰有 2 人手术后存活的概率; (2) 3 个病人中至少有 1 人不能存活的概率.

24. 随机地掷一颗骰子, 连掷 6 次, 求:

(1) 恰有一次出现"6 点"的概率; (2) 恰有两次出现"6 点"的概率;

(3) 至少出现一次"6 点"的概率.

25. 设事件 A 在每次试验中发生的概率为 0.3, 当 A 发生不少于 3 次时, 指示灯发出信号.

(1) 进行了 5 次重复独立试验, 求指示灯发出信号的概率;

(2) 进行了 7 次重复独立试验, 求指示灯发出信号的概率.

26. 某工程公司在进行建筑材料质量检测时, 使用随机抽样的方法来检测一批建筑材料的合格率. 假设每块材料是否合格是一个独立的伯努利试验, 每块材料合格的概率为 $p=0.9$, 不合格的概率为 $1-p=0.1$. 该公司计划从一批共15块材料中随机抽取12块进行质量检测, 检测后, 试计算在抽取的样本中恰好有10块合格材料的概率.

27. 如果一危险情况 C 发生时, 一电路闭合并发出警报, 我们可以借用两个或多个开关并联以改善可靠性, 当 C 发生时这些开关中的每一个都应闭合, 且只要一个开关闭合了, 警报就会发出. 如果两个这样的开关并联, 它们每个具有 0.96 的可靠性 (即在情况 C 发生时开关闭合的概率), 问这时系统的可靠性 (即电路闭合的概率) 是多少? 如果需要有一个可靠性至少为 0.999 9 的系统, 则至少需要用多少个开关并联? 设各开关闭合与否是相互独立的.

28. 有一大批产品, 其验收方案如下: 先做第一次检验, 从中任取 10 件, 经检验无次品, 则接收这批产品, 若次品数大于 2, 则拒收; 否则做第二次检验, 其做法是从中再任取 5 件, 仅当 5 件中无次品时才接收这批产品. 若产品的次品率为 10%, 求:

(1) 这批产品经第一次检验就能被接收的概率;

(2) 需做第二次检验的概率;

(3) 这批产品按第二次检验的标准被接收的概率;

(4) 这批产品在第一次检验时未能做决定且第二次检验时被接收的概率;

(5) 这批产品被接收的概率.

29. 假设放射性物质发射的某种粒子穿透某个屏蔽层的概率为 0.01 . 如果发射 10 个粒子, 那么其中恰好有 1 个粒子穿透屏蔽层的概率是多少? 为了使至少 1 个粒子穿透屏蔽层的概率至少为 0.8, 必须发射多少个粒子?

总习题一

1. 一批产品有合格品也有废品, 从中有放回地抽取 (将产品取出一件观察后放回) 三件产品, 以 A_i $(i=1,2,3)$ 表示第 i 次抽到废品, 试以事件的集合表示下列情况:

(1) 第一次和第二次抽取至少抽到一件废品;　(2) 只有第一次抽到废品;　(3) 三次都抽到废品;

(4) 至少有一次抽到废品;　(5) 只有两次抽到废品.

2. 设事件 A, B, C 满足 $ABC \neq \varnothing$, 试把下列事件表示为一些互不相容的事件的和:

$$A \cup B \cup C,\ AB \cup C,\ B - AC.$$

3. 证明下列等式:

(1) $A \cup B = A \cup B\overline{A}$;　(2) $B - A = \overline{AB} - \overline{\overline{A}B}$;　(3) $(A-B)\cup(B-A) = \overline{AB \cup \overline{A}\,\overline{B}}$.

4. 若 $P(A)=0.5$, $P(B)=0.4$, $P(A-B)=0.3$, 求 $P(A\cup B)$, $P(\overline{A}\cup\overline{B})$.

5. 设 A, B, C 是三个事件, 且

$$P(A)=P(B)=P(C)=1/4,\ P(AB)=P(BC)=0,\ P(AC)=1/8,$$

求 A, B, C 至少有一个发生的概率.

6. 设随机事件 A 与 B 互不相容, 已知 $P(A)=P(B)=a\ (0<a<1)$, $P(A|\overline{B})=P(\overline{A}|\overline{B})$, 求 a 及 $P(A+B)$.

7. 已知三个事件 A_1, A_2, A_3 都满足 $A_i \subset A\ (i=1,2,3)$, 试证:

$$P(A) \geqslant P(A_1)+P(A_2)+P(A_3)-2.$$

8. 某教育书店一天售出数学类书籍 50 本、外语类书籍 50 本、理化类书籍 50 本, 设每位顾客每类书籍至多购一本. 其中, 只购数学类书籍的顾客占顾客总数的 20%, 只购外语类书籍的顾客占 25%, 只购理化类书籍的顾客占 15%, 三类书籍全购的顾客占 10%. 问:

(1) 总共有多少顾客购书?　(2) 只购数学类书籍和外语类书籍的顾客占顾客总数的比例是多少?

9. 设一批产品共 100 件, 其中 98 件正品、2 件次品, 从中任意抽取 3 件 (分三种情况: 一次拿 3 件; 每次拿 1 件, 取后放回, 拿 3 次; 每次拿 1 件, 取后不放回, 拿 3 次). 试求:

(1) 取出的 3 件中恰有 1 件是次品的概率;　(2) 取出的 3 件中至少有 1 件是次品的概率.

10. 某宾馆一楼有 3 部电梯, 今有 5 人要乘坐电梯, 假定各人选哪部电梯是随机的, 求每部电梯中至少有 1 人的概率.

11. 某教研室共有11名教师, 其中男教师7人, 现该教研室中要任选3名优秀教师, 求3名优秀教师中至少有1名女教师的概率.

12. 在房间里有10个人, 分别佩戴 1 ~ 10号的纪念章, 任选3人记录其纪念章的号码, 求:

(1) 最小号码为5的概率; (2) 最大号码为5的概率.

13. 甲、乙两人投篮的命中率分别为0.7和0.8, 每人投篮3次, 求:

(1) 两人进球数相等的概率; (2) 甲比乙进球数多的概率.

14. 为了防止意外, 在矿内同时装有两种警报系统 I 和 II, 两种警报系统单独使用时, 系统 I 和 II 有效的概率分别为0.92和0.93; 在系统 I 失灵的条件下, 系统 II 仍有效的概率为0.85, 求:

(1) 两种警报系统 I 和 II 都有效的概率; (2) 系统 II 失灵而系统 I 有效的概率.

15. 某地区的电话号码是由8打头的8个数字组成的8位数, 求:

(1) 一个电话号码的8个数字全不相同的概率 p; (2) 一个电话号码的8个数字不全相同的概率 q.

16. 有10张外观相同的扑克牌, 其中有一张是大王, 让10人分别按顺序不放回地随机抽取一张, 讨论谁先抽到大王.

(1) 甲认为: 先抽的人比后抽的人机会大; (2) 乙认为: 不论先后, 抽到大王的机会是一样的.
究竟他们谁说的对?

17. 甲、乙两人先后从52张扑克牌中各抽取13张, 求甲或乙拿到4张A的概率.

(1) 甲抽后不放回, 乙再抽; (2) 甲抽后将牌放回, 乙再抽.

18. 包括 a 和 b 两人在内共 n 个人排队, 求 a, b 间恰有 r 个人的概率.

19. 随机地向半圆 $0<y<\sqrt{2ax-x^2}$ (a 为正常数) 内扔一个点, 点落在半圆的任何区域内的概率与区域的面积成正比, 求原点和该点的连线与 x 轴的夹角小于 $\pi/4$ 的概率.

20. 在某城市发行三种报纸 A, B, C, 经调查, 在该市居民中, 订阅 A 报的有45%, 订阅 B 报的有35%, 订阅 C 报的有30%, 同时订阅 A, B 报的有10%, 同时订阅 A, C 报的有8%, 同时订阅 B, C 报的有5%, 同时订阅 A, B, C 报的有3%, 试求下列事件的概率:

(1) 只订 A 报; (2) 只订 A, B 报; (3) 只订一种报纸; (4) 正好订两种报纸.

21. 10个考签中有4个难签, 3人参加抽签考试, 不放回地抽取, 每人一次, 甲先, 乙次, 丙最后, 证明3人抽到难签的概率相等.

22. 一批零件共100个, 次品率为10%, 每次从中任取一个零件, 取后不放回, 如果取到一个合格品就不再取下去, 求在三次内取到合格品的概率.

23. 有两箱同种类的零件, 第一箱装了50只, 其中10只一等品; 第二箱装了30只, 其中18只一等品. 今从两箱中任挑出一箱, 然后从该箱中取零件两次, 每次任取一只, 做不放回抽样, 求:

(1) 第一次取到的是一等品的概率;

(2) 在第一次取到的零件是一等品的条件下, 第二次取到的也是一等品的概率.

24. 共有18名射手, 其中5名中靶的概率为0.8; 7名中靶的概率为0.7; 4名中靶的概率为0.6; 2名中靶的概率为0.5. 任意选一名射手进行一次射击, 结果未能中靶, 试问该射手最可能属于哪一组?

25. 发报台分别以概率0.6和0.4发出信号“·”及“ − ”, 由于通信系统受到干扰, 当发出信号“·”时, 收报台分别以概率0.8及0.2收到“·”及“ − ”; 又当发出信号“ − ”时, 收报台分别以概率0.9及0.1收到“ − ”及“·”. 求当收报台收到“·”时, 发报台确系发出信号“·”的概率, 以及收到“ − ”时, 确系发出“ − ”的概率.

26. 设袋中装有 a 个红球, b 个白球, 每次自袋中任取一个球, 观察颜色后放回, 并同时再放入 m 个与所取出的那个球同色的球, 连续在袋中取球四次, 试求第一、二次取到红球且第三次取到白球、第四次取到红球的概率.

27. 一个开关电路如右图所示, 假设开关 a, b, c, d 开或关的概率都是 0.5, 且各开关是否关闭相互独立. 求灯亮的概率以及如果发现灯亮时, 开关 a 与 b 同时关闭的概率.

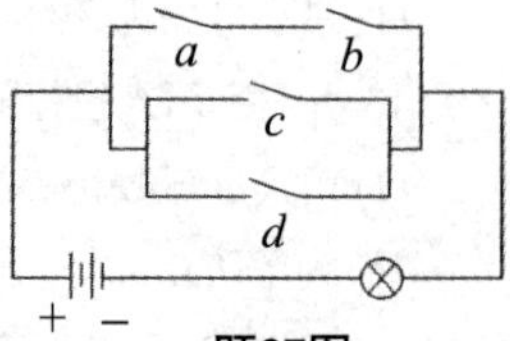

题27图

28. 设口袋中装有 $2n-1$ 个白球, $2n$ 个黑球, 一次取出 n 个球. 如果已知取出的球都是同一种颜色, 试计算该颜色是黑色的概率.

29. 某人有两盒火柴, 吸烟时从任意一盒中取一根火柴, 经过若干时间后, 发现一盒火柴已用完. 如果最初两盒中各有 n 根火柴, 求这时另一盒中还有 r 根火柴的概率.

30. 甲、乙、丙 3 人同向一架飞机射击, 设击中飞机的概率分别为 0.4, 0.5, 0.7. 如果只有 1 人击中飞机, 则飞机被击落的概率是 0.2; 如果有 2 人击中飞机, 则飞机被击落的概率是 0.6; 如果 3 人都击中飞机, 则飞机一定被击落. 求飞机被击落的概率.

31. 由统计资料知某地区需进行化验的疾病中, 患 A 种疾病者占 35%, 患 B 种疾病者占 60%, 患 C 种疾病者占 5%, 又知患 A, B, C 三种疾病者的化验结果为阳性的可能性分别为 80%, 30% 和 85%. 假设每位患者只可能患其中的一种疾病. 现有某位患者的化验结果为阳性, 试求该患者确实患 A 种疾病的概率.

32. 在日常生活中, 人们常常用“水滴石穿”“只要功夫深, 铁杵磨成针”来形容有志者事竟成. 但是, 也有人认为这些是不可能的. 如果从概率的角度看, 就会发现这是很有道理的. 为什么?

33. 现有编号为 I, II, III 的三个口袋, 其中 I 号袋内装有两个 1 号球、一个 2 号球与一个 3 号球; II 号袋内装有两个 1 号球与一个 3 号球; III 号袋内装有三个 1 号球与两个 2 号球. 现在先从 I 号袋内随机地取一个球, 放入与球上号数相同的口袋, 第二次从该口袋中任取一个球, 问第二次取到几号球的概率最大? 为什么?

34. 要验收一批 (100 台) 微机, 验收方案如下: 从该批微机中随机地取出 3 台进行测试 (设 3 台微机的测试是相互独立的), 3 台中只要有 1 台在测试中被认为是次品, 这批微机就会被拒绝接收. 由于测试条件和水平所限, 将次品的微机误判为正品的概率为 0.05, 而将正品的微机误判为次品的概率为 0.01. 如果已知这 100 台微机中恰有 4 台次品, 试问这批微机被接收的概率是多少?

35. 某种仪器由三个部件组装而成, 假设各部件的质量互不影响且它们的优质率分别为 0.8, 0.7 与 0.9. 已知: 如果三个部件都是优质品, 则组装后的仪器一定合格; 如果有一个部件不是优质品, 则组装后的仪器的不合格率为 0.2; 如果有两个部件不是优质品, 则仪器的不合格率为 0.6; 如果三个部件都不是优质品, 则仪器的不合格率为 0.9.

(1) 求仪器的不合格率;

(2) 如果已发现一台仪器不合格, 问它有几个部件不是优质品的概率最大?

第 2 章　随机变量及其分布

随机变量及其分布是概率统计中的核心概念，广泛应用于自然科学、社会科学和工程技术领域. 其产生背景可以追溯到对随机现象的研究，例如抛硬币、掷骰子等. 随着对复杂现象的观察与研究，科学家发现需要使用一种数学工具来描述和量化随机现象的不确定性. 随机变量应运而生，用于将随机现象的结果映射到实数上，使其便于分析和计算. 随机变量的分布描述了其可能的取值及相应的概率分布规律，是随机现象规律性的重要表现形式. 分布函数能够揭示事件发生的可能性结构，为研究随机现象提供了系统化的框架. 例如，正态分布广泛用于自然界和社会现象的描述，指数分布适用于寿命和可靠性分析，而泊松分布在离散事件的计数问题中具有重要意义. 随机变量及其分布的意义在于通过数学模型简化和抽象复杂系统，使得我们能够用概率语言描述和预测不确定性. 这为科学研究、工程优化和管理决策提供了理论支持. 例如，金融领域利用随机变量研究股票价格波动；制造业通过分布模型优化生产过程；医学领域则利用随机模型分析疾病传播和治疗效果.

在随机试验中，人们除了对某些特定事件发生的概率感兴趣外，往往还关心某个与随机试验的结果相联系的变量. 由于这一变量的取值依赖于随机试验的结果，因而被称为随机变量. 与普通变量不同，对于随机变量，人们虽然无法事先预知其确切取值，但可以研究其取值的统计规律性. 本章将介绍两类随机变量及描述随机变量统计规律性的分布.

§2.1　随机变量

一、随机变量概念的引入

为全面研究随机试验的结果，揭示随机现象的统计规律性，需将随机试验的结果数量化，即把随机试验的结果与实数对应起来.

(1) 在有些随机试验中，试验的结果本身就通过数量来表示.

例如，在掷一颗骰子，观察其出现的点数的试验中，试验的结果就可分别由数 1, 2, 3, 4, 5, 6 来表示.

(2) 在另一些随机试验中，试验结果看起来与数量无关，但可以指定一个数量来表示之.

例如，在抛一枚硬币 (抛硬币实验)，观察其出现正面或反面的试验中，若规定“出现正面”对应数 1，“出现反面”对应数 -1，则该试验的每一种可能结果都有唯一确定的实数与之对应.

上述例子表明，随机试验的结果都可用一个实数来表示，这个实数随着试验的结果不同而变化，因而，它是样本点的函数，这个函数就是我们要引入的随机变量.

二、随机变量的定义

定义 1 设随机试验的样本空间为 S，称定义在样本空间 S 上的实值单值函数 $X=X(\omega)$ 为**随机变量**.

注：随机变量实际上就是定义在样本空间上的实值函数. 图 2－1－1 中画出了样本点 ω 与实数 $X=X(\omega)$ 对应的示意图.

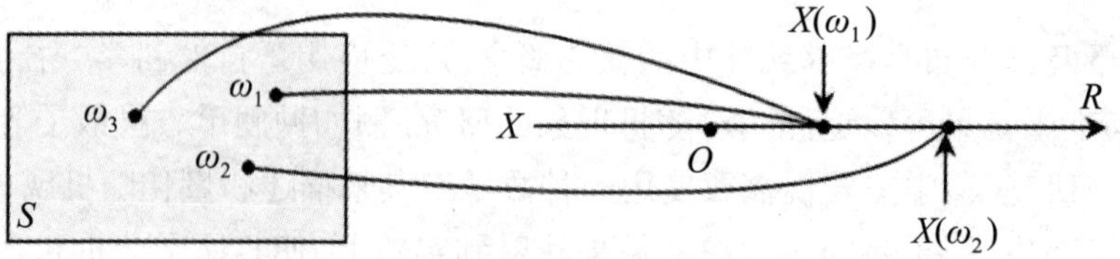

图 2－1－1

随机变量 X 的取值由样本点 ω 决定. 反之，使 X 取某一特定值 a 的那些样本点的全体构成样本空间 S 的一个子集，即

$$A=\{\omega \mid X(\omega)=a\}\subset S.$$

它是一个事件，当且仅当事件 A 发生时才有 $\{X=a\}$，今后我们将事件 $A=\{\omega \mid X(\omega)=a\}$ 记为

$$\{X=a\}.$$

随机变量通常用大写字母 X, Y, Z 或希腊字母 ξ, η 等表示. 而随机变量的取值一般采用小写字母 x, y, z 等表示.

随机变量与高等数学中函数的比较：

(1) 它们都是实值函数，但前者在试验前只知道它可能的取值范围，而不能预先肯定它将取哪个值；

(2) 因试验结果的出现具有一定的概率，故前者取每个值和每个确定范围内的值也有一定的概率.

例 1 在抛一枚硬币进行打赌时，如果规定出现正面时抛掷者赢 1 元，出现反面时输 1 元，则其样本空间为 $S=\{$ 正面, 反面 $\}$，记赢钱数为随机变量 X，则 X 作为样本空间 S 上的实值函数，定义为

$$X(\omega)=\begin{cases} 1, & \omega=\text{正面} \\ -1, & \omega=\text{反面} \end{cases}.$$

例 2 在将一枚硬币抛三次，观察正面 H、反面 T 出现情况的试验中，其样本空间

$$S=\{HHH, HHT, HTH, THH, HTT, THT, TTH, TTT\};$$

记每次试验出现正面 H 的总次数为随机变量 X，则 X 作为样本空间 S 上的实值函数定义为

ω	HHH	HHT	HTH	THH	HTT	THT	TTH	TTT
X	3	2	2	2	1	1	1	0

易见，使 X 取值为 2 的样本点构成的子集为

$$\{X=2\}=\{HHT, HTH, THH\},$$

故由古典概型公式，使随机变量 X 取值为 2 的概率为 $P\{X=2\}=3/8$. 类似地，有

$$P\{X\leqslant 1\}=P\{HTT, THT, TTH, TTT\}=4/8=1/2.$$

例3 在测试灯泡寿命的试验中, 每个灯泡的实际使用寿命可能是区间 $[0,+\infty)$ 中的任何一个实数, 如果用 X 表示灯泡的寿命 (单位: 小时), 则 X 是定义在样本空间 $S=\{t \mid t\geqslant 0\}$ 上的函数, 即 $X=X(t)=t$ 是一个随机变量.

例4 (设备故障率的随机变量) 在工程领域, 若某设备的故障事件在一定时间段内是独立发生的, 且每个时间段内设备故障的平均次数为 λ, 则该设备故障的发生通常符合泊松分布 $P(\lambda)$ (详见§2.2). 若用 X 表示在某一时间段内发生的设备故障次数, 则 X 就是一个随机变量, 且

$$X \sim P(\lambda),$$

读作随机变量 X 服从参数为 λ 的泊松分布 $P(\lambda)$, 该随机变量常用于描述稀有事件在单位时间内发生的概率.

例5 (设备使用寿命的随机变量) 在工程管理中, 若某设备的寿命是独立的, 且平均寿命为 μ 小时, 则设备的使用寿命通常符合指数分布 $e(\lambda)$ (详见§2.4). 若用 X 表示设备的使用寿命 (单位: 小时), 则 X 是一个随机变量, 且

$$X \sim e(\lambda) \ (\lambda = 1/\mu),$$

读作随机变量 X 服从参数为 λ 的指数分布 $e(\lambda)$, 该随机变量常用于预测设备的寿命期, 以便安排设备的维护和更换.

例6 (材料强度的随机变量) 在工程技术领域, 材料的抗压强度通常服从正态分布 (详见§2.4). 若某材料的抗压强度 X 服从均值为 μ、标准差为 σ 的正态分布, 则 X 是一个随机变量, 且

$$X \sim N(\mu, \sigma^2),$$

其广泛用于材料科学中的质量控制和工程设计, 帮助确保产品满足所需的性能标准.

例7 (股票收益率的随机变量) 在金融领域, 股票的日收益率通常被假设为服从正态分布 (详见§2.4). 假设某只股票的日收益率 X 服从均值为 μ、标准差为 σ 的正态分布, 则 X 是一个随机变量, 且

$$X \sim N(\mu, \sigma^2),$$

其中, μ 表示该股票的期望收益率, σ 表示股票收益率的波动性 (即标准差). 该随机变量常用于金融分析, 帮助投资者评估股票的风险和收益, 并做出投资决策.

例8 在一项地区居民饮水量的健康调查中, 研究人员测量了某地区居民的每日饮水量 (单位: 毫升). 假设每个居民的每日饮水量是一个连续的随机变量, 可能的取值范围是 $[0, 8\,000]$, 即从 0 毫升到 8 000 毫升. 我们用随机变量 Y 来表示某个居民的每日饮水量. 因此, 随机变量 Y 是定义在样本空间 $T=\{t \mid 0\leqslant t\leqslant 8\,000\}$ 上的, 其中 t 表示居民某天的饮水量. 试求 Y 的表示式.

解 依题设, 定义在样本空间 T 上的随机变量 Y 可表示为

$$Y(t)=t.$$

在此例中, 随机变量 Y 表示某个居民每日的饮水量, 值域为 0~8 000 毫升 (即 $t\in[0, 8\,000]$). 例如, 如果某天居民的饮水量为 2 000 毫升, 则随机变量 Y 的值为 2 000; 如果某天居民的饮水

量为5 000毫升，则随机变量Y的值为5 000. 通过对该随机变量进行分析，研究人员可以计算该地区居民的平均饮水量、健康水平等公共健康指标，从而为公共卫生政策提供数据支持.

三、引入随机变量的意义

随机变量概念的产生是概率论发展史上的重大事件. 在概率论中，引入随机变量是为了更好地刻画不确定性、描述随机现象，并对实际问题进行分析与推断. 随机变量的出现使得我们能够用数学的方法，将随机现象中难以直接操作或度量的样本空间转化为可处理的数值表达，从而在保持不确定性的前提下，为进一步的理论研究与应用奠定基础. 通过对随机变量的分布进行研究，我们能够了解到事件发生的概率规律，以及事件相应取值的可能性与期望值等指标，这些都为风险评估、决策制定及科学推断提供了更清晰的框架与方法.

随机变量的引入，使随机试验中的各种事件可通过随机变量的关系式表达出来.

例如，某城市的120急救电话每小时收到的呼叫次数X是一个随机变量，则

- 事件{收到不少于20次呼叫}可表示为$\{X\geqslant 20\}$；
- 事件{恰好收到10次呼叫}可表示为$\{X=10\}$.

由此可见，随机事件这个概念实际上包含在随机变量这个更广的概念内. 也可以说，随机事件以静态的观点来研究随机现象，而随机变量则以动态的观点来研究.

随机变量因其取值方式不同，通常分为离散型和非离散型两类. 而非离散型随机变量中最重要的是连续型随机变量. 今后，我们主要讨论离散型随机变量和连续型随机变量.

随机变量的引入还为各类抽样研究和统计推断创造了条件. 对随机变量的估计、假设检验和回归分析等都是以它为基础构建的. 统计学家、工程师以及其他领域的研究者可以借助随机变量去量化不确定性并进行科学决策. 无论是在金融领域对投资风险的衡量，还是在社会科学领域对群体行为的研究，抑或在自然科学领域对随机事件的解释，都离不开对随机变量的考量. 它不仅提升了对复杂随机现象的理解深度，也为从理论到实践的应用提供了统一且严谨的数学支撑.

习题 2-1

1. 随机变量的特征是什么?

2. 试述随机变量的分类.

3. 盒中装有大小相同的10个球，编号为0, 1, 2, …, 9，从中任取1个，观察号码“小于5”“等于5”“大于5”的情况，试定义一个随机变量来表达上述随机试验结果，并写出该随机变量取每个特定值的概率.

4. 从一批产品中任意抽取20件，检验其合格品的件数，试用随机变量来表示，并说明其取值的意义.

5. 在某工程项目中，工人们在建筑工地上进行作业时，工程公司根据每名工人的生产效率来支付奖励. 如果某工人一天完成了标准工作量(即项目规定的工作量)，则工人获得100元的奖励；如果未能完成标准工作量，则工人扣除50元作为罚款. 该工地的工作日结束后，公司希望根据工人们完成任务的情况来计算他们的奖励或罚款. 设事件“完成标准工作量”为“成功”，事件“未完成标准工作量”为“失败”. 样本空间

$$S=\{成功, 失败\}.$$

记奖励或罚款数额为随机变量X，试求在S上随机变量X的函数定义式.

6. 在交通流量研究中，某城市的主要道路的每日车流量（单位：辆）可能是区间$[0,100\ 000]$中的任何实数. 城市交通管理部门通过监控系统统计了该道路的车流量，设用X表示该道路在某一天的车流量（单位：辆）. 因此，随机变量X是定义在样本空间

$$S=\{t\mid 0\leqslant t\leqslant 100\ 000\}$$

上的，其中，t表示某天的车流量. 试求X的表示式.

§2.2　离散型随机变量及其概率分布

离散型随机变量用于刻画取值范围为有限或可数无穷的随机现象. 常见例子包括抛硬币得正反面的次数、工厂批量生产中的残次品数量以及各种排队系统中的顾客到达量等. 离散型随机变量的核心在于其概率分布，具体体现为每一个可能取值都被赋予一个概率，而所有取值的概率和必须为1. 通过研究其概率分布，我们可深入探讨期望、方差以及不同分布之间的联系，例如，二项分布能刻画一定次数的独立试验中成功次数的分布，泊松分布则常用于描述单位时间或单位空间内随机事件的发生数量. 不管是在抽样调查、生产质量检测还是交通流量预测等领域，离散型随机变量都能为我们提供精细且直观的量化模型.

一、离散型随机变量及其概率分布

设X是一个随机变量，如果它全部可能的取值只有有限个或可数无穷个，则称其为一个**离散型随机变量**.

设$x_1, x_2, \cdots$是随机变量X的所有可能取值，对于X的每个取值x_i，$\{X=x_i\}$是其样本空间S上的一个事件，为描述随机变量X，还需知道这些事件发生的可能性（概率）.

定义1　设离散型随机变量X的所有可能取值为$x_i\ (i=1, 2, \cdots)$，则

$$P\{X=x_i\}=p_i,\ i=1, 2, \cdots$$

称为X的**概率分布**或**分布律**，也称**概率函数**.

常用表格形式来表示X的概率分布（分布律）：

X	x_1	x_2	$\cdots$	x_n	$\cdots$
p_i	p_1	p_2	$\cdots$	p_n	$\cdots$

注：若已知一个离散型随机变量X的概率分布如上表所示，则可以求得X所生成的任何事件的概率，特别地，

$$P\{a\leqslant X\leqslant b\}=P\left\{\bigcup_{a\leqslant x_i\leqslant b}\{X=x_i\}\right\}=\sum_{a\leqslant x_i\leqslant b}p_i .$$

由概率的定义，$p_i\ (i=1, 2, \cdots)$必然满足下列性质：

(1) $p_i\geqslant 0,\ i=1, 2, \cdots$；　　(2) $\sum_i p_i=1$.

例1　同时掷两颗骰子，观察它们出现的点数，设X是两颗骰子出现的最大点数，求X的分布律.

解　同时掷两颗骰子，随机变量X为两颗骰子出现的最大点数. 骰子的点数可以是1～6之间的整数，因此X的取值范围为1～6. 我们可以通过列出所有可能的点数组合来计算X的分布律. 掷两颗骰子的所有可能结果共有$6\times6=36$种组合，且每种组合出现的概率均为1/36.

下面考虑X为各个可能取值的情况，并求每种情况下的概率.

当$X=1$时，即两颗骰子的点数均为1. 其组合为(1, 1)，故概率为

$$P\{X=1\}=\frac{1}{6}\times\frac{1}{6}=\frac{1}{36}.$$

当$X=2$时，两颗骰子可能的点数组合为(1, 2)、(2, 1)、(2, 2)，共有3种组合，每种的概率均为1/36，故其组合的概率为

$$P\{X=2\}=\frac{1+1+1}{36}=\frac{1}{12}.$$

按照上述计算方法，可分别得到

$$P\{X=3\}=\frac{C_2^1\times2+1}{6^2}=\frac{5}{36},\quad P\{X=4\}=\frac{C_2^1\times3+1}{6^2}=\frac{7}{36},$$

$$P\{X=5\}=\frac{C_2^1\times4+1}{6^2}=\frac{1}{4},\quad P\{X=6\}=\frac{C_2^1\times5+1}{6^2}=\frac{11}{36}.$$

所以，随机变量X的分布律为

X	1	2	3	4	5	6
P_i	1/36	1/12	5/36	7/36	1/4	11/36

例2　假设某篮球运动员每次投篮的命中概率是0.9，求他两次独立投篮命中次数X的概率分布.

解　依题设，该运动员两次独立投篮命中的次数X是一个离散型随机变量，其全部可能取值为0, 1, 2. 记事件$A_i=\{$第i次投篮命中$\}$, $i=1, 2$，则有

$$P(A_1)=P(A_2)=0.9,$$

根据事件的独立性与概率的性质，有

$$P\{X=0\}=P(\overline{A}_1\overline{A}_2)=P(\overline{A}_1)P(\overline{A}_2)=0.1\times0.1=0.01,$$

$$P\{X=1\}=P(A_1\overline{A}_2\cup\overline{A}_1A_2)=P(A_1\overline{A}_2)+P(\overline{A}_1A_2)$$
$$=0.9\times0.1+0.1\times0.9=0.18,$$

$$P\{X=2\}=P(A_1A_2)=P(A_1)P(A_2)=0.9\times0.9=0.81.$$

且满足$P\{X=0\}+P\{X=1\}+P\{X=2\}=1$. 故所求离散型随机变量$X$的概率分布为

X	0	1	2
p_i	0.01	0.18	0.81

注: 利用上表, 可求得下列事件的概率:

$$P\{X<2\}=P\{X=0\}+P\{X=1\}=0.01+0.18=0.19,$$

$$P\{0\leqslant X\leqslant 2\}=P\{X=0\}+P\{X=1\}+P\{X=2\}=1.$$

二、常用离散分布

1. 两点分布

两点分布 (0－1 分布) 是离散型随机变量的一种特殊分布, 描述只有两个可能结果的随机现象, 其随机变量取值为0 或1. 两点分布广泛应用于概率论与统计学, 是二项分布和伯努利试验的理论基础. 在实践中, 它常用于描述单次试验结果的成功概率, 如产品合格率分析、药物试验成功率估计、金融市场中资产价格涨跌预测等. 通过两点分布, 可以有效量化单次随机试验的结果, 并为复杂问题的建模和决策提供支持.

定义2　如果一个随机变量 X 只有两个可能的取值, 且其概率分布为

$$P\{X=x_1\}=p,\quad P\{X=x_2\}=1-p\ \ (0<p<1),$$

则称 X 服从 x_1, x_2 处参数为 p 的**两点分布**.

特别地, 如果 X 服从 $x_1=1$, $x_2=0$ 处参数为 p 的两点分布, 即

X	0	1
p_i	q	p

则称 X 服从参数为 p 的 **0－1 分布**, 其中 $q=1-p$.

易见, 此时 X 具有离散型随机变量分布律的性质:

(1) $0<p,\ q<1$;　　　(2) $p+q=1$.

对于一个随机试验, 若它的样本空间只包含两个元素, 即 $S=\{\omega_1,\ \omega_2\}$, 则总能在 S 上定义一个服从 0－1 分布的随机变量

$$X=X(\omega)=\begin{cases}1, & \omega=\omega_1\\ 0, & \omega\neq\omega_1\end{cases}$$

来描述这个随机试验的结果.

例3　在某机器学习模型的训练数据集中, 共有500个样本, 其中450个样本为正类 (如表示“良好”状态的样本), 50个样本为负类 (如表示“不良”状态的样本). 从中随机抽取一个样本, 设定随机变量 X 为抽取到的样本的类别, 若 $X=\{0,\ 1\}$, 其中0表示抽到负类样本, 1表示抽到正类样本, 试求随机变量 X 服从的概率分布.

解　依题设, 抽到正类样本的事件为 $X=1$, 根据古典概型公式, 抽到正类样本的概率为

$$P\{X=1\}=\frac{450}{500}=0.9;$$

抽到负类样本的事件为 $X=0$, 其概率为

$$P\{X=0\}=\frac{50}{500}=0.1.$$

因为 $P\{X=0\}+P\{X=1\}=1$，所以随机变量 X 服从参数为 0.9 的 $0-1$ 分布 (两点分布).

本例展示了如何在机器学习领域应用两点分布来描述分类模型的预测结果. 两点分布通常用于对模型的成功或失败、预测正确或错误等二元结果建模. 在实际应用中, 理解模型输出的概率分布有助于评估模型的性能, 例如通过计算准确率、精确度、召回率等指标来评估模型在分类任务中的表现. 这种概率分布也广泛应用于其他机器学习算法, 如二分类问题、回归模型中的异常检测等.

2. 二项分布

二项分布是离散型随机变量的重要分布之一, 描述了在独立重复试验中, 具有固定成功概率的事件在 n 次试验中成功的次数. 它的意义在于通过简单的数学模型, 刻画了多次独立重复试验中随机现象的规律性. 在理论上, 二项分布是概率论中的基本模型之一, 广泛用于解决涉及成功与失败两种可能结果的问题. 例如, 它是伯努利分布的推广, 并且在大样本情形下与正态分布紧密相关, 为统计推断提供了理论基础. 在实际应用中, 二项分布在多个领域有重要应用. 例如, 在质量控制中, 用于分析一批产品中次品的数量; 在医学领域, 用于估计药物试验成功的概率; 在市场营销中, 用于预测广告的转化率; 在教育领域, 用于分析考试答题的正确率. 通过二项分布, 可以定量评估概率事件的分布规律, 为决策制定、风险管理和资源优化提供依据.

在 n 重伯努利试验中, 设每次试验中事件 A 发生的概率为 p, 用 X 表示 n 重伯努利试验中事件 A 发生的次数, 则随机变量 X 的可能取值为 $0, 1, \cdots, n$, 且对每一个 $k\,(0\leqslant k\leqslant n)$, 事件 $\{X=k\}=\{n$ 次试验中事件 A 恰好发生 k 次$\}$. 根据伯努利概型, 有

$$P\{X=k\}=\mathrm{C}_n^k\,p^k(1-p)^{n-k},\ k=0,1,\cdots,n. \tag{2.1}$$

定义 3　若一个随机变量 X 的概率分布由式 (2.1) 给出, 则称 X 服从参数为 n, p 的**二项分布**, 记为 $X\sim b(n,p)$ (或 $B(n,p)$).

易见, 二项分布满足下列性质:

(1) $P\{X=k\}\geqslant 0$;　　(2) $\sum\limits_{k=0}^{n}P\{X=k\}=1$.

注: 当 $n=1$ 时, 式 (2.1) 变为 $P\{X=k\}=p^k(1-p)^{1-k}$, $k=0,1$, 此时, 随机变量 X 即服从 $0-1$ 分布.

二项分布的图形特征

在图 2-2-1 和图 2-2-2 中, 我们分别给出了当 $n=10$, $p=0.7$ 和 $n=13$, $p=0.5$ 时二项分布的概率图形.

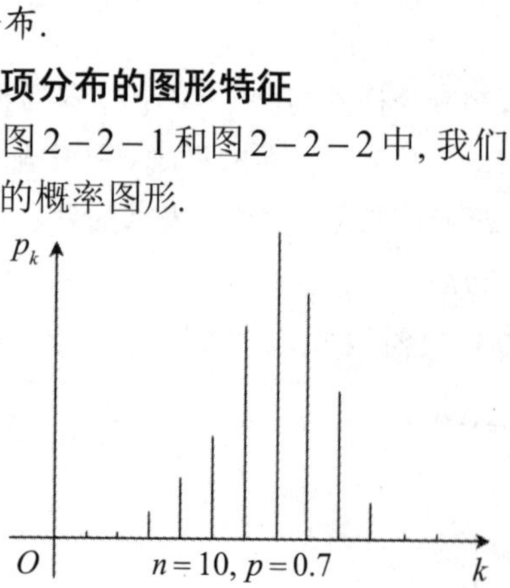

图 2-2-1

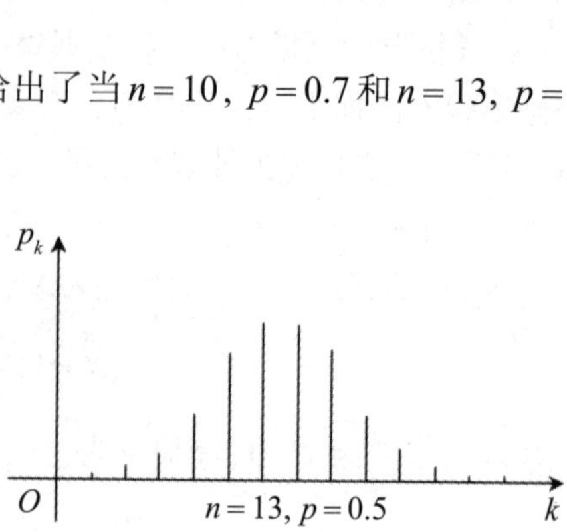

图 2-2-2

从图中可看出: 对于固定的n及p, 当k增加时, 概率$P\{X=k\}$先是随之增加直至达到最大值, 随后单调减少. 可以证明, 一般的二项分布的图形也具有这一性质, 且

(1) 当$(n+1)p$不为整数时, 二项概率$P\{X=k\}$在$k=[(n+1)p]$时达到最大值;

(2) 当$(n+1)p$为整数时, 二项概率$P\{X=k\}$在$k=(n+1)p$和$k=(n+1)p-1$时达到最大值.

注: 取整函数$[x]$为不超过x的最大整数.

例4 已知100个产品中有5个次品, 现从中有放回地取3次, 每次任取1个产品, 求在所取的3个产品中恰有2个次品的概率.

解 本题是有放回地取3次, 因此, 这三次试验的条件完全相同且相互独立, 即它是伯努利试验. 依题设, 每次试验取到次品的概率为0.05, 设X为所取的3个产品中的次品数, 则X服从二项分布, 即

$$X\sim b(3,\ 0.05).$$

于是, 根据二项分布的分布律, 恰有2个次品的概率为

$$P\{X=2\}=\mathrm{C}_3^2(0.05)^2(0.95)=0.007\,125,$$

其中C_3^2是组合系数.

例5 在计算机网络中, 数据传输过程中网络拥堵、信号干扰等因素可能会导致数据包丢失. 假设某网络中的数据包丢失事件在每次数据传输中是独立发生的, 且每次数据包传输时丢包的概率为p, 即每个数据包丢失的概率是p, 传输成功的概率是$1-p$. 我们用随机变量X表示在一次数据传输中丢失的数据包数量, 假设一次数据传输中有n个数据包. 根据问题的描述, 丢包事件的发生服从二项分布, 即$X\sim b(n,p)$. 现假设$p=0.1$, 试求一次传输的10个数据包中恰好丢失2个数据包的概率.

解 依题设, 随机变量X表示在一次数据传输中丢失的数据包数量, 已知该随机变量$X\sim b(n,p)$, 且$n=10$, $p=0.1$, 因此

$$X\sim b(10,\ 0.1),$$

从而该传输过程中恰好丢失2个数据包的概率为

$$P\{X=2\}=\mathrm{C}_{10}^2(0.1)^2(0.9)^8=45\times 0.1^2\times 0.9^8\approx 0.193\,7,$$

所以在一次传输的10个数据包中恰好丢失2个数据包的概率约为0.193 7.

本例展示了如何在计算机网络领域应用二项分布来计算数据包丢失的概率. 在网络数据传输中, 丢包率是衡量网络质量和稳定性的一个重要指标. 通过将丢包次数建模为二项分布的随机变量, 网络工程师可以预测丢包的概率, 并采取相应的措施, 如优化网络带宽、提高数据传输效率等, 从而提升网络的可靠性.

例6 某人进行射击, 设每次射击的命中率为0.02, 独立射击400次, 试求至少击中两次的概率.

解 将一次射击看作一次随机试验, 依题设, 独立射击400次可视为400重伯努利试验. 每次射击试验的命中率为0.02, 设击中的次数为随机变量X, 则X服从二项分布, 即$X\sim b(400,\ 0.02)$. 故由二项分布的分布律, X的分布律为

$$P\{X=k\}=C_{400}^{k}(0.02)^{k}(0.98)^{400-k},\ k=0,1,\cdots,400.$$

于是, 所求概率为

$$\begin{aligned}P\{X\geqslant 2\}&=1-P\{X=0\}-P\{X=1\}\\&=1-0.98^{400}-400\times 0.02\times 0.98^{399}\approx 0.9972.\end{aligned}$$

注: 二项分布 $b(n,p)$ 和 0－1 分布 $b(1,p)$ 的密切关系. 设一个试验只有两个结果——A 和 $\overline{A}$, 且 $P(A)=p$. 将随机试验独立进行 n 次, 记 X 为 n 次试验中结果 A 出现的次数, 则 $X\sim b(n,p)$. 若事件 ω_i 表示第 i 次试验中结果 A 出现, 并记 X_i 为第 i 次试验中结果 A 出现的次数, 即

$$X_i=\begin{cases}1, & \omega=\omega_i\\ 0, & \omega\neq\omega_i\end{cases},\ i=1,2,\cdots,n,$$

则 X_i 服从 0－1 分布, 亦即 $X_i\sim b(1,p)$, 且 $X_1, X_2, \cdots, X_n$ 相互独立, 所以

$$X=X_1+X_2+\cdots+X_n.$$

*数学实验

实验 2.1 (保险问题)　假设某保险公司有 5 000 人参保人身意外保险. 该公司规定: 每人每年支付给公司 100 元, 若因意外死亡, 公司将赔偿 10 000 元. 若每人每年的死亡率为 7.76 ‰ (参考 2024 年国家统计局公布的数据), 假设不考虑公司的其他赔偿费用、开支和收入, 试讨论该公司是否会赔本, 其利润状况如何 (详见教材配套的网络学习空间).

3. 泊松分布

泊松分布 (Poisson distribution) 是概率论中常见且极为重要的一种离散型分布, 它以 19 世纪法国数学家西莫恩•德尼•泊松 (Siméon Denis Poisson) 的名字命名, 主要用来刻画在单位时间或单位空间范围内事件出现次数的概率分布. 之所以引入泊松分布, 主要是因为它可以较好地描述随机事件在一定参数 λ (称作强度或速率) 下呈现的规律, 并且其应用范围极为广泛. 在现实应用中, 泊松分布常见于对事故率、电话呼入量、基因突变数量及其他离散型事件计数的分析与预测. 将时间或空间划分为大量微小区间, 在每个区间内事件发生的概率保持相同, 且彼此独立. 泊松分布在不确定事件建模中也具有不可或缺的重要地位.

定义 4　若一个随机变量 X 的概率分布为

$$P\{X=k\}=e^{-\lambda}\frac{\lambda^k}{k!},\ \lambda>0,\ k=0,1,2,\cdots, \tag{2.2}$$

则称 X 服从参数为 λ 的**泊松分布**, 记为 $X\sim P(\lambda)$ 或 $X\sim\pi(\lambda)$.

易见, 泊松分布满足下列性质:

(1) $P\{X=k\}\geqslant 0,\ k=0,1,2,\cdots$;

(2) $\displaystyle\sum_{k=0}^{\infty}P\{X=k\}=\sum_{k=0}^{\infty}e^{-\lambda}\frac{\lambda^k}{k!}=e^{-\lambda}\sum_{k=0}^{\infty}\frac{\lambda^k}{k!}=e^{-\lambda}e^{\lambda}=1$.

其中利用了指数函数的麦克劳林展开式.

泊松分布的典型图形特征见图 2－2－3.

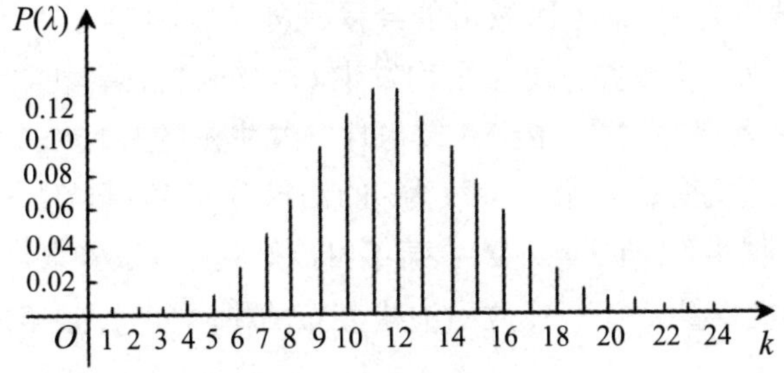

图 2-2-3

注: 历史上, 泊松分布是作为二项分布的近似, 于1837年由法国数学家泊松引入的. 泊松分布是概率论中最重要的分布之一. 实际问题中许多随机现象都服从或近似服从泊松分布. 泊松分布的概率值可查附表2.

泊松分布产生的一般条件

在自然界和现实生活中, 常遇到在随机时刻出现的某种事件. 把在随机时刻相继出现的事件所形成的序列称为**随机事件流**. 若随机事件流具有平稳性、无后效性、普通性, 则称该事件流为**泊松事件流 (泊松流)**. 其中:

平稳性——在任意时间区间内, 事件发生 $k\,(k\geqslant 0)$ 次的概率只依赖于区间长度而与区间端点无关;

无后效性——在不相重叠的时间段内, 事件的发生相互独立;

普通性——如果时间区间充分小, 事件出现两次或两次以上的概率可忽略不计.

对泊松流, 在任意时间间隔 $(0, t)$ 内, 事件发生的次数服从参数为 λ 的泊松分布. λ 称为**泊松流的强度**.

例如, 下列事件都可视为泊松流:

- 某电话交换台一定时间内收到的用户的呼叫次数;
- 某机场降落的飞机数;
- 某售票窗口接待的顾客数;
- 一纺锭在某一时段内发生断头的次数;
- 一段时间间隔内某放射物放射的粒子数;
- 一段时间间隔内某容器内的细菌数, 等等.

例7 某城市每天发生火灾的次数 X 服从参数 $\lambda=0.8$ 的泊松分布, 求该城市一天内发生3次或3次以上火灾的概率.

解 依题设, 该城市每天发生火灾的次数 X 服从参数为 $\lambda=0.8$ 的泊松分布, 即 $X\sim P(0.8)$, 所以, 利用概率的性质3并查泊松分布表, 得该城市一天内发生3次或3次以上火灾的概率为

$$P\{X\geqslant 3\}=1-P\{X<3\}=1-P\{X=0\}-P\{X=1\}-P\{X=2\}$$

$$=1-\mathrm{e}^{-0.8}\left(\frac{0.8^0}{0!}+\frac{0.8^1}{1!}+\frac{0.8^2}{2!}\right)\approx 0.0474.$$

例 8 在生态学研究中，某个区域可能会受到外来物种的入侵. 假设在该区域中，外来物种入侵事件是独立发生的，并且每年平均发生λ次外来物种入侵事件. 我们用随机变量X表示某年内外来物种入侵的次数. 由于入侵事件的发生是稀有且独立的，这种情况可以通过泊松分布来建模，即随机变量X服从参数为λ的泊松分布$X\sim P(\lambda)$. 假设某生态区每年平均发生2次外来物种入侵事件，即$\lambda=2$. 试求某年内恰好发生3次外来物种入侵事件的概率.

解 依题设，随机变量$X\sim P(\lambda)$，故由泊松分布的概率分布，某年内恰好发生3次物种入侵事件的概率为

$$P\{X=3\}=\frac{2^3\mathrm{e}^{-2}}{3!}\approx 0.180\,4,$$

即某年内恰好发生3次外来物种入侵事件的概率约为0.180 4.

本例展示了如何在生态学领域应用泊松分布来描述外来物种入侵的次数. 在生态研究中，泊松分布常用于对稀有事件的发生次数建模，如外来物种的入侵、动物的种群波动等. 利用泊松分布，生态学家可以更好地预测未来入侵的概率，并采取相应的生态保护措施，减少外来物种对生态系统的负面影响.

4. 二项分布的泊松近似

二项分布的泊松近似又称泊松定理，是概率论中一个重要的结果，主要解决在试验次数n很大而成功概率p很小时，如何将二项分布$b(n, p)$取近似. 具体地说，如果随机变量X服从二项分布$b(n, p)$，当$n\to\infty$且$p\to 0$时，保证$np=\lambda$为常数不变，那么X的概率分布会在极限情况下趋近于泊松分布$P(\lambda)$. 这一结果在实践中具有广泛的适用性，因为在很多场景下，事件发生的总体规模n非常大，但每次发生的概率p很小，同时通过np来刻画事件在总体上出现的强度或概率.

例如，要计算

$$\begin{aligned}P\{X>5\}&=\sum_{k=6}^{5\,000}P\{X=k\}\\&=\sum_{k=6}^{5\,000}\mathrm{C}_{5\,000}^{k}\left(\frac{1}{1\,000}\right)^{k}\left(\frac{999}{1\,000}\right)^{5\,000-k},\end{aligned}$$

就需要寻找某种近似计算方法. 这里先介绍二项分布的泊松近似，在§4.4中还将介绍二项分布的正态近似.

定理 1 (泊松定理) 在n重伯努利试验中，事件A在每次试验中发生的概率为p_n (注意这与试验的次数n有关)，若$n\to\infty$时，有

$$np_n\to\lambda\ (\lambda>0 \text{ 为常数}),$$

则对任意给定的k，有

$$\lim_{n\to\infty}b(k;n,p_n)=\lim_{n\to\infty}\mathrm{C}_n^k p_n^k(1-p_n)^{n-k}=\frac{\lambda^k}{k!}\mathrm{e}^{-\lambda}.$$

证明 略.

注: ① 定理的条件意味着当n很大时，p_n必定很小. 因此，泊松定理表明，当n很大，p接

近0或1时, 有下列近似公式:

$$C_n^k p^k(1-p)^{n-k} \approx \frac{\lambda^k}{k!}e^{-\lambda} \quad (\lambda = np). \tag{2.3}$$

实际计算中, 当$n \geqslant 100$, $np \leqslant 10$时近似效果就很好.

② 把在每次试验中出现概率很小的事件称作**稀有事件**, 也称作**小概率事件**, 此类事件如彩票中奖、地震、火山爆发、特大洪水、意外事故等, 则由泊松定理知, n重伯努利试验中稀有事件出现的次数近似服从泊松分布.

从应用意义上看, 二项分布的泊松近似为一些复杂系统的分析提供了简便而有效的工具. 例如在大规模电话呼入、网络流量统计、随机事故率以及基因突变分析等场景中, 都能将事件的出现次数视为若干独立小概率试验的结果. 直接计算二项分布往往会因为参数过大而变得烦琐, 但通过泊松分布近似, 就能快速而准确地对系统进行概率建模、风险评估与策略制定. 此外, 在抽样理论与统计推断中, 也可利用这一定理将大范围、低概率的试验结果简化为泊松分布, 从而显著提升分析效率和可行性.

例9　某公司生产一种产品300件, 由历史生产记录知, 生产的废品率为0.01, 问现在这300件产品经检验废品数大于5的概率是多少?

解　把每件产品的检验看作一次伯努利试验, 它只有两个结果:

$$A = \{正品\}, \ \overline{A} = \{废品\}.$$

检验300件产品就是做300次独立的伯努利试验. 用X表示检验出的废品数, 则X服从二项分布, 即$X \sim b(300, 0.01)$, 依题意, 我们要计算$P\{X>5\}$.

因$n=300>100$, $p=0.01$, 且$\lambda = np = 3 < 10$, 故用式(2.3)近似计算上述二项分布, 得

$$P\{X>5\} = \sum_{k=6}^{300} b(k; 300, 0.01)$$
$$= 1 - \sum_{k=0}^{5} b(k; 300, 0.01) \approx 1 - \sum_{k=0}^{5} \frac{e^{-3}}{k!}3^k.$$

查泊松分布表(见书后附表2), 得

$$P\{X>5\} \approx 1 - 0.916\,082 = 0.083\,918.$$

例10　在某工程生产过程中, 生产的产品可能存在不合格的情况. 假设在每次生产中, 生产一个产品是否合格是一个独立的伯努利试验, 且每个产品不合格的概率为p. 该工程公司每小时生产n个产品, 且每小时内产品不合格的个数X服从二项分布. 由于生产量n较大, 且p较小, 我们可以使用泊松分布作为二项分布的近似. 假设该公司每小时生产$n = 1\,000$个产品, 每个产品不合格的概率为$p = 0.005$, 试求某小时内恰有3个不合格产品的概率.

解　依题设, 随机变量X表示某小时内不合格产品的数量, X服从二项分布$X \sim b(n, p)$, 且$n = 1\,000$, $p = 0.005$, 即有

$$X \sim b(1\,000, 0.005).$$

然而, 二项分布的参数n很大, 且p很小, 所以, 我们可以使用泊松分布来近似二项分布. 根据泊松近似的条件, 当n较大且p较小时, 二项分布可以用以下泊松分布来近似:

$$X \sim P(\lambda),$$

其中,泊松分布的参数 $\lambda = np = 1\,000 \times 0.005 = 5$. 因此,在某小时内恰有3个不合格产品的概率为

$$P\{X=3\} = \frac{5^3 \mathrm{e}^{-5}}{3!} = \frac{125\mathrm{e}^{-5}}{6} \approx 0.140\,4,$$

即在某小时内恰有3个不合格产品的概率约为0.140 4.

本例展示了如何在工程技术领域应用二项分布的泊松近似来计算不合格产品的概率. 在实际生产中,当生产量很大而不合格概率较小时,泊松分布提供了一种方便且精确的近似方法. 通过使用泊松分布,工程师可以快速计算不合格产品的数量分布,进而评估产品质量,并采取相应的质量控制措施. 这种方法可以广泛应用于生产线质量控制、制造业中的缺陷检测等领域.

例11　一家商店采用科学管理方法,由该商店过去的销售记录可知,某种商品每月的销量可以用参数 $\lambda = 5$ 的泊松分布来描述. 为了以95%以上的把握保证不脱销,问商店在月底至少应进该种商品多少件?

解　设该商品每月的销量为 X,由题设已知 X 服从参数 $\lambda = 5$ 的泊松分布. 设该商店为保证不脱销,在月底应进该种商品 m 件,求满足 $P\{X \leqslant m\} > 0.95$ 的最小的 m,即

$$\sum_{k=0}^{m} \frac{\mathrm{e}^{-5} 5^k}{k!} > 0.95.$$

查泊松分布表,得

$$\sum_{k=0}^{9} \frac{\mathrm{e}^{-5} 5^k}{k!} \approx 0.968\,172, \quad \sum_{k=0}^{8} \frac{\mathrm{e}^{-5} 5^k}{k!} \approx 0.931\,906.$$

泊松分布查表

由此可得, $m = 9$,即商店在月底至少应进该种商品9件.

5. 超几何分布

作为一种离散概率分布,**超几何分布** (hypergeometric distribution) 用于描述在不放回抽样条件下,某有限总体中成功个体数随抽样结果而产生的概率. 设总体大小为 N,其中有 K 个成功个体;若从中一次性抽取 n 个样本,则随机变量 X (表示抽取到的成功个体数) 的分布即服从超几何分布. 由于该分布明确刻画了抽样过程中成功与失败的相互影响,因此在实际应用中极具价值. 它常见于批量检验、品质控制和生物统计等场景,例如评估产品缺陷数,或在遗传学研究中分析含特定基因的个体比例. 相比二项分布,超几何分布体现了不放回抽样下成功概率的动态变化,更能精确反映有限总体抽样情形下的概率规律,为科学决策与可靠性评估提供了理论支撑. 该分布所展现的精细性,为深入了解有限资源或有限机会下的抽样问题提供了宝贵视角.

超几何分布的概率分布函数可表示为

$$P\{X=k\} = \frac{\mathrm{C}_K^k \mathrm{C}_{N-K}^{n-k}}{\mathrm{C}_N^n},$$

式中, N表示总体大小, K表示总体中“成功”个体的数量, n表示一次性抽取的样本数, k表示样本中“成功”个体的数量(即感兴趣的成功次数). 注意, C_n^k表示从n个不同元素中任取k $(1 \leqslant k \leqslant n)$个的不同**组合总数**.

例12 在人工智能领域, 训练模型时需要从大量数据中选择一个小的样本子集进行训练. 假设某个数据集包含N个样本, 其中有K个是属于特定类别的样本(如正样本), 剩下的$N-K$个样本属于其他类别(如负样本). 在训练模型时, 人工智能系统从中随机抽取n个样本进行训练, 我们希望计算从中抽取到k个正样本的概率. 由于每次抽样都是从有限的样本空间中抽取的, 而且每次抽样后不放回, 因此这个问题可以用超几何分布来描述. 假设数据集中有1 000个样本, 其中300个是正样本, 700个是负样本. 人工智能系统从这些样本中随机抽取50个样本来训练模型. 试求这50个样本中恰好有20个正样本的概率.

解 依题设, 随机变量X表示抽取的50个样本中正样本的数量, 且X服从超几何分布, 其中, $N=1\,000$为样本总数, $K=300$为正样本的数量, $n=50$为抽取的样本数, $k=20$为期望抽到的正样本数量. 因此, 由超几何分布的概率分布函数知, 这50个样本中恰好有20个正样本的概率为

$$P\{X=20\}=\frac{C_{300}^{20}C_{700}^{30}}{C_{1\,000}^{50}} \approx 0.035\,87,$$

即抽取的50个样本中恰好有20个正样本的概率约为0.035 87.

本例展示了如何在人工智能领域应用超几何分布来描述模型训练中样本的筛选过程. 超几何分布适用于有限样本空间且不放回抽样的情况, 能够帮助我们计算从一个固定大小的样本中抽取到特定类别样本的概率. 这种方法广泛应用于样本选择、特征选择等问题, 帮助人工智能模型选择更具代表性的训练样本, 提高模型的准确性和鲁棒性. 通过超几何分布, 研究人员和工程师可以更好地理解样本抽取的随机性, 并优化数据集的构建和模型的训练过程.

例13 假设一个盒子里有7个红球和3个蓝球. 如果随机选择5个球, 不重复, 确定将获得不同红球数量的概率.

解 先计算从10个球中选择5个球的所有可能组合数, 有

$$C_{10}^{5}=\frac{10!}{5! \times (10-5)!}=252,$$

因此, 总共有252种不同的选择方式.

在选择的5个球中, 红球的数量n可能为2、3、4或5个(因为蓝球最多只有3个, 所以红球至少为2个). 对于每个n值, 计算相应的组合数, 然后求出其概率.

(1) 红球数量$n=2$:

红球选择方式: 从7个红球中选择2个, 组合数为 $C_7^2=21$.

蓝球选择方式: 从3个蓝球中选择3个, 组合数为 $C_3^3=1$.

此时总组合数: $21 \times 1=21$; 相应的概率: $P\{n=2\}=\dfrac{21}{252}=\dfrac{1}{12}$.

(2) 红球数量 $n=3$:

红球选择方式: 从 7 个红球中选择 3 个, 组合数为 $C_7^3=35$.

蓝球选择方式: 从 3 个蓝球中选择 2 个, 组合数为 $C_3^2=3$.

此时总组合数: $35\times 3=105$; 相应的概率: $P\{n=3\}=\dfrac{105}{252}=\dfrac{5}{12}$.

(3) 红球数量 $n=4$:

红球选择方式: 从 7 个红球中选择 4 个, 组合数为 $C_7^4=35$.

蓝球选择方式: 从 3 个蓝球中选择 1 个, 组合数为 $C_3^1=3$.

此时总组合数: $35\times 3=105$; 相应的概率: $P\{n=4\}=\dfrac{105}{252}=\dfrac{5}{12}$.

(4) 红球数量 $n=5$:

红球选择方式: 从 7 个红球中选择 5 个, 组合数为 $C_7^5=21$.

蓝球选择方式: 从 3 个蓝球中选择 0 个, 组合数为 $C_3^0=1$.

此时总组合数: $21\times 1=21$; 相应的概率: $P\{n=5\}=\dfrac{21}{252}=\dfrac{1}{12}$.

注: 由于盒子中只有 3 个蓝球, 因此红球数量为 0 或 1 的情况在此次抽取中是不可能发生的, 其概率为 0.

综上讨论, 在随机抽取 5 个球的情况下, 获得不同红球数量 n 的概率如下:

$$P\{n=2\}=\frac{1}{12};\quad P\{n=3\}=\frac{5}{12};$$

$$P\{n=4\}=\frac{5}{12};\quad P\{n=5\}=\frac{1}{12}.$$

由此可见, 获得 3 个或 4 个红球的概率最高, 均为 5/12.

习题 2-2

1. 设随机变量 X 服从参数为 λ 的泊松分布, 且 $P\{X=1\}=P\{X=2\}$, 求 λ.

2. 某人接连两次对目标进行射击, 每次击中的概率为 0.4. 设 X 为击中目标的次数, 求 X 的分布律.

3. 设随机变量 X 的分布律为 $P\{X=k\}=k/15$, $k=1,2,3,4,5$, 试求:

(1) $P\{1/2<X<5/2\}$; (2) $P\{1\leqslant X\leqslant 3\}$; (3) $P\{X>3\}$.

4. 已知随机变量 X 只能取 $-1,0,1,2$ 四个值, 相应的概率依次为 $\dfrac{1}{2c},\dfrac{3}{4c},\dfrac{5}{8c},\dfrac{7}{16c}$, 试确定常数 c, 并计算 $P\{X<1\mid X\neq 0\}$.

5. 随机变量 W 的概率分布如下表所示:

ω	3	6	9	12	15
$P(W=\omega)$	$2k$	k^2	$k/2$	$4/5-3k$	$13/50$

(1) 列出关于 k 的方程并求解; (2) 解释为何只有一个解是有效的; (3) 计算 $P\{6\leqslant W<10\}$.

6. 设在三次独立试验中, 事件 A 出现的概率相等, 若已知 A 至少出现一次的概率等于 19/27, 求事件 A 在一次试验中出现的概率.

7. 假设一枚均匀硬币被独立抛 10 次, 确定获得正面次数的概率分布.

8. 200 件产品中有 196 件正品、4 件次品, 今从中随机地抽取一件, 若规定

$$X=\begin{cases}1, & \text{取到正品} \\ 0, & \text{取到次品}\end{cases},$$

试确定随机变量 X 服从的概率分布.

9. 一袋中装有 5 个球, 编号为 1, 2, 3, 4, 5. 在袋中同时取 3 个, 以 X 表示取出的 3 个球中的最大号码, 写出随机变量 X 的分布律.

10. 设一汽车在开往目的地的途中需要经过三盏信号灯, 各信号灯的工作是相互独立的, 每盏信号灯红、绿两种信号显示的时间相等, 以 X 表示汽车首次停下时 (遇红灯或到终点) 它已通过的信号灯的盏数, 求 X 的分布律.

11. 车上还有三个空位, 8 个年轻人、1 名老年男性和 1 名老年女性想要上车. 司机决定随机选择这 10 人中的 3 人, 并允许他们上车. 画出随机变量 Y (所选年轻人数) 的概率分布表.

12. 在转盘游戏中, 一个转盘平均分为四等份, 其边缘标记为 0, 2, 3, 4. 如果玩家旋转出 2, 3, 4, 那么这就是他们的得分. 如果玩家得分为 0, 那么他们再旋转另一个平均分为四等份的转盘, 其边缘标记为 1, 1, 2, 3, 他们旋转得到的数字就是他们的得分. 设随机变量 X 代表玩家的得分, 求 X 的分布律.

13. 如果某个盒子里的球有 10% 是红色的, 并且从盒子中随机抽取 20 个球, 有放回地抽取, 那么抽出 3 个以上红球的概率是多少?

14. 某加油站替出租汽车公司代营出租汽车业务, 每出租一辆汽车, 可从出租汽车公司得到 3 元. 因代营业务, 每天加油站要多付给职工服务费 60 元, 设每天出租汽车数 X 是一个随机变量, 它的概率分布如下:

X	10	20	30	40
p_i	0.15	0.25	0.45	0.15

求因代营业务得到的收入大于当天的额外支出费用的概率.

15. 设自动生产线在调整以后出现废品的概率为 $p=0.1$, 当生产过程中出现废品时立即进行调整, X 代表在两次调整之间生产的合格品数, 试求:

(1) X 的概率分布; (2) $P\{X\geq 5\}$;

(3) 在两次调整之间能以 0.6 的概率保证生产的合格品数不少于多少?

16. 设某运动员投篮命中的概率为 0.6, 求他一次投篮时, 投篮命中的概率分布.

17. 某种产品共 10 件, 其中有 3 件次品, 现从中任取 3 件, 求取出的 3 件产品中次品数的概率分布.

18. 一批产品共 10 件, 其中有 7 件正品、3 件次品, 每次从这批产品中任取一件, 取出的产品仍放回去, 求直至取到正品为止所需次数 X 的概率分布.

19. 设随机变量 $X\sim b(2,p)$, $Y\sim b(3,p)$, 若 $P\{X\geq 1\}=5/9$, 求 $P\{Y\geq 1\}$.

20. 纺织厂女工照顾 800 个纺锭, 每一纺锭在某段时间 τ 内断头的概率为 0.005, 求在 τ 这段时间内断头次数不大于 2 的概率.

21. 某射手每次射击击中靶的概率为 0.6, 现独立地重复射击 5 次, 求:

(1) 恰有 2 次中靶的概率;

(2) 中靶次数不超过 1 次的概率;

(3) 中靶次数至少为 2 次的概率.

22. 某交通中心有大量汽车通过, 设每辆汽车通过该处时出事故的概率为 0.000 1, 若某天在一段时间内有 1 000 辆汽车通过, 问至少发生一次事故的概率为多少?

23. 某单位订购 1 000 只 LED 灯泡, 在运输途中, 灯泡被打破的概率为 0.003. 设 X 为收到灯泡时被打破的灯泡数, 试求:

$$P\{X=2\},\ P\{X<2\},\ P\{X>2\},\ P\{X\geqslant 1\}.$$

24. 设书籍上每页的印刷错误的个数 X 服从泊松分布, 经统计发现在某本书上, 有一个印刷错误与有两个印刷错误的页数相同, 求任意检查 4 页, 每页上都没有印刷错误的概率.

25. 设在时间 t (分钟) 内, 通过某交叉路口的汽车数服从参数与 t 成正比的泊松分布, 已知在 1 分钟内没有汽车通过的概率为 0.2, 求在 2 分钟内最多一辆汽车通过的概率.

26. 由商店过去的销量记录可知, 某种商品每月的销售数 $X \sim P(10)$, 若要有 95% 以上的把握保证该商品不脱销, 该商店在月底至少应进此种商品多少件?

27. 在一个特定的国家, 90%的居民是右利手, 40%的居民有红头发. 随机选取两个人进行调查. 列出随机变量 X 的概率分布, 其中 X 表示选中既是右利手又有红头发的人数, 并说明为了做到这一点, 必须做出什么假设.

28. 某机器学习模型的训练数据集中共有 1 000 个样本, 其中 200 个样本为正类 (如表示"患病"状态的样本), 800 个样本为负类 (如表示"未患病"状态的样本). 从中随机抽取一个样本, 设定随机变量 Y 为抽取到的样本的类别, 若 $Y=1$, 表示抽到正类样本; 若 $Y=0$, 表示抽到负类样本. 试求随机变量 Y 服从的概率分布.

29. 在某电商平台中, 客户每次购物时, 有可能会因为支付失败、库存不足等原因而未能成功提交订单. 假设某平台上的订单提交失败事件在每次交易中是独立发生的, 且每次交易失败的概率为 p, 即每个订单失败的概率是 p, 订单成功的概率是 $1-p$. 我们用随机变量 Y 表示在一次交易中失败的订单数量, 假设一次交易中有 m 个订单. 根据问题的描述, 订单提交失败事件的发生服从二项分布, 即 $Y \sim b(m, p)$. 现假设 $p=0.05$, 试求在一次交易中 $m=15$ 个订单中恰好有3个订单失败的概率.

30. 在某城市的交通管理中, 交通事故的发生是一个稀有事件. 假设每年该城市平均发生 λ 次交通事故. 我们用随机变量 Y 表示某年内发生的交通事故次数. 由于交通事故的发生是独立且稀有的, 这种情况可以通过泊松分布来建模, 即随机变量 Y 服从参数为 λ 的泊松分布 $Y \sim P(\lambda)$. 假设某城市每年平均发生 5 次交通事故, 即 $\lambda=5$. 试求某年内恰好发生 k 次交通事故的概率.

31. 在某物流配送公司, 每个包裹是否发生损坏是一个独立的伯努利试验, 且每个包裹损坏的概率为 p. 该公司每小时处理 n 个包裹, 且每小时内损坏包裹的个数 Y 服从二项分布. 由于包裹量 n 较大, 且 p 较小, 我们可以使用泊松分布作为二项分布的近似. 假设该公司每小时处理 $n=5\,000$ 个包裹, 每个包裹损坏的概率为 $p=0.001$, 试求某小时内恰好有3个包裹损坏的概率.

32. 在医学研究中, 医生通常需要从一组患者数据中随机抽取样本进行分析. 假设某医院有 N 名患者, 其中有 K 名患者患有某种特定疾病, 剩下的 $N-K$ 名患者不患有该种疾病. 医生从这些患者中随机抽取 n 名进行研究, 计算从中抽到 k 名患有该种疾病的患者的概率. 由于每次抽样是从有限的患者数据中抽取的,且不放回，因此这个问题可以用超几何分布来描述. 假设医院有2 000名患者，其中500名患者患有该种疾病，1 500名患者不患有该种疾病. 医生从这些患者中随机抽取100名进行研究，试求恰好抽到30名患有该种疾病的患者的概率.

§2.3 随机变量的分布函数

在概率论中，**随机变量的分布函数** (distribution function) 是刻画随机变量取值特征与概率规律的核心工具. 设有随机变量X，其分布函数记为$F(x)$，定义$F(x)=P\{X\leqslant x\}$. 这一函数的意义在于，当我们改变自变量x时，就能直观地看到随机变量的取值在不同"阈值"下的累积概率. 在具体应用中，分布函数不仅反映了随机变量X可能出现的范围与倾向，也为各类统计推断与风险评估提供了必要依据.

分布函数有几条重要性质：单调性、有界性与右连续性. 这些数学特征确保了分布函数能在不同场景下保持稳定且一致的概率描述. 在实际应用中，研究者往往先根据实验或观测数据来推断分布函数，再基于它进行诸如概率计算、区间估计、极值分析或风险管理等具体操作. 例如，在金融工程中，分布函数可以帮助衡量资产回报在不同水平下的概率；在质量控制中，则能用来评估产品达不到标准的概率；在保险精算中，更是评估风险敞口与理赔策略的关键工具. 分布函数的概念与方法贯穿从基础理论到应用实践的各个环节，为深入理解和量化随机现象奠定了不可或缺的数学基石.

一、随机变量的分布函数

定义1 设X是一个随机变量，称

$$F(x)=P\{X\leqslant x\}\ (-\infty<x<+\infty) \tag{3.1}$$

为X的**分布函数**. 有时记作$X\sim F(x)$或$F_X(x)$.

注：① 若将X看作数轴上随机点的坐标，则分布函数$F(x)$的值就表示X落在区间$(-\infty, x]$内的概率，因而$0\leqslant F(x)\leqslant 1$.

② 对任意实数x_1, x_2 $(x_1<x_2)$，随机点落在区间$(x_1, x_2]$内的概率

$$P\{x_1<X\leqslant x_2\}=P\{X\leqslant x_2\}-P\{X\leqslant x_1\}=F(x_2)-F(x_1).$$

③ 随机变量的分布函数是一个普通函数，它完整地描述了随机变量的统计规律性. 通过它，人们就可以利用数学分析的方法来全面研究随机变量.

随机变量分布函数的性质

(1) **单调性**：若$x_1<x_2$，则$F(x_1)\leqslant F(x_2)$.

事实上，由事件$\{X\leqslant x_2\}$包含事件$\{X\leqslant x_1\}$即可得证.

(2) **有界性**：$0\leqslant F(x)\leqslant 1$，且$F(-\infty)=\lim\limits_{x\to-\infty}F(x)=0$，$F(+\infty)=\lim\limits_{x\to+\infty}F(x)=1$.

事实上，由事件$\{X\leqslant -\infty\}$和$\{X\leqslant +\infty\}$分别是不可能事件和必然事件即可得证.

(3) **右连续性**：即$\lim\limits_{x\to x_0^+}F(x)=F(x_0)$.

注: 若一个函数具有上述性质, 则它一定是某个随机变量的分布函数.

随机变量分布函数的意义在于全面反映随机变量的概率分布特性, 为概率论与统计学的研究提供了理论支撑. 一方面, 它适用于离散型、连续型及混合型随机变量, 提供了统一的描述方法. 另一方面, 它包含随机变量所有的概率信息, 为概率计算和推导奠定了基础.

例1　等可能地在数轴上的有界区间 $[a, b]$ 上投点, 并记 X 为落点的位置 (数轴上的坐标), 求随机变量 X 的分布函数.

解　依题设, 当 $x<a$ 时, $\{X\leqslant x\}$ 是不可能事件, 故 $F(x)=P\{X\leqslant x\}=0$.

当 $a\leqslant x<b$ 时, 由于 $\{X\leqslant x\}=\{a\leqslant X\leqslant x\}$, 且 $[a, x]\subset[a, b]$, 故由几何概型, 有

$$F(x)=P\{X\leqslant x\}=P\{a\leqslant X\leqslant x\}=\frac{x-a}{b-a}.$$

当 $x\geqslant b$ 时, 由于 $\{X\leqslant x\}=\{a\leqslant X\leqslant b\}$, 同上可得

$$F(x)=P\{X\leqslant x\}=P\{a\leqslant X\leqslant b\}=\frac{b-a}{b-a}=1.$$

综上所述, 随机变量 X 的分布函数为

$$F(x)=\begin{cases}0, & x<a \\ \dfrac{x-a}{b-a}, & a\leqslant x<b. \\ 1, & x\geqslant b\end{cases}$$

二、离散型随机变量的分布函数

设离散型随机变量 X 的概率分布为

X	x_1	x_2	$\cdots$	x_n	$\cdots$
p_i	p_1	p_2	$\cdots$	p_n	$\cdots$

则 X 的分布函数为

$$F(x)=P\{X\leqslant x\}=\sum_{x_i\leqslant x}P\{X=x_i\}=\sum_{x_i\leqslant x}p_i, \tag{3.2}$$

即, 当 $x<x_1$ 时, $F(x)=0$;

当 $x_1\leqslant x<x_2$ 时, $F(x)=p_1$;

当 $x_2\leqslant x<x_3$ 时, $F(x)=p_1+p_2$;

……

当 $x_{n-1}\leqslant x<x_n$ 时, $F(x)=p_1+p_2+\cdots+p_{n-1}$;

……

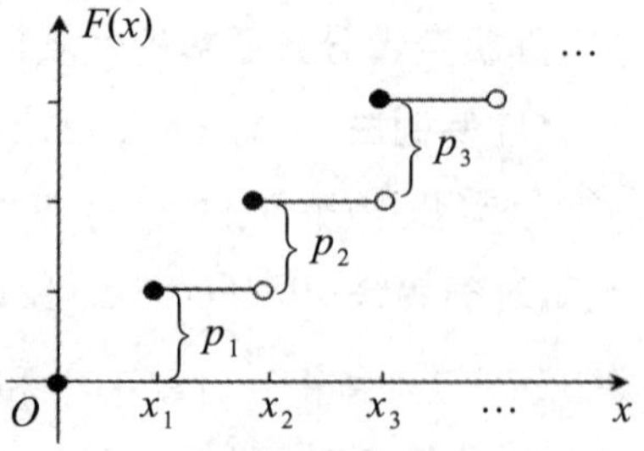

图 2-3-1

如图 2-3-1 所示, $F(x)$ 是一个阶梯形函数 (图形类似取整函数), 它在 $x=x_i\ (i=1, 2, \cdots)$ 处有跳跃, 跃度恰为随机变量 X 在 $x=x_i$ 点的概率

$$p_i=P\{X=x_i\}.$$

反之，若一个随机变量 X 的分布函数为阶梯形函数，则 X 一定是一个离散型随机变量，其概率分布亦由 $F(x)$ 唯一确定.

例2 设离散型随机变量 X 的分布律为

X	0	1	2
p_i	1/3	1/6	1/2

求其分布函数 $F(x)$.

解 分段讨论如下：

当 $x<0$ 时，由 $\{X\leqslant x\}=\varnothing$，得

$$F(x)=P\{X\leqslant x\}=0.$$

当 $0\leqslant x<1$ 时，有

$$F(x)=P\{X\leqslant x\}=P\{X=0\}=1/3.$$

当 $1\leqslant x<2$ 时，有

$$F(x)=P\{X=0\}+P\{X=1\}=\frac{1}{3}+\frac{1}{6}=\frac{1}{2}.$$

当 $x\geqslant 2$ 时，有

$$F(x)=P\{X=0\}+P\{X=1\}+P\{X=2\}=1.$$

所以

$$F(x)=\begin{cases}0, & x<0\\ 1/3, & 0\leqslant x<1\\ 1/2, & 1\leqslant x<2\\ 1, & x\geqslant 2\end{cases}.$$

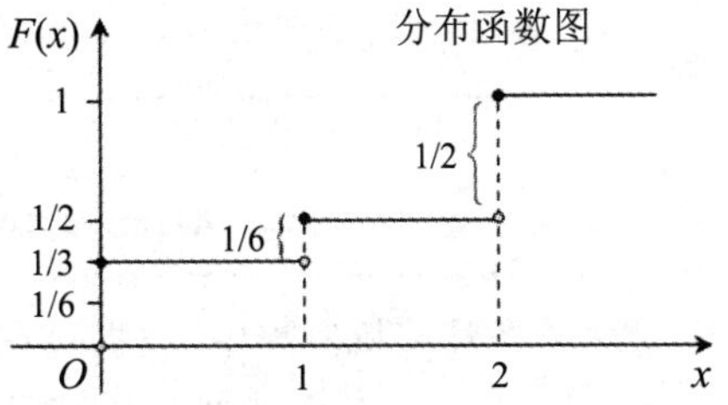

图 2-3-2

从图 2-3-2 不难看出，$F(x)$ 的图形是阶梯形的，在 $x=0, 1, 2$ 处有跳跃，其跃度分别等于

$$P\{X=0\},\ P\{X=1\},\ P\{X=2\}.$$

例3 某工程公司正在研究其某种零件的生产量，假设该公司每月生产的该零件数量为离散型随机变量 X. 已知该公司月生产量的分布如下：

$$P\{X=0\}=0.05,\quad P\{X=1\}=0.15,\quad P\{X=2\}=0.25,$$
$$P\{X=3\}=0.30,\quad P\{X=4\}=0.25.$$

请根据给定的分布函数，求该公司在某月生产量小于等于 2 的概率 $P\{X\leqslant 2\}$.

解 根据离散型随机变量的分布函数的定义，累积分布函数 $F(x)$ 是随机变量 X 小于等于某一特定值的概率. 具体来说，对于离散型随机变量 X，其分布函数 $F(x)$ 可以表示为

$$F(x)=P\{X\leqslant x\}=\sum_{i\leqslant x}P\{X=i\}.$$

利用或根据题目给出的零件生产量的概率分布，我们可以计算出 $P\{X\leqslant 2\}$：

$$P\{X\leqslant 2\}=P\{X=0\}+P\{X=1\}+P\{X=2\},$$

代入已知的概率值:

$$P\{X\leqslant 2\}=0.05+0.15+0.25=0.45,$$

因此, 某月生产量小于等于2的概率为0.45.

本例中我们使用了离散型随机变量的累积分布函数来计算某一特定事件的概率. 在工程技术领域, 类似的概率分析方法可以帮助企业评估生产过程中的风险, 如产量预测和生产计划优化. 在实际应用中, 这种方法可以用于生产计划安排、设备维修周期预测以及库存管理等决策支持.

例 4　设随机变量 X 的分布函数为

$$F(x)=\begin{cases}0, & x<1\\ 9/19, & 1\leqslant x<2\\ 15/19, & 2\leqslant x<3\\ 1, & x\geqslant 3\end{cases},$$

求 X 的概率分布.

解　依题设, 易见分布函数 $F(x)$ 是一个阶梯形函数, 故由随机变量分布函数的概念知, 题设随机变量 X 是一个离散型随机变量, 函数 $F(x)$ 的跳跃点分别为 1, 2, 3, 对应的跃度分别为 9/19, 6/19, 4/19, 如图 2－3－3 所示.

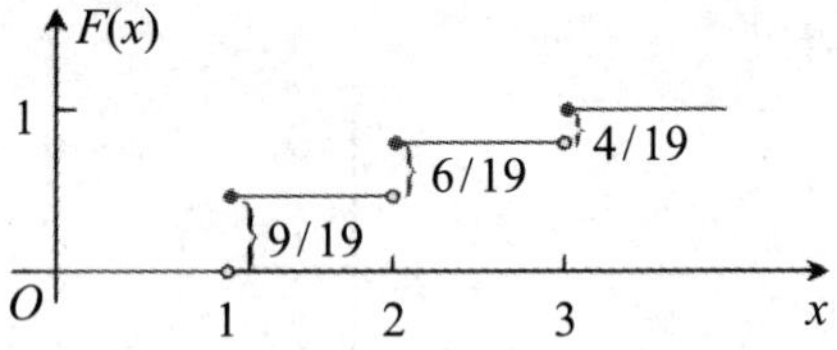

图 2－3－3

于是, 所求离散型随机变量 X 的概率分布为

X	1	2	3
p_i	9/19	6/19	4/19

例 5　在计算机网络中, 数据包在传输过程中会经历一定的延迟. 假设某网络中的数据包传输延迟 X 是一个离散型随机变量, 表示数据包从源头到达目的地的时间 (单位: 毫秒). 我们知道数据包的延迟时间可能为1毫秒、2毫秒、3毫秒、4毫秒和5毫秒, 且这些延迟时间的概率分别为 0.1, 0.2, 0.3, 0.2和0.2. 试求随机变量 X 的分布函数.

解　依题设, 数据包的延迟时间 X 的可能取值与对应的概率为

$$P\{X=1\}=0.1,\quad P\{X=2\}=0.2,\quad P\{X=3\}=0.3,$$
$$P\{X=4\}=0.2,\quad P\{X=5\}=0.2.$$

下面计算随机变量 X 的分布函数.

当 $x<1$ 时, $\{X\leqslant x\}$ 是不可能事件, 故此时

$$F(x)=P\{X\leqslant x\}=0.$$

当 $1\leqslant x<2$ 时, $\{X\leqslant x\}$ 只包含 $X=1$ 的情况, 故此时

$$F(x)=P\{X\leqslant x\}=P\{X=1\}=0.1.$$

当 $2\leqslant x<3$ 时, $\{X\leqslant x\}$ 包含 $X=1$ 和 $X=2$ 的情况, 故此时

$$F(x)=P\{X\leqslant x\}=P\{X=1\}+P\{X=2\}=0.1+0.2=0.3.$$

当$3\leqslant x<4$时, 同上可得

$$F(x)=P\{X\leqslant x\}=P\{X=1\}+P\{X=2\}+P\{X=3\}$$
$$=0.1+0.2+0.3=0.6.$$

当$4\leqslant x<5$时, 同理可得

$$F(x)=P\{X\leqslant x\}=P\{X=1\}+P\{X=2\}+P\{X=3\}+P\{X=4\}$$
$$=0.1+0.2+0.3+0.2=0.8.$$

当$x\geqslant 5$时, $\{X\leqslant x\}$包含所有可能的值的情况, 故此时

$$F(x)=P\{X\leqslant x\}=0.1+0.2+0.3+0.2+0.2=1.$$

综上所述, 随机变量X的分布函数为

$$F(x)=\begin{cases}0, & x<1\\ 0.1, & 1\leqslant x<2\\ 0.3, & 2\leqslant x<3\\ 0.6, & 3\leqslant x<4\\ 0.8, & 4\leqslant x<5\\ 1, & x\geqslant 5\end{cases}.$$

本例展示了如何在计算机网络领域应用离散型随机变量的分布函数来描述数据包传输的延迟时间. 通过求解分布函数, 我们可以分析网络中数据包延迟的概率分布, 进而优化网络性能和降低延迟. 这对于网络工程师和系统管理员在网络设计、资源分配及性能调优方面具有重要意义.

习题 2-3

1. 若$F(X)=\begin{cases}0, & x<-2\\ 0.4, & -2\leqslant x<0\\ 1, & x\geqslant 0\end{cases}$是随机变量$X$的分布函数, 则$X$是________型随机变量.

2. 设$F(x)=\begin{cases}0, & x<0\\ x/2, & 0\leqslant x<1\\ 1, & x\geqslant 1\end{cases}$, 则$F(x)$是否为某随机变量的分布函数?

3. 设X的分布函数为$F(x)=P\{X\leqslant x\}=\begin{cases}0, & x<-1\\ 1/8, & x=-1\\ ax+b, & -1<x<1\\ 1, & x\geqslant 1\end{cases}$, 且已知$P\{X=1\}=\dfrac{1}{4}$, 试求$a$, b的值.

4. 已知离散型随机变量X的概率分布为$P\{X=1\}=0.3$, $P\{X=3\}=0.5$, $P\{X=5\}=0.2$, 试写出X的

分布函数$F(x)$，并画出图形.

5. 设离散型随机变量X的分布函数为

$$F(x)=\begin{cases}0, & x<-1\\ 0.4, & -1\leqslant x<1\\ 0.8, & 1\leqslant x<3\\ 1, & x\geqslant 3\end{cases},$$

试求: (1) X的概率分布; (2) $P\{X<2\mid X\neq 1\}$.

6. 设X的分布函数为

$$F(x)=\begin{cases}0, & x<0\\ x/2, & 0\leqslant x<1\\ x-1/2, & 1\leqslant x<1.5\\ 1, & x\geqslant 1.5\end{cases},$$

求$P\{0.4<X\leqslant 1.3\}$, $P\{X>0.5\}$, $P\{1.7<X\leqslant 2\}$.

7. 设随机变量X的分布函数为

$$F(x)=A+B\arctan x\ (-\infty<x<+\infty),$$

试求: (1) 系数A与B; (2) X落在$(-1, 1]$内的概率.

8. 在区间$[0, a]$上任意投掷一个质点, 以X表示这个质点的坐标. 设这个质点落在$[0, a]$中任意小区间内的概率与这个小区间的长度成正比, 试求X的分布函数.

9. 在100件产品中有10件次品, 其余都是正品, 从中任取1件, 设ξ是取到的次品件数, 写出ξ的分布函数$F(x)=P\{\xi\leqslant x\}$.

10. 一盒中有5个纪念章, 编号为1, 2, 3, 4, 5. 在其中等可能地任取3个, 用X表示取出的3个纪念章上的最大号码, 求随机变量X的分布律、分布函数.

11. 在质量控制中, 某生产线上生产的产品的重量可能会有所偏差. 假设X是一个离散型随机变量, 表示产品的质量偏差 (单位: 克). 已知该生产线产品的质量偏差可能为-2克、-1克、0克、1克和2克, 且这些偏差的概率分别为0.15, 0.25, 0.3, 0.2和0.1. 试求随机变量的分布函数.

12. 某物理实验室正在研究某种放射性物质的衰变过程, 假设离散型随机变量X表示某小时内该物质发生的衰变次数. 已知该物质衰变次数的分布如下:

$$P\{X=0\}=0.10,\quad P\{X=1\}=0.20,\quad P\{X=2\}=0.30,$$
$$P\{X=3\}=0.25,\quad P\{X=4\}=0.15.$$

请根据给定的分布函数, 求该物质在某小时内衰变次数小于等于2的概率$P\{X\leqslant 2\}$.

§2.4 连续型随机变量及其概率密度

连续型随机变量的可能取值构成一个连续区间 (有限或无限). 与离散型随机变量不同的是, 连续型随机变量无法逐一列举其取值, 而是通过概率密度函数来描述其分布特性. 概率密度函数$f(x)$表示随机变量在某一取值附近的概率密度, 其值非负, 且整个区间上的积分等于1. 通过积分, 可以计算随机变量在某一范围内取值的概率. 连续型随机变量广泛用于刻画实际生活中的许多连续量, 如温度、时间、长度和速度等. 其数学描述提供了精确的分析工具, 能够应对无穷多个可能取值的复杂情况. 连续型随机变量在各领域应用广泛. 例如, 在物理学中, 用于描述粒子运动速度、波动等; 在经济学中, 用于分析价格变化或收益分布; 在工程领域, 用于可靠性分析、信号处理等. 此外, 概率密度函数是许多重要分布 (如正态分布、指数分布等) 的基础, 用于推导概率、期望值和方差等统计量.

一、连续型随机变量及其概率密度

定义 1 若对随机变量 X 的分布函数 $F(x)$, 存在非负可积函数 $f(x)$, 使得

$$F(x)=P\{X\leqslant x\}=\int_{-\infty}^{x} f(t)\mathrm{d}t \ (x\in\mathbf{R}), \tag{4.1}$$

则称 X 为**连续型随机变量**, 称 $f(x)$ 为 X 的**概率密度函数**, 简称为**概率密度**或**密度函数**.

注: 连续型随机变量 X 的所有可能取值充满一个区间, 对这种类型的随机变量, 不能像离散型随机变量那样, 以指定它取每个值时的概率的方式给出其概率分布, 而是采用给出上面的"概率密度函数"的方式. 概率密度的含义就类似于物理中的线密度, 类似于把单位质量按密度函数给定的值分布于 $(-\infty, +\infty)$. 对于离散的情形, 是只把单位质量分布到了有限个或者可数个点处.

易见, 概率密度具有下列性质:

(1) $f(x)\geqslant 0$; (2) $\int_{-\infty}^{+\infty} f(x)\mathrm{d}x=1$.

注: 上述性质有明显的几何意义 (见图 2-4-1).

反之, 可证一个函数若满足上述性质, 则该函数一定可以作为某连续型随机变量的概率密度函数.

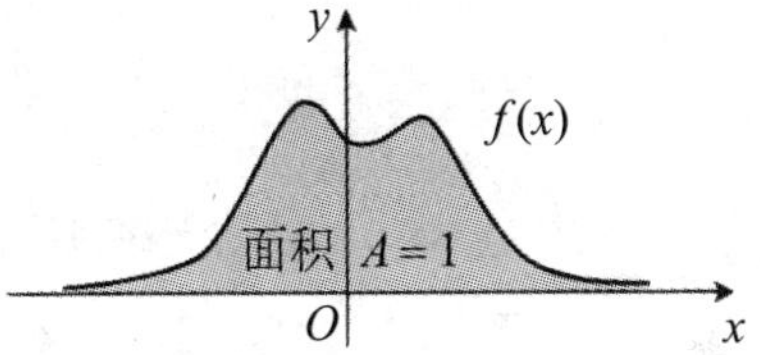

图 2-4-1

连续型随机变量分布函数的性质

(1) 对一个连续型随机变量 X, 若已知其概率密度函数为 $f(x)$, 则根据定义, 可求得其分布函数 (见图 2-4-2):

$$F(x)=P\{X\leqslant x\}=\int_{-\infty}^{x} f(t)\,\mathrm{d}t.$$

于是, 根据定积分的性质与无穷限的广义积分, 可求出随机变量 X 的取值落在任意区间 $(a, b]$ 上的概率 (见图 2-4-3):

$$P\{a<X\leqslant b\}=F(b)-F(a)=\int_{a}^{b} f(x)\,\mathrm{d}x.$$

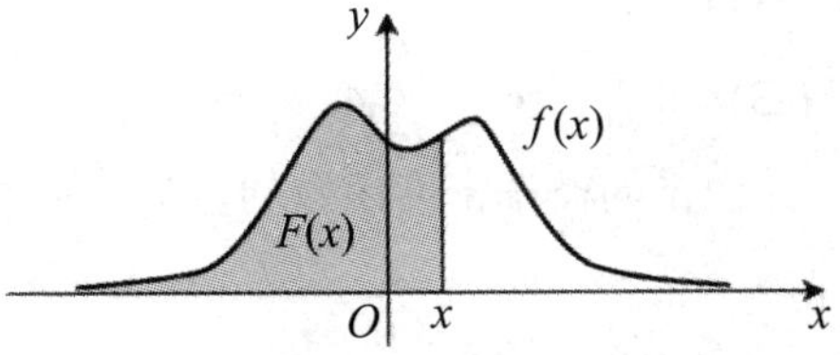

图 2-4-2

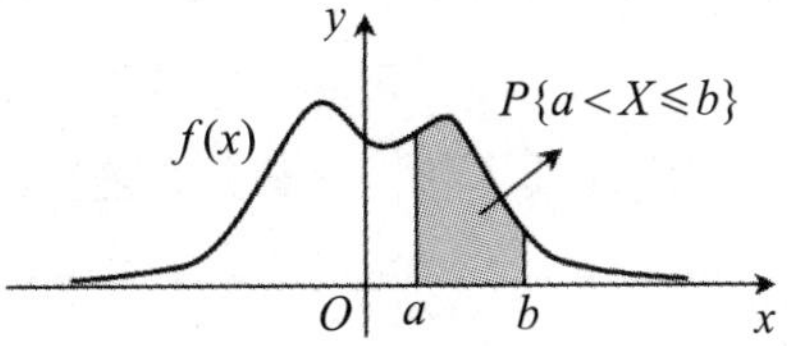

图 2-4-3

(2) 连续型随机变量 X 取任一指定值 $a\ (a\in\mathbf{R})$ 的概率为零. 因为按定义与积分上限函数

的概念, 有

$$P\{X=a\}=\lim_{\Delta x\to 0^+}P\{a-\Delta x<X\leqslant a\}=\lim_{\Delta x\to 0^+}\int_{a-\Delta x}^{a}f(x)\mathrm{d}x=0,$$

所以, 对连续型随机变量 X, 有

$$P\{a<X\leqslant b\}=P\{a\leqslant X<b\}=P\{a\leqslant X\leqslant b\}=P\{a<X<b\}. \tag{4.2}$$

注: 连续型随机变量 X 取任意值 a 的概率为零. 此性质与离散型随机变量是不同的, 而且此性质也说明概率为零的事件不一定是不可能事件.

(3) 若 $f(x)$ 在点 x 处连续, 则

$$F'(x)=f(x). \tag{4.3}$$

事实上, 因连续函数一定是可积函数, 故由定义与积分上限函数的求导公式即证得上述结果. 根据式 (4.2) 与导数的定义, 可得

$$f(x)=\lim_{\Delta x\to 0^+}\frac{F(x+\Delta x)-F(x)}{\Delta x}=\lim_{\Delta x\to 0^+}\frac{P\{x<X\leqslant x+\Delta x\}}{\Delta x}. \tag{4.4}$$

上式表明: 连续型随机变量 X 在点 x 处的概率密度 $f(x)$ 恰好是 X 落在区间 $(x, x+\Delta x]$ 上的概率与区间长度 Δx 之比的极限 (比较线密度的定义). 由式 (4.4), 根据无穷小与函数极限的关系, 有

$$\frac{P\{x<X\leqslant x+\Delta x\}}{\Delta x}\approx f(x)+\alpha,$$

其中, α 是 $\Delta x\to 0^+$ 时的无穷小, 整理得

$$P\{x<X\leqslant x+\Delta x\}\approx f(x)\Delta x+\alpha\Delta x,$$

如果略去关于 Δx 的高阶无穷小 $\alpha\Delta x$, 则有近似式

$$P\{x<X\leqslant x+\Delta x\}\approx f(x)\Delta x, \tag{4.5}$$

即 X 落在小区间 $(x, x+\Delta x]$ 上的概率近似等于 $f(x)\Delta x$.

例 1 设随机变量 X 的分布函数为

$$F(x)=\begin{cases}0, & x\leqslant 0\\ x^2, & 0<x<1\\ 1, & 1\leqslant x\end{cases}.$$

求: (1) 概率 $P\{0.3<X<0.7\}$; (2) X 的密度函数.

解 (1) 利用连续型随机变量分布函数的性质 (1), 有

$$P\{0.3<X<0.7\}=F(0.7)-F(0.3)=0.7^2-0.3^2=0.4.$$

(2) 利用连续型随机变量分布函数的性质 (3), 并由 X 的概率密度函数的定义, 有

$$f(x)=F'(x)=\begin{cases}0, & x\leqslant 0\\ 2x, & 0<x<1\\ 0, & 1\leqslant x\end{cases}=\begin{cases}2x, & 0<x<1\\ 0, & \text{其他}\end{cases}.$$

二、常用的连续型分布

1. 均匀分布

定义 2 若连续型随机变量 X 的概率密度为

$$f(x)=\begin{cases}\dfrac{1}{b-a}, & a<x<b\\ 0, & \text{其他}\end{cases}, \tag{4.6}$$

则称 X 在区间 (a, b) 上服从**均匀分布**, 记为 $X\sim U(a, b)$.

易见, (1) $f(x)\geqslant 0$; (2) $\int_{-\infty}^{+\infty}f(x)\mathrm{d}x=1$.

注: 在区间 (a, b) 上服从均匀分布的连续型随机变量 X, 其取值落在 (a, b) 中任意等长度的子区间内的概率是相同的, 且与子区间的长度成正比. 事实上, 任取子区间 $(c, c+l)\subset(a, b)$, 利用基本积分表与牛顿-莱布尼茨公式, 有

$$P\{c<X\leqslant c+l\}=\int_{c}^{c+l}f(x)\mathrm{d}x=\int_{c}^{c+l}\frac{1}{b-a}\mathrm{d}x=\frac{l}{b-a}.$$

此外, 在§2.3例1中, 我们已求得 X 的分布函数

$$F(x)=\begin{cases}0, & x<a\\ \dfrac{x-a}{b-a}, & a\leqslant x<b\\ 1, & x\geqslant b\end{cases}. \tag{4.7}$$

作为一种概率分布, 均匀分布中每个可能的结果在指定范围内具有相同的发生概率. 对于离散型均匀分布, 结果是有限的, 所有可能的结果概率相等; 对于连续型均匀分布, 概率密度函数在区间内是恒定的, 分布范围之外概率为零. 均匀分布的数学特性简单, 其期望值为区间中点, 方差反映值的离散程度. 均匀分布在理论和实际中应用广泛, 尤其在随机现象模拟以及随机数生成中具有重要作用. 它是许多复杂概率分布的基础. 此外, 均匀分布常用于对无先验知识的现象建模, 例如随机事件的初始假设或分布未知情况下的估计.

例 2 在训练一个深度学习模型时, 某些算法的参数初始化通常使用均匀分布来生成初始权重, 假设某层神经网络的权重初始化采用均匀分布, 且其取值范围为 $[-0.5, 0.5]$, 试计算权重值落在区间 $[-0.25, 0.25]$ 内的概率, 并分析其对模型训练的影响.

解 依题设, 该神经网络层的权重 W 是一个连续型随机变量, 且 W 服从均匀分布, 取值范围为 $[-0.5, 0.5]$, 即 $W\sim U(-0.5, 0.5)$. 根据均匀分布, W 的概率密度函数为

$$f_W(w)=\frac{1}{b-a},\quad a\leqslant w\leqslant b.$$

由均匀分布的性质, 权重值落在 $[-0.25, 0.25]$ 内的概率可以通过计算该区间的长度与总长度的比值来求得, 即

$$P\{-0.25\leqslant W\leqslant 0.25\}=\frac{0.25-(-0.25)}{0.5-(-0.5)}=\frac{0.5}{1}=0.5.$$

所以, 权重值落在区间 $[-0.25, 0.25]$ 内的概率为 0.5, 即 50%.

本例通过均匀分布的应用计算了神经网络权重的初始化值落在特定区间内的概率, 在人工智能领域, 均匀分布常被用于初始化深度学习模型中的权重参数, 这种初始化方法确保了权重在训练开始时没有偏置, 有助于模型的有效训练. 通过计算权重值落在某个范围内的概率, 我们可以理解参数初始化对模型训练过程的影响, 以及如何通过适当的初始化提高训练效率和收敛速度.

例3　某公共汽车站从早上 7 时起, 每 15 分钟来一班车, 即 7:00, 7:15, 7:30, 7:45 等时刻有汽车到达此站, 如果乘客到达此站的时间 X 是 7:00 到 7:30 之间的均匀随机变量, 试求他候车时间少于 5 分钟的概率.

解　设早上 7:00 为起点 0, 以分为单位, 随机变量 X 服从均匀分布, 即 $X \sim U(0, 30)$, 其概率密度为

$$f(x)=\begin{cases} 1/30, & 0<x<30 \\ 0, & \text{其他} \end{cases}.$$

为使候车时间少于 5 分钟, 乘客必须在 7:10 到 7:15 之间, 或在 7:25 到 7:30 之间到达车站, 利用连续型随机变量分布函数的性质 (1), 得所求概率为

$$P\{10<X<15\}+P\{25<X<30\}=\int_{10}^{15}\frac{1}{30}\mathrm{d}x+\int_{25}^{30}\frac{1}{30}\mathrm{d}x=\frac{1}{3},$$

即乘客候车时间少于 5 分钟的概率是 $\frac{1}{3}$.

2. 指数分布

定义3　若随机变量 X 的概率密度为

$$f(x)=\begin{cases} \lambda \mathrm{e}^{-\lambda x}, & x>0 \\ 0, & \text{其他} \end{cases}, \lambda>0, \tag{4.8}$$

则称 X 服从参数为 λ 的**指数分布**, 简记为 $X \sim e(\lambda)$.

易见, (1) $f(x) \geqslant 0$;　　(2) $\int_{-\infty}^{+\infty} f(x)\mathrm{d}x=1$.

概率密度 $f(x)$ 的几何图形如图 2-4-4 所示.

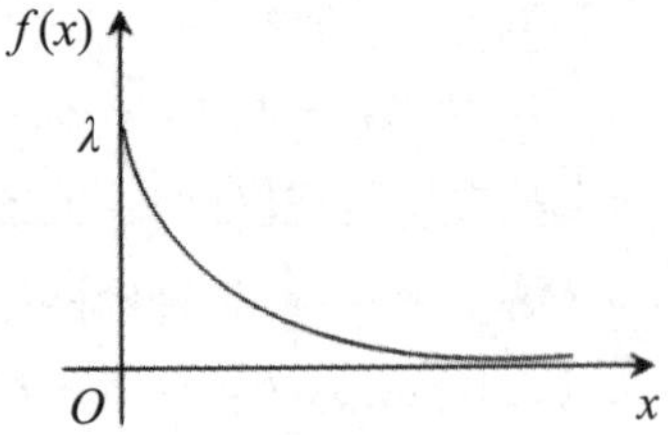

图 2-4-4

若随机变量 X 服从参数为 λ 的指数分布, 则利用基本积分公式, 易求出其分布函数

$$F(x)=\begin{cases} 1-\mathrm{e}^{-\lambda x}, & x>0 \\ 0, & \text{其他} \end{cases}, \lambda>0. \tag{4.9}$$

注: 指数分布常用来描述对某一事件发生的等待时间, 因而, 它在可靠性理论和排队论中有广泛的应用. 服从指数分布的随机变量 X 具有**无记忆性**, 即对任意 $s, t>0$, 有

$$P\{X>s+t \mid X>s\}=P\{X>t\}, \tag{4.10}$$

事实上, 由条件概率与指数函数的运算性质, 有

$$P\{X>s+t\mid X>s\}=\frac{P\{(X>s+t)\cap(X>s)\}}{P\{X>s\}}=\frac{P\{X>s+t\}}{P\{X>s\}}$$
$$=\frac{1-F(s+t)}{1-F(s)}=\frac{\mathrm{e}^{-\lambda(s+t)}}{\mathrm{e}^{-\lambda s}}=\mathrm{e}^{-\lambda t}=P\{X>t\}.$$

若X表示某一元件的寿命，则式(4.10)表明：已知元件已使用了s小时，它总共能使用至少$s+t$小时的条件概率与从开始使用时算起它至少能使用t小时的概率相等，即元件对它已经使用过s小时没有记忆. 具有这一性质是指数分布得以广泛应用的重要原因.

作为一种连续型概率分布，指数分布广泛应用于可靠性分析和排队论等领域. 例如，在可靠性工程中，用于描述系统或元件的寿命，分析设备的故障时间；在排队论中，对顾客到达时间间隔或服务时间建模. 它还用于描述随机事件的时间间隔，如电话呼叫、交通事故和辐射粒子衰变等. 此外，指数分布是泊松过程的重要组成部分，帮助研究随机事件的动态行为.

例4　在一个通信系统中，某个信号的传输时间服从指数分布，已知该系统的信号传输时间的均值为5毫秒，试计算信号的传输时间小于3毫秒的概率，并分析其在工程中的应用.

解　依题设，信号的传输时间T是一个连续型随机变量，且T服从指数分布，平均传输时间为5毫秒，故传输时间T的概率密度函数为

$$f_T(t)=\lambda\mathrm{e}^{-\lambda t},\ t\geqslant 0,$$

其中，λ是指数分布的参数，表示单位时间内事件发生的平均频率. 由于已知平均传输时间为5毫秒，因此

$$\text{平均时间}=\frac{1}{\lambda}=5\ \Rightarrow\ \lambda=\frac{1}{5}=0.2,$$

从而信号传输时间的概率密度函数与分布函数分别为

$$f_T(t)=0.2\mathrm{e}^{-0.2t},\quad t\geqslant 0;\qquad F_T(t)=1-\mathrm{e}^{-0.2t},\quad t\geqslant 0.$$

于是，信号的传输时间小于3毫秒的概率为

$$P\{T<3\}=F_T(3)=1-\mathrm{e}^{-0.2\times 3}=1-\mathrm{e}^{-0.6}\approx 1-0.548\,8=0.451\,2,$$

故信号的传输时间小于3毫秒的概率约为0.451 2，即45.12%.

本例通过指数分布的应用计算了通信系统中信号传输时间小于特定值的概率. 指数分布在工程技术中常用于描述系统中某些事件的发生时间或等待时间. 例如，在通信系统中，信号的传输延迟或设备的故障时间常常服从指数分布. 通过计算事件发生的概率，工程师可以评估系统的性能并采取优化措施，进而提高系统的稳定性和响应速度. 例如，通过降低事件发生的频率 (增加λ值)，可以减少延迟和故障，从而提高系统的效率和可靠性.

例5　设某元件的寿命X服从指数分布，已知其参数$\lambda=1/1\,000$，求3个这样的元件使用1 000小时，至少已有一个损坏的概率.

解　依题设，随机变量X服从指数分布，即$X\sim e(\lambda)$，所以，其分布函数为

$$F(x)=\begin{cases}1-\mathrm{e}^{-\frac{x}{1\,000}}, & x\geqslant 0\\ 0, & x<0\end{cases},$$

利用连续型随机变量分布函数的性质(1)，得

$$P\{X>1\,000\}=1-P\{X\leqslant 1\,000\}=1-F(1\,000)=\mathrm{e}^{-1}\ .$$

题设3个元件的寿命是否超过1 000小时可视为3次独立重复的伯努利试验, 用Y表示3个元件中使用1 000小时损坏的元件数, 则Y服从二项分布, 即

$$Y\sim b(3,1-\mathrm{e}^{-1}),$$

利用概率的性质3与二项分布的分布律, 至少已有一个损坏的概率为

$$P\{Y\geqslant 1\}=1-P\{Y=0\}=1-\mathrm{C}_3^0(1-\mathrm{e}^{-1})^0(\mathrm{e}^{-1})^3=1-\mathrm{e}^{-3}.$$

例6 假设一大型设备在任何长为t的时间内发生故障的次数$N(t)$服从参数为λt的泊松分布. 求:

(1) 相继两次故障之间时间间隔T的概率分布;

(2) 在设备已无故障工作8小时的情形下, 再无故障工作8小时的概率Q.

解 (1) 注意到相继两次故障之间发生故障的次数$N(t)=0$, 根据连续型随机变量概率分布的定义, 当$t<0$时, 有

$$F(t)=P\{T\leqslant t\}=0,$$

而当$t\geqslant 0$时, 由泊松分布的定义, 有

$$F(t)=P\{T\leqslant t\}=1-P\{T>t\}=1-P\{N(t)=0\}=1-\mathrm{e}^{-\lambda t},$$

故随机变量T服从参数为λ的指数分布, 即所求概率分布为

$$F(t)=\begin{cases}1-\mathrm{e}^{-\lambda t}, & t\geqslant 0\\ 0, & t<0\end{cases}.$$

(2) 根据指数分布的无记忆性, 有

$$Q=P\{T\geqslant 16\mid T\geqslant 8\}=P\{T\geqslant 8\}=\mathrm{e}^{-8\lambda}\ .$$

3. 正态分布

正态分布 (normal distribution) 又称高斯分布 (Gaussian distribution), 是概率论与统计学中极为常见且重要的连续型分布, 其概率密度函数呈钟形, 在均值处最高, 对称地向两侧递减. 正态分布在自然科学与社会科学中普遍存在, 比如测量误差、身高或体重分布、经济指标波动等都可近似视为正态分布. 其意义在于, 若一随机变量由众多独立微效应累加形成, 往往在大数定律作用下趋近于正态分布, 这也是中心极限定理的重要体现. 正态分布不仅能够帮助我们估计事件发生的可能范围, 还可以通过参数估计与假设检验, 为抽样分析提供重要基础, 使我们对未知母体特性做出合理推断. 在描述正态分布时, 我们主要关注均值与方差: 均值决定分布的中心位置, 方差则刻画分散程度. 由于正态分布在描述随机现象及测量数据方面具有良好特性, 它常被视为许多统计模型的基石, 也是检验数据与理论假设相符程度的重要参照. 因此, 正态分布在概率论中扮演着举足轻重的角色.

定义4 若随机变量X的概率密度为

$$f(x)=\frac{1}{\sqrt{2\pi}\sigma}\mathrm{e}^{-\frac{(x-\mu)^2}{2\sigma^2}}\ ,\ -\infty<x<+\infty, \tag{4.11}$$

则称X服从参数为μ和σ^2的**正态分布**, 记为$X\sim N(\mu,\sigma^2)$, 其中μ和$\sigma\,(\sigma>0)$都是常数.

易见, 正态分布的概率密度函数满足下列性质:

(1) $f(x)\geqslant 0$;　　　(2) $\int_{-\infty}^{+\infty} f(x)\mathrm{d}x=1$.

事实上, 利用泊松积分 $\int_{-\infty}^{+\infty} \mathrm{e}^{-x^2}\mathrm{d}x=\sqrt{\pi}$, 即可证得

$$\int_{-\infty}^{+\infty} f(x)\mathrm{d}x=\int_{-\infty}^{+\infty}\frac{1}{\sqrt{2\pi}\sigma}\mathrm{e}^{-\frac{(x-\mu)^2}{2\sigma^2}}\mathrm{d}x \xlongequal{t=\frac{x-\mu}{\sigma}} \frac{1}{\sqrt{2\pi}}\int_{-\infty}^{+\infty}\mathrm{e}^{-\frac{t^2}{2}}\mathrm{d}t=1.$$

一般地, 一个随机变量如果受到许多随机因素的影响, 而其中每个因素都不起主导作用 (作用微小), 则它服从正态分布. 这是正态分布在实践中得以广泛应用的原因. 例如, 产品的质量指标, 元件的尺寸, 某地区成年男子的身高、体重, 测量误差, 射击目标的水平或垂直偏差, 信号噪声, 农作物的产量, 等等, 都服从或近似服从正态分布.

正态分布的图形特征

(1) 密度曲线关于 $x=\mu$ 对称 (见图 2-4-5);

(2) 曲线在 $x=\mu$ 处达到最大值 $f(x)=\frac{1}{\sqrt{2\pi}\sigma}$;

(3) 曲线在 $x=\mu\pm\sigma$ 处有拐点且以 x 轴为渐近线;

(4) μ 确定了曲线的位置, σ 确定了曲线中峰的陡峭程度 (见图 2-4-6).

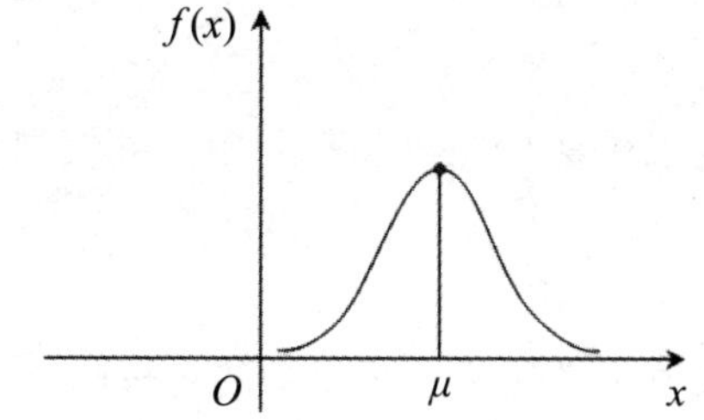

图 2-4-5

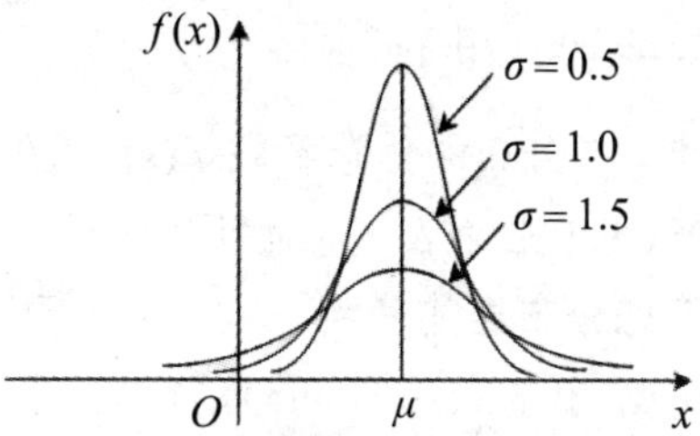

图 2-4-6

若 $X\sim N(\mu,\sigma^2)$, 则 X 的分布函数为

$$F(x)=\frac{1}{\sqrt{2\pi}\sigma}\int_{-\infty}^{x}\mathrm{e}^{-\frac{(t-\mu)^2}{2\sigma^2}}\mathrm{d}t,\ -\infty<t<+\infty. \tag{4.12}$$

当 $\mu=0$, $\sigma=1$ 时, 正态分布称为**标准正态分布** (standard normal distribution), 记为

$$X\sim N(0,1).$$

标准正态分布是均值为0、方差为1的特殊的正态分布. 其概率密度曲线呈对称单峰的钟形, 峰值位于 $\mu=0$ 处, 两侧递减, 反映了大样本随机变量聚集于均值附近的规律. 其密度函数和分布函数常用 $\varphi(x)$ 和 $\Phi(x)$ 表示 (见图 2-4-7 和图 2-4-8). 在统计分析中, 许多检验与估计方法都基于标准正态分布, 通过对任意正态分布做线性变换, 便可利用标准正态分布表或相关函数, 快速获取概率值并确定置信区间. 它在假设检验、区间估计和相关分析等方面发挥着关键作用, 使我们能够客观判断样本数据偏离整体规律的显著程度, 并辅助决策制定. 得益于其简单而统一的形式, 标准正态分布已经成为数理统计学和概率论中的基础支柱, 对研究不确定性与各种随机现象具有深远意义.

$$\varphi(x)=\frac{1}{\sqrt{2\pi}}\mathrm{e}^{-\frac{x^2}{2}},\qquad \Phi(x)=\frac{1}{\sqrt{2\pi}}\int_{-\infty}^{x}\mathrm{e}^{-\frac{t^2}{2}}\mathrm{d}t.$$

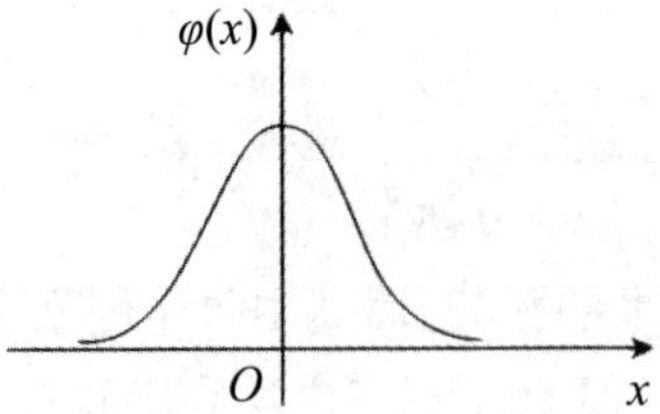

图 2-4-7

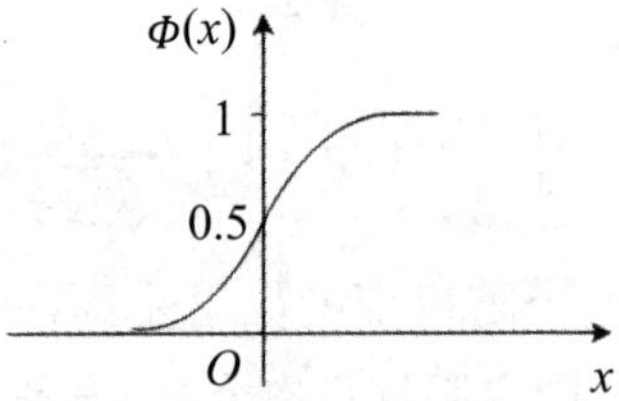

图 2-4-8

定理 1　设 $X\sim N(\mu,\sigma^2)$，则 $Y=\dfrac{X-\mu}{\sigma}\sim N(0,1)$.

证明　依题设，由定积分的换元积分法知，随机变量 $Y=\dfrac{X-\mu}{\sigma}$ 的分布函数为

$$P\{Y\leqslant x\}=P\left\{\frac{X-\mu}{\sigma}\leqslant x\right\}=P\{X\leqslant \mu+\sigma x\}=\int_{-\infty}^{\mu+\sigma x}\frac{1}{\sqrt{2\pi}\sigma}\mathrm{e}^{-\frac{(t-\mu)^2}{2\sigma^2}}\mathrm{d}t$$

$$\overset{u=\frac{t-\mu}{\sigma}}{=\!=\!=}\frac{1}{\sqrt{2\pi}}\int_{-\infty}^{x}\mathrm{e}^{-\frac{u^2}{2}}\mathrm{d}u=\Phi(x),$$

所以，$Y=\dfrac{X-\mu}{\sigma}\sim N(0,1)$. 证毕.

对标准正态分布的分布函数 $\Phi(x)$，人们利用近似计算方法求出其近似值，并编制了标准正态分布表 (见书后附表 3) 供使用时查找.

标准正态分布表的使用

(1) 表中给出了 $x>0$ 时 $\Phi(x)$ 的数值. 当 $x<0$ 时，由正态分布密度函数的对称性，有

$$\Phi(x)=1-\Phi(-x).$$

(2) 若 $X\sim N(0,1)$，则由连续型随机变量分布函数的性质 (2)，有

$$P\{a<X\leqslant b\}=P\{a\leqslant X\leqslant b\}=P\{a\leqslant X<b\}=P\{a<X<b\}=\Phi(b)-\Phi(a).$$

(3) 若 $X\sim N(\mu,\sigma^2)$，则 $Y=\dfrac{X-\mu}{\sigma}\sim N(0,1)$，故随机变量 X 的分布函数

$$F(x)=P\{X\leqslant x\}=P\left\{\frac{X-\mu}{\sigma}\leqslant\frac{x-\mu}{\sigma}\right\}=\Phi\left(\frac{x-\mu}{\sigma}\right);$$

$$P\{a<X\leqslant b\}=P\left\{\frac{a-\mu}{\sigma}<Y\leqslant\frac{b-\mu}{\sigma}\right\}=\Phi\left(\frac{b-\mu}{\sigma}\right)-\Phi\left(\frac{a-\mu}{\sigma}\right).$$

注：借助迅速发展的信息技术，如今通过智能手机即可实现在线查表，作者主持的数苑团队也为用户提供了一个用于概率统计类课程学习的“统计图表工具”软件，其中包含常用统计分布查表 (如泊松分布查表、标准正态分布函数查表、标准正态分布查表、t 分布查表、χ^2 分布查表、F 分布查表等)、随机数生成 (如均匀分布、正态分布、0−1 分布、二项分布等)、直方图与经验分布函数作图、散点图与线性回归

标准正态分布函数查表

等在线功能，使用电脑的用户可在教材配套的网络学习空间中的相应内容处调用，而使用智能手机的用户可直接通过微信扫描指定的二维码在线调用.

示例：查表求$\Phi(2)$. 流程示意：微信扫描上面右侧的二维码，打开如下方左图所示的标准正态分布函数查表界面，在"输入"编辑框内输入"2"，即得到$\Phi(2)$的输出结果"0.977250"(如下方右图所示).

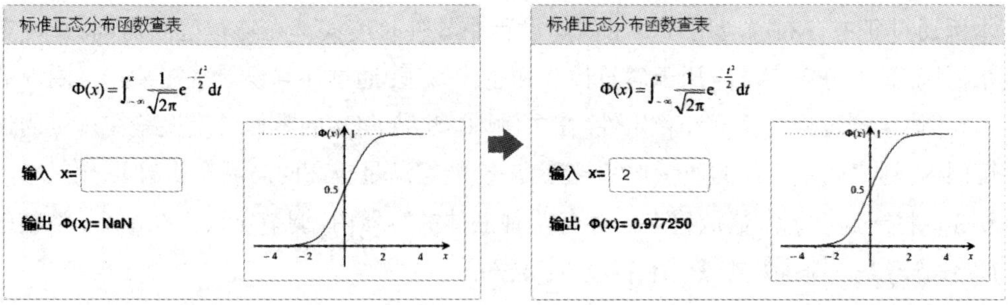

例7　设$X\sim N(1,4)$，求$F(5)$，$P\{0<X\leqslant 1.6\}$，$P\{|X-1|\leqslant 2\}$.

解　依题设，随机变量X服从正态分布$N(1,4)$，这里$\mu=1$，$\sigma=2$，由本节定理1知，随机变量

$$\frac{X-\mu}{\sigma}=\frac{X-1}{2}\sim N(0,1),$$

查标准正态分布函数表，得

$$F(5)=P\{X\leqslant 5\}=P\left\{\frac{X-1}{2}\leqslant\frac{5-1}{2}\right\}=\Phi\left(\frac{5-1}{2}\right)=\Phi(2)=0.977\,2;$$

$$P\{0<X\leqslant 1.6\}=\Phi\left(\frac{1.6-1}{2}\right)-\Phi\left(\frac{0-1}{2}\right)=\Phi(0.3)-\Phi(-0.5)$$

$$=0.617\,9-[1-\Phi(0.5)]=0.617\,9-(1-0.691\,5)=0.309\,4;$$

$$P\{|X-1|\leqslant 2\}=P\{-1\leqslant X\leqslant 3\}=P\left\{-1\leqslant\frac{X-1}{2}\leqslant 1\right\}$$

$$=\Phi(1)-\Phi(-1)=2\Phi(1)-1=2\times 0.841\,3-1=0.682\,6.$$

例8　在某企业的一条生产线中，生产的零件长度的误差服从正态分布，已知误差的均值为0毫米，标准差为0.02毫米，试计算零件长度误差在区间$[-0.03, 0.03]$毫米内的概率，并分析其在生产过程中的意义.

解　依题设，生产的零件长度的误差X是一个连续型随机变量，且X服从正态分布，均值为0毫米，标准差为0.02毫米，即

$$X\sim N(0,0.02^2).$$

根据正态分布与标准正态分布的关系，将误差X标准化，得

$$Z=\frac{X-\mu}{\sigma}\ \Rightarrow\ Z_1=\frac{-0.03}{0.02}=-1.5,\quad Z_2=\frac{0.03}{0.02}=1.5.$$

于是, 查标准正态分布函数表, 得所求误差在 $[-0.03, 0.03]$ 毫米内的概率为

$$\begin{aligned}P\{-0.03 \leqslant X \leqslant 0.03\} &= P\{-1.5 \leqslant Z \leqslant 1.5\} \\ &= P\{Z \leqslant 1.5\} - P\{Z \leqslant -1.5\} \\ &\approx 0.9332 - 0.0668 = 0.8664.\end{aligned}$$

所以, 零件长度误差在区间 $[-0.03, 0.03]$ 毫米内的概率约为 86.64%.

本例通过正态分布的应用计算了生产过程中零件长度误差在特定区间内的概率. 在工程技术领域, 正态分布广泛应用于质量控制和生产管理, 通过计算误差落在某一范围内的概率, 可以评估生产过程的精度和稳定性. 在本例中, 约 86.64% 的零件长度误差在规定的误差容许范围内, 这表明生产线的质量控制较为有效, 能够满足较高的产品合格率要求.

例 9　将一温度调节器放置在贮存着某种液体的容器内, 调节器设定在 $d\,^\circ\mathrm{C}$, 液体的温度 X (以 $^\circ\mathrm{C}$ 计) 是一个随机变量, 且 $X \sim N(d, 0.5^2)$.

(1) 若 $d = 90\,^\circ\mathrm{C}$, 求 X 小于 $89\,^\circ\mathrm{C}$ 的概率;

(2) 若要求保持液体的温度至少为 $80\,^\circ\mathrm{C}$ 的概率不低于 0.99, 问 d 至少为多少?

解　依题设, X 服从正态分布, 即 $X \sim N(d, 0.5^2)$, 这里 $\mu = d$, $\sigma = 0.5$, 根据本节定理1, 随机变量

$$\frac{X-\mu}{\sigma} = \frac{X-d}{0.5} \sim N(0, 1).$$

(1) 若 $d = 90^\circ\mathrm{C}$, 则利用标准正态分布函数的性质, 并查标准正态分布函数表, 得所求概率为

$$\begin{aligned}P\{X < 89\} &= P\left\{\frac{X-90}{0.5} < \frac{89-90}{0.5}\right\} = \Phi\left(\frac{89-90}{0.5}\right) = \Phi(-2) \\ &= 1 - \Phi(2) = 1 - 0.9772 = 0.0228.\end{aligned}$$

(2) 同理, 结合概率的性质 3, 所求 d 应满足

$$\begin{aligned}0.99 \leqslant P\{X \geqslant 80\} &= P\left\{\frac{X-d}{0.5} \geqslant \frac{80-d}{0.5}\right\} = 1 - P\left\{\frac{X-d}{0.5} < \frac{80-d}{0.5}\right\} \\ &= 1 - \Phi\left(\frac{80-d}{0.5}\right),\end{aligned}$$

由上式左右两端, 得

$$\Phi\left(\frac{80-d}{0.5}\right) \leqslant 1 - 0.99 = 1 - \Phi(2.326) = \Phi(-2.326),$$

标准正态分布函数查表

从而 $\dfrac{80-d}{0.5} \leqslant -2.326$, 由此解得 $d \geqslant 81.163$.

例 10　已知某台机器生产的螺栓长度 X (单位: 厘米) 服从参数 $\mu = 10.05$, $\sigma = 0.06$ 的正态分布. 规定螺栓长度在 10.05 ± 0.12 内为合格品, 试求螺栓为合格品的概率.

解　依题设, X 服从正态分布, 即 $X \sim N(10.05, 0.06^2)$, 这里 $\mu = 10.05$, $\sigma = 0.06$, 由本节定理 1, 随机变量

$$\frac{X-\mu}{\sigma}=\frac{X-10.05}{0.06}\sim N(0,\ 1).$$

记 $a=10.05-0.12$, $b=10.05+0.12$, 则 $\{a\leqslant X\leqslant b\}$ 表示螺栓为合格品. 查标准正态分布函数表, 得

$$\begin{aligned}P\{a\leqslant X\leqslant b\}&=\Phi\left(\frac{b-\mu}{\sigma}\right)-\Phi\left(\frac{a-\mu}{\sigma}\right)\\&=\Phi(2)-\Phi(-2)=\Phi(2)-[1-\Phi(2)]\\&=2\Phi(2)-1=2\times0.977\,2-1=0.954\,4.\end{aligned}$$

即螺栓为合格品的概率等于 0.954 4.

注: 设 $X\sim N(\mu,\sigma^2)$, 则由标准正态分布函数的性质, 并查标准正态分布函数表, 有

(1) $P\{\mu-\sigma<X\leqslant\mu+\sigma\}=P\left\{-1<\dfrac{X-\mu}{\sigma}\leqslant1\right\}=\Phi(1)-\Phi(-1)$

$$=2\Phi(1)-1=0.682\,6;$$

(2) $P\{\mu-2\sigma<X\leqslant\mu+2\sigma\}=\Phi(2)-\Phi(-2)=0.954\,4$;

(3) $P\{\mu-3\sigma<X\leqslant\mu+3\sigma\}=\Phi(3)-\Phi(-3)=0.997\,4$.

标准正态分布函数查表

根据(3), 如图 2-4-9 所示, 尽管正态随机变量 X 的取值范围是 $(-\infty,+\infty)$, 但它的值几乎全部集中在 $(\mu-3\sigma,\ \mu+3\sigma)$ 区间内, 超出这个范围的可能性仅占不到 0.3%. 这在统计学上称为 **3σ 准则 (三倍标准差原则)**.

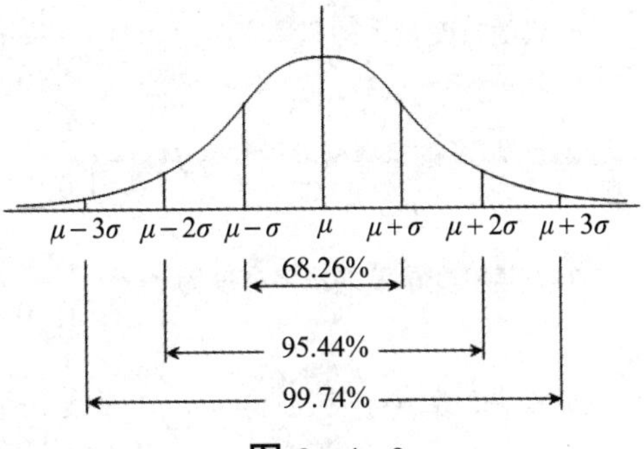

图 2-4-9

正态分布是概率论中最重要的分布, 在应用及理论研究中占有头等重要的地位, 它与二项分布以及泊松分布是概率论中最重要的三种分布. 我们判断一个分布的重要性的标准是:

(1) 在实际工作中经常碰到;

(2) 在理论研究中重要, 有较好的性质;

(3) 用它能导出许多重要的分布.

随着课程学习的深入和对众多案例的探讨, 我们会发现这三种分布都满足这些要求.

例 11 某制造厂生产的电机轴承的外径误差服从正态分布, 已知误差的均值为 0 毫米, 标准差为 0.01 毫米, 试计算外径误差在正负三倍标准差范围内的概率, 并分析其在产品质量控制中的应用.

解 题设电机轴承的外径误差 X 是一个连续型随机变量, 且 X 服从正态分布, 均值为 0 毫米, 标准差为 0.01 毫米, 即

$$X\sim N(0,\ 0.01^2).$$

题意要求计算外径误差在正负三倍标准差范围内的概率, 即

$$P\{-3\sigma \leqslant X \leqslant 3\sigma\}.$$

根据标准正态分布的性质，三倍标准差原则告诉我们，约 99.74% 的数据应该落在正负三倍标准差的范围内，我们可以直接使用该原则得到外径误差在 $[-3\sigma, 3\sigma]$ 内的概率. 对于本例，标准差 $\sigma = 0.01$ 毫米，因此，计算的范围为

$$[-3\times 0.01, 3\times 0.01] = [-0.03, 0.03].$$

故由三倍标准差原则，约 99.74% 的误差将落在上述区间内，即

$$P\{-0.03 \leqslant X \leqslant 0.03\} \approx 0.9974,$$

所以，外径误差在 $[-0.03, 0.03]$ 毫米内的概率约为 99.74%.

本例通过三倍标准差原则计算了电机轴承的外径误差在正负三倍标准差范围内的概率. 在工程技术领域，三倍标准差原则常用于质量控制和产品的精度评估，特别是在制造过程中通过监控误差范围来确保产品的一致性和合格率. 根据此原则，大多数合格产品的误差应该落在指定的范围内，生产过程的稳定性可以通过这一方法来监控和优化，在本例中，约 99.74% 的电机轴承的外径误差在允许的范围内，表明生产过程中的误差控制是非常有效的.

习题 2-4

1. 设随机变量 X 的概率密度为 $f(x) = \dfrac{1}{2\sqrt{\pi}} e^{-\frac{(x+3)^2}{4}}$ $(-\infty < x < +\infty)$，则 $Y =$ ________ $\sim N(0, 1)$.

2. 已知 X 的概率密度函数为 $f(x) = \begin{cases} 2x, & 0 < x < 1 \\ 0, & \text{其他} \end{cases}$，求 $P\{X \leqslant 0.5\}$，$P\{X = 0.5\}$，$F(x)$.

3. 设随机变量 X 的概率密度为 $f(x) = \begin{cases} ax + b, & 0 \leqslant x \leqslant 2 \\ 0, & \text{其他} \end{cases}$，已知 X 的分布函数值 $F(1) = \dfrac{1}{4}$，求 a, b.

4. 要使函数 $\varphi(x) = \begin{cases} Axe^{-x}, & x > 0 \\ 0, & x \leqslant 0 \end{cases}$ 是某个随机变量 ξ 的概率密度，求 A 的值.

5. 设随机变量 X 的概率密度为 $f(x) = \begin{cases} bx, & 0 < x < 1 \\ 1/x^2, & 1 \leqslant x < 2 \\ 0, & \text{其他} \end{cases}$. 试确定常数 b，并求其分布函数 $F(x)$.

6. 设连续型随机变量 X 的分布函数为 $F(x) = \begin{cases} A + Be^{-2x}, & x > 0 \\ 0, & x \leqslant 0 \end{cases}$，试求:

(1) A, B 的值; (2) $P\{-1 < X < 1\}$; (3) 概率密度函数 $f(x)$.

7. 服从拉普拉斯分布的随机变量 X 的概率密度 $f(x) = Ae^{-|x|}$，求系数 A 及分布函数 $F(x)$.

8. 某型号电子管，其寿命 (以小时计) 为一随机变量，概率密度为

$$f(x) = \begin{cases} 100/x^2, & x \geqslant 100 \\ 0, & \text{其他} \end{cases},$$

某一电子设备内配有三个这样的电子管，求电子管使用 150 小时都不需要更换的概率.

9. 在某液压系统中, 安装了多个压力传感器, 用于监测该系统的工作压力. 为了保证传感器的准确性, 对传感器的校准采用均匀分布来生成初始误差, 假设某个压力传感器的校准误差 E 服从均匀分布, 取值范围为 $[-0.3, 0.3]$, 试计算传感器校准误差值落在区间 $[-0.1, 0.1]$ 内的概率, 并分析该误差对液压系统性能的影响.

10. 设一个汽车站里, 某路公共汽车每 5 分钟有一辆车到达, 而乘客在 5 分钟内任一时间到达是等可能的, 计算在车站候车的 10 位乘客中只有 1 位等待时间超过 4 分钟的概率.

11. 设随机变量 $X \sim U(1, 4)$, 现在对 X 进行三次独立试验, 求至少有两次观察值大于 2 的概率.

12. 若随机变量 ξ 在区间 $(1, 6)$ 上服从均匀分布, 求方程 $x^2 + \xi x + 1 = 0$ 有实根的概率.

13. 设随机变量 X 服从 $(-1, 1)$ 上的均匀分布, 事件 $A = \{0 < X < 1\}$, $B = \{|X| < 1/4\}$. 试求事件积 AB 发生的概率 $P(AB)$.

14. 设随机变量 X 服从正态分布 $N(3, 2^2)$.

(1) 确定 c, 使得 $P\{X > c\} = P\{X \leqslant c\}$;　(2) 设 d 满足 $P\{X > d\} \geqslant 0.9$, 问 d 至多为多少?

15. 设随机变量 ξ 服从 $N(5, 2^2)$, 试分别确定 a 值, 使下列关系式成立:

(1) $P\{\xi < a\} = 0.90$;　(2) $P\{|\xi - 5| > a\} = 0.01$.

已知标准正态分布函数 $\Phi(x)$ 的值:

$$\Phi(-0.14) = 0.44, \quad \Phi(1.282) = 0.90, \quad \Phi(2.58) = 0.995, \quad \Phi(2.327) = 0.99.$$

16. 设测量误差 $X \sim N(0, 10^2)$, 现进行 100 次独立测量, 求误差的绝对值超过 19.6 的次数不小于 3 的概率.

17. 设随机变量 X 服从正态分布 $N(\mu, \sigma^2)$ $(\sigma > 0)$, 且二次方程 $y^2 + 4y + X = 0$ 无实根的概率为 $1/2$, 求均值 μ 的值.

18. 已知某种产品的质量指标 ξ 服从 $N(\mu, \delta^2)$, 并规定 $|\xi - \mu| \leqslant m$ 时产品合格, 问 m 取多大时, 才能使产品的合格率达到 95%? 已知 $\Phi(1.96) = 0.975$, $\Phi(1.65) = 0.95$, $\Phi(-1.65) = 0.05$, $\Phi(-0.06) = 0.476$.

19. 设所生产的某种零件的长度与规定长度的偏差 X (mm) 服从正态分布 $N(0, 2^2)$. 若偏差的绝对值不超过 2.4 (mm), 则属于合格品. 现独立生产 5 个零件, 问至少有 4 个合格品的概率是多少 (见下表)?

z	0.75	1.00	1.20	1.75
$\Phi(z)$	0.773	0.841	0.885	0.960

20. 某玩具厂装配车间准备实行计件超产奖, 为此需对生产定额做出规定. 根据以往记录, 各工人每月装配产品数服从正态分布 $N(4\,000, 3\,600)$. 假定车间主任希望 10% 的工人获得超产奖, 则工人每月需完成多少件产品才能获奖?

21. 某地区 18 岁女青年的血压 (收缩压, 以 mm Hg 计) 服从 $N(110, 12^2)$. 从该地区任选一 18 岁女青年, 测量她的血压 X.

(1) 求 $P\{X \leqslant 105\}$, $P\{100 < X \leqslant 120\}$;　(2) 确定最小的 x, 使 $P\{X > x\} \leqslant 0.05$.

22. 设某城市男子身高 (单位: 厘米) $X \sim N(170, 36)$, 问应如何选择公共汽车车门的高度才能使男子与车门碰头的概率小于 0.01?

23. 在某科研实验中, 测量某种物质的浓度时, 测量误差服从标准正态分布, 已知测量误差的均值为0, 标准差为0.05, 试计算实验误差小于0.1的概率, 并分析其在科研实验中的意义.

24. 某人去火车站乘车, 有两条路可以走. 第一条路路程较短, 但交通拥挤, 所需时间 (单位: 分钟) 服从

正态分布 $N(40, 10^2)$; 第二条路路程较长, 但意外阻塞较少, 所需时间服从正态分布 $N(50, 4^2)$. 求:

(1) 若动身时离开车时间只有 60 分钟, 应走哪一条路?

(2) 若动身时离开车时间只有 45 分钟, 应走哪一条路?

25. 设随机变量 X 服从参数为 $\lambda\ (\lambda>0)$ 的指数分布, 且 $P\{X\leqslant 1\}=1/2$. 求:

(1) 参数 λ; (2) $P\{X>2\mid X>1\}$.

26. 设随机变量 ξ 服从参数为 λ 的指数分布, 且已知 $P\left\{\xi<\dfrac{\ln 2}{2}\right\}=\dfrac{1}{2}$, 求 λ.

27. 设顾客排队等待服务的时间 X (以分钟计) 服从 $\lambda=1/5$ 的指数分布, 某顾客等待服务, 若超过 10 分钟, 他就离开. 他一个月要去等待服务 5 次, 以 Y 表示一个月内他未等到服务而离开的次数, 试求 Y 的概率分布和 $P\{Y\geqslant 1\}$.

28. 某仪器装有三只独立工作的同型号电子元件, 其寿命 (单位: 小时) 都服从同一指数分布, 密度函数为

$$f(x)=\begin{cases}\dfrac{1}{600}\mathrm{e}^{-\frac{x}{600}}, & x>0\\ 0, & x\leqslant 0\end{cases},$$

试求在仪器使用的最初 200 小时内, 至少有一只电子元件损坏的概率 α.

29. 在某个计算机网络中, 某种数据包的传输时间服从指数分布. 已知该网络的平均数据包传输时间为10毫秒, 试计算数据包传输时间小于7毫秒的概率, 并分析其在网络优化中的意义.

30. 设随机变量 $X\sim N(\mu, 4^2)$, $Y\sim N(\mu, 5^2)$. 记 $p_1=P\{X\leqslant\mu-4\}$, $p_2=P\{Y\geqslant\mu+5\}$. 试证对任意实数 μ, 均有 $p_1=p_2$.

31. 在某电子设备生产过程中, 生产出的电路板的电压误差服从正态分布. 已知误差的均值为0伏特, 标准差为0.05伏特. 试计算电路板的电压误差在 $-0.1\sim 0.1$ 伏特的概率, 并分析其在生产过程中的意义.

32. 某家电制造厂生产的冰箱门的厚度误差服从正态分布. 已知误差的均值为0毫米, 标准差为0.2毫米. 试计算冰箱门的厚度误差在正负两倍标准差范围内的概率, 并分析其在产品质量控制中的意义.

§2.5 随机变量函数的分布

随机变量函数是一个随机变量通过某种函数映射生成另一个随机变量的过程, 用以描述随机变量之间的关系及其转化特性. 设 X 是一个随机变量, $Y=g(X)$ 是 X 的函数, 则 Y 也是随机变量, 其分布由 X 的分布和函数 g 决定. 对于离散型随机变量, 随机变量函数的分布通过概率质量函数变换得到; 对于连续型随机变量, 其分布通过概率密度函数的变换规则推导. 例如, 利用雅可比行列式法可以推导单变量和多变量函数的概率密度. 随机变量函数的分布为研究复杂随机现象提供了重要工具. 通过函数映射, 可以分析一个随机变量的变化如何影响另一个变量的分布特性. 同时, 许多实际问题可以转化为研究随机变量函数的形式, 为复杂问题的建模与求解奠定基础. 随机变量函数在信号处理、工程分析和经济建模中应用广泛. 例如, 利用随机变量函数可以研究非线性系统的输入、输出关系; 在金融领域, 分析资产收益的变化规律; 在可靠性工程中, 对系统寿命与其元件寿命的关系建模. 其灵活性使其成为概率统计分析的重要工具.

一、随机变量的函数

在讨论正态分布与标准正态分布的关系时, 我们常利用§2.4定理1的结论: 若随机变量 $X\sim N(\mu,\sigma^2)$, 则

$$Y=\frac{X-\mu}{\sigma}\sim N(0,1).$$

这里, Y 是随机变量 X 的函数, 对 X 的每个取值, Y 都有唯一确定的取值与之对应. 由于 X 是随机变量, 其取值事先不确定, 故 Y 的取值也随之不确定, 即 Y 也是随机变量.

定义 1 若存在一个函数 $g(x)$, 使得随机变量 X, Y 满足

$$Y=g(X),$$

则称**随机变量 Y 是随机变量 X 的函数**.

注: 在概率统计中, 我们主要研究的是随机变量函数的随机性特征, 即由自变量 X 的统计规律性出发研究因变量 Y 的统计规律性.

一般, 对任意区间 I, 令 $C=\{x\mid g(x)\in I\}$, 则有

$$\{Y\in I\}=\{g(X)\in I\}=\{X\in C\},$$

$$P\{Y\in I\}=P\{g(X)\in I\}=P\{X\in C\}.$$

因此, 随机变量 Y 与 X 的函数关系的确定, 为从 X 的分布出发导出 Y 的分布提供了可能.

例如, 设 X 是一随机变量, 且 $Y=X^2$, 则对任意 $x\geqslant 0$, 有

$$P\{Y\leqslant x\}=P\{X^2\leqslant x\}=P\{-\sqrt{x}\leqslant X\leqslant\sqrt{x}\},$$

$$P\{Y=x\}=P\{X^2=x\}=P\{X=-\sqrt{x}\}+P\{X=\sqrt{x}\}.$$

二、离散型随机变量函数的分布

离散型随机变量函数的分布是指对离散型随机变量 X 施加某个函数 $g(\cdot)$ 后, 研究得到的新随机变量 $Y=g(X)$ 的概率分布. 由于离散型随机变量的取值多为有限或可数无限集合, 经过函数映射后, 往往会导致新随机变量的取值范围和概率分布产生变化. 具体计算时, 需先枚举 X 的所有可能取值, 再将映射所得相同取值的概率相加, 从而获得 Y 在各取值处的概率. 通过研究离散型随机变量函数的分布, 我们能够更好地理解对随机变量进行各种变换(如线性变换或非线性映射) 所带来的影响, 为后续的概率推断和模型构建奠定基础.

设离散型随机变量 X 的概率分布为

$$P\{X=x_i\}=p_i,\quad i=1,2,\cdots,$$

易见, X 的函数 $Y=g(X)$ 显然还是离散型随机变量.

下面我们具体研究如何从 X 的概率分布出发导出 Y 的概率分布.

一般的方法是: 先根据自变量 X 的可能取值确定因变量 Y 的所有可能取值, 然后对 Y 的每个可能取值 $y_i\ (i=1,2,\cdots)$ 确定相应的

$$C_i=\{x_j\mid g(x_j)=y_i\},$$

若 $g(x_i)$ 的值全不相等, 则

$$P\{Y=g(x_i)\}=P\{X=x_i\};$$

若 $g(x_i)$ 的值有相等的, 则应先把那些相等的值分别合并, 同时把对应的概率 p_i 相加, 即

$$P\{Y=g(x_i)\}=\sum_j P\{X=x_i\}\text{，}\quad j\in\{j\,|\,g(x_j)=g(x_i)\}\,.$$

于是, 离散型随机变量函数 $Y=g(X)$ 的概率分布为

$$P\{Y=y_i\}=P\{X\in C_i\}=\sum_{x_j\in C_i}P\{X=x_j\}\,. \tag{5.1}$$

上述过程表明: Y 的概率分布完全由 X 的概率分布确定.

例1　设随机变量 X 具有以下分布律, 试求 $Y=(X-1)^2$ 的分布律.

X	-1	0	1	2
p_i	0.2	0.3	0.1	0.4

解　根据离散型随机变量函数的分布的概念, 依题设, 将离散型随机变量 X 的取值 -1, 0, 1, 2 代入函数 $y=(x-1)^2$, 可见随机变量 Y 所有可能的取值为 0, 1, 4, 再进一步计算随机变量 Y 在取值 0, 1, 4 时的概率:

$$P\{Y=0\}=P\{(X-1)^2=0\}=P\{X=1\}=0.1\,,$$
$$P\{Y=1\}=P\{X=0\}+P\{X=2\}=0.7\,,$$
$$P\{Y=4\}=P\{X=-1\}=0.2\,,$$

从而得到随机变量函数 $Y=(X-1)^2$ 的分布律为

X	0	1	4
p_i	0.1	0.7	0.2

例2　某计算机网络中, 数据包的到达时间间隔服从二项分布, 已知每个时间单位内数据包到达的概率为0.2, 试计算在10个时间单位内, 至少接收到3个数据包的概率, 并分析其在网络流量管理中的应用.

解　设 X 为在10个时间单位内接收到的数据包的个数. 根据题意, X 服从参数为 $n=10$, $p=0.2$ 的二项分布, 即

$$P\{X=k\}=\mathrm{C}_{10}^{k}(0.2)^{k}(0.8)^{10-k},\ \ k=0,1,2,\cdots,10\,.$$

我们要求的是在10个时间单位内, 至少接收到3个数据包的概率, 即 $P\{X\geqslant 3\}$. 我们可先求 $P\{X<3\}$:

$$\begin{aligned}P\{X<3\}&=P\{X=0\}+P\{X=1\}+P\{X=2\}\\&=\mathrm{C}_{10}^{0}(0.2)^{0}(0.8)^{10}+\mathrm{C}_{10}^{1}(0.2)^{1}(0.8)^{9}+\mathrm{C}_{10}^{2}(0.2)^{2}(0.8)^{8}\\&\approx 0.107\,4+0.268\,4+0.302\,0=0.677\,8,\end{aligned}$$

根据概率的性质, 至少接收到3个数据包的概率为

$$P\{X\geqslant 3\}=1-P\{X<3\}=1-0.677\,8=0.322\,2\,.$$

所以, 在10个时间单位内, 至少接收到3个数据包的概率为 0.322 2, 即32.22%.

通过计算数据包到达的概率分布, 网络管理员可以对网络流量进行更好的预测和管理. 理解数据包到达的统计特性对于流量的优化非常重要. 管理员可以利用这些统计数据来估

算网络负载、预测高峰流量、合理分配带宽资源，并采取措施减少网络拥塞和延迟. 特别是在高流量时段，合理的带宽分配可以确保网络的稳定运行，提升网络服务质量和用户体验.

三、连续型随机变量函数的分布

连续型随机变量函数的分布是指对连续型随机变量X进行函数映射$Y=g(X)$后所得到的新随机变量Y的概率分布. 由于X在某连续区间内取值，不同函数变换会导致Y的分布发生非线性变化. 为确定Y的分布函数或密度函数，常用单调变换和雅可比方法. 若函数g具有单调性，则可通过一元函数求导和可逆性简化计算，否则需细分取值区间，对多个映射分别求和或积分. 研究连续型随机变量函数的分布能帮助分析更复杂的随机现象，并为后续建模与推断提供依据，从而在处理实际问题时具备更灵活的操作空间.

一般情况下，连续型随机变量的函数不一定是连续型随机变量，但我们主要讨论连续型随机变量的函数还是连续型随机变量的情形. 此时，我们不仅希望求出随机变量函数的分布函数，而且希望求出其概率密度函数.

设已知X的分布函数$F_X(x)$或概率密度函数$f_X(x)$，则随机变量函数$Y=g(X)$的分布函数可按如下方法求得:

$$F_Y(y)=P\{Y\leqslant y\}=P\{g(X)\leqslant y\}=P\{X\in C_y\}, \tag{5.2}$$

其中$C_y=\{x\,|\,g(x)\leqslant y\}$. 而$P\{X\in C_y\}$常常可由随机变量$X$的分布函数$F_X(x)$来表达或用其概率密度函数$f_X(x)$的积分来表达，即

$$F_Y(y)=P\{X\in C_y\}=\int_{C_y} f_X(x)\mathrm{d}x, \tag{5.3}$$

进而可通过Y的分布函数$F_Y(y)$求出Y的密度函数.

例3 设随机变量$X\sim N(0,1)$，函数$Y=\mathrm{e}^X$，试求Y的概率密度函数.

解 依题设，随机变量X服从标准正态分布，设$F_Y(y)$与$f_Y(y)$是随机变量函数Y的分布函数与概率密度函数，则当$y\leqslant 0$时，有

$$F_Y(y)=P\{Y\leqslant y\}=P\{\mathrm{e}^X\leqslant y\}=P\{\varnothing\}=0\ .$$

当$y>0$时，因$g(x)=\mathrm{e}^x$是x的严格单调递增函数，故

$$\{\mathrm{e}^X\leqslant y\}=\{X\leqslant \ln y\},$$

从而由连续型随机变量函数的分布的定义，有

$$F_Y(y)=P\{Y\leqslant y\}=P\{\mathrm{e}^X\leqslant y\}=P\{X\leqslant \ln y\}=\frac{1}{\sqrt{2\pi}}\int_{-\infty}^{\ln y}\mathrm{e}^{-\frac{x^2}{2}}\mathrm{d}x,$$

再根据连续型随机变量分布函数的性质: $f_Y(y)=F_Y'(y)$，利用积分上限函数的求导公式与基本积分公式，计算得

$$f_Y(y)=F_Y'(y)=\begin{cases}\dfrac{1}{\sqrt{2\pi}y}\mathrm{e}^{-\frac{(\ln y)^2}{2}}, & y>0\\ 0, & y\leqslant 0\end{cases}.$$

通常称上式中的Y服从对数正态分布.

对数正态分布 (lognormal distribution) 指当随机变量 X 的对数 $\ln X$ 服从正态分布时, X 本身即服从对数正态分布. 它在生产、金融、环境等领域常被用来刻画非负且波动范围较大的数据, 例如股票价格、公司盈利、待机寿命及某些生物与医疗研究的度量. 相较于普通正态分布, 对数正态分布可充分反映数据的正偏与长尾特性, 使其对描述高变异度、右偏现象更具适用性. 此外, 由于 $\ln X$ 服从正态分布, 许多基于正态分布的理论方法在处理对数正态分布时也能获得有效延伸. 在金融领域, 对数正态分布常与几何布朗运动等模型相结合, 用于研究资产价格演化或风险评估过程; 在可靠性分析中, 它可帮助评估产品寿命分布与故障率特征. 因其灵活性与对实际数据的良好拟合, 对数正态分布已成为概率建模与统计推断中的重要工具, 对理解并刻画多种现实中的复杂现象具有深远意义.

例4 在某生态学研究中, 研究人员对某种植物的种子的生长速度进行了测量, 发现其生长速度服从对数正态分布, 已知其生长速度的对数服从正态分布, 均值为0.5, 标准差为0.2. 试计算该植物种子的生长速度大于1.5的概率, 并分析其在生态学研究中的应用.

解 依题设, 该植物种子的生长速度 X 服从对数正态分布. 对于对数正态分布的随机变量 X , 其对数 $Y=\ln X$ 服从正态分布:

$$Y \sim N(0.5,\ 0.2^2),$$

即 X 的对数服从正态分布, 均值为0.5, 标准差为0.2.

我们要求的是 $P\{X>1.5\}$, 即植物种子的生长速度大于1.5的概率. 为计算这个概率, 要对随机变量 X 进行标准化. 由于 X 服从对数正态分布, 即 $Y=\ln X$ 服从正态分布, 因此

$$\begin{aligned} P\{X>1.5\} &= P\{\ln X>\ln 1.5\} \\ &= P\{Y>0.405\,47\} = 1-P\{Y \leqslant 0.405\,47\}. \end{aligned}$$

由于 $Y \sim N(0.5,\ 0.2^2)$, 先将随机变量 Y 标准化为 Z , 即

$$Z=\frac{Y-\mu}{\sigma}=\frac{Y-0.5}{0.2},$$

代入 $Y=0.405\,47$, 得到

$$Z=\frac{0.405\,47-0.5}{0.2}=\frac{-0.094\,53}{0.2}\approx -0.472\,7.$$

查标准正态分布函数表得 $P\{Z \leqslant -0.472\,7\} \approx 0.318\,2$, 所以

$$P\{Y>0.405\,47\}=1-0.318\,2=0.681\,8,$$

即植物种子的生长速度大于1.5的概率约为0.681 8, 即68.18%.

标准正态分布函数查表

本例通过对数正态分布的应用计算了植物种子的生长速度大于某一阈值的概率. 在生态学研究中, 许多自然现象, 如种子生长速度、动物体重等, 常常服从对数正态分布. 通过计算种子生长速度大于某一特定值的概率, 研究人员可以更好地了解植物生长的分布特性, 评估环境因素对植物生长的影响. 这对于生态系统建模、物种保护及农业研究中的作物优化具有重要意义.

例5 在某人工智能应用中, 假设模型的预测准确度 A 服从正弦函数类型的分布, 其概率密度函数为

$$f_A(x)=k\sin\frac{\pi x}{2},\ 0\leqslant x\leqslant 1,$$

其中k是常数,试求k的值,并计算模型的预测准确度大于0.8的概率.

解 依题设,由概率密度函数的性质,要求整个密度函数的积分为1,即

$$\int_0^1 f_A(x)\,\mathrm{d}x=1\Rightarrow k\int_0^1\sin\frac{\pi x}{2}\,\mathrm{d}x=\frac{2k}{\pi}=1,$$

由上述右端等式,得$k=\pi/2$.故预测准确度A的概率密度函数:

$$f_A(x)=\frac{\pi}{2}\sin\frac{\pi x}{2},\ 0\leqslant x\leqslant 1.$$

下面计算模型的预测准确度大于0.8的概率:

$$P\{A>0.8\}=\int_{0.8}^1\frac{\pi}{2}\sin\frac{\pi x}{2}\,\mathrm{d}x=\int_{2\pi/5}^{\pi/2}\sin u\,\mathrm{d}u$$

$$=(-\cos u)\Big|_{2\pi/5}^{\pi/2}=\cos(2\pi/5)\approx 0.309.$$

所以,模型的预测准确度大于0.8的概率约为0.309.

本例通过正弦函数类型的概率密度函数计算了人工智能模型的预测准确度大于某一特定值的概率.正弦函数分布模型可以用于描述模型的预测结果,尤其是在处理具有周期性或波动性的性能时.通过计算模型的预测准确度大于0.8的概率,研究人员可以评估模型在高预测准确度下的表现,这有助于理解模型在实际应用中的可靠性.类似的概率分析在机器学习和人工智能领域广泛应用,帮助优化模型性能、调整超参数,并提高预测精度.

例6 设随机变量$X\sim f_X(x)=\begin{cases}x/8, & 0<x<4\\ 0, & \text{其他}\end{cases}$,求$Y=2X+8$的概率密度.

解 设随机变量Y的分布函数为$F_Y(y)$,由连续型随机变量分布函数的定义,有

$$F_Y(y)=P\{Y\leqslant y\}=P\{2X+8\leqslant y\}=P\left\{X\leqslant\frac{y-8}{2}\right\}=F_X\left(\frac{y-8}{2}\right).$$

利用连续型随机变量分布函数的性质,所求随机变量Y的概率密度为

$$f_Y(y)=\frac{\mathrm{d}F_Y(y)}{\mathrm{d}y}=f_X\left(\frac{y-8}{2}\right)\cdot\frac{1}{2}.$$

注意到当$0<x<4$,即$8<y<16$时,$f_X(x)\neq 0$,故有

$$f_X\left(\frac{y-8}{2}\right)=\frac{y-8}{16},$$

由此得到$f_Y(x)$的分段函数表达式:

$$f_Y(y)=\begin{cases}\dfrac{y-8}{32}, & 8<y<16\\ 0, & \text{其他}\end{cases}.$$

例7 已知随机变量X的分布函数$F(x)$是严格单调递增的连续函数,证明$Y=F(X)$服

从区间[0, 1]上的均匀分布.

证明 设 Y 的分布函数为 $G(y)=P\{Y\leqslant y\}$, 因 $0\leqslant y\leqslant 1$, 且由概率的定义知, 当 $y<0$ 时 $G(y)=0$, 当 $y>1$ 时 $G(y)=1$.

题设随机变量 X 的分布函数 $F(x)$ 是严格单调递增的连续函数, 由连续函数的反函数运算知, 其反函数 F^{-1} 在对应区间上也单调递增且连续. 于是, 当 $0\leqslant y\leqslant 1$ 时, 有

$$G(y)=P\{Y\leqslant y\}=P\{F(X)\leqslant y\}=P\{X\leqslant F^{-1}(y)\}=F(F^{-1}(y))=y.$$

即随机变量函数 Y 的分布函数为

$$G(y)=\begin{cases}0, & y<0\\ y, & 0\leqslant y\leqslant 1.\\ 1, & y>1\end{cases}$$

于是, 根据连续型随机变量分布函数的性质, 求导即得 Y 的密度函数:

$$g(y)=G'(y)=\begin{cases}1, & 0\leqslant y\leqslant 1\\ 0, & \text{其他}\end{cases},$$

由上可见, 随机变量函数 Y 服从[0, 1]上的均匀分布. 证毕.

注: 本例的结论在计算模拟中有重要的应用.

对所有的单调函数 $y=g(x)$, 下面的定理提供了计算随机变量函数 $Y=g(X)$ 的概率密度的一种简单方法.

定理 1 设随机变量 X 的概率密度为 $f_X(x)$, $x\in(-\infty,+\infty)$, 若 $y=g(x)$ 在 $(-\infty,+\infty)$ 上处处可导且是严格单调的函数 (即恒有 $g'(x)>0$ 或 $g'(x)<0$), 则 $Y=g(X)$ 是一个连续型随机变量, 且其概率密度为

$$f_Y(y)=\begin{cases}f_X[h(y)]\,|h'(y)|, & \alpha<y<\beta\\ 0, & \text{其他}\end{cases}, \tag{5.4}$$

其中 $x=h(y)$ 是 $y=g(x)$ 的反函数, 且

$$\alpha=\min\{g(-\infty),\ g(+\infty)\},\quad \beta=\max\{g(-\infty),\ g(+\infty)\}.$$

证明 只证 $g'(x)>0$ 的情况, $g'(x)<0$ 时类似可证.

题设函数 $y=g(x)$ 在 $(-\infty,+\infty)$ 上处处可导且严格单调递增, 由反函数的求导法则, 它的反函数 $h(y)$ 存在, 且在 (α,β) 上严格单调递增、可导. 分别记 X, Y 的分布函数为 $F_X(x)$, $F_Y(y)$.

下面先求 Y 的分布函数 $F_Y(y)$.

因为 $Y=g(X)$ 在 (α,β) 上取值, 所以当 $y\leqslant\alpha$ 时, 有

$$F_Y(y)=P\{Y\leqslant y\}=0;$$

当 $y\geqslant\beta$ 时, 有 $F_Y(y)=P\{Y\leqslant y\}=1$; 当 $\alpha<y<\beta$ 时, 有

$$F_Y(y)=P\{Y\leqslant y\}=P\{g(X)\leqslant y\}=P\{X\leqslant h(y)\}=F_X[h(y)].$$

根据连续型随机变量分布函数的性质, 将 $F_X[h(y)]$ 关于 y 求导, 得 Y 的概率密度

$$f_Y(y)=F'(y)=\begin{cases}f_X[h(y)]h'(y), & \alpha<y<\beta\\ 0, & \text{其他}\end{cases}. \tag{5.5}$$

类似地, 对于 $g'(x)<0$ 的情况同样可以证明, 此时有

$$f_Y(y)=\begin{cases} f_X[h(y)][-h'(y)], & \alpha<y<\beta \\ 0, & 其他 \end{cases}. \tag{5.6}$$

合并式(5.5)与式(5.6), 定理的结论得证.

若 $f(x)$ 在有限区间 $[a, b]$ 以外等于零, 则只需假设在 $[a, b]$ 上恒有 $g'(x)>0$ (或恒有 $g'(x)<0$), 此时 $\alpha=\min\{g(a), g(b)\}$, $\beta=\max\{g(a), g(b)\}$.

注: 由前面的例题可见, 在求 $F_Y(y)=P\{Y\leqslant y\}$ 的过程中, 关键是设法从 $\{g(X)\leqslant y\}$ 中解出 X, 从而得到与 $\{g(X)\leqslant y\}$ 等价的 X 的不等式. 进而利用本定理, 在满足条件时可直接求出随机变量函数的概率密度.

例 8　设随机变量 $X\sim N(\mu, \sigma^2)$, 试证: X 的线性函数 $Y=aX+b\ (a\neq 0)$ 也服从正态分布.

证明　依题设, 随机变量 X 服从正态分布, 即 $X\sim N(\mu, \sigma^2)$, 故 X 的概率密度为

$$f_X(x)=\frac{1}{\sqrt{2\pi}\sigma}\mathrm{e}^{-\frac{(x-\mu)^2}{2\sigma^2}},\quad -\infty<x<+\infty.$$

从题设线性函数 $y=g(x)=ax+b$, 解得

$$x=h(y)=\frac{y-b}{a}, 且\ h'(y)=\frac{1}{a}.$$

利用单调随机变量函数的概率密度, 可求得随机变量函数 $Y=aX+b$ 的概率密度

$$f_Y(y)=\frac{1}{|a|}f_X\left(\frac{y-b}{a}\right)=\frac{1}{|a|}\frac{1}{\sqrt{2\pi}\sigma}\mathrm{e}^{-\frac{\left(\frac{y-b}{a}-\mu\right)^2}{2\sigma^2}}$$

$$=\frac{1}{|a|\sigma\sqrt{2\pi}}\mathrm{e}^{-\frac{[y-(b+a\mu)]^2}{2(a\sigma)^2}},\quad -\infty<y<+\infty,$$

即有 $Y=aX+b\sim N(a\mu+b, (a\sigma)^2)$. 证毕.

特别地, 若在本例中取 $a=\dfrac{1}{\sigma}$, $b=-\dfrac{\mu}{\sigma}$, 则有 $Y=\dfrac{X-\mu}{\sigma}\sim N(0, 1)$. 这就是上节中一个已知的标准正态分布定理的结论.

例 9　设随机变量 X 在 $(0, 1)$ 上服从均匀分布, 求 $Y=-2\ln X$ 的概率密度.

解　注意到在区间 $(0, 1)$ 上, 对数函数 $y=\ln x<0$, 所以

$$y=-2\ln x>0,\quad y'=-\frac{2}{x}<0.$$

故 $y=-2\ln x$ 在区间 $(0, 1)$ 上可导且单调递减, 由反函数的求导法则, 它的反函数存在且

$$x=h(y)=\mathrm{e}^{-y/2},\quad h'(y)=-\frac{1}{2}\mathrm{e}^{-y/2}.$$

于是, 由单调随机变量函数的概率密度与复合函数的求导法则, 即可求得随机变量函数 $Y=-2\ln X$ 的密度函数

$$f_Y(y)=\begin{cases} f_X(\mathrm{e}^{-y/2})\left|-\dfrac{1}{2}\mathrm{e}^{-y/2}\right|, & 0<\mathrm{e}^{-y/2}<1 \\ 0, & \text{其他} \end{cases}.$$

又题设 X 在 $(0, 1)$ 上服从均匀分布, 故其密度函数为

$$f_X(x)=\begin{cases} 1, & 0<x<1 \\ 0, & \text{其他} \end{cases},$$

将其代入 $f_Y(y)$ 的表达式, 即得 $Y=-2\ln X$ 的密度函数

$$f_Y(y)=\begin{cases} \dfrac{\mathrm{e}^{-y/2}}{2}, & y>0 \\ 0, & \text{其他} \end{cases}.$$

由此可见, 随机变量函数 Y 服从参数为 $\dfrac{1}{2}$ 的指数分布.

注: 利用公式 (5.4) 直接写出 $Y=g(X)$ 的概率密度时, 要注意两点:

① 首先要检验 $y=g(x)$ 是否严格单调, 若不是严格单调, 则不能直接应用公式 (5.4).

② 在公式中, $h'(y)$ 要取绝对值, 否则会出现 $f_Y(y)$ 的取值小于 0.

习题 2-5

1. 已知 X 的概率分布为

X	-2	-1	0	1	2	3
p_i	$2a$	1/10	$3a$	a	a	$2a$

试求: (1) a;　(2) $Y=X^2-1$ 的概率分布.

2. 设 ξ 的分布律为

ξ	-2	-1	0	1	2
p_i	3/20	1/5	1/5	1/5	1/4

求 $\eta=|\xi|+1$ 的分布律.

3. 设 X 的分布律为 $P\{X=k\}=1/2^k$, $k=1, 2, \cdots$, 求 $Y=\sin(\pi X/2)$ 的分布律.

4. 设随机变量 X 服从 $[a, b]$ 上的均匀分布, 令 $Y=cX+d\ (c\neq 0)$, 试求随机变量 Y 的密度函数.

5. 设随机变量 X 服从 $[0, 1]$ 上的均匀分布, 求随机变量函数 $Y=\mathrm{e}^X$ 的概率密度 $f_Y(y)$.

6. 设 $X\sim N(0, 1)$, 求 $Y=2X^2+1$ 的概率密度.

7. 设连续型随机变量 X 的概率密度为 $f(x)$, 分布函数为 $F(x)$, 求下列随机变量 Y 的概率密度:

(1) $Y=1/X$;　(2) $Y=|X|$.

8. 某物体的温度 T(°F) 是一个随机变量, 且 $T\sim N(98.6, 2)$. 若 $\theta=5(T-32)/9$, 求 θ(°F) 的概率密度.

9. 设随机变量 X 在任一区间 $[a, b]$ 上的概率均大于 0, 其分布函数为 $F_X(x)$, 又 Y 在 $[0, 1]$ 上服从均匀分布, 证明: $Z=F_X^{-1}(Y)$ 的分布函数与 X 的分布函数相同.

10. 设随机变量 X 的概率密度为

$$f(x)=\begin{cases}2x, & 0<x<1\\ 0, & 其他\end{cases},$$

Y 表示对 X 的 3 次独立重复观测中事件 $\{X\leqslant 1/2\}$ 发生的次数, 试求事件 $\{Y\leqslant 2\}$ 发生的概率 $P\{Y\leqslant 2\}$.

11. 过点 $(0,1)$ 任意作直线与 x 轴正向成角 α, α 在区间 $(0,\pi)$ 上服从均匀分布, 试求该直线在 x 轴上的截距的概率密度.

12. 假设春季化冰的湖面温度为 X 摄氏度, 其概率密度为

$$f_X(x)=\frac{9-2x}{18},\ 0\leqslant x\leqslant 3,$$

若将其转换为华氏度, 温度的概率密度是多少? 已知华氏度 Y 和摄氏度 X 之间的关系为 $Y=1.8X+32$.

13. 某在线购物平台的订单到达时间间隔服从二项分布, 已知每个时间单位内接收到订单的概率为 0.15, 试计算在 20 个时间单位内, 至少接收到 5 个订单的概率, 并分析其在电商平台运营中的应用.

14. 在某智能推荐系统中, 模型的推荐准确度 A 服从正弦函数类型的分布, 已知其概率密度函数为

$$f_A(x)=k\sin\frac{\pi x}{3},\ 0\leqslant x\leqslant 1,$$

其中, k 是常数. 试求 k 的值, 并计算模型的推荐准确度大于 0.7 的概率.

15. 在某生态学研究中, 研究人员对某种鱼类的体重 (单位: 千克) 进行了测量, 发现其体重服从对数正态分布. 已知其体重的对数值服从正态分布, 均值为 1.2 千克, 标准差为 0.3 千克. 试计算该鱼类体重大于 10 千克的概率, 并分析其在生态学研究中的应用.

总习题二

1. 从 1 ~ 20 的整数中取一个数, 若取到整数 k 的概率与 k 成正比, 求取到偶数的概率.

2. 若每次射击中靶的概率为 0.7, 求射击 10 炮时,

(1) 命中 3 炮的概率; (2) 至少命中 3 炮的概率; (3) 最可能命中几炮.

3. 保险公司里有 2 500 名同一年龄和同一社会阶层的人参加了人寿保险, 在 1 年中每个人死亡的概率为 0.002, 每个参加保险的人在 1 月 1 日需交 120 元保险费, 而在死亡时家属可从保险公司领取 20 000 元赔偿金. 求:

(1) 保险公司亏本的概率; (2) 保险公司获利分别不少于 100 000 元、200 000 元的概率.

4. 一台总机共有 300 台分机, 总机拥有 13 条外线, 假设每台分机向总机要外线的概率为 3%, 试求每台分机向总机要外线时, 能及时得到满足的概率和同时向总机要外线的分机最可能的台数.

5. 某车间有 20 部同型号的机床, 每部机床开动的概率为 0.8, 若假定各机床是否开动彼此独立, 每部机床开动时所消耗的电能为 15 个单位, 求这个车间消耗电能不少于 270 个单位的概率.

6. 某种商品一天的销售量 (单位: 件) 服从参数为 λ 的泊松分布, 随机选取 4 天, 求其中恰有一天的销售量为 5 件的概率.

7. 在长度为 t 的时间间隔内, 某急救中心收到紧急呼救的次数 X 服从参数为 $t/2$ 的泊松分布, 而与时间间隔的起点无关 (时间以小时计). 求:

(1) 某一天从中午 12 时至下午 3 时没有收到紧急呼救的概率;

(2) 某一天从中午 12 时至下午 5 时至少收到 1 次紧急呼救的概率.

8. 设有同类型设备200台，各台设备工作相互独立，且发生故障的概率均为0.005，通常一台设备的故障可由一名工人来排除.

(1) 至少配备多少名维修工人，才能保证设备发生故障而不能及时排除的概率不大于0.01？

(2) 若一名工人负责维修40台设备，求设备发生故障而不能及时排除的概率；

(3) 若由2名工人共同负责维修100台设备，求设备发生故障而不能及时排除的概率.

9. 设X为一离散型随机变量，其分布律为

X	-1	0	1
p_i	$1/2$	$1-2q$	q^2

试求：(1) q的值；　(2) X的分布函数.

10. 随机变量W的概率分布如下表所示：

ω	1	2	3	4	5
$P(W=\omega)$	$3k$	k^2	$k/3$	$5/6-3k$	$1/12$

(1) 列出关于k的方程并求解；　(2) 解释为何只有一个解是有效的；　(3) 计算$P\{2\leqslant W<4\}$.

11. 设随机变量X的分布函数为$F(x)=\begin{cases}0, & x<0\\ A\sin x, & 0\leqslant x\leqslant \pi/2\\ 1, & x>\pi/2\end{cases}$，求$A$及$P\{|X|<\pi/6\}$.

12. 使用了x小时的电子管，在以后Δx小时内损坏的概率为$\lambda\Delta x+o(\Delta x)$，其中$\lambda>0$是常数，$o(\Delta x)$是比$\Delta x$高阶的无穷小，求电子管在损坏前已使用时数$X$的分布函数$F(x)$，并求电子管在$T$小时内损坏的概率.

13. 设连续型随机变量X的概率密度为$f(x)=\begin{cases}x, & 0<x\leqslant 1\\ 2-x, & 1<x\leqslant 2\\ 0, & 其他\end{cases}$，求其分布函数$F(x)$.

14. 某城市饮用水的日消耗量X(单位：百万升)是随机变量，其密度函数为

$$f(x)=\begin{cases}\dfrac{1}{9}x\mathrm{e}^{-\frac{x}{3}}, & x>0\\ 0, & 其他\end{cases},$$

试求：(1) 该城市的饮用水日消耗量不低于600万升的概率；

(2) 饮用水日消耗量介于600万升到900万升的概率.

15. 已知X的概率密度为$f(x)=\begin{cases}c\lambda\mathrm{e}^{-\lambda x}, & x>a\\ 0, & 其他\end{cases}$ $(\lambda>0)$，求常数c及$P\{a-1<X\leqslant a+1\}$.

16. 已知X的概率密度为$f(x)=\begin{cases}12x^2-12x+3, & 0<x<1\\ 0, & 其他\end{cases}$，计算$P\{X\leqslant 0.2\mid 0.1<X\leqslant 0.5\}$.

17. 若$F_1(x)$，$F_2(x)$为分布函数，

(1) 判断$F_1(x)+F_2(x)$是不是分布函数. 为什么？

(2) 若a_1，a_2是正常数，且$a_1+a_2=1$. 证明：$a_1F_1(x)+a_2F_2(x)$是分布函数.

18. 设随机变量X的概率密度$\varphi(x)$为偶函数，试证对任意的$a>0$，分布函数$F(x)$满足：

(1) $F(-a)=1-F(a)$；　(2) $P\{|X|>a\}=2[1-F(a)]$.

19. 设 K 在 $(0, 5)$ 上服从均匀分布, 求 x 的方程 $4x^2+4Kx+K+2=0$ 有实根的概率.

20. 设随机变量 X 在 $[2, 5]$ 上服从均匀分布, 现在对 X 进行三次独立观测, 试求至少有两次观测值大于 3 的概率.

21. 某单位招聘 155 人, 按考试成绩录用, 共有 526 人报名, 假设报名者的考试成绩 $X\sim N(\mu,\sigma^2)$, 已知 90 分以上 12 人, 60 分以下 83 人, 若从高分到低分依次录取, 某人成绩为 78 分, 问此人能否被录取?

22. 在电源电压不超过 200V、200～240V 和超过 240V 三种情况下, 元件损坏的概率分别为 0.1, 0.001, 0.2. 设电源电压 X 服从正态分布, 即 $X\sim N(220, 25^2)$. 求:

(1) 元件损坏的概率 a;　(2) 元件损坏时, 哪种电压引起损坏的概率最大?

23. 假设某地在任何长为 t (年) 的时间间隔内发生地震的次数 $N(t)$ 服从参数为 $\lambda=0.1t$ 的泊松分布, X 表示连续两次地震之间的时间间隔 (单位: 年).

(1) 证明 X 服从指数分布并求出 X 的分布函数;　(2) 求今后 3 年内再次发生地震的概率;

(3) 求今后 3～5 年内再次发生地震的概率.

24. 100 个产品中有 90 个一等品、10 个二等品, 随机取 2 个安装在一台设备上, 若一台设备中有 $i\,(i=0, 1, 2)$ 个二等品, 则此设备的使用寿命服从参数为 $\lambda=i+1$ 的指数分布.

(1) 试求设备寿命超过 1 的概率;

(2) 已知设备寿命超过 1, 求安装在设备上的两个零件都是一等品的概率.

25. 设随机变量 X 的分布律为

X	-2	-1	0	1	3
p_i	1/5	1/6	1/5	1/5	11/30

试求 $Y=X^2$ 的分布律.

26. 设随机变量 X 的密度函数为 $f_X(x)=\begin{cases}0, & x<0\\ 2x^3\mathrm{e}^{-x^2}, & x\geqslant 0\end{cases}$, 求 $Y=2X+3$ 的密度函数.

27. 设随机变量 X 的概率密度为 $f_X(x)=\begin{cases}\mathrm{e}^{-x}, & x>0\\ 0, & \text{其他}\end{cases}$, 求 $Y=\mathrm{e}^X$ 的概率密度.

28. 设随机变量 X 的密度函数为 $f_X(x)=\begin{cases}1-|x|, & -1<x<1\\ 0, & \text{其他}\end{cases}$, 求随机变量 $Y=X^2+1$ 的分布函数与密度函数.

29. 某路口仅有一条左转车道, 该车道的长度足以容纳 6 辆汽车. 假设 X 是红灯结束前在车道上等待左转的汽车数量. 经监测统计, 当 $x=0,1,2,\cdots,6$ (X 的可能值) 时, $X=x$ 的概率与 $(7-x)(x+3)$ 成正比. 求 X 的分布律.

30. 将一枚匀质硬币抛三次, 设随机变量 ξ 表示出现正面的次数, 求 ξ 的分布函数 $F(x)=P\{\xi\leqslant x\}$.

31. 设 $f_1(x)$ 为标准正态分布的概率密度, $f_2(x)$ 为 $[-1, 3]$ 上均匀分布的概率密度, 若

$$f(x)=\begin{cases}af_1(x), & x\leqslant 0\\ bf_2(x), & x>0\end{cases}\quad (a>0,\ b>0)$$

为概率密度, 求 a, b 应满足的关系式.

32. 设 X_1, X_2, X_3 是随机变量, 且

$$X_1\sim N(0, 1),\quad X_2\sim N(0, 2^2),\quad X_3\sim N(5, 3^2),\quad p_i=P\{-2\leqslant X_i\leqslant 2\}\quad (i=1, 2, 3),$$

试讨论 p_i ($i=1, 2, 3$) 的大小顺序.

33. 假设草鱼在 2 ~ 10 岁之间的生长率是恒定的. 记 X 为年龄, Y 为从该年龄段随机抽取的草鱼的体重 (单位: 千克), 并假设 $Y=1.5X+0.2$, 已知 X 的概率密度函数为

$$f_X(x)=0.2-\frac{1}{70}x,\ 2\leqslant x\leqslant 12,$$

求 Y 的概率密度函数.

第 3 章　多维随机变量及其分布

在概率论的研究中, 多维随机变量及其分布扮演着十分重要的角色. 与单个随机变量不同, 多维随机变量同时涉及多个维度或要素, 其联合分布能全面揭示这些随机变量间的依赖关系与相互作用. 通过对多维随机变量及其分布进行深入研究, 我们不仅可以刻画多元数据在统计学中的性质, 还能将其有效地应用于诸如经济学、工程学、生物统计学等多领域的复杂问题的分析. 例如, 在金融风险管理中, 往往需要同时考虑多个金融指标之间的关联; 在信号处理或数据挖掘中, 常常需要在多维参数空间中进行建模和估计. 理解多维随机变量的概念与特性, 对于进阶的统计推断与机器学习算法设计至关重要. 尤其在高维场景下, 诸如协方差矩阵和相关结构的研究, 将帮助我们更好地分析变量间的线性或非线性关系.

此外, 各种多元分布 (如多元正态分布、多元指数分布等) 不仅蕴含了丰富的理论内涵, 也在实际中构成了基础模型. 多维随机变量的联合分布函数、边缘分布与条件分布等概念相互联系, 提供了从全局到局部的多层次理解, 凸显了概率论分析复杂关系的潜力. 在后续的章节中, 我们将探讨多维随机变量的基本定义与性质, 讨论重要的多元分布类型并介绍转化方法与应用, 为运用多维随机分析奠定坚实的基础.

§3.1　二维随机变量及其分布

二维随机变量由两个要素构成, 可在平面内取值并形成联合分布. 它们不仅揭示了各自的边际分布, 也可探讨二者之间是否依赖或独立. 相比单变量, 二维随机变量的概率刻画更复杂, 需要条件分布、多重积分或求和等工具才能把握. 在金融、工程、生物统计等领域, 多重随机因素常共同作用, 因此掌握二维随机变量及其分布是多维统计推断与模型构建的重要基石. 正态分布、均匀分布等在二维情形下展现出了更丰富的几何意义, 帮助洞察现实复杂性. 随着大数据的兴起, 维度增多的需求越发迫切, 了解二维随机变量将为高维分析奠定基础.

一、二维随机变量

在实际应用中, 有些随机现象需要同时用两个或两个以上的随机变量来描述. 例如, 研究某地区学龄前儿童的发育情况时, 就要同时抽查儿童的身高 X 、体重 Y, 这里, X 和 Y 是定义在同一个样本空间 $S=$ {某地区的全部学龄前儿童}上的两个随机变量. 在这种情况下, 我们不但要研究多个随机变量各自的统计规律, 而且要研究它们之间的统计相依关系, 因而还需考察它们联合取值的统计规律, 即多维随机变量的分布. 由于从二维推广到多维一般无实质性的困难, 故我们重点讨论**二维随机变量**.

定义 1　设随机试验的样本空间为 S, $\omega\in S$ 为样本点, 而 $X=X(\omega)$, $Y=Y(\omega)$ 是定义在 S 上的两个随机变量, 称 (X, Y) 为定义在样本空间 S 上的**二维随机变量**或**二维随机向量**.

注: 一般地, 我们称 n 个随机变量的整体 $X=(X_1, X_2, \cdots, X_n)$ 为 ***n* 维随机变量**或 ***n* 维随机向量**.

二、二维随机变量的分布函数

二维随机变量 (X, Y) 的性质不仅与 X 及 Y 有关, 而且依赖于这两个随机变量的相互关系, 故需将 (X, Y) 作为一个整体进行研究. 与一维随机变量类似, 我们也借助"分布函数"来研究二维随机变量.

定义 2　设 (X, Y) 是二维随机变量, 对任意实数 x, y, 二元函数

$$F(x, y)=P\{(X\leqslant x)\cap(Y\leqslant y)\}\xlongequal{\text{记为}}P\{X\leqslant x, Y\leqslant y\} \tag{1.1}$$

称为二维随机变量 (X, Y) 的**分布函数**或随机变量 X 和 Y 的**联合分布函数**.

若将二维随机变量 (X, Y) 视为平面上随机点的坐标, 则分布函数

$$F(x, y)=P\{X\leqslant x, Y\leqslant y\}$$

就是随机点 (X, Y) 落入区域 $\{(t, s)\mid t\leqslant x, s\leqslant y\}$ 的概率 (见图 3－1－1). 由概率的加法法则, 随机点 (X, Y) 落入矩形域 $\{x_1<x\leqslant x_2, y_1<y\leqslant y_2\}$ 的概率 (见图 3－1－2) 为

$$P\{x_1<X\leqslant x_2, y_1<Y\leqslant y_2\}=F(x_2, y_2)-F(x_2, y_1)-F(x_1, y_2)+F(x_1, y_1). \tag{1.2}$$

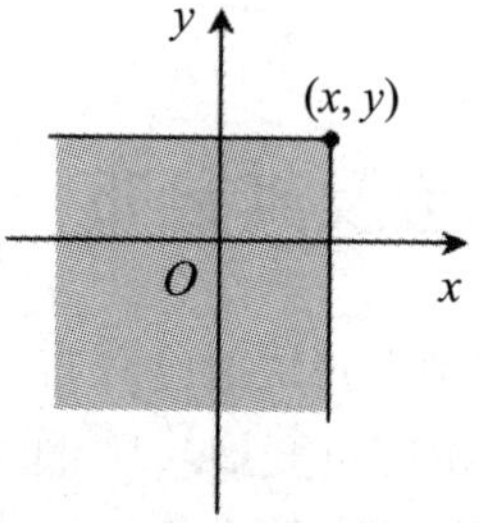

图 3－1－1

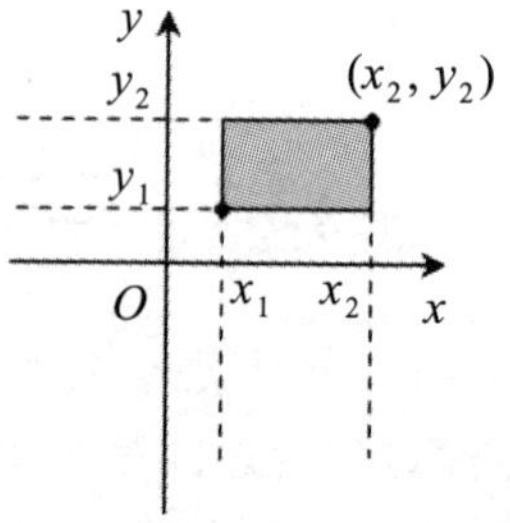

图 3－1－2

若已知二维随机变量 (X, Y) 的分布函数 $F(x, y)$, 则可由 $F(x, y)$ 导出 X 和 Y 各自的分布函数 $F_X(x)$ 和 $F_Y(y)$:

$$F_X(x)=P\{X\leqslant x\}=P\{X\leqslant x, Y<+\infty\}=F(x, +\infty), \tag{1.3}$$

$$F_Y(y)=P\{Y\leqslant y\}=P\{X<+\infty, Y\leqslant y\}=F(+\infty, y), \tag{1.4}$$

$F_X(x)$ 和 $F_Y(y)$ 分别称为 $F(x, y)$ 关于 X 和 Y 的**边缘分布函数**.

联合分布函数的性质

(1) **有界性**: $0\leqslant F(x, y)\leqslant 1$, 且

① 对任意固定的 y, $F(-\infty, y)=0$;

② 对任意固定的 x, $F(x, -\infty)=0$;

③ $F(-\infty, -\infty)=0$, $F(+\infty, +\infty)=1$.

注: 以上四个等式可以从几何上进行说明.

(2) **单调性**: $F(x, y)$ 关于 x 和 y 均为单调非减函数, 即

① 对任意固定的 y, 当 $x_2 > x_1$ 时, $F(x_2, y) \geqslant F(x_1, y)$;

② 对任意固定的 x, 当 $y_2 > y_1$ 时, $F(x, y_2) \geqslant F(x, y_1)$.

(3) **右连续性**: $F(x, y)$ 关于 x 和 y 均为右连续, 即

$$F(x, y) = F(x+0, y),\ F(x, y) = F(x, y+0).$$

(4) 对任意四个实数 $a_1 < a_2$, $b_1 < b_2$, 有

$$F(a_2, b_2) - F(a_2, b_1) - F(a_1, b_2) + F(a_1, b_1) \geqslant 0.$$

注: 根据这些性质, 可以确定 $F(x, y)$ 中的未知常数, 也可以验证某二元函数是否为某二维随机变量的分布函数. 其中, 性质 (4) 是二维随机变量分布函数特有的性质.

三、二维离散型随机变量及其概率分布

二维离散型随机变量指有两种离散取值的随机量, 通常用成对坐标表示. 其联合分布可呈现可能值在平面上的排列方式, 并揭示变量关联及边缘分布、条件分布间的关系. 在经济与工程领域, 它常用于研究供需平衡、质量管控或故障统计, 捕捉多重因素下的概率变化. 相较于单变量情形, 二维场景需要更精细的联合概率刻画, 也常利用求和或生成函数等方法进行计算. 通过分析边缘分布和条件分布, 可量化每个变量的独立影响与在特定条件下的行为模式. 掌握这些分布性质能拓展统计推断的广度, 并开发更灵活的模型为复杂系统分析提供高效支持.

定义 3 如果二维随机变量 (X, Y) 只取有限个或可数个值, 则称 (X, Y) 为**二维离散型随机变量**.

注: 由定义易知, (X, Y) 为二维离散型随机变量当且仅当 X, Y 均为离散型随机变量时成立. 读者可将本部分内容与一维离散型随机变量及其分布律进行对比.

若二维离散型随机变量 (X, Y) 所有可能的取值为 (x_i, y_i), $i, j = 1, 2, \cdots$, 则称

$$P\{X = x_i, Y = y_j\} = p_{ij}\ (i, j = 1, 2, \cdots)$$

为二维离散型随机变量 (X, Y) 的**概率分布(分布律)**, 或 X 与 Y 的**联合概率分布(分布律)**.

易见, 概率 p_{ij} 满足下列性质:

(1) $p_{ij} \geqslant 0,\ i, j = 1, 2, \cdots$;

(2) $\sum\limits_i \sum\limits_j p_{ij} = 1$.

与一维情形类似, 有时也可将联合概率分布用表格形式来表示, 并称为**联合概率分布表** (见表 3-1-1).

表 3-1-1 联合概率分布表

X \ Y	y_1	y_2	$\cdots$	y_j	$\cdots$	$P\{X=x_i\}$
x_1	p_{11}	p_{12}	$\cdots$	p_{1j}	$\cdots$	$\sum\limits_j p_{1j}$
x_2	p_{21}	p_{22}	$\cdots$	p_{2j}	$\cdots$	$\sum\limits_j p_{2j}$
$\vdots$	$\vdots$	$\vdots$		$\vdots$		$\vdots$
x_i	p_{i1}	p_{i2}	$\cdots$	p_{ij}	$\cdots$	$\sum\limits_j p_{ij}$
$\vdots$	$\vdots$	$\vdots$		$\vdots$		$\vdots$
$P\{Y=y_j\}$	$\sum\limits_i p_{i1}$	$\sum\limits_i p_{i2}$	$\cdots$	$\sum\limits_i p_{ij}$	$\cdots$	

注: 对离散型随机变量而言, 联合概率分布不仅比联合分布函数更加直观, 而且能够更加方便地确定 (X, Y) 取值于任何区域 D 上的概率, 即

$$P\{(X, Y)\in D\} = \sum_{(x_i, y_j)\in D} p_{ij}. \tag{1.5}$$

特别地, 由联合概率分布可以确定联合分布函数:

$$F(x, y) = P\{X\leqslant x, Y\leqslant y\} = \sum_{x_i\leqslant x, y_j\leqslant y} p_{ij}. \tag{1.6}$$

由 X 和 Y 的联合概率分布, 可求出 X, Y 各自的概率分布:

$$p_{i\cdot} = P\{X = x_i\} = \sum_j p_{ij},\ i=1, 2, \cdots, \tag{1.7}$$

$$p_{\cdot j} = P\{Y = y_j\} = \sum_i p_{ij},\ j=1, 2, \cdots, \tag{1.8}$$

分别称 $p_{i\cdot}\ (i=1, 2, \cdots)$ 和 $p_{\cdot j}\ (j=1, 2, \cdots)$ 为 (X, Y) 关于 X 和 Y 的**边缘概率分布**.

注: $p_{i\cdot}$ 与 $p_{\cdot j}$ 分别等于联合概率分布表的行和与列和.

例 1　设随机变量 X 在 1, 2, 3, 4 四个整数中等可能地取一个值, 另一个随机变量 Y 在 $1\sim X$ 中等可能地取一整数值, 试求二维离散型随机变量 (X, Y) 的分布律.

解　依题设, $\{X=i, Y=j\}$ 的取值情况为 $i=1, 2, 3, 4$, j 取不大于 i 的正整数. 故由乘法公式, 可求得二维随机变量 (X, Y) 的分布律:

$$P\{X=i, Y=j\} = P\{Y=j \mid X=i\}P\{X=i\}$$

$$= \frac{1}{i}\cdot\frac{1}{4},\ i=1, 2, 3, 4;\ j\leqslant i.$$

于是, (X, Y) 的分布律见表 3－1－2.

表 3－1－2

X \ Y	1	2	3	4
1	1/4	0	0	0
2	1/8	1/8	0	0
3	1/12	1/12	1/12	0
4	1/16	1/16	1/16	1/16

例 2　抛一枚均匀硬币三次, 设 X 为三次抛掷中正面出现的次数, 而 Y 为正面出现次数与反面出现次数之差的绝对值, 求 (X, Y) 的概率分布以及 (X, Y) 关于 X, Y 的边缘分布.

解　二维离散型随机变量 (X, Y) 的全部取值为 (0, 3), (1, 1), (2, 1), (3, 3), 得 (X, Y) 在各取值处的概率:

$$P\{X=0, Y=3\} = (1/2)^3 = 1/8,$$

$$P\{X=1, Y=1\} = 3\times(1/2)^3 = 3/8,$$

$$P\{X=2, Y=1\} = 3/8,\ P\{X=3, Y=3\} = 1/8,$$

从而得到 (X, Y) 的联合概率分布表 (见表 3－1－3).

表 3－1－3

X \ Y	1	3
0	0	1/8
1	3/8	0
2	3/8	0
3	0	1/8

由表 3－1－3 可求得随机变量 (X, Y) 关于 X, Y 的边缘分布:

$$P\{X=0\} = 1/8,\ P\{X=1\} = 3/8,$$

$$P\{X=2\} = 3/8,\ P\{X=3\} = 1/8,$$

$P\{Y=1\}=3/8+3/8=3/4$,

$P\{Y=3\}=1/8+1/8=1/4$,

从而得到(X, Y)的联合概率分布表(见表3-1-4).

表3-1-4

X \ Y	1	3	$P\{X=x_i\}$
0	0	1/8	1/8
1	3/8	0	3/8
2	3/8	0	3/8
3	0	1/8	1/8
$P\{Y=y_j\}$	3/4	1/4	1

四、二维连续型随机变量及其概率分布

二维连续型随机变量是由两个相互关联的实数构成的随机量,其取值范围通常为平面区域.通过联合概率密度函数,可以系统刻画任意点处两变量同时出现的可能性.相较于离散型随机变量,连续型概率并非集中于离散点,而是分布在连续区域内,因而在概率计算中需要借助多重积分.边缘分布和条件分布不仅能描绘单个变量的行为,还能刻画其在另一变量给定时的详细特征.这样的分析在统计学、经济学、信号处理以及其他应用领域都不可或缺,可以帮助我们通过多维模型更好地理解并预测现实中的随机现象.

定义4 设(X, Y)为二维随机变量,$F(x, y)$为其分布函数,若存在一个非负可积的二元函数$f(x, y)$,使对任意实数x, y,有

$$F(x, y)=\int_{-\infty}^{x}\int_{-\infty}^{y}f(s, t)\,\mathrm{d}s\mathrm{d}t,$$

则称(X, Y)为**二维连续型随机变量**,并称$f(x, y)$为(X, Y)的**概率密度(密度函数)**,或X, Y的**联合概率密度(联合密度函数)**.

注:请比较一维连续型随机变量及其分布与连续型随机变量分布函数的性质.

概率密度函数$f(x, y)$的性质

(1) $f(x, y)\geqslant 0$;

(2) $\int_{-\infty}^{+\infty}\int_{-\infty}^{+\infty}f(x, y)\mathrm{d}x\mathrm{d}y=F(+\infty, +\infty)=1$;

(3) 设D是xOy平面上的区域,点(X, Y)落入D内的概率为

$$P\{(x, y)\in D\}=\iint_{D}f(x, y)\mathrm{d}x\mathrm{d}y. \tag{1.9}$$

特别地,边缘分布函数

$$\begin{aligned}F_X(x)&=P\{X\leqslant x\}=P\{X\leqslant x, Y<+\infty\}\\&=\int_{-\infty}^{x}\int_{-\infty}^{+\infty}f(s, t)\mathrm{d}s\mathrm{d}t=\int_{-\infty}^{x}\left[\int_{-\infty}^{+\infty}f(s, t)\,\mathrm{d}t\right]\mathrm{d}s,\end{aligned}$$

上式表明:X是连续型随机变量,且其密度函数为

$$f_X(x)=\int_{-\infty}^{+\infty}f(x, y)\,\mathrm{d}y. \tag{1.10}$$

同理,Y是连续型随机变量,且其密度函数为

$$f_Y(y)=\int_{-\infty}^{+\infty}f(x, y)\,\mathrm{d}x. \tag{1.11}$$

分别称 $f_X(x)$ 和 $f_Y(y)$ 为 (X, Y) 关于 X 和 Y 的**边缘密度函数**,也称为**边缘概率密度函数**、**边缘概率密度**或**边缘密度**.

(4) 若 $f(x, y)$ 在点 (x, y) 处连续, 则有

$$\frac{\partial^2 F(x,y)}{\partial x \partial y} = f(x, y). \tag{1.12}$$

进一步, 根据式 (1.9) 以及二重积分的性质, 可以推出随机点 (X, Y) 落入矩形区域 $D: (x, x+\Delta x] \times (y, y+\Delta y]$ 内的概率为

$$P\{x < X \leqslant x+\Delta x,\ y < Y \leqslant y+\Delta y\} = \iint_D f(x, y)\mathrm{d}x\mathrm{d}y \approx f(x, y)\Delta x \Delta y. \tag{1.13}$$

例 3 设二维随机变量 (X, Y) 的联合分布函数为

$$F(x, y) = \begin{cases} 0, & x \leqslant 0 \text{ 或 } y \leqslant 0 \\ x^2 y, & 0 < x < 1, 0 < y < 1, \\ 1, & x \geqslant 1,\ y \geqslant 1 \end{cases}$$

在其余区域亦做相应的连续延拓 (可视为按不超过 x 和 y 的坐标取最大或最小边界). 试求:

(1) (X, Y) 的联合概率密度函数 $f(x, y)$; (2) $P\{X < 0.5,\ Y < 0.5\}$.

解 (1) 根据二维连续型随机变量的概率密度函数的性质, 有

$$f(x, y) = \frac{\partial^2 F(x, y)}{\partial x \partial y}.$$

在区域 $0 < x < 1,\ 0 < y < 1$ 内, $F(x,y) = x^2 y$, 因此

$$f(x, y) = \frac{\partial^2 F(x, y)}{\partial x \partial y} = \frac{\partial^2 (x^2 y)}{\partial x \partial y} = \frac{\partial (x^2)}{\partial x} = 2x.$$

而在其他区域, 密度函数 $f(x, y)$ 均为0. 所以

$$f(x, y) = \begin{cases} 2x, & 0 < x < 1, 0 < y < 1 \\ 0, & \text{其他} \end{cases}.$$

(2) 利用题设分布函数 $F(x, y)$, 可直接得到

$$P\{X < 0.5,\ Y < 0.5\} = F(0.5, 0.5).$$

因所求点 $(0.5, 0.5)$ 在 $0 < x < 1,\ 0 < y < 1$ 内, 故

$$F(0.5, 0.5) = 0.5^2 \times 0.5 = 0.125.$$

所以

$$P\{X < 0.5,\ Y < 0.5\} = 0.125.$$

例 4 设二维随机变量 (X, Y) 具有概率密度

$$f(x, y) = \begin{cases} 2\mathrm{e}^{-(2x+y)}, & x > 0,\ y > 0 \\ 0, & \text{其他} \end{cases}.$$

(1) 求分布函数 $F(x, y)$; (2) 求概率 $P\{Y \leqslant X\}$.

解 (1) 根据二维随机变量的分布函数的定义, 将题设概率密度函数代入, 计算得

$$F(x,y)=\int_{-\infty}^{y}\int_{-\infty}^{x}f(s,t)\mathrm{d}s\mathrm{d}t=\begin{cases}\int_{0}^{y}\int_{0}^{x}2\mathrm{e}^{-(2s+t)}\mathrm{d}s\mathrm{d}t, & x>0,\ y>0\\ 0, & \text{其他}\end{cases}$$

$$=\begin{cases}(1-\mathrm{e}^{-2x})(1-\mathrm{e}^{-y}), & x>0,\ y>0\\ 0, & \text{其他}\end{cases}.$$

(2) 将 (X, Y) 看作平面上随机点的坐标, 即有

$$\{Y\leqslant X\}=\{(X, Y)\in G\},$$

其中 G 为 xOy 平面上直线 $y=x$ 及其下方的部分 (见图 3－1－3). 依题设, (X, Y) 的概率密度函数 $f(x, y)$ 的非零值域为 $x>0,\ y>0$, 记这个区域与区域 G 的交集为 D (见图 3－1－4).

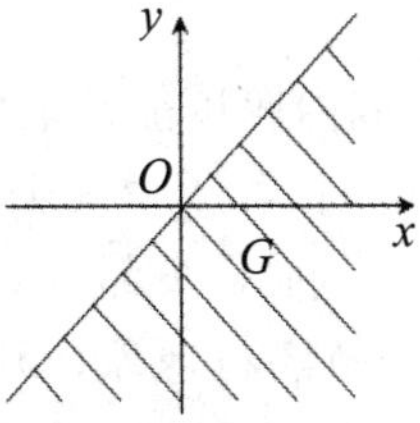

图 3－1－3

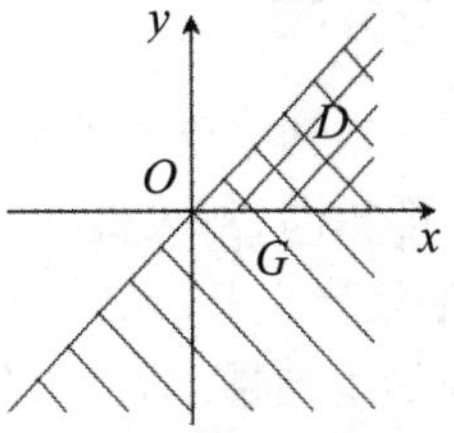

图 3－1－4

于是, 利用二重积分的计算方法, 可得概率:

$$P\{Y\leqslant X\}=P\{(X, Y)\in G\}=\iint\limits_{G}f(x,y)\mathrm{d}x\mathrm{d}y=\iint\limits_{D}2\mathrm{e}^{-(2x+y)}\mathrm{d}x\mathrm{d}y$$

$$=\int_{0}^{+\infty}\int_{y}^{+\infty}2\mathrm{e}^{-(2x+y)}\mathrm{d}x\mathrm{d}y=\int_{0}^{+\infty}\mathrm{e}^{-y}\cdot(-\mathrm{e}^{-2x})\Big|_{y}^{+\infty}\mathrm{d}y=\int_{0}^{+\infty}\mathrm{e}^{-3y}\mathrm{d}y=\frac{1}{3}.$$

例 5 设二维随机变量 (X, Y) 的概率密度为

$$f(x,y)=\begin{cases}cy(2-x), & 0\leqslant x\leqslant 1,\ 0\leqslant y\leqslant x\\ 0, & \text{其他}\end{cases},$$

试求: (1) c 的值; (2) 两个边缘密度.

解 (1) 根据二维随机变量概率密度函数的性质 (2) 来确定 c, 记题设概率密度 $f(x, y)$ 的非零值区域为 D (见图 3－1－5), 则有

$$1=\int_{-\infty}^{+\infty}\int_{-\infty}^{+\infty}f(x,y)\mathrm{d}x\mathrm{d}y=\iint\limits_{D}cy(2-x)\mathrm{d}x\mathrm{d}y$$

$$=\int_{0}^{1}\left[\int_{0}^{x}cy(2-x)\mathrm{d}y\right]\mathrm{d}x=\frac{c}{2}\int_{0}^{1}x^{2}(2-x)\mathrm{d}x=\frac{5c}{24},$$

由上解得 $c=\dfrac{24}{5}$.

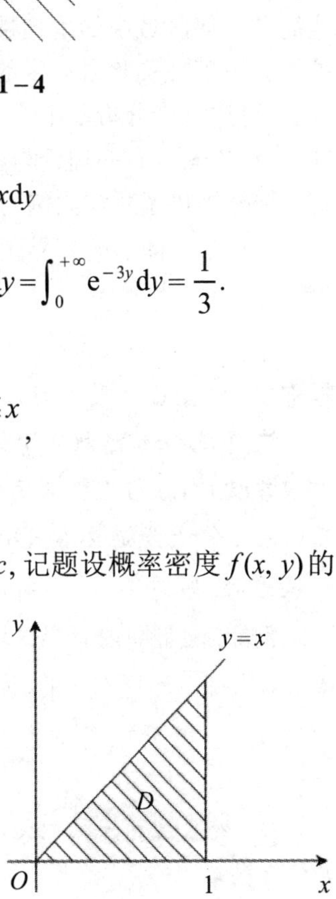

图 3－1－5

(2) 将 c 的值代入题设概率密度函数, 计算得

$$f_X(x)=\int_{0}^{x}\frac{24}{5}y(2-x)\mathrm{d}y=\frac{12}{5}x^{2}(2-x)\ (0\leqslant x\leqslant 1),$$

$$f_Y(y)=\int_y^1 \frac{24}{5}y(2-x)\mathrm{d}x=\frac{24}{5}y\left(\frac{3}{2}-2y+\frac{y^2}{2}\right)\ (0\leqslant y\leqslant 1),$$

所以, (X, Y) 关于 X 和 Y 的边缘密度函数分别为

$$f_X(x)=\begin{cases}\frac{12}{5}x^2(2-x), & 0\leqslant x\leqslant 1\\ 0, & \text{其他}\end{cases},$$

$$f_Y(y)=\begin{cases}\frac{24}{5}y\left(\frac{3}{2}-2y+\frac{y^2}{2}\right), & 0\leqslant y\leqslant 1\\ 0, & \text{其他}\end{cases}.$$

五、二维均匀分布

二维均匀分布是指两个随机变量在某一有限平面区域内等可能地取值, 即在该区域任何位置的概率密度都相同. 其关键特点是随机变量的分布不依赖于空间坐标, 仅与定义域的形状和面积相关. 通过定义其联合概率密度函数为常数值, 刻画两变量在长方形、圆形及其他简单几何区域中的均匀性. 研究二维均匀分布有助于理解随机现象在几何空间中的均匀扩散并可模拟实验过程中的随机选点、地图抽样和设备测试等情形. 通过计算边缘与条件分布, 可进一步分析单个或部分维度下的规律, 或在已知某一条件时探讨另一变量的分布特征. 二维均匀分布的理论与应用在概率论和统计学中具有重要地位, 为探索多维随机变量的基本属性提供了直观案例与深刻启示.

设 G 是平面上的有界区域, 其面积为 A. 若二维随机变量 (X, Y) 具有概率密度函数

$$f(x, y)=\begin{cases}1/A, & (x, y)\in G\\ 0, & \text{其他}\end{cases}, \tag{1.14}$$

则称 (X, Y) 在 G 上服从**均匀分布**.

注: 比较一维随机变量的均匀分布.

若 (X, Y) 在 G 上服从均匀分布, 则其概率密度函数反映在几何上为定义在 xOy 平面内区域 G 上的空间的一块平面, 如图3-1-6所示.

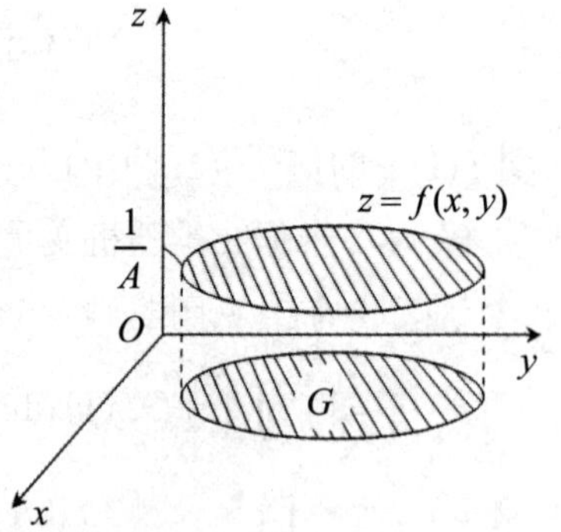

图3-1-6

例如, 向平面内有界区域 G 上任投一质点, 若质点落在 G 内任一小区域 B 的概率与小区域的面积成正比, 而与 B 的位置无关, 则质点的坐标 (X, Y) 在 G 上服从均匀分布.

注: 容易得到在矩形区域 $a\leqslant x\leqslant b,\ c\leqslant y\leqslant d$ 上服从均匀分布的 (X, Y) 的两个边缘分布仍为均匀分布:

$$f_X(x)=\begin{cases}\frac{1}{b-a}, & a\leqslant x\leqslant b\\ 0, & \text{其他}\end{cases},\quad f_Y(y)=\begin{cases}\frac{1}{d-c}, & c\leqslant y\leqslant d\\ 0, & \text{其他}\end{cases}.$$

但对于其他形状的区域G，不一定有上述结论.

例 6 在某工程项目中，假设机器的两个关键参数——温度变化X和压力变化Y分别表示机器在两个不同工作阶段的状态变化. 已知这两个参数的变化服从二维均匀分布，且它们是独立的，范围均为[0, 1]. 试求：

(1) X和Y的边缘分布函数； (2) $P\{X<0.4, Y<0.6\}$.

解 依题设，温度变化X和压力变化Y这两个参数服从二维均匀分布，故可设二维随机变量(X, Y)的联合概率密度函数为

$$f_{X,Y}(x, y)=\begin{cases}1, & 0\leqslant x\leqslant 1, 0\leqslant y\leqslant 1\\ 0, & \text{其他}\end{cases},$$

其中X和Y是独立的，并且均匀分布在区间[0, 1]内.

(1) 边缘分布函数是边缘概率密度函数的积分，对于随机变量X，边缘分布函数为

$$F_X(x)=P\{X\leqslant x\}=\int_0^x f_X(t)\,\mathrm{d}t=\int_0^x 1\,\mathrm{d}t=x,\ 0\leqslant x\leqslant 1;$$

同理，随机变量Y的边缘分布函数为

$$F_Y(y)=P\{Y\leqslant y\}=\int_0^y f_Y(t)\,\mathrm{d}t=\int_0^y 1\,\mathrm{d}t=y,\ 0\leqslant y\leqslant 1.$$

(2) 根据二维均匀分布的性质，直接通过联合概率密度函数积分得

$$\begin{aligned}P\{X<0.4, Y<0.6\}&=\int_0^{0.4}\int_0^{0.6} f_{X,Y}(x, y)\,\mathrm{d}y\,\mathrm{d}x\\&=\int_0^{0.4}\int_0^{0.6} 1\,\mathrm{d}y\,\mathrm{d}x=\int_0^{0.4} 0.6\,\mathrm{d}x=0.6\times 0.4=0.24.\end{aligned}$$

本例通过计算二维均匀分布的边缘概率密度函数和边缘分布函数，展示了如何从联合分布中提取出单个随机变量的分布特性. 在工程领域，二维均匀分布可以用来对两个独立参数之间的关系建模，例如机器在两个不同工作阶段的温度和压力变化. 此外，通过计算联合概率，我们能够进一步理解和预测这两个参数在特定范围内发生的概率. 本例有助于学生掌握边缘分布的计算方法，并加深对二维均匀分布应用的理解.

例 7 设(X, Y)服从单位圆域$x^2+y^2\leqslant 1$（见图3－1－7）上的二维均匀分布，求X和Y的边缘概率密度.

解 依题设，(X, Y)服从单位圆域上的二维均匀分布，故其概率密度函数为

$$f(x, y)=\begin{cases}1/\pi, & x^2+y^2\leqslant 1\\ 0, & \text{其他}\end{cases},$$

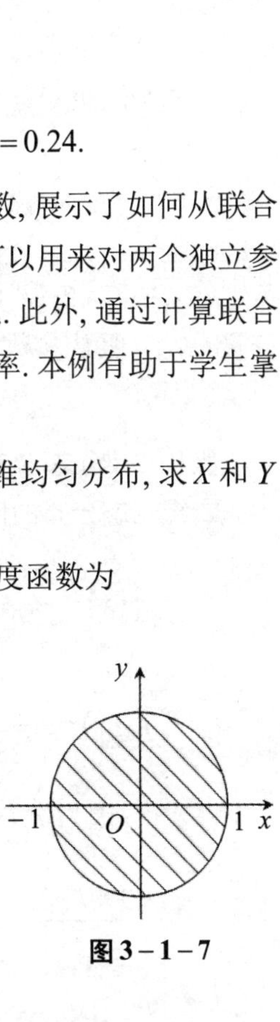

图 3－1－7

现应用式(1.10)计算$f_X(x)$.

当$x<-1$或$x>1$时，$f(x, y)=0$，从而$f_X(x)=0$.

当$-1\leqslant x\leqslant 1$时，计算得

$$f_X(x)=\int_{-\infty}^{+\infty} f(x, y)\,\mathrm{d}y=\int_{-\sqrt{1-x^2}}^{\sqrt{1-x^2}}\frac{1}{\pi}\,\mathrm{d}y=\frac{2}{\pi}\sqrt{1-x^2}.$$

因此,得到 (X, Y) 关于 X 的边缘概率密度

$$f_X(x)=\begin{cases}\dfrac{2}{\pi}\sqrt{1-x^2}, & -1\leqslant x\leqslant 1\\ 0, & \text{其他}\end{cases}.$$

利用 X 和 Y 在问题中的对称性,将上式中的 x 改成 y, 即可得到关于 Y 的边缘概率密度

$$f_Y(y)=\begin{cases}\dfrac{2}{\pi}\sqrt{1-y^2}, & -1\leqslant y\leqslant 1\\ 0, & \text{其他}\end{cases}.$$

六、二维正态分布

二维正态分布是由两个连续型随机变量构成的联合分布,因其对称性与椭圆形等特征而备受关注. 它由均值向量与协方差矩阵唯一确定: 均值向量决定分布中心,协方差矩阵则反映两个变量的扩散程度和相互关联. 该分布不仅能有效刻画许多自然与社会现象中的双变量关系,而且在统计推断、经济学、信号处理等领域应用广泛. 通过研究其边缘分布与条件分布,可深入探究单个变量的分布性质以及在给定另一个变量时的行为特征. 同时,二维正态分布的密度函数曲面呈钟形曲线,常用于描述高斯噪声背景下的双重影响与不确定性. 掌握这类分布对于理解多维正态分布的推广形式与构建复杂模型至关重要,为高维统计分析提供了坚实的理论基础.

若二维随机变量 (X, Y) 具有概率密度

$$f(x, y)=\frac{1}{2\pi\sigma_1\sigma_2\sqrt{1-\rho^2}}\mathrm{e}^{-\frac{1}{2(1-\rho^2)}\left[\left(\frac{x-\mu_1}{\sigma_1}\right)^2-2\rho\left(\frac{x-\mu_1}{\sigma_1}\right)\left(\frac{y-\mu_2}{\sigma_2}\right)+\left(\frac{y-\mu_2}{\sigma_2}\right)^2\right]}, \tag{1.15}$$

其中 $\mu_1, \mu_2, \sigma_1, \sigma_2, \rho$ 均为常数,且 $\sigma_1>0$, $\sigma_2>0$, $|\rho|<1$, 则称二维随机变量 (X, Y) 服从参数为 $\mu_1, \mu_2, \sigma_1^2, \sigma_2^2, \rho$ 的**二维正态分布**. 记为

$$(X, Y)\sim N(\mu_1, \mu_2, \sigma_1^2, \sigma_2^2, \rho).$$

函数图形实验

服从二维正态分布的概率密度函数的典型图形见图 3-1-8.

二维正态分布的两个边缘密度仍是正态分布,即

$$f_X(x)=\frac{1}{\sqrt{2\pi}\sigma_1}\mathrm{e}^{-\frac{(x-\mu_1)^2}{2\sigma_1^2}}, \quad -\infty<x<+\infty;$$

$$f_Y(y)=\frac{1}{\sqrt{2\pi}\sigma_2}\mathrm{e}^{-\frac{(y-\mu_2)^2}{2\sigma_2^2}}, \quad -\infty<y<+\infty.$$

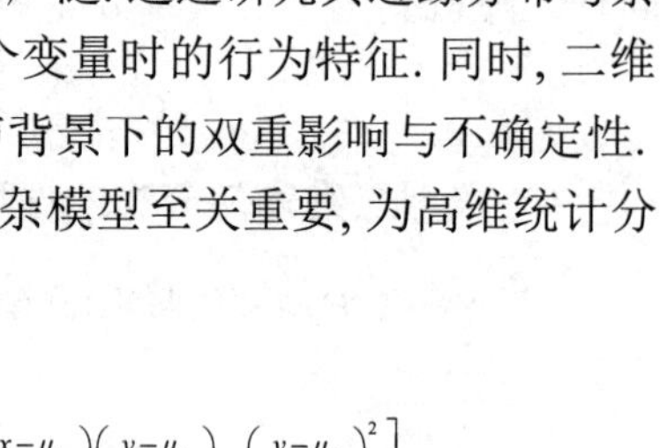

图 3-1-8

事实上,因为 $f_X(x)=\int_{-\infty}^{+\infty}f(x, y)\mathrm{d}y$, 且

$$\frac{(y-\mu_2)^2}{\sigma_2^2}-2\rho\frac{(x-\mu_1)(y-\mu_2)}{\sigma_1\sigma_2}=\left(\frac{y-\mu_2}{\sigma_2}-\rho\frac{x-\mu_1}{\sigma_1}\right)^2-\rho^2\frac{(x-\mu_1)^2}{\sigma_1^2},$$

所以, (X, Y) 关于 X 的边缘密度函数为

$$f_X(x)=\frac{1}{2\pi\sigma_1\sigma_2\sqrt{1-\rho^2}}\mathrm{e}^{-\frac{(x-\mu_1)^2}{2\sigma_1^2}}\int_{-\infty}^{+\infty}\mathrm{e}^{-\frac{1}{2(1-\rho^2)}\left(\frac{y-\mu_2}{\sigma_2}-\rho\frac{x-\mu_1}{\sigma_1}\right)^2}\mathrm{d}y.$$

做变换 $t=\frac{1}{\sqrt{1-\rho^2}}\left(\frac{y-\mu_2}{\sigma_2}-\rho\frac{x-\mu_1}{\sigma_1}\right)$, 并利用泊松积分, 得

$$f_X(x)=\frac{1}{2\pi\sigma_1}\mathrm{e}^{-\frac{(x-\mu_1)^2}{2\sigma_1^2}}\int_{-\infty}^{+\infty}\mathrm{e}^{-\frac{t^2}{2}}\mathrm{d}t=\frac{1}{\sqrt{2\pi}\sigma_1}\mathrm{e}^{-\frac{(x-\mu_1)^2}{2\sigma_1^2}},\quad -\infty<x<+\infty,$$

同理可得 (X, Y) 关于 Y 的边缘密度函数为

$$f_Y(y)=\frac{1}{\sqrt{2\pi}\sigma_2}\mathrm{e}^{-\frac{(y-\mu_2)^2}{2\sigma_2^2}},\quad -\infty<y<+\infty.$$

注: 上述结果表明, 二维正态随机变量的两个边缘分布都是一维正态分布, 且都不依赖于参数 ρ, 即对给定的 $\mu_1, \mu_2, \sigma_1, \sigma_2$, 不同的 ρ 对应不同的二维正态分布, 但它们的边缘分布都是相同的. 因此, **由关于 X 和关于 Y 的边缘分布, 一般来说是不能确定二维随机变量 (X, Y) 的联合分布的.**

例 8　设二维连续型随机变量 (X, Y) 的概率密度为

$$f(x, y)=\frac{1}{2\pi}\mathrm{e}^{-\frac{1}{2}(x^2+y^2)}(1+\sin x\sin y),$$

试求 (X, Y) 关于 X, Y 的边缘概率密度函数.

解　根据题设概率密度计算定积分, 得 (X, Y) 关于 X 的边缘密度函数为

$$f_X(x)=\int_{-\infty}^{+\infty}f(x,y)\mathrm{d}y=\frac{1}{2\pi}\int_{-\infty}^{+\infty}\left[\mathrm{e}^{-\frac{1}{2}(x^2+y^2)}(1+\sin x\sin y)\right]\mathrm{d}y$$

$$=\frac{1}{2\pi}\mathrm{e}^{-x^2/2}\int_{-\infty}^{+\infty}\mathrm{e}^{-y^2/2}\mathrm{d}y=\frac{1}{\sqrt{2\pi}}\mathrm{e}^{-x^2/2}.$$

同理可得 (X, Y) 关于 Y 的边缘密度函数为

$$f_Y(y)=\int_{-\infty}^{+\infty}f(x, y)\mathrm{d}x=\frac{1}{\sqrt{2\pi}}\mathrm{e}^{-y^2/2}.$$

此例说明, 边缘分布均为正态分布的二维随机变量, 其联合分布不一定是二维正态分布.

例 9　在某工程项目中, 假设机器的两个关键部件的寿命分别表示为随机变量 X 和 Y. 已知这两个随机变量 X 和 Y 服从二维正态分布, 并且 X 和 Y 之间存在一定的相关性. 设 $X\sim N(\mu_1, \sigma_1^2)$ 和 $Y\sim N(\mu_2, \sigma_2^2)$, 且它们的相关系数为 ρ. 设

$$\mu_1=50,\ \sigma_1=5,\ \mu_2=60,\ \sigma_2=7,\ \rho=0.6.$$

(1) 求 X 和 Y 的联合概率密度函数;

(2) 求 $P\{X\leqslant 50, Y\leqslant 60\}$.

解　题设随机变量 X 和 Y 服从二维正态分布, 其联合概率密度函数为

$$f(x,y)=\frac{1}{2\pi\sigma_1\sigma_2\sqrt{1-\rho^2}}e^{-\frac{1}{2(1-\rho^2)}\left[\left(\frac{x-\mu_1}{\sigma_1}\right)^2-2\rho\left(\frac{x-\mu_1}{\sigma_1}\right)\left(\frac{y-\mu_2}{\sigma_2}\right)+\left(\frac{y-\mu_2}{\sigma_2}\right)^2\right]},$$

其中, μ_1, μ_2 和 σ_1, σ_2 分别为 X 和 Y 的均值和标准差; ρ 为相关系数.

(1) 根据二维正态分布的定义, 给定 X 和 Y 的均值、标准差和相关系数, 可将上述公式中的 μ_1, μ_2, σ_1, σ_2, ρ 代入, 得联合概率密度函数为

$$f(x,y)=\frac{1}{2\pi\times 5\times 7\sqrt{1-0.6^2}}e^{-\frac{1}{2(1-0.36)}\left[\frac{(x-50)^2}{5^2}-2\times 0.6\times\frac{(x-50)(y-60)}{5\times 7}+\frac{(y-60)^2}{7^2}\right]}.$$

(2) 将随机变量 X 和 Y 标准化:

$$Z_1=\frac{X-\mu_1}{\sigma_1}=\frac{X-50}{5},\quad Z_2=\frac{Y-\mu_2}{\sigma_2}=\frac{Y-60}{7}.$$

再由正态分布与标准正态分布的关系, 得

$$P\{X\leqslant 50, Y\leqslant 60\}=P\{Z_1\leqslant 0,\ Z_2\leqslant 0\}.$$

对上述右侧二维正态分布的联合分布函数可利用数值积分得到. 对具体给定的相关系数 $\rho=0.6$, 得

$$P\{X\leqslant 50, Y\leqslant 60\}=P\{Z_1\leqslant 0,\ Z_2\leqslant 0\}\approx 0.308\ 5.$$

本例通过二维正态分布的联合概率密度函数计算了机器部件寿命的相关性及概率. 在工程技术中, 二维正态分布广泛应用于对多个因素之间的相关性建模, 尤其在质量控制、风险管理等领域. 通过掌握二维正态分布的性质与计算方法, 读者可以更好地分析多变量随机过程和做出合理的决策. 本例有助于深入理解正态分布与相关性的关系, 并提供了具体的计算步骤.

习题 3-1

1. 设 (X, Y) 的分布律为

X \ Y	1	2	3
1	1/6	1/9	1/18
2	1/3	a	1/9

试求表中的常数 a.

2. 设 (X, Y) 的分布函数为 $F(x, y)$, 试用 $F(x, y)$ 表示:

(1) $P\{a<X\leqslant b, Y\leqslant c\}$;　(2) $P\{0<Y\leqslant b\}$;　(3) $P\{X>a, Y\leqslant b\}$.

3. 设二维随机变量(X,Y)的分布函数为$F(x,y)$，分布律如下:

X \ Y	1	2	3	4
1	1/4	0	0	1/16
2	1/16	1/4	0	1/4
3	0	1/16	1/16	0

试求: (1) $P\{1/2<X<3/2, 0<Y<4\}$; (2) $P\{1\leqslant X\leqslant 2, 3\leqslant Y\leqslant 4\}$; (3) $F(2,3)$.

4. 设X, Y为随机变量，且

$$P\{X\geqslant 0, Y\geqslant 0\}=3/7,\quad P\{X\geqslant 0\}=P\{Y\geqslant 0\}=4/7,$$

求$P\{\max\{X,Y\}\geqslant 0\}$，$P\{\min\{X,Y\}<0\}$.

5. 某箱装有100件产品，其中一、二和三等品分别为80、10和10件，现从中任取一件，记

$$X_i=\begin{cases}1, & \text{抽到 } i \text{ 等品 } (i=1,2,3)\\ 0, & \text{其他}\end{cases},$$

试求随机变量X_1和X_2的联合分布律.

6. (X,Y)只取下列数值中的值: $(0,0)$，$(-1,1)$，$(-1,1/3)$，$(2,0)$. 且相应概率依次为$1/6$，$1/3$，$1/12$，$5/12$，请列出(X,Y)的概率分布表，并写出关于Y的边缘分布.

7. 设(X,Y)服从二维正态分布$N(0,0,10^2,10^2,0)$，其概率密度$f(x,y)=\dfrac{1}{200\pi}e^{-\frac{x^2+y^2}{200}}$，求$P\{X\leqslant Y\}$.

8. 设随机变量(X,Y)的概率密度为

$$f(x,y)=\begin{cases}k(6-x-y), & 0<x<2, 2<y<4\\ 0, & \text{其他}\end{cases}.$$

(1) 确定常数k; (2) 求$P\{X<1,Y<3\}$; (3) 求$P\{X<1.5\}$; (4) 求$P\{X+Y\leqslant 4\}$.

9. 已知X和Y的联合密度为

$$f(x,y)=\begin{cases}cxy, & 0\leqslant x\leqslant 1, 0\leqslant y\leqslant 1\\ 0, & \text{其他}\end{cases}.$$

试求: (1) 常数c; (2) X和Y的联合分布函数$F(x,y)$.

10. 设二维随机变量(X,Y)的概率密度为

$$f(x,y)=\begin{cases}4.8y(1-x), & 0\leqslant x\leqslant 1, x\leqslant y\leqslant 1\\ 0, & \text{其他}\end{cases},$$

求边缘概率密度$f_Y(y)$.

11. 设(X,Y)在曲线$y=x^2$，$y=x$所围成的区域G内服从均匀分布，求联合概率密度和边缘概率密度.

12. 甲、乙两人独立地各进行两次射击，假设甲的命中率为0.2，乙的命中率为0.5，以X和Y分别表示甲和乙的命中次数，试求X和Y的联合概率分布.

13. 袋中有1个红球、2个黑球与3个白球. 现有放回地从袋中取两次，每次取一球，以X, Y, Z分别表示两次取球所得的红球、黑球与白球的个数. 求:

(1) $P\{X=1|Z=0\}$; (2) 二维随机变量(X,Y)的概率分布.

14. 设箱中有5件产品，其中3件是优质品，从该箱中任取2件，以X表示所取的2件产品中优质品的件

数, Y 表示箱中 3 件剩余产品中优质品的件数. 试求 (X, Y) 的概率分布.

15. 随机试验 E 有三种两两不相容的结果 A_1, A_2, A_3, 且三种结果发生的概率均为 1/3, 将试验 E 独立重复做 2 次, X 表示 2 次试验中结果 A_1 发生的次数, Y 表示 2 次试验中结果 A_2 发生的次数, 试求二维随机变量 (X, Y) 的联合概率分布.

16. 甲机床制造直径为 ξ 的圆轴, 乙机床制造内径为 η 的轴承, 设 (ξ, η) 的联合概率密度为

$$\varphi(x,y)=\begin{cases} 2\,500, & 0.49\leqslant x\leqslant 0.51,\ 0.51\leqslant y\leqslant 0.53 \\ 0, & \text{其他} \end{cases},$$

当轴承的内径与圆轴的直径之差大于 0.004 且小于 0.036 时, 两者可以相适配, 试求圆轴与轴承相适配的概率.

17. 某街道统计了不同收入的家庭拥有小汽车的数量, 记家庭年收入为 Y (万元), 对应家庭拥有小汽车的数量为 X (辆), 以下是统计所得的概率分布表.

X \ Y	5 ~ 15	15 ~ 25	25 ~ 35	大于 35
0	0.05	0	0	0
1	0.41	0.11	0.03	0
2	0.08	0.14	0.08	0.02
3	0	0.03	0.04	0.01

试求: (1) Y 的边缘分布律与 X 的边缘分布函数;

(2) 年收入15万元以上且至少拥有 2 辆小汽车的家庭比例.

18. 设二维随机变量 (X,Y) 的联合分布函数为

$$F(x,y)=\begin{cases} 0, & x\leqslant 0,\ y\leqslant 0 \\ \dfrac{x^3y}{6}, & 0<x<1,\ 0<y<1 \\ 1, & x\geqslant 1,\ y\geqslant 1 \end{cases},$$

在其余区域亦做相应的连续延拓. 试求:

(1) (X, Y) 的联合概率密度函数 $f(x,y)$;

(2) $P\{X<0.4, Y<0.6\}$.

19. 在某化学实验中, 假设 X 和 Y 分别表示在两个不同实验阶段的浓度变化. 已知这两个参数的变化服从二维均匀分布, 且它们是独立的, 范围均为 $[0,1]$. 试求:

(1) X 和 Y 的边缘分布函数;

(2) $P\{X<0.3, Y<0.7\}$.

20. 在某工程项目中, 假设 X 和 Y 分别表示机器在两个不同工作阶段的温度变化. 已知这两个随机变量 X 和 Y 服从二维正态分布, 并且它们之间存在一定的相关性. 设

$$X\sim N(\mu_1, \sigma_1^2),\ Y\sim N(\mu_2, \sigma_2^2),$$

且它们的相关系数为 ρ. 已知 $\mu_1=30$, $\sigma_1=4$, $\mu_2=35$, $\sigma_2=6$, $\rho=0.5$. 求:

(1) X 和 Y 的联合概率密度函数;

(2) $P\{X\leqslant 32, Y\leqslant 36\}$.

§3.2　条件分布与随机变量的独立性

在概率论中,条件分布是指在给定某事件或另一个随机变量的取值后,目标随机变量所呈现的概率分布. 它不仅能帮助我们在复杂系统中分离出特定因素对结果的影响,还能刻画一定条件下的潜在行为规律. 与之密切相关的是随机变量的独立性:若两个随机变量相互独立,则其联合分布可分解为边际分布的乘积,意味着一个变量的变化并不会影响另一个变量的分布形态. 独立性在理论研究与实际应用中都十分重要,比如在推导大数定律或中心极限定理时,往往假设相互独立从而简化计算与分析. 然而,现实世界中随机变量间常存在某种程度的相关性,因此必须借助条件分布深入考察它们的依赖结构,如金融市场中股票价格的联动效应,或生物实验中基因表达对不同环境刺激的反应. 通过学习条件分布与独立性的判定方法,可进一步掌握如何从已知信息中剥离干扰因素,对未知量进行更精准的概率推断. 这些概念既是高维随机变量研究的基石,也为后续高级统计方法(如回归分析、马尔可夫过程以及贝叶斯推断等)的构建与应用奠定了坚实的理论基础.

一、条件分布的概念

条件分布指在给定某一事件或另一个随机变量的取值下,目标随机变量所呈现的分布形态. 它能展现不同因素对结果的影响,也能刻画随机变量之间的依赖结构. 条件分布最常见的应用包括分析边缘分布与条件分布的互动,如在金融领域考察股票价格在已知指数变化时的分布,或在医学研究中探究病患在不同年龄段的发病率波动. 通过条件概率、条件密度或条件分布函数,可更精细地解析复杂体系的内部关联.

在第1章中,曾介绍了条件概率的概念,那是对随机事件而言的. 本节中,我们要具体通过随机事件的条件概率来引入随机变量的条件概率分布的概念.

引例　考虑某大学的全体学生,从中随机抽取一名学生,分别以X和Y表示其体重和身高,则X和Y都是随机变量,它们都有一定的概率分布. 现在如果限制$1.7<Y<1.8$(米),在这个条件下求X的条件分布,就意味着要从该校的学生中把身高在1.7～1.8米之间的那些学生都挑出来,然后对挑出来的学生求其体重的分布.

易见,设X是一个随机变量,其分布函数为

$$F_X(x)=P\{X\leqslant x\},\ -\infty<x<+\infty,$$

如果另外有一事件A已经发生,并且A的发生可能会对事件$\{X\leqslant x\}$发生的概率产生影响,则对任一给定的实数x,记

$$F(x\,|\,A)=P\{X\leqslant x\,|\,A\},\ -\infty<x<+\infty,\tag{2.1}$$

并称$F(x|A)$为在A发生的条件下,随机变量X的**条件分布函数**.

例1　设X服从$[0,1]$上的均匀分布,求在已知$X>1/2$的条件下X的条件分布函数.

解　由条件分布函数的定义,有

$$F(x\mid X>1/2)=P\{X\leqslant x\mid X>1/2\}=\frac{P\{X\leqslant x, X>1/2\}}{P\{X>1/2\}}.$$

题设随机变量X服从$[0, 1]$上的均匀分布, 故其分布函数为

$$F(x)=\begin{cases}0, & x<0\\ x, & 0\leqslant x\leqslant 1,\\ 1, & x>1\end{cases}$$

利用随机变量的分布函数与概率的性质, 即得

$$P\{X>1/2\}=1-P\{X\leqslant 1/2\}=1-F(1/2)=1/2.$$

又由二维随机变量分布函数的定义, 当$x\leqslant 1/2$时, 有

$$\{X\leqslant x, X>1/2\}=\{X\leqslant x\}\cap\{X>1/2\}=\varnothing,$$

故$P\{X\leqslant x, X>1/2\}=0$. 而当$x>1/2$时, 有

$$P\{X\leqslant x, X>1/2\}=F(x)-F(1/2)=F(x)-1/2,$$

因此, 当$x>1/2$时, 有

$$P\{X\leqslant x, X>1/2\}=\begin{cases}x-1/2, & 1/2<x\leqslant 1\\ 1/2, & x>1\end{cases},$$

所以, 在已知$X>1/2$的条件下, X的条件分布函数为

$$F(x\mid X>1/2)=\begin{cases}0, & x\leqslant 1/2\\ 2x-1, & 1/2<x\leqslant 1\cdot\\ 1, & x>1\end{cases}$$

例 2　在某工程项目中, 机器的两个关键参数——温度变化X和压力变化Y分别表示机器在不同工作状态下的变化. 已知X和Y服从二维正态分布, 且它们的联合概率密度函数为

$$f(x, y)=\frac{1}{2\pi\sigma_1\sigma_2\sqrt{1-\rho^2}}\mathrm{e}^{-\frac{1}{2(1-\rho^2)}\left[\left(\frac{x-\mu_1}{\sigma_1}\right)^2-2\rho\left(\frac{x-\mu_1}{\sigma_1}\right)\left(\frac{y-\mu_2}{\sigma_2}\right)+\left(\frac{y-\mu_2}{\sigma_2}\right)^2\right]},$$

其中$\mu_1=10$, $\sigma_1=2$, $\mu_2=15$, $\sigma_2=3$, $\rho=0.5$.

(1) 求在给定$Y=18$的条件下, X的条件分布函数;

(2) 计算$P\{X\leqslant 12\mid Y=18\}$.

解　依题设, 随机变量X和Y服从二维正态分布, 其联合概率密度函数的条件分布函数的公式为

$$f_{X|Y}(x\mid y)=\frac{f(x, y)}{f_Y(y)},$$

代入题设已知的参数, 其中的边缘概率分布为

$$f_Y(y)=\frac{1}{\sigma_2\sqrt{2\pi}}\mathrm{e}^{-\frac{(y-\mu_2)^2}{2\sigma_2^2}}=\frac{1}{3\sqrt{2\pi}}\mathrm{e}^{-\frac{(y-15)^2}{18}}.$$

(1) 代入已知数据$\mu_1=10$, $\sigma_1=2$, $\mu_2=15$, $\sigma_2=3$, $\rho=0.5$, 在给定条件$Y=18$时, 随机变

量 X 的条件分布函数为

$$f_{X|Y}(x|18)=\frac{1}{\sqrt{2\pi\sigma_1^2(1-\rho^2)}}\mathrm{e}^{-\frac{(x-\mu_1-\rho\frac{\sigma_1}{\sigma_2}(y-\mu_2))^2}{2\sigma_1^2(1-\rho^2)}}$$

$$=\frac{1}{\sqrt{2\pi\times 2^2\times(1-0.5^2)}}\mathrm{e}^{-\frac{(x-10-0.5\times\frac{2}{3}\times(18-15))^2}{2\times 2^2\times(1-0.25)}}$$

$$=\frac{1}{\sqrt{2\pi\times 4\times 0.75}}\mathrm{e}^{-\frac{(x-10-0.5\times 2)^2}{2\times 4\times 0.75}}=\frac{1}{\sqrt{6\pi}}\mathrm{e}^{-\frac{(x-11)^2}{6}}.$$

这是一个正态分布, 均值为11, 方差为3. 因此, 条件分布 $X|Y=18$ 服从正态分布 $N(11, 3)$.

(2) 因 $X|Y=18$ 服从正态分布 $N(11, 3)$, 故可标准化 X:

$$Z=\frac{X-11}{\sqrt{3}}.$$

因此, 利用标准正态分布定理, 查标准正态分布函数表, 得

$$P\{X\leqslant 12|Y=18\}=P\left\{\frac{X-11}{\sqrt{3}}\leqslant\frac{12-11}{\sqrt{3}}\right\}$$

$$=P\left\{Z\leqslant\frac{1}{\sqrt{3}}\right\}\approx 0.718\ 1.$$

标准正态分布函数查表

本例通过计算二维正态分布的条件分布函数, 展示了如何在给定一个随机变量的条件下求另一个随机变量的分布. 条件分布的应用广泛, 尤其在工程技术领域中, 常用于分析不同参数之间的依赖关系, 进而做出合理的预测和决策. 在本例中, 给定压力变化 Y 的条件下, 计算了温度变化 X 的条件分布, 进而求出了特定概率. 这一过程有助于读者理解如何利用条件概率和条件分布函数解决实际问题.

二、随机变量的独立性

随机变量的独立性是衡量多个随机因素是否相互影响的一个核心概念. 若多个随机变量相互独立, 则其联合分布可分解为各自的边际分布的乘积, 说明其中任一变量的实现情况并不会改变其他变量的概率行为. 独立性有助于大大简化复杂问题的分析, 例如推导大数定律、中心极限定理等基本命题时, 常默认独立同分布的前提来降低理论推理与公式推演的难度. 然而在实际应用中, 许多随机现象之间往往存在不同程度的关联, 此时就需仔细检验是否满足独立假设, 以免导致模型假设失真或结论偏差. 掌握随机变量独立性的定义与判定方法, 能帮助我们更好地洞察多维随机系统的内部关系, 从而制定更准确的预测和决策方案.

设 A 是随机变量 Y 所生成的事件: $A=\{Y\leqslant y\}$, 且 $P\{Y\leqslant y\}>0$, 则有

$$F(x\mid Y\leqslant y)=\frac{P\{X\leqslant x,\ Y\leqslant y\}}{P\{Y\leqslant y\}}=\frac{F(x,y)}{F_Y(y)}.$$

一般, 由于随机变量X, Y之间存在相互联系, 因而, 一个随机变量的取值可能会影响另一个随机变量取值的统计规律性. 在何种情况下, 随机变量X, Y之间没有上述影响, 而具有所谓的“独立性”? 我们引入如下定义.

定义 1　设随机变量(X, Y)的联合分布函数为$F(x, y)$, 边缘分布函数为$F_X(x)$, $F_Y(y)$, 若对任意实数x, y, 有$P\{X\leqslant x, Y\leqslant y\}=P\{X\leqslant x\}P\{Y\leqslant y\}$, 即

$$F(x,y)=F_X(x)F_Y(y), \tag{2.2}$$

则称随机变量$\boldsymbol{X}$**与**$\boldsymbol{Y}$**相互独立**.

注: 如果随机变量X与Y相互独立, 那么二维随机变量(X, Y)的联合分布函数可由其两个边缘分布唯一确定.

关于随机变量的独立性, 有下述两个定理.

定理 1　随机变量X与Y相互独立的充要条件是X所生成的任何事件与Y所生成的任何事件独立, 即对任意实数集A, B, 有

$$P\{X\in A,\ Y\in B\}=P\{X\in A\}P\{Y\in B\}.$$

证明　略.

定理 2　如果随机变量X与Y相互独立, 则对任意的函数$g_1(x)$, $g_2(y)$, 随机变量函数$g_1(X)$与$g_2(Y)$都相互独立.

证明　令$\zeta=g_1(X)$, $\eta=g_2(Y)$, 对任意x, y, 记

$$D_x^1=\{t\mid g_1(t)\leqslant x\},\ D_y^2=\{t\mid g_2(t)\leqslant y\},$$

则由定理 1, 有

$$\begin{aligned}P\{\zeta\leqslant x,\ \eta\leqslant y\}&=P\{g_1(X)\leqslant x,\ g_2(Y)\leqslant y\}=P\{X\in D_x^1, Y\in D_y^2\}\\&=P\{X\in D_x^1\}P\{Y\in D_y^2\}=P\{\zeta\leqslant x\}P\{\eta\leqslant y\},\end{aligned}$$

故由定义知ζ与η相互独立. 证毕.

注: 关于两个随机变量的独立性的概念和讨论可以推广到n个随机变量的情形.

三、离散型随机变量的条件分布与独立性

在离散型随机变量的研究中, 条件密度 (更准确地说是条件概率密度函数) 用于描述在给定另一个变量的具体取值时, 目标变量在各可能取值处出现的概率. 它反映了随机变量间潜在的依赖结构, 能够揭示某些事件发生后另一个变量的分布的变化情况. 例如, 在经济学中, 若已知市场需求的某一特定水平, 研究产品供给量的离散分布便可使用相应的条件概率进行刻画. 若两离散型随机变量相互独立, 则在给定任一变量的值后, 另一个变量的条件分布并不会发生变化. 形式上, 其联合分布可分解为各自边缘分布的乘积. 判定独立性的过程对于理论推导与实践应用都极为重要, 能有效简化分析步骤并降低模型复杂度.

设(X, Y)是二维离散型随机变量, 其概率分布为

$$P\{X=x_i, Y=y_j\}=p_{ij}, \ i,j=1,2,\cdots,$$

则由条件概率公式知, 当 $P\{Y=y_j\}>0$ 时, 有

$$P\{X=x_i \mid Y=y_j\}=\frac{P\{X=x_i, Y=y_j\}}{P\{Y=y_j\}}=\frac{p_{ij}}{p_{\cdot j}}, \ i=1,2,\cdots, \tag{2.3}$$

称其为**在 $Y=y_j$ 的条件下随机变量 X 的条件概率分布**. 类似地, 可定义**在 $X=x_i$ 的条件下随机变量 Y 的条件概率分布**

$$P\{Y=y_j \mid X=x_i\}=\frac{P\{X=x_i, Y=y_j\}}{P\{X=x_i\}}=\frac{p_{ij}}{p_{i\cdot}}, \ j=1,2,\cdots. \tag{2.4}$$

注: 条件分布是一种概率分布, 它具有概率分布的一切性质. 请读者比较: 条件概率, 离散型随机变量及其分布律.

对二维离散型随机变量 (X, Y), 其独立性的定义等价于:

定义 2 若对二维离散型随机变量 (X, Y) 的所有可能取值 (x_i, y_j), 都有

$$P\{X=x_i, Y=y_j\}=P\{X=x_i\}P\{Y=y_j\},$$

即

$$p_{ij}=p_{i\cdot}\, p_{\cdot j}, \ i,j=1,2,\cdots, \tag{2.5}$$

则称随机变量 X 与 Y **相互独立**.

例 3 设随机变量 X 与 Y 的联合概率分布为

X \ Y	-1	0	2
0	0.1	0.2	0
1	0.3	0.05	0.1
2	0.15	0	0.1

(1) 求 $Y=0$ 时, X 的条件概率分布; (2) 判断 X 与 Y 是否相互独立.

解 (1) 根据二维离散型随机变量的条件分布, 有

$$P\{Y=0\}=0.2+0.05+0=0.25,$$

在 $Y=0$ 时, X 的条件概率分布为

$$P\{X=0 \mid Y=0\}=\frac{P\{X=0, Y=0\}}{P\{Y=0\}}=\frac{0.2}{0.25}=0.8,$$

$$P\{X=1 \mid Y=0\}=\frac{P\{X=1, Y=0\}}{P\{Y=0\}}=\frac{0.05}{0.25}=0.2,$$

$$P\{X=2 \mid Y=0\}=\frac{P\{X=2, Y=0\}}{P\{Y=0\}}=\frac{0}{0.25}=0.$$

(2) 根据离散型随机变量的条件分布与独立性, 因为

$$P\{X=0\}=0.1+0.2=0.3, \quad P\{Y=-1\}=0.1+0.3+0.15=0.55,$$

而 $P\{X=0, Y=-1\}=0.1$, 可见

$$P\{X=0, Y=-1\} \neq P\{X=0\}P\{Y=-1\},$$

所以, 随机变量 X 与 Y 不相互独立.

例 4　设随机变量 X 与 Y 相互独立, 表 3-2-1 列出了二维随机变量 (X, Y) 的联合分布律及关于 X 和 Y 的边缘分布律中的部分数值, 试将其余数值填入表中的空白处.

表 3-2-1

X \ Y	y_1	y_2	y_3	$P\{X=x_i\}=p_{i\cdot}$
x_1		1/8		
x_2	1/8			
$P\{Y=y_j\}=p_{\cdot j}$	1/6			1

解　依题设二维离散型随机变量的联合分布表, 有

$$P\{X=x_1, Y=y_1\}=P\{Y=y_1\}-P\{X=x_2, Y=y_1\}=\frac{1}{6}-\frac{1}{8}=\frac{1}{24},$$

再由题设 X 与 Y 相互独立, 得 $P\{X=x_1, Y=y_1\}=P\{X=x_1\}P\{Y=y_1\}$, 所以

$$P\{X=x_1\}=\frac{P\{X=x_1, Y=y_1\}}{P\{Y=y_1\}}=\frac{1/24}{1/6}=\frac{1}{4}.$$

同理, 可以确定出联合分布表中的其他数值, 得到 (X, Y) 的联合分布律 (见表 3-2-2).

表 3-2-2

X \ Y	y_1	y_2	y_3	$P\{X=x_i\}=p_{i\cdot}$
x_1	1/24	1/8	1/12	1/4
x_2	1/8	3/8	1/4	3/4
$P\{Y=y_j\}=p_{\cdot j}$	1/6	1/2	1/3	1

例 5　设随机变量 X, Y 相互独立, 且 X, Y 分别服从参数为 1, 2 的泊松分布, 试求:

$$P\{2X+Y=2\}.$$

解　依题设, X, Y 相互独立且分别服从泊松分布:

$$X \sim \pi(1),\ Y \sim \pi(2),$$

因此, 离散型随机变量 X, Y 的概率分布分别为

$$P\{X=k\}=\frac{e^{-1}}{k!},\ k=0, 1, \cdots;\quad P\{Y=k\}=\frac{2^k e^{-2}}{k!},\ k=0, 1, \cdots.$$

于是, 利用概率的性质与随机变量的独立性, 有

$$\begin{aligned} P\{2X+Y=2\} &= P\{X=0, Y=2\}+P\{X=1, Y=0\} \\ &= P\{X=0\}P\{Y=2\}+P\{X=1\}P\{Y=0\} \\ &= 3e^{-3}. \end{aligned}$$

四、连续型随机变量的条件密度与独立性

连续型随机变量的条件密度函数用于描述当另一个变量取定值后，目标变量在实数范围内出现的概率分布. 它揭示了随机变量间的依赖结构，有助于我们理解在给定条件下分布如何随之改变. 通过对条件概率密度的深入研究，可考量多维数据之间的相互影响，并在金融、工程等领域广泛应用. 若两个连续型随机变量相互独立，则其联合密度可分解为各自边际密度的乘积，表明其中一个变量的变化并不会影响另一个变量的分布特征. 这种独立性假设在理论推导中能大大简化分析过程.

设 (X, Y) 是二维连续型随机变量，由于对任意的实数 x, y，均有

$$P\{X=x\}=0,\ P\{Y=y\}=0,$$

这样就不能直接利用条件概率来引入条件分布函数.

定义 3 设二维连续型随机变量 (X, Y) 的概率密度函数为 $f(x, y)$，边缘概率密度为 $f_X(x)$，$f_Y(y)$，则对一切使 $f_X(x)>0$ 的 x，定义**在 $X=x$ 的条件下 Y 的条件密度函数**为

$$f_{Y|X}(y\,|\,x)=\frac{f(x, y)}{f_X(x)}. \tag{2.6}$$

类似地，对一切使 $f_Y(y)>0$ 的 y，定义**在 $Y=y$ 的条件下 X 的条件密度函数**为

$$f_{X|Y}(x|y)=\frac{f(x, y)}{f_Y(y)}. \tag{2.7}$$

关于定义表达式内涵的解释，以 $f_{X|Y}(x\,|\,y)=\dfrac{f(x, y)}{f_Y(y)}$ 为例，有

$$\begin{aligned} f_{X|Y}(x\,|\,y)\mathrm{d}x &= \frac{f(x,y)\mathrm{d}x\mathrm{d}y}{f_Y(y)\mathrm{d}y} \approx \frac{P\{x\leqslant X<x+\mathrm{d}x,\ y\leqslant Y<y+\mathrm{d}y\}}{P\{y\leqslant Y<y+\mathrm{d}y\}} \\ &= P\{x\leqslant X<x+\mathrm{d}x\,|\,y\leqslant Y<y+\mathrm{d}y\}. \end{aligned}$$

换句话说，对很小的 $\mathrm{d}x$ 和 $\mathrm{d}y$，$f_{X|Y}(x\,|\,y)\mathrm{d}x$ 表示已知 Y 取值于 y 和 $y+\mathrm{d}y$ 之间的条件下，X 取值于 x 和 $x+\mathrm{d}x$ 之间的条件概率.

运用条件概率密度函数，我们可以在已知某一随机变量值的条件下，定义与另一随机变量有关的事件的条件概率. 即若 (X, Y) 是连续型随机变量，则对任一集合 A，有

$$P\{X\in A\,|\,Y=y\}=\int_A f_{X|Y}(x\,|\,y)\mathrm{d}x. \tag{2.8}$$

特别地，取 $A=(-\infty, x)$，定义在已知 $Y=y$ 的条件下 X 的条件分布函数为

$$F_{X|Y}(x\,|\,y)=P\{X\leqslant x\,|\,Y=y\}=\int_{-\infty}^{x} f_{X|Y}(t\,|\,y)\mathrm{d}t. \tag{2.9}$$

对二维连续型随机变量 (X, Y)，其独立性的定义等价于:

定义 4 设 (X, Y) 为二维连续型随机变量，$f(x, y)$ 为其联合概率密度，$f_X(x)$，$f_Y(y)$ 分别为 X 与 Y 的边缘概率密度. 如果对任意的实数 x，y，有

$$f(x, y)=f_X(x)f_Y(y) \tag{2.10}$$

几乎处处成立, 则称 X 与 Y **相互独立**.

注: 这里"几乎处处成立"的含义是: 在平面上除去面积为零的集合外, 处处成立.

例 6 设二维连续型随机变量 (X, Y) 的概率密度为

$$f(x, y)=\begin{cases} xe^{-(x+y)}, & x>0,\ y>0 \\ 0, & \text{其他} \end{cases},$$

问 X 与 Y 是否相互独立?

解 利用广义积分与定积分的计算方法, 当 $x>0$ 时, 有

$$f_X(x)=\int_0^{+\infty} xe^{-(x+y)}\mathrm{d}y=xe^{-x}\int_0^{+\infty} e^{-y}\mathrm{d}y=xe^{-x}(-e^{-y})\Big|_0^{+\infty}=xe^{-x};$$

当 $y>0$ 时, 同理计算得

$$f_Y(y)=\int_0^{+\infty} xe^{-(x+y)}\mathrm{d}x=e^{-y}\int_0^{+\infty} xe^{-x}\mathrm{d}x=-e^{-y}\cdot(xe^{-x}+e^{-x})\Big|_0^{+\infty}=e^{-y}.$$

所以, (X, Y) 关于 X, Y 的边缘概率密度分别为

$$f_X(x)=\begin{cases} xe^{-x}, & x>0 \\ 0, & \text{其他} \end{cases},\quad f_Y(y)=\begin{cases} e^{-y}, & y>0 \\ 0, & \text{其他} \end{cases}.$$

由上可见, 对一切 x, y, 均有 $f(x, y)=f_X(x)f_Y(y)$, 故随机变量 X 与 Y 相互独立.

例 7 甲、乙两人约定中午 12:30 在某地会面. 如果甲到达的时间在 12:15 到 12:45 之间是均匀分布的; 乙独立地到达, 而且到达时间在 12:00 到 13:00 之间是均匀分布的. 试求先到的人等待另一人到达的时间不超过 5 分钟的概率以及甲先到的概率.

解 设 X 为甲到达时刻, Y 为乙到达时刻, 以 12 时为起点, 以分为单位, 依题意, X, Y 服从均匀分布, 即 $X\sim U(15, 45)$, $Y\sim U(0, 60)$, 于是, 随机变量 X, Y 的密度函数分别为

$$f_X(x)=\begin{cases} 1/30, & 15<x<45 \\ 0, & \text{其他} \end{cases},\quad f_Y(y)=\begin{cases} 1/60, & 0<x<60 \\ 0, & \text{其他} \end{cases},$$

由 X 与 Y 的独立性知, 二维均匀分布的密度函数为

$$f(x, y)=f_X(x)f_Y(y)=\begin{cases} 1/1\,800, & 15<x<45,\ 0<y<60 \\ 0, & \text{其他} \end{cases}.$$

所以, 先到的人等待另一人到达的时间不超过 5 分钟的概率为

$$P\{|X-Y|\leqslant 5\}=\iint_{D_1} f(x, y)\mathrm{d}x\mathrm{d}y,$$

其中, 积分区域 D_1 为 $f(x, y)$ 的非零值域与 $|x-y|\leqslant 5$ 的相交区域 (见图 3-2-1). 而甲先到的概率为

$$P\{X<Y\}=\iint_{D_2} f(x, y)\mathrm{d}x\mathrm{d}y.$$

其中, 积分区域 D_2 为密度函数 $f(x, y)$ 的非零值域与 $x<y$ 的相交区域 (见图 3-2-1). 故

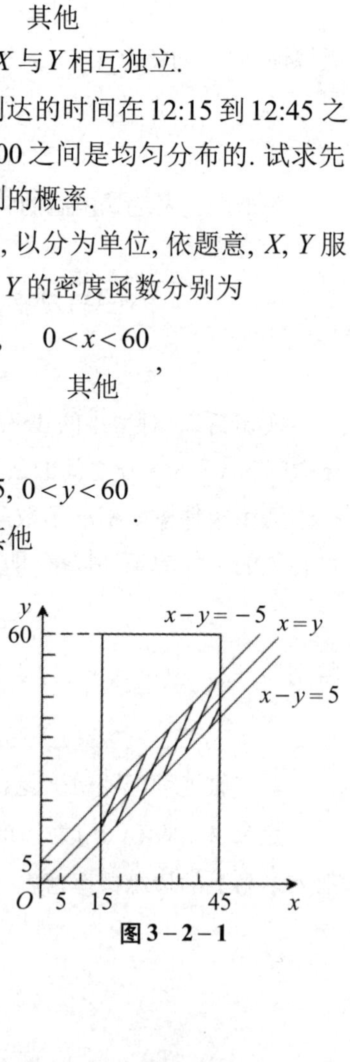

图 3-2-1

$$P\{|X-Y|\leqslant 5\}=P\{-5\leqslant X-Y\leqslant 5\}$$
$$=\iint_{D_1} f(x,y)\mathrm{d}x\mathrm{d}y=\int_{15}^{45}\left[\int_{x-5}^{x+5}\frac{1}{1\,800}\mathrm{d}y\right]\mathrm{d}x=\frac{1}{6};$$
$$P\{X<Y\}=\iint_{D_2} f(x,y)\mathrm{d}x\mathrm{d}y=\int_{15}^{45}\left[\int_{x}^{60}\frac{1}{1\,800}\mathrm{d}y\right]\mathrm{d}x=\frac{1}{2}.$$

例 8 设二维随机变量(X, Y)的联合概率密度为

$$f(x,y)=\begin{cases} \mathrm{e}^{-y}, & 0<x<y \\ 0, & \text{其他} \end{cases}.$$

(1) 求X与Y的边缘概率密度,并判断变量X与Y是否相互独立;

(2) 求在$Y=y$的条件下,X的条件概率密度.

解 (1) 利用题设联合概率密度$f(x,y)$(如图3-2-2所示),根据(X, Y)关于X的边缘密度函数的定义,计算如下.

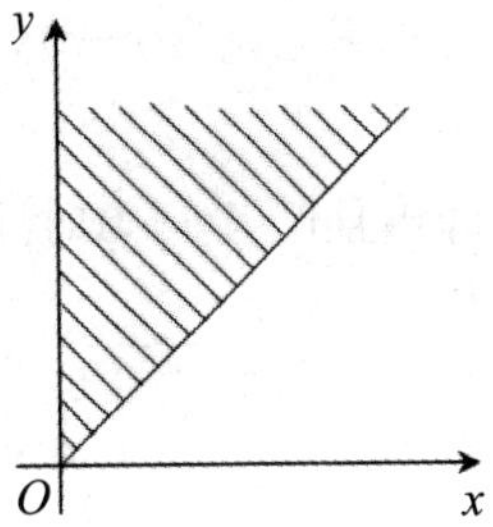

图3-2-2

当$x\leqslant 0$时,$f_X(x)=0$;当$x>0$时,有

$$f_X(x)=\int_x^{+\infty}\mathrm{e}^{-y}\mathrm{d}y=\mathrm{e}^{-x},$$

所以,$f_X(x)=\begin{cases} \mathrm{e}^{-x}, & x>0 \\ 0, & x\leqslant 0 \end{cases}$. 同理可得$f_Y(y)=\begin{cases} y\mathrm{e}^{-y}, & y>0 \\ 0, & y\leqslant 0 \end{cases}$.

易见,当$0<x<y$时,有$f_X(x)f_Y(y)\neq f(x,y)$,故X与Y不相互独立.

(2) 由(1)知,当$y>0$时,$f_Y(y)>0$,所以,在$Y=y$的条件下,X的条件概率密度为

$$f_{X|Y}(x|y)=\frac{f(x,y)}{f_Y(y)}=\begin{cases} 1/y, & 0<x<y \\ 0, & \text{其他} \end{cases}.$$

例 9 设二维连续型随机变量$(X, Y)\sim N(\mu_1,\mu_2,\sigma_1^2,\sigma_2^2,\rho)$.

(1) 求$f_{X|Y}(x|y)$和$f_{Y|X}(y|x)$; (2) 证明X与Y相互独立的充要条件是$\rho=0$.

解 (1) 依题设,由二维正态分布及其边缘密度,有

$$f_{X|Y}(x|y)=\frac{f(x,y)}{f_Y(y)}$$
$$=\frac{\dfrac{1}{2\pi\sigma_1\sigma_2\sqrt{1-\rho^2}}\mathrm{e}^{-\frac{1}{2(1-\rho^2)}\left[\frac{(x-\mu_1)^2}{\sigma_1^2}-2\rho\frac{(x-\mu_1)(y-\mu_2)}{\sigma_1\sigma_2}+\frac{(y-\mu_2)^2}{\sigma_2^2}\right]}}{\dfrac{1}{\sqrt{2\pi}\sigma_2}\mathrm{e}^{-\frac{(y-\mu_2)^2}{2\sigma_2^2}}}$$
$$=\frac{1}{\sqrt{2\pi}\sigma_1\sqrt{1-\rho^2}}\mathrm{e}^{-\frac{1}{2(1-\rho^2)}\left(\frac{x-\mu_1}{\sigma_1}-\rho\frac{y-\mu_2}{\sigma_2}\right)^2}$$

$$=\frac{1}{\sqrt{2\pi}\sigma_1\sqrt{1-\rho^2}}\mathrm{e}^{-\frac{1}{2\sigma_1^2(1-\rho^2)}\left[x-\mu_1-\frac{\sigma_1}{\sigma_2}\rho(y-\mu_2)\right]^2},$$

故在 $Y=y$ 的条件下, X 服从正态分布

$$N\left(\mu_1+\frac{\sigma_1}{\sigma_2}\rho(y-\mu_2),\ \sigma_1^2(1-\rho^2)\right);$$

对称地, 在 $X=x$ 的条件下, Y 服从正态分布

$$N\left(\mu_2+\frac{\sigma_2}{\sigma_1}\rho(x-\mu_1),\ \sigma_2^2(1-\rho^2)\right).$$

(2) 比较 $N(\mu_1,\mu_2,\sigma_1^2,\sigma_2^2,\rho)$ 与 $N_1(\mu_1,\sigma_1^2)$, $N_2(\mu_2,\sigma_2^2)$ 的密度函数 $f(x,y)$ 与 $f_X(x)$, $f_Y(y)$, 可见当且仅当 $\rho=0$ 时, 有

$$f(x,y)=f_X(x)f_Y(y),$$

即当且仅当 $\rho=0$ 时, 随机变量 X 与 Y 相互独立.

习题 3-2

1. 二维随机变量 (X,Y) 的分布律为

X \ Y	0	1
0	7/15	7/30
1	7/30	1/15

(1) 求 Y 的边缘分布律;

(2) 求 $P\{Y=0\mid X=0\}$, $P\{Y=1\mid X=0\}$;

(3) 判定 X 与 Y 是否独立.

2. 将某一医药公司 9 月份和 8 月份的青霉素针剂的订单数分别记为 X 与 Y. 据以往积累的资料知, X 和 Y 的联合分布律为

X \ Y	51	52	53	54	55
51	0.06	0.05	0.05	0.01	0.01
52	0.07	0.05	0.01	0.01	0.01
53	0.05	0.10	0.10	0.05	0.05
54	0.05	0.02	0.01	0.01	0.03
55	0.05	0.06	0.05	0.01	0.03

(1) 求边缘分布律;

(2) 求 8 月份的订单数为 51 时, 9 月份订单数的条件分布律.

3. 已知 (X,Y) 的分布律如下表所示:

X \ Y	0	1	2
0	1/4	1/8	0
1	0	1/3	0
2	1/6	0	1/8

试求: (1) 在 $Y=1$ 的条件下, X 的条件分布律; (2) 在 $X=2$ 的条件下, Y 的条件分布律.

4. 若二维离散型随机变量 (X, Y) 的联合分布律为

X \ Y	1	2
1	1/18	α
2	1/6	1/3
3	1/9	β

试求: (1) α, β 应满足的条件? (2) 若 X 与 Y 相互独立, 求 α, β 的值.

5. 已知 (X, Y) 的概率密度函数为

$$f(x,y)=\begin{cases}3x, & 0<x<1,\ 0<y<x\\ 0, & \text{其他}\end{cases}.$$

求: (1) 边缘概率密度函数; (2) 条件概率密度函数.

6. 设 X 与 Y 相互独立, 其概率分布如表 (a) 及表 (b) 所示, 求 (X, Y) 的联合概率分布:

$$P\{X+Y=1\},\ P\{X+Y\neq 0\}.$$

表(a)

X	-2	-1	0	1/2
p_i	1/4	1/3	1/12	1/3

表(b)

Y	$-1/2$	1	3
p_i	1/2	1/4	1/4

7. 某旅客到达火车站的时间 X 均匀分布在早上7:55至8:00, 火车在该时间段开出的时间 Y 的密度函数为

$$f_Y(y)=\begin{cases}2(5-y)/25, & 0\leqslant y\leqslant 5\\ 0, & \text{其他}\end{cases}.$$

求此人能及时上火车的概率.

8. 设随机变量 X 与 Y 都服从 $N(0,1)$ 分布, 且 X 与 Y 相互独立, 求 (X, Y) 的联合概率密度函数.

9. 设随机变量 X 的概率密度 $f(x)=\dfrac{1}{2}e^{-|x|}\ (-\infty<x<+\infty)$, 问: X 与 $|X|$ 是否相互独立?

10. 设 X 和 Y 是两个相互独立的随机变量, X 在 $(0, 1)$ 上服从均匀分布, Y 的概率密度为

$$f_Y(y)=\begin{cases}\dfrac{1}{2}e^{-y/2}, & y>0\\ 0, & y\leqslant 0\end{cases}.$$

(1) 求 X 与 Y 的联合概率密度; (2) 设有 a 的二次方程 $a^2+2Xa+Y=0$, 求它有实根的概率.

11. 设随机变量 (ξ, η) 的联合概率密度为

$$\varphi(x,y)=\begin{cases}ke^{-(x+y)}, & x>0,\ y>0\\ 0, & \text{其他}\end{cases}.$$

(1) 确定常数 k；

(2) 求 (ξ,η) 的分布函数 $F(x,y)$；

(3) 求 (ξ,η) 落在区域 $G=\{(x,y)|0\leqslant y\leqslant 2-2x,0\leqslant x\leqslant 1\}$ 内的概率.

12. 设平面区域 D 由曲线 $y=\dfrac{1}{x}$ 及直线 $y=0$，$x=1$，$x=\mathrm{e}^2$ 所围成，二维随机变量 (X, Y) 在区域 D 上服从均匀分布，求 (X, Y) 关于 X 的边缘概率密度在 $x=2$ 处的值.

13. 设二维随机变量 (X, Y) 服从区域 G 上的均匀分布，其中区域 G 是由 $x-y=0$，$x+y=2$ 与 $y=0$ 所围成的三角形. 求：

(1) 边缘密度 $f_X(x)$；　(2) 条件概率密度 $f_{X|Y}(x|y)$.

14. 设二维随机变量 (X, Y) 的概率密度为

$$f(x, y)=A\mathrm{e}^{-2x^2+2xy-y^2},\ -\infty<x<+\infty,\ -\infty<y<+\infty,$$

求常数 A 及条件概率密度 $f_{Y|X}(y|x)$.

15. 设二维随机变量 (X, Y) 的联合概率密度为

$$f(x, y)=\begin{cases} x^2+\dfrac{1}{3}xy, & 0\leqslant x\leqslant 1,\ 0\leqslant y\leqslant 2 \\ 0, & \text{其他} \end{cases}.$$

试求：(1) (X, Y) 的条件密度；(2) 概率 $P\{X+Y>1\}$，$P\{Y>X\}$ 及 $P\{Y<1/2|X<1/2\}$.

16. 设一袋中有 2 个白球、3 个黑球，不放回地连续取两次球，每次取一个. 若随机变量 X，Y 分别为第一、第二次取得白球的个数. 试求：

(1) (X, Y) 的联合分布律；(2) 判断 X 与 Y 是否相互独立.

17. 涂漆过程由两个阶段组成：第一阶段是涂漆，第二阶段是添加保护层. 设 X 为第一阶段所用的时间，Y 为第二阶段所用的时间. 第一阶段涉及检查，如果油漆未通过检查，必须等待 5 分钟，然后再次涂漆. 第二次涂漆后，无须进一步检查. 已知 X 和 Y 的联合密度函数为

$$f(x,y)=\begin{cases} 1/4, & 5<x<8,\ 2<y<3 \\ 1/12, & 10<x<13,\ 2<y<3 \\ 0, & \text{其他} \end{cases}.$$

(1) 求 X 和 Y 的边缘概率密度函数；(2) 证明 X 与 Y 相互独立.

18. 设随机变量 (X, Y) 的联合概率密度为

$$f(x, y)=\begin{cases} kxy\mathrm{e}^{-(x^2+y^2)}, & x\geqslant 0,\ y\geqslant 0 \\ 0, & \text{其他} \end{cases}.$$

(1) 确定常数 k；　(2) 求出 X 与 Y 的边缘概率密度；

(3) 判断 X 与 Y 是否相互独立；　(4) 求条件概率密度 $f_{X|Y}(x|y)$，$f_{Y|X}(y|x)$.

19. 在某工程项目中，假设 X 和 Y 分别表示机器在两个不同工作阶段的温度和压力变化. 已知 X 和 Y 服从二维正态分布，并且它们之间存在一定的相关性. 设 $X\sim N(\mu_1,\sigma_1^2)$ 和 $Y\sim N(\mu_2,\sigma_2^2)$，且它们的均值、标准差和相关系数分别为

$$\mu_1=20,\ \sigma_1=3,\ \mu_2=30,\ \sigma_2=4,\ \rho=0.6.$$

(1) 求X和Y的条件分布函数$f_{X|Y}(x|y)$;

(2) 计算$P\{X\leqslant 22|Y=32\}$.

§3.3 二维随机变量函数的分布

研究二维随机变量函数的分布是多维分析中的一项关键内容. 给定一对随机变量(X, Y), 我们常常关心某个由它们共同决定的随机量, 如$Z=g(X, Y)$. 要准确描述此随机量的概率, 就需要对其分布进行分析. 与一维情形相比, 二维随机变量函数的分布更具复杂性: 其取值空间从一条数轴扩展到平面, 函数形式也可能包含非线性、耦合以及其他影响因素. 针对连续型随机变量, 通常需利用雅可比行列式等方法来处理变量变换, 从而得到新随机变量的联合密度或边缘密度; 对于离散型随机变量, 需通过对所有可能取值展开求和或枚举来获得准确的概率分布. 在此过程中, 仔细区分一对多、一对一及多对一映射等不同情形, 是确保分布推导正确的关键. 若函数形式较为复杂, 则常借助微分几何、数值计算或模拟方法进行求解与估计. 通过对二维随机变量函数分布的全面理解, 我们能够更灵活地刻画诸如最大值、最小值、线性组合或比率等各种感兴趣的量, 并据此在工程学、金融风险评估或信号处理等领域进行精细建模. 例如, 考量多个传感器的输出时, 往往需要研究它们的线性或非线性组合以获得综合指标; 而在经济分析中, 利润与成本的比值便是典型的随机函数. 深入掌握此类分布的推导思想与应用技巧, 既能加深对多维随机现象本质规律的理解, 也能为后续在高维场景下构建更复杂的概率模型奠定坚实的基础.

在实际应用中, 有些随机变量往往是两个或两个以上随机变量的函数. 例如, 考虑全国年龄在40岁以上的人群, 用X和Y分别表示一个人的年龄和体重, Z表示这个人的血压, 并且已知Z与X, Y的函数关系式为

$$Z=g(X, Y),$$

现希望通过二维随机变量(X, Y)的分布来确定其随机变量函数Z的分布. 此类问题就是我们将要讨论的两个随机变量函数的分布问题.

在本节中, 我们重点讨论两种特殊的函数关系:

(1) $Z=X+Y$;

(2) $Z=\max\{X, Y\}$和$Z=\min\{X, Y\}$, 其中, 随机变量X与Y相互独立.

注: 应指出的是, 将两个随机变量函数的分布问题推广到n个随机变量函数的分布问题只是提高了表述和计算的繁杂程度, 并没有本质差异.

一、离散型随机变量的函数的分布

离散型随机变量的函数的分布, 旨在探讨当一个离散型随机变量通过某个函数映射到新的随机变量时, 该随机变量的可能取值及其对应概率如何分布. 这一过程既需考虑原变量每个取值与函数映射的对应关系, 也要统计映射后不同结果间的重叠或合并情况. 若函数存在多对一映射, 则同一函数值可能由原变量的多个取值共同产生, 需要将这些取值的概率求

和,方能准确刻画新函数的分布形态. 在推导中,还应注意函数的单调性、取值域范围以及潜在的非线性特征,以便对映射路径进行有效区分. 这一过程不仅揭示了映射后离散值的分布结构,也为进一步理解原变量的内在特性提供了思路.

设(X, Y)是二维离散型随机变量,而$g(x,y)$是一个二元函数,则$g(X, Y)$作为(X, Y)的函数也是一个随机变量,若(X, Y)的概率分布为

$$P\{X=x_i, Y=y_j\}=p_{ij}, \ i, j=1, 2, \cdots,$$

记$Z=g(X, Y)$的所有可能取值为z_k, $k=1, 2, \cdots$,则随机变量函数Z的概率分布为

$$P\{Z=z_k\}=P\{g(X, Y)=z_k\}=\sum_{g(x_i, y_j)=z_k} P\{X=x_i, Y=y_j\}=\sum_{g(x_i, y_j)=z_k} p_{ij}, \ k=1, 2, \cdots. \quad (3.1)$$

特别地,如果随机变量X, Y相互独立,且

$$P\{X=k\}=a_k, \quad P\{Y=k\}=b_k, \ k=0, 1, 2, \cdots,$$

则随机变量和$Z=X+Y$的概率分布为

$$\begin{aligned} P\{Z=r\}=P\{X+Y=r\} &= \sum_{i=0}^{r} P\{X=i, Y=r-i\} \\ &= \sum_{i=0}^{r} P\{X=i\}P\{Y=r-i\}=a_0 b_r+a_1 b_{r-1}+\cdots+a_r b_0, \ r=0, 1, 2, \cdots, \end{aligned}$$

即

$$P\{Z=r\}=\sum_{i=0}^{r} a_i b_{r-i}. \quad (3.2)$$

这个公式称为**离散型卷积公式**.

离散型卷积公式的意义在于将两个独立随机变量的边缘分布转化为其和的分布,简化了复杂分布的推导过程. 这在信号处理、统计推断和概率建模中有广泛的应用. 例如,计算两个独立骰子点数和的分布、分析累积风险概率等都依赖于离散型卷积公式. 它为分析多变量系统提供了数学工具,也奠定了随机过程和其他复杂模型的理论基础.

例 1 设随机变量(X, Y)的概率分布如下表所示:

X \ Y	−1	0	1	2
−1	0.2	0.15	0.1	0.3
2	0.1	0	0.1	0.05

求随机变量(X, Y)的函数Z的分布:

(1) $Z=X+Y$;　　(2) $Z=XY$.

解 由题设二维随机变量(X, Y)的联合概率分布表,得下表:

p_{ij}	0.2	0.15	0.1	0.3	0.1	0	0.1	0.05
(X,Y)	$(-1,-1)$	$(-1,0)$	$(-1,1)$	$(-1,2)$	$(2,-1)$	$(2,0)$	$(2,1)$	$(2,2)$
$Z=X+Y$	−2	−1	0	1	1	2	3	4
$Z=XY$	1	0	−1	−2	−2	0	2	4

与一维离散型随机变量函数的分布的求法相同,把Z值相同项对应的概率值合并,即可得到:

(1) $Z=X+Y$的概率分布为

Z	-2	-1	0	1	2	3	4
p_k	0.2	0.15	0.1	0.4	0	0.1	0.05

(2) $Z=XY$ 的概率分布为

Z	-2	-1	0	1	2	4
p_k	0.4	0.1	0.15	0.2	0.1	0.05

例 2 若 X 和 Y 相互独立, 它们分别服从参数为 λ_1, λ_2 的泊松分布, 证明 $Z=X+Y$ 服从参数为 $\lambda_1+\lambda_2$ 的泊松分布.

证明 依题意, 由泊松分布的定义, 得

$$P\{X=i\}=\frac{e^{-\lambda_1}\lambda_1^i}{i!},\ i=0,1,2,\cdots;$$

$$P\{Y=j\}=\frac{e^{-\lambda_2}\lambda_2^j}{j!},\ j=0,1,2,\cdots.$$

利用离散型卷积公式, 计算得

$$P\{Z=r\}=\sum_{i=0}^{r}P\{X=i,Y=r-i\}=\sum_{i=0}^{r}e^{-\lambda_1}\frac{\lambda_1^i}{i!}\cdot e^{-\lambda_2}\frac{\lambda_2^{r-i}}{(r-i)!}$$

$$=\frac{e^{-(\lambda_1+\lambda_2)}}{r!}\sum_{i=0}^{r}\frac{r!}{i!(r-i)!}\lambda_1^i\lambda_2^{r-i}=\frac{e^{-(\lambda_1+\lambda_2)}}{r!}(\lambda_1+\lambda_2)^r,\ r=0,1,2,\cdots.$$

由此可见, Z 服从参数为 $\lambda_1+\lambda_2$ 的泊松分布. 证毕.

例 3 在计算机网络中, 假设数据包传输的时间由两个独立的随机变量 X 和 Y 组成, 其中 X 代表从源节点到中间节点的传输时间, Y 代表从中间节点到目标节点的传输时间. 已知 X 和 Y 都是离散型随机变量, 即 X 可能取值 1、2、3 且各取值的概率相等, Y 可能取值 2、3、4 且各取值的概率相等.

(1) 求 $Z=X+Y$ 的概率分布; (2) 计算 $P\{Z=5\}$.

解 为求得 $Z=X+Y$ 的概率分布, 我们可利用离散型卷积公式. 对于两个离散型随机变量 X 和 Y, 它们的卷积公式为

$$P\{Z=z\}=\sum_{x}P\{X=x\}P\{Y=z-x\}.$$

其中, $P\{Z=z\}$ 是 $Z=X+Y$ 的概率, 而 $P\{X=x\}$ 和 $P\{Y=z-x\}$ 是 X 和 Y 取值的概率.

(1) 依题设, 有

$$P\{X=1\}=P\{X=2\}=P\{X=3\}=\frac{1}{3},$$

$$P\{Y=2\}=P\{Y=3\}=P\{Y=4\}=\frac{1}{3}.$$

然后, 利用离散型卷积公式来计算 $Z=X+Y$ 的概率分布. 我们计算所有可能的 Z 值, Z 的可能取值范围为 $[1+2=3,\ 3+4=7]$. 具体的计算过程如下:

$$P\{Z=3\}=P\{X=1,Y=2\}=P\{X=1\}\cdot P\{Y=2\}=\frac{1}{3}\times\frac{1}{3}=\frac{1}{9};$$

$$P\{Z=4\}=P\{X=1,Y=3\}+P\{X=2,Y=2\}=\frac{1}{3}\times\frac{1}{3}+\frac{1}{3}\times\frac{1}{3}=\frac{2}{9};$$

$$P\{Z=5\}=P\{X=1,Y=4\}+P\{X=2,Y=3\}+P\{X=3,Y=2\}$$
$$=\frac{1}{3}\times\frac{1}{3}+\frac{1}{3}\times\frac{1}{3}+\frac{1}{3}\times\frac{1}{3}=\frac{3}{9}=\frac{1}{3};$$

$$P\{Z=6\}=P\{X=2,Y=4\}+P\{X=3,Y=3\}=\frac{1}{3}\times\frac{1}{3}+\frac{1}{3}\times\frac{1}{3}=\frac{2}{9};$$

$$P\{Z=7\}=P\{X=3,Y=4\}=\frac{1}{3}\times\frac{1}{3}=\frac{1}{9}.$$

因此, 所求随机变量和 $Z=X+Y$ 的概率分布为

$$P\{Z=z\}=\begin{cases}1/9, & z=3\\ 2/9, & z=4\\ 1/3, & z=5\\ 2/9, & z=6\\ 1/9, & z=7\\ 0, & \text{其他}\end{cases}.$$

(2) 由上述计算结果, 得 $P\{Z=5\}=1/3$.

本例通过使用离散型卷积公式计算了两个独立随机变量 X 与 Y 之和 $Z=X+Y$ 的概率, 并计算了特定值 $Z=5$ 的概率. 在计算机网络中, 类似的卷积可以用于分析多个因素对系统总性能的影响, 如多个节点的延迟、数据包传输的总时间等. 本例可以帮助读者掌握离散型随机变量卷积的应用技巧, 理解如何通过卷积公式计算组合随机变量的分布, 并为实际问题中的概率计算提供了方法论.

二、连续型随机变量的函数的分布

连续型随机变量的函数的分布用于描述一个或多个连续型随机变量经过函数变换后的分布特性. 函数分布能够反映随机变量在经过非线性或线性变换后如何影响结果的概率结构, 为复杂系统的分析提供理论支持. 函数分布在实际问题中有广泛的应用, 如在物理和工程领域, 常需要研究随机变量的和、积、差或比的分布, 这对系统性能评估和风险分析具有重要意义. 在经济和金融领域, 资产收益的随机组合分布是投资组合优化的核心. 在机器学习中, 随机变量函数的分布用于构造生成模型或推导目标函数的概率特性, 等等.

设 (X, Y) 是二维连续型随机变量, 其概率密度函数为 $f(x, y)$, 令 $g(x, y)$ 为一个二元函数, 则 $g(X, Y)$ 是 (X, Y) 的函数.

可用类似于求一元随机变量函数分布的方法来求 $Z=g(X, Y)$ 的分布.

(1) 求分布函数 $F_Z(z)$.

$$F_Z(z)=P\{Z\leqslant z\}=P\{g(X,Y)\leqslant z\}=P\{(X,Y)\in D_Z\}=\iint\limits_{D_Z} f(x,y)\mathrm{d}x\mathrm{d}y, \tag{3.3}$$

其中, $D_Z=\{(x,y)\mid g(x,y)\leqslant z\}$.

(2) 求其概率密度函数 $f_Z(z)$, 对几乎所有的 z, 有

$$f_Z(z)=F_Z'(z). \tag{3.4}$$

在求随机变量 (X,Y) 的函数 $Z=g(X,Y)$ 的分布时, 关键是设法将其转化为 (X,Y) 在一定范围内取值的形式, 从而利用已知 (X,Y) 的分布求出 $Z=g(X,Y)$ 的分布.

例 4 设随机变量 X 与 Y 相互独立, 且均服从 $[0,1]$ 上的均匀分布, 试求 $Z=|X-Y|$ 的分布函数与密度函数.

解 依题设, 随机变量 X 与 Y 均服从区间 $[0,1]$ 上的均匀分布, 即

$$X\sim U(0,1),\quad Y\sim U(0,1),$$

于是, 随机变量 X,Y 的密度函数分别为

$$f_X(x)=\begin{cases}1, & 0\leqslant x\leqslant 1\\ 0, & \text{其他}\end{cases},\quad f_Y(y)=\begin{cases}1, & 0\leqslant x\leqslant 1\\ 0, & \text{其他}\end{cases}.$$

由 X 与 Y 的独立性知, 二维随机变量 (X,Y) 的密度函数为

$$f(x,y)=f_X(x)f_Y(y)=\begin{cases}1, & 0\leqslant x\leqslant 1,\ 0\leqslant y\leqslant 1\\ 0, & \text{其他}\end{cases},$$

$f(x,y)$ 的非零值域与区域 $|X-Y|\leqslant z$ 的交 (D) 如图 3-3-1 所示.

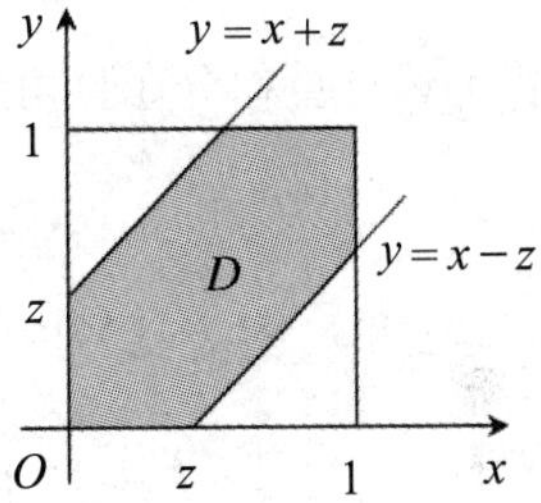

图 3-3-1

由此可先求随机变量函数 $Z=|X-Y|$ 的分布函数.

当 $z\leqslant 0$ 时, 有 $F_Z(z)=P\{Z\leqslant z\}=P\{|X-Y|\leqslant z\}=0$.

当 $z\geqslant 1$ 时, 有 $F_Z(z)=P\{Z\leqslant z\}=P\{|X-Y|\leqslant z\}=1$.

当 $0<z<1$ 时, 利用二重积分的性质, 有

$$F_Z(z)=P\{|X-Y|\leqslant z\}=\iint\limits_D f(x,y)\mathrm{d}x\mathrm{d}y=\iint\limits_D \mathrm{d}x\mathrm{d}y=\sigma=1-(1-z)^2.$$

上式中 σ 表示图 3-3-1 中区域 D 的面积, 即正方形面积减去两个相等的三角形的面积.

于是, 所求 $Z=|X-Y|$ 的分布函数为

$$F_Z(z)=P\{|X-Y|\leqslant z\}=\begin{cases}0, & z\leqslant 0\\ 1-(1-z)^2, & 0<z<1\\ 1, & z\geqslant 1\end{cases},$$

从而 $Z=|X-Y|$ 的概率密度为

$$f_Z(z)=F_Z'(z)=\begin{cases}2(1-z), & 0<z<1\\ 0, & \text{其他}\end{cases}.$$

下面我们来求 (X,Y) 的两个特殊函数的分布.

1. $Z=X+Y$的分布

随机变量和的分布描述了两个或多个随机变量之和所产生的随机量的概率特性. 若这些变量相互独立, 则其和的分布可通过卷积运算或生成函数进行推导, 如常见的正态分布中, 和的分布仍保持正态形式. 对于离散型变量, 和的分布可由概率密度函数求和或采用离散卷积方式求得; 对于连续型变量, 则需对概率密度函数进行积分卷积. 这一分布在众多应用领域中具有关键意义, 如在信号处理中考察噪声叠加效应, 在金融领域分析资产收益率, 在排队论中统计顾客到达等. 掌握随机变量和的分布能帮助我们更准确地评估随机系统的不确定性.

设二维连续型随机变量(X, Y)的概率密度为$f(x, y)$, 试求随机变量和 (函数) $Z=X+Y$的概率密度$f_Z(z)$.

设Z的分布函数为$F_Z(z)$, 则

$$F_Z(z)=P\{Z\leqslant z\}=P\{X+Y\leqslant z\}=\iint\limits_D f(x, y)\mathrm{d}x\mathrm{d}y,$$

其中, 积分区域$D=\{(x, y)|x+y\leqslant z\}$是直线$x+y=z$左下方的半平面 (见图3－3－2), 因此

$$F_Z(z)=\iint\limits_{x+y\leqslant z} f(x, y)\mathrm{d}x\mathrm{d}y.$$

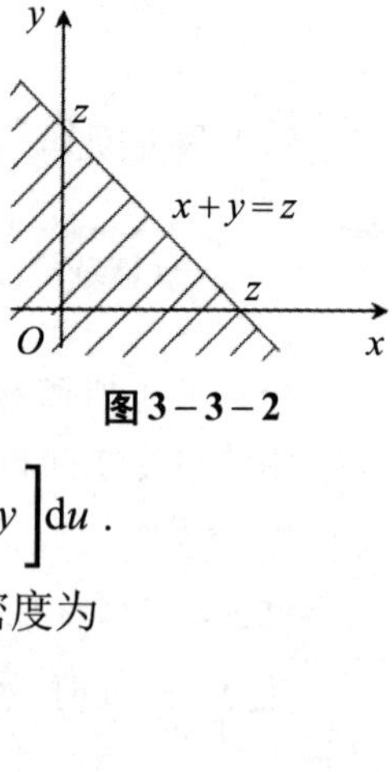

图 3－3－2

将上述二重积分在直角坐标系下化为累次积分, 得

$$F_Z(z)=\int_{-\infty}^{+\infty}\left[\int_{-\infty}^{z-y} f(x, y)\mathrm{d}x\right]\mathrm{d}y.$$

固定z和y, 对方括号内的积分做变量代换, 令$x=u-y$, 得

$$F_Z(z)=\int_{-\infty}^{+\infty}\left[\int_{-\infty}^{z} f(u-y, y)\mathrm{d}u\right]\mathrm{d}y=\int_{-\infty}^{z}\left[\int_{-\infty}^{+\infty} f(u-y, y)\mathrm{d}y\right]\mathrm{d}u.$$

由概率密度与分布函数的关系, 即得随机变量和$Z=X+Y$的概率密度为

$$f_Z(z)=F_Z'(z)=\int_{-\infty}^{+\infty} f(z-y, y)\mathrm{d}y,$$

由X和Y的对称性, 概率密度$f_Z(z)$又可写成

$$f_Z(z)=F_Z'(z)=\int_{-\infty}^{+\infty} f(x, z-x)\mathrm{d}x.$$

以上两式即是两个随机变量和的概率密度的一般公式.

特别地, 当X和Y相互独立时, 若记二维连续型随机变量(X, Y)关于X, Y的边缘密度函数分别为$f_X(x)$, $f_Y(y)$, 则上述两式可化为

$$f_Z(z)=\int_{-\infty}^{+\infty} f_X(z-y)f_Y(y)\mathrm{d}y, \tag{3.5}$$

$$f_Z(z)=\int_{-\infty}^{+\infty} f_X(x)f_Y(z-x)\mathrm{d}x. \tag{3.6}$$

这两个公式称为**连续型卷积公式**, 常记为$f_X * f_Y$或$f_X(z) * f_Y(z)$.

连续型卷积公式用于计算两个独立的连续型随机变量的和的概率密度函数, 这一公式揭示了两个随机变量的联合分布如何通过加和转化为单变量的分布. 它的意义在于提供了系统分析的数学工具, 帮助理解随机现象的叠加特性, 尤其是在复杂系统中多个因素共同作

用时. 连续型卷积公式具有广泛的用途. 例如, 在信号处理领域, 该公式用于分析输入信号与系统响应的关系, 特别是在滤波和时域分析中; 在统计学中, 该公式帮助推导随机变量和的分布; 在金融领域, 该公式用于分析多项独立资产收益的累积分布; 在工程中, 该公式用于可靠性分析和性能优化. 通过连续型卷积公式, 我们能够简化复杂系统的概率计算, 建立从局部特性到全局分布的桥梁.

例 5 设 X 和 Y 相互独立, 均服从标准正态分布, 试求 $Z=X+Y$ 的概率密度函数.

解 题设随机变量 X 和 Y 相互独立, 且均服从标准正态分布, 即

$$X\sim N(0,1),\ \ Y\sim N(0,1),$$

于是, 根据求随机变量和的连续型卷积公式, 得

$$\begin{aligned} f_Z(z)&=\int_{-\infty}^{+\infty}f_X(x)f_Y(z-x)\mathrm{d}x\\ &=\frac{1}{2\pi}\int_{-\infty}^{+\infty}\mathrm{e}^{-\frac{x^2}{2}}\cdot\mathrm{e}^{-\frac{(z-x)^2}{2}}\mathrm{d}x=\frac{1}{2\pi}\mathrm{e}^{-\frac{z^2}{4}}\int_{-\infty}^{+\infty}\mathrm{e}^{-\left(x-\frac{z}{2}\right)^2}\mathrm{d}x,\end{aligned}$$

令 $t=x-\dfrac{z}{2}$, 利用泊松积分, 计算得

$$f_Z(z)=\frac{1}{2\pi}\mathrm{e}^{-\frac{z^2}{4}}\int_{-\infty}^{+\infty}\mathrm{e}^{-t^2}\mathrm{d}t=\frac{1}{2\pi}\mathrm{e}^{-\frac{z^2}{4}}\sqrt{\pi}=\frac{1}{2\sqrt{\pi}}\mathrm{e}^{-\frac{z^2}{4}},$$

由此可见, 随机变量和 $Z=X+Y$ 也服从正态分布, 即 $Z\sim N(0,2)$.

例 6 在人工智能的机器学习模型中, 假设模型的输出信号 Z 是两个独立随机变量 X 与 Y 之和, 其中 X 与 Y 分别表示模型中两个模块的输出. 已知 X 服从均匀分布 $U(0,1)$, 而 Y 服从参数 $\lambda=1$ 的指数分布 $e(\lambda)$.

(1) 求 $Z=X+Y$ 的概率密度函数;

(2) 计算 $P\{0.5\leqslant Z\leqslant 1.5\}$.

解 (1) 依题设, $Z=X+Y$, X 和 Y 是独立的随机变量. $X\sim U(0,1)$, 即 X 服从均匀分布, 概率密度函数为

$$f_X(x)=\begin{cases}1, & 0\leqslant x\leqslant 1\\ 0, & 其他\end{cases},$$

$Y\sim e(1)$, 即 Y 的概率密度函数为

$$f_Y(y)=\begin{cases}\mathrm{e}^{-y}, & y\geqslant 0\\ 0, & y<0\end{cases},$$

由于 X 和 Y 相互独立, 我们可以通过卷积来求 Z 的概率密度函数, 即

$$f_Z(z)=\int_{-\infty}^{+\infty}f_X(x)f_Y(z-x)\mathrm{d}x,$$

其中 $f_X(x)$ 和 $f_Y(y)$ 分别是随机变量 X 与 Y 的概率密度函数. 注意到 $f_X(x)=1$ 的取值区间为 $[0,1]$, 而 $f_Y(y)=0$, $y<0$, 所以积分的上下限可以限制为 $0\leqslant x\leqslant 1$ 且 $z-1\leqslant x\leqslant z$ (确保 $y=z-x\geqslant 0$).

对于 $z\in[0,1)$:

$$f_Z(z)=\int_0^z \mathrm{e}^{-(z-x)}\mathrm{d}x=\mathrm{e}^{-z}\int_0^z \mathrm{e}^x\mathrm{d}x=\mathrm{e}^{-z}\mathrm{e}^x\big|_0^z=1-\mathrm{e}^{-z}.$$

对于 $z\in[1,+\infty)$:

$$f_Z(z)=\int_0^1 \mathrm{e}^{-(z-x)}\mathrm{d}x=\mathrm{e}^{-z}\int_0^1 \mathrm{e}^x\mathrm{d}x=\mathrm{e}^{-z}\mathrm{e}^x\Big|_0^1=(\mathrm{e}-1)\mathrm{e}^{-z};$$

所以, Z的概率密度函数为

$$f_Z(z)=\int_{\max(0,z-1)}^{\min(1,z)}\mathrm{e}^{-(z-x)}\mathrm{d}x=\begin{cases}1-\mathrm{e}^{-z}, & 0\leqslant z<1\\(\mathrm{e}-1)\mathrm{e}^{-z}, & z\geqslant 1\end{cases}.$$

(2) 对 $f_Z(z)$在区间 $[0.5,1.5]$上积分, 得

$$P\{0.5\leqslant Z\leqslant 1.5\}=\int_{0.5}^1(1-\mathrm{e}^{-z})\mathrm{d}z+\int_1^{1.5}(\mathrm{e}-1)\mathrm{e}^{-z}\mathrm{d}z,$$

其中,

$$\int_{0.5}^1(1-\mathrm{e}^{-z})\mathrm{d}z=(z+\mathrm{e}^{-z})\Big|_{0.5}^1=\left(1+\frac{1}{\mathrm{e}}\right)-\left(0.5+\frac{1}{\sqrt{\mathrm{e}}}\right)\approx 0.261\,35,$$

$$\int_1^{1.5}(\mathrm{e}-1)\mathrm{e}^{-z}\mathrm{d}z=-(\mathrm{e}-1)\mathrm{e}^{-z}\Big|_1^{1.5}\approx 0.248\,72.$$

综上可得

$$P\{0.5\leqslant Z\leqslant 1.5\}\approx 0.261\,35+0.248\,72=0.510\,1.$$

本例通过使用卷积公式计算了两个独立随机变量之和的概率密度函数, 展示了如何利用连续型随机变量的卷积计算联合分布的有关结果. 在人工智能领域, 这种卷积操作经常用于结合多个不同来源的数据以生成新的变量. 在本例中, 利用卷积公式计算了模型输出的概率密度函数, 并进一步计算了在特定范围内的概率. 这一过程有助于读者理解连续型卷积公式的应用, 并掌握如何求解由多个独立随机变量组成的模型的概率分布. 在机器学习和深度学习中, 类似的技巧被用来分析多个变量对模型输出的影响.

类似地, 利用连续型卷积公式可证得下述定理.

定理 1 设 X, Y 相互独立, 且 $X\sim N(\mu_1,\sigma_1^2)$, $Y\sim N(\mu_2,\sigma_2^2)$, 则随机变量和 $Z=X+Y$ 仍然服从正态分布, 且 $Z\sim N(\mu_1+\mu_2,\sigma_1^2+\sigma_2^2)$.

例 7 设某种商品一周的需求量是一个随机变量, 其概率密度函数为

$$f(x)=\begin{cases}x\mathrm{e}^{-x}, & x>0\\0, & \text{其他}\end{cases},$$

若各周的需求量相互独立, 求两周的需求量的概率密度函数.

解 分别用 X 和 Y 表示第一、二周的需求量, 则由题设, 随机变量 X 和 Y 的概率密度函数分别为

$$f_X(x)=\begin{cases}x\mathrm{e}^{-x}, & x>0\\0, & \text{其他}\end{cases},\quad f_Y(y)=\begin{cases}y\mathrm{e}^{-y}, & y>0\\0, & \text{其他}\end{cases},$$

从而两周的需求量即为随机变量和 $Z=X+Y$, 题设 X 和 Y 相互独立, 故利用连续型卷积公式

$$f_Z(z)=\int_{-\infty}^{+\infty}f_X(x)f_Y(z-x)\mathrm{d}x$$

来确定随机变量和$Z=X+Y$的概率密度.

(1) 当$z\leqslant 0$时, 有

① 若$x>0$, 则$z-x<0$, $f_Y(z-x)=0$;

② 若$x\leqslant 0$, 则 $f_X(x)=0$, 从而 $f_Z(z)=0$.

(2) 当$z>0$时, 有

① 若$x\leqslant 0$, 则 $f_X(x)=0$;

② 若$z-x\leqslant 0$, 即$z\leqslant x$, 则 $f_Y(z-x)=0$;

③ 当$0<x<z$时, 利用定积分的分部积分公式, 得

$$f_Z(z)=\int_{-\infty}^{+\infty}f_X(x)f_Y(z-x)\mathrm{d}x=\int_0^z x\mathrm{e}^{-x}(z-x)\mathrm{e}^{-(z-x)}\mathrm{d}x=\frac{z^3}{6}\mathrm{e}^{-z}.$$

于是, 所求的两周的需求量的概率密度函数为

$$f_Z(z)=\begin{cases}\dfrac{z^3}{6}\mathrm{e}^{-z}, & z>0\\ 0, & \text{其他}\end{cases}.$$

2. $M=\max\{X, Y\}$ 及$N=\min\{X, Y\}$ 的分布

最大值分布与最小值分布用于描述一组随机变量中最大值和最小值的概率分布. 这些分布在极值理论中占据核心地位, 具有重要的理论意义和广泛的实际应用. 它反映了随机变量集合在极端情况下的行为特性. 最大值分布用于分析极端高值事件, 如洪水的最高水位、金融市场中单日最大跌幅等; 而最小值分布用于分析极端低值事件, 如设备的最短寿命或气温的最低点等. 它们可以帮助理解和量化系统在极端条件下的风险或性能.

设随机变量X, Y 相互独立, 其分布函数分别为$F_X(x)$和$F_Y(y)$, 由于$M=\max\{X, Y\}$不大于z等价于X和Y都不大于z, 故其分布函数

$$\begin{aligned}F_M(z)&=P\{M\leqslant z\}=P\{X\leqslant z, Y\leqslant z\}\\&=P\{X\leqslant z\}P\{Y\leqslant z\}=F_X(z)F_Y(z).\end{aligned}\tag{3.7}$$

类似地, 可得$N=\min\{X, Y\}$的分布函数

$$\begin{aligned}F_N(z)&=P\{N\leqslant z\}=1-P\{N>z\}=1-P\{X>z, Y>z\}\\&=1-P\{X>z\}P\{Y>z\}=1-[1-F_X(z)][1-F_Y(z)].\end{aligned}\tag{3.8}$$

上述结果可推广到n维情形: 设$X_1, X_2, \cdots, X_n$ 是n个相互独立的随机变量, 其分布函数分别为$F_{X_i}(x)$ $(i=1, 2, \cdots, n)$, 则其最大值$M=\max\{X_1, X_2, \cdots, X_n\}$的分布函数为

$$F_M(z)=F_{X_1}(z)F_{X_2}(z)\cdots F_{X_n}(z);\tag{3.9}$$

其最小值 $N=\min\{X_1, X_2, \cdots, X_n\}$的分布函数为

$$F_N(z)=1-[1-F_{X_1}(z)][1-F_{X_2}(z)]\cdots[1-F_{X_n}(z)].\tag{3.10}$$

例 8　设系统 L 由两个相互独立的子系统 L_1, L_2 连接而成, 连接的方式分别为串联、并联、备用 (当系统 L_1 损坏时, 系统 L_2 开始工作), 如图 3－3－3 所示.

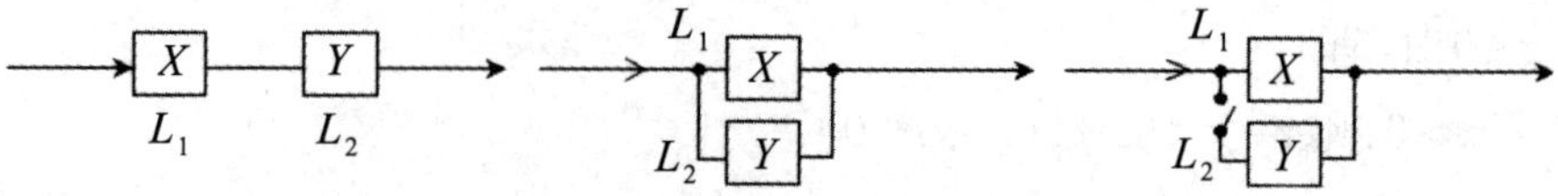

图 3－3－3

设 L_1, L_2 的寿命分别为 X, Y, 已知它们的概率密度分别为

$$f_X(x)=\begin{cases}\alpha \mathrm{e}^{-\alpha x}, & x>0\\ 0, & x\leqslant 0\end{cases},\quad f_Y(y)=\begin{cases}\beta \mathrm{e}^{-\beta y}, & y>0\\ 0, & y\leqslant 0\end{cases},$$

其中 $\alpha>0$, $\beta>0$ 且 $\alpha\neq\beta$, 试分别就以上三种连接方式写出 L 的寿命 Z 的概率密度.

解　依题设, 随机变量 X, Y 相互独立, 分别讨论之.

(1) 串联的情况. 当 L_1, L_2 中有一个损坏时, 系统 L 就停止工作, 所以, 这种情况下系统 L 的寿命为 $Z=\min\{X, Y\}$.

依题设, 随机变量 X, Y 分别服从参数为 α, β 的指数分布, 故其分布函数分别为

$$F_X(x)=\begin{cases}1-\mathrm{e}^{-\alpha x}, & x>0\\ 0, & x\leqslant 0\end{cases},\quad F_Y(y)=\begin{cases}1-\mathrm{e}^{-\beta y}, & y>0\\ 0, & y\leqslant 0\end{cases},$$

于是, 最小值分布 $Z=\min\{X, Y\}$ 的分布函数为

$$F_{\min}(z)=1-[1-F_X(z)][1-F_Y(z)]=\begin{cases}1-\mathrm{e}^{-(\alpha+\beta)z}, & z>0\\ 0, & z\leqslant 0\end{cases}.$$

$Z=\min\{X, Y\}$ 的概率密度为

$$f_{\min}(z)=\begin{cases}(\alpha+\beta)\mathrm{e}^{-(\alpha+\beta)z}, & z>0\\ 0, & z\leqslant 0\end{cases}.$$

(2) 并联的情况. 当且仅当 L_1, L_2 都损坏时, 系统 L 才停止工作, 所以, 这种情况下 L 的寿命为 $Z=\max\{X, Y\}$. 同 (1) 可得最大值分布 Z 的分布函数为

$$F_{\max}(z)=F_X(z)F_Y(z)=\begin{cases}(1-\mathrm{e}^{-\alpha z})(1-\mathrm{e}^{-\beta z}), & z>0\\ 0, & z\leqslant 0\end{cases}.$$

$Z=\max\{X, Y\}$ 的概率密度为

$$f_{\max}(z)=\begin{cases}\alpha\mathrm{e}^{-\alpha z}+\beta\mathrm{e}^{-\beta z}-(\alpha+\beta)\mathrm{e}^{-(\alpha+\beta)z}, & z>0\\ 0, & z\leqslant 0\end{cases}.$$

(3) 备用的情况. 由于当系统 L_1 损坏时系统 L_2 才开始工作, 因此整个系统 L 的寿命 Z 是 L_1, L_2 两者寿命之和, 即 $Z=X+Y$, 于是, 可利用连续型卷积公式来确定 Z 的概率密度.

易见, 当 $z\leqslant 0$ 时, 有 $f_Z(z)=0$; 当 $z>0$ 时, 有

$$f_Z(z)=\int_{-\infty}^{+\infty} f_X(z-y)f_Y(y)\mathrm{d}y$$

$$=\int_0^z \alpha e^{-\alpha(z-y)}\beta e^{-\beta y}dy=\alpha\beta e^{-\alpha z}\int_0^z e^{-(\beta-\alpha)y}dy=\frac{\alpha\beta}{\beta-\alpha}(e^{-\alpha z}-e^{-\beta z}).$$

故所求随机变量和 $Z=X+Y$ 的概率密度为

$$f_Z(z)=\begin{cases}\dfrac{\alpha\beta}{\beta-\alpha}(e^{-\alpha z}-e^{-\beta z}), & z>0\\ 0, & z\leqslant 0\end{cases}.$$

习题 3-3

1. 设随机变量 X 和 Y 相互独立, 且都等可能地取 1, 2, 3 为值, 求随机变量

$$U=\max\{X,Y\} \text{ 和 } V=\min\{X,Y\}$$

的联合分布.

2. 设 (X,Y) 的分布律为

X \ Y	-1	1	2
-1	1/10	1/5	3/10
2	1/5	1/10	1/10

试求: (1) $Z=X+Y$; (2) $Z=XY$; (3) $Z=X/Y$; (4) $Z=\max\{X,Y\}$ 的分布律.

3. 设 ξ 与 η 相互独立, 且 $P\{\xi=n\}=P\{\eta=n\}=\dfrac{1}{2^n}\ (n=1,2,\cdots)$, 求 $\xi+\eta$ 的分布律.

4. 设二维随机向量 (X,Y) 服从矩形区域 $D=\{(x,y)\mid 0\leqslant x\leqslant 2,\ 0\leqslant y\leqslant 1\}$ 上的均匀分布, 且

$$U=\begin{cases}0, & X\leqslant Y\\ 1, & X>Y\end{cases},\quad V=\begin{cases}0, & X\leqslant 2Y\\ 1, & X>2Y\end{cases},$$

求 U 与 V 的联合概率分布.

5. 设随机变量 X 与 Y 相互独立, 且均服从区间 $[0,3]$ 上的均匀分布, 求 $P\{\max\{X,Y\}\leqslant 1\}$.

6. 设 (X,Y) 的联合概率密度为 $f(x,y)=\dfrac{1}{2\pi}e^{-\frac{x^2+y^2}{2}}$, $Z=\sqrt{X^2+Y^2}$, 求 Z 的概率密度.

7. 设随机变量 (X,Y) 的概率密度为

$$f(x,y)=\begin{cases}\dfrac{1}{2}(x+y)e^{-(x+y)}, & x>0,y>0\\ 0, & \text{其他}\end{cases}.$$

(1) 问 X 和 Y 是否相互独立? (2) 求 $Z=X+Y$ 的概率密度.

8. 设二维随机变量 (X,Y) 的概率密度为

$$f(x,y)=\begin{cases}\dfrac{3}{4}(2x+y), & x>0,\ y>0,\ 2x+y<2\\ 0, & \text{其他}\end{cases},$$

求: (1) $P\{Y\leqslant 1\}$; (2) $Z=2X+Y$ 的概率密度.

9. 设二维随机变量 (ξ,η) 的联合概率密度为 $\varphi(x,y)=\dfrac{1}{2\pi}e^{-\frac{x^2+y^2}{2}}$, 求随机变量 $\zeta=\dfrac{\xi}{\eta}$ 的概率密度.

10. 设随机变量X, Y相互独立, 若X服从$(0, 1)$上的均匀分布, Y服从参数为1的指数分布, 求随机变量$Z=X+Y$的概率密度.

11. 设随机变量(X,Y)的概率密度为

$$f(x,y)=\begin{cases} b\mathrm{e}^{-(x+y)}, & 0<x<1, 0<y<+\infty \\ 0, & \text{其他} \end{cases}.$$

(1) 试确定常数b;　(2) 求边缘概率密度$f_X(x)$, $f_Y(y)$;　(3) 求函数$U=\max\{X, Y\}$的分布函数.

12. 设随机变量X, Y相互独立, 且服从同一分布, 试证明:

$$P\{a<\min\{X, Y\}\leqslant b\}=[P\{X>a\}]^2-[P\{X>b\}]^2.$$

13. 设随机变量X与Y相互独立, 且分别服从二项分布$B(n,p)$与$B(m,p)$, 求证: $X+Y\sim B(n+m, p)$.

14. 设随机变量X与Y相互独立, 且$P\{X=1\}=P\{Y=1\}=p>0$, $P\{X=0\}=P\{Y=0\}=1-p>0$. 定义随机变量

$$Z=\begin{cases} 1, & X+Y\text{为偶数} \\ 0, & X+Y\text{为奇数} \end{cases}.$$

问p为何值时, X与Z相互独立?

15. 设二维随机变量(X, Y)的概率密度函数为

$$f(x, y)=\begin{cases} \mathrm{e}^{-(x+y)}, & x>0, y>0 \\ 0, & \text{其他} \end{cases},$$

求$Z=|X-Y|$的概率分布.

16. 设二维随机变量(X, Y)在矩形$G=\{(x, y)|0\leqslant x\leqslant 2, 0\leqslant y\leqslant 1\}$上服从均匀分布, 试求边长为$X$和$Y$的矩形面积$S$的分布函数$F(s)$.

17. 已知一辆公交车将随机在下午1:00到1:20之间的某个时间到达车站. 一名男子决定在这个时间段随机前往车站乘车. 若错过公交车, 他会改乘地铁, 求该男子等待时间的分布函数.

18. 在某网络系统中, 假设数据包的传输时间由两个独立的随机变量X和Y组成, 其中X代表从源节点到交换节点的传输时间, Y代表从交换节点到目标节点的传输时间. 已知X和Y都是离散型随机变量, X可能取值2、3或4且各取值概率相等, Y可能取值3、4或5且各取值概率相等.

(1) 求$Z=X+Y$的概率分布;　(2) 计算$P\{Z=6\}$.

19. 在无线通信系统中, 假设接收信号的总强度S是两个独立随机变量A与B之和, 其中A表示信号的背景噪声强度, B表示信号的有效信号强度. 已知A服从均匀分布$U(0,2)$, 而B服从参数$\lambda=1$的指数分布$e(\lambda)$.

(1) 求接收信号强度$S=A+B$的概率密度函数;

(2) 计算$P\{1.0\leqslant S\leqslant 2.5\}$.

总习题三

1. 一个箱子中装有12只开关, 其中有2只是次品, 从箱子中取两次, 每次任取1只, 考虑两种试验:

(1) 有放回抽样;　(2) 不放回抽样.

我们定义随机变量X, Y如下:

$$X=\begin{cases}0, & 第一次取出的是正品\\1, & 第一次取出的是次品\end{cases},\quad Y=\begin{cases}0, & 第二次取出的是正品\\1, & 第二次取出的是次品\end{cases}.$$

试分别就(1)(2)两种情况,写出X和Y的联合分布律.

2. 假设随机变量Y服从参数为1的指数分布,随机变量

$$X_k=\begin{cases}0, & Y\leqslant k\\1, & Y>k\end{cases}\quad (k=1,2),$$

求(X_1,X_2)的联合分布律与边缘分布律.

3. 在元旦茶话会上,发给每人一袋水果,内装3个橘子、2个苹果、3个香蕉.今从袋中随机抽出4个,以X记橘子数,Y记苹果数,求(X,Y)的联合分布.

4. 设随机变量X与Y相互独立,下表列出了二维随机变量(X,Y)的联合分布律及关于X与Y的边缘分布律中的部分数值,试将其余数值填入表中的空白处.

$X \backslash Y$	y_1	y_2	y_3	$p_{i\cdot}$
x_1		1/6		
x_2	1/8			
$p_{\cdot j}$	1/6			1

5. 设随机变量(X,Y)的联合分布见下表:

$X \backslash Y$	-1	0
1	1/4	1/4
2	1/6	a

求: (1) a值;

(2) (X,Y)的联合分布函数$F(x,y)$;

(3) (X,Y)关于X, Y的边缘分布函数$F_X(x)$与$F_Y(y)$.

6. 设随机变量(X,Y)的联合概率密度为

$$f(x,y)=\begin{cases}c(R-\sqrt{x^2+y^2}), & x^2+y^2<R^2\\0, & x^2+y^2\geqslant R^2\end{cases},$$

求: (1) 常数c; (2) $P\{X^2+Y^2\leqslant r^2\}\ (r<R)$.

7. 设$f(x,y)=\begin{cases}1, & 0\leqslant x\leqslant 2,\ \max\{0,x-1\}\leqslant y\leqslant \min\{1,x\}\\0, & 其他\end{cases}$,求$f_X(x)$和$f_Y(y)$.

8. 若(X,Y)的分布律如下表所示,则α,β应满足的条件是________,若X与Y独立,则$\alpha=$________,$\beta=$________.

$X \backslash Y$	1	2
1	1/6	1/3
2	1/9	α
3	1/18	β

9. 设二维随机变量 (X, Y) 的概率密度函数为

$$f(x,y)=\begin{cases} c\mathrm{e}^{-(2x+y)}, & x>0,\ y>0 \\ 0, & \text{其他} \end{cases}.$$

(1) 确定常数 c；　(2) 求 X, Y 的边缘概率密度函数；　(3) 求联合分布函数 $F(x, y)$；

(4) 求 $P\{Y\leqslant X\}$；　(5) 求条件概率密度函数 $f_{X|Y}(x|y)$；　(6) 求 $P\{X<2|Y<1\}$.

10. 设随机变量 X 以概率 1 取值为 0，而 Y 是任意的随机变量，证明 X 与 Y 相互独立.

11. 设连续型随机变量 (X, Y) 的两个分量 X 和 Y 相互独立，且服从同一分布，试证 $P\{X\leqslant Y\}=1/2$.

12. 设二维随机变量 (X, Y) 的联合分布律为

X \ Y	y_1	y_2
x_1	a	1/9
x_2	1/9	b
x_3	c	1/3

若 X 与 Y 相互独立，求参数 a, b, c 的值.

13. 已知随机变量 X_1 和 X_2 的概率分布为

X_1	−1	0	1
p_i	1/4	1/2	1/4

X_2	0	1
p_i	1/2	1/2

且 $P\{X_1X_2=0\}=1$.

(1) 求 X_1 和 X_2 的联合分布律；(2) 判断 X_1 和 X_2 是否独立.

14. 设二维离散型随机变量 (X, Y) 的联合概率密度为

X \ Y	−2	−1	0	1
1	1/5	1/20	1/20	3/20
2	1/20	1/20	1/10	0
3	1/20	0	1/20	1/4

试求 $Z=X+Y$ 的分布律.

15. 设 (X, Y) 的联合密度函数为 $f(x,y)=\begin{cases} 1/(\pi R^2), & x^2+y^2\leqslant R^2 \\ 0, & \text{其他} \end{cases}$.

(1) 求 X 与 Y 的边缘概率密度；(2) 求条件概率密度，并判断 X 与 Y 是否独立.

16. 设随机变量 (X, Y) 的联合概率密度为 $f(x, y)=\dfrac{6}{\pi^2(4+x^2)(9+y^2)}$.

(1) 试求出关于 X 及关于 Y 的边缘概率密度；　(2) 试判断 X 与 Y 是否独立.

17. 设二维随机变量 (X, Y) 的概率密度为 $f(x, y)=\begin{cases} 1, & 0<x<2,\ 0<y<x/2 \\ 0, & \text{其他} \end{cases}$.

(1) 求 X, Y 的边缘密度 $f_X(x)$, $f_Y(y)$，并判断 X 与 Y 是否相互独立；　(2) 求 $P\{X+Y\leqslant 2\}$.

18. 设随机变量 (X, Y) 的分布函数为 $F(x, y)=A\left(2B+\arctan\dfrac{x}{2}\right)\left(3C+\arctan\dfrac{y}{3}\right)$，试求：

(1) 系数 A, B 及 C 的值;　(2) (X, Y) 的联合概率密度 $f(x, y)$.

19. 设随机变量 (ξ, η) 的联合概率密度为

$$\varphi(x, y)=\begin{cases}\dfrac{A}{(1+x+y)^4}, & x>0, y>0\\ 0, & \text{其他}\end{cases},$$

试确定常数 A 并求联合分布函数.

20. 设 (X, Y) 的概率密度为 $f(x, y)=\begin{cases}1, & 0<x<1, 0<y<2(1-x)\\ 0, & \text{其他}\end{cases}$, 求 $Z=X+Y$ 的概率密度.

21. 设二维随机变量 (X, Y) 的概率密度为 $f(x, y)=\begin{cases}2\mathrm{e}^{-(x+2y)}, & x>0, y>0\\ 0, & \text{其他}\end{cases}$, 求随机变量 $Z=X+2Y$ 的分布函数.

22. 设随机变量 X 与 Y 相互独立, 且都在区间 $(0, a)\ (a>0)$ 上服从均匀分布, 试求随机变量 $Z=X/Y$ 的概率密度.

23. 设随机变量 X, Y 相互独立, 若 X 服从 $(0, 2)$ 上的均匀分布, Y 服从参数为 2 的指数分布, 求随机变量 $Z=X+Y$ 的概率密度.

24. 设随机变量 X 与 Y 相互独立, 其概率密度函数分别为

$$f_X(x)=\begin{cases}1, & 0\leqslant x\leqslant 1\\ 0, & \text{其他}\end{cases},\quad f_Y(y)=\begin{cases}A\mathrm{e}^{-y}, & y>0\\ 0, & y\leqslant 0\end{cases},$$

求: (1) 常数 A;　(2) 随机变量 $Z=2X+Y$ 的概率密度函数.

25. 设随机变量 X, Y 相互独立, 若 X 与 Y 分别服从区间 $(0, 1)$ 与 $(0, 2)$ 上的均匀分布, 求

$$U=\max\{X, Y\} \text{ 与 } V=\min\{X, Y\}$$

的概率密度.

26. 一仪器由两个部件组成, 分别以 X, Y 表示这两个部件的寿命 (小时). 已知 (X, Y) 的分布函数为

$$F(x, y)=\begin{cases}1-\mathrm{e}^{-0.01x}-\mathrm{e}^{-0.01y}+\mathrm{e}^{-0.01(x+y)}, & x>0, y>0\\ 0, & \text{其他}\end{cases},$$

求: (1) 边缘分布函数 $F_X(x)$, $F_Y(y)$; (2) 概率 $P\{1<X\leqslant 2, 1<Y\leqslant 2\}$; (3) 概率密度函数 $f(x, y)$.

27. 设随机变量 ξ 与 η 相互独立, 且 ξ 在区间 $[0,6]$ 上服从均匀分布, η 在区间 $[0,9]$ 上服从均匀分布, 求方程 $t^2-\xi t+\eta=0$ 有两个不等实根的概率.

28. 甲、乙两人每天都会在上午 7:00 至上午 8:00 之间到同一家餐厅吃早餐. 假设甲在餐厅中停留的时间为 15 分钟, 乙在餐厅中停留的时间为 20 分钟. 如果每个人到达的时间在一小时内呈均匀分布, 那么甲、乙两人在餐厅偶遇的概率是多少?

29. 两个元件并联成一个系统, 两个元件的寿命分别为 ξ, η (小时), ξ, η 独立同分布, 其分布函数均为

$$F(x)=\begin{cases}1-\mathrm{e}^{-\frac{x}{1\,000}}, & x\geqslant 0\\ 0, & x<0\end{cases},$$

求系统的寿命小于 1 000 小时的概率.

30. 一名投资者同时购买了股票和债券. 记 X (万元) 为一年末的股票价值, Y (万元) 为一年末的债券价值. 假设 X 和 Y 是独立的. 设 X 在区间 $[5,12]$ 上均匀分布, Y 在区间 $[9,11]$ 上均匀分布. 求该投资组合一年末的总价值的分布函数.

第 4 章　随机变量的数字特征

随机变量的数字特征是用数学方法刻画随机变量分布特性的重要指标, 包括数学期望、方差与标准差等. 它们在概率论和统计学中有重要意义, 广泛应用于数据分析、风险评估和工程决策等领域. 期望是随机变量的加权平均值, 反映随机变量取值的集中趋势. 期望用于描述随机现象的“平均”行为, 是决策和预测的重要依据. 方差衡量随机变量取值的分散程度, 标准差是方差的平方根, 具有与原变量相同的量纲. 它们反映了随机变量围绕期望值的波动性, 在风险管理、质量控制等领域具有重要应用. 这些数字特征不仅有助于全面理解随机变量的分布特性, 还为实际问题提供了量化分析工具.

前面我们讨论了随机变量的分布函数, 从中知道随机变量的分布函数能完整地描述随机变量的统计规律性. 但在许多实际问题中, 人们并不需要全面考察随机变量的变化情况, 而只需知道它的某些数字特征即可.

例如, 在评价某地区粮食产量的水平时, 通常只需知道该地区粮食的平均产量.

又如, 在评价一批棉花的质量时, 既要注意纤维的平均长度, 又要注意纤维长度与平均长度之间的偏离程度, 若平均长度较大, 偏离程度较小, 则质量就较好, 等等.

实际上, 描述随机变量的均值和偏离程度的某些数字特征在理论上和实践中都具有重要的意义, 它们能更直接、更简洁、更清晰和更实用地反映出随机变量的本质.

本章重点讨论随机变量的数学期望、方差及其相关性等数字特征.

§4.1　数学期望

数学期望 (又称为期望值或均值) 是衡量随机变量平均水平的关键指标. 它通过对随机变量取值的可能性分配进行加权求和或积分, 来反映随机现象在大量重复试验或长时间演化下所呈现的稳定倾向. 无论是离散型还是连续型随机变量, 其数学期望都能在描述中心趋势、评估风险以及做出决策方面发挥重要作用. 对于离散型随机变量, 期望的计算基于对各取值与其发生概率的乘积求和; 对于连续型随机变量, 期望的计算则可使用积分将概率密度函数与取值相乘, 累计覆盖整个取值空间. 通过引入数学期望的概念, 人们不仅能定量分析各种随机过程的长程行为, 还能借由该指标推导一系列重要定理与应用, 如大数定律、中心极限定理等. 在经济学与金融领域, 数学期望经常用来评估投资方案的潜在收益或风险; 在工程和物理领域, 数学期望则为信号处理与系统设计提供基础性指导. 在最优化决策中, 常采用数学期望作为目标函数, 以实现资源合理配置或提高效率. 与此同时, 数学期望亦能与方差、协方差等指标结合使用, 帮助人们更好地理解随机变量的分布特性与相互关系.

一、离散型随机变量的数学期望

均值是日常生活中最常用的一个数字特征, 它对评判事物、做出决策等具有重要作用. 例如, 某商场计划于5月1日在商场外搞一次促销活动, 统计资料表明, 如果在商场内搞促销活动, 可获得经济效益3万元; 如果在商场外搞促销活动, 不遇到雨天可获得经济效益12万元, 遇到雨天则会带来经济损失5万元. 若前一天的天气预报称当日有雨的概率为40%, 则商场应如何选择促销方式?

易知商场该日在商场外搞促销活动预期获得的经济效益 X 是一个随机变量, 其概率分布为

$$P\{X=x_1\}=P\{X=12\}=0.6=p_1,$$
$$P\{X=x_2\}=P\{X=-5\}=0.4=p_2.$$

要做出决策就要将此时的平均效益与3万元进行比较, 如何求平均效益呢? 要客观地反映平均效益, 既要考虑 X 的所有取值, 又要考虑 X 取每个值时的概率, 即为

$$\sum_{i=1}^{2} x_i p_i = 12\times 0.6+(-5)\times 0.4=5.2\ (\text{万元}).$$

这个平均效益就称为随机变量 X 的数学期望. 一般地, 可给出如下定义:

定义 1 设离散型随机变量 X 的概率分布为

$$P\{X=x_i\}=p_i,\ i=1,2,\cdots,$$

若级数 $\sum_{i=1}^{\infty} x_i p_i$ 绝对收敛, 则定义 X 的**数学期望** (又称**均值**) 为

$$E(X)=\sum_{i=1}^{\infty} x_i p_i. \tag{1.1}$$

数学期望的记号 $E(X)$ 有时也简写为 EX. 同样, 对于连续型随机变量也是这样规定的.

例 1 甲、乙两人打靶, 所得分数分别记为 X_1, X_2, 它们的分布律分别为

X_1	0	1	2
p_k	0	0.2	0.8

X_2	0	1	2
p_k	0.6	0.3	0.1

试评定他们的成绩孰优孰劣.

解 依题设, 由离散型随机变量的数学期望的定义, 先计算 X_1 的数学期望, 得

$$E(X_1)=0\times 0+1\times 0.2+2\times 0.8=1.8\ (\text{分}).$$

这意味着, 如果甲进行多次射击, 那么所得分数的算术平均就接近1.8, 而乙所得分数的数学期望为

$$E(X_2)=0\times 0.6+1\times 0.3+2\times 0.1=0.5\ (\text{分}).$$

很明显, 乙的成绩远不如甲.

例 2 某种产品每件表面上的疵点数服从参数 $\lambda=0.8$ 的泊松分布, 若规定疵点数不超

过 1 个为一等品, 价值 10 元; 疵点数大于 1 个且不多于 4 个为二等品, 价值 8 元; 疵点数超过 4 个为废品, 求:

(1) 每件产品的废品率;　(2) 每件产品的平均价值.

解　设随机变量 X 代表每件产品上的疵点数, 则由题设条件知, X 服从参数 $\lambda = 0.8$ 的泊松分布, 即 $X \sim P(0.8)$, 故

$$P\{X=k\} = \mathrm{e}^{-0.8}\frac{0.8^k}{k!},\ k=0,1,2,\cdots.$$

(1) 查泊松分布表, 得

$$P\{X>4\} = 1 - P\{X \leqslant 4\} = 1 - \sum_{k=0}^{4}\frac{0.8^k}{k!}\mathrm{e}^{-0.8} = 0.001\,411,$$

所以, 每件产品的废品率为 0.001 411 .

泊松分布查表

(2) 设 Y 代表每件产品的价值, 依题意得 Y 的概率分布为

Y	10	8	0
p_i	$P\{X \leqslant 1\}$	$P\{1 < X \leqslant 4\}$	$P\{X > 4\}$

故由离散型随机变量的数学期望, 查泊松分布表, 可得每件产品的平均价值为

$$\begin{aligned} E(Y) &= 10 \times P\{X \leqslant 1\} + 8 \times P\{1 < X \leqslant 4\} + 0 \times P\{X > 4\} \\ &= 10 \times \sum_{k=0}^{1}\frac{0.8^k}{k!}\mathrm{e}^{-0.8} + 8 \times \sum_{k=2}^{4}\frac{0.8^k}{k!}\mathrm{e}^{-0.8} + 0 \\ &\approx 9.61\ (\text{元}). \end{aligned}$$

二、连续型随机变量的数学期望

连续型随机变量的数学期望是度量其平均取值或中心趋势的重要指标. 对于定义在实数域的连续型随机变量 X, 其分布由概率密度函数 $f(x)$ 描述, 可通过将所有可能的取值乘以相应的概率并在整个实数范围上积分来计算期望值, 即

$$E(X) = \int_{-\infty}^{+\infty} x f(x)\mathrm{d}x,$$

从而反映随机现象在重复试验或长期观察下的"平均表现". 与离散型随机变量相比, 连续型随机变量的数学期望计算更依赖积分技术, 需要考虑可积条件、函数单调性及与密度函数乘积的收敛性等. 在实际应用中, 数学期望有助于评估长期收益或损失, 如投资项目的平均回报、工业生产中的平均缺陷率等; 同时也能与方差、协方差等指标结合, 刻画随机过程的不确定性及变量间的相关特征.

设 X 是连续型随机变量, 其密度函数为 $f(x)$, 在数轴上取很密的一组分点:

$$\cdots < x_0 < x_1 < x_2 < \cdots < x_i < x_{i+1} < \cdots,$$

则随机变量X落在小区间$[x_i, x_{i+1})$上的概率(见图4−1−1)为

$$P\{x_i \leqslant X < x_{i+1}\} = \int_{x_i}^{x_{i+1}} f(x)\mathrm{d}x \approx f(x_i)\Delta x_i .$$

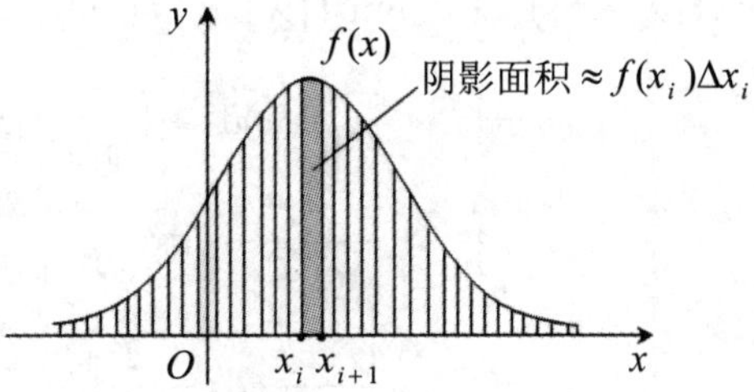

图4−1−1

此时,随机变量X的概率分布

X_i	$\cdots$	x_0	x_1	$\cdots$	x_n	$\cdots$
p_i	$\cdots$	$f(x_0)\Delta x_0$	$f(x_1)\Delta x_1$	$\cdots$	$f(x_n)\Delta x_n$	$\cdots$

可视为X的离散近似,服从上述分布的离散型随机变量的数学期望$\sum\limits_i x_i f(x_i)\Delta x_i$也可近似表示为积分$\int_{-\infty}^{+\infty} x f(x)\mathrm{d}x$.

定义2 设X是连续型随机变量,其概率密度函数为$f(x)$. 若$\int_{-\infty}^{+\infty} x f(x)\mathrm{d}x$绝对收敛,则定义随机变量$X$的**数学期望**为

$$E(X) = \int_{-\infty}^{+\infty} x f(x)\mathrm{d}x . \tag{1.2}$$

例3 已知随机变量X的分布函数为

$$F(x) = \begin{cases} 0, & x \leqslant 0 \\ x/4, & 0 < x \leqslant 4 , \\ 1, & x > 4 \end{cases}$$

求X的数学期望$E(X)$.

解 依题设,随机变量X的概率密度函数为

$$f(x) = F'(x) = \begin{cases} 1/4, & 0 < x \leqslant 4 \\ 0, & \text{其他} \end{cases},$$

所以,根据连续型随机变量的数学期望,计算得

$$E(X) = \int_{-\infty}^{+\infty} x f(x)\mathrm{d}x = \int_0^4 x \cdot \frac{1}{4}\mathrm{d}x = \frac{1}{8}x^2 \Big|_0^4 = 2 .$$

例4 设随机变量X的概率密度为

$$f(x) = \frac{1}{\pi(1+x^2)},\ x \in (-\infty, +\infty),$$

求$E(\min\{|X|,1\})$.

解　根据连续型随机变量函数的数学期望、无穷限广义积分与定积分的性质, 计算得

$$\begin{aligned}E(\min\{|X|,1\})&=\int_{-\infty}^{+\infty}\min\{|X|,1\}f(x)\mathrm{d}x\\&=\int_{|x|<1}|x|f(x)\mathrm{d}x+\int_{|x|\geqslant 1}f(x)\mathrm{d}x\\&=\int_{|x|<1}\frac{|x|}{\pi(1+x^2)}\mathrm{d}x+\int_{|x|\geqslant 1}\frac{1}{\pi(1+x^2)}\mathrm{d}x\\&=\frac{2}{\pi}\int_0^1\frac{x}{1+x^2}\mathrm{d}x+\frac{2}{\pi}\int_1^{+\infty}\frac{1}{1+x^2}\mathrm{d}x\\&=\frac{1}{\pi}\ln(1+x^2)\Big|_0^1+\frac{2}{\pi}\arctan x\Big|_1^{+\infty}=\frac{1}{\pi}\ln 2+\frac{1}{2}.\end{aligned}$$

例 5　某商店对某种家用电器的销售采用先使用后付款的方式, 记使用寿命为X(以年计), 并规定:

$X\leqslant 1$,　一台收费 1 500 元;　　$1<X\leqslant 2$, 一台收费 2 000 元;

$2<X\leqslant 3$, 一台收费 2 500 元;　　$X>3$,　一台收费 3 000 元.

设寿命X服从指数分布, 其概率密度为

$$f(x)=\begin{cases}\dfrac{1}{10}\mathrm{e}^{-x/10}, & x>0\\ 0, & x\leqslant 0\end{cases},$$

试求该类家用电器一台收费Y的数学期望.

解　依题设, 随机变量X服从参数为$\lambda=1/10$的指数分布, 先求出寿命X落在各个时间区间的概率, 可分别计算如下:

$$P\{X\leqslant 1\}=\int_0^1\frac{1}{10}\mathrm{e}^{-x/10}\mathrm{d}x=1-\mathrm{e}^{-0.1}\approx 0.095\,2,$$

$$P\{1<X\leqslant 2\}=\int_1^2\frac{1}{10}\mathrm{e}^{-x/10}\mathrm{d}x=\mathrm{e}^{-0.1}-\mathrm{e}^{-0.2}\approx 0.086\,1,$$

$$P\{2<X\leqslant 3\}=\int_2^3\frac{1}{10}\mathrm{e}^{-x/10}\mathrm{d}x=\mathrm{e}^{-0.2}-\mathrm{e}^{-0.3}\approx 0.077\,9,$$

$$P\{X>3\}=\int_3^{+\infty}\frac{1}{10}\mathrm{e}^{-x/10}\mathrm{d}x=\mathrm{e}^{-0.3}\approx 0.740\,8.$$

因此, 随机变量Y的分布律为

Y	1 500	2 000	2 500	3 000
p_i	0.095 2	0.086 1	0.077 9	0.740 8

根据Y的分布律, 算得数学期望$E(Y)=2\,732.15$, 即平均一台收费 2 732.15 元.

三、随机变量函数的数学期望

随机变量函数的数学期望用于描述当我们对随机变量施加某个函数变换后，其平均取值或中心趋势将如何表现. 在许多实际场景中，如金融领域估算投资回报的期望效用函数，或在信号处理中评估非线性滤波后的输出值，人们都需要先行计算随机变量函数的数学期望，以做出更加明智的决策或对系统进行优化. 通过熟练掌握随机变量函数的数学期望的概念与计算方法，我们能更深入地理解不确定性背后的规律，并在更广泛的多元、非线性情境中进行分析与推断，从而为复杂系统建模与风险管理奠定坚实的理论基础.

设 X 是一个随机变量，$g(x)$ 为实函数，则 $Y=g(X)$ 也是随机变量. 理论上，虽然可通过 X 的分布求出 $g(X)$ 的分布，再按定义求出 $g(X)$ 的数学期望 $E[g(X)]$，但这种求法比较复杂.

下面不加证明地引入有关计算随机变量函数的数学期望的定理.

定理 1 设 X 是一个随机变量，随机变量函数 $Y=g(X)$，且 $E(Y)$ 存在，于是:

(1) 若 X 为离散型随机变量，其概率分布为

$$P\{X=x_i\}=p_i,\ i=1,2,\cdots,$$

则随机变量函数 Y 的数学期望为

$$E(Y)=E[g(X)]=\sum_{i=1}^{\infty}g(x_i)p_i. \tag{1.3}$$

(2) 若 X 为连续型随机变量，其概率密度为 $f(x)$，则随机变量函数 Y 的数学期望为

$$E(Y)=E[g(X)]=\int_{-\infty}^{+\infty}g(x)f(x)\mathrm{d}x. \tag{1.4}$$

注: 定理的重要性在于，求 $E[g(X)]$ 时，不必知道 $g(X)$ 的分布，只需知道 X 的分布即可. 这给求随机变量函数的数学期望带来了很大方便.

上述定理可推广到二维以上的情形，即有下述定理.

定理 2 设 (X,Y) 是二维随机变量，随机变量函数 $Z=g(X,Y)$，且 $E(Z)$ 存在，于是:

(1) 若 (X,Y) 为离散型随机变量，其概率分布为

$$P\{X=x_i,Y=y_j\}=p_{ij}\ (i,j=1,2,\cdots),$$

则 Z 的数学期望为

$$E(Z)=E[g(X,Y)]=\sum_{j=1}^{\infty}\sum_{i=1}^{\infty}g(x_i,y_j)p_{ij}. \tag{1.5}$$

(2) 若 (X,Y) 为连续型随机变量，其概率密度为 $f(x,y)$，则 Z 的数学期望为

$$E(Z)=E[g(X,Y)]=\int_{-\infty}^{+\infty}\int_{-\infty}^{+\infty}g(x,y)f(x,y)\mathrm{d}x\mathrm{d}y. \tag{1.6}$$

例 6 设二维离散型随机变量 (X,Y) 的联合分布律为

X \ Y	0	1	2	3
1	0	3/8	3/8	0
3	1/8	0	0	1/8

试求$E(X)$, $E(Y)$, $E(XY)$.

解 由题设随机变量(X, Y)的联合分布律, 可求出(X, Y)关于X和Y的边缘概率分布.

X	1	3
p_i	3/4	1/4

Y	0	1	2	3
p_i	1/8	3/8	3/8	1/8

于是, 根据离散型随机变量的数学期望的定义, 计算得

$$E(X)=1\times\frac{3}{4}+3\times\frac{1}{4}=\frac{3}{2},$$

$$E(Y)=0\times\frac{1}{8}+1\times\frac{3}{8}+2\times\frac{3}{8}+3\times\frac{1}{8}=\frac{3}{2}.$$

最后, 根据离散型随机变量函数的数学期望的定义, 计算得

$$\begin{aligned}E(XY)&=\sum_{j=1}^{\infty}\sum_{i=1}^{\infty}x_i y_i p_{ij}\\&=(1\times0)\times0+(1\times1)\times\frac{3}{8}+(1\times2)\times\frac{3}{8}+(1\times3)\times0\\&\quad+(3\times0)\times\frac{1}{8}+(3\times1)\times0+(3\times2)\times0+(3\times3)\times\frac{1}{8}\\&=\frac{9}{4}.\end{aligned}$$

例 7 在高性能计算 (HPC) 环境中, 某些大型作业的内存占用量往往会随机波动. 令随机变量X表示某一作业在集群节点上的最大内存占用 (单位: GB), 假设X服从参数为λ的指数分布, 即$X\sim e(\lambda)$. 若某系统组件在监测到内存占用超过一定的阈值时, 需要执行相应的内存管理操作 (如缓存清理或内存压缩), 则可将该组件的开销函数表示为

$$T(X)=c\sqrt{X+1},$$

其中c为常数 (与系统具体配置或实现方式相关).

(1) 求该内存管理操作的平均开销$E[T(X)]$;

(2) 若$\lambda=0.5$(表示平均内存占用规模较大, 伸缩缓慢), $c=2$, 试计算此时内存管理操作的平均开销.

解 题设随机变量X服从参数为λ的指数分布$e(\lambda)$, 故其概率密度函数为

$$f_X(x)=\begin{cases}\lambda e^{-\lambda x}, & x\geqslant 0\\ 0, & 其他\end{cases}.$$

(1) 由随机变量函数的数学期望的定义, 对连续型随机变量X, 有

$$\begin{aligned}E[T(X)]&=\int_{-\infty}^{+\infty}T(x)f_X(x)\,dx\\&=\lambda c\int_0^{+\infty}\sqrt{x+1}\,e^{-\lambda x}\,dx\xlongequal{u=x+1}c\lambda e^{\lambda}\int_1^{+\infty}\sqrt{u}e^{-\lambda u}\,du.\end{aligned}$$

可将$\int_1^{+\infty}\sqrt{u}\,e^{-\lambda u}\,du$看作不完全伽马函数的形式. 若不要求具体解析表达式, 通常可通过数值

积分来获得数值解. 若在实际应用中需要较为准确的结果, 可以利用数值算法 (如数值积分或软件包) 进行计算. 在具体的系统部署或仿真中, 当给定λ与c的数值后, 可用数值算法求解此积分, 得到所需的平均开销.

(2) 若$\lambda=0.5$, $c=2$, 则可利用数学软件等计算此时内存管理操作的平均开销:

$$E[T(X)]=2\times 0.5\times \mathrm{e}^{0.5}\int_1^{+\infty}\sqrt{u}\,\mathrm{e}^{-0.5u}\,\mathrm{d}u\approx 3.311.$$

本例阐述了在计算科研领域 (特别是高性能计算环境) 中, 如何对带有指数分布随机变量的函数进行数学期望的计算. 结合指数分布的概率密度函数和随机变量函数的数学期望的定义, 可以在理论层面上估计系统管理操作所需的平均开销. 对于无法直接得到解析结果的积分问题, 可以在实际应用中借助数值方法进行求解, 帮助研发人员评估或优化系统资源调度和管理策略.

例 8　设随机变量X在$[0,\pi]$上服从均匀分布, 求$E(X)$, $E(\sin X)$, $E(X^2)$及$E[X-E(X)]^2$.

解　根据数学期望与均匀分布的定义, 分别计算如下:

$$E(X)=\int_{-\infty}^{+\infty}xf(x)\mathrm{d}x=\int_0^{\pi}x\cdot\frac{1}{\pi}\mathrm{d}x=\frac{\pi}{2},$$

$$E(\sin X)=\int_{-\infty}^{+\infty}\sin x f(x)\mathrm{d}x=\int_0^{\pi}\sin x\cdot\frac{1}{\pi}\mathrm{d}x=\frac{1}{\pi}(-\cos x)\Big|_0^{\pi}=\frac{2}{\pi},$$

$$E(X^2)=\int_{-\infty}^{+\infty}x^2 f(x)\mathrm{d}x=\int_0^{\pi}x^2\cdot\frac{1}{\pi}\mathrm{d}x=\frac{\pi^2}{3},$$

$$E[X-E(X)]^2=E\left(X-\frac{\pi}{2}\right)^2=\int_0^{\pi}\left(x-\frac{\pi}{2}\right)^2\cdot\frac{1}{\pi}\mathrm{d}x=\frac{\pi^2}{12}.$$

例 9　设国际市场每年对我国某种出口商品的需求量是随机变量X(吨), 它服从区间$[2\,000, 4\,000]$上的均匀分布. 每销售出一吨该种商品, 可为国家赚取外汇3万元; 若销售不出去, 则每吨商品需贮存费1万元. 问该商品应出口多少吨, 才能使国家的平均收益最大?

解　题设随机变量X服从$[2\,000, 4\,000]$上的均匀分布, 故X的概率密度函数为

$$f(x)=\begin{cases}1/2\,000, & 2\,000\leqslant x\leqslant 4\,000\\ 0, & \text{其他}\end{cases}.$$

设该商品应出口t吨, 则应要求$2\,000\leqslant t\leqslant 4\,000$, 国家收益$Y$(万元)是$X$的函数$Y=g(X)$, 故由题意得

$$Y=g(X)=\begin{cases}3t, & X\geqslant t\\ 4X-t, & X<t\end{cases}.$$

于是, 随机变量函数Y的数学期望为

$$E(Y)=\int_{-\infty}^{+\infty}g(x)f(x)\mathrm{d}x$$

$$=\int_{2\,000}^{4\,000}\frac{1}{2\,000}g(x)\mathrm{d}x=\frac{1}{2\,000}\left[\int_{2\,000}^{t}(4x-t)\mathrm{d}x+\int_{t}^{4\,000}3t\mathrm{d}x\right]$$

$$=\frac{1}{2\,000}(-2t^2+14\,000t-8\times 10^6).$$

考虑 t 的取值应使 $E(Y)$ 达到最大, 可得 $t^*=3\,500$, 因此, 出口 3 500 吨商品为宜.

例 10 设随机变量 X 的概率分布为

$$P\{X=k\}=1/2^k,\ k=1,2,3,\cdots,$$

随机变量 Y 表示 X 被 3 除的余数, 试求 $E(Y)$.

解 题设已知离散型随机变量 X 的概率分布, 随机变量 Y 表示 X 被 3 除的余数, 即若 $Y=0,\ 1,\ 2$, 则相应地

$$X=3k,\ X=3k+1,\ X=3k+2,$$

因此, 利用几何级数, 计算得

$$P\{Y=0\}=P\{X=3k\}=\sum_{k=0}^{\infty}\frac{1}{2^{3k}}=\frac{1}{1-1/8}=\frac{8}{7},$$

$$P\{Y=1\}=P\{X=3k+1\}=\sum_{k=0}^{\infty}\frac{1}{2^{3k+1}}=\frac{1}{2}\times\frac{1}{1-1/8}=\frac{4}{7},$$

$$P\{Y=2\}=P\{X=3k+2\}=\sum_{k=0}^{\infty}\frac{1}{2^{3k+2}}=\frac{1}{4}\times\frac{1}{1-1/8}=\frac{2}{7}.$$

所以, 随机变量 Y 的数学期望为

$$E(Y)=\sum_{i=1}^{3}y_i p_i=0\times\frac{8}{7}+1\times\frac{4}{7}+2\times\frac{2}{7}=\frac{8}{7}.$$

四、数学期望的性质

性质 1 若 C 是常数, 则 $E(C)=C$.

性质 2 若 C 是常数, 则 $E(CX)=CE(X)$.

证明 只证离散型情形, 连续型情形留给读者. 设离散型随机变量 X 的概率分布为

$$P\{X=x_i\}=p_i\ (i=1,2,\cdots),$$

则由定理 1, 可证得

$$E(CX)=\sum_{i=1}^{\infty}(Cx_i)p_i=C\sum_{i=1}^{\infty}x_i p_i=CE(X).$$

性质 3 $E(X_1+X_2)=E(X_1)+E(X_2)$.

注: 综合性质 2 和性质 3, 我们有

$$E(\sum_{i=1}^{n}C_i X_i)=\sum_{i=1}^{n}C_i E(X_i),\ \text{其中}\ C_i\ (i=1,2,\cdots,n)\ \text{是常数}.$$

性质 4 设 $X,\ Y$ 相互独立, 则 $E(XY)=E(X)E(Y)$.

证明 只证连续型情形, 离散型情形留给读者. 设二维随机变量 (X, Y) 的联合密度函数为 $f(x, y)$, 其边缘概率密度分别为 $f_X(x)$ 和 $f_Y(y)$, 由定理2, 有

$$E(XY)=\int_{-\infty}^{+\infty}\int_{-\infty}^{+\infty}xyf(x, y)\mathrm{d}x\mathrm{d}y.$$

因随机变量 X 和 Y 相互独立, 故 $f(x, y)=f_X(x)\cdot f_Y(y)$, 从而证得

$$\begin{aligned}E(XY)&=\int_{-\infty}^{+\infty}\int_{-\infty}^{+\infty}xyf_X(x)\cdot f_Y(y)\mathrm{d}x\mathrm{d}y\\&=\int_{-\infty}^{+\infty}xf_X(x)\mathrm{d}x\cdot\int_{-\infty}^{+\infty}yf_Y(y)\mathrm{d}y=E(X)E(Y).\end{aligned}$$

数学期望的性质在概率论中占有关键地位, 其中最核心的是线性性质: 对任意随机变量 X, Y 以及常数 a, b, 都有

$$E(aX+bY)=aE(X)+bE(Y).$$

这意味着当我们把若干随机变量按线性组合合并时, 其期望值也能按同样的线性方式累加, 从而为简化分析提供便利. 另一个重要性质是: 如果两个随机变量 X, Y 相互独立, 那么其乘积的数学期望可分解为各自数学期望的乘积.

此外, 数学期望还与著名的詹森 (Jensen) 不等式紧密关联: 若函数 φ 是凸函数, 则

$$E[\varphi(X)]\geqslant\varphi[E(X)],$$

即对于凸函数而言, "先平均, 后取函数" 总不超过 "先取函数, 后平均", 而对于凹函数则相反. 这一性质能有效刻画各种随机过程中的 "不确定性惩罚" 效应. 这样简洁的结构既在理论研究中深具价值, 也在金融、统计、机器学习、最优控制等应用领域大显身手, 为研究随机过程、不确定性量化以及最优化问题提供了强有力的工具与思路.

基于上述性质, 数学期望在经济、金融、工程等领域发挥了重大作用, 不仅可评估投资回报与风险, 还能为系统设计与调参提供依据, 也为一系列重要定理 (如大数定律、中心极限定理等) 的证明奠定了理论基础.

注: 由 $E(XY)=E(X)E(Y)$ 不一定能推出 X 与 Y 相互独立.

例如, 在例6中, 我们已计算得 $E(XY)=E(X)E(Y)=9/4$, 但

$$P\{X=1, Y=0\}=0,\ P\{X=1\}=3/4,\ P\{Y=0\}=1/8,$$

显然, $P\{X=1, Y=0\}\neq P\{X=1\}P\{Y=0\}$, 所以, 随机变量 X 与 Y 不相互独立.

例 11 一民航送客车载有20位旅客自机场开出, 旅客有10个车站可以下车. 若到达一个车站没有旅客下车就不停车. 以 X 表示停车的次数, 求 $E(X)$ (设每位旅客在各个车站下车是等可能的, 并设各旅客是否下车相互独立).

解 引入随机变量

$$X_i=\begin{cases}0, & \text{第 } i \text{ 站无人下车}\\1, & \text{第 } i \text{ 站有人下车}\end{cases},\ i=1, 2, \cdots, 10.$$

因题设各旅客是否下车是等可能的且相互独立, 故由二项分布与 $0-1$ 分布的关系知, 题设随机变量 X 可表示为 $X=X_1+X_2+\cdots+X_{10}$.

下面根据离散型随机变量的数学期望与数学期望的性质来求题设数学期望 $E(X)$.

利用古典概型, 任一旅客不在第 i 站下车的概率为 $9/10$, 因此, 20 位旅客都不在第 i 站下车的概率为 $(9/10)^{20}$, 在第 i 站有人下车的概率为 $1-(9/10)^{20}$, 亦即

$$P\{X_i=0\}=(9/10)^{20},\ P\{X_i=1\}=1-(9/10)^{20},\ i=1, 2, \cdots, 10.$$

因此, $E(X_i)=1-(9/10)^{20}$, $i=1, 2, \cdots, 10$. 最后, 得

$$\begin{aligned}E(X)&=E(X_1+X_2+\cdots+X_{10})=E(X_1)+E(X_2)+\cdots+E(X_{10})\\&=10\times[1-(9/10)^{20}]\approx 8.784\ (\text{次}).\end{aligned}$$

注: 本题是将 X 分解成数个随机变量之和, 然后利用随机变量和的数学期望等于随机变量的数学期望之和来求数学期望, 这种处理方法具有一定的普遍意义.

例 12 设 ξ, η 的概率密度分别为

$$\varphi_1(x)=\begin{cases}2e^{-2x}, & x>0\\ 0, & x\leqslant 0\end{cases},\quad \varphi_2(x)=\begin{cases}4e^{-4x}, & x>0\\ 0, & x\leqslant 0\end{cases},$$

求 $E(2\xi-3\eta^2)$.

解 根据连续型随机变量的数学期望、数学期望的性质与无穷限的广义积分, 计算得

$$\begin{aligned}E(2\xi-3\eta^2)&=2E(\xi)-3E(\eta^2)\\&=2\int_0^{+\infty}x\cdot 2e^{-2x}dx-3\int_0^{+\infty}x^2\cdot 4e^{-4x}dx=2\times\frac{1}{2}-3\times\frac{1}{8}=\frac{5}{8}.\end{aligned}$$

习题 4-1

1. 设随机变量 X 服从参数为 p 的 $0-1$ 分布, 求 $E(X)$.

2. 设袋中有 n 张卡片, 记有号码 $1, 2, \cdots, n$. 现从中有放回地抽出 k 张卡片, 求号码之和 X 的数学期望.

3. 某产品的次品率为 0.1, 检验员每天检验 4 次. 每次随机地抽取 10 件产品进行检验, 若发现其中的次品数多于 1, 就去调整设备. 以 X 表示一天中调整设备的次数, 试求 X 的数学期望 $E(X)$ (设诸产品是否为次品是相互独立的).

4. 据统计, 一位 60 岁的健康(一般体检未发现病症)者, 在 5 年之内仍然活着和自杀死亡的概率为 p $(0<p<1$, p 为已知), 在 5 年之内非自杀死亡的概率为 $1-p$. 保险公司开办 5 年人寿保险, 条件是参加者需交纳人寿保险费 a (a 已知) 元, 若 5 年内非自杀死亡, 公司赔偿 b $(b>a)$ 元, 应如何确定 b 才能使公司可期望获益? 若有 m 人参加保险, 公司可期望从中获益多少?

5. 对任意随机变量 X, 若数学期望 $E(X)$ 存在, 则 $E\{E[E(X)]\}=$ __________.

6. 设 ξ 的分布律为 $P\{\xi=k\}=1/5$, $k=1,2,3,4,5$, 求 $E((\xi+2)^2)$.

7. 设随机变量ξ的分布律为$P\{\xi=k\}=\dfrac{1}{2^k}\ (k=1,2,3,\cdots)$，求$E\left(\sin\dfrac{\xi\pi}{2}\right)$.

8. 在区间$(0,2)$上随机取一点，将该区间分成两段，较短的一段记为X，较长的一段记为Y，求$E\left(\dfrac{X}{Y}\right)$.

9. 设随机变量X的分布律为

X	-2	0	2
p_i	0.4	0.3	0.3

求$E(X)$，$E(X^2)$，$E(3X^2+5)$.

10. 设连续型随机变量X的概率密度为

$$f(x)=\begin{cases} kx^a, & 0<x<1 \\ 0, & \text{其他} \end{cases},$$

其中k，$a>0$. 又已知$E(X)=0.75$，求k，a的值.

11. 设随机变量X的概率密度为$f(x)=\begin{cases} 1-|1-x|, & 0<x<2 \\ 0, & \text{其他} \end{cases}$，求$E(X)$.

12. 一工厂生产的某种设备的寿命X（以年计）服从指数分布，概率密度为

$$f(x)=\begin{cases} \dfrac{1}{4}e^{-x/4}, & x>0 \\ 0, & x\leqslant 0 \end{cases},$$

工厂规定，出售的设备若在售出一年之内损坏可予以调换. 若工厂售出一台设备盈利100元，调换一台设备厂方需花300元，试求厂方出售一台设备净盈利的数学期望.

13. 设随机变量X的概率密度为$f(x)=\begin{cases} e^{-x}, & x>0 \\ 0, & x\leqslant 0 \end{cases}$.

求：(1) $Y=2X$的数学期望；(2) $Y=e^{-2X}$的数学期望.

14. 设(X,Y)的分布律为

X \ Y	-1	0	1
1	0.2	0.1	0.1
2	0.1	0	0.1
3	0	0.3	0.1

(1) 求$E(X)$，$E(Y)$；(2) 设$Z=Y/X$，求$E(Z)$；(3) 设$Z=(X-Y)^2$，求$E(Z)$.

15. 设随机变量X在区间$[-1,2]$上服从均匀分布，随机变量$Y=\begin{cases} 1, & X>0 \\ 0, & X=0 \\ -1, & X<0 \end{cases}$，求$E(Y^2)$.

16. 设ξ,η是两个相互独立且服从同一分布的随机变量，已知ξ的分布律为

$$P\{\xi=i\}=1/3,\ i=1,2,3,$$

又设$X=\max\{\xi,\eta\}$，求随机变量X的数学期望$E(X)$.

17. 设 (X, Y) 的概率密度为 $f(x,y)=\begin{cases}12y^2, & 0\leqslant y\leqslant x\leqslant 1\\ 0, & \text{其他}\end{cases}$，求 $E(X)$，$E(Y)$，$E(XY)$，$E(X^2+Y^2)$.

18. 设随机变量 X 和 Y 相互独立, 其概率密度分别为

$$\varphi_1(x)=\begin{cases}2x, & 0\leqslant x\leqslant 1\\ 0, & \text{其他}\end{cases},\quad \varphi_2(y)=\begin{cases}e^{-(y-5)}, & y>5\\ 0, & \text{其他}\end{cases},$$

试求随机变量积的数学期望 $E(XY)$.

19. 设 A, B 为随机事件, 且 $P(A)=\dfrac{1}{4}$, $P(B|A)=\dfrac{1}{3}$, $P(A|B)=\dfrac{1}{2}$.令

$$X=\begin{cases}1, & A\text{ 发生}\\ 0, & A\text{ 不发生}\end{cases},\quad Y=\begin{cases}1, & B\text{ 发生}\\ 0, & B\text{ 不发生}\end{cases},$$

试求随机变量积的数学期望 $E(XY)$.

20. 设随机变量 X, Y 同分布, 概率密度为

$$f(x)=\begin{cases}2x\theta^2, & 0<x<1/\theta\\ 0, & \text{其他}\end{cases},$$

且 $E[a(X+2Y)]=\dfrac{1}{\theta}$, 试求 a 的值.

21. 设舰艇横向摇摆的随机振幅 X 服从瑞利(Rayleigh)分布, 其概率密度为

$$f(x)=\begin{cases}\dfrac{x}{\sigma^2}e^{-\frac{x^2}{2\sigma^2}}, & x>0\\ 0, & \text{其他}\end{cases},$$

其中 $\sigma>0$, 求 $E(X)$.

22. 设一电路中, 电流 I (安培)与电阻 R (欧姆)是两个相互独立的随机变量, 它们的概率密度分别为

$$\varphi_I=\begin{cases}3x^2, & 0\leqslant x\leqslant 1\\ 0, & \text{其他}\end{cases},\quad \varphi_R(y)=\begin{cases}y/2, & 0\leqslant y\leqslant 2\\ 0, & \text{其他}\end{cases},$$

求电压 $V=IR$ 的均值.

23. 设测量圆形物体的半径 R 的分布律为

R	10	11	12	13
p_i	0.1	0.4	0.3	0.2

(1) 计算 $E(R)$;　　(2) 求圆的周长的均值;

(3) 能否用 $\pi[E(R)]^2$ 计算圆面积的期望值? 若不能, 该如何计算?

24. 在某个云服务器集群中, 每个节点的负载 (即CPU使用率) 会随着任务的变化而波动. 令随机变量 Z 表示某一节点的CPU使用率 (单位: 百分比). 假设 Z 服从参数为 v 的指数分布, 即 $Z\sim e(v)$. 当系统监控模块检测到CPU使用率超过某个阈值时, 会执行相应的负载均衡操作, 其开销函数表示为

$$L(Z)=m\cdot\sqrt{Z+2},$$

其中 m 为常数(与系统的具体配置相关).

(1) 求该负载均衡操作的平均开销 $E[L(Z)]$；

(2)若 $v=0.4$ (表示CPU使用率较低, 波动较快), $m=1.2$, 求此时负载均衡操作的平均开销.

§4.2 方 差

随机变量的数学期望是对随机变量取值水平的综合评价, 而随机变量取值的稳定性是判断随机现象性质的另一个十分重要的指标.

例如, 甲、乙两人同时向目标靶射击10发子弹, 射击结果都为平均7环, 其射击效果分别如图4－2－1和图4－2－2所示. 试评价甲、乙的射击水平.

因为乙的射击点在靶中心附近较集中, 射击的稳定性较好, 所以乙的射击水平较高.

下面将引入另一个数字特征——方差, 用它来度量随机变量取值在其均值附近的平均偏离程度.

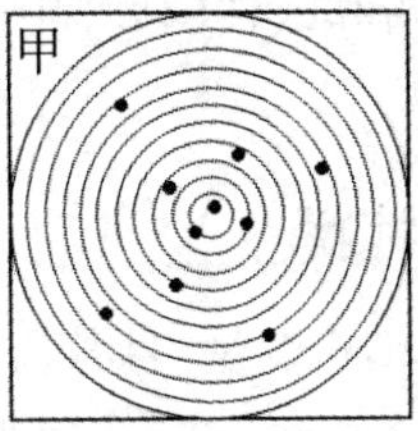

图4－2－1

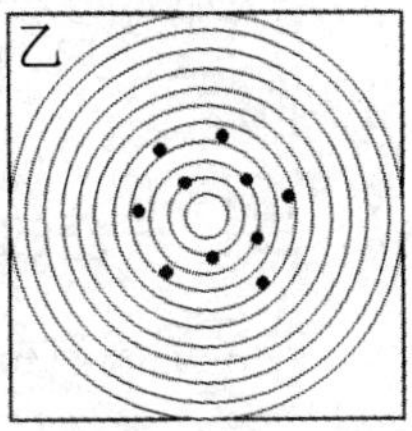

图4－2－2

方差 (variance) 是衡量随机变量取值波动程度的重要指标. 它能量化随机变量与其数学期望 (均值) 之间的偏离, 从而揭示随机现象在大量重复试验或长期观察中所具有的不确定性. 在统计学、经济学、工程等领域, 人们不仅关注数量的平均水平, 也往往需要评估其波动幅度, 以便做出更加稳健的推断与决策. 例如, 在金融分析中, 股票收益率的方差越大, 表示其风险越高, 可能收益与亏损的摆动幅度也就越大.

方差的数学定义为随机变量与其期望差值的平方的期望, 即

$$D(X)=E[X-E(X)]^2.$$

在离散型场景中可通过求和表示, 而在连续型场景中则需借助积分来计算.

方差与数学期望、协方差、相关系数等概念共同构成了分析随机变量分布形态与相互关联的重要工具. 方差不仅能帮助我们更好地理解数据的离散程度, 还在回归分析、风险评估、最优控制和信号处理等多重场合发挥着关键作用, 确保我们在面对不确定性时拥有更充分的依据和更高的决策质量.

一、方差的定义

定义 1 设 X 是一个随机变量, 若 $E[X-E(X)]^2$ 存在, 则称它为 X 的**方差**, 记为

$$D(X)=E[X-E(X)]^2.$$

注: 符号 $D(X)$ 有时简写为 DX. 同样, 对于连续型随机变量也是这样规定的.

方差的算术平方根 $\sqrt{D(X)}$ 称为**标准差**或**均方差**. 它与原始数据 X 有相同的单位, 因此在实际应用中, 标准差更常用于衡量数据的波动性.

从方差的定义易见:

(1) 若 X 的取值比较集中, 则方差较小;

(2) 若 X 的取值比较分散, 则方差较大;

(3) 若方差 $D(X)=0$, 则随机变量 X 以概率 1 取常数值, 此时, X 也就不是随机变量了.

随机变量的方差是统计学中的一个重要指标, 用于衡量随机变量取值偏离其数学期望 (均值) 的程度. 具体来说, 方差反映了数据的离散程度或波动大小, 其数学定义为随机变量与其期望值之差的平方的期望值. 若方差较大, 则表明数据的波动性较大; 若方差较小, 则表明数据集中在期望值附近, 波动性较小. 方差的应用广泛而深远. 在金融领域, 方差用于衡量投资风险, 帮助投资者评估资产的波动性; 在质量控制中, 通过方差可以判断产品的一致性; 在数据分析与机器学习中, 方差用于评估模型的稳定性与泛化能力. 此外, 方差还是许多统计方法 (如方差分析和线性回归) 中的核心参数, 帮助研究者从数据中提取关键信息并得出科学结论.

二、方差的计算

若 X 是离散型随机变量, 且其概率分布为

$$P\{X=x_i\}=p_i,\ i=1,2,\cdots,$$

则随机变量 X 的方差

$$D(X)=\sum_{i=1}^{\infty}[x_i-E(X)]^2 p_i. \tag{2.1}$$

若 X 是连续型随机变量, 且其概率密度为 $f(x)$, 则方差

$$D(X)=\int_{-\infty}^{+\infty}[x-E(X)]^2 f(x)\mathrm{d}x. \tag{2.2}$$

由数学期望的性质, 易得计算方差的一个**简化公式**:

$$D(X)=E(X^2)-[E(X)]^2. \tag{2.3}$$

证明　因 $[X-E(X)]^2=X^2-2X\cdot E(X)+[E(X)]^2$, 故由数学期望的性质, 证得

$$\begin{aligned}E[X-E(X)]^2&=E[X^2-2X\cdot E(X)+(E(X))^2]\\&=E(X^2)-2E(X)\cdot E(X)+[E(X)]^2=E(X^2)-[E(X)]^2.\end{aligned}$$

方差计算的简化公式, 跳过了计算每个数据点与均值差值的平方这一步骤, 直接通过数据点的平方和、数据总和来计算, 能有效简化流程, 尤其在数据量庞大时, 可大幅提升方差计算的效率, 减少运算量与时间成本.

设随机变量 X 的数学期望 $E(X)=\mu$, 方差 $D(X)=\sigma^2\neq 0$, 称 $X^*=\dfrac{X-\mu}{\sigma}$ 为 X 的**标准化随机变量**. 由数学期望的性质, 有

$$E(X^*)=\frac{1}{\sigma}E(X-\mu)=\frac{1}{\sigma}[E(X)-\mu]=0,$$

$$D(X^*)=E(X^{*2})-[E(X^*)]^2=E\left[\left(\frac{X-\mu}{\sigma}\right)^2\right]=\frac{1}{\sigma^2}E[(X-\mu)^2]=\frac{\sigma^2}{\sigma^2}=1,$$

即标准化随机变量X^*的数学期望为0,方差为1.

标准化随机变量的意义在于它能够消除原始数据的尺度影响,使得不同随机变量之间具有可比性.通过标准化处理,随机变量的分布变为标准正态分布$N(0,1)$.这对于统计分析和模型构建非常重要,尤其是在不同变量的单位不同的情况下,标准化可以统一尺度,简化问题的处理.

例 1 设随机变量X服从0–1分布,其分布律为

$$P\{X=0\}=1-p,\ P\{X=1\}=p,$$

求$E(X)$, $D(X)$.

解 依题设,随机变量X服从0–1分布,故由离散型随机变量的数学期望的定义,有

$$E(X)=0\cdot(1-p)+1\cdot p=p,$$

又由随机变量函数的数学期望的定义,有

$$E(X^2)=0^2\cdot(1-p)+1^2\cdot p=p.$$

所以,利用随机变量方差计算的简化公式,计算得

$$D(X)=E(X^2)-[E(X)]^2=p-p^2=p(1-p).$$

0–1分布(伯努利分布)的期望$E(X)=p$表示在一次独立试验中,结果为1(成功)的平均概率,反映了分布的中心趋势.换句话说,期望值告诉我们在大量重复试验中,成功事件的平均发生频率.方差$D(X)=p(1-p)$则衡量了结果的离散程度,描述了结果围绕期望值的波动大小.较大的方差表示结果更不稳定,成功与失败的概率差异较大;较小的方差则表示结果更为集中,成功与失败的概率较为接近.其期望与方差可以帮助我们理解和预测单次随机试验中的平均表现和不确定性.

例 2 设随机变量$X\sim P(\lambda)$,求$E(X)$, $D(X)$.

解 依题设,X服从泊松分布,故X的分布律为

$$P\{X=k\}=\frac{\lambda^k e^{-\lambda}}{k!},\ k=0,1,2,\cdots;\ \lambda>0.$$

利用随机变量与随机变量函数的数学期望的定义,分别计算得

$$E(X)=\sum_{k=0}^{\infty}k\frac{\lambda^k e^{-\lambda}}{k!}=\lambda e^{-\lambda}\sum_{k=1}^{\infty}\frac{\lambda^{k-1}}{(k-1)!}=\lambda e^{-\lambda}\cdot e^{\lambda}=\lambda,$$

$$\begin{aligned}E(X^2)&=E[X(X-1)+X]=E[X(X-1)]+E(X)\\&=\sum_{k=0}^{\infty}k(k-1)\frac{\lambda^k e^{-\lambda}}{k!}+\lambda=\lambda^2 e^{-\lambda}\sum_{k=2}^{\infty}\frac{\lambda^{k-2}}{(k-2)!}+\lambda\\&=\lambda^2 e^{-\lambda}e^{\lambda}+\lambda=\lambda^2+\lambda,\end{aligned}$$

进一步利用方差计算的简化公式,得

$$D(X)=E(X^2)-[E(X)]^2=\lambda.$$

泊松分布常用于描述单位时间内某事件发生的次数,前提是这些事件发生的概率相互

独立且发生的频率是固定的. 泊松分布的数学期望表示在给定的时间区间内, 事件发生的平均次数. 它可以帮助我们了解每个单位时间或空间内事件会发生多少次. 泊松分布的方差表示事件发生次数的波动性或不确定性. 由于其方差等于数学期望, 意味着事件发生次数的波动程度与其平均次数相同. 这表明在泊松过程中, 事件发生次数的变动程度与其预期频率紧密相关. 这两个性质使得泊松分布在实际中应用非常广泛, 尤其是在排队理论、电话呼叫数、交通流量等领域, 能够有效描述事件的发生模式和波动特性.

例 3　在某工程系统中, 当输入电压存在波动时, 系统的实际功率消耗也随之发生随机变化. 令随机变量 X 表示输入电压的无量纲随机偏差 (假设已做适当的归一化处理), 可以近似认为 X 在区间 $[0, 1]$ 上服从均匀分布. 若系统的功率 (单位: W) 可建模为 $P(X)=a+bX^2$, 其中 a 与 b 为已知常数 (由系统标称功率及实验标定等确定). 试求该系统功率的方差 $D[P(X)]$.

解　依题设, 利用方差的简化计算公式, 有

$$D(P)=E(P^2)-[E(P)]^2 .$$

为此先分别计算 $E(P)$ 和 $E(P^2)$. 又题设随机变量 X 在区间 $[0, 1]$ 上服从均匀分布, 故其概率密度函数为

$$f_X(x)=\begin{cases}1, & 0\leqslant x\leqslant 1\\ 0, & \text{其他}\end{cases}.$$

利用数学期望的性质与牛顿–莱布尼茨公式, 得

$$\begin{aligned}E[P(X)]&=E(a+bX^2)=a+bE(X^2)\\&=a+b\int_0^1 x^2\,\mathrm{d}x=a+b\left(\frac{1}{3}x^3\Big|_0^1\right)=a+\frac{b}{3}.\end{aligned}$$

同理, 进一步计算得

$$\begin{aligned}E[P^2(X)]&=E[(a+bX^2)^2]\\&=E(a^2+2abX^2+b^2X^4)=a^2+2abE(X^2)+b^2E(X^4)\\&=a^2+2ab\int_0^1 x^2\mathrm{d}x+b^2\int_0^1 x^4\mathrm{d}x\\&=a^2+2ab\cdot\frac{1}{3}+b^2\cdot\frac{1}{5}=a^2+\frac{2ab}{3}+\frac{b^2}{5}.\end{aligned}$$

综上可得

$$\begin{aligned}D[P(X)]&=E[P^2(X)]-\{E[P(X)]\}^2\\&=\left(a^2+\frac{2ab}{3}+\frac{b^2}{5}\right)-\left(a+\frac{b}{3}\right)^2=\frac{4b^2}{45},\end{aligned}$$

因此, 系统功率的方差为

$$D[P(X)]=\frac{4b^2}{45}.$$

注: 若需要考虑更普遍的电压分布模型或功率表达式, 则可按照同样的思路通过积分或其他方法计算得到相应的方差.

本例展示了在工程技术领域, 当某输入量呈现随机波动且可用连续分布 (如均匀分布) 加以描述时, 如何借助方差的定义与基本性质对系统输出 (如功率) 的随机性进行量化评估. 通过计算 $E(P)$ 和 $E(P^2)$ 并使用方差公式 $D(P)=E(P^2)-[E(P)]^2$, 工程师能够在设计或分析系统时更好地预估随机波动对整体性能的影响, 并据此进行风险评估与优化设计.

例 4 设随机变量 X 服从指数分布, 其概率密度为

$$f(x)=\begin{cases}\dfrac{1}{\theta}\mathrm{e}^{-x/\theta}, & x>0\\ 0, & x\leqslant 0\end{cases},$$

其中 $\theta>0$, 求 $E(X)$, $D(X)$.

解 依题设, 利用随机变量与随机变量函数的数学期望的定义, 分别计算得

$$E(X)=\int_{-\infty}^{+\infty}xf(x)\mathrm{d}x=\int_0^{+\infty}x\frac{1}{\theta}\mathrm{e}^{-x/\theta}\mathrm{d}x=-x\mathrm{e}^{-x/\theta}\Big|_0^{+\infty}+\int_0^{+\infty}\mathrm{e}^{-x/\theta}\mathrm{d}x=\theta,$$

$$E(X^2)=\int_{-\infty}^{+\infty}x^2f(x)\mathrm{d}x=\int_0^{+\infty}x^2\frac{1}{\theta}\mathrm{e}^{-x/\theta}\mathrm{d}x=-x^2\mathrm{e}^{-x/\theta}\Big|_0^{+\infty}+\int_0^{+\infty}2x\mathrm{e}^{-x/\theta}\mathrm{d}x=2\theta^2.$$

进一步利用方差计算的简化公式, 计算得

$$D(X)=E(X^2)-[E(X)]^2=2\theta^2-\theta^2=\theta^2,$$

所以, $E(X)=\theta$, $D(X)=\theta^2$.

指数分布常用于描述事件发生的时间间隔或寿命等, 特别适用于具有“无记忆”性质的过程 (即过去的事件不会影响未来事件的发生概率). 指数分布的期望值表示事件发生的平均时间间隔或平均寿命, 反映了事件发生的“平均”速率. 指数分布的方差表示事件发生时间间隔的波动性或不确定性, 方差越大, 意味着事件发生的时间间隔越不稳定, 波动性越强. 这些性质可以帮助我们理解指数分布在实际中的应用, 如排队模型、设备故障时间分析等, 能够有效描述随机事件的时间间隔特征.

例 5 设随机变量 X, Y 的联合分布在以点 $(0,1)$, $(1,0)$, $(1,1)$ 为顶点的三角形区域 G 上服从二维均匀分布, 试求随机变量之和 $Z=X+Y$ 的数学期望与方差.

解 依题设, 三角形区域 G 如图 4-2-3 所示, G 的面积为 1/2, 因为 (X, Y) 在三角形区域 G 上服从二维均匀分布, 故其联合概率密度为

$$f(x,y)=\begin{cases}2, & (x,y)\in G\\ 0, & (x,y)\overline{\in} G\end{cases}.$$

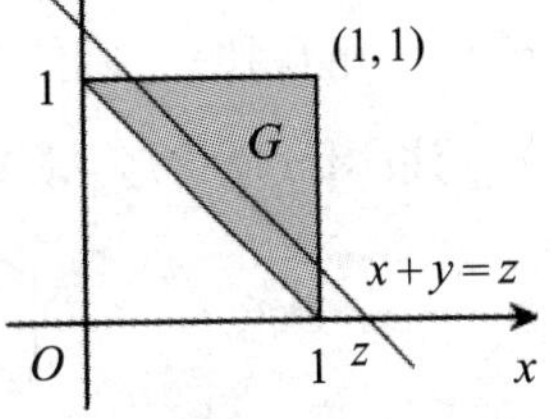

图 4-2-3

于是, 由随机变量函数的数学期望的定义, 有

$$E(X+Y)=\int_{-\infty}^{+\infty}\int_{-\infty}^{+\infty}(x+y)f(x,y)\mathrm{d}x\mathrm{d}y=\int_0^1\mathrm{d}x\int_{1-x}^1 2(x+y)\mathrm{d}y$$

$$=\int_0^1(x^2+2x)\mathrm{d}x=\left(\frac{x^3}{3}+x^2\right)\Bigg|_0^1=\frac{4}{3}.$$

同理, 计算得

$$E[(X+Y)^2]=\int_{-\infty}^{+\infty}\int_{-\infty}^{+\infty}(x+y)^2 f(x,y)\mathrm{d}x\mathrm{d}y$$

$$=\int_0^1\mathrm{d}x\int_{1-x}^1 2(x+y)^2\mathrm{d}y=\frac{2}{3}\int_0^1(x^3+3x^2+3x)\mathrm{d}x=\frac{11}{6},$$

最后, 利用方差计算的简化公式, 计算得

$$D(X+Y)=E[(X+Y)^2]-[E(X+Y)]^2=\frac{11}{6}-\left(\frac{4}{3}\right)^2=\frac{1}{18}.$$

三、方差的性质

性质 1　设 C 为常数, 则 $D(C)=0$.

性质 2　设 X 是随机变量, 若 C 为常数, 则

$$D(CX)=C^2D(X). \tag{2.4}$$

性质 3　设 X, Y 是两个随机变量, 则

$$D(X\pm Y)=D(X)+D(Y)\pm 2E\{[X-E(X)][Y-E(Y)]\}. \tag{2.5}$$

特别地, 若 X, Y 相互独立, 则

$$D(X\pm Y)=D(X)+D(Y). \tag{2.6}$$

证明　根据数学期望的性质, 性质 1 和性质 2 显然成立. 下面证明性质 3.

$$\begin{aligned}D(X\pm Y)&=E[(X\pm Y)-E(X\pm Y)]^2=E[(X-E(X))\pm(Y-E(Y))]^2\\&=E[X-E(X)]^2+E[Y-E(Y)]^2\pm 2E\{[X-E(X)][Y-E(Y)]\}\\&=D(X)+D(Y)\pm 2E\{[X-E(X)][Y-E(Y)]\}.\end{aligned}$$

又对上式右端第三项:

$$\begin{aligned}2E\{[X-E(X)][Y-E(Y)]\}&=2E[XY-XE(Y)-YE(X)+E(X)E(Y)]\\&=2[E(XY)-E(X)E(Y)-E(Y)E(X)+E(X)E(Y)]\\&=2[E(XY)-E(X)E(Y)].\end{aligned}$$

若 X, Y 相互独立, 则有 $E(XY)=E(X)E(Y)$, 故 $D(X\pm Y)=D(X)+D(Y)$. 证毕.

注: 对 n 维情形, 若 $X_1, X_2, \cdots, X_n$ 相互独立, 则

$$D\left(\sum_{i=1}^n X_i\right)=\sum_{i=1}^n D(X_i),\quad D\left(\sum_{i=1}^n C_iX_i\right)=\sum_{i=1}^n C_i^2D(X_i).$$

方差是衡量随机变量离散程度的统计量, 它有几个重要的性质. (1) 非负性: 方差始终大

于或等于零, 因为方差是每个偏差的平方的数学期望, 偏差的平方总是非负的. (2) 线性变换的影响: 若对随机变量 X 做线性变换 $Y=aX+b$, 则方差变换为

$$D(Y)=D(aX+b)=a^2D(X)+D(b)=a^2D(X),$$

注意到其中常数 b 对方差没有影响, 而系数 a^2 会缩放方差. (3) 独立性: 两个独立的随机变量的和满足加法规则.

例 6 设函数 $f(x)=E(X-x)^2$, $x\in\mathbf{R}$, 证明: 当 $x=E(X)$ 时, $f(x)$ 达到最小值.

证明 依题设, 利用数学期望的性质, 有

$$f(x)=E(X-x)^2=E(X^2-2xX+x^2)=E(X^2)-2xE(X)+x^2,$$

上式两边对 x 求导数, 得

$$f'(x)=2x-2E(X).$$

令 $f'(x)=0$, 解得唯一驻点 $x=E(X)$, 因 $f''(x)=2>0$, 故由最值的唯一性原理知, 当 $x=E(X)$ 时, $f(x)$ 达到极小值, 也是题设函数 $f(x)$ 的最小值:

$$f[E(X)]=E[X-E(X)]^2=D(X).$$

上式右端即为随机变量的方差. 证毕.

例 7 设随机变量 $X\sim b(n,p)$, 求 $E(X)$, $D(X)$.

解 题设 X 服从二项分布 $b(n,p)$, 这里 X 表示 n 重伯努利试验中“成功”的次数, 则

$$X_i=\begin{cases}1, & \text{第 } i \text{ 次试验成功}\\ 0, & \text{第 } i \text{ 次试验失败}\end{cases}, \quad i=1,2,\cdots,n,$$

即 X_i 服从 $0-1$ 分布, 于是, 随机变量 X 可表示为

$$X=X_1+X_2+\cdots+X_n=\sum_{i=1}^{n}X_i.$$

由 $0-1$ 分布的数字特征, 有

$$E(X_i)=P\{X_i=1\}=p,\ E(X_i^2)=p,$$

故由方差计算的简化公式, 计算得

$$D(X_i)=E(X_i^2)-[E(X_i)]^2=p-p^2=p(1-p),\ i=1,2,\cdots,n.$$

因随机变量 $X_1, X_2, \cdots, X_n$ 相互独立, 再由数学期望与方差的性质, 计算得

$$E(X)=\sum_{i=1}^{n}E(X_i)=np,\ D(X)=\sum_{i=1}^{n}D(X_i)=np(1-p).$$

二项分布的期望 $E(X)=np$ 表示在 n 次独立随机试验中预期的成功次数. 它反映了分布的中心位置, 帮助预测平均结果. 方差 $D(X)=np(1-p)$ 则衡量了成功次数的离散程度, 描述了结果围绕期望值的波动大小. 较大的方差表示结果更分散, 较小的方差则表示结果更集中. 数学期望与方差共同揭示了二项分布的集中趋势和变异性, 为我们提供了对随机试验结果的全面理解.

例 8　设 $X \sim N(\mu, \sigma^2)$，求 $E(X)$，$D(X)$.

解　依题设，随机变量 X 服从正态分布 $N(\mu, \sigma^2)$，于是，做标准正态变换 $Z = \dfrac{X-\mu}{\sigma}$，则 Z 服从标准正态分布，即 $Z \sim N(0, 1)$，故随机变量 Z 的概率密度为

$$\varphi(t) = \frac{1}{\sqrt{2\pi}} \mathrm{e}^{-t^2/2}, \quad -\infty < t < +\infty .$$

于是，利用随机变量与随机变量函数的数学期望的定义，分别计算得

$$E(Z) = \frac{1}{\sqrt{2\pi}} \int_{-\infty}^{+\infty} t\mathrm{e}^{-t^2/2} \mathrm{d}t = -\frac{1}{\sqrt{2\pi}} \mathrm{e}^{-t^2/2} \Big|_{-\infty}^{+\infty} = 0 ,$$

$$\begin{aligned} E(Z^2) &= \frac{1}{\sqrt{2\pi}} \int_{-\infty}^{+\infty} t^2 \mathrm{e}^{-t^2/2} \mathrm{d}t \\ &= -\frac{1}{\sqrt{2\pi}} \int_{-\infty}^{+\infty} t \mathrm{d}(\mathrm{e}^{-t^2/2}) = -\frac{t}{\sqrt{2\pi}} \mathrm{e}^{-t^2/2} \Big|_{-\infty}^{+\infty} + \frac{1}{\sqrt{2\pi}} \int_{-\infty}^{+\infty} \mathrm{e}^{-t^2/2} \mathrm{d}t \\ &= \frac{1}{\sqrt{\pi}} \int_{-\infty}^{+\infty} \mathrm{e}^{-(t/\sqrt{2})^2} \mathrm{d}\left(\frac{t}{\sqrt{2}} \right) = \frac{1}{\sqrt{\pi}} \cdot \sqrt{\pi} = 1. \end{aligned}$$

再由方差计算的简化公式，得

$$D(Z) = E(Z^2) - [E(Z)]^2 = 1.$$

最后，由上述标准正态变换，得 $X = \mu + \sigma Z$，即得

$$E(X) = E(\mu + \sigma Z) = \mu ,$$

$$D(X) = D(\mu + \sigma Z) = D(\mu) + D(\sigma Z) = \sigma^2 D(Z) = \sigma^2 .$$

正态分布的数学期望与方差具有重要的统计意义：

(1) 正态分布的数学期望 μ 表示分布的中心位置，亦即随机变量的“均值”或“平均值”. 它反映了数据的集中趋势，是概率分布的对称中心. 在正态分布中，数据大部分集中在均值附近，当远离均值时，出现的概率逐渐减小.

(2) 正态分布的方差 σ^2 衡量数据的分散程度或波动性. 方差越大，数据的分布越广，取值的波动性越强；方差越小，数据则越集中. 方差与标准差 σ 直接相关，标准差的单位与原始数据一致，因此在实际应用中更容易解释. 正态分布的数学期望和方差可以帮助我们理解数据的分布特性和变异性.

注：常用分布的数学期望及方差参见本书附表1.

*四、条件数学期望和条件方差简介

由于随机变量之间存在相互联系，一个随机变量的取值可能会对另一个随机变量的分布产生影响，这种影响会在随机变量的数字特征上得到反映.

下面要讨论的是：在某个随机变量取某值的条件下，求另一个与之相关的随机变量的数

字特征. 在上一章中, 我们介绍过 (X, Y) 的条件分布与独立性和二维连续型随机变量 (X, Y) 的条件分布与独立性的概念. 这里, 作为简介, 我们分别给出二维离散型随机变量与二维连续型随机变量的条件数学期望和方差的定义.

(1) 设二维离散型随机变量 (X, Y) 的概率分布为

$$P\{X=x_i, Y=y_j\}=p_{ij}\ (i=1, 2, \cdots;\ j=1, 2, \cdots).$$

定义 2　① 称 $E(Y|X=x_i)=\sum_j y_j P\{Y=y_j|X=x_i\}$ 为在 $X=x_i$ 的条件下 Y 的**条件数学期望**.

类似地, 称 $E(X|Y=y_j)=\sum_i x_i P\{X=x_i|Y=y_j\}$ 为在 $Y=y_j$ 的条件下 X 的**条件数学期望**.

② 称 $D(Y|X=x_i)=\sum_j [y_j-E(Y|X=x_i)]^2 P\{Y=y_j|X=x_i\}$ 为在 $X=x_i$ 的条件下 Y 的**条件方差**.

类似地, 称 $D(X|Y=y_j)=\sum_i [x_i-E(X|Y=y_j)]^2 P\{X=x_i|Y=y_j\}$ 为在 $Y=y_j$ 的条件下 X 的**条件方差**.

注: 已假定上述定义中右端的级数均是绝对收敛的.

(2) 设 (X, Y) 为二维连续型随机向量, $f_{Y|X}(y|x)$ 是在 $X=x$ 的条件下 Y 的概率密度, $f_{X|Y}(x|y)$ 是在 $Y=y$ 的条件下 X 的概率密度.

定义 3　① 称 $E(Y|X=x)=\int_{-\infty}^{+\infty} y f_{Y|X}(y|x)\mathrm{d}y$ 为在 $X=x$ 的条件下 Y 的**条件数学期望**.

类似地, 称 $E(X|Y=y)=\int_{-\infty}^{+\infty} x f_{X|Y}(x|y)\mathrm{d}x$ 为在 $Y=y$ 的条件下 X 的**条件数学期望**.

② 称 $D(Y|X=x)=\int_{-\infty}^{+\infty} [y-E(Y|X=x)]^2 f_{Y|X}(y|x)\mathrm{d}y$ 为在 $X=x$ 的条件下 Y 的**条件方差**.

类似地, 称 $D(X|Y=y)=\int_{-\infty}^{+\infty} [x-E(X|Y=y)]^2 f_{X|Y}(x|y)\mathrm{d}x$ 为在 $Y=y$ 的条件下 X 的**条件方差**.

注: 已假设定义 3 中的无穷限广义积分均是绝对收敛的.

条件数学期望与条件方差是描述随机变量在给定某些信息下的现象的两个重要统计量. 条件数学期望代表了在已知随机变量取值 $X=x$ (或 $Y=y$) 的条件下, 另一随机变量 Y (或 X) 的均值. 它揭示了在某一特定条件下, 另一个变量的预期行为. 例如, 在回归分析中, 条件数学期望有助于我们了解自变量的变化对因变量的影响. 条件方差则衡量了在已知随机变量取值 $X=x$ (或 $Y=y$) 的条件下, 另一随机变量 Y (或 X) 的离散程度或波动性. 它表示在给定的条件下, 数据的变异情况. 较大的条件方差意味着在特定条件下, 变量的表现有较高的不确定性. 这两个统计量在统计推断、机器学习和经济学等领域具有重要应用, 可以帮助我们更精确地理解和预测变量间的关系以及在特定情况下的行为模式.

例 9　在自动驾驶系统中, 车辆因所行驶的路况不同而表现出的刹车时长存在一定的随机性. 令随机变量 X 表示路况等级 (已做适当连续化, 取值越大表示路面越平整或附着力

越强), 而随机变量 Y 表示车辆从检测到障碍至完全刹停所需的时间 (单位: 秒). 当给定 $X=x$ 时, 可以通过实验或仿真得到 Y 的分布性质, 从而分析整体 (无条件) 的刹车时长的方差, 以辅助车辆安全系统的设计与评估. 假设在给定 $X=x$ 时, 有

(1) $E(Y|X=x)=\alpha+\gamma\sqrt{x}$, 其中 α 与 γ 为常数 (可由实际测量或仿真实验确定);

(2) $D(Y|X=x)=\beta x$, 其中 β 为正常数, 表示路况对刹车时长离散性的影响. 试求此时车辆刹车时长在不同路况下的整体方差评估.

解 依题设, 利用方差分解公式:

$$D(Y)=E[D(Y|X)]+D[E(Y|X)].$$

由此可分两步求得 $D(Y)$:

(1) 因 $D(Y|X=x)=\beta x$, 需要对 x 求数学期望:

$$E[D(Y|X)]=\beta E(X).$$

(2) 因加上常数 α 不影响方差, 故得

$$D[E(Y|X)]=D(\alpha+\gamma\sqrt{X})=\gamma^2 D(\sqrt{X}).$$

最后, 将两部分相加, 得

$$D(Y)=\beta E(X)+\gamma^2 D(\sqrt{X}).$$

例如, 若车辆在某测试环境下, 已测得 $E(X)=2.5$, 且通过模拟分析显示 $D(\sqrt{X})=0.3$, 并且有 $\beta=1$, $\gamma=2$, 则

$$D(Y)=1\times 2.5+2^2\times 0.3=3.7.$$

这样就得到了车辆刹车时长在不同路况下的整体方差评估, 为自动驾驶系统做安全边界与控制策略的设计提供了参考.

本例通过拆分条件数学期望与条件方差, 解析了车辆刹车时长在不同路况等级下的随机波动来源. 对自动驾驶系统而言, 了解

$$D(Y)=E[D(Y|X)]+D[E(Y|X)]$$

的含义, 有助于工程师在设计与测试阶段更好地掌握模型的不确定性, 并据此调整安全控制策略, 使车辆在各种环境下都能保持可靠的刹车性能.

例 10 设 $(X, Y)\sim N(\mu_1, \mu_2, \sigma_1^2, \sigma_2^2, \rho)$, 求 $E(Y|X=x)$, $D(Y|X=x)$.

解 依题设, (X, Y) 服从参数为 $\mu_1, \mu_2, \sigma_1, \sigma_2, \rho$ 的二维正态分布 $N(\mu_1, \mu_2, \sigma_1^2, \sigma_2^2, \rho)$. 故在 $X=x$ 的条件下, Y 的条件分布 $f_{Y|X}(y\,|\,x)$ 仍为正态分布

$$N\left(\mu_2+\frac{\sigma_2}{\sigma_1}\rho(x-\mu_1),\ \sigma_2^2(1-\rho^2)\right),$$

所以, 由正态分布的定义, 得所求条件数学期望与条件方差:

$$E(Y\,|\,X=x)=\mu_2+\frac{\sigma_2}{\sigma_1}\rho(x-\mu_1),\quad D(Y\,|\,X=x)=\sigma_2^2(1-\rho^2).$$

注: 同理, 读者可尝试求出 $E(X\,|\,Y=y)$, $D(X\,|\,Y=y)$.

由上例可见，若随机变量(X, Y)服从二维正态分布$N(\mu_1, \mu_2, \sigma_1^2, \sigma_2^2, \rho)$，则已知$X=x$时，随机变量$Y$的条件数学期望是线性依赖于$X$的，这反映了$X$和$Y$之间的线性关系；其条件方差不依赖于随机变量$X$，仅取决于$Y$的方差和两变量之间的相关性，这表示在给定$X$后，$Y$的不确定性减少了一个与相关系数的平方$\rho^2$成比例的量. 总体而言，二维正态分布的条件期望和方差揭示了变量之间的线性依赖关系及其对不确定性的影响.

习题 4-2

1. 已知随机变量X的概率分布为$P\{X=1\}=0.2$，$P\{X=2\}=0.3$，$P\{X=3\}=0.5$，求$E(X)$，$D(X)$.

2. 设随机变量X服从泊松分布，且$P\{X=1\}=P\{X=2\}$，求$E(X)$，$D(X)$.

3. 下列命题中错误的是（ ）.

(A) 若$X\sim P(\lambda)$，则$E(X)=D(X)=\lambda$；

(B) 若X服从参数为λ的指数分布，则$E(X)=D(X)=1/\lambda$；

(C) 若$X\sim b(1,\theta)$，则$E(X)=\theta$，$D(X)=\theta(1-\theta)$；

(D) 若X服从区间$[a, b]$上的均匀分布，则$E(X^2)=(a^2+ab+b^2)/3$.

4. 设ξ, η相互独立，且都服从$N(0,1)$，求$D(\xi\eta)$.

5. 设$X\sim U(a, b)$，求$E(X)$，$D(X)$.

6. 若随机变量$X_1, X_2, \cdots, X_n$相互独立，且$X_i\sim N(\mu, \sigma^2)$ $(\sigma>0)$，$i=1, 2, \cdots, n$，则$\overline{X}=\dfrac{1}{n}\sum_{i=1}^{n}X_i$服从的分布是________.

7. 若随机变量$X_1, X_2, \cdots, X_n$相互独立，且$X_i\sim N(\mu_i, \sigma_i^2)$ $(i=1, 2, \cdots, n)$，则$Y=\sum_{i=1}^{n}(a_iX_i+b_i)$服从的分布是________.

8. 设随机变量X服从泊松分布，且$3P\{X=1\}+2P\{X=2\}=4P\{X=0\}$，求$X$的数学期望与方差.

9. 设甲、乙两家灯泡厂生产的灯泡的寿命（单位：小时）X和Y的分布律分别为

X	900	1 000	1 100
p_i	0.1	0.8	0.1

Y	950	1 000	1 050
p_j	0.3	0.4	0.3

试问哪家工厂生产的灯泡质量较好？

10. 已知$X\sim b(n,p)$，且$E(X)=3$，$D(X)=2$，试求X的全部可能取值，并计算$P\{X\leqslant 8\}$.

11. 设$X\sim N(1, 2)$，$Y\sim P(3)$，且X与Y相互独立，求$D(XY)$.

12. 设随机变量X_1, X_2, X_3, X_4相互独立，且

$$E(X_i)=i,\quad D(X_i)=5-i\ (i=1, 2, 3, 4).$$

设$Y=2X_1-X_2+3X_3-\dfrac{1}{2}X_4$，求$E(Y)$，$D(Y)$.

13. 设有5家商店联营，它们每两周售出的某种农产品的数量（单位：千克）分别为X_1, X_2, X_3, X_4, X_5.

已知 $X_1 \sim N(200,225)$, $X_2 \sim N(240,240)$, $X_3 \sim N(180,225)$, $X_4 \sim N(260,265)$, $X_5 \sim N(320,270)$, 且 X_1, X_2, X_3, X_4, X_5 相互独立.

(1) 求 5 家商店两周的总销售量的均值和方差;

(2) 商店每隔两周进货一次, 为了使新的供货到达前商店不会脱销的概率大于 0.99, 问商店的仓库应至少储存该产品多少千克?

14. 设随机变量 $X_1, X_2, \cdots, X_n$ 相互独立, 且都服从数学期望为1的指数分布, 求 $Z=\min\{X_1, X_2, \cdots, X_n\}$ 的数学期望和方差.

15. 证明: 事件在一次实验中发生的次数 ξ 的方差一定不超过 1/4.

16. 某流水生产线上每个产品为不合格品的概率为 $p(0<p<1)$, 当生产过程中首次出现不合格品时, 机器即停机检修. 设开机后直至停机已生产的产品个数为 X, 求 X 的方差 $D(X)$.

17. 设 X 为取值于 (a, b) 的连续型随机变量. 证明:

(1) $a \leqslant E(X) \leqslant b$; (2) $D(X) \leqslant (b-a)^2/4$.

18. 设二维随机变量 (X, Y) 在区域 D: $0<x<1$, $|y|<x$ (见题 18 图) 内服从均匀分布, 求关于 X 的边缘概率密度函数及随机变量 $Z=2X+1$ 的方差 $D(Z)$.

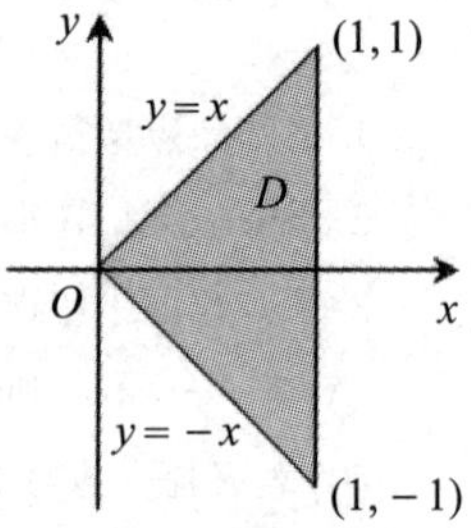

题18图

19. 某生态研究项目正在分析森林中某特定树种的生长情况, 假设该树种的年生长量为离散型随机变量 X (单位: 米). 已知该树种年生长量的分布如下:

$$P\{X=0\}=0.05,\quad P\{X=1\}=0.10,\quad P\{X=2\}=0.30,$$
$$P\{X=3\}=0.40,\quad P\{X=4\}=0.15,$$

请根据给定的分布函数, 求该树种在某年内年生长量小于等于2的概率 $P\{X \leqslant 2\}$.

20. 在电子学科领域, 需要评估电子元器件的性能. 假设我们正在分析某个电子设备中电容器的充放电时间, 受工作环境 (如温度、湿度等因素) 变化的影响, 电容器的充放电时间存在一定的随机性. 令随机变量 X 表示工作环境的温度 (单位: 摄氏度), 而随机变量 Y 表示电容器的充放电时间 (单位: 毫秒). 已知给定 $X=x$ 时, 充放电时间的分布如下:

(1) $E(Y|X=x)=\alpha+\gamma\ln(1+x)$, 其中 α 和 γ 为常数 (通过实验或仿真可以确定);

(2) $D(Y|X=x)=\beta(1+x)$, 其中 β 为常数, 表示温度对充放电时间波动性的影响;

假设已测得 $E(X)=32^\circ\mathrm{C}$, $D(\ln(1+X))=0.4$, 试求整体 (无条件) 电容器充放电时间的方差.

§4.3 协方差与相关系数

在概率论中, 协方差与相关系数是用来刻画两个随机变量之间的关系的核心概念. 协方差通过度量随机变量的联合变化趋势, 来反映它们是否存在同步增减的倾向. 然而, 由于协方差的数值会受到变量量纲的影响, 无法直观地比较不同量纲下随机变量间的相关程度, 因此人们通常采用无量纲化的相关系数来进行衡量. 从数学上看, 相关系数就是协方差归一化之后得到的量, 可以更普适地描述随机变量间的关系.

通过协方差与相关系数, 人们不仅能准确把握多个变量间的内在联系, 还能在此基础上进行建模与预测, 以及在统计推断中检验各种假设. 特别是在经济、金融、物理和工程等领域, 这两大概念都扮演着不可或缺的角色, 例如研究股票之间的联动性、分析实验数据的相关结构、评估测量误差与系统波动等. 若要深入掌握协方差与相关系数的内涵, 需要既关注其数学本质, 也留意具体应用场景中的假设条件和可能的局限性.

对多维随机变量, 随机变量的数学期望和方差只反映了各自的均值与偏离程度, 并不能反映随机变量之间的关系. 在证明方差的性质时, 我们已经知道, 当 X 与 Y 相互独立时, 有

$$E\{[X-E(X)][Y-E(Y)]\}=0.$$

反之则说明, 当 $E\{[X-E(X)][Y-E(Y)]\}\neq 0$ 时, X 与 Y 一定不相互独立, 这说明

$$E\{[X-E(X)][Y-E(Y)]\}$$

在一定程度上反映了随机变量 X 与 Y 之间的关系. 由此引入随机变量 X 和 Y 的协方差的概念.

一、协方差的定义

协方差是衡量两个随机变量之间线性关系的强度和方向的统计量. 它通过度量随机变量的联合变化趋势, 来反映它们是否存在同步增减的倾向. 若协方差为正, 则意味着一个变量的上升往往伴随着另一个变量的上升; 若协方差为负, 则表示一个变量上升, 另一个变量却倾向于下降; 若协方差为零, 则表示在平均意义上两者并无线性依赖. 协方差的意义在于, 它可以帮助我们了解两个变量之间的依赖关系和共变程度.

定义 1 设 (X, Y) 为二维随机变量, 若

$$E\{[X-E(X)][Y-E(Y)]\}$$

存在, 则称其为随机变量 X 和 Y 的**协方差**, 记为 $\operatorname{cov}(X, Y)$ (有时也记为 K_{XY}), 即

$$\operatorname{cov}(X, Y)=E\{[X-E(X)][Y-E(Y)]\}. \tag{3.1}$$

按定义, 若 (X, Y) 为二维离散型随机向量, 其概率分布为

$$P\{X=x_i, Y=y_j\}=p_{ij} \quad (i, j=1, 2, \cdots),$$

则

$$\operatorname{cov}(X, Y)=\sum_{i,j}[x_i-E(X)][y_j-E(Y)]\cdot p_{ij}. \tag{3.2}$$

若 (X, Y) 为二维连续型随机向量, 其概率密度为 $f(x, y)$, 则

$$\operatorname{cov}(X, Y)=\int_{-\infty}^{+\infty}\int_{-\infty}^{+\infty}[x-E(X)][y-E(Y)]f(x, y)\mathrm{d}x\mathrm{d}y. \tag{3.3}$$

此外, 由数学期望的性质, 得协方差计算的**简化公式**:

$$\operatorname{cov}(X, Y)=E(XY)-E(X)E(Y). \tag{3.4}$$

事实上, 利用协方差的定义与数学期望的性质, 有

$$\begin{aligned}\operatorname{cov}(X, Y)&=E\{[X-E(X)][Y-E(Y)]\}\\&=E(XY)-E(X)E(Y)-E(Y)E(X)+E(X)E(Y)\\&=E(XY)-E(X)E(Y).\end{aligned}$$

特别地, 当随机变量 X 与 Y 相互独立时, 有 $\operatorname{cov}(X, Y)=0$.

二、协方差的性质

(1) 协方差的基本性质:

① $\operatorname{cov}(X, X)=D(X)$.

该性质表明:随机变量与其自身的协方差等于其方差,即协方差在一个变量的情况下反映了该变量的离散程度,是方差的推广.

② $\operatorname{cov}(X, Y)=\operatorname{cov}(Y, X)$.

该性质表明:协方差关于两个随机变量具有对称性,因此在分析两个变量之间的关系时,无须考虑顺序.

③ $\operatorname{cov}(aX+b, Y)=a\operatorname{cov}(X, Y)$, 其中 a, b 是常数.

该性质表明:协方差对两个变量均具有线性性质,这样在进行变量替换时,协方差的计算具有可预测性,便于处理线性组合的变量.

④ $\operatorname{cov}(aX, bY)=ab\operatorname{cov}(X, Y)$, 其中 a, b 是常数.

该性质表明:协方差具有比例性,即协方差会随变量的尺度变化而线性变化,因此,在不同尺度下需要谨慎解释.

⑤ $\operatorname{cov}(X_1+X_2, Y)=\operatorname{cov}(X_1, Y)+\operatorname{cov}(X_2, Y)$.

该性质表明:协方差具有可加性,这样在处理多个变量的组合时,可简化计算.

⑥ 若随机变量 X 与 Y 相互独立,则 $\operatorname{cov}(X, Y)=0$.

该性质表明:相互独立的两个随机变量的协方差等于零,它表明这两个变量之间不存在线性关系,但可能存在其他非线性关系.

(2) 随机变量和的方差与协方差的关系:

$$D(X\pm Y)=D(X)+D(Y)\pm 2\operatorname{cov}(X, Y). \tag{3.5}$$

特别地,若 X 与 Y 相互独立,则

$$D(X\pm Y)=D(X)+D(Y).$$

注: ① 上述结果可推广至 n 维情形:

$$D\left(\sum_{i=1}^{n}X_i\right)=\sum_{i=1}^{n}D(X_i)+2\sum_{1\leqslant i<j\leqslant n}\operatorname{cov}(X_i, X_j).$$

② 若随机变量 $X_1, X_2, \cdots, X_n$ 两两独立(即其中任意两个随机变量之间均相互独立),则

$$D\left(\sum_{i=1}^{n}X_i\right)=\sum_{i=1}^{n}D(X_i).$$

③ 可以证明:若 X, Y 的方差存在,则

$$|\operatorname{cov}(X, Y)|\leqslant E|[X-E(X)][Y-E(Y)]|\leqslant\sqrt{D(X)}\sqrt{D(Y)}. \tag{3.6}$$

例 1　已知离散型随机向量 (X, Y) 的概率分布(见表 4-3-1),试求随机变量 X 和 Y 的协方差 $\operatorname{cov}(X, Y)$.

表 4-3-1

X \ Y	−1	0	2
0	0.1	0.2	0
1	0.3	0.05	0.1
2	0.15	0	0.1

解　依题设,易求得 X 的概率分布为

$P\{X=0\}=0.3$, $P\{X=1\}=0.45$, $P\{X=2\}=0.25$.

Y 的概率分布为

$$P\{Y=-1\}=0.55,\ P\{Y=0\}=0.25,\ P\{Y=2\}=0.2.$$

于是, 利用数学期望的定义, 分别计算得

$$E(X)=0\times 0.3+1\times 0.45+2\times 0.25=0.95,$$

$$E(Y)=(-1)\times 0.55+0\times 0.25+2\times 0.2=-0.15.$$

根据题设概率分布表中的数据, 进一步利用随机变量函数的数学期望的定义, 计算得

$$\begin{aligned}E(XY)&=\sum_{i=1}^{3}\sum_{j=1}^{3}x_i y_j p_{ij}\\&=1\times(-1)\times 0.3+1\times 2\times 0.1+2\times(-1)\times 0.15+2\times 2\times 0.1=0.\end{aligned}$$

于是, 利用协方差计算的简化公式, 得

$$\operatorname{cov}(X,Y)=E(XY)-E(X)E(Y)=0.95\times 0.15=0.142\,5.$$

例 2 设连续型随机变量 (X,Y) 的密度函数为

$$f(x,y)=\begin{cases}8xy, & 0\leqslant x\leqslant y\leqslant 1\\ 0, & \text{其他}\end{cases},$$

试求随机变量 X 和 Y 的协方差 $\operatorname{cov}(X,Y)$.

解 由题设 (X,Y) 的联合密度函数 $f(x,y)$, 求得其边缘密度函数分别为

$$f_X(x)=\int_{-\infty}^{+\infty}f(x,y)\mathrm{d}y=\begin{cases}4x(1-x^2), & 0\leqslant x\leqslant 1\\ 0, & \text{其他}\end{cases},$$

$$f_Y(y)=\int_{-\infty}^{+\infty}f(x,y)\mathrm{d}x=\begin{cases}4y^3, & 0\leqslant y\leqslant 1\\ 0, & \text{其他}\end{cases},$$

于是, 利用随机变量与随机变量函数的数学期望, 分别计算得

$$E(X)=\int_{-\infty}^{+\infty}xf_X(x)\mathrm{d}x=\int_0^1 x\cdot 4x(1-x^2)\mathrm{d}x=\frac{8}{15},$$

$$E(Y)=\int_{-\infty}^{+\infty}yf_Y(y)\mathrm{d}y=\int_0^1 y\cdot 4y^3\mathrm{d}y=\frac{4}{5},$$

$$E(XY)=\int_{-\infty}^{+\infty}\int_{-\infty}^{+\infty}xyf(x,y)\mathrm{d}x\mathrm{d}y=\int_0^1\mathrm{d}x\int_x^1 xy\cdot 8xy\,\mathrm{d}y=\frac{4}{9},$$

所以, 利用协方差计算的简化公式, 得

$$\operatorname{cov}(X,Y)=E(XY)-E(X)E(Y)=\frac{4}{225}.$$

例 3 在某机械传动系统中, 扭矩与转速受系统设计与运行工况等多种因素的影响, 呈现更加复杂的联合分布. 令随机变量 X 表示扭矩 (经过适当的归一化处理后, 取值非负), 随机变量 Y 表示对应的转速 (同样进行归一化处理). 若在某一特定区域内可近似认为 (X,Y) 服从一个均匀分布, 则可通过计算它们的协方差来评估扭矩与转速之间的线性依赖程度. 设有三角形区域:

$$T=\{(x,y)\mid 0\leqslant x\leqslant 2,\ 0\leqslant y\leqslant x\}.$$

在此区域内, 二维随机变量 (X, Y) 的联合概率密度为

$$f_{X,Y}(x, y)=\begin{cases}1/2, & (x, y)\in T \\ 0, & 其他\end{cases},$$

试求 X 与 Y 的协方差以评估扭矩与转速之间的线性依赖程度.

解 根据协方差的定义, 对连续型随机变量 X 和 Y, 有

$$\operatorname{cov}(X, Y)=E(XY)-E(X)E(Y).$$

下面分别计算 $E(X)$、$E(Y)$ 及 $E(XY)$, 进而求得 $\operatorname{cov}(X, Y)$.

(1) 计算数学期望 $E(X)$ 与 $E(Y)$:

$$E(X)=\iint_R x f_{X,Y}(x, y)\,\mathrm{d}x\,\mathrm{d}y=\int_0^2\int_0^x x\cdot\frac{1}{2}\,\mathrm{d}y\,\mathrm{d}x$$

$$=\frac{1}{2}\int_0^2 x\cdot x\,\mathrm{d}x=\frac{1}{2}\times\frac{1}{3}x^3\Big|_0^2=\frac{1}{2}\times\frac{8}{3}=\frac{4}{3}.$$

$$E(Y)=\iint_R y f_{X,Y}(x, y)\,\mathrm{d}x\,\mathrm{d}y=\int_0^2\int_0^x y\cdot\frac{1}{2}\,\mathrm{d}y\,\mathrm{d}x$$

$$=\frac{1}{2}\int_0^2\left[\int_0^x y\,\mathrm{d}y\right]\mathrm{d}x=\frac{1}{4}\int_0^2 x^2\,\mathrm{d}x=\frac{1}{4}\times\frac{8}{3}=\frac{2}{3}.$$

(2) 计算 $E(XY)$:

$$E(XY)=\iint_R xy f_{X,Y}(x, y)\,\mathrm{d}x\,\mathrm{d}y=\int_0^2\int_0^x xy\cdot\frac{1}{2}\mathrm{d}y\,\mathrm{d}x$$

$$=\frac{1}{2}\int_0^2\left[x\int_0^x y\,\mathrm{d}y\right]\mathrm{d}x=\frac{1}{4}\int_0^2 x^3\,\mathrm{d}x=\frac{1}{4}\times\frac{16}{4}=1,$$

所以, 协方差

$$\operatorname{cov}(X, Y)=E(XY)-E(X)E(Y)=1-\frac{4}{3}\times\frac{2}{3}=\frac{1}{9}.$$

因此, 在该三角形区域假设下, 扭矩与转速呈正相关, 协方差为 1/9. 这种正相关性意味着在本模型中, 当扭矩 X 增大时, 转速 Y 也倾向于取得较大值.

本例展示了如何在非正态分布情境下计算两个连续型随机变量的协方差. 在工程技术中, 扭矩与转速可以根据系统设计、运行条件或测试结果得出特定的联合分布, 并不一定满足正态性假设. 通过在指定区域内设置均匀分布, 我们使用积分方法求出了 $E(X)$、$E(Y)$ 以及 $E(XY)$, 进而得到 $\operatorname{cov}(X, Y)$. 这种方法对于分析工业过程、信号处理或复杂动力系统中随机变量之间的线性依赖程度具有重要的参考意义.

三、相关系数的定义

协方差是对两个随机变量的协同变化的度量, 其大小在一定程度上反映了 X 和 Y 之间的关系, 但它还受到 X 与 Y 本身度量单位的影响. 例如, kX 和 kY 之间的统计关系与 X 和 Y

之间的统计关系应该是一样的，但其协方差却扩大了 k^2 倍，即

$$\mathrm{cov}(kX, kY)=k^2\mathrm{cov}(X, Y).$$

为了避免随机变量度量单位的不同对它们之间关系的度量的影响，可将每个随机变量标准化，即取

$$X^*=\frac{X-E(X)}{\sqrt{D(X)}},\ Y^*=\frac{Y-E(Y)}{\sqrt{D(Y)}},$$

并将 $\mathrm{cov}(X^*, Y^*)$ 作为 X 与 Y 之间关系的一种度量，而

$$\mathrm{cov}(X^*, Y^*)=\frac{\mathrm{cov}(X, Y)}{\sqrt{D(X)D(Y)}}.$$

定义 2　设 (X, Y) 为二维随机向量，$D(X)>0$，$D(Y)>0$，称

$$\rho_{XY}=\frac{\mathrm{cov}(X, Y)}{\sqrt{D(X)D(Y)}} \tag{3.7}$$

为随机变量 X 和 Y 的**相关系数**，有时也记 ρ_{XY} 为 ρ. 特别地，当 $\rho_{XY}=0$ 时，称随机变量 X 与 Y **不相关**.

相关系数是用来衡量两个变量之间线性关系强度和方向的统计指标，其计算公式是协方差除以两个变量标准差的乘积. 它的值通常介于 -1 与 1 之间. 相关系数为 1 表示完全正相关，-1 表示完全负相关，0 表示没有线性相关性. 然而，相关系数并不代表因果关系，因此在实际分析中需要结合其他方法进一步验证.

四、相关系数的性质

相关系数是刻画两个随机变量线性依赖程度的重要指标，它还具备对称性与变换不变性，即若将其中任意一个变量同时加上常数或乘以正数，都不会改变最终结果. 这些性质使得相关系数在统计建模与实证分析中具有广泛的应用价值.

性质 1　$|\rho_{XY}|\leqslant 1$.

证明　由方差的性质和协方差的定义知，对于任意实数 b，均有

$$0\leqslant D(Y-bX)=b^2D(X)+D(Y)-2b\mathrm{cov}(X, Y),$$

因此，若令 $b=\dfrac{\mathrm{cov}(X, Y)}{D(X)}$，则

$$D(Y-bX)=D(Y)-\frac{[\mathrm{cov}(X, Y)]^2}{D(X)}=D(Y)\left[1-\frac{[\mathrm{cov}(X, Y)]^2}{D(X)D(Y)}\right]=D(Y)(1-\rho_{XY}^2),$$

因相关系数的定义中方差 $D(Y)>0$，故 $1-\rho_{XY}^2\geqslant 0$，所以，$|\rho_{XY}|\leqslant 1$. 证毕.

由协方差的性质⑥知，若 X 与 Y 相互独立，则 $\mathrm{cov}(X, Y)=0$，从而可得下面的性质 2.

性质 2　若 X 和 Y 相互独立，则 $\rho_{XY}=0$，即 X 与 Y 不相关.

性质 3　若 $D(X)>0, D(Y)>0$，则当且仅当存在常数 $a, b\ (a\neq 0)$，使 $P\{Y=aX+b\}=1$

时, $|\rho_{XY}|=1$. 而且当 $a>0$ 时, $\rho_{XY}=1$; 当 $a<0$ 时, $\rho_{XY}=-1$.

证明　略(见教材配套的网络学习空间).

注: 相关系数 ρ_{XY} 刻画了随机变量 Y 与 X 之间的"线性相关"程度的强弱. $|\rho_{XY}|$ 的值越接近 1, Y 与 X 的线性相关程度越强; $|\rho_{XY}|$ 的值越接近 0, Y 与 X 的线性相关程度越弱. 当 $|\rho_{XY}|=1$ 时, Y 与 X 的变化可完全由 X 的线性函数给出.

性质 4　设 $e=E[Y-(aX+b)]^2$, 称其为用 $aX+b$ 来近似 Y 的均方误差, 故若 $D(X)>0$, $D(Y)>0$, 则 a, b 分别取

$$a_0=\frac{\operatorname{cov}(X,Y)}{D(X)},\ b_0=E(Y)-a_0E(X) \tag{3.8}$$

时, 均方误差达到最小.

证明　依题设, 利用数学期望的性质, 有

$$e=E[Y-(aX+b)]^2=E(Y^2)+a^2E(X^2)+b^2-2aE(XY)+2abE(X)-2bE(Y),$$

根据求二元函数最值的步骤, 解偏导数方程组:

$$\begin{cases}\dfrac{\partial e}{\partial a}=2aE(X^2)-2E(XY)+2bE(X)=0\\[2ex]\dfrac{\partial e}{\partial b}=2b+2aE(X)-2E(Y)=0\end{cases},$$

解得其唯一驻点:

$$a_0=\frac{\operatorname{cov}(X,\ Y)}{D(X)},\ \ b_0=E(Y)-a_0E(X).$$

证毕.

注: 我们可用均方误差 e 来衡量以 $aX+b$ 近似表示 Y 的精确程度, e 值越小表示 $aX+b$ 与 Y 的近似程度越高, 且知最佳的线性近似为 a_0X+b_0, 其均方误差 $e=D(Y)(1-\rho_{XY}^2)$. 从这个侧面也能说明 $|\rho_{XY}|$ 越接近 1, e 越小; 反之, $|\rho_{XY}|$ 越接近 0, e 越大, Y 与 X 的线性相关性越小.

例 4　设二维随机变量 (X, Y) 的联合概率分布为

X \ Y	1	4	$P\{X=x_i\}$
-2	0	1/4	1/4
-1	1/4	0	1/4
1	1/4	0	1/4
2	0	1/4	1/4
$P\{Y=y_j\}$	1/2	1/2	1

试判断随机变量 X, Y 的相关性与独立性.

解　易得 $E(X)=0$, $E(Y)=5/2$, $E(XY)=0$, 于是, 由协方差计算的简化公式, 得

$$\operatorname{cov}(X, Y)=E(XY)-E(X)E(Y)=0,$$

所以

$$\rho_{XY}=\frac{\operatorname{cov}(X, Y)}{\sqrt{D(X)D(Y)}}=0.$$

这表明: 随机变量X与Y不相关, 即X, Y不存在线性关系. 又由

$$P\{X=-2, Y=1\}=0\neq P\{X=-2\}P\{Y=1\},$$

可见随机变量X, Y不相互独立.

实际上, 观察题设联合概率分布表, 可见X和Y具有函数关系: $Y=X^2$. 上式表明: 随机变量Y的值完全可由X的值确定.

例 5 设θ服从$[-\pi, \pi]$上的均匀分布, 且$X=\sin\theta$, $Y=\cos\theta$, 则X与Y是否相关? 是否相互独立?

解 题设θ服从$[-\pi, \pi]$上的均匀分布, 其概率密度为

$$f(\theta)=\begin{cases}\dfrac{1}{2\pi}, & -\pi\leqslant\theta\leqslant\pi\\ 0, & \text{其他}\end{cases}.$$

于是, 由连续型随机变量的数学期望的定义, 有

$$E(X)=E(\sin\theta)=\int_{-\infty}^{+\infty}\sin\theta f(\theta)\mathrm{d}\theta=\frac{1}{2\pi}\int_{-\pi}^{\pi}\sin\theta\mathrm{d}\theta=0,$$

$$E(Y)=E(\cos\theta)=\int_{-\infty}^{+\infty}\cos\theta f(\theta)\mathrm{d}\theta=\frac{1}{2\pi}\int_{-\pi}^{\pi}\cos\theta\mathrm{d}\theta=0,$$

再由随机变量函数的数学期望的定义, 计算得

$$E(XY)=E(\sin\theta\cos\theta)=\frac{1}{2\pi}\int_{-\pi}^{\pi}\sin\theta\cos\theta\mathrm{d}\theta=0.$$

从上述计算结果可见: $E(XY)=E(X)E(Y)$, 根据协方差计算的简化公式, 有

$$\operatorname{cov}(X, Y)=E(XY)-E(X)E(Y)=0,$$

从而利用相关系数的定义, 得

$$\rho_{XY}=\frac{\operatorname{cov}(X, Y)}{\sqrt{D(X)D(Y)}}=0,$$

这表明: 随机变量X与Y不相关.

最后, 注意到随机变量X与Y满足方程 $X^2+Y^2=1$, 可见X与Y不相互独立.

例 6 在人工智能神经网络的研究中, 常常需要理解某个隐层的激活值与最终输出信心度 (例如分类问题中对某类别的预测概率) 之间的线性依赖关系. 令随机变量X表示神经网络某一隐藏层节点在一批样本上的激活值 (经过适当的归一化处理), 随机变量Y表示对

应输出层对目标类别的信心度 (同样进行归一化处理). 若在样本数据中, X 和 Y 都可视为连续型随机变量, 则可通过计算它们的相关系数来量化两者的线性关系强度. 若基于某神经网络在一批验证集样本上采集到如下数值:

$$E(X)=0.5,\ E(Y)=0.4,\ E(XY)=0.21,\ D(X)=0.04,\ D(Y)=0.022\,5.$$

试求此时 X 和 Y 的相关系数, 并分析隐藏层激活值与输出信心度之间的线性关系强度.

解　由相关系数 ρ_{XY} 的定义知, 对连续型随机变量 X 和 Y, 有

$$\rho_{XY}=\frac{\operatorname{cov}(X,Y)}{\sigma_X\sigma_Y}=\frac{E(XY)-E(X)E(Y)}{\sqrt{D(X)D(Y)}}.$$

在本例中, 我们需要针对一批测得的神经网络隐藏层激活值 X 与输出信心度 Y 的样本, 或者假设 (X,Y) 具有已知的联合分布, 从而估计或计算以下量:

(1) $E(X)$ 与 $E(Y)$: 分别表示在该批样本中(或根据分布)的平均激活值与平均信心度.

(2) $E(XY)$: 表示随机变量 X 与 Y 的乘积的数学期望, 可以根据采样或分布来计算.

(3) $D(X)$ 与 $D(Y)$: 即隐藏层激活值与输出信心度的方差, 同样可通过采样方差或分布积分求出.

(4) X 与 Y 的协方差 $\operatorname{cov}(X,Y)=E(XY)-E(X)E(Y)$.

接着, 将协方差除以二者的标准差 σ_X, σ_Y, 即可得到相关系数:

$$\rho_{XY}=\frac{\operatorname{cov}(X,Y)}{\sigma_X\sigma_Y}.$$

代入题设已知数据:

$$E(X)=0.5,\ E(Y)=0.4,\ E(XY)=0.21,\ D(X)=0.04,\ D(Y)=0.022\,5,$$

分别计算得

$$\operatorname{cov}(X,Y)=E(XY)-E(X)E(Y)=0.21-0.5\times0.4=0.01.$$

$$\sigma_X=\sqrt{D(X)}=\sqrt{0.04}=0.2,\quad \sigma_Y=\sqrt{D(Y)}=\sqrt{0.022\,5}=0.15.$$

根据上述计算结果, 得所求相关系数:

$$\rho_{XY}=\frac{0.01}{0.2\times0.15}=\frac{1}{3}\approx0.333\,3.$$

上述计算所得相关系数约为0.333 3, 这表明隐藏层激活值与输出信心度之间呈适度的正相关关系.

本例阐明了如何在人工智能神经网络领域通过相关系数来量化隐藏层激活值与最终输出信心度之间的线性依赖强度. 这一过程在深度学习及模型可解释性研究中具有应用价值, 可帮助研究者掌握不同网络层之间的依赖关系, 或为后续的网络结构优化、特征可视化等提供量化依据.

例 7 设二维连续型随机变量 (X, Y) 服从二维正态分布, 且

$$(X, Y) \sim N(\mu_1, \mu_2, \sigma_1^2, \sigma_2^2, \rho),$$

求相关系数 ρ_{XY}.

解 依题设, (X, Y) 服从二维正态分布, 即

$$(X, Y) \sim N(\mu_1, \mu_2, \sigma_1^2, \sigma_2^2, \rho),$$

根据二维正态分布的边缘密度知, 二维正态随机变量的两个边缘分布都是一维正态分布, 且

$$X \sim N(\mu_1, \sigma_1^2), \quad Y \sim N(\mu_2, \sigma_2^2).$$

于是, 根据正态分布的数字特征, 得

$$E(X) = \mu_1, \ E(Y) = \mu_2, \ D(X) = \sigma_1^2, \ D(Y) = \sigma_2^2.$$

再根据协方差的定义与二维连续型随机变量数学期望的定义, 计算得

$$\begin{aligned}
\mathrm{cov}(X, Y) &= E\{[X - E(X)][Y - E(Y)]\} \\
&= \int_{-\infty}^{+\infty}\int_{-\infty}^{+\infty}(x-\mu_1)(y-\mu_2)f(x,y)\mathrm{d}x\mathrm{d}y \\
&= \frac{1}{2\pi\sigma_1\sigma_2\sqrt{1-\rho^2}}\int_{-\infty}^{+\infty}\int_{-\infty}^{+\infty}(x-\mu_1)(y-\mu_2) \\
&\quad \cdot\exp\left[\frac{-1}{2(1-\rho^2)}\left(\frac{y-\mu_2}{\sigma_2}-\rho\frac{x-\mu_1}{\sigma_1}\right)^2-\frac{(x-\mu_1)^2}{2\sigma_1^2}\right]\mathrm{d}x\mathrm{d}y.
\end{aligned}$$

做变量替换 $t = \dfrac{1}{\sqrt{1-\rho^2}}\left(\dfrac{y-\mu_2}{\sigma_2}-\rho\dfrac{x-\mu_1}{\sigma_1}\right)$, $u = \dfrac{x-\mu_1}{\sigma_1}$, 得

$$\begin{aligned}
\mathrm{cov}(X, Y) &= \frac{1}{2\pi}\int_{-\infty}^{+\infty}\int_{-\infty}^{+\infty}(\sigma_1\sigma_2\sqrt{1-\rho^2}\,tu+\rho\sigma_1\sigma_2u^2)\mathrm{e}^{-\frac{u^2+t^2}{2}}\mathrm{d}t\mathrm{d}u \\
&= \frac{\rho\sigma_1\sigma_2}{2\pi}\left(\int_{-\infty}^{+\infty}u^2\mathrm{e}^{-\frac{u^2}{2}}\mathrm{d}u\right)\left(\int_{-\infty}^{+\infty}\mathrm{e}^{-\frac{t^2}{2}}\mathrm{d}t\right) \\
&\quad + \frac{\sigma_1\sigma_2\sqrt{1-\rho^2}}{2\pi}\left(\int_{-\infty}^{+\infty}u\mathrm{e}^{-\frac{u^2}{2}}\mathrm{d}u\right)\left(\int_{-\infty}^{+\infty}t\mathrm{e}^{-\frac{t^2}{2}}\mathrm{d}t\right) \\
&= \frac{\rho\sigma_1\sigma_2}{2\pi}\sqrt{2\pi}\cdot\sqrt{2\pi} = \rho\sigma_1\sigma_2,
\end{aligned}$$

所以, $\rho_{XY} = \dfrac{\mathrm{cov}(X, Y)}{\sqrt{D(X)}\sqrt{D(Y)}} = \rho$.

上式表明: 二维正态随机变量 (X, Y) 的概率密度中的参数 ρ 就是 X 和 Y 的相关系数, 因而二维正态随机变量 (X, Y) 的分布完全可由随机变量 X, Y 各自的数学期望、方差以及它们的相关系数确定.

注: 在上一章中我们已经得到: 若 (X, Y) 服从二维正态分布, 则 X 和 Y 相互独立的充要条件为 $\rho=0$. 现在知道 ρ 即为 X 和 Y 的相关系数, 故有下列结论: **若 (X, Y) 服从二维正态分布, 则 X 与 Y 相互独立, 当且仅当 X 和 Y 不相关.**

五、矩的概念

矩是描述数据分布特征的统计量, 用于衡量数据的偏离程度和形态. 常见的矩包括中心矩、原点矩和标准矩. 矩的概念源于数学中的幂次运算, 通常表示数据点相对于某一参考点的偏移程度. 一阶矩是数据的均值, 二阶矩是方差, 三阶矩是偏度, 四阶矩是峰度. 中心矩通过数据与均值的偏差进行计算, 能够更好地描述数据的分布形态.

矩的意义在于, 它为数据分析提供了更高维度的信息, 能够揭示数据的偏斜、峰态等特征. 通过矩, 我们可以了解数据是否对称、是否有重尾或轻尾分布, 甚至判断数据的分布是否符合某些特定模型. 矩的高阶应用包括在统计学、信号处理、机器学习等领域的特征提取、分布拟合和模型优化等.

矩是随机变量的某种特殊函数的数学期望, 也是在数理统计等领域具有广泛应用的数字特征之一.

定义 3 设 X 和 Y 为随机变量, k, l 为正整数, 则

称 $E(X^k)$ 为 **k 阶原点矩** (简称 **k 阶矩**);

称 $E\{[X-E(X)]^k\}$ 为 **k 阶中心矩**;

称 $E(|X|^k)$ 为 **k 阶绝对原点矩**;

称 $E(|X-E(X)|^k)$ 为 **k 阶绝对中心矩**;

称 $E(X^k Y^l)$ 为 X 和 Y 的 **$k+l$ 阶混合矩**;

称 $E\{[X-E(X)]^k[Y-E(Y)]^l\}$ 为随机变量 X 和 Y 的 **$k+l$ 阶混合中心矩**.

注: 由定义可见:

① X 的数学期望 $E(X)$ 是 X 的一阶原点矩;

② X 的方差 $D(X)$ 是 X 的二阶中心矩;

③ 协方差 $\operatorname{cov}(X, Y)$ 是 X 和 Y 的二阶混合中心矩.

例 8 在某机械结构的力学分析中, 载荷与位移往往呈现随机性. 令随机变量 X 表示作用于结构的随机载荷 (单位: kN, 经过适当的归一化处理), 令随机变量 Y 表示结构在该载荷下的相应位移 (单位: mm, 同样进行归一化处理). 当需要进一步分析载荷与位移之间的线性依赖及分布特性时, 可以用到矩 (包括原点矩与中心矩) 的概念, 并结合协方差与相关系数进行定量评估. 假设随机载荷 X 与随机位移 Y 具有如下分布或样本统计信息:

$$E(X)=10,\ E(Y)=5,\ E(X^2)=120,\ E(Y^2)=35,\ E(XY)=52.$$

求此时随机载荷 X 与随机位移 Y 的相关系数, 并分析载荷与位移的关系.

解 根据矩的概念, 若连续型随机变量 X 的概率密度函数为 $f_X(x)$, 则

n阶原点矩: $\mu_n' = E(X^n) = \int_{-\infty}^{+\infty} x^n f_X(x)\,\mathrm{d}x$;

n阶中心矩: $\mu_n = E[(X-E(X))^n]$.

当涉及两个随机变量X和Y时, 若需要描述它们的线性依赖程度, 可以基于以下要点:

协方差 (二阶混合中心矩的一种形式):

$$\mathrm{cov}(X,Y) = E\{[X-E(X)][Y-E(Y)]\} = E(XY) - E(X)E(Y).$$

相关系数: $\rho_{XY} = \dfrac{\mathrm{cov}(X,Y)}{\sigma_X \sigma_Y}$, 其中$\sigma_X = \sqrt{D(X)}$和$\sigma_Y = \sqrt{D(Y)}$分别是$X$与$Y$的标准差 (对应二阶中心矩的开方).

下面展示如何运用原点矩与中心矩来分析载荷与位移之间的关系. 在本例中, 假设已知随机载荷X与随机位移Y具有如下分布或样本统计信息:

$$E(X)=10,\ E(Y)=5,\ E(X^2)=120,\ E(Y^2)=35,\ E(XY)=52.$$

首先, 根据二阶原点矩可以得到方差 (即二阶中心矩):

$$D(X) = E(X^2) - [E(X)]^2 = 120 - 10^2 = 20.$$

$$D(Y) = E(Y^2) - [E(Y)]^2 = 35 - 5^2 = 10.$$

然后, 利用二元情形下的混合原点矩$E(XY)$:

$$\mathrm{cov}(X,Y) = E(XY) - E(X)E(Y) = 52 - 10\times 5 = 2.$$

最后, 计算相关系数:

$$\rho_{XY} = \frac{\mathrm{cov}(X,Y)}{\sqrt{D(X)}\sqrt{D(Y)}} = \frac{2}{\sqrt{20}\sqrt{10}} = \frac{1}{5\sqrt{2}} \approx 0.141\,4.$$

相关系数约为0.141 4, 表明此载荷与位移的线性依赖程度并不高.

本例以机械结构为例, 展示了原点矩与中心矩在工程技术领域中的实际应用. 通过计算一阶与二阶原点矩 ($E(X)$、$E(X^2)$) 等, 可以得到方差以及协方差等中心矩, 进而求出载荷与位移的相关系数. 这一过程对于理解随机载荷与结构响应 (如位移) 之间的统计关系十分重要, 为结构的安全评估、设计优化以及可靠性分析提供了量化依据.

六、协方差矩阵

协方差矩阵是描述多维数据变量之间相互关系和变异程度的工具. 每个元素代表不同变量对之间的协方差, 反映了它们如何共同变化. 对角线元素是各变量的方差, 表示单个变量的变异性; 非对角线元素则是协方差, 衡量不同变量之间的线性关系. 例如, 正协方差表示两个变量趋向于同步变化, 负协方差则表示它们倾向于反向变化. 协方差矩阵广泛应用于统计分析、金融风险管理、主成分分析 (PCA) 等领域, 帮助我们了解数据的内部结构、特征以及变量之间的依赖关系. 协方差矩阵有助于更好地进行数据降维、模型优化及分析复杂的多维数据集.

二维随机变量 (X_1, X_2) 的四个二阶中心矩分别为

$$c_{11}=E\{[X_1-E(X_1)]^2\}, \qquad c_{21}=E\{[X_2-E(X_2)][X_1-E(X_1)]\},$$

$$c_{12}=E\{[X_1-E(X_1)][X_2-E(X_2)]\}, \qquad c_{22}=E\{[X_2-E(X_2)]^2\},$$

将其排成矩阵的形式: $\begin{pmatrix} c_{11} & c_{12} \\ c_{21} & c_{22} \end{pmatrix}$ (对称矩阵), 称此矩阵为 (X_1, X_2) 的**协方差矩阵**.

类似可定义 n 维随机变量 $(X_1, X_2, \cdots, X_n)$ 的协方差矩阵. 如果

$$c_{ij}=\operatorname{cov}(X_i, X_j)=E\{[X_i-E(X_i)][X_j-E(X_j)]\} \ (i, j=1, 2, \cdots, n)$$

都存在, 则称 $\boldsymbol{C}=\begin{pmatrix} c_{11} & c_{12} & \cdots & c_{1n} \\ c_{21} & c_{22} & \cdots & c_{2n} \\ \vdots & \vdots & & \vdots \\ c_{n1} & c_{n2} & \cdots & c_{nn} \end{pmatrix}$ 为 $(X_1, X_2, \cdots, X_n)$ 的**协方差矩阵**.

例 9 假设随机变量 X 在区间 $[0, 2]$ 上均匀分布, 求 X 与 $|X-1|$ 的相关系数 ρ 和协方差矩阵 $\boldsymbol{C}$.

解 题设随机变量 X 在 $[0, 2]$ 上均匀分布, 故其密度函数为

$$f(x)=\begin{cases} 1/2, & 0\leqslant x\leqslant 2 \\ 0, & 其他 \end{cases}.$$

由均匀分布的数字特征, 有

$$E(X)=\frac{2+0}{2}=1, \quad D(X)=\frac{(2-0)^2}{12}=\frac{1}{3}.$$

又由随机变量函数的数学期望, 有

$$E(|X-1|)=\frac{1}{2}\int_0^2 |x-1|\,\mathrm{d}x=-\frac{1}{2}\int_0^1 (x-1)\mathrm{d}x+\frac{1}{2}\int_1^2 (x-1)\mathrm{d}x$$

$$=-\frac{1}{4}(x-1)^2\Big|_0^1+\frac{1}{4}(x-1)^2\Big|_1^2=\frac{1}{2}.$$

再由方差的简化计算、数学期望的性质与方差的性质, 有

$$D(|X-1|)=E[(X-1)^2]-[E(|X-1|)]^2=E(X^2-2X+1)-[E(|X-1|)]^2$$

$$=E(X^2)-2E(X)+1-[E(|X-1|)]^2=D(X)-[E(|X-1|)]^2$$

$$=\frac{1}{3}-\frac{1}{4}=\frac{1}{12},$$

从而

$$E(X|X-1|)=\frac{1}{2}\int_0^2 x|x-1|\,\mathrm{d}x=-\frac{1}{2}\int_0^1 (x^2-x)\mathrm{d}x+\frac{1}{2}\int_1^2 (x^2-x)\mathrm{d}x=\frac{1}{2},$$

因此, 根据协方差的定义, 得

$$\operatorname{cov}(X, |X-1|)=\frac{1}{2}-\frac{1}{2}=0,$$

故由相关系数的定义, X 与 $|X-1|$ 的相关系数为

$$\rho=\frac{\operatorname{cov}(X, |X-1|)}{\sqrt{D(X)D(|X-1|)}}=0.$$

再由协方差矩阵与协方差的性质, 可得

$$c_{11}=\operatorname{cov}(X, X)=D(X)=1/3,$$

$$c_{12}=c_{21}=\operatorname{cov}(X, |X-1|)=0,$$

$$c_{22}=\operatorname{cov}(|X-1|, |X-1|)=D(|X-1|)=1/12.$$

最后, 由协方差矩阵的对称性, 得

$$\boldsymbol{C}=\begin{pmatrix} c_{11} & c_{12} \\ c_{21} & c_{22} \end{pmatrix}=\begin{pmatrix} 1/3 & 0 \\ 0 & 1/12 \end{pmatrix}.$$

例 10 在机器学习的数据预处理阶段, 常常需要对多维特征进行去相关或归一化操作. 令随机向量 (X,Y,Z) 表示某模型输入的三维特征, 其中 X, Y, Z 都是连续型随机变量. 当我们想要分析特征之间的线性依赖关系时, 可以构造并研究它们的协方差矩阵, 进而指导后续的数据转换、特征降维或异常检测等操作. 假设对某批三维数据

$$(x_i, y_i, z_i)\ (i=1, 2, \cdots, n)$$

进行了采样, 并估计得到以下统计值:

$$E(X)=2.0,\ E(Y)=-1.0,\ E(Z)=3.0;$$

$$D(X)=4.0,\ D(Y)=1.0,\ D(Z)=9.0;$$

$$\operatorname{cov}(X,Y)=-1.0,\ \operatorname{cov}(X,Z)=3.0,\ \operatorname{cov}(Y,Z)=-1.5.$$

试写出三维特征向量 $\boldsymbol{V}=(X, Y, Z)$ 的样本协方差矩阵.

解 根据三维随机变量的协方差定义, 我们可将三维特征向量 $\boldsymbol{V}$ 的协方差矩阵表示为

$$\boldsymbol{\Sigma}=\operatorname{cov}(\boldsymbol{V})=\begin{pmatrix} \operatorname{cov}(X,X) & \operatorname{cov}(X,Y) & \operatorname{cov}(X,Z) \\ \operatorname{cov}(Y,X) & \operatorname{cov}(Y,Y) & \operatorname{cov}(Y,Z) \\ \operatorname{cov}(Z,X) & \operatorname{cov}(Z,Y) & \operatorname{cov}(Z,Z) \end{pmatrix}.$$

其中, 对角线元素为各自的方差, 即

$$\operatorname{cov}(X, X)=D(X),\ \operatorname{cov}(Y,Y)=D(Y),\ \operatorname{cov}(Z,Z)=D(Z).$$

而非对角线元素为两两协方差:

$$\operatorname{cov}(X,Y)=E(XY)-E(X)E(Y),$$

$$\operatorname{cov}(X,Z)=E(XZ)-E(X)E(Z),$$

$$\operatorname{cov}(Y,Z)=E(YZ)-E(Y)E(Z).$$

在本例中, 若将题设三维特征向量 $\boldsymbol{V}=(X,Y,Z)$ 的统计值代入, 则该向量 $\boldsymbol{V}$ 的样本协方差矩阵可近似写为

$$\boldsymbol{\Sigma}\approx\begin{pmatrix}4.0 & -1.0 & 3.0\\ -1.0 & 1.0 & -1.5\\ 3.0 & -1.5 & 9.0\end{pmatrix}.$$

一旦得到上述协方差矩阵, 就可以指导后续的机器学习任务. 例如:

(1) 数据去相关 (whitening): 通过特征的主成分分析或白化变换, 降低或消除特征之间的线性相关性, 为后续算法 (如线性回归或神经网络训练) 提供更稳定的输入.

(2) 异常检测: 若某次测量的 (X,Y,Z) 与大部分数据相比在协方差意义上呈强偏离, 则可判定为异常数据, 从而采取相应的清洗或纠正措施.

(3) 特征重要度评估: 根据协方差矩阵中的各项大小, 可以初步判断哪些维度 (或维度组合) 产生了更显著的变化或波动, 从而在特征选择或加权时提供参考.

本例说明了在机器学习领域中, 当特征维度扩展至三维 (或更高维) 时, 可以通过构造协方差矩阵来全面了解各特征之间的线性依赖结构. 一旦获得

$$\mathrm{cov}(X,X),\ \mathrm{cov}(Y,Y),\ \mathrm{cov}(Z,Z),\ \mathrm{cov}(X,Y),\ \mathrm{cov}(X,Z),\ \mathrm{cov}(Y,Z),$$

就能够以矩阵的形式呈现随机向量的方差信息, 为特征变换 (如去相关或主成分降维) 与异常检测等多种算法提供重要依据. 在实际工程中, 这种矩阵化处理方法在计算效率与可解释性方面都具有明显的优势.

*七、n 维正态分布的概率密度

n 维正态分布用于描述多个相关随机变量的概率分布, 广泛应用于统计学、机器学习和信号处理等领域. 它的概率密度函数由均值向量和协方差矩阵确定, 均值向量表示各维度的期望值, 协方差矩阵则描述变量之间的线性相关性及其方差. n 维正态分布的一个重要特性是, 它的边缘分布和条件分布仍然是正态分布. n 维正态分布的意义体现在多个方面. 首先, 它具有对称性和最大熵性质, 意味着在已知均值和协方差的情况下, 它是信息最少、最“平坦”的分布. 其次, 许多实际问题可以通过正态分布进行建模, 特别是在高维数据分析中, n 维正态分布能够有效地简化复杂问题. 此外, 基于正态分布的假设, 可以通过统计推断和机器学习方法进行预测和决策.

先考虑二维正态分布的概率密度, 再将其推广到 n 维情形. 二维正态随机向量 (X_1,X_2) 的概率密度为

$$f(x_1,x_2)=\frac{1}{2\pi\sigma_1\sigma_2\sqrt{1-\rho^2}}\mathrm{e}^{-\frac{1}{2(1-\rho^2)}\left[\left(\frac{x_1-\mu_1}{\sigma_1}\right)^2-2\rho\left(\frac{x_1-\mu_1}{\sigma_1}\right)\left(\frac{x_2-\mu_2}{\sigma_2}\right)+\left(\frac{x_2-\mu_2}{\sigma_2}\right)^2\right]}.$$

采用向量与矩阵的记法:

$$\boldsymbol{X}=\begin{pmatrix} x_1 \\ x_2 \end{pmatrix},\ \boldsymbol{\mu}=\begin{pmatrix} \mu_1 \\ \mu_2 \end{pmatrix},\ \boldsymbol{C}=\begin{pmatrix} c_{11} & c_{12} \\ c_{21} & c_{22} \end{pmatrix},$$

其中$\boldsymbol{C}$为协方差矩阵. 由二维正态分布的数字特征, 有

$$\begin{pmatrix} c_{11} & c_{12} \\ c_{21} & c_{22} \end{pmatrix}=\begin{pmatrix} \sigma_1^2 & \rho\sigma_1\sigma_2 \\ \rho\sigma_1\sigma_2 & \sigma_2^2 \end{pmatrix},$$

由此, 利用矩阵的转置与逆矩阵的概念, 有

$$(\boldsymbol{X}-\boldsymbol{\mu})^{\mathrm{T}}\boldsymbol{C}^{-1}(\boldsymbol{X}-\boldsymbol{\mu})$$

$$=\frac{1}{1-\rho^2}\left[\left(\frac{x_1-\mu_1}{\sigma_1}\right)^2-2\rho\left(\frac{x_1-\mu_1}{\sigma_1}\right)\left(\frac{x_2-\mu_2}{\sigma_2}\right)+\left(\frac{x_2-\mu_2}{\sigma_2}\right)^2\right],$$

其中$(\boldsymbol{X}-\boldsymbol{\mu})^{\mathrm{T}}$是$\boldsymbol{X}-\boldsymbol{\mu}$的转置, $\boldsymbol{C}^{-1}$为$\boldsymbol{C}$的逆矩阵. 所以, 二维正态随机向量(X_1, X_2)的概率密度的矩阵形式为

$$f(x_1, x_2)=\frac{1}{(2\pi)|\boldsymbol{C}|^{1/2}}\exp\left\{-\frac{1}{2}(\boldsymbol{X}-\boldsymbol{\mu})^{\mathrm{T}}\boldsymbol{C}^{-1}(\boldsymbol{X}-\boldsymbol{\mu})\right\}.$$

进一步, 设$\boldsymbol{X}^{\mathrm{T}}=(X_1, X_2, \cdots, X_n)$是一个$n$维随机向量, 如果它的概率密度为

$$f(x_1, x_2, \cdots, x_n)=\frac{1}{(2\pi)^{n/2}|\boldsymbol{C}|^{1/2}}\exp\left\{-\frac{1}{2}(\boldsymbol{X}-\boldsymbol{\mu})^{\mathrm{T}}\boldsymbol{C}^{-1}(\boldsymbol{X}-\boldsymbol{\mu})\right\},$$

则称$\boldsymbol{X}$服从$\boldsymbol{n}$**维正态分布**. 其中, $\boldsymbol{C}$是$(X_1, X_2, \cdots, X_n)$的协方差矩阵, $|\boldsymbol{C}|$是它的行列式, $\boldsymbol{C}^{-1}$表示$\boldsymbol{C}$的逆矩阵, $\boldsymbol{X}$和$\boldsymbol{\mu}$是n维列向量, 而$(\boldsymbol{X}-\boldsymbol{\mu})^{\mathrm{T}}$是$\boldsymbol{X}-\boldsymbol{\mu}$的转置.

*八、n维正态分布的几个重要性质

n维正态分布是高维数据建模中常见的概率分布, 其重要性质在于数据点呈现出对称的钟形分布, 且每个维度的变量具有线性关系. 正态分布在多维空间中具有最大熵性质, 即在给定均值和协方差的约束下, 正态分布是最不偏离已知信息的分布. n维正态分布的重要性体现在其广泛的应用性和数学便利性上. 由于其对称性和独特的数学结构, 许多实际问题(如信号处理、统计推断、机器学习中的贝叶斯推理) 都能有效地应用正态分布. 此外, 在§4.4 引入的中心极限定理的支持下, 许多复杂问题可以通过近似为正态分布来简化分析. 因此, 理解n维正态分布的性质对数据建模和统计推断至关重要.

(1) n维正态随机向量$(X_1, X_2, \cdots, X_n)$的每个分量$X_i\ (i=1, 2, \cdots, n)$都是正态随机变量; 反之, 若$X_1, X_2, \cdots, X_n$都是正态随机变量, 且相互独立, 则$(X_1, X_2, \cdots, X_n)$是n维正态随机向量.

注: 若 (1) 中 $X_1, X_2, \cdots, X_n$ 不是相互独立的, 则反之不一定成立.

(2) n 维正态随机向量 $(X_1, X_2, \cdots, X_n)$ 服从 n 维正态分布的充要条件是 $X_1, X_2, \cdots, X_n$ 的任意线性组合 $l_1X_1 + l_2X_2 + \cdots + l_nX_n$ 均服从一维正态分布 (其中 $l_1, l_2, \cdots, l_n$ 不全为零).

(3) 若 $(X_1, X_2, \cdots, X_n)$ 服从 n 维正态分布, 设 $Y_1, Y_2, \cdots, Y_n$ 是 $X_i\ (i=1, 2, \cdots, n)$ 的线性函数, 则 $(Y_1, Y_2, \cdots, Y_n)$ 也服从 n 维正态分布.

注: 这一性质称为正态变量的线性变换不变性.

(4) 设 $(X_1, X_2, \cdots, X_n)$ 服从 n 维正态分布, 则 "$X_1, X_2, \cdots, X_n$ 相互独立" 等价于 "$X_1, X_2, \cdots, X_n$ 两两不相关".

注: 该性质为判断随机变量 $X_1, X_2, \cdots, X_n$ 的独立性带来了方便.

例 11 设随机变量 X 与 Y 相互独立, 且 $X \sim N(1, 2)$, $Y \sim N(0, 1)$, 试求 $Z = 2X - Y + 3$ 的概率密度.

解 题设 $X \sim N(1, 2)$, $Y \sim N(0, 1)$, 且随机变量 X 与 Y 相互独立, 因此, X 和 Y 的联合分布为正态分布, X 和 Y 的任意线性组合服从正态分布, 即

$$Z \sim N(E(Z), D(Z)).$$

分别计算数学期望与方差, 得

$$E(Z) = 2E(X) - E(Y) + 3 = 2 + 3 = 5,\ D(Z) = 4D(X) + D(Y) = 8 + 1 = 9,$$

由上可见 $Z \sim N(5, 3^2)$, 故所求随机变量函数 Z 的概率密度为

$$f_Z(z) = \frac{1}{3\sqrt{2\pi}} \mathrm{e}^{-\frac{(z-5)^2}{18}},\quad -\infty < z < +\infty.$$

习题 4-3

1. 设随机变量 (X, Y) 服从二维正态分布, 则下列条件中不是 X, Y 相互独立的充分必要条件的是(　).

(A) X, Y 不相关; (B) $E(XY) = E(X)E(Y)$; (C) $\mathrm{cov}(X, Y) = 0$; (D) $E(X) = E(Y) = 0$.

2. 设 X 服从参数为 2 的泊松分布, $Y = 3X - 2$, 试求 $E(Y)$, $D(Y)$, $\mathrm{cov}(X, Y)$ 及 ρ_{XY}.

3. 设随机变量 X 与 Y 的方差分别为 $D(X) = 16$, $D(Y) = 25$, 又已知 X 与 Y 的相关系数 $\rho_{XY} = 0.5$, 试求方差 $D(X+Y)$ 与 $D(X-Y)$.

4. 设二维随机变量 (X, Y) 服从单位圆域 $G: x^2 + y^2 \leqslant 1$ 上的均匀分布, 试证随机变量 X, Y 不相关.

5. 设 100 件产品中的一、二、三等品率分别为 0.8, 0.1 和 0.1. 现从中随机地取 1 件, 记

$$X_i = \begin{cases} 1, & \text{取得 } i \text{ 等品} \\ 0, & \text{其他} \end{cases} \quad (i = 1, 2, 3),$$

求 X_1 和 X_2 的相关系数 $\rho_{X_1X_2}$.

6. 设 $X \sim N(\mu, \sigma^2)$, $Y \sim N(\mu, \sigma^2)$, 且 X, Y 相互独立, 试求 $Z_1 = \alpha X + \beta Y$ 和 $Z_2 = \alpha X - \beta Y$ 的相关系数 (其

中 α, β 是不为零的常数).

7. 设随机变量 (X, Y) 具有概率密度

$$f(x,y)=\begin{cases}\dfrac{1}{8}(x+y), & 0\leqslant x\leqslant 2, 0\leqslant y\leqslant 2\\ 0, & \text{其他}\end{cases},$$

求 $E(X)$, $E(Y)$, $\mathrm{cov}(X, Y)$, ρ_{XY}, $D(X+Y)$.

8. 设随机变量 (X, Y) 的分布律为

$X \backslash Y$	-1	0	1
-1	$1/8$	$1/8$	$1/8$
0	$1/8$	0	$1/8$
1	$1/8$	$1/8$	$1/8$

试验证 X 和 Y 是不相关的, 且 X 和 Y 不相互独立.

9. 设二维随机变量 (X, Y) 的概率密度为

$$f(x,y)=\begin{cases}1/\pi, & x^2+y^2\leqslant 1\\ 0, & \text{其他}\end{cases},$$

试验证 X 和 Y 是不相关的, 且 X 和 Y 不相互独立.

10. 设随机变量 (X, Y) 服从二维正态分布, 且 $X\sim N(0,3)$, $Y\sim N(0,4)$, 相关系数 $\rho_{XY}=-1/4$, 试写出随机变量 X 与 Y 的联合概率密度.

11. 设随机变量 (X, Y) 服从二维正态分布, 且有 $D(X)=\sigma_X^2$, $D(Y)=\sigma_Y^2$. 试证明: 当 $a^2=\sigma_X^2\big/\sigma_Y^2$ 时, 随机变量 $W=X-aY$ 与 $V=X+aY$ 相互独立.

12. 设随机变量 X 服从拉普拉斯分布, 其概率密度为 $f(x)=\dfrac{1}{2\lambda}\mathrm{e}^{-\frac{|x|}{\lambda}}$, $-\infty<x<+\infty$, 其中 $\lambda>0$ 为常数, 求 X 的 k 阶中心矩.

13. 设二维随机变量 (X, Y) 服从二维正态分布, 证明: 随机变量 $\xi=X+Y$ 与 $\eta=X-Y$ 不相关的充分必要条件为 $E(X^2)-[E(X)]^2=E(Y^2)-[E(Y)]^2$.

14. 设随机变量 X 与 Y 相互独立, 且 $X\sim B(1,p)$, $Y\sim B(2,p)$, $p\in(0,1)$, 求 $X+Y$ 与 $X-Y$ 的相关系数.

15. 设随机变量 $X_1, X_2, \cdots, X_n\ (n>1)$ 独立同分布, 且其方差为 $\sigma^2>0$, 令 $Y=\dfrac{1}{n}\sum\limits_{i=1}^{n}X_i$, 求 $\mathrm{cov}(X_1, Y)$.

16. 设随机变量 X 与 Y 之间存在线性关系: $Y=a+bX$. 其中 a, b 为常数, 且 $b\neq 0$, 试证明它们之间的相关系数为 $\rho_{XY}=\begin{cases}1, & b>0\\ -1, & b<0\end{cases}$.

17. 设随机变量 X 与 Y 相互独立, X 服从参数为 1 的指数分布, Y 的概率分布为

$$P\{Y=-1\}=p,\quad P\{Y=1\}=1-p\ (0<p<1),$$

令 $Z=XY$, 试求随机变量 X 与 Z 的协方差.

18. 将 3 个球随机地放入 3 个盒子里, 用 X, Y 分别表示放入第一个与第二个盒子的球的个数, 试判断 X 与 Y 是否相关.

19. 随机试验 E 有三种两两不相容的结果 A_1, A_2, A_3, 且三种结果发生的概率均为 $1/3$, 将试验 E 独立

重复做2次, X表示2次试验中结果A_1发生的次数, Y表示2次试验中结果A_2发生的次数, 试求X与Y的相关系数.

20. 在某光电系统中, 光强与信号频率受到多个因素的影响, 呈现复杂的联合分布. 令随机变量X表示光强 (经过适当的归一化处理, 取值非负), 随机变量Y表示对应的信号频率 (同样进行归一化处理). 若在某一特定区域内可近似认为(X, Y)服从一个均匀分布, 且区域为

$$T=\{(x, y) \mid 0 \leqslant x \leqslant 3, 0 \leqslant y \leqslant x\}.$$

在此区域内, 二维随机变量(X, Y)的联合概率密度为

$$f_{X,Y}(x,y)=\begin{cases}1/3, & (x, y)\in T \\ 0, & \text{其他}\end{cases},$$

试求X与Y的协方差, 以评估光强与信号频率之间的线性依赖程度.

21. 在力学领域, 物体的位移与所受外力之间的关系通常可以通过力学模型进行描述. 然而, 在实际测量中, 二者之间可能呈现复杂的线性或非线性关系. 令随机变量X表示物体在一定时间内的位移 (经过适当的归一化处理), 随机变量Y表示物体在该时间段内所受的外力 (同样进行归一化处理). 假设在某实验中, X和Y都可视为连续型随机变量, 则可以通过计算它们的相关系数来量化两者的线性关系强度. 假设实验数据给出以下数值:

$$E(X)=0.6, \quad E(Y)=0.5, \quad E(XY)=0.35, \quad D(X)=0.09, \quad D(Y)=0.04.$$

试求此时X和Y的相关系数, 并分析位移与外力之间的线性关系强度.

22. 在计算机网络的性能分析中, 网络带宽和网络延迟之间常常呈现一定的随机性. 令随机变量X表示网络带宽 (单位: Mbps, 经过适当的归一化处理), 随机变量Y表示网络延迟 (单位: ms, 同样进行归一化处理). 当需要进一步分析网络带宽与网络延迟之间的线性依赖及分布特性时, 可以用到矩 (包括原点矩与中心矩) 的概念, 并结合协方差与相关系数进行定量评估. 假设在某计算机网络中, 网络带宽与网络延迟的样本统计信息如下:

$$E(X)=100, \quad E(Y)=50, \quad E(X^2)=15\,000, \quad E(Y^2)=2\,600, \quad E(XY)=4\,800.$$

求此时网络带宽X与网络延迟Y的相关系数, 并分析网络带宽与网络延迟的关系.

23. 在网络管理的过程中, 尤其是在流量监控和网络性能分析中, 常常需要对多个网络指标 (如网络延迟、吞吐量、丢包率等) 进行去相关或归一化操作. 令随机向量(X, Y, Z)表示某网络设备的三维性能特征, 其中X, Y和Z分别表示网络延迟 (单位: ms)、吞吐量 (单位: Mbps) 和丢包率 (单位: %). 这些特征通常会相互影响, 因此, 分析它们之间的线性依赖关系对于网络优化至关重要. 可以通过构造并研究它们的协方差矩阵, 来指导后续的数据转换、异常检测或性能优化等操作. 假设通过一段时间内的流量监控数据采样, 得到了以下统计值:

$$E(X)=30, \quad E(Y)=100, \quad E(Z)=1.5,$$
$$D(X)=25, \quad D(Y)=400, \quad D(Z)=0.5,$$
$$\operatorname{cov}(X, Y)=10, \quad \operatorname{cov}(X, Z)=-2, \quad \operatorname{cov}(Y, Z)=-5.$$

试写出三维特征向量$\boldsymbol{V}=(X, Y, Z)$的样本协方差矩阵.

§4.4 大数定律与中心极限定理

大数定律和中心极限定理是概率论和统计学中的两大基石, 它们不仅在理论上奠定了

现代概率论的基础,也在实践中广泛应用于数据分析、经济学、工程学、医学等领域.尽管这两者的研究对象和结论不同,但它们都揭示了在大量样本中随机现象的规律性与稳定性,从而为我们理解和处理随机过程提供了深刻的洞察.

大数定律 (law of large numbers, LLN) 主要研究的是独立同分布随机变量序列的均值行为.根据大数定律,当试验次数趋近于无穷时,样本均值几乎肯定地收敛于其期望值,即随着样本量的增加,随机变量的均值趋向于其理论期望值.这一定理又分为弱大数定律和强大数定律,后者要求收敛性是几乎必然的.

中心极限定理 (central limit theorem, CLT) 则描述了独立同分布随机变量及其和的分布情况.当大量随机变量的和进行标准化后,其分布趋近于正态分布,不论原始变量的分布如何.中心极限定理是统计学中一个至关重要的结果,它解释了为什么正态分布在自然界中如此普遍.

概率论与数理统计是研究随机现象的统计规律性的学科.而随机现象的统计规律性是在相同条件下进行大量重复试验时呈现出来的.例如,在概率的统计定义中,曾提到一事件发生的频率具有稳定性,即事件发生的频率在某种收敛意义下逼近某一定数(表征随机事件发生的概率).这就是最早的**大数定律**.更一般的大数定律讨论 n 个随机变量的均值的稳定性,对上述情况从理论的高度进行了论证.本节先介绍基本的大数定律,然后介绍中心极限定理.

一、切比雪夫(Chebyshev)不等式

切比雪夫不等式是概率论中的一个重要不等式,它提供了一个关于随机变量偏离其期望值的概率的界限.切比雪夫不等式适用于任意分布的随机变量,无须假设其分布形式.因此,它提供了一个广泛适用的界限,尤其在分布未知或不规则时非常有用.尽管该不等式比较保守(即给出的概率上界可能较大),但它为描述随机变量的集中性提供了有力工具.

切比雪夫不等式表明:随机变量 X 的方差越小,事件 $\{|X-\mu|<\varepsilon\}$ 发生的概率越大,即 X 的取值基本上集中在它的数学期望 μ 附近.由此可见,方差刻画了随机变量取值的离散程度.

定理 1　设随机变量 X 的数学期望与方差分别为 $E(X)=\mu, D(X)=\sigma^2$,则对于任意给定的正数 ε,有

$$P\{|X-\mu|\geqslant\varepsilon\}\leqslant\frac{\sigma^2}{\varepsilon^2}, \tag{4.1}$$

这个不等式称为**切比雪夫不等式**.

证明　这里只证明 X 为连续型随机变量的情形.设随机变量 X 的概率密度为 $f(x)$,则有(见图4-4-1)

$$P\{|X-\mu|\geqslant\varepsilon\}=\int_{|x-\mu|\geqslant\varepsilon}f(x)\mathrm{d}x$$

$$\leqslant\int_{|x-\mu|\geqslant\varepsilon}\frac{|x-\mu|^2}{\varepsilon^2}f(x)\mathrm{d}x$$

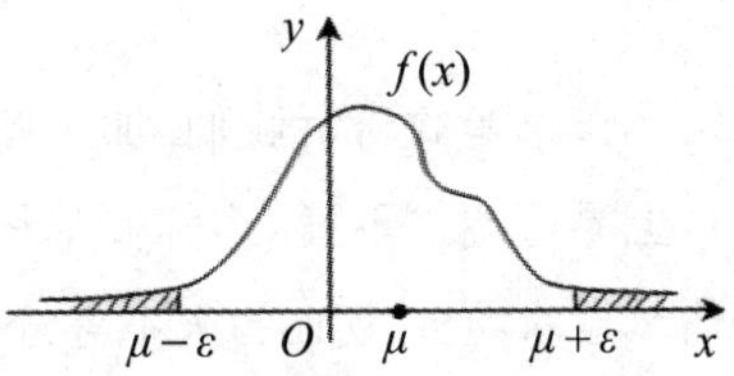

图4-4-1

$$\leqslant \frac{1}{\varepsilon^2}\int_{-\infty}^{+\infty}(x-\mu)^2 f(x)\mathrm{d}x = \frac{\sigma^2}{\varepsilon^2}.$$

证毕.

利用概率的性质, 上述切比雪夫不等式也可以写成

$$P\{|X-\mu|<\varepsilon\} \geqslant 1-\frac{\sigma^2}{\varepsilon^2}. \tag{4.2}$$

在方差已知的情况下, 切比雪夫不等式给出了随机变量 X 与它的数学期望 μ 的偏差不小于 ε 的概率的估计式. 例如, 若取 $\varepsilon=3\sigma$, 则有

$$P\{|X-\mu| \geqslant 3\sigma\} \leqslant \frac{\sigma^2}{9\sigma^2} \approx 0.111. \tag{4.3}$$

于是, 对任意给定的分布, 只要数学期望和方差存在, 随机变量 X 取值偏离 μ 超过 3 倍均方差的概率就小于 0.111 .

例 1　在机械加工过程中, 零件的某项关键尺寸往往存在随机波动. 令随机变量 X 表示某机械零件的加工厚度 (单位: mm), 并假设根据历史大样本或统计分析得到 $E(X)=\mu$ 与 $D(X)=\sigma^2$. 如果加工要求规定该厚度的公差带为 $[\mu-\delta, \mu+\delta]$, 工程师希望评估零件超差 (即不在公差范围内) 的概率上界. 若在一次实际生产情境中, 通过统计测量得到 $\mu=10\,\text{mm}$, $\sigma=0.5\,\text{mm}$, 而公差范围要求 $\delta=1\,\text{mm}$, 则加工厚度偏离目标值 10 mm 超过 1 mm 的概率最多为多少?

解　依题意, 可利用切比雪夫不等式来给出该概率的保守估计. 根据切比雪夫不等式, 对任意随机变量 X 及正数 α, 有

$$P\{|X-E(X)| \geqslant \alpha\} \leqslant \frac{D(X)}{\alpha^2}.$$

在本例中, 令 $\alpha=\delta$, 则当零件厚度 X 超出区间 $[\mu-\delta, \mu+\delta]$ 时, 便意味着 $|X-\mu| \geqslant \delta$, 所以

$$P\{X \notin [\mu-\delta, \mu+\delta]\} = P\{|X-\mu| \geqslant \delta\} \leqslant \frac{\sigma^2}{\delta^2}.$$

具体代入一次实际生产情境中测量的数据:

$$\mu=10\,\text{mm},\ \sigma=0.5\,\text{mm},\ \delta=1\,\text{mm},$$

则由切比雪夫不等式, 有

$$P\{|X-10|>1\} \leqslant \frac{0.5^2}{1.0^2}=0.25.$$

该不等式告诉我们, 加工厚度偏离目标值 10 mm 超过 1 mm 的概率最多为 25%. 虽然这一上界可能并不紧 (实际概率往往更小), 但对于某些前期缺乏精确分布假设或需要快速评估风险的场合, 切比雪夫不等式得出的结果依然具有重要的参考价值.

本例展示了切比雪夫不等式在工程技术领域 (机械加工) 中的典型应用: 当我们仅知随

机变量的均值与方差, 却无法确定其具体分布时, 可以用切比雪夫不等式为加工误差在给定阈值外的概率提供一个通用的上界. 它虽然往往较为保守, 但在缺乏更充分的信息的早期分析阶段, 仍能帮助工程师快速判断加工过程中出现超差的风险水平, 并为后续工艺改进或质量控制提供参考.

例 2 在每次试验中, 事件 A 发生的概率为 0.75, 利用切比雪夫不等式, 求: 独立试验次数 n 最小取何值时, 事件 A 出现的频率在 0.74～0.76 之间的概率至少为 0.90?

解 依题设, 设 X 是 n 次独立试验中事件 A 出现的次数, 则 $X\sim b(n, 0.75)$, 且

$$\mu=0.75n,\ \sigma^2=0.75\times 0.25n=0.187\,5n,$$

所求的是满足

$$P\{0.74<X/n<0.76\}\geqslant 0.90$$

的最小的 n. 由

$$P\{0.74n<X<0.76n\}=P\{-0.01n<X-0.75n<0.01n\}=P\{|X-\mu|<0.01n\},$$

在切比雪夫不等式中, 取 $\varepsilon=0.01n$, 则有

$$\begin{aligned}P\{0.74<X/n<0.76\}&=P\{|X-\mu|<0.01n\}\\&\geqslant 1-\frac{\sigma^2}{(0.01n)^2}=1-\frac{0.187\,5n}{0.000\,1n^2}=1-\frac{1\,875}{n}.\end{aligned}$$

依题意, $1-\dfrac{1\,875}{n}\geqslant 0.9$, 由此解得

$$n\geqslant\frac{1\,875}{1-0.9}=18\,750.$$

即 n 取 18 750 时, 可以使得在 n 次独立重复试验中, 事件 A 出现的频率在 0.74～0.76 之间的概率至少为 0.90.

二、大数定律

大数定律最早由雅各布•伯努利 (Jacob Bernoulli) 于18世纪提出, 他通过对抛硬币实验的分析, 初步发现了在多次独立试验中, 成功率会接近理论期望. 随着概率论的发展, 后来的数学家, 如拉普拉斯、切比雪夫等人进一步推广了这一理论, 提出了更为严谨和普适的数学形式. 大数定律为统计学中的估计理论提供了理论支持, 它使得我们能够通过有限的样本推断总体的特性. 比如, 抽样调查中, 通过收集足够的样本, 样本均值能够逼近总体均值.

首先引入随机变量序列 $X_1, X_2, \cdots, X_n, \cdots$ 相互独立的概念. 如果对任意的 $n>1$, $X_1, X_2, \cdots, X_n$ 都相互独立, 则称 $X_1, X_2, \cdots, X_n, \cdots$ 相互独立.

定理 2 设随机变量 $X_1, X_2, \cdots, X_n, \cdots$ 相互独立, 且具有相同的数学期望和方差

$$E(X_i)=\mu,\ D(X_i)=\sigma^2,\ i=1, 2, \cdots.$$

记 $Y_n=\dfrac{1}{n}\sum_{i=1}^{n}X_i$, 则对任意 $\varepsilon>0$, 有

$$\lim_{n\to\infty}P\{|Y_n-\mu|<\varepsilon\}=1. \tag{4.4}$$

证明　依题设, 根据数学期望与方差的性质, 有

$$E(Y_n)=\frac{1}{n}\sum_{i=1}^{n}E(X_i)=\mu,\ D(Y_n)=\frac{1}{n^2}\sum_{i=1}^{n}D(X_i)=\frac{\sigma^2}{n},$$

因此, 利用切比雪夫不等式, 得

$$P\{|Y_n-\mu|<\varepsilon\}\geqslant 1-\frac{\sigma^2}{n\varepsilon^2},$$

令 $n\to\infty$, 再注意到概率不可能大于1, 即得式(4.4). 证毕.

式(4.4)表明: 对任意 $\varepsilon>0$, 事件 $\{|Y_n-\mu|<\varepsilon\}$ 发生的概率很大, 从概率意义上指出了当 n 很大时 Y_n 逼近 μ 的确切含义. 在概率论中, 我们把式(4.4)表示的收敛性称为随机变量序列 $Y_1, Y_2, \cdots, Y_n, \cdots$ **依概率收敛**于 μ, 记为 $Y_n\xrightarrow{P}\mu$.

定理2表明: $X_1, X_2, \cdots, X_n$ 的算术平均值序列 $\{Y_n\}$ 依概率收敛于其数学期望 μ.

依概率收敛是概率论中描述随机变量收敛性质的一种方式, 其核心意义在于描述随机变量序列的稳定性. 具体而言, 若随机变量序列 $\{X_n\}$ 依概率收敛于一个常数 θ, 则表示当样本量 n 足够大时, $\{X_n\}$ 的值以高概率接近 θ. 这是一种较为宽松的收敛形式, 表明随机误差在大样本下逐渐减小. 依概率收敛的意义主要体现在统计推断和大数定律中. 它为估计量的收敛性提供了理论基础, 确保在样本量增加时, 估计值能够以较高概率接近真实参数. 同时, 它是更强收敛形式(如几乎处处收敛)的基础, 在统计学、信号处理等领域广泛应用, 可以帮助理解随机变量的长远行为及渐近性质, 为实际问题的近似计算和推断奠定了基础.

推论　设 n_A 是 n 重伯努利试验中事件 A 发生的次数, p 是事件 A 在每次试验中发生的概率, 则对任意的 $\varepsilon>0$, 有

$$\lim_{n\to\infty}P\left\{\left|\frac{n_A}{n}-p\right|<\varepsilon\right\}=1. \tag{4.5}$$

证明　依题设, n_A 是 n 重伯努利试验中事件 A 发生的次数, 则 n_A 服从二项分布, 即

$$n_A\sim b(n,p),$$

于是, n_A 可表示为 n 个相互独立的、服从以 p 为参数的 $0-1$ 分布的随机变量 $X_1, X_2, \cdots, X_n$ 的和, 即 $n_A=X_1+X_2+\cdots+X_n$, 由 $0-1$ 分布的数字特征, 有

$$E(X_i)=p,\ D(X_i)=p(1-p)\ (i=1,2,\cdots,n),$$

注意到 $\dfrac{1}{n}\sum_{i=1}^{n}X_i=\dfrac{n_A}{n}$, 由定理2得式(4.5). 证毕.

这个推论就是最早的一个大数定律, 称为**伯努利定理**. 它表明: 当重复试验次数 n 充分

大时, 事件 A 发生的频率 $\frac{n_A}{n}$ 依概率收敛于事件 A 发生的概率 p. 该定理以严格的数学形式表达了频率的稳定性. 在实际应用中, 当试验次数很多时, 便可以用事件发生的频率来近似代替事件的概率.

如果事件 A 的概率很小, 则由伯努利定理知, 事件 A 发生的频率也是很小的, 或者说事件 A 很少发生, 即"概率很小的随机事件在个别试验中几乎不会发生". 这一原理称为**小概率原理**, 它的实际应用很广泛. 但应注意到, 小概率事件与不可能事件是有区别的. 在多次试验中, 小概率事件也可能发生.

伯努利定理是概率论中的一个重要定理, 它描述了独立同分布的随机变量在经过大量试验后, 其均值趋近于期望值的现象. 这一结果意味着, 在大量试验中, 均值几乎总是接近理论期望值. 伯努利定理揭示了随机性与平均规律之间的关系, 它是统计学中很多重要结论如抽样分布、估计理论等的基础. 简言之, 定理强调了在大量实验中随机波动逐渐平滑, 结果趋于稳定, 反映了概率事件的长期稳定性.

例 3 设随机变量 $X_1, X_2, \cdots, X_n$ 相互独立, 且服从区间 (a, b) 上的均匀分布 $U(a, b)$ $(a<b)$, 其最大分布 $X_{(n)}=\max\{X_1, X_2, \cdots, X_n\}$. 证明: $X_{(n)}\xrightarrow{P} b\ (n\to\infty)$.

证明 题设随机变量 $X_1, X_2, \cdots, X_n$ 相互独立, 它们均服从均匀分布 $U(a, b)$ $(a<b)$, 因此, 由独立随机变量的最大值分布知, 最大值分布 $X_{(n)}=\max\{X_1, X_2, \cdots, X_n\}$ 的分布函数为

$$P\{X_{(n)}<x\}=\begin{cases}0, & x\leqslant a\\ \left(\dfrac{x-a}{b-a}\right)^n, & a<x<b,\\ 1, & x\geqslant b\end{cases}$$

根据依概率收敛的定义、概率的性质与随机变量分布函数的性质, 对 $\forall\varepsilon>0$ $(\varepsilon<b)$, 有

$$\begin{aligned}P\{|X_{(n)}-b|\geqslant\varepsilon\}&=P\{X_{(n)}\geqslant b+\varepsilon\}+P\{X_{(n)}\leqslant b-\varepsilon\}\\&=1-P\{X_{(n)}<b+\varepsilon\}+P\{X_{(n)}\leqslant b-\varepsilon\}\\&=1-1+\left(\frac{b-\varepsilon-a}{b-a}\right)^n\to 0\ (n\to\infty),\end{aligned}$$

即 $X_{(n)}\xrightarrow{P} b\ (n\to\infty)$. 证毕.

例 4 在工程技术领域, 传感器模块的故障率是影响系统稳定性与可靠性的重要因素. 若将"传感器是否发生故障"视为伯努利试验, 即故障为"成功"(记为1), 正常工作为"失败"(记为0), 则可运用大数定律 (伯努利定理) 对大规模测试或抽样实验的数据进行分析, 从而估计传感器的真实故障率, 并为产品质量改进提供依据.

设某工程团队对一批传感器进行了 $n=400$ 次独立测试 (或从不同环境场景中随机抽

取), 记录了其中 $k=24$ 次出现故障, 试估计这批传感器模块的故障率. 进一步, 若工程师打算将估计误差控制在 $\varepsilon=0.01$(即希望故障率估计与真实故障率 p 相差不超过1个百分点) 并保持95%的置信水平, 问至少应选取多大的独立测试 (样本) 规模 n?

解 根据大数定律知, 若 $X_1, X_2, \cdots, X_n$ 为一系列相互独立且同分布的伯努利随机变量, 其中 $P\{X_i=1\}=p$ 表示传感器出现故障的概率 (即故障率), 则

$$\overline{X}_n=\frac{1}{n}\sum_{i=1}^{n}X_i$$

表示在 n 个传感器测试样本中出现故障的比例. 大数定律指出, 当 n 趋于无穷时, 有

$$\overline{X}_n\xrightarrow{P}p,$$

即当测试样本数量足够大时, 故障比例 $\overline{X}_n$ 会逼近传感器的真实故障率 p.

代入题设已知数据 $n=400$, $k=24$, 则故障率的估计值为

$$\overline{X}_{400}=\frac{k}{n}=\frac{24}{400}=0.06.$$

这意味着, 在该批测试中传感器的故障率约为6%.

根据大数定律, 若继续扩大样本规模 (如更多次测试或更多样本传感器), 则观测到的故障率会更接近真实故障率 p.

进一步, 若工程师打算将估计误差控制在 $\varepsilon=0.01$ (即希望故障率估计与真实故障率 p 相差不超过1个百分点) 并保持95%的置信水平, 则可根据切比雪夫不等式的保守估计来选取足够大的独立测试规模. 事实上, 对伯努利变量:

$$p(1-p)\approx 0.06\times 0.94=0.0564.$$

令不超过 $\varepsilon=0.01$ 的概率为95%, 即要求

$$P\{|\overline{X}_n-p|\geqslant 0.01\}\leqslant 0.05.$$

因此, 由切比雪夫不等式近似可得

$$P\{|\overline{X}_n-p|\geqslant 0.01\}\leqslant\frac{p(1-p)/n}{0.01^2}\approx\frac{0.0564}{0.0001n}.$$

令其 $\leqslant 0.05$, 即可解得样本规模:

$$n\geqslant\frac{0.0564}{0.05\times 0.0001}=\frac{0.0564}{5\times 10^{-6}}=11\,280.$$

因此, 若需在95%的置信水平下将故障率的估计误差控制在1个百分点之内, 则至少需要1万多个样本 (此处为切比雪夫不等式的保守估计, 实际应用中可依据其他更紧的界或正态近似来得到更合理的样本规模).

本例说明了大数定律在工程技术领域 (如传感器模块的故障率评估) 中的典型应用. 当每个传感器是否出现故障可视为一次伯努利试验时, 通过较大规模的抽样测试, 我们能够更

准确地估计传感器的真实故障率. 同时, 借助切比雪夫不等式或其他不等式的辅助, 可以根据预期的误差阈值与置信水平来判断所需的测试样本量, 从而在工程实践中兼顾精度与成本, 制定合理的测试与质控策略.

三、中心极限定理

中心极限定理是概率论中的核心定理之一, 它揭示了大规模独立随机变量的和或均值在某些条件下趋向于正态分布的普遍性. 即若有一组独立同分布的随机变量, 每个变量的数学期望为μ, 方差为σ^2, 则当样本容量n足够大时, 无论原始数据的分布是什么, 这些变量的和或均值的标准化形式 (即减去期望值并除以标准差) 都将趋近于标准正态分布$N(0, 1)$.

中心极限定理的重要性在于, 许多实际应用中, 数据的分布可能并非正态分布, 但中心极限定理告诉我们, 当样本容量足够大时, 样本的均值或和的分布将会近似正态分布. 这使得正态分布成为处理大量数据的一个非常有用的模型. 该定理的意义在于, 它为大样本统计推断提供了基础, 支持假设检验、参数估计、置信区间估计等. 它使得我们能够简化复杂的实际问题, 依靠正态分布的性质来进行分析.

在实际问题中, 许多随机现象是由大量相互独立的随机因素综合影响形成的, 其中每个因素在总的影响中所起的作用是微小的. 这类随机变量一般都服从或近似服从正态分布. 以一门大炮的射程为例, 影响大炮的射程的随机因素包括: 大炮炮身结构导致的误差, 炮弹及炮弹内炸药质量导致的误差, 瞄准时的误差, 受风速、风向的干扰而造成的误差等. 其中每种误差造成的影响在总的影响中所起的作用是微小的, 并且可以看成是相互独立的, 人们关心的是这众多误差因素对大炮射程所造成的总的影响. 因此, 需要讨论大量独立随机变量和的问题.

中心极限定理是棣莫弗 (De Moivre) 在18世纪首先提出的, 至今其内容已经非常丰富. 这些定理在很一般的条件下证明了无论随机变量X_i $(i=1, 2, \cdots)$服从什么分布, 当$n\to\infty$时, n个随机变量的和$X_1+X_2+\cdots+X_n=\sum\limits_{i=1}^{n}X_i$的极限分布都是正态分布. 利用这些结论, 数理统计中许多复杂随机变量的分布可以用正态分布近似, 而正态分布有许多完美的理论, 从而可以获得既实用又简单的统计分析. 下面我们仅介绍其中两个最基本的结论.

定理 3　设随机变量$X_1, X_2, \cdots, X_n, \cdots$相互独立, 服从同一分布, 且

$$E(X_i)=\mu,\ D(X_i)=\sigma^2\ (i=1, 2, \cdots),$$

则

$$\lim_{n\to\infty}P\left\{\frac{\sum\limits_{i=1}^{n}X_i-n\mu}{\sigma\sqrt{n}}\leqslant x\right\}=\int_{-\infty}^{x}\frac{1}{\sqrt{2\pi}}\mathrm{e}^{-t^2/2}\mathrm{d}t. \tag{4.6}$$

注: 定理表明: 当n充分大时, n个具有数学期望和方差的独立同分布的随机变量之和近

似服从正态分布. 虽然在一般情况下, 我们很难求出随机变量的和

$$X_1+X_2+\cdots+X_n=\sum_{i=1}^{n}X_i$$

的确切分布, 但当n很大时, 可求出其近似分布. 由定理结论, 有

$$\frac{\sum_{i=1}^{n}X_i-n\mu}{\sigma\sqrt{n}}\overset{\text{近似}}{\sim}N(0,1),\ 即\ \frac{\frac{1}{n}\sum_{i=1}^{n}X_i-\mu}{\sigma/\sqrt{n}}\overset{\text{近似}}{\sim}N(0,1),$$

于是

$$\overline{X}=\frac{1}{n}\sum_{i=1}^{n}X_i\overset{\text{近似}}{\sim}N\left(\mu,\ \frac{\sigma^2}{n}\right). \tag{4.7}$$

所以定理3又可表述为: 当n充分大时, 均值为μ、方差为$\sigma^2>0$的独立同分布的随机变量$X_1, X_2, \cdots, X_n, \cdots$的算术平均值$\overline{X}$近似服从均值为$\mu$、方差为$\sigma^2/n$的正态分布. 这一结果是数理统计中大样本统计推断的理论基础.

上述定理由芬兰数学家林德伯格 (Lindeberg) 和法国数学家列维 (Levy) 于20世纪20年代提出, 它是中心极限定理的一个重要扩展, 解决了棣莫弗–拉普拉斯定理中关于独立同分布随机变量的限制性问题, 使其能够处理具有不同分布的随机变量, 尤其是当某些变量可能有较大的离群值时, 它依然能够保证和的分布趋向于正态分布. 这一结论在统计学中具有广泛的应用, 尤其是为处理非同分布或包含极端值的数据提供了理论依据.

例 5 一盒同型号的螺丝钉共有100个, 已知该型号的螺丝钉的重量是一个随机变量, 期望值是100 g, 标准差是10 g, 求一盒螺丝钉的重量超过10.2 kg的概率.

解 设X_i为第i $(i=1,2,\cdots,100)$个螺丝钉的重量, 它们之间独立同分布, 于是, 一盒螺丝钉的重量为$X=\sum_{i=1}^{100}X_i$, 且$\mu=E(X_i)=100$, $\sigma=\sqrt{D(X_i)}=10$, $n=100$. 由中心极限定理, 有

$$\begin{aligned}P\{X>10\,200\}&=P\left\{\frac{\sum_{i=1}^{n}X_i-n\mu}{\sigma\sqrt{n}}>\frac{10\,200-n\mu}{\sigma\sqrt{n}}\right\}\\&=P\left\{\frac{X-10\,000}{100}>\frac{10\,200-10\,000}{100}\right\}\\&=P\left\{\frac{X-10\,000}{100}>2\right\}=1-P\left\{\frac{X-10\,000}{100}\leqslant 2\right\}\\&\approx 1-\Phi(2)=1-0.977\,25=0.022\,75,\end{aligned}$$

标准正态分布函数查表

即一盒螺丝钉的重量超过10.2kg的概率为0.022 75.

例 6 计算机在进行数学计算时, 遵从四舍五入的原则. 为简单起见, 现在对小数点后

面第一位进行舍入运算, 则可以认为误差 X 服从 $[-0.5, 0.5]$ 上的均匀分布. 若在一项计算中进行了100次数字计算, 求平均误差落在区间 $[-\sqrt{3}/20, \sqrt{3}/20]$ 上的概率.

解 依题设, 用 X_i 表示第 i 次计算中产生的误差, 则 $X_1, X_2, \cdots, X_{100}$ 相互独立, 且都服从 $[-0.5, 0.5]$ 上的均匀分布, 此时, 根据均匀分布的数字特征, 有

$$E(X_i)=0,\ D(X_i)=\frac{1}{12},\ i=1, 2, \cdots, 100,$$

从而近似地有

$$Y_{100}=\frac{\sum_{i=1}^{100}X_i-100\times 0}{\sqrt{100/12}}=\frac{\sqrt{3}}{5}\sum_{i=1}^{100}X_i\sim N(0, 1).$$

故题设平均误差 $\overline{X}=\frac{1}{100}\sum_{i=1}^{100}X_i$ 落在区间 $[-\sqrt{3}/20, \sqrt{3}/20]$ 上的概率为

$$P\left\{-\frac{\sqrt{3}}{20}\leqslant\overline{X}\leqslant\frac{\sqrt{3}}{20}\right\}=P\left\{-\frac{\sqrt{3}}{20}\leqslant\frac{1}{100}\sum_{i=1}^{100}X_i\leqslant\frac{\sqrt{3}}{20}\right\}=P\left\{-3\leqslant\frac{\sqrt{3}}{5}\sum_{i=1}^{100}X_i\leqslant 3\right\}$$

$$\approx\Phi(3)-\Phi(-3)=0.997\,3.$$

其中, 最后一步为查标准正态分布函数表所得. 由于 $\frac{\sqrt{3}}{20}\approx 0.086\,6$, 故平均误差 $\overline{X}$ 几乎完全取值于区间 $[-0.086\,6, 0.086\,6]$ 内.

下面介绍定理3的一个重要特例, 它是历史上最早的中心极限定理, 由棣莫弗提出, 拉普拉斯推广, 故又称为棣莫弗-拉普拉斯中心极限定理 (De Moivre-Laplace central limit theorem). 其揭示了大规模独立随机变量之和的分布趋向正态分布的性质, 标志着现代中心极限定理的初步形成.

定理 4 (棣莫弗-拉普拉斯定理) 设随机变量序列 $X_1, X_2, \cdots, X_n, \cdots$ 相互独立, 并且都服从参数为 p 的两点分布, 则对任意实数 x, 有

$$\lim_{n\to\infty}P\left\{\frac{\sum_{i=1}^{n}X_i-np}{\sqrt{np(1-p)}}\leqslant x\right\}=\int_{-\infty}^{x}\frac{1}{\sqrt{2\pi}}\mathrm{e}^{-t^2/2}\mathrm{d}t=\Phi(x). \tag{4.8}$$

证明 依题设, 随机变量序列 $X_1, X_2, \cdots, X_n, \cdots$ 相互独立, 并且都服从参数为 p 的两点分布, 故

$$E(X_k)=p,\ D(X_k)=p(1-p)\ \ (k=1, 2, \cdots, n),$$

于是, 由式(4.6)即可证得本定理结论. 证毕.

注: 根据§2.2例6后的注可知, 二项分布 $b(n, p)$ 可分解为 n 个相互独立、服从同一分布

$b(1, p)$(两点分布)的随机变量之和, 所以定理4的结论对服从参数为 n, p 的二项分布也成立, 即正态分布是二项分布的极限分布.

例 7　某车间有200台车床, 在生产期间由于需要检修、调换刀具、变换位置及调换工作等, 常需停工. 设开工率为0.6, 并设每台车床的工作是独立的, 且在开工时需电力1千瓦, 问应供应多少千瓦电力才能以99.9%的概率保证该车间不会因供电不足而影响生产?

解　将对每台车床的观察作为一次试验, 每次试验观察每台车床在某时刻是否工作, 工作的概率为0.6, 共进行200次独立试验 (可视为200重伯努利试验). 用 X 表示在某时刻工作着的车床数, 则 X 服从二项分布, 即 $X \sim b(200, 0.6)$. 现在的问题是: 求满足 $P\{X \leqslant N\} \geqslant 0.999$ 的最小的 N.

由定理4的注知, 正态分布是二项分布的极限分布, 所以

$$\frac{X-np}{\sqrt{np(1-p)}} \overset{\text{近似}}{\sim} N(0, 1),$$

标准正态分布函数查表

其中 $np=120$, $np(1-p)=48$, 故由标准正态分布函数的性质, 可得

$$P\{X \leqslant N\} \approx \Phi\left(\frac{N-120}{\sqrt{48}}\right).$$

由 $\Phi\left(\frac{N-120}{\sqrt{48}}\right) \geqslant 0.999$, 查标准正态分布函数表, 得 $\Phi(3.1)=0.999$, 所以

$$\frac{N-120}{\sqrt{48}} \geqslant 3.1,$$

从中解得 $N \geqslant 141.5$, 故所求 $N=142$. 即应供应142千瓦电力就能以99.9%的概率保证该车间不会因供电不足而影响生产.

例 8　某市保险公司开办一年人身保险业务, 被保险人每年需交付保险费160元, 若一年内发生重大人身事故, 其本人或家属可获2万元赔偿金. 已知该市人员一年内发生重大人身事故的概率为0.005, 现有5 000人参加此项保险, 问保险公司一年内从此项业务中得到的总收益在20万~40万元之间的概率是多少?

解　引入随机变量

$$X_i=\begin{cases}1, & \text{第 } i \text{ 个被保险人发生重大人身事故} \\ 0, & \text{第 } i \text{ 个被保险人未发生重大人身事故}\end{cases} \quad (i=1, 2, \cdots, 5\,000),$$

于是, $X_1, X_2, \cdots, X_{5\,000}$ 相互独立, 均服从参数为 $p=0.005$ 的两点分布, 且

$$P\{X_i=1\}=0.005, \; np=25.$$

因此, $X_1, X_2, \cdots, X_{5\,000}$ 可视为5 000重伯努利试验, 记 $X=\sum_{i=1}^{5\,000} X_i$, 可见随机变量 X 就是5 000

个被保险人中一年内发生重大人身事故的人数, 故X服从二项分布, 即$X \sim b(5\,000, 0.005)$. 又保险公司一年内从此项业务中所得到的总收益为

$$0.016 \times 5\,000 - 2X \text{ (万元)}.$$

所以, 查标准正态分布函数表, 得

$$\begin{aligned} &P\{20 \leqslant 0.016 \times 5\,000 - 2X \leqslant 40\} \\ &= P\{20 \leqslant X \leqslant 30\} \\ &= P\left\{ \frac{20-25}{\sqrt{25 \times 0.995}} \leqslant \frac{X-25}{\sqrt{25 \times 0.995}} \leqslant \frac{30-25}{\sqrt{25 \times 0.995}} \right\} \\ &\approx \Phi(1) - \Phi(-1) = 0.682\,6. \end{aligned}$$

标准正态分布函数查表

例 9 (高尔顿钉板试验)　高尔顿钉板试验是英国科学家弗朗西斯·高尔顿于19世纪末设计的, 用于展示正态分布的形成过程. 试验中让小球从倾斜的板上自由下落, 经过一系列随机碰撞后, 最终落入底部的多个容器中. 每次碰撞的随机性使得小球的轨迹不确定, 但大量小球的分布最终呈现出钟形. 高尔顿钉板试验的重要意义在于, 它形象地展示了大数定律和正态分布的形成机制. 尽管单个事件是随机的, 但随着实验次数的增加, 结果趋向于稳定的分布模式. 这一试验为理解统计学中的概率分布、随机过程和大数定律提供了直观的演示, 也对后来的统计学理论和社会科学中的数据分析产生了深远的影响. 图4-4-2是高尔顿钉板, 常常在赌博游戏中见到, 庄家常常在两侧放置值钱的东西来吸引顾客, 现在可用中心极限定理来揭穿这个赌博中的奥秘.

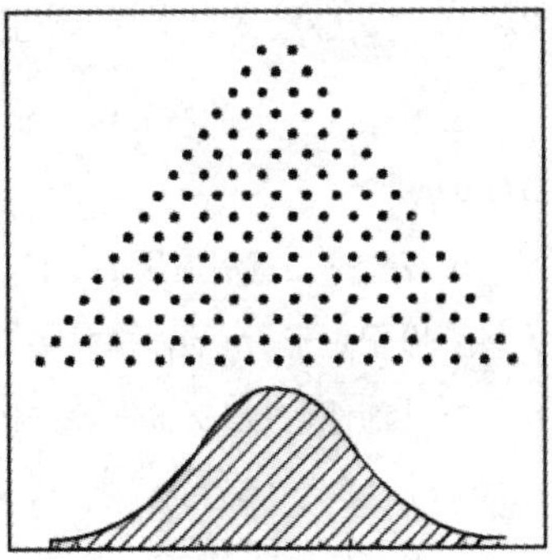

图4-4-2

设n为钉子的排数, 记随机变量

$$X_i = \begin{cases} 1, & \text{第}\,i\,\text{次碰钉后小球从左侧落下} \\ -1, & \text{第}\,i\,\text{次碰钉后小球从右侧落下} \end{cases}.$$

易见, X_i 服从两点分布, 其分布律为

X_i	1	-1
p_i	1/2	1/2

且其数学期望与方差分别为

$$E(X_i) = 0,\ D(X_i) = 1,\ i = 1, 2, \cdots.$$

设Y_n表示第n次碰钉后小球的位置, 显然有 $Y_n = \sum_{k=1}^{n} X_i$, 故由中心极限定理与n个正态随机变量和的分布, 有

$$Y_n \overset{\text{近似}}{\sim} N(0, n), \text{且} E(Y_n) = 0,\ D(Y_n) = n.$$

如图4－4－2所示，钉板有$n=16$层，则均方差$\sigma=\sqrt{16}=4$，根据正态分布的图形特征，σ确定了正态分布曲线中峰的陡峭程度，$\sigma=4$表明：小球落入中间的概率远远大于落入两侧的概率.

习题 4-4

1. 一颗骰子连续掷4次，点数总和记为X，试估计$P\{10<X<18\}$.

2. 设随机变量X与Y的数学期望分别为-2和2，方差分别为1和4，而相关系数为-0.5，根据切比雪夫不等式估计$P\{|X+Y|\geqslant 6\}$.

3. 设$X_1, X_2, \cdots, X_n$为随机变量序列，a为常数，则$\{X_n\}$依概率收敛于a是指_________.

4. 设总体X服从参数为2的指数分布，$X_1, X_2, \cdots, X_n$为来自总体X的一个样本，则当$n\to\infty$时，随机变量$Y_n=\frac{1}{n}\sum_{i=1}^{n}X_i^2$依概率收敛于_________.

5. 从某厂生产的产品中任取200件，检查结果发现其中有4件废品，我们能否相信该产品的废品率不超过0.005？

6. 有一批建筑房屋用的木柱，其中80%的长度不小于3m．现从这批木柱中随机地取出100根，问其中至少有30根短于3m的概率是多少?

7. 一部件包括10部分，每部分的长度是一个随机变量，它们相互独立，服从同一分布，其数学期望为2 mm，均方差为0.05 mm，规定总长度为(20 ± 0.1) mm时产品合格，试求产品合格的概率.

8. 据以往经验，某种电器元件的寿命服从均值为100小时的指数分布．现随机地取16只，设它们的寿命是相互独立的，求这16只元件的寿命的总和大于1 920小时的概率.

9. 检验员逐件地检查某种产品，每次花10秒钟检查一件，但也可能有的产品需要重复检查一次再用去10秒钟，假定每件产品需要重复检查的概率为1/2，求在8小时内检验员检查的产品多于1 900件的概率.

10. 某车间有同型号机床200部，每部开动的概率为0.7，假定各机床开关是独立的，开动时每部要消耗电能15个单位，问电厂最少要供应这个车间多少电能，才能以95%的概率保证不会因供电不足而影响生产?

11. 某电视机厂每月生产1万台电视机，但它的显像管车间的正品率为0.8，为了以0.997的概率保证出厂的电视机都装上正品的显像管，问该车间每月应生产多少只显像管?

12. (1) 一复杂系统由100个相互独立起作用的部件组成．在整个运行期间每个部件损坏的概率为0.10，为了使整个系统起作用，必须至少有85个部件正常工作，求整个系统起作用的概率.

(2) 一复杂系统由n个相互独立起作用的部件组成，每个部件的可靠性为0.90，且必须至少有80%的部件正常工作才能使整个系统工作，问n至少为多大才能使系统的可靠性不低于0.95？

13. 抽样检查产品的质量时，如果发现有多于10个的次品，则拒绝接收这批产品．设某批产品的次品率为10%，问至少应抽取多少个产品进行检查，才能保证拒绝接收该产品的概率达到0.9？

14. 设船舶在某海区航行，已知每遭受一次波浪的冲击，纵摇角度大于6°的概率为$p=1/3$，若船舶遭受了 90 000 次波浪的冲击，问其中有 29 500 ~ 30 500 次纵摇角度大于 6° 的概率是多少？(已知 $u_{0,1}(3.5)=0.999$，$u_{0,1}(3.6)=0.9998$.)

15. 在一次空战中，出现了 50 架轰炸机和 100 架歼击机，每架轰炸机受到 2 架歼击机的攻击，这样，空战分为 50 个有 1 架轰炸机和 2 架歼击机的小型空战. 设在每个小型空战里，轰炸机被打下的概率都为 0.4，试求空战里有不少于 35% 的轰炸机被打下的概率. (已知 $u_{0,1}(0.86)=0.8051$，$u_{0,1}(0.87)=0.8078$，$u_{0,1}(0.88)=0.8106$.)

16. 一药厂试制成功一种新药，卫生部门为了检验此药的效果，在 100 名患者中进行了试验，决定若有 75 名或者更多患者显示有效，即批准该厂投入生产，如果该新药的治愈率确实为 80%，求该药能通过这次检验的概率. (已知 $u_{0,1}(0.313)=0.6229$，$u_{0,1}(1.25)=0.8944$，$u_{0,1}(0.13)=0.5517$.)

17. 某工厂有 400 台同类机器，各台机器发生故障的概率都是 0.02，假设各台机器是相互独立的，求机器出故障的台数不少于 2 的概率.

18. 从一大批发芽率为 0.9 的种子中随意抽取 100 粒，则这 100 粒种子的发芽率不低于 0.88 的概率约为多少 ($\Phi(0.67)=0.7486$)？

19. 已知正常成年男性的血液中，每毫升所含的白细胞数平均是 7 300，标准差是 700. 利用切比雪夫不等式估计每毫升成年男性的血液中白细胞数在 5 200 ~ 9 400 之间的概率 p.

20. 设随机变量序列 $X_1, X_2, \cdots, X_n, \cdots$ 独立同分布，且 $X_i\ (i=1, 2, \cdots, n, \cdots)$ 的概率密度为

$$f(x)=\begin{cases}1-|x|, & |x|<1\\ 0, & \text{其他}\end{cases}.$$

则当 $n\to\infty$ 时，$\frac{1}{n}\sum_{i=1}^{n}X_i^2$ 依概率收敛于何值?

21. 设随机变量序列 $\xi_1, \xi_2, \cdots, \xi_n, \cdots$ 满足条件: $E(\xi_k)$, $D(\xi_k)$ $(k=1,2,\cdots)$ 存在，且

$$\lim_{n\to\infty}\frac{1}{n^2}D\left(\sum_{k=1}^{n}\xi_k\right)=0,$$

试证: $\xi_1, \xi_2, \cdots, \xi_n, \cdots$ 服从大数定律，即对任给的 $\varepsilon>0$，有 $\lim\limits_{n\to\infty}P\left\{\left|\frac{1}{n}\sum_{k=1}^{n}[\xi_k-E(\xi_k)]\right|<\varepsilon\right\}=1$.

22. 设 $X_1, X_2, \cdots, X_n$ 为独立同分布的随机变量序列，且均服从参数为 $\lambda\ (\lambda>1)$ 的指数分布，记 $\Phi(x)$ 为标准正态分布函数，试证: $\lim\limits_{n\to\infty}P\left\{\dfrac{\lambda\sum_{i=1}^{n}X_i-n}{\sqrt{n}}\leqslant x\right\}=\Phi(x)$.

23. 某农贸市场的某种商品每日的价格为 $Y_n=Y_{n-1}+X_n$，$n\geqslant 1$，其中 Y_n 表示第 n 天该商品的价格，X_n 表示第 n 天较前一天商品价格的变化.

(1) 写出 Y_n 与 $Y_0, X_1, X_2, \cdots, X_n$ 之间的关系；

(2) 已知 $X_1, X_2, \cdots, X_n, \cdots$ 相互独立，且 $E(X_n)=0$，$D(X_n)=2$，$n=1, 2, \cdots$，若今天该商品的价格为 100 元，试用中心极限定理估计 18 天后该商品的价格在 96 ~ 104 元之间的概率.

24. 在机器学习模型的训练过程中，训练数据集的特征值通常会呈现随机波动. 令随机变量 X 表示某机器学习模型训练时的损失函数值 (例如，均方误差)，并假设根据历史数据或实验统计分析得到了 $E(X)=\mu$ 与 $D(X)=\sigma^2$. 若模型要求损失函数的最优范围在 $[\mu-\delta, \mu+\delta]$ 内，研究人员希望评估模型损失函

数超出这一范围的概率上界. 假设在某次实际模型训练中, 通过统计测量得到 $\mu=0.2$, $\sigma=0.05$, 而损失函数的容忍公差范围要求 $\delta=0.1$,问损失函数值偏离目标值0.2超过0.1的概率最多为多少?

25. 在人工智能领域, 模型训练过程中常常需要评估训练数据的准确性和模型的性能. 特别是当我们进行大规模数据集训练时, 如何估计模型预测误差的范围, 并控制误差在合理的范围内, 成为一个关键问题. 设想一个场景, 其中某AI模型需要进行大规模数据集训练, 目标是通过大量测试数据来估计模型的误差率, 并确定合适的样本规模以确保误差控制在合理范围内. 假设某 AI 开发团队对一批测试数据进行了 $n=500$ 次预测测试, 其中 $k=35$ 次预测结果是错误的. 试估计该模型的误差率. 进一步, 若开发团队希望将估计误差控制在 $\varepsilon=0.02$ (即希望误差率估计与真实误差率 p 相差不超过 2%), 并保持95% 的置信水平, 问至少应选取多大的独立测试 (样本) 规模 n?

总习题四

1. 10个人随机地进入15个房间, 每个房间容纳的人数不限, 设 X 表示有人的房间数, 求 $E(X)$ (设每个人进入每个房间是等可能的, 且各人是否进入房间相互独立).

2. 某城市一天内发生的严重刑事案件数 Y 服从以 $1/3$ 为参数的泊松分布, 以 X 记一年内未发生严重刑事案件的天数, 求 X 的数学期望.

3. 将 n 个球 ($1\sim n$ 号) 随机地放进 n 个盒子 ($1\sim n$ 号) 中, 一个盒子装一个球. 若一个球装入与球同号的盒子中称为一个配对, 记 X 为总的配对数, 求 $E(X)$.

4. 某车间生产的圆盘的直径在区间 (a, b) 上服从均匀分布, 试求圆盘面积的数学期望.

5. 设 X 和 Y 是相互独立且均服从正态分布 $N(0, 1/2)$ 的随机变量, 求 $|X-Y|$ 的数学期望.

6. 设随机变量 X 和 Y 相互独立, 且都服从标准正态分布, 求 $Z=\sqrt{X^2+Y^2}$ 的数学期望.

7. 设随机变量 X 与 Y 相互独立且均服从正态分布 $N(\mu, \sigma^2)$, 求 $\max\{X, Y\}$ 和 $\min\{X, Y\}$ 的数学期望.

8. 某商品每周的需求量 $\xi\sim U[10, 30]$, 而经销商店的进货量为 $[10, 30]$ 中的某一整数, 商店每销售 1 单位商品可获利 500 元. 若供大于求, 则削价处理, 每处理 1 单位商品亏损 100 元; 若供不应求, 则可从外部调剂供应, 此时每单位商品获利 300 元. 为使商店期望获利不少于 9 280 元, 试确定进货量 a 的范围.

9. 甲、乙两人相约于 12:00 至 13:00 在某地会面, 设 X, Y 分别是甲、乙到达的时间, 且设 X 和 Y 相互独立, 已知 X, Y 的概率密度分别为

$$f_X(x)=\begin{cases}3x^2, & 0<x<1\\ 0, & \text{其他}\end{cases},\quad f_Y(y)=\begin{cases}2y, & 0<y<1\\ 0, & \text{其他}\end{cases},$$

求先到达者需要等待的时间的数学期望.

10. 设某厂生产的某种产品的不合格率为 10%, 假设每生产一件不合格品, 要亏损 2 元, 每生产一件合格品, 则获利10元, 求每件产品的平均利润.

11. 投篮测试的规则为每人最多投三次, 投中为止, 且第 i 次投中得分为 $4-i$ 分, $i=1, 2, 3$. 若三次均未投中, 不得分, 假设某人投篮测试的平均次数为 1.56 次. 求:

(1) 该人投篮的命中率; (2) 该人投篮的平均得分.

12. 一台设备由三大部件构成, 在设备运转中各部件需调整的概率分别为 0.1, 0.2, 0.3. 假设各部件的状态相互独立, 以 X 表示同时需要调整的部件数, 试求 X 的数学期望与方差.

13. 设随机变量 X 的概率密度为

$$f(x)=\begin{cases} ax^2+bx+c, & 0<x<1 \\ 0, & \text{其他} \end{cases},$$

并且已知 $E(X)=0.5$, $D(X)=0.15$, 求系数 a, b, c.

14. 卡车装运水泥, 设每袋水泥的重量 X(单位: kg) 服从 $N(50, 2.5^2)$, 问最多装多少袋水泥才能使总重量超过 2 000 kg 的概率不大于 0.05?

15. 设随机变量 X_1, X_2, X_3 相互独立, 其中 X_1 在 $[0, 6]$ 上服从均匀分布, X_2 服从参数为 $\lambda=1/2$ 的指数分布, X_3 服从参数为 $\lambda=3$ 的泊松分布, 记 $Y=X_1-2X_2+3X_3$, 求 $D(Y)$.

16. 设 X 服从参数为 1 的指数分布, 且 $Y=X+\mathrm{e}^{-2X}$, 求 $E(Y)$ 与 $D(Y)$.

17. 设两个相互独立的随机变量 ξ, η 都服从正态分布 $N(1, 1/5)$, 令 $\zeta=\xi-a\eta+2$, 设 $D(\zeta)=E(\zeta^2)$, 试求 a 值及 $E(|\zeta|)$, $D(|\zeta|)$.

18. 盒子中有 A 和 B 两类电子产品各 10 个, A 类产品的寿命服从参数为 1 的指数分布, B 类产品的寿命服从参数为 2 的指数分布, 随机地从盒子中取一个电子产品, 以 X 表示所取产品的寿命. 求:

(1) X 的概率密度; (2) $D(X)$.

19. 设 $X\sim N(1, 3^2)$, $Y\sim N(0, 4^2)$, $\rho_{XY}=-\dfrac{1}{2}$, 若 $Z=\dfrac{X}{3}+\dfrac{Y}{2}$, 求 Z 的数学期望与方差及 X 与 Z 的相关系数.

20. 设 X, Y 的概率密度为 $f(x,y)=\begin{cases} 1, & |y|\leqslant x, 0\leqslant x\leqslant 1 \\ 0, & \text{其他} \end{cases}$. 求:

(1) 关于 X, Y 的边缘概率密度; (2) $E(X)$, $E(Y)$ 及 $D(X)$, $D(Y)$; (3) $\mathrm{cov}(X, Y)$.

21. 设随机变量 $X\sim U(0, 1)$, $Y\sim U(1, 3)$, X 与 Y 相互独立, 求 $E(XY)$ 与 $D(XY)$.

22. 设 $E(X)=2$, $E(Y)=4$, $D(X)=4$, $D(Y)=9$, $\rho_{XY}=0.5$, 求:

(1) $U=3X^2-2XY+Y^2-3$ 的数学期望; (2) $V=3X-Y+5$ 的方差.

23. 设随机变量函数 $W=(aX+3Y)^2$, 且 $E(X)=E(Y)=0$, $D(X)=4$, $D(Y)=16$, $\rho_{XY}=-0.5$. 求常数 a, 使 $E(W)$ 为最小, 并求 $E(W)$ 的最小值.

24. 某班有学生 n 名, 开新年联欢会, 每人带一份礼物互赠, 礼物集中放在一起, 并编了号, 当交换礼物时, 每人随机地拿到一个号码, 并凭此去领取礼物, 试求恰好拿到自己准备的礼物的人数 X 的数学期望和方差.

25. 设随机变量 $X\sim N(0,1)$, 在 $X=x$ 的条件下, 随机变量 $Y\sim N(x, 1)$, 试求 X 与 Y 的相关系数 ρ_{XY}.

26. 已知 X 与 Y 的相关系数为 ρ_{XY}, 若 $X_1=aX+b$, $Y_1=cY+d$, 其中 a, b, c, d 为常数, 试证: $\rho_{X_1Y_1}=\pm\rho_{XY}$.

27. 设随机变量 X, Y 相互独立, 且有相同的概率分布. 记 $U=\alpha X+\beta Y$, $V=\alpha X-\beta Y$, 其中 α, β 为常数, 求 U 与 V 的相关系数 ρ_{UV}.

28. 设 A 和 B 是随机试验 E 上的两事件, 且 $P(A)>0$, $P(B)>0$, 定义随机变量 X, Y 为

$$X=\begin{cases} 1, & A\text{发生} \\ 0, & A\text{不发生} \end{cases}, \quad Y=\begin{cases} 1, & B\text{发生} \\ 0, & B\text{不发生} \end{cases}.$$

试证: 若 $\rho_{XY}=0$, 则 X 和 Y 必定相互独立.

29. 设二维连续型随机变量 $(X, Y)\sim N(0, 0, \sigma_1^2, \sigma_2^2, \rho)$, 其中 $\sigma_1^2\neq\sigma_2^2$. 又设

$$X_1 = X\cos a + Y\sin a, \quad X_2 = -X\sin a + Y\cos a,$$

问何时 X_1 与 X_2 不相关, X_1 与 X_2 相互独立?

30. 在每次试验中, 事件 A 发生的概率均为 0.5, 利用切比雪夫不等式估计, 在 1 000 次独立重复试验中, 事件 A 发生的次数在 400 ~ 600 之间的概率.

31. 设在某种重复独立试验中, 每次试验事件 A 发生的概率均为 1/4, 问能以 0.999 7 的概率保证在 1 000 次试验中 A 发生的频率与 1/4 相差多少? 此时 A 发生的次数在哪个范围之内?

32. 利用仪器测量已知量 a 时, 所发生的随机误差的分布在独立试验的过程中保持不变, 设 $X_1, X_2, \cdots, X_n, \cdots$ 是各次测量的结果, 可否用 $\frac{1}{n}\sum_{i=1}^{n}(X_i - a)^2$ 作为仪器误差的方差的近似值(设仪器无系统偏差)?

33. 设 $X_1, X_2, \cdots$ 是独立随机变量序列, 试证其大数定律成立的充要条件为 $D(X_1 + X_2 + \cdots + X_n) = o(n^2)$.

34. 设掷一颗骰子, 为了至少有 95% 的把握使点 2 向上的频率与概率之差落在 0.01 的范围之内, 问需要掷多少次?

35. 某宿舍有学生 500 人, 每人在傍晚大约有 10% 的时间要占用一个水龙头, 设各人用水龙头是相互独立的, 问该宿舍需装多少个水龙头, 才能以 95% 以上的概率保证用水的需要? (已知 $u_{0,1}(1.645) = 0.95$.)

36. 甲、乙两个戏院在争取 1 000 名观众, 假定每名观众完全等可能地随机选择一个戏院, 且观众选择哪个戏院是彼此独立的, 问某戏院应该设有多少个座位才能保证因缺少座位而使观众离去的概率小于 1%? (已知 $u_{0,1}(2.33) = 0.99$, $D(\xi_k) = \frac{1}{12}$ $(k = 1, 2, \cdots, n)$.)

37. 一保险公司有 10 000 人投保, 每人每年付 12 元保险费, 已知一年内投保人的死亡率为 0.006, 若死亡, 公司付给死者家属 1 000 元. 求:

(1) 保险公司年利润为 0 元的概率;　(2) 保险公司年利润不少于 60 000 元的概率.

38. 设各零件的重量都是随机变量, 它们相互独立, 且服从相同的分布, 其数学期望为 0.5 kg, 均方差为 0.1 kg, 问 5 000 只零件的总重量超过 2 510 kg 的概率是多少?

39. 一个供电网内共有 10 000 盏功率相同的灯, 夜晚每盏灯开着的概率都是 0.7. 假设各盏灯开、关彼此独立, 求夜晚同时开着的灯数在 6 800 ~ 7 200 之间的概率.

40. 假设一条自动生产线生产的产品的合格率是 0.8. 要使一批产品的合格率达到 76% ~ 84% 的概率不小于 90%, 问这批产品至少要生产多少件?

41. 用棣莫弗−拉普拉斯中心极限定理证明, 在伯努利试验中, 若 $0 < p < 1$, 则不论 k 如何, 总有

$$P\{|\mu_n - np| < k\} \to 0 \ (n \to \infty).$$

42. 设 $X_1, X_2, \cdots, X_n, \cdots$ 为独立同分布的随机变量序列, 已知 $E(X_i) = \mu$, $D(X_i) = \sigma^2$ $(\sigma \neq 0)$, 试证当 n 充分大时, 算术平均 $\overline{X}_n = \frac{1}{n}\sum_{i=1}^{n}X_i$ 近似服从正态分布, 并指出分布中的参数.

第 5 章　数理统计的基础知识

数理统计是统计学的一个分支, 主要研究如何从样本数据中推断总体的性质, 涉及数据的收集、整理、分析和推断等过程. 数理统计的基础知识包括以下几个关键概念和方法.

(1) 总体与样本: 总体是研究对象的全体, 样本是从总体中随机抽取的部分数据. 样本用于估计总体参数, 推断总体特征. 样本必须具有代表性, 才能可靠地反映总体的性质.

(2) 随机变量与概率分布: 随机变量是一个数值化的随机试验结果, 概率分布描述了随机变量可能取值的概率. 常见的概率分布有正态分布、二项分布、泊松分布等, 它们用于描述数据的分布特性.

(3) 统计量: 统计量是从样本数据计算得到的数值, 用于描述样本的特征. 常见的统计量有样本均值、样本方差、样本标准差等, 它们帮助我们总结数据的集中趋势和离散程度.

(4) 参数估计与假设检验: 数理统计中的参数估计是通过样本数据估计总体参数, 如均值、方差等. 常用的方法有点估计和区间估计. 假设检验则是通过样本数据对总体假设进行验证, 判断某个假设是否成立.

(5) 中心极限定理: 中心极限定理是数理统计中的核心定理, 它说明在适当的条件下, 即使总体分布不是正态的, 样本均值的分布也趋向于正态分布. 这一理论为许多统计方法的应用提供了理论基础.

数理统计是数据分析和科学研究中不可或缺的工具, 它为我们提供了由样本推断总体的科学方法, 并且广泛应用于各个领域, 如医学、经济学、工程学等.

在前 4 章中我们介绍了概率论的基本内容, 概率论是在已知随机变量服从某种分布的条件下, 研究随机变量的性质、数字特征及其应用. 从本章开始, 我们将讲述数理统计的基本内容. 数理统计作为一门学科, 诞生于 19 世纪末 20 世纪初, 是一个具有广泛应用的数学分支, 它以概率论为基础, 根据试验或观察得到的数据来研究随机现象, 以便对研究对象的客观规律性做出合理的估计和判断.

由于大量随机现象必然呈现出它的规律性, 故理论上只要对随机现象进行足够多次的观察, 研究对象的规律性就一定能清楚地呈现出来. 但实际上人们常常无法对所研究的对象的全体 (或总体) 进行观察, 而只能抽取其中的部分 (或样本) 进行观察或试验以获得有限的数据. 数理统计的任务包括: 怎样有效地收集、整理有限的数据资料; 怎样对所得的数据资料进行分析、研究, 从而对研究对象的性质、特点做出合理的推断, 此即所谓的统计推断问题. 本章主要讲述统计推断的基本内容.

§5.1 数理统计的基本概念

一、总体与总体分布

在中学阶段,我们学习过总体与个体的概念、统计推断及其数学思想等. 下面进一步深入学习总体与总体分布.

在数理统计中,我们把研究的问题所涉及的对象的全体所组成的集合称为**总体**(或**母体**). 把构成总体的每个成员(或元素)称为**个体**. 总体中所包含的个体的个数称为**总体的容量**. 容量为有限的称为**有限总体**; 容量为无限的称为**无限总体**. 总体与个体之间的关系, 即集合与元素之间的关系.

例如, 考察某大学一年级新生的体重和身高, 则该校一年级的全体新生就构成了一个总体, 每名新生就是一个个体. 又如, 研究某灯泡厂生产的一批灯泡的质量, 则该批灯泡的全体构成了一个总体, 其中每个灯泡就是一个个体.

实际上, 我们真正关心的并不是总体或个体本身, 而是它们的某项数量指标 (或几项数量指标). 如在上述前一总体 (一年级新生) 中, 我们所关心的只是新生的体重和身高, 而在后一总体 (一批灯泡) 中, 我们关心的仅仅是灯泡的寿命. 在试验中, 数量指标 X 是一个随机变量 (或随机向量), X 的概率分布完整地描述了这一数量指标在总体中的分布情况. 由于我们只关心总体的数量指标 X, 因此就把总体与 X 的所有可能取值的全体组成的集合等同起来, 并把 X 的分布称为总体分布, 同时, 常把总体与总体分布视为同义词.

定义 1 在统计学中, 我们称随机变量 (或向量) X 为**总体**, 并将随机变量的分布称为**总体分布**.

注: ① 有时对个体的特性的直接描述并非数量指标, 但总可将其数量化. 例如, 检验某学校全体学生的血型, 试验的结果有 O 型、A 型、B 型、AB 型 4 种, 若以 1, 2, 3, 4 依次记这 4 种血型, 则试验的结果就可以用数量来表示了.

② 总体分布一般来说是未知的, 有时即使知道其分布的类型 (如正态分布、二项分布等), 但不知道这些分布中所包含的参数 (如 μ, σ^2, p 等). 数理统计的任务就是根据总体中部分个体的数据资料来对总体的未知分布进行统计推断.

由上可见, 总体是指我们研究的对象的全体的集合, 通常是某一特定群体或现象的所有数据. 例如, 人口调查的总体是所有人口, 生产批次的总体是所有产品. 总体通常难以完全获取, 因而通过样本来进行分析和推断. 总体分布是描述总体中各个数据点的可能取值及其概率的数学函数, 通常用于表示数据在总体中的分布情况. 它描述了总体数据的集中趋势、离散程度、对称性等特征. 常见的总体分布有正态分布、泊松分布、χ^2 分布等. 在统计分析中, 总体分布帮助我们了解总体的基本特征, 进行参数估计和假设检验. 然而, 由于实际操作中的局限, 往往难以直接得到总体分布. 通过样本数据, 我们可以推断估计总体分布, 并做出关于总体的决策. 因此, 总体及其分布是统计推断和科学研究的基础.

二、样本与样本分布

在中学阶段, 我们学习过简单随机抽样、系统抽样、分层抽样等概念. 下面进一步介绍样本的抽样、容量与简单随机样本的概念.

由于总体的分布一般是未知的, 或者它的某些参数是未知的, 为了判断总体服从何种分布或估计未知参数应取何值, 我们可从总体中抽取若干个个体进行观察, 从中获得研究总体的一些观察数据, 然后通过对这些数据的统计分析, 对总体的分布做出判断或对未知参数做出合理估计. 一般的方法是按一定原则从总体中抽取若干个个体进行观察, 这个过程叫作**抽样**. 显然, 对每个个体的观察结果是随机的, 可以将其看作一个随机变量的取值, 这样就把每个个体的观察结果与一个随机变量的取值对应起来了. 于是, 我们可记从总体 X 中第 i 次抽取的个体指标为 $X_i\ (i=1, 2, \cdots, n)$, 则 X_i 是一个随机变量, 用 $x_i\ (i=1, 2, \cdots, n)$ 记个体指标 X_i 的具体**观察值**. 我们称 $X_1, X_2, \cdots, X_n$ 为总体 X 的**样本**; 称样本观察值 $x_1, x_2, \cdots, x_n$ 为**样本值**; 而样本所含的个体数目称为**样本容量** (或**样本大小**).

样本是从总体中随机抽取的一部分数据, 代表了总体的一个子集. 样本用于估计总体特征 (如均值、方差等), 并进行统计推断. 样本必须具有代表性, 才能为总体提供可靠的信息. 通过对样本进行分析, 可以推断出总体的参数, 评估总体的分布特性, 或做出决策. 样本分布是指样本统计量 (如样本均值、样本方差等) 的概率分布. 它描述了在重复抽样过程中, 样本统计量可能的取值及其相应的概率. 例如, 样本均值的分布通常称为"均值的样本分布", 它是从同一总体中多次随机抽样得到的样本均值的分布. 随着样本容量增大, 样本均值的分布趋向于正态分布 (根据中心极限定理). 样本分布是统计推断的基础, 通过了解样本统计量的分布, 我们可以进行假设检验、构建置信区间, 并推断总体特征.

为了使抽取的样本能很好地反映总体的信息, 除了对样本容量有一定的要求外, 还对样本的抽取方式有一定的要求, 最常用的一种抽样方法称为**简单随机抽样**. 它要求抽取的样本满足下面两个条件:

(1) 代表性: $X_1, X_2, \cdots, X_n$ 与所考察的总体具有相同的分布;

(2) 独立性: $X_1, X_2, \cdots, X_n$ 是相互独立的随机变量.

由简单随机抽样得到的样本称为**简单随机样本**, 它可用与总体同分布的 n 个相互独立的随机变量 $X_1, X_2, \cdots, X_n$ 表示.

本书中, 我们假定所考虑的样本均为简单随机样本, 简称为**样本**. 显然, 简单随机样本是一种非常理想化的样本, 在实际应用中要获得严格意义下的简单随机样本并不容易.

对有限总体, 若采用有放回抽样, 就能得到简单随机样本, 但有放回抽样使用起来不方便, 故实际操作中通常采用的是不放回抽样, 当所考察的总体的容量很大时, 不放回抽样与有放回抽样的区别很小, 此时可近似地把不放回抽样所得到的样本看作一个简单随机样本. 对无限总体, 因抽取一个个体不影响它的分布, 故采用不放回抽样即可得到一个简单随机样本.

注: 除了采用上述有放回抽样得到简单随机样本外, 也可利用随机数表法得到.

例 1 样本及其观察值的表示方法.

(1) 某食品厂用自动装罐机生产净重为 345 克的午餐肉罐头, 由于随机性, 每个罐头的净重都有差别. 现在从生产线上随机抽取 10 个罐头, 称其净重, 得如下结果:

344 336 345 342 340 338 344 343 344 343

这是一个容量为 10 的样本的观察值, 它是来自该生产线罐头净重这一总体的一个样本的观察值.

(2) 对 363 家零售商店调查得到周零售额 (单位: 元) 的结果如下:

周零售额	≤1000	(1000, 5000]	(5000, 10000]	(10000, 20000]	(20000, 30000]
商店数	61	135	110	42	15

这是一个容量为363的样本的观察值, 对应的总体是所有零售商店的周零售额. 不过这里没有给出每个样本的具体观察值, 而是给出了样本观察值所在的区间, 称为**分组样本的观察值**. 这样一来当然会损失一些信息, 但是在样本容量较大时, 这种经过整理的数据更能使人们对总体有一个大致的印象.

设总体 X 的分布函数为 $F(x)$, 由简单随机样本的独立性知, 样本 $X_1, X_2, \cdots, X_n$ 的联合分布函数为

$$F(x_1, x_2, \cdots, x_n) = \prod_{i=1}^{n} F(x_i), \tag{1.1}$$

称为简单随机样本 X 的**样本分布**.

特别地, 若总体 X 为离散型随机变量, 其分布律为 $P\{X = x_i\} = p(x_i)$, x_i 取遍 X 所有可能取值, 则样本的联合分布律为

$$p(x_1, x_2, \cdots, x_n) = P\{X_1 = x_1, X_2 = x_2, \cdots, X_n = x_n\} = \prod_{i=1}^{n} p(x_i), \tag{1.2}$$

分别称 $p(x_i)$ 与 $p(x_1, x_2, \cdots, x_n)$ 为**离散总体的概率分布**与**离散样本的联合概率分布**.

若总体 X 为连续型随机变量, 其概率密度为 $f(x)$, 则样本的联合概率密度为

$$f(x_1, x_2, \cdots, x_n) = \prod_{i=1}^{n} f(x_i), \tag{1.3}$$

分别称 $f(x_i)$ 与 $f(x_1, x_2, \cdots, x_n)$ 为**连续总体的概率密度**与**连续样本的联合概率密度**.

样本分布是指从一个总体中抽取样本时, 样本统计量 (如均值、方差等) 可能的取值及其相应的概率分布. 它描述了不同样本可能的统计特征及其频率分布, 是统计推断中的基础概念. 样本分布通常与总体分布相区分, 因为我们无法直接获取总体的所有数据, 而是通过样本数据来推断总体特征. 例如, 样本均值的分布称为均值的样本分布, 它的期望值等于总

体均值, 方差与样本容量相关. 随着样本容量增大, 样本均值的分布趋向于正态分布 (根据中心极限定理). 样本分布在统计推断中扮演着重要角色, 尤其在进行假设检验和参数估计时, 通过了解样本统计量的分布, 我们可以计算概率、构建置信区间等. 样本分布也帮助我们评估抽样误差, 为决策提供理论依据.

例2 若总体 X 服从正态分布, 则称总体 X 为正态总体. 正态总体是统计应用中最常见的总体, 设 X 服从如下正态分布:

$$X \sim N(\mu, \sigma^2),$$

则其样本的联合概率密度由下式给出:

$$\begin{aligned} f(x_1, x_2, \cdots, x_n) &= \prod_{i=1}^{n} \frac{1}{\sigma\sqrt{2\pi}} \exp\left\{ -\frac{1}{2}\left(\frac{x_i - \mu}{\sigma} \right)^2 \right\} \\ &= \left(\frac{1}{\sigma\sqrt{2\pi}} \right)^n \exp\left\{ -\frac{1}{2\sigma^2} \sum_{i=1}^{n} (x_i - \mu)^2 \right\}. \end{aligned}$$

例3 若总体 X 服从以 $p\,(0<p<1)$ 为参数的 $0-1$ 分布, 则称总体 X 为 **$0-1$ 总体**, 即

$$P\{X=1\}=p, \quad P\{X=0\}=1-p.$$

于是, 其样本 $X_1, X_2, \cdots, X_n$ 的联合分布律为

$$P\{X_1=i_1, X_2=i_2, \cdots, X_n=i_n\}=p^{s_n}(1-p)^{n-s_n},$$

其中 $i_k\,(1\leqslant k\leqslant n)$ 取 1 或 0, 而 $s_n=i_1+i_2+\cdots+i_n$, 它恰好等于样本中取值为 1 的分量的总数. 服从 $0-1$ 分布的总体具有广泛的应用背景. 概率 p 通常可视为某实际总体 (如工厂的某一批产品) 中具有某特征 (如废品) 的个体所占的比例. 从总体中随机抽取一个个体, 可视为一个随机试验, 试验结果可用一随机变量 X 来刻画: 若恰好抽到具有该特征的个体, 则记 $X=1$; 否则, 记 $X=0$. 这样随机变量 X 便服从以 p 为参数的 $0-1$ 分布. 通常参数 p 是未知的, 所以, 需通过抽样对其做统计推断.

三、统计推断问题简述

总体和样本是数理统计中的两个基本概念. 样本来自总体, 自然带有总体的信息, 从而可以从这些信息出发去研究总体的某些特征 (分布或分布中的参数). 另外, 由样本研究总体可以省时省力 (特别是对破坏性的抽样试验而言). 我们称通过总体 X 的一个样本 X_1, $X_2, \cdots, X_n$ 对总体 X 的分布进行推断的问题为**统计推断问题**.

总体、个体、样本 (样本值) 的关系如下:

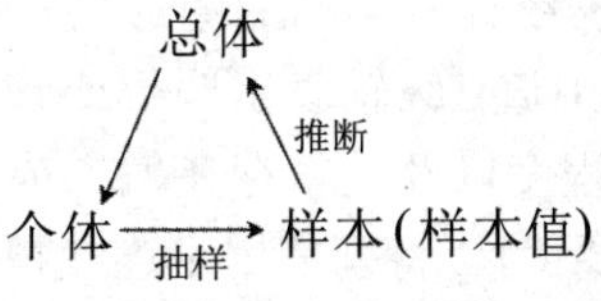

在实际应用中, 总体的分布一般是未知的, 或虽然知道总体分布所属的类型, 但其中含有未知参数. **统计推断**就是利用具体样本值来对总体的分布类型、未知参数进行估计和推

断. 统计推断通常包括两大类问题: 参数估计和假设检验. 这些将在后两章陆续介绍.

四、分组数据统计表和频率直方图

在中小学阶段, 我们先后学习过频率分布表与频率直方图、频率分布折线图与总体密度曲线、茎叶图等. 下面进一步总结并给出分组数据统计表与频率直方图的概念.

通过观察或试验得到的样本值一般是杂乱无章的, 需要进行整理才能从总体上呈现其统计规律性. 分组数据统计表或频率直方图是两种常用的整理方法.

1. 分组数据统计表

若样本值较多, 可将其分成若干组, 分组的区间长度一般取成相等, 称其区间的长度为**组距**. 分组的组数应与样本容量相适应. 分组太少, 则难以反映出分布的特征; 分组太多, 则由于样本取值的随机性而使分布显得杂乱. 因此, 分组时, 确定分组数 (或组距) 应以突出分布的特征并降低样本的随机波动性为原则. 区间所含的样本值个数称为该区间的**组频数**. 组频数与总的样本容量之比称为**组频率**.

分组数据统计表将原始数据按照一定的区间长度 (组距) 划分成若干组, 并计算每组的频数或频率, 从而简化数据的展示和分析. 表中通常包括组的范围 (或组中值)、每组的频数、频率、累计频数等. 通过分组数据统计表, 可以更直观地了解数据的分布情况和集中趋势, 尤其在处理大量数据时非常有用.

2. 频率直方图

频率直方图能直观地表示出组频率的分布, 其步骤如下:

设 $x_1, x_2, \cdots, x_n$ 是样本的 n 个观察值.

(1) 求出 $x_1, x_2, \cdots, x_n$ 中的最小者 $x_{(1)}$ 和最大者 $x_{(n)}$.

(2) 选取常数 a (略小于 $x_{(1)}$) 和 b (略大于 $x_{(n)}$), 并将区间 $[a, b]$ 等分成 m 个小区间 (一般取 m 使 m/n 在 1/10 左右, 且小区间不包含右端点):

$$[t_i, t_i+\Delta t),\ \Delta t=\frac{b-a}{m}\quad (i=1, 2, \cdots, m). \tag{1.4}$$

(3) 求组频数 n_i, 组频率 $\frac{n_i}{n} \triangleq f_i$, 以及

$$h_i=\frac{f_i}{\Delta t}\ (i=1, 2, \cdots, m). \tag{1.5}$$

(4) 在区间 $[t_i, t_i+\Delta t)$ 上以 h_i 为高、Δt 为宽作小矩形, 其面积恰为 f_i, 所有小矩形合在一起就构成了频率直方图.

频率直方图是根据分组数据统计表绘制的图形, 它用条形的高度表示每组的频数或频率, 横轴表示数据的区间 (或组中值), 纵轴表示频数或频率. 频率直方图能够直观展示数据的分布形态、集中趋势、离散程度以及是否存在偏态或异常值. 它是描述数据分布以及进行统计分析、假设检验等的重要工具, 特别适用于连续型数据.

例 4 从某厂生产的某种零件中随机抽取 120 个, 测得其质量 (单位: g) 如表 5－1－1 所示. 列出分组数据统计表, 并作频率直方图.

表 5－1－1

200	202	203	208	216	206	222	213	209	219
216	203	197	208	206	209	206	208	202	203
206	213	218	207	208	202	194	203	213	211
193	213	208	208	204	206	204	206	208	209
213	203	206	207	196	201	208	207	213	208
210	208	211	211	214	220	211	203	216	221
211	209	218	214	219	211	208	221	211	218
218	190	219	211	208	199	214	207	207	214
206	217	214	201	212	213	211	212	216	206
210	216	204	221	208	209	214	214	199	204
211	201	216	211	209	208	209	202	211	207
220	205	206	216	213	206	206	207	200	198

解　将表中120个样本值重新排序如下:

190　193　194　196　197　198　199　199
200　200　201　201　201　202　202　202　202　203
　　203　203　203　203　203　204　204　204　204　205
　　206　206　206　206　206　206　206　206　206　206
　　206　206　207　207　207　207　207　207　207　208
　　208　208　208　208　208　208　208　208　208　208
　　208　208　208　209　209　209　209　209　209　209
210　210　211　211　211　211　211　211　211　211
　　211　211　211　211　212　212　213　213　213　213
　　213　213　213　213　214　214　214　214　214　214
　　214　216　216　216　216　216　216　216　217　218
　　218　218　218　219　219　219
220　220　221　221　221　222

数据排序与直方图

由上可见,样本值中最小值为190,最大值为222,取

$$a=189.5,\ b=222.5,$$

然后将区间[189.5, 222.5]等分成11个小区间,其组距$\Delta t=3$. 其分组数据统计表与频率直方图分别见表5－1－2和图 5－1－1.

表 5－1－2

区间	组频数 n_i	组频率 f_i	高 $h_i=f_i/\Delta t$
189.5～192.5	1	1/120	1/360
192.5～195.5	2	2/120	2/360
195.5～198.5	3	3/120	3/360
198.5～201.5	7	7/120	7/360
201.5～204.5	14	14/120	14/360
204.5～207.5	20	20/120	20/360
207.5～210.5	23	23/120	23/360
210.5～213.5	22	22/120	22/360
213.5～216.5	14	14/120	14/360
216.5～219.5	8	8/120	8/360
219.5～222.5	6	6/120	6/360
合计	120	1	

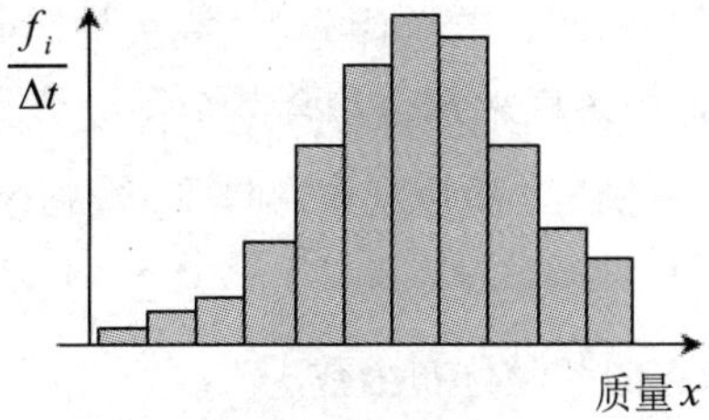

图5－1－1

从图 5－1－1 中可以看出，频率直方图呈中间高、两头低的“倒钟形”，从而可以粗略地认为该种零件的质量服从正态分布，其数学期望在209附近. 对此，将在第7章进行检验.

五、经验分布函数

在高中阶段，我们曾学习过如何利用样本数据确定频率分布.

样本的频率直方图可以形象地描述总体的概率分布的大致形态，而下面介绍的经验分布函数则可用以描述总体分布函数的大致形态.

定义 2 假设总体 X 的一个容量为 n 的样本的样本值 $x_1, x_2, \cdots, x_n$ 可按大小次序排列成 $x_{(1)} \leqslant x_{(2)} \leqslant \cdots \leqslant x_{(n)}$. 如果

$$x_{(k)} \leqslant x < x_{(k+1)} \quad (k=1, 2, \cdots, n-1),$$

那么不大于 x 的样本值的频率为 k/n. 因而，函数

$$F_n(x) = \begin{cases} 0, & x < x_{(1)} \\ k/n, & x_{(k)} \leqslant x < x_{(k+1)} \\ 1, & x \geqslant x_{(n)} \end{cases} \tag{1.6}$$

与事件 $\{X \leqslant x\}$ 在 n 次独立重复试验中的频率是相同的，我们称 $F_n(x)$ 为**经验分布函数**(empirical distribution function, EDF).

对于经验分布函数，格里汶科 (Glivenko) 在 1933 年证明了以下结果：对于任一实数 x，当 $n \to \infty$ 时，$F_n(x)$ 依概率 1 一致收敛于总体的分布函数 $F(x)$，即

$$P\{\lim_{n\to\infty} \sup_{-\infty < x < +\infty} |F_n(x) - F(x)| = 0\} = 1 .$$

因此，对于任一实数 x，当 n 充分大时，经验分布函数的任一观察值 $F_n(x)$ 与总体分布函数 $F(x)$ 只有微小的差别，从而在实际应用中可当作 $F(x)$ 来使用. 这就是由样本推断总体的可行性的最基本的理论依据.

经验分布函数是基于样本数据构建的累积分布函数，用于描述样本数据的分布情况. 它提供了样本中各数据点的累积频率，能够估计样本数据的概率分布. 经验分布函数是一个阶梯形函数，在样本点处跳跃，且随着数据点的增加而逐渐逼近总体分布. 经验分布函数用于无分布假设的统计分析，特别是在非参数统计方法中应用广泛. 它可以通过与理论分布的比较，检验样本是否符合某个假设分布.

例 5 随机观察总体 X，得到一个容量为 10 的样本值：

$$3.2 \quad 2.5 \quad -2 \quad 2.5 \quad 0 \quad 3 \quad 2 \quad 2.5 \quad 2 \quad 4$$

求 X 的经验分布函数.

解 把样本值按从小到大的顺序排列为

$$-2 < 0 < 2 = 2 < 2.5 = 2.5 = 2.5 < 3 < 3.2 < 4 .$$

于是，得经验分布函数 (如图 5－1－2 所示) 为

$$F_{10}(x)=\begin{cases}0, & x<-2\\ 1/10, & -2\leqslant x<0\\ 2/10, & 0\leqslant x<2\\ 4/10, & 2\leqslant x<2.5\\ 7/10, & 2.5\leqslant x<3\\ 8/10, & 3\leqslant x<3.2\\ 9/10, & 3.2\leqslant x<4\\ 1, & 4\leqslant x\end{cases},$$

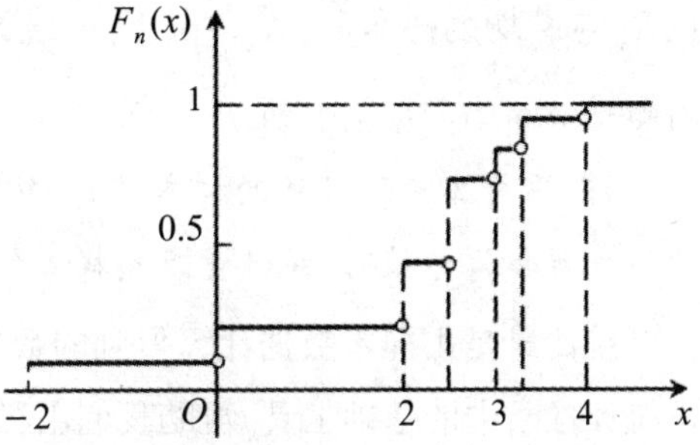

图 5−1−2

其中, 如求 $2\leqslant x<2.5$, 因事件 $\{X\leqslant x\}$ 包含的样本值个数 $k=4$, 故事件 $\{X\leqslant x\}$ 的频率为 4/10, 从而当 $2\leqslant x<2.5$ 时, $F_{10}(x)=4/10$. 在其他区间上 $F_{10}(x)$ 可类似得到.

图 5−1−2 中经验分布函数 $F_n(x)$ 是一个阶梯形函数, 当样本容量增大时, 相邻两阶梯的跃度变低, 阶梯宽度变窄, 容易想象, 这样的阶梯形折线几乎就是一条曲线, 如果设总体 X 的分布函数为 $F(x)$, 则 $F_n(x)$ 非常接近 $F(x)$.

*数学实验

实验 5.1　下面列出了 84 个伊特拉斯坎男子头颅的最大宽度 (单位: mm):

141	148	132	138	154	142	150	146	155	158	150	140	147	140
148	144	150	149	145	149	158	143	141	144	144	126	140	142
144	142	141	140	145	135	147	146	141	136	140	146	142	140
137	148	154	137	139	143	140	131	143	141	149	148	135	137
148	152	143	144	141	143	147	146	150	132	142	142	143	152
153	149	146	149	138	142	149	142	137	134	144	146	147	145

直方图与经验分布函数

试将数据分为 6~8 组, 画出频率直方图, 并求其经验分布函数图 (详见教材配套的网络学习空间).

六、统计量

为了由样本推断总体, 需构造一些合适的统计量, 再利用这些统计量来推断未知总体. 这里, 样本的统计量即为样本的函数. 广义地讲, 统计量可以是样本的任一函数, 但由于构造统计量的目的是推断未知总体的分布, 所以, 在构造统计量时, 就不应包含总体的未知参数, 为此引入下述定义.

定义 3　设 $X_1, X_2, \cdots, X_n$ 为总体 X 的一个样本, 称此样本的任一不含总体分布未知参数的函数为该样本的**统计量**.

例如, 设总体 X 服从正态分布, $E(X)=5$, $D(X)=\sigma^2$, σ^2 未知. $X_1, X_2, \cdots, X_n$ 为总体 X 的一个样本, 令

$$S_n=X_1+X_2+\cdots+X_n,\quad \overline{X}=\frac{S_n}{n},$$

则 S_n 与 $\overline{X}$ 均为样本 $X_1, X_2, \cdots, X_n$ 的统计量, 但 $U=\dfrac{n(\overline{X}-5)}{\sigma}$ 不是该样本的统计量, 因其含有总体分布中的未知参数 σ.

注: 当样本未取具体的样本值时, 统计量用大写形式 $X_1, X_2, \cdots, X_n$ 来表示; 当样本已取得一组具体样本值时, 统计量改用样本的小写形式 $x_1, x_2, \cdots, x_n$ 来表示.

统计量是由样本数据计算得到的数值, 用于描述数据的特征或为参数估计提供依据. 它是统计推断中的基础工具, 帮助我们由样本信息推断总体特征. 常见的统计量包括:

(1) 样本均值: 反映数据的集中趋势, 用于估计总体均值.

(2) 样本方差: 衡量数据的离散程度, 表示数据与均值的偏差平方的均值.

(3) 样本标准差: 方差的平方根, 表示数据点偏离均值的平均程度.

(4) 样本中位数: 数据排序后的中间值, 反映数据的集中趋势, 对极端值不敏感.

(5) 样本极差: 数据集中的最大值与最小值之差, 反映数据的极端差异.

统计量不仅用于描述数据, 还在假设检验、总体参数估计、置信区间构建等方面具有重要应用, 是统计学分析中的核心工具.

七、常用统计量

设 $X_1, X_2, \cdots, X_n$ 为总体 X 的一个简单随机样本.

1. 样本均值

$$\overline{X}=\frac{1}{n}\sum_{i=1}^{n}X_i\ . \tag{1.7}$$

样本均值 (sample mean) 是描述数据集中趋势的统计量, 表示样本数据的平均水平. 它是将所有样本数据加总后除以样本容量所得的值, 能够反映数据的中心位置. 样本均值是最常用的统计量之一, 尤其是在大样本情况下, 样本均值对总体均值具有很好的近似性.

2. 样本方差

$$S^2=\frac{1}{n-1}\sum_{i=1}^{n}(X_i-\overline{X})^2\ . \tag{1.8}$$

注: 称 $Q=\sum\limits_{i=1}^{n}(X_i-\overline{X})^2$ 为样本的偏差平方和. 我们有

$$Q=\sum_{i=1}^{n}(X_i^2-2X_i\overline{X}+\overline{X}^2)=\sum_{i=1}^{n}X_i^2-2n\overline{X}^2+n\overline{X}^2=\sum_{i=1}^{n}X_i^2-n\overline{X}^2,$$

从而得到样本方差的常用计算公式

$$S^2=\frac{1}{n-1}\left(\sum_{i=1}^{n}X_i^2-n\overline{X}^2\right). \tag{1.9}$$

样本方差 (sample variance) 是衡量数据离散程度的一个重要统计量, 表示数据点与样本均值之间差异的平方的均值. 样本方差越大, 说明数据的离散程度越大, 数据点与均值的差异越显著; 样本方差越小, 说明数据点越接近均值, 分布越集中.

3. 样本标准差

$$S=\sqrt{\frac{1}{n-1}\sum_{i=1}^{n}(X_i-\overline{X})^2}\,. \tag{1.10}$$

样本标准差 (sample standard deviation) 是衡量数据离散程度的常用统计量, 它表示数据点与样本均值的平均偏差. 样本标准差越大, 说明数据点离均值越远, 数据分布越分散; 样本标准差越小, 说明数据点越接近均值, 数据越集中.

注: 由于样本方差 (或样本标准差) 很好地反映了总体方差 (或总体标准差) 的信息, 因此, 当总体方差 σ^2 未知时, 常用样本方差 S^2 去估计, 而总体标准差 σ 常用样本标准差 S 去估计.

4. 样本 (k阶) 原点矩

$$A_k=\frac{1}{n}\sum_{i=1}^{n}X_i^k,\ k=1,2,\cdots. \tag{1.11}$$

样本k阶原点矩 (sample k-th raw moment) 是描述数据集分布形态的统计量, 它度量的是数据点与零的偏离程度. 原点矩反映了数据的分布特征, 尤其是在对数据的期望值、方差等进行推导时有重要作用. 常见的样本原点矩包括:

(1) 样本一阶原点矩: 即样本均值, 反映数据的集中趋势.

(2) 样本二阶原点矩: 用于描述数据的方差, 通过原点矩推导出样本方差.

(3) 高阶原点矩: 可以描述数据的偏度和峰度, 帮助理解数据的分布形态.

5. 样本 (k阶) 中心矩

$$B_k=\frac{1}{n}\sum_{i=1}^{n}(X_i-\overline{X})^k,\ k=2,3,\cdots. \tag{1.12}$$

其中样本二阶中心矩 $B_2=\frac{1}{n}\sum_{i=1}^{n}(X_i-\overline{X})^2$ 又称作**未修正样本方差**.

样本k阶中心矩 (sample k-th central moment) 是描述数据集中个体与样本均值的偏离程度的统计量. 样本中心矩通过度量数据点与均值的偏离程度来反映数据的分布特征. 常见的样本中心矩包括:

(1) 样本二阶中心矩: 总体方差的矩估计, 描述数据的离散程度.

(2) 样本三阶中心矩: 用于描述数据的偏斜度, 反映分布的不对称性.

(3) 样本四阶中心矩: 用于描述数据的峰度, 反映分布的尖峭程度.

样本k阶中心矩在统计分析中有重要应用, 特别是用于研究数据的形态、集中程度和偏离程度.

注: 上述五种统计量统称为随机变量 X 的**矩统计量**, 简称**样本矩**, 它们都是样本的显函数, 它们的观察值仍分别称为样本均值、样本方差、样本标准差、样本 (k阶) 原点矩、样本 (k阶) 中心矩.

6. 顺序统计量

将样本中的各分量按由小到大的次序排列成

$$X_{(1)} \leqslant X_{(2)} \leqslant \cdots \leqslant X_{(n)},$$

则称 $X_{(1)}, X_{(2)}, \cdots, X_{(n)}$ 为样本的一组顺序统计量, $X_{(i)}$ 称为样本的**第 i 个顺序统计量**. 特别地, 称 $X_{(1)}$ 与 $X_{(n)}$ 分别为**样本极小值**与**样本极大值**, 并称 $X_{(n)} - X_{(1)}$ 为**样本极差** (range).

顺序统计量 (order statistics) 是指将一组数据按升序或降序排列后, 所得到的各个位置的值. 常见的顺序统计量包括:

(1) 最小值: 第 1 个顺序统计量 $X_{(1)}$.

(2) 最大值: 第 n 个顺序统计量 $X_{(n)}$.

(3) 中位数: 当样本容量为奇数时, 中位数是第 $(n+1)/2$ 个顺序统计量; 当样本容量为偶数时, 中位数通常取第 $n/2$ 和 $n/2+1$ 两个顺序统计量的均值.

顺序统计量在统计推断中有广泛应用, 如估计分位数、构建置信区间、进行非参数检验等. 它们不依赖于数据的具体分布, 常用于无假设分布前提下的分析, 特别是在对数据的极值或中位数进行分析时具有重要意义. 样本极差是描述一组数据散布范围的一个简单统计量, 定义为数据集中的最大值与最小值之差. 它是衡量数据集中最大值与最小值之间差异的一个直观指标, 反映了数据的离散程度. 样本极差具有简单易懂的优点, 但也存在一些限制, 它对异常值 (即极端值) 非常敏感, 可能会因为极端值的存在而高估数据的散布范围.

例 6 在计算机网络领域, 数据包传输过程易受链路状态、路由负载等多种因素的影响, 致使其端到端延迟呈现随机性. 从大量传输事件中抽取部分样本, 将记录的端到端延迟 (单位: ms) 作为随机变量 X, 可借助顺序统计量 (特别是样本极小值、样本极大值与样本极差) 评估网络性能的稳定性及波动范围. 现对某网络环境下的 20 个数据包传输中的端到端延迟进行测量 (单位: ms), 得到的样本值如下:

15 18 15 30 15 25 40 35 27 29

33 19 26 38 21 24 37 16 32 34

试求该样本极差, 并分析在所处环境下网络端到端延迟的最大波动区间.

解 首先将题设样本值排序:

15 15 15 16 18 19 21 24 25 26

27 29 30 32 33 34 35 37 38 40

因此可得, 样本极小值 $X_{(1)} = 15$, 样本极大值 $X_{(20)} = 40$. 进而得样本极差为

$$R = X_{(20)} - X_{(1)} = 40 - 15 = 25.$$

这一结果表明: 在本次测量的 20 个数据包中, 最快的端到端延迟为 15ms, 最慢的端到端延迟为 40ms, 最大延迟差距达 25ms. 若网络应用对时延稳定性要求较高, 此较大的极差可能意味着网络在部分时刻负载显著上升, 或者路由路径出现拥塞.

进一步分析时, 可结合均值、方差以及其他统计特征 (如分位数等), 判断网络端到端延迟分布的整体形状, 推断造成极端时延的原因. 当有更大规模的测量数据 (如每天记录数万或数百万个数据包) 时, 样本极小值和样本极大值对于识别网络极端性能 (最低时延、最高时延) 至关重要, 样本极差也能快速给出网络端到端延迟在所处环境下的最大波动区间. 对于某些需要低延迟保证的场景 (如实时视频会议或高频交易), 这类信息有助于运维人员及时发现潜在故障或瓶颈, 从而进行针对性的网络优化.

本例展示了在计算机网络领域, 如何利用顺序统计量 (样本极小值、样本极大值及样本极差) 评估数据包传输延迟的边界与波动幅度. 样本极端值对于了解网络性能在最优与最劣情形下的表现极为重要, 样本极差则简洁地概括了延迟在测试样本中的最大跨度. 当与其他统计指标 (如均值、分位数或方差) 结合使用时, 这些顺序统计量能为网络性能监测、故障排查及流量工程提供更充分的量化依据.

例7　某厂实行计件工资制, 为及时了解情况, 随机抽取30名工人, 调查各自在一周内加工的零件数, 然后按规定算出每名工人的周工资 (单位: 元) 如下:

156	134	160	141	159	141	161	157	171	155
149	144	169	138	168	147	153	156	125	156
135	156	151	155	146	155	157	198	161	151

这便是一个容量为30的样本观察值, 其样本均值为

$$\bar{x}=\frac{1}{30}(156+134+\cdots+161+151)=153.5 .$$

它反映了该厂工人周工资的一般水平.

均值与方差计算实验

我们进一步计算样本方差 s^2 及样本标准差 s. 由于

$$\sum_{i=1}^{30}x_i^2=156^2+134^2+\cdots+151^2=712\,155,$$

利用样本方差的常用计算公式式(1.9), 得样本方差

$$s^2=\frac{1}{30-1}\left(\sum_{i=1}^{30}x_i^2-30\bar{x}^2\right)=\frac{1}{30-1}\times 5\,287.5\approx 182.327\,6,$$

样本标准差为 $s=\sqrt{182.327\,6}\approx 13.50$.

例8 (分组样本均值与方差的近似计算)　如果例7中收集得到的样本观察值用分组样本的形式给出 (见表5-1-3), 此时, 样本均值可用下面的方法近似计算: 以 $x_i\ (i=1, 2, \cdots, k)$ 表示第 i 组的组中值 (即区间的中点), n_i 为第 i 组的组频数, 且 $\sum_{i=1}^{k}n_i=n$, 则

表5-1-3　某厂30名工人周平均工资

周工资区间	工人数 n_i	组中值 x_i	$n_i x_i$
(120, 130]	1	125	125
(130,140]	3	135	405
(140,150]	6	145	870
(150,160]	14	155	2 170
(160,170]	4	165	660
(170,180]	1	175	175
(180,190]	0	185	0
(190,200]	1	195	195
合计	30		4 600

$$\bar{x} \approx \frac{1}{n}\sum_{i=1}^{k} n_i x_i = \frac{4\,600}{30} \approx 153.33, \tag{1.13}$$

这个结果与例 7 的完全样本均值结果差不多.

对给出分组样本的场合,也可求出样本方差与样本标准差的近似值,此时有如下近似式:

$$s^2 \approx \frac{1}{n-1}\left[\sum_{i=1}^{k} n_i x_i^2 - \frac{1}{n}\left(\sum_{i=1}^{k} n_i x_i\right)^2\right] \approx \frac{1}{n-1}\left(\sum_{i=1}^{k} n_i x_i^2 - n\bar{x}^2\right). \tag{1.14}$$

这里符号同前,而 $\bar{x}$ 是由式(1.13)近似得出的. 由于

$$\sum_{i=1}^{k} n_i x_i = 4\,600,\ n = 30,$$

$$\sum_{i=1}^{k} n_i x_i^2 = 1\times 125^2 + 3\times 135^2 + \cdots + 1\times 195^2 = 710\,350,$$

均值与方差计算实验

代入式(1.14)后,得样本方差为

$$s^2 \approx \frac{1}{30-1}\left(710\,350 - \frac{4\,600^2}{30}\right) \approx \frac{5\,016.666\,7}{30-1} \approx 172.988\,5,$$

样本标准差为 $s \approx \sqrt{172.988\,5} \approx 13.15$. 这个结果与例 7 中的相差不大.

*数学实验

实验 5.2 (实验 5.1 续)　根据第 215 页实验 5.1 的数据, 试进一步计算其样本均值和样本方差, 再根据你在实验5.1中所画的直方图数据, 对样本均值和样本方差进行近似计算, 并比较原值与近似值的误差大小 (详见教材配套的网络学习空间).

注: 在样本容量较大时, 给出分组样本是一种常用的方法, 虽然会损失一些信息, 但给出的信息与总体数字特征还是十分接近的. 上述样本均值 $\bar{x}$ 也可表示为

$$\bar{x} = \sum_{i=1}^{k} \frac{n_i}{n} x_i,$$

称为**加权平均**, n_i/n 称为 $x_i\ (i=1, 2, \cdots, k)$ 的**权**.

例 9　假设我们获得了如下三个样本:

样本 A: 3, 4, 5, 6, 7;

样本 B: 1, 3, 5, 7, 9;

样本 C: 1, 5, 9.

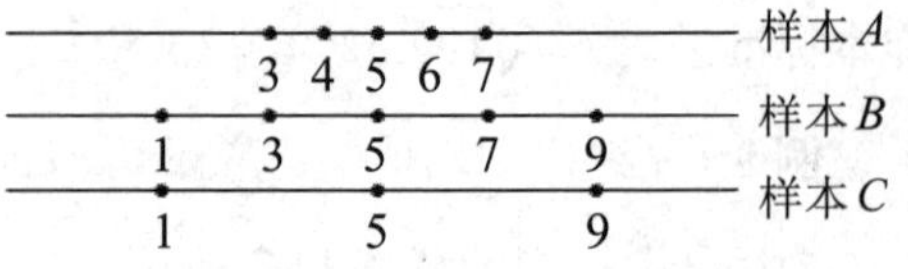

图 5-1-3　三个样本的观察值

如果将它们画在数轴上 (见图 5-1-3), 明显可以看出它们的“分散”程度是不同的: 样本 A 在这三个样本中是比较密集的, 而样本 C 则比较分散.

这一直觉可以用样本方差来表示. 这三个样本的均值都是 5, 即 $\bar{x}_A = \bar{x}_B = \bar{x}_C = 5$, 而题设各样本的容量 $n_A = 5$, $n_B = 5$, $n_C = 3$, 所以它们的样本方差分别为

$$s_A^2 = \frac{1}{5-1}[(3-5)^2+(4-5)^2+(5-5)^2+(6-5)^2+(7-5)^2] = \frac{10}{4} = 2.5,$$

$$s_B^2 = \frac{1}{5-1}[(1-5)^2+(3-5)^2+(5-5)^2+(7-5)^2+(9-5)^2] = \frac{40}{4} = 10,$$

$$s_C^2 = \frac{1}{3-1}[(1-5)^2+(5-5)^2+(9-5)^2] = \frac{32}{2} = 16.$$

由此可见 $s_C^2 > s_B^2 > s_A^2$. 这与直觉是一致的, 它们反映了取值的离散程度. 由于样本方差的量纲与样本的量纲不一致, 故常用样本标准差来表示离散程度, 这里有

$$s_A \approx 1.58,\ s_B \approx 3.16,\ s_C \approx 4,$$

同样可得

$$s_C > s_B > s_A .$$

*数学实验

实验 5.3 试比较下列两组数据的均值和方差, 并根据计算结果说明它们的集中趋势和离散程度(详见教材配套的网络学习空间).

A组:

1.33	1.60	1.33	2.58	1.22	0.94	2.55	1.58	2.36
1.65	2.27	−0.56	2.47	3.85	3.04	2.91	1.76	2.18
2.24	2.10	1.17	1.65	1.83	1.52	2.84	4.54	0.68
2.13	0.56	3.30	3.41	0.34	3.94	0.92	2.23	3.10
2.15	4.30	4.75	2.14	0.30	1.64	1.15	1.24	0.87
2.08	4.11	1.28	1.72	3.17				

均值与方差计算实验

B组:

3.58	2.63	3.33	3.13	1.50	2.55	1.61	0.83	2.82
2.09	1.75	2.38	3.28	2.51	2.25	2.36	2.06	0.99
3.02	3.83	1.30	4.50	1.77	1.68	0.83	0.97	0.76
2.46	4.07	2.68	3.11	3.74	−1.25	1.78	2.46	2.93
0.30	0.69	3.03	1.85	2.72	0.75	−0.12	2.99	3.55
4.12	0.01	0.26	0.08	1.94				

均值与方差计算实验

习题 5-1

1. 已知总体 X 服从 $[0,\lambda]$ 上的均匀分布(λ 未知), $X_1, X_2, \cdots, X_n$ 为 X 的样本, 则( ).

(A) $\frac{1}{n}\sum_{i=1}^{n} X_i - \frac{\lambda}{2}$ 是一个统计量; (B) $\frac{1}{n}\sum_{i=1}^{n} X_i - E(X)$ 是一个统计量;

(C) $X_1 + X_2$ 是一个统计量; (D) $\frac{1}{n}\sum_{i=1}^{n} X_i^2 - D(X)$ 是一个统计量.

2. 观察一个连续型随机变量, 抽到 100 株“豫农一号”玉米的穗位 (单位: cm), 得到如下表所示的数

据. 按区间 [70, 80), [80, 90), …, [150, 160), 将 100 个数据分成 9 组, 列出分组数据统计表 (包括频率和累积频率), 并画出累积频率直方图.

127	118	121	113	145	125	87	94	118	111
102	72	113	76	101	134	107	118	114	128
118	114	117	120	128	94	124	87	88	105
115	134	89	141	114	119	150	107	126	95
137	108	129	136	98	121	91	111	134	123
138	104	107	121	94	126	108	114	103	129
103	127	93	86	113	97	122	86	94	118
109	84	117	112	112	125	94	73	93	94
102	108	158	89	127	115	112	94	118	114
88	111	111	104	101	129	144	128	131	142

3. 测得 20 个毛坯重量 (单位: g), 列成如下简表:

毛坯重量	185	187	192	195	200	202	205	206
频数	1	1	1	1	1	2	1	1
毛坯重量	207	208	210	214	215	216	218	227
频数	2	1	1	1	2	1	2	1

将其按区间 [183.5, 192.5), …, [219.5, 228.5) 分为 5 组, 列出分组数据统计表, 并画出频率直方图.

4. 某地区抽样调查 200 个居民户的月人均收入, 得如下统计资料:

月人均收入 (百元)	5 ~ 6	6 ~ 7	7 ~ 8	8 ~ 9	9 ~ 10	10 ~ 11	11 ~ 12	合计
户数	18	35	76	24	19	14	14	200

求样本容量 n, 样本均值 $\overline{X}$, 样本方差 S^2.

5. 设总体 X 服从二项分布 $B(10, 3/100)$, $X_1, X_2, \cdots, X_n$ 为来自总体的简单随机样本,

$$\overline{X} = \frac{1}{n}\sum_{i=1}^{n} X_i \text{ 与 } S_n^2 = \frac{1}{n}\sum_{i=1}^{n}(X_i - \overline{X})^2$$

分别表示样本均值和样本二阶中心矩, 试求 $E(\overline{X})$, $E(S_n^2)$.

6. 设 $X_1, X_2, \cdots, X_5$ 为总体 X 的样本, $x_1, x_2, \cdots, x_5$ 为样本观察值. 在累次抽样中得 $x_1 = 0.5$, $x_2 = 0.4$, $x_3 = 0.7$, $x_4 = 0.6$, $x_5 = 0.3$, 试求顺序统计量 $X_1^*, X_2^*, \cdots, X_5^*$ 及样本极差 D^* 在这个抽样中的观察值, 并写出相应的经验分布函数 $F_5(x)$ 的观察值.

7. 设某商店 100 天销售电视机的情况有如下统计资料:

日售出台数 k	2	3	4	5	6	合计
天数 f_k	20	30	10	25	15	100

求样本容量 n 和经验分布函数 $F_n(x)$.

8. 设总体 X 的分布函数为 $F(x)$, 概率密度为 $f(x)$, $X_1, X_2, \cdots, X_n$ 为来自总体 X 的一个样本, 记

$$X_{(1)} = \min_{1 \leqslant i \leqslant n}(X_i),\ X_{(n)} = \max_{1 \leqslant i \leqslant n}(X_i),$$

试求 $X_{(1)}$ 和 $X_{(n)}$ 各自的分布函数和概率密度.

9. 设总体 X 服从指数分布 $e(\lambda)$, X_1, X_2 是容量为 2 的样本, 求 $X_{(1)}$, $X_{(2)}$ 的概率密度.

10. 设电子元件的寿命 X (单位: 小时) 服从参数 $\lambda = 0.0015$ 的指数分布, 今独立测试 $n = 6$ 个元件, 记录它们的失效时间, 求:

(1) 没有元件在 800 小时之前失效的概率;　　(2) 没有元件最后超过 3 000 小时的概率.

11. 设总体 X 任意, 期望为 μ, 方差为 σ^2, 若至少要以 95% 的概率保证 $|\overline{X} - \mu| < 0.1\sigma$, 问样本容量 n 应取多大?

12. 在电力系统中, 设备的故障发生率通常与环境、负载、设备老化等因素相关, 这使得故障间隔时间呈现随机性. 假设我们对某电力网络中的设备进行故障检测, 并记录其故障间隔时间 (单位: 小时) 作为随机变量 X, 则可以通过顺序统计量 (尤其是样本极小值、样本极大值与样本极差) 来评估设备的可靠性和故障波动范围. 假设我们对某电力设备进行了一次监测, 收集了27个设备故障的间隔时间样本, 样本值如下：

120 100 140 110 130 125 115 140 150 135 110 125 130 145

160 155 125 140 150 170 105 125 115 160 145 135 130

试求该样本的极差, 并分析设备故障间隔时间在所处环境下的波动范围.

§5.2　常用统计分布

取得总体的样本后, 通常要借助样本的统计量对未知的总体分布进行推断. 为此, 需进一步确定相应的统计量所服从的分布. 除在概率论中所提到的常用分布外, 本节还要介绍几种在统计学中常用的统计分布. (1) χ^2 分布: χ^2 分布是正态分布随机变量的平方和, 广泛用于方差分析和假设检验, 如 χ^2 拟合优度检验和独立性检验. χ^2 分布是右偏的, 取值范围为 $[0, +\infty)$. (2) t 分布: t 分布是正态分布的一个变种, 用于小样本情况下的统计推断, 特别是当总体方差未知时. t 分布的尾部比正态分布更重, 随着样本容量增加, t 分布趋向于正态分布. (3) F 分布: F 分布用于比较两个样本方差, 常见于方差分析和回归分析中. 它由两个 χ^2 分布的比值组成, 具有两个自由度参数, 广泛用于假设检验. 这些统计分布为不同类型的数据和问题提供了理论框架, 帮助我们进行参数估计、假设检验及数据分析.

一、分位数

设随机变量 X 的分布函数为 $F(x)$, 对给定的实数 $\alpha\,(0 < \alpha < 1)$, 若实数 F_α 满足

$$P\{X > F_\alpha\} = \alpha,$$

则称 F_α 为随机变量 X 分布的水平 α 的**上侧分位数** (upper quantile). 若实数 $T_{\alpha/2}$ 满足

$$P\{|X| > T_{\alpha/2}\} = \alpha,$$

则称 $T_{\alpha/2}$ 为随机变量 X 分布的水平 α 的**双侧分位数** (two-sided quantile).

分位数 (quantile) 是将数据集或概率分布分成若干等概率区间的值. 常见的分位数包括四分位数、百分位数等. 在统计学中, 分位数用于描述数据的分布情况, 尤其在置信区间构

建和假设检验中有广泛应用. (1) 上侧分位数指的是数据或分布中, 位于某个百分位数右侧的值. 例如, 5% 上侧分位数是使得 95% 的数据低于该值, 剩余的5%的数据高于该值. 在概率分布中, 这个值通常用于设定临界值, 如显著性检验中的临界区域. (2) 双侧分位数则指的是在分布的两侧分别设定一定的概率区域, 常用于构建对称的置信区间. 例如, 在 95% 的置信区间中, 在分布的两侧各分配 2.5% 的数据, 剩下的 95% 位于区间内. 分位数在统计推断、描述性统计和数据分析中有重要应用, 可以帮助我们理解数据的中心位置和离散程度.

例如, 标准正态分布的上侧分位数和双侧分位数分别如图 5-2-1 和图 5-2-2 所示.

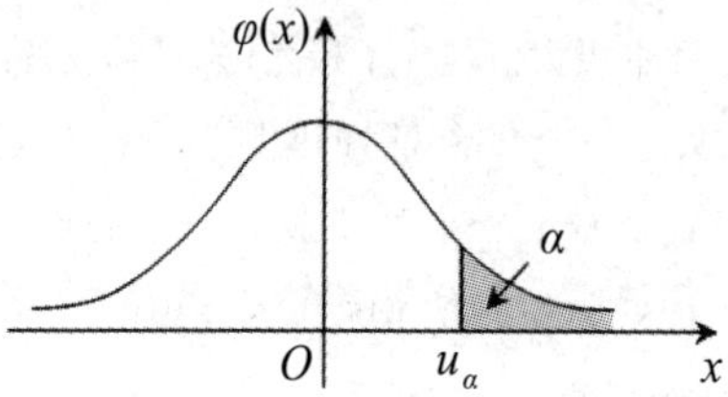

图 5-2-1

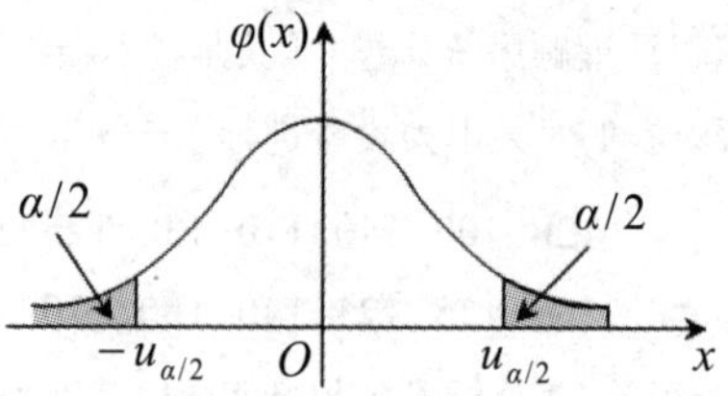

图 5-2-2

通常, 直接求解分位数是很困难的, 对常用的统计分布, 可利用相关软件或附录中的分布函数值表或分位数表来得到分位数的值.

例1 试求标准正态分布的水平 $\alpha=0.05$ 的上侧分位数和双侧分位数.

解 根据标准正态分布函数、上侧分位数与概率的性质 3, 有

$$\Phi(u_{0.05})=P\{X\leqslant u_{0.05}\}=1-P\{X>u_{0.05}\}=1-0.05=0.95,$$

查标准正态分布的上侧分位数可得 $u_{0.05}=1.645$, 而水平 0.05 的双侧分位数为 $u_{0.025}$, 利用标准正态分布函数的性质, 有

$$\begin{aligned}P\{|X|>u_{0.025}\}&=1-P\{|X|<u_{0.025}\}\\&=1-[2\Phi(u_{0.025})-1]=2[1-\Phi(u_{0.025})]=0.05.\end{aligned}$$

解得 $\Phi(u_{0.025})=1-0.025=0.975$, 查标准正态分布的上侧分位数, 得其双侧分位数

$$u_{0.025}=1.96.$$

注: 今后分别记 u_α 与 $u_{\alpha/2}$ 为标准正态分布的上侧分位数与双侧分位数.

用户可利用数苑“统计图表工具”中的“标准正态分布查表”软件, 通过微信扫码便捷地查询标准正态分布的水平 α 的上侧分位数 u_α.

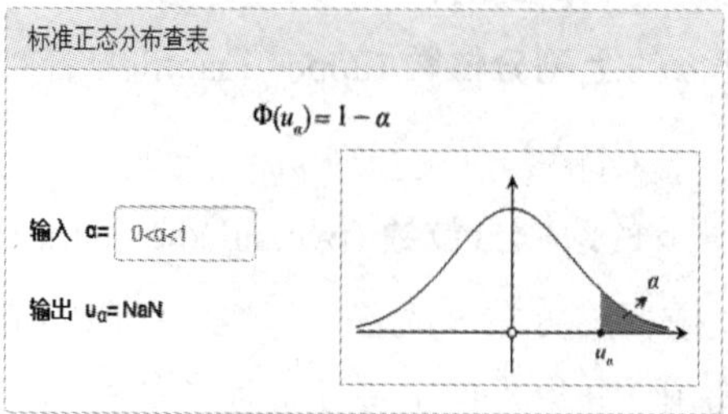

标准正态分布查表

二、χ^2分布

定义1　设$X_1, X_2, \cdots, X_n$是取自总体$N(0, 1)$的样本，则称统计量

$$\chi^2 = X_1^2 + X_2^2 + \cdots + X_n^2 \tag{2.1}$$

服从自由度为n的**χ^2分布**(**卡方分布**)，记为$\chi^2 \sim \chi^2(n)$.

这里，自由度是指式(2.1)右端所包含的独立变量的个数.

χ^2分布是海尔墨特(Hermert)和卡•皮尔逊(K. Pearson)分别于1875年和1900年导出的. 它主要适用于拟合优度检验和独立性检验，以及总体方差的估计和检验等. 相关内容将在随后的章节中介绍.

$\chi^2(n)$分布的概率密度为

$$f(x) = \begin{cases} \dfrac{1}{2^{n/2}\Gamma(n/2)} x^{\frac{n}{2}-1} e^{-\frac{1}{2}x}, & x > 0 \\ 0, & x \leqslant 0 \end{cases},$$

其中$\Gamma(\cdot)$为伽马函数. $f(x)$的典型图形如图5-2-3所示.

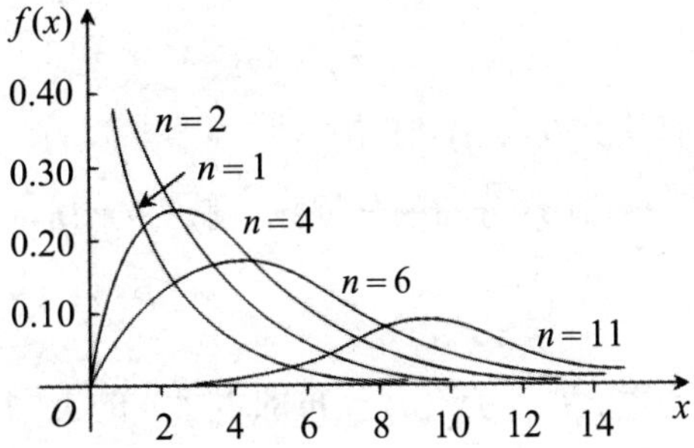

图5-2-3

注：伽马函数的定义为

$$\Gamma(\alpha) = \int_0^{+\infty} x^{\alpha-1} e^{-x} dx.$$

它具有下述运算性质：

(1) $\Gamma(\alpha+1) = \alpha\Gamma(\alpha)$；　(2) $\Gamma(n) = (n-1)!$，n为正整数；　(3) $\Gamma\left(\dfrac{1}{2}\right) = \sqrt{\pi}$.

从图5-2-3中可以看出，n越大，密度函数的图形越对称.

χ^2分布具有如下性质：

(1) χ^2分布的数学期望与方差：若$\chi^2 \sim \chi^2(n)$，则$E(\chi^2) = n$，$D(\chi^2) = 2n$.

证明　因$X_i \sim N(0,1)$，故$E(X_i^2) = D(X_i) = 1$，根据连续型随机变量函数的数学期望、广义积分、凑微分公式与分部积分公式，计算得

$$E(X_i^4) = \frac{1}{\sqrt{2\pi}}\int_{-\infty}^{+\infty} t^4 e^{-\frac{t^2}{2}} dt = -\frac{1}{\sqrt{2\pi}}\int_{-\infty}^{+\infty} t^3 d\left(e^{-\frac{t^2}{2}}\right)$$

$$= \left(-\frac{t^3}{\sqrt{2\pi}} e^{-\frac{t^2}{2}}\right)\Bigg|_{-\infty}^{+\infty} + 3\int_{-\infty}^{+\infty} t^2 \cdot \frac{1}{\sqrt{2\pi}} e^{-\frac{t^2}{2}} dt$$

$$= 0 + 3 \times E(X_i^2) = 0 + 3 \times 1 = 3,$$

$$D(X_i^2) = E(X_i^4) - [E(X_i^2)]^2 = 3 - 1 = 2,\ i = 1, 2, \cdots, n,$$

再由 $X_1, X_2, \cdots, X_n$ 的独立性, 证得

$$E(\chi^2)=E\left(\sum_{i=1}^{n}X_i^2\right)=\sum_{i=1}^{n}E(X_i^2)=n,\quad D(\chi^2)=D\left(\sum_{i=1}^{n}X_i^2\right)=\sum_{i=1}^{n}D(X_i^2)=2n.$$

(2) χ^2 分布的可加性: 若 $\chi_1^2\sim\chi^2(m)$, $\chi_2^2\sim\chi^2(n)$, 且 χ_1^2 与 χ_2^2 相互独立, 则

$$\chi_1^2+\chi_2^2\sim\chi^2(m+n).$$

证明　由 χ^2 分布的定义, 可设

$$\chi_1^2=X_1^2+X_2^2+\cdots+X_m^2,\quad \chi_2^2=X_{m+1}^2+X_{m+2}^2+\cdots+X_{m+n}^2,$$

其中 $X_1, X_2, \cdots, X_m, X_{m+1}, X_{m+2}, \cdots, X_{m+n}$ 均服从 $N(0,1)$ 且相互独立, 则由 χ^2 分布的定义知:

$$\chi_1^2+\chi_2^2=X_1^2+X_2^2+\cdots+X_m^2+X_{m+1}^2+X_{m+2}^2+\cdots+X_{m+n}^2$$

服从 $\chi^2(m+n)$. 证毕.

(3) χ^2 分布的分位数: 设 $\chi^2\sim\chi^2(n)$, 对给定的实数 $\alpha\,(0<\alpha<1)$, 称满足条件

$$P\{\chi^2>\chi_\alpha^2(n)\}=\int_{\chi_\alpha^2(n)}^{+\infty}f(x)\mathrm{d}x=\alpha \tag{2.2}$$

的数 $\chi_\alpha^2(n)$ 为 **$\chi^2(n)$ 分布的水平 α 的上侧分位数**, 简称为 **χ^2 分布的上侧 α 分位数**. 对不同的 α 与 n, 分位数的值已经编制成表供查用 (参见本书附表5).

注: 用户可利用数苑"统计图表工具"中的"卡方分布查表"软件, 通过微信扫码便捷地查询 χ^2 分布的水平 α 的上侧分位数 $\chi_\alpha^2(n)$.

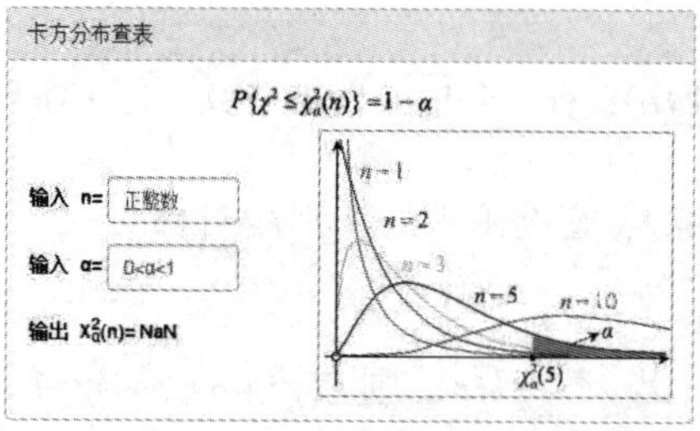

χ^2 分布查表

例如, 查表得: $\chi_{0.1}^2(25)=34.382$, $\chi_{0.05}^2(10)=18.307$. χ^2 分布表中只给出了自由度 $n\leqslant45$ 时的上侧分位数. 费希尔 (R. A. Fisher) 曾证明: 当 n 充分大时, 近似有

$$\chi_\alpha^2(n)\approx\frac{1}{2}(u_\alpha+\sqrt{2n-1})^2, \tag{2.3}$$

其中 u_α 是标准正态分布的水平 α 的上侧分位数. 利用这个公式可以对 $n>45$ 时的 χ^2 分布的上侧分位数进行近似计算. 又如, 由式 (2.3) 可得

$$\chi_{0.05}^2(50)\approx\frac{1}{2}(1.645+\sqrt{99})^2=67.221,$$

而由更详细的表可得到 $\chi_{0.05}^2(50)=67.505$.

例2 设$X_1, X_2, \cdots, X_6$是来自标准正态总体$N(0, 1)$的样本, 又设

$$Y=(X_1+X_2+X_3)^2+(X_4+X_5+X_6)^2,$$

试求常数C, 使CY服从χ^2分布.

解 依题设, 样本$X_1, X_2, \cdots, X_6$取自标准正态总体$N(0,1)$, 故由正态随机变量线性函数的分布, 有

$$X_1+X_2+X_3 \sim N(0, 3), \quad X_4+X_5+X_6 \sim N(0, 3),$$

又由标准正态分布定理, 得

$$\frac{X_1+X_2+X_3}{\sqrt{3}} \sim N(0, 1), \quad \frac{X_4+X_5+X_6}{\sqrt{3}} \sim N(0, 1),$$

且由简单随机样本的独立性知, 它们相互独立. 于是, 根据χ^2分布的定义, 有

$$\left(\frac{X_1+X_2+X_3}{\sqrt{3}}\right)^2+\left(\frac{X_4+X_5+X_6}{\sqrt{3}}\right)^2 \sim \chi^2(2).$$

故应取$C=\dfrac{1}{3}$, 并由此得到$\dfrac{1}{3}Y \sim \chi^2(2)$.

例3 某工程团队正在研究一款用于精密加工的机械设备, 需要对其工作过程中的振动状况进行分析与评估. 假设该设备在某一特定工况下的瞬时振动位移X服从分布$N(0, 2^2)$(即均值为0, 标准差为2), 研究人员希望采集一定数量的样本来衡量设备在该工况下的振动能量, 并判断设备振动是否有失控 (或振动能量过大) 的风险.

为此, 研究人员决定:

(1) 在工作过程中, 连续测量设备振动位移的8个观测值$X_1, X_2, \cdots, X_8$.

(2) 以振动位移的平方和$\eta=\sum\limits_{i=1}^{8} X_i^2$作为衡量振动“能量水平”的指标.

(3) 如果η过大, 说明设备可能出现了大振幅的振动, 需要引起额外关注或停机检查.

研究团队将$\eta \geqslant 40$这一情况视为过度振动, 试求其概率$P\{\eta \geqslant 40\}$, 并分析判断设备振动是否有失控的风险.

解 依题设, 每次采集的振动位移X_i皆来自分布$N(0,2^2)$. 因此$\dfrac{X_i}{2}$服从标准正态分布$N(0,1)$, 从而$\left(\dfrac{X_i}{2}\right)^2$服从自由度为1的$\chi^2$分布$\chi^2(1)$. 进一步, 对8个独立的样本$X_1, X_2, \cdots, X_8$, 则有$\sum\limits_{i=1}^{8}\left(\dfrac{X_i}{2}\right)^2 \sim \chi^2(8)$. 我们关心事件$\eta=\sum\limits_{i=1}^{8} X_i^2 \geqslant 40$的概率, 可将$\eta$改写为

$$\eta=\sum_{i=1}^{8} X_i^2=4\sum_{i=1}^{8}\left(\frac{X_i}{2}\right)^2,$$

因此, $\eta \geqslant 40 \Rightarrow \sum_{i=1}^{8}\left(\frac{X_i}{2}\right)^2 \geqslant 10$, 这意味着需要求取

$$P\{\chi^2(8) \geqslant 10\}.$$

利用统计软件或查 χ^2 分布表知, 当自由度 $n=8$ 时,

$$P\{\chi^2(8) \geqslant 10\} \approx 0.27.$$

所以, 最终可得

$$P\{\eta \geqslant 40\} = P\left\{\sum_{i=1}^{8} X_i^2 \geqslant 40\right\} \approx 0.27.$$

换言之, 在该假设模型下, 有27%的可能性在8次测量中, 振动位移的平方和会超过40.

工程意义与应用:

(1) 在本例中, 研究人员选择 $\eta \geqslant 40$ 作为异常振动或高能量振动的临界点, 概率为 0.27 说明, 如果设备确实符合此正态分布假设, 有27%的测量可能会触发预警. 若认为27%的概率过高, 则需要进一步缩小预警阈值, 以避免漏报; 若该概率与工程师预期相符 (例如, 只想对极端情况进行追踪), 则可视具体情况设定更高的阈值.

(2) 质量控制与安全. 当设备连续在此工况下进行加工时, 若统计显示 η 频繁超过该阈值, 可判断设备在使用过程中振动水平偏高, 容易导致精度下降或部件疲劳, 需做进一步的检修或维护; 若 η 偏小且长期平稳, 则说明设备振动在可接受的范围内, 可以维持生产.

(3) 进一步的数据分析与改进. 模型校验: 若实际测量数据与 $N(0,2^2)$ 的假设偏差较大, 则应对分布假设进行修正或拟合更适合的模型. 过程优化: 分析造成振动过大的原因 (如机床装夹方式、主轴平衡度、刀具磨损等), 采取改进措施降低振动.

以上应用案例展示了如何将 "正态分布→χ^2 分布转化→查表或计算概率" 的思路用于机械设备振动分析. 通过衡量设备振动位移的平方和 η, 并将其阈值问题转化为 χ^2 分布概率问题, 工程师能够估算 "振动过度" 的风险水平并指导后续的运维与改进.

三、t 分布

关于 t 分布的早期理论, 最早是由英国统计学家威廉 · 西利 · 戈塞特 (William Sealy Gosset) 在 1908 年提出的. t 分布是小样本分布, 小样本一般是指样本容量 $n<30$. t 分布适用于当总体标准差未知时, 用样本标准差代替总体标准差, 由样本均值推断总体均值以及进行两个小样本之间差异的显著性检验等.

定义 2 设 $X \sim N(0, 1)$, $Y \sim \chi^2(n)$, 且 X 与 Y 相互独立, 则称

$$T = \frac{X}{\sqrt{Y/n}} \tag{2.4}$$

服从自由度为 n 的 ***t* 分布**, 记为 $T \sim t(n)$. $t(n)$ 分布的概率密度为

$$f(x)=\frac{\Gamma[(n+1)/2]}{\sqrt{n\pi}\Gamma(n/2)}\left(1+\frac{x^2}{n}\right)^{-\frac{n+1}{2}},\quad -\infty<x<+\infty,$$

其中$\Gamma(\cdot)$为伽马函数.

t分布具有如下性质:

(1) $f(x)$的图形关于y轴对称(见图5−2−4),且

$$\lim_{x\to+\infty}f(x)=0.$$

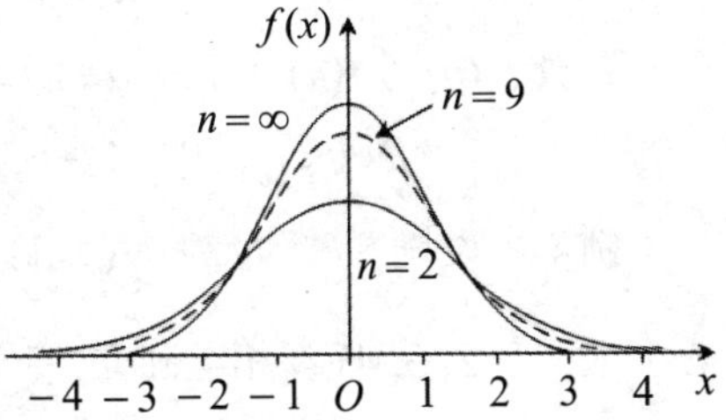

图 5−2−4

(2) 当n充分大时,t分布近似于标准正态分布. 事实上,由伽马函数的性质与第二个重要极限,有

$$\lim_{n\to+\infty}f(x)=\frac{1}{\sqrt{2\pi}}\mathrm{e}^{-\frac{x^2}{2}},$$

但当n较小时,t分布与标准正态分布相差较大.

(3) t分布的分位数: 设$T\sim t(n)$,对给定的实数$\alpha\ (0<\alpha<1)$,称满足条件

$$P\{T>t_\alpha(n)\}=\int_{t_\alpha(n)}^{+\infty}f(x)\mathrm{d}x=\alpha \tag{2.5}$$

的数$t_\alpha(n)$为**$t(n)$分布的水平α的上侧分位数**. 由密度函数$f(x)$的对称性,可得

$$t_{1-\alpha}(n)=-t_\alpha(n). \tag{2.6}$$

对不同的α与n,t分布的上侧分位数可从本书附表4中查得.

注: 用户可利用数苑"统计图表工具"中的"t分布查表"软件,通过微信扫码便捷地查询$t(n)$分布的水平α的上侧分位数$t_\alpha(n)$.

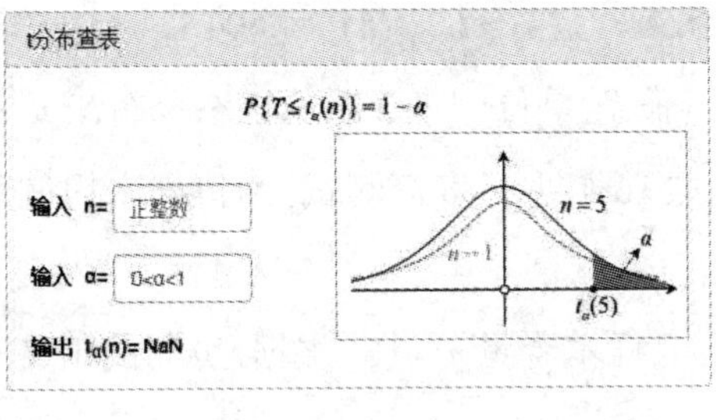

t分布查表

类似地,我们可以给出t分布的双侧分位数

$$P\{|T|>t_{\alpha/2}(n)\}=\int_{-\infty}^{-t_{\alpha/2}(n)}f(x)\mathrm{d}x+\int_{t_{\alpha/2}(n)}^{+\infty}f(x)\mathrm{d}x=\alpha,$$

显然有

$$P\{T>t_{\alpha/2}(n)\}=\alpha/2;\quad P\{T<-t_{\alpha/2}(n)\}=\alpha/2.$$

例如,设$T\sim t(8)$,对水平$\alpha=0.05$,查表得到

$$t_\alpha(8)=1.859\,5,\quad t_{\alpha/2}(8)=2.306\,0.$$

故有

$$P\{T>1.8595\}=P\{T<-1.8595\}=P\{|T|>2.3060\}=0.05.$$

注: ① 当自由度n充分大时, t分布近似于标准正态分布, 故有

$$t_\alpha(n)\approx u_\alpha,\quad t_{\alpha/2}(n)\approx u_{\alpha/2}.$$

一般地, 当$n>45$时, t分布的分位数可用正态分布的分位数近似.

② 设$t_\alpha(n)$为$t(n)$的水平α的上侧分位数, 则

$$P\{T<t_\alpha(n)\}=1-\alpha,\ P\{T<-t_\alpha(n)\}=\alpha,\ P\{|T|>t_\alpha(n)\}=2\alpha.$$

例 4　设随机变量$X\sim N(2,1)$, 随机变量Y_1, Y_2, Y_3, Y_4均服从正态分布$N(0,4)$, 且$X, Y_i\ (i=1,2,3,4)$都相互独立, 令$T=\dfrac{4(X-2)}{\sqrt{\sum\limits_{i=1}^{4}Y_i^2}}$, 试求$T$的分布, 并确定$t_0$的值, 使

$$P\{|T|>t_0\}=0.01.$$

解　依题设, 根据标准正态分布定理, 得

$$X-2\sim N(0,1),\ Y_i/2\sim N(0,1),\ i=1,2,3,4,$$

故由t分布的定义, 知

$$T=\frac{4(X-2)}{\sqrt{\sum\limits_{i=1}^{4}Y_i^2}}=\frac{X-2}{\sqrt{\sum\limits_{i=1}^{4}\left(\dfrac{Y_i}{4}\right)^2}}=\frac{X-2}{\sqrt{\sum\limits_{i=1}^{4}\left(\dfrac{Y_i}{2}\right)^2\Big/4}}\sim t(4),$$

即T服从自由度为4的t分布, 即$T\sim t(4)$. 再由$P\{|T|>t_0\}=0.01$, 对于$n=4$, $\alpha=0.01$, 查附表4得

$$t_0=t_{\alpha/2}(4)=t_{0.005}(4)=4.6041.$$

例 5　某电子元件的使用寿命X(单位: 小时) 服从正态分布$N(\mu,\sigma^2)$, 其中μ, σ^2均未知. 现从一批该电子元件中随机抽取16个进行寿命测试, 测得样本均值$\bar{x}=241.5$, 样本标准差$s=98.7$. 求$P\{\overline{X}\leqslant 220\}$.

解　由于总体方差σ^2未知, 且样本容量$n=16$, 根据t分布的定义, 我们构造统计量

$$T=\frac{\overline{X}-\mu}{S/\sqrt{n}},$$

它服从自由度为$n-1=15$的t分布.

这里我们要求$P\{\overline{X}\leqslant 220\}$, 先对其进行标准化变换, 即

$$P\{\overline{X}\leqslant 220\}=P\left\{\frac{\overline{X}-\mu}{S/\sqrt{n}}\leqslant\frac{220-\mu}{S/\sqrt{n}}\right\}.$$

已知$\bar{x}=241.5$, $s=98.7$, $n=16$, 将其代入可得

$$P\{\overline{X}\leqslant 220\}=P\left\{T\leqslant\frac{220-241.5}{98.7/\sqrt{16}}\right\}\approx P\{T\leqslant -0.871\}.$$

通过查阅 t 分布表 (自由度为 15), 可得

$$P\{T\leqslant -0.871\}\approx 0.20.$$

在工程技术中, 当总体方差未知时, 对于正态总体的样本均值相关概率的计算, 可利用 t 分布来解决. 通过构造合适的 t 统计量, 将问题转化为 t 分布下的概率来求解, 关键在于明确样本容量、样本均值和样本标准差, 并正确使用 t 分布的性质及相应的分布表.

四、F 分布

F 分布是以统计学家费希尔姓氏的第一个字母命名的, 用于方差分析、协方差分析和回归分析等.

定义 3 设 $X\sim\chi^2(m)$, $Y\sim\chi^2(n)$, 且 X 与 Y 相互独立, 则称

$$F=\frac{X/m}{Y/n}=\frac{nX}{mY} \tag{2.7}$$

服从自由度为 (m, n) 的 **F 分布**, 记为 $F\sim F(m, n)$.

$F(m, n)$ 分布的概率密度为

$$f(x)=\begin{cases}\dfrac{\Gamma[(m+n)/2]}{\Gamma(m/2)\Gamma(n/2)}\left(\dfrac{m}{n}\right)\left(\dfrac{m}{n}x\right)^{\frac{m}{2}-1}\left(1+\dfrac{m}{n}x\right)^{-\frac{1}{2}(m+n)}, & x>0\\ 0, & x\leqslant 0\end{cases}.$$

$F(m, n)$ 分布的密度函数 $f(x)$ 的典型图形见图 5-2-5.

F 分布是一种用于比较两个变量的方差的连续概率分布, 广泛应用于统计学中的方差分析、回归分析和假设检验. 它是两个独立 χ^2 分布的比值, 且每个 χ^2 分布按自由度标准化. F 分布的关键参数是分子自由度和分母自由度, 它们决定了分布的形状.

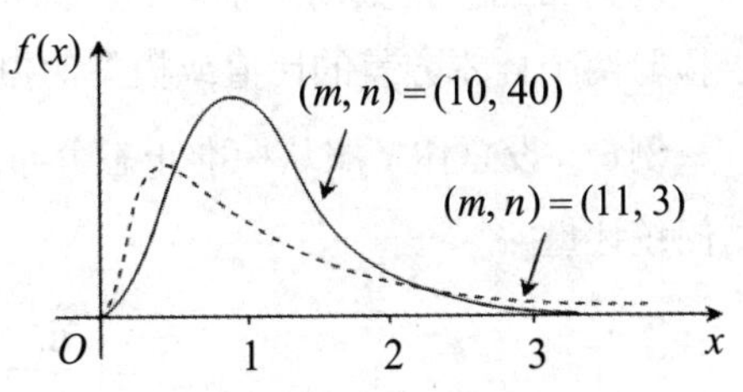

图 5-2-5

F 分布具有如下性质:

(1) 若 $X\sim t(n)$, 则 $X^2\sim F(1, n)$.

(2) 若 $F\sim F(m, n)$, 则 $\dfrac{1}{F}\sim F(n, m)$.

(3) 设 $F\sim F(m, n)$, 对给定的实数 α $(0<\alpha<1)$, 称满足条件

$$P\{F>F_\alpha(m, n)\}=\int_{F_\alpha(m,n)}^{+\infty}f(x)\mathrm{d}x=\alpha \tag{2.8}$$

的数 $F_\alpha(m, n)$ 为 **$F(m, n)$ 分布的水平 α 的上侧分位数**, 如图 5-2-6 所示. F 分布的上侧分位数可从附表 6 中查到.

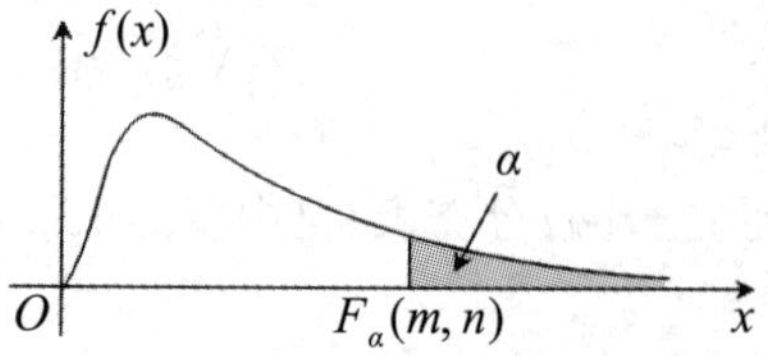

图 5-2-6

注: 用户可利用数苑"统计图表工具"中的"F 分布查表"软件, 通过微信扫码便捷地查询 $F(m, n)$ 分布的水平 α 的上侧分位数 $F_\alpha(m, n)$.

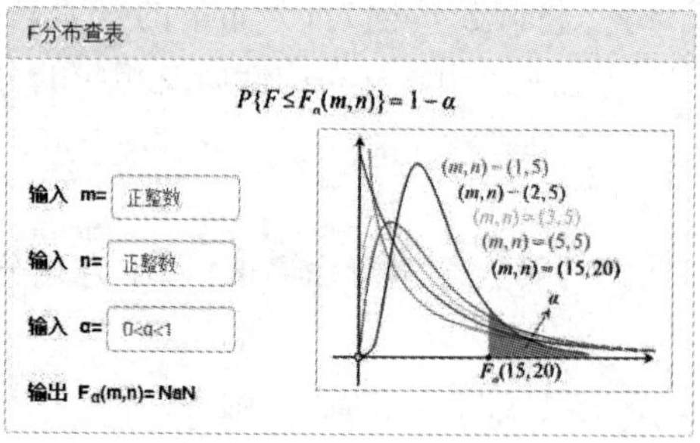

F 分布查表

例如, 查表得

$$F_{0.05}(10, 5) = 4.74, \quad F_{0.025}(5, 10) = 4.24.$$

(4) F 分布的分位数的一个重要性质:

$$F_\alpha(m, n) = \frac{1}{F_{1-\alpha}(n, m)}. \tag{2.9}$$

此式常常用来求 F 分布表中没有列出的某些上侧分位数. 例如

$$F_{0.95}(12, 9) = \frac{1}{F_{0.05}(9, 12)} = \frac{1}{2.80} \approx 0.357.$$

F 分布的分位数用于描述 F 分布的某个特定概率值所对应的临界值, 而 F 分布主要用于检验两个样本方差的比值或模型的拟合优度.

例 6 设总体 X 服从标准正态分布, $X_1, X_2, \cdots, X_n$ 是来自总体 X 的一个简单随机样本, 试问统计量

$$Y = \left(\frac{n}{5} - 1\right) \sum_{i=1}^{5} X_i^2 \Big/ \sum_{i=6}^{n} X_i^2, \ n > 5$$

服从何种分布?

解 依题设, X 服从标准正态分布, $X_1, X_2, \cdots, X_n$ 是来自总体 X 的一个简单随机样本, 故 $X_i \sim N(0, 1)$, 根据正态随机变量线性函数的分布, 得

$$\sum_{i=1}^{5} X_i^2 \sim \chi^2(5), \quad \sum_{i=6}^{n} X_i^2 \sim \chi^2(n-5),$$

且 $\sum_{i=1}^{5} X_i^2$ 与 $\sum_{i=6}^{n} X_i^2$ 相互独立, 所以, 由 F 分布的定义, 有

$$\frac{\sum_{i=1}^{5} X_i^2/5}{\sum_{i=6}^{n} X_i^2/(n-5)} \sim F(5, n-5),$$

再由题设统计量 Y 的表达式, 即得 $Y \sim F(5, n-5)$.

例 7 在某机电系统的检测过程中, 工程师需要从两组传感器 (各含两个独立测点) 获取实时数据, 以判断机械设备在特定运行模式下的稳定性. 设第一组传感器采集到的两个信号为 X_1, X_2, 它们可能对应同一传动轴上不同位置的振动幅值或应力. 第二组传感器采集到的两个信号记为 X_3, X_4, 它们可能位于另一个互补位置或关联部件上, 用于观测另一种振动模式或温度差异. 在正常工况下, 这四个测点的瞬时信号读数可以近似视为服从相互独立的正态分布, 均值为 0, 方差同为 σ^2, 即

$$X_i \sim N(0, \sigma^2) \quad (i=1,2,3,4).$$

为了衡量第一组与第二组在同一时间段内的综合偏差和差异程度, 工程师定义了一个比率

$$T = \frac{X_1+X_2}{X_3-X_4}.$$

如果 $|T|$ 较大, 可能说明第一组传感器的信号总和与第二组传感器的信号差之间存在明显的不一致, 从而提示机械结构在对应工况下出现异常共振或不平衡现象. 工程师希望给出一个阈值 c, 使得

$$P\{T^2 < c\} = 0.90.$$

这意味着在约 90% 的情况下, T^2 分布于 $[0, c)$ 区间. 若观测到 $\{T^2 > c\}$, 就表示该设备所处的状态超过了常规工况所能容忍的波动范围, 需要进一步检修或预警.

解 根据正态分布的线性组合原理, 若

$$X_1+X_2 \sim N(0, 2\sigma^2), \quad X_3-X_4 \sim N(0, 2\sigma^2),$$

将它们分别除以 $\sqrt{2}\sigma$ 后可得到标准正态分布, 两者的平方相互独立且都服从 $\chi^2(1)$. 由 F 分布的定义知

$$T^2 = \left(\frac{X_1+X_2}{X_3-X_4}\right)^2 \sim F(1,1).$$

只需查看 $F(1,1)$ 分布在上侧概率0.10 (即下侧概率0.90) 时的分位数. 查表或利用统计软件可得该分位数约为39.86, 因而

$$P\{T^2 < 39.86\} \approx 0.90, \quad P\{T^2 \geqslant 39.86\} \approx 0.10.$$

在实际工程应用中, 如果 $\{T^2 > 39.86\}$ 频繁出现, 表示第一组与第二组的信号差异大幅超出正常范围, 如机械部件出现剧烈异响或振动能量集中等. 此时应考虑停机检查, 或者调

整相关部件 (如重新校准、紧固或更换易损件) 以降低不平衡风险. 如果 $\{T^2 \leqslant 39.86\}$ 在大多数采样时刻都成立, 则说明在该工况下, 两组传感器所测得的偏差仍处于可接受的区间, 设备整体运转较为平稳. 工程师也可根据设备的重要程度或安全级别, 将 90% 的置信度提升至 95%、99% 等, 由此得到不同的阈值,以降低过度振动或失衡预警的灵敏度.

由于机械信号可能存在非高斯特性、瞬时冲击和噪声干扰等, 在使用该方法前应收集一定量的历史数据进行分布验证或稳健性测试. 若实测分布和正态假设偏离明显 (例如较强的非对称性或尖峰厚尾), 则需考虑使用更符合实际信号特征的模型进行修正. 在大多数情形下, 此基于 $F(1,1)$ 分布的简便方法可为快速判断设备工况与风险水平提供有价值的统计依据. 当采集到的 $|T|$ 多次连续偏大时, 就能及时发出预警, 避免设备在异常振动加剧的状态下继续作业而导致损耗或故障升级.

习题 5-2

1. 对于给定的正数 $\alpha\,(0<\alpha<1)$, 设 z_α, $\chi^2_\alpha(n)$, $t_\alpha(n)$, $F_\alpha(n_1, n_2)$ 分别是标准正态分布, $\chi^2(n)$、$t(n)$、$F(n_1, n_2)$ 分布的上 α 分位点, 则下面的结论中不正确的是 (　).

(A) $z_{1-\alpha}(n) = -z_\alpha(n)$;　　(B) $\chi^2_{1-\alpha}(n) = -\chi^2_\alpha(n)$;

(C) $t_{1-\alpha}(n) = -t_\alpha(n)$;　　(D) $F_{1-\alpha}(n_1, n_2) = \dfrac{1}{F_\alpha(n_2, n_1)}$.

2. 设总体 $X \sim N(0, 1)$, $X_1, X_2, \cdots, X_n$ 为简单随机样本, 试问: 下列各统计量服从什么分布?

(1) $\dfrac{X_1 - X_2}{\sqrt{X_3^2 + X_4^2}}$;　　(2) $\dfrac{\sqrt{n-1}X_1}{\sqrt{X_2^2 + X_3^2 + \cdots + X_n^2}}$;　　(3) $\left(\dfrac{n}{3} - 1\right)\sum\limits_{i=1}^{3} X_i^2 \Big/ \sum\limits_{i=4}^{n} X_i^2$.

3. 设 X_1, X_2, X_3, X_4 是取自正态总体 $X \sim N(0, 2^2)$ 的简单随机样本, 且

$$Y = a(X_1 - 2X_2)^2 + b(3X_3 - 4X_4)^2,$$

则 a, b 分别为何值时, 统计量 Y 服从 χ^2 分布? 其自由度是多少?

4. 设随机变量 X 和 Y 相互独立且都服从正态分布 $N(0, 3^2)$. $X_1, X_2, \cdots, X_9$ 和 $Y_1, Y_2, \cdots, Y_9$ 是分别取自总体 X 和 Y 的简单随机样本, 试证统计量

$$T = \frac{X_1 + X_2 + \cdots + X_9}{\sqrt{Y_1^2 + Y_2^2 + \cdots + Y_9^2}}$$

服从自由度为 9 的 t 分布.

5. 设总体 $X \sim N(0, 4)$, 而 $X_1, X_2, \cdots, X_{15}$ 为取自该总体的样本, 问随机变量

$$Y = \frac{X_1^2 + X_2^2 + \cdots + X_{10}^2}{2(X_{11}^2 + X_{12}^2 + \cdots + X_{15}^2)}$$

服从什么分布? 参数为多少?

6. 设 $X_1, X_2, \cdots, X_n, X_{n+1}, \cdots, X_{n+m}$ 是来自正态总体 $N(0, \sigma^2)$ 的容量为 $n+m$ 的样本, 求证:

$$Z=\frac{\sqrt{m}\sum_{i=1}^{n}X_i}{\sqrt{n}\sqrt{\sum_{i=n+1}^{n+m}X_i^2}}\sim t(m).$$

7. 设 $X_1, X_2, \cdots, X_n$ 与 $Y_1, Y_2, \cdots, Y_n$ 都是来自总体 $X\sim N(\mu,\sigma^2)$ 的样本, 并且相互独立, $\overline{Y}$ 是 $Y_1, Y_2, \cdots, Y_n$ 的样本均值, 则 $\dfrac{\sum_{i=1}^{n}(X_i-\mu)}{\sqrt{\sum_{i=1}^{n}(Y_i-\overline{Y})}}$ 服从何分布?

8. 设 $X_1, X_2, \cdots, X_9$ 是取自正态总体 X 的简单随机样本, 且

$$Y_1=\frac{1}{6}(X_1+X_2+\cdots+X_6),\quad Y_2=\frac{1}{3}(X_7+X_8+X_9),\quad S^2=\frac{1}{2}\sum_{i=7}^{9}(X_i-Y_2)^2,\quad Z=\frac{\sqrt{2}(Y_1-Y_2)}{S},$$

试证: 统计量 Z 服从自由度为2的 t 分布.

9. 证明: 若随机变量 X 服从 $F(n_1,n_2)$ 分布, 则

(1) $Y=\dfrac{1}{X}$ 服从 $F(n_2,n_1)$ 分布; (2) $F_{1-\alpha}(n_1,n_2)=\dfrac{1}{F_\alpha(n_2,n_1)}$.

10. 查表求标准正态分布的上侧分位数: $u_{0.4}$, $u_{0.2}$, $u_{0.1}$, $u_{0.05}$.

11. 查表求 χ^2 分布的上侧分位数: $\chi^2_{0.95}(5)$, $\chi^2_{0.05}(5)$, $\chi^2_{0.99}(10)$, $\chi^2_{0.01}(10)$.

12. 查表求 F 分布的上侧分位数: $F_{0.95}(4,6)$, $F_{0.975}(3,7)$, $F_{0.99}(5,5)$.

13. 查表求 t 分布的上侧分位数: $t_{0.05}(3)$, $t_{0.01}(5)$, $t_{0.10}(7)$, $t_{0.005}(10)$.

14. 设 X_1, X_2 是取自正态总体 $X\sim N(0,\sigma^2)$ 的一个样本, 求概率 $P\left\{\dfrac{(X_1+X_2)^2}{(X_1-X_2)^2}<4\right\}$.

15. 假设在 xOy 平面上随机选择一个点 (X,Y), 其中 X 和 Y 是独立的随机变量, 并且都服从标准正态分布. 如果在 xOy 平面上以原点为中心画一个圆, 那么为了使点 (X,Y) 位于圆内的概率为0.95, 可以选择的最小圆的半径是多少?

16. 在机器学习中, 特征选择是数据预处理过程中的一个重要步骤, 尤其是在面对大量特征时, 选择合适的特征对模型性能有重要影响. 假设我们正在进行一个分类任务, 使用的是一个包含多个特征的数据集, 其中每个特征服从正态分布. 我们希望通过分析这些特征的方差, 选择出具有较大方差的特征, 以便提升模型的性能.假设该数据集中有30个特征, 每个特征的方差均服从正态分布 $N(0,\sigma^2)$, 其中方差 $\sigma^2=1$. 为了进一步衡量这些特征的重要性, 我们计算了每个特征的方差平方和 $\eta=\sum_{i=1}^{30}X_i^2$, 作为衡量特征方差集中度的指标. 如果 η 过大, 则说明特征的方差较大, 可能对模型影响较大, 反之则可能表示该特征较为冗余或不重要.

假设 $\eta\geqslant 40$ 被视为重要特征的判定阈值, 我们需要如何求解相关概率, 并分析哪些特征可能对模型的最终性能产生较大影响?

17. 某型号汽车发动机的输出功率 X (单位: 马力) 服从正态分布 $N(\mu,\sigma^2)$, μ,σ^2 未知. 现随机抽取25台发动机测试其输出功率, 得到样本均值 $\bar{x}=180$, 样本标准差 $s=15$. 求 $P\{\overline{X}\geqslant 185\}$.

18. 某网络运营商监控两组网络节点数据传输流量以评估网络稳定性和性能, 第一组节点数据传输流量为 X_1, X_2, 第二组为 X_3, X_4. 正常网络状态下,

$$X_i \sim N(0, \sigma^2), \quad i=1, 2, 3, 4.$$

为衡量两组节点数据传输流量的综合偏差和差异程度, 定义比率:

$$T=\frac{X_1+X_2}{X_3+X_4}.$$

$|T|$ 较大时可能提示网络连接有瓶颈、过载或链路故障. 试求阈值 c, 使

$$P\{T^2<c\}=0.90.$$

若 $\{T^2>c\}$, 则节点数据传输流量波动超出常规容忍范围, 需排查故障或优化网络.

§5.3　抽样分布

抽样分布是指从一个总体中反复抽取样本时, 样本统计量 (如样本均值、样本方差等) 的概率分布. 它描述了不同样本统计量的取值及其发生的概率, 帮助我们了解如何由样本推断总体特征. 抽样分布的核心概念在于, 虽然每次抽取的样本结果会有所不同, 但其统计量的分布呈现一定的规律性. 最常见的抽样分布是样本均值的抽样分布. 根据中心极限定理, 不论总体分布如何, 只要样本容量 n 足够大, 样本均值的分布就趋近于正态分布. 这意味着即使总体分布不是正态的, 随着样本容量的增大, 样本均值的抽样分布也会趋近于一个正态分布, 且其期望为总体均值 μ, 方差为总体方差 σ^2 的 $1/n$. 除了样本均值的抽样分布, 样本方差的抽样分布和其他统计量的抽样分布也可以用来进行统计推断. 抽样分布的意义在于, 它为我们提供了关于样本统计量的概率信息, 从而使我们能够评估和控制推断的误差. 在实际应用中, 抽样分布用于估计总体参数、构建置信区间和进行假设检验等.

一、抽样分布

有时, 总体分布的类型虽然已知, 但其中含有未知参数, 此时需对总体的未知参数或总体的数字特征 (如数学期望、方差等) 进行统计推断, 此类问题称为**参数统计推断**. 在参数统计推断问题中, 常需利用总体的样本构造出合适的统计量, 并使其服从或渐近地服从已知的分布. 统计学中泛称统计量的分布为**抽样分布**.

讨论抽样分布的途径有两个. 一是精确地求出抽样分布, 并称相应的统计推断为**小样本统计推断**. 由于样本容量小, 样本统计量的分布不再近似于正态分布, 因此需要采用不同的推断方法. 小样本统计推断的意义在于提供了在样本容量有限的情况下进行统计推断的理论框架, 广泛应用于医学实验、心理学研究、市场调查等领域.

二是让样本容量趋于无穷, 并求出抽样分布的极限分布, 然后在样本容量充分大时, 再以该极限分布作为抽样分布的近似分布, 进而对未知参数进行统计推断, 称与此相应的统计推断为**大样本统计推断**. 根据大数定律, 随着样本容量增大, 样本均值会收敛于总体均值; 根

据中心极限定理, 即使总体分布不是正态的, 样本均值的分布随着样本容量增大也趋近于正态分布. 因此, 对于大样本, 可以利用正态分布进行参数估计和假设检验, 大样本统计推断因其简便性和强大的适用性, 广泛应用于社会科学、医学、经济学等领域.

二、单正态总体的抽样分布

单正态总体的抽样分布描述的是从一个正态分布总体中抽取样本后, 样本统计量 (如样本均值) 的分布. 随着样本容量增大, 样本均值的标准差逐渐变小, 样本均值趋向于总体均值 μ. 重要的是, 无论样本容量如何, 样本均值始终服从正态分布. 这意味着对于正态总体, 抽样分布的形式保持不变. 这一特性在统计推断中非常重要, 尤其在构建置信区间和进行假设检验时.

设总体 X 的均值为 μ, 方差为 σ^2, $X_1, X_2, \cdots, X_n$ 是取自 X 的一个简单随机样本, $\overline{X}$ 与 S^2 分别为该样本的样本均值与样本方差, 则 $E(\overline{X})=\mu$, $D(\overline{X})=\sigma^2/n$, 而

$$E(S^2)=E\left[\frac{1}{n-1}\left(\sum_{i=1}^{n}X_i^2-n\overline{X}^2\right)\right]=\frac{1}{n-1}\left[\sum_{i=1}^{n}E(X_i^2)-nE(\overline{X}^2)\right]$$

$$=\frac{1}{n-1}\left[\sum_{i=1}^{n}(\sigma^2+\mu^2)-n\left(\frac{\sigma^2}{n}+\mu^2\right)\right]=\sigma^2.$$

进一步, 若设 $X\sim N(\mu,\sigma^2)$, 则根据 n 维正态分布的性质, 可得到下列单正态总体的抽样分布定理.

定理 1 设总体 $X\sim N(\mu,\sigma^2)$, $X_1, X_2, \cdots, X_n$ 是取自总体 X 的一个样本, $\overline{X}$ 为该样本的样本均值, 则有

(1) $\overline{X}\sim N(\mu,\sigma^2/n)$; (3.1)

(2) $U=\dfrac{\overline{X}-\mu}{\sigma/\sqrt{n}}\sim N(0, 1)$. (3.2)

定理 2 设总体 $X\sim N(\mu,\sigma^2)$, $X_1, X_2, \cdots, X_n$ 是取自总体 X 的一个样本, $\overline{X}$ 与 S^2 分别为该样本的样本均值与样本方差, 则有

(1) $\chi^2=\dfrac{n-1}{\sigma^2}S^2=\dfrac{1}{\sigma^2}\sum_{i=1}^{n}(X_i-\overline{X})^2\sim\chi^2(n-1)$; (3.3)

(2) $\overline{X}$ 与 S^2 相互独立.

该定理的严格证明需要用到多重积分的变量替换公式、正交矩阵的一些性质以及很强的数学推导技巧, 此处略去其证明.

定理 3 设总体 $X\sim N(\mu,\sigma^2)$, $X_1, X_2, \cdots, X_n$ 是取自总体 X 的一个样本, $\overline{X}$ 与 S^2 分别为该样本的样本均值与样本方差, 则有

(1) $\chi^2=\dfrac{1}{\sigma^2}\sum_{i=1}^{n}(X_i-\mu)^2\sim\chi^2(n)$;　(3.4)

(2) $T=\dfrac{\overline{X}-\mu}{S/\sqrt{n}}\sim t(n-1)$.　(3.5)

证明　(1) 式(3.4)是χ^2分布在随机变量标准化下的推论.

(2) 利用定理1(2)和定理2(1), 有

$$\frac{\overline{X}-\mu}{\sigma/\sqrt{n}}\sim N(0,1),\quad \frac{n-1}{\sigma^2}S^2\sim\chi^2(n-1),$$

且两者相互独立, 故由t分布的定义, 证得

$$T=\frac{\dfrac{\overline{X}-\mu}{\sigma/\sqrt{n}}}{\sqrt{\dfrac{(n-1)S^2}{\sigma^2(n-1)}}}\sim t(n-1).$$

例1　设$X\sim N(21,2^2)$, $X_1,X_2,\cdots,X_{25}$为X的一个样本, 求:

(1) 样本均值$\overline{X}$的数学期望与方差;　(2) $P\{|\overline{X}-21|\leqslant 0.24\}$.

解　(1) 依题设, 总体X服从$N(21,2^2)$. $X_1,X_2,\cdots,X_{25}$为取自X的一个简单随机样本, 样本容量$n=25$, 故由定理1, 有

$$\overline{X}\sim N\left(21,\ \frac{2^2}{25}\right),$$

于是, 利用正态分布的数字特征, 得

$$E(\overline{X})=21,\quad D(\overline{X})=\frac{2^2}{25}=0.4^2.$$

(2) 由$\overline{X}\sim N(21,0.4^2)$, 将随机变量标准化得$\dfrac{\overline{X}-21}{0.4}\sim N(0,1)$, 故

$$P\{|\overline{X}-21|\leqslant 0.24\}=P\left\{\left|\frac{\overline{X}-21}{0.4}\right|\leqslant 0.6\right\}$$
$$=2\Phi(0.6)-1=0.4514.$$

例2　某机械制造厂对一批部件的疲劳极限做了大量测试, 根据历史数据可近似认为疲劳极限服从正态分布$N(\mu,\sigma^2)$, 其中$\mu=200$, $\sigma^2=100$. 现随机抽取$n=25$个部件进行检测, 记相应的样本均值为$\overline{X}$. 试求$\overline{X}$落在区间[195, 205]内的概率.

解　根据单正态总体的抽样分布定理1, 若$X\sim N(\mu,\sigma^2)$, 则其样本均值

$$\overline{X}\sim N(\mu,\sigma^2/n).$$

在本题中, $\mu=200$, $\sigma^2=100$, $n=25$, 因此

$$\overline{X}\sim N\left(200, \frac{100}{25}\right)=N(200,4).$$

由此可知$\overline{X}$的标准差为2. 现要求

$$P\{195\leqslant\overline{X}\leqslant205\}=P\left\{\frac{195-200}{2}\leqslant\frac{\overline{X}-200}{2}\leqslant\frac{205-200}{2}\right\}.$$

根据定理1(2), 令$U=\dfrac{\overline{X}-\mu}{\sigma/\sqrt{n}}$, 则 $U\sim N(0,1)$. 代入数值后得

$$P\{195\leqslant\overline{X}\leqslant205\}=P\{-2.5\leqslant U\leqslant2.5\}.$$

查标准正态分布函数表或利用统计软件, 得

$$P\{-2.5\leqslant U\leqslant2.5\}\approx0.987\,6.$$

因此, 该机械制造厂在方差和样本容量不变的前提下, 约有98.76%的概率观测到样本平均疲劳极限落入[195,205]这个范围.

本例在已知总体方差σ^2且假设疲劳极限服从$N(\mu,\sigma^2)$的前提下, 直接应用了定理1中的结论, 即样本均值仍服从正态分布, 并利用标准正态分布来计算区间概率. 通过这一方法, 工程师可以快速评估抽样得到的平均疲劳极限处于某个目标区间的可能性, 并据此做出后续的生产工艺调整或质量管控决策.

例3 假设某物体的实际重量为μ, 但它是未知的. 现在用一架天平去称量它, 共称量了n次, 得到$X_1, X_2, \cdots, X_n$. 假设每次称量过程彼此独立且没有系统误差, 则可以认为这些测量值都服从正态分布$N(\mu,\sigma^2)$, 方差σ^2反映了天平及称量过程的总精度. 通常我们用样本均值$\overline{X}$估计μ, 根据定理1, 有$\overline{X}\sim N(\mu,\sigma^2/n)$. 再利用正态分布的三倍标准差原则, 有

$$P\left\{|\overline{X}-\mu|<\frac{3\sigma}{\sqrt{n}}\right\}\geqslant99.7\%,$$

即估计值$\overline{X}$与真值μ的误差不超过$3\sigma/\sqrt{n}$的概率为99.7%, 并且随着称量次数n的增加, 这个误差限$3\sigma/\sqrt{n}$越来越小.

标准正态分布函数查表

例如, 若$\sigma=0.1$, $n=10$, 则

$$P\left\{|\overline{X}-\mu|<\frac{3\times0.1}{\sqrt{10}}\right\}=P\{|\overline{X}-\mu|<0.09\}\geqslant99.7\%.$$

于是, 我们可以以99.7%的概率断言, $\overline{X}$与物体实际重量μ的误差不超过0.09. 如果将称量次数n增加到100, 则

$$P\left\{|\overline{X}-\mu|<\frac{3\times0.1}{\sqrt{100}}\right\}=P\{|\overline{X}-\mu|<0.03\}\geqslant99.7\%.$$

这时, 我们可以以同样的概率断言: 样本均值 $\overline{X}$ 与物体实际重量 μ 的误差不超过 0.03.

例4　在一片湿地生态系统中, 研究人员跟踪观察某水生植物的日生长率 (单位: 毫米/天), 并将该植物的日生长率视为服从正态分布 $N(\mu,\sigma^2)$. 随机选取了 $n=5$ 株水生植物进行连续监测, 得到 5 个观测值:

$$x_1=3.1,\ x_2=2.8,\ x_3=3.3,\ x_4=2.9,\ x_5=3.0.$$

设样本均值记为 $\overline{X}$, 样本方差记为 S^2. 请结合定理 2, 说明 $\overline{X}$ 与 S^2 的分布特征, 并写出相应的分布形式.

解　若总体 $X\sim N(\mu,\sigma^2)$, 从中取样本 $X_1, X_2, \cdots, X_n$, 则其样本均值 $\overline{X}$ 与样本方差 S^2 的定义如下:

$$\overline{X}=\frac{1}{n}\sum_{i=1}^{n}X_i,\quad S^2=\frac{1}{n-1}\sum_{i=1}^{n}(X_i-\overline{X})^2$$

常用的另一种写法是

$$\frac{n-1}{\sigma^2}S^2=\sum_{i=1}^{n}\frac{(X_i-\overline{X})^2}{\sigma^2}.$$

先根据给定样本, 计算其样本均值与样本方差, 则

$$\bar{x}=\frac{3.1+2.8+3.3+2.9+3.0}{5}=\frac{15.1}{5}=3.02.$$

样本方差:

$$\begin{aligned}S^2&=\frac{1}{4}[(3.1-3.02)^2+(2.8-3.02)^2\\&\quad+(3.3-3.02)^2+(2.9-3.02)^2+(3.0-3.02)^2]\\&=0.037.\end{aligned}$$

若令 $\chi^2=\dfrac{4}{\sigma^2}S^2$ (此处 $n=5$, 故 $n-1=4$), 故由定理 2 (1) 知

$$\chi^2=\frac{4}{\sigma^2}S^2\sim\chi^2(4).$$

此外, 由单正态总体的抽样分布定理2 (2) 知, 在该单正态总体假设下, 样本均值 $\overline{X}$ 与样本方差 S^2 相互独立. 也就是说, 当研究人员基于日生长率数据推断平均生长水平 (利用 $\overline{X}$) 与整体波动程度 (利用 S^2) 时, 这两个统计量在理论上是独立的.

本例通过湿地生态系统中某水生植物的日生长率数据, 展示了单正态总体抽样分布定理2的应用. 在假设观测数据服从正态分布 $N(\mu,\sigma^2)$ 的前提下, 样本方差经缩放后服从 $\chi^2(n-1)$, 并且样本均值与样本方差互不依赖. 这一性质在生态数据分析中尤为重要, 因为研究者常需同时关注平均水平 (比如平均生长率) 与整体离散程度 (比如环境或基因差异所致的波动). 当掌握了正态假设、样本分布以及它们相互独立的结果后, 就能更好地为后续

的风险评估或群落动力学模型提供坚实的统计基础.

例 5 在设计导弹发射装置时, 重要的事情之一是研究弹着点偏离目标中心的距离的方差. 对于某类导弹发射装置, 弹着点偏离目标中心的距离服从正态分布 $N(\mu, \sigma^2)$, 这里 $\sigma^2 = 100$ 平方米, 现在进行了 25 次发射试验, 用 S^2 记这 25 次试验中弹着点偏离目标中心的距离的样本方差. 试求 S^2 超过 50 平方米的概率.

解 根据定理2, 有 $\dfrac{(n-1)S^2}{\sigma^2} \sim \chi^2(n-1)$, 故

$$P\{S^2 > 50\} = P\left\{\frac{(n-1)S^2}{\sigma^2} > \frac{(n-1)\times 50}{\sigma^2}\right\} = P\left\{\chi^2(24) > \frac{24\times 50}{100}\right\}$$

$$= P\{\chi^2(24) > 12\} > P\{\chi^2(24) > 12.401\} = 0.975.$$

因而我们可以以超过 97.5% 的概率断言, S^2 超过 50 平方米.

例 6 某实验室正在研究一种新型合金材料的熔点, 并假设该熔点服从正态分布 $N(\mu, \sigma^2)$. 理论计算表明, 在该合金熔点的均值为 $\mu = 12.2$ (单位可视为摄氏度的偏移或相对温度标尺). 现从同一批次的合金中随机选取 $n = 6$ 份试样, 分别测量其熔点, 得到观察值:

$$x_1 = 12.4,\ x_2 = 12.1,\ x_3 = 12.7,\ x_4 = 12.0,\ x_5 = 11.9,\ x_6 = 12.3.$$

记总体方差为 σ^2(数值未知), 样本均值为 $\overline{X}$, 样本方差为 S^2. 请结合定理3, 说明以下统计量的分布形式:

$$(1)\ \chi^2 = \frac{1}{\sigma^2}\sum_{i=1}^{n}(X_i - \mu)^2; \qquad (2)\ T = \frac{\overline{X}-\mu}{S/\sqrt{n}}.$$

解 根据单正态总体的抽样分布定理3, 若总体 $X \sim N(\mu, \sigma^2)$, 且从中抽取的样本为 $X_1, X_2, \cdots, X_n$, 则有

$$(1)\ \chi^2 = \frac{1}{\sigma^2}\sum_{i=1}^{n}(X_i - \mu)^2 \sim \chi^2(n); \quad (2)\ T = \frac{\overline{X}-\mu}{S/\sqrt{n}} \sim t(n-1);$$

其中, $\overline{X}$ 表示样本均值, S^2 表示样本方差.

先计算观察值与给定 $\mu = 12.2$ 的偏差, 求得 χ^2. 6个观察值分别为

$$\begin{aligned}\sum_{i=1}^{6}(x_i - \mu)^2 &= (12.4-12.2)^2 + (12.1-12.2)^2 + (12.7-12.2)^2 \\ &\quad + (12.0-12.2)^2 + (11.9-12.2)^2 + (12.3-12.2)^2 \\ &= 0.44.\end{aligned}$$

则

$$\chi^2 = \frac{1}{\sigma^2}\sum_{i=1}^{6}(x_i - \mu)^2 = \frac{0.44}{\sigma^2}.$$

由定理3(1), 可知该 χ^2 统计量服从自由度为 $n=6$ 的 χ^2 分布.

样本均值:

$$\overline{x}=\frac{12.4+12.1+12.7+12.0+11.9+12.3}{6}=\frac{73.4}{6}=12.2333,$$

用无偏估计计算样本方差:

$$S^2=\frac{1}{n-1}\sum_{i=1}^{n}(x_i-\overline{x})^2\approx 0.08667,$$

最终得到

$$S\approx 0.2944.$$

由定理3(2), 得

$$T=\frac{\overline{X}-\mu}{S/\sqrt{n}}=\frac{12.2333-12.2}{0.2944/\sqrt{6}}\approx 0.277,$$

该统计量 T 在理论上服从自由度为 $n-1=5$ 的 t 分布.

本例通过测量新型合金材料的6个熔点观察值, 展示了定理3的应用. 其中 χ^2 体现了样本观察值围绕已知 μ 的总体离散情况, 而 T 则刻画了样本均值相对于 μ 的位置, 并用样本方差做标准化. 两种分布形式在科学实验与研究中常被用来分析样本与理论值的偏离程度及波动特征, 从而为材料特性研究或后续工艺改进提供重要的定量参考.

三、双正态总体的抽样分布

双正态总体的抽样分布是指从一个二维正态分布总体中抽取样本, 所得的样本统计量(如样本均值向量) 的分布. 随着样本容量 n 增大, 样本均值向量的分布越来越集中于总体均值向量. 对于二维正态分布, 样本均值向量的抽样分布仍然是正态分布, 且具有与样本容量相关的方差. 这使得在高维数据分析中, 二维正态分布具有很高的应用价值.

定理 4　设 $X\sim N(\mu_1,\sigma_1^2)$ 与 $Y\sim N(\mu_2,\sigma_2^2)$ 是两个相互独立的正态总体. 又设 $X_1, X_2, \cdots, X_{n_1}$ 是取自总体 X 的样本, $\overline{X}$ 与 S_1^2 分别为该样本的样本均值与样本方差; $Y_1, Y_2, \cdots, Y_{n_2}$ 是取自总体 Y 的样本, $\overline{Y}$ 与 S_2^2 分别为该样本的样本均值与样本方差. 再记 S_w^2 为 S_1^2 与 S_2^2 的加权平均, 即

$$S_w^2=\frac{(n_1-1)S_1^2+(n_2-1)S_2^2}{n_1+n_2-2}. \tag{3.6}$$

则

$$(1)\ U=\frac{(\overline{X}-\overline{Y})-(\mu_1-\mu_2)}{\sqrt{\sigma_1^2/n_1+\sigma_2^2/n_2}}\sim N(0,1); \tag{3.7}$$

(2) $F=\left(\dfrac{\sigma_2}{\sigma_1}\right)^2\dfrac{S_1^2}{S_2^2}\sim F(n_1-1,n_2-1)$; (3.8)

(3) 当 $\sigma_1^2=\sigma_2^2=\sigma^2$ 时, 有

$$T=\frac{(\overline{X}-\overline{Y})-(\mu_1-\mu_2)}{S_w\sqrt{1/n_1+1/n_2}}\sim t(n_1+n_2-2). \tag{3.9}$$

证明 (1) 由定理1, 有 $\overline{X}\sim N(\mu_1,\sigma_1^2/n_1)$, $\overline{Y}\sim N(\mu_2,\sigma_2^2/n_2)$. 因两个总体 X 与 Y 相互独立, 故它们的样本均值 $\overline{X}$ 与 $\overline{Y}$ 也相互独立, 根据正态随机变量线性函数的分布, 有

$$\overline{X}-\overline{Y}\sim N(\mu_1-\mu_2,\sigma_1^2/n_1+\sigma_2^2/n_2).$$

于是, 利用随机变量的标准化, 得

$$U=\frac{(\overline{X}-\overline{Y})-(\mu_1-\mu_2)}{\sqrt{\sigma_1^2/n_1+\sigma_2^2/n_2}}\sim N(0,1).$$

(2) 由定理2, 有

$$\frac{n_1-1}{\sigma_1^2}S_1^2\sim\chi^2(n_1-1),\quad \frac{n_2-1}{\sigma_2^2}S_2^2\sim\chi^2(n_2-1).$$

因为两个总体 X 与 Y 相互独立, 从而它们的样本方差也相互独立, 故由 F 分布的定义, 得

$$F=\frac{\dfrac{n_1-1}{\sigma_1^2}S_1^2\Big/(n_1-1)}{\dfrac{n_2-1}{\sigma_2^2}S_2^2\Big/(n_2-1)}\sim F(n_1-1,n_2-1).$$

(3) 记 $\dfrac{1}{n}=\dfrac{1}{n_1}+\dfrac{1}{n_2}$, 当 $\sigma_1^2=\sigma_2^2=\sigma^2$ 时, 由 (1) 中的结果, 有

$$U_1=\frac{(\overline{X}-\overline{Y})-(\mu_1-\mu_2)}{\sigma/\sqrt{n}}\sim N(0,1).$$

由定理2知

$$\frac{n_1-1}{\sigma^2}S_1^2\sim\chi^2(n_1-1),\quad \frac{n_2-1}{\sigma^2}S_2^2\sim\chi^2(n_2-1),$$

因 $\dfrac{n_1-1}{\sigma^2}S_1^2$, $\dfrac{n_2-1}{\sigma^2}S_2^2$ 相互独立, 所以

$$\begin{aligned}V&=\left(\frac{n_1-1}{\sigma^2}S_1^2\right)+\left(\frac{n_2-1}{\sigma^2}S_2^2\right)\\&=\frac{1}{\sigma^2}[(n_1-1)S_1^2+(n_2-1)S_2^2]\sim\chi^2(n_1+n_2-2).\end{aligned}$$

此外, 对任意的x, y与任意的$s_1>0$, $s_2>0$, 由正态总体X与Y相互独立, 有

$$\begin{aligned}&P\{\overline{X}\leqslant x, \overline{Y}\leqslant y, S_1^2\leqslant s_1, S_2^2\leqslant s_2\}\\&=P\{\overline{X}\leqslant x, S_1^2\leqslant s_1\}P\{\overline{Y}\leqslant y, S_2^2\leqslant s_2\}\\&=P\{\overline{X}\leqslant x\}P\{S_1^2\leqslant s_1\}P\{\overline{Y}\leqslant y\}P\{S_2^2\leqslant s_2\}.\end{aligned}$$

这表明, $\overline{X}$, $\overline{Y}$, S_1^2与S_2^2相互独立, 从而作为$\overline{X}$和$\overline{Y}$的函数的U_1与作为S_1^2和S_2^2的函数的V也相互独立.

综上所述, 并由t分布的定义知

$$\frac{U_1}{\sqrt{\dfrac{V}{n_1+n_2-2}}}\sim t(n_1+n_2-2).$$

再因$\dfrac{V}{n_1+n_2-2}=\dfrac{1}{\sigma^2}S_w^2$, 即证得

$$T=\frac{(\overline{X}-\overline{Y})-(\mu_1-\mu_2)}{S_w/\sqrt{n}}=\frac{U_1}{\sqrt{\dfrac{V}{n_1+n_2-2}}}\sim t(n_1+n_2-2).$$

例 7 在机器学习模型的两个类别 (A与B) 中, 分别收集了一些样本数据来比较两个类别的平均预测误差. 假设类别A的样本容量为10, 类别B的样本容量为12, 且两组样本的均值和方差已知. 类别A的均值为5.8, 方差为2.1; 类别B的均值为4.3, 方差为1.7. 请用双正态总体的抽样分布定理, 检验两个类别的均值差异是否显著($\alpha=0.05$).

解 根据定理4 (1), 我们知道:

$$U=\frac{(\overline{X}-\overline{Y})-(\mu_1-\mu_2)}{\sqrt{\dfrac{\sigma_1^2}{n_1}+\dfrac{\sigma_2^2}{n_2}}}\sim N(0,1),$$

其中, $\overline{X}$与$\overline{Y}$分别为两个样本的样本均值, σ_1^2与σ_2^2为两个总体的方差, n_1与n_2为两个样本的样本容量.

在本题中, 我们的已知数据为

类别A: 样本均值$\overline{X}=5.8$; 总体方差$\sigma_1^2=2.1$; 样本容量$n_1=10$;

类别B: 样本均值$\overline{Y}=4.3$; 总体方差$\sigma_2^2=1.7$; 样本容量$n_2=12$.

现在我们需要计算标准误差并求出U值, 计算标准误差:

$$\mathrm{SE}=\sqrt{\frac{\sigma_1^2}{n_1}+\frac{\sigma_2^2}{n_2}}=\sqrt{\frac{2.1}{10}+\frac{1.7}{12}}\approx 0.593,$$

计算 U 值:

$$U=\frac{(\overline{X}-\overline{Y})-(\mu_1-\mu_2)}{\mathrm{SE}}=\frac{(5.8-4.3)-0}{0.593}\approx 2.53.$$

根据标准正态分布, 计算得到的 U 值为2.53, 我们需要判断这个值是否落在拒绝域. 对于显著性水平 $\alpha=0.05$, 双尾检验的临界值为1.96. 由于 $2.53>1.96$, 这意味着我们可以拒绝原假设, 即两个类别的均值差异显著.

通过定理4 (1), 我们计算出了两个类别之间均值差异的 U 值, 并根据标准正态分布表判断出其显著性. 这种方法广泛应用于机器学习模型评估, 帮助我们理解不同类别间的性能差异.

例 8　设两个总体 X 与 Y 都服从正态分布 $N(20, 3)$. 今从总体 X 与 Y 中分别抽得容量为 $n_1=10,\ n_2=15$ 的两个相互独立的样本, 求 $P\{|\overline{X}-\overline{Y}|>0.3\}$.

解　由题设及定理4 (1), 有

$$\frac{(\overline{X}-\overline{Y})-(20-20)}{\sqrt{\frac{3}{10}+\frac{3}{15}}}=\frac{\overline{X}-\overline{Y}}{\sqrt{0.5}}\sim N(0,1).$$

标准正态分布函数查表

于是, 利用概率的性质, 查标准正态分布函数表, 计算得

$$P\{|\overline{X}-\overline{Y}|>0.3\}=1-P\left\{\left|\frac{\overline{X}-\overline{Y}}{\sqrt{0.5}}\right|\leqslant\frac{0.3}{\sqrt{0.5}}\right\}$$

$$=1-\left[2\Phi\left(\frac{0.3}{\sqrt{0.5}}\right)-1\right]\approx 2-2\Phi(0.42)=0.674\,4.$$

例 9　在工程项目中, 某公司正在比较两种不同类型的钢材抗拉强度的差异. 钢材A和钢材B的抗拉强度均服从正态分布, 且已知钢材A和钢材B的方差分别为4.5和3.2. 公司从两种钢材中分别抽取了样本, 样本A的大小为20, 样本B的大小为25. 假设样本方差 S_1^2 和 S_2^2 分别为4.8和3.0. 请利用双正态总体的抽样分布定理计算 F 值, 并据此分析两种钢材抗拉强度的稳定性差异.

解　根据定理4 (2), 我们知道:

$$F=\left(\frac{\sigma_2}{\sigma_1}\right)^2\frac{S_1^2}{S_2^2}\sim F(n_1-1,\ n_2-1),$$

其中, σ_1^2 和 σ_2^2 分别为钢材A和钢材B的方差, S_1^2 和 S_2^2 分别为样本A和样本B的样本方差, n_1 和

n_2 为样本容量.

在本题中, 已知数据为

钢材A的方差: $\sigma_1^2=4.5$; 钢材B的方差: $\sigma_2^2=3.2$;

样本A的大小: $n_1=20$; 样本B的大小: $n_2=25$;

样本A的样本方差: $S_1^2=4.8$; 样本B的样本方差: $S_2^2=3.0$.

根据定理, F 值为

$$F=\left(\frac{\sigma_2}{\sigma_1}\right)^2\frac{S_1^2}{S_2^2}=\frac{3.2}{4.5}\times\frac{4.8}{3.0}\approx 1.138 .$$

F 分布的自由度为

$$n_1-1=20-1=19,\ n_2-1=25-1=24 .$$

通过定理4 (2), 计算出 F 值为 1.138, F 分布为 $F(19, 24)$. F 值反映了结合总体方差与样本方差后的综合差异情况. 在本题中, F 值大于1, 表明在考虑总体方差和样本方差的情况下, 钢材A的抗拉强度相对钢材B而言, 其波动情况在统计意义上更大. 在工程技术中, 这种分析方法能够帮助工程师和决策者了解不同材料或产品的性能的稳定性, 并做出相应的优化决策, 例如在对钢材强度稳定性要求较高的工程项目中, 可能会优先选择钢材B.

例10 在人工智能领域, 一家科技公司正在开发两种不同的机器学习模型 (模型A和模型B) 来预测客户的购买行为. 公司从使用模型A的客户群体中抽取了50个样本, 从使用模型B的客户群体中抽取了60个样本. 已知两个模型的预测误差均服从正态分布且方差相等. 模型A的样本均值为2.1, 模型B的样本均值为2.6. 样本方差均为1.5. 请计算这两个模型预测误差均值差异的标准化统计量 T, 并求 T 值, 以帮助公司初步判断两种模型在预测误差均值方面是否存在显著差异.

解 根据双正态总体的抽样分布定理, 当两个总体的方差相等时, 我们使用下述公式计算 T 值:

$$T=\frac{(\overline{X}-\overline{Y})-(\mu_1-\mu_2)}{S_w\sqrt{\dfrac{1}{n_1}+\dfrac{1}{n_2}}},$$

其中, $\overline{X}$ 和 $\overline{Y}$ 分别为两个样本的样本均值, S_w 为两个样本方差的加权平均的开方, n_1 和 n_2 为样本容量.

在本题中, 已知数据为

模型A的样本均值: $\overline{X}=2.1$; 模型B的样本均值: $\overline{Y}=2.6$;

样本方差: $S_1^2=S_2^2=1.5$; 样本容量: $n_1=50$, $n_2=60$.

我们首先计算样本方差的加权平均 S_w^2:

$$S_w^2=\frac{(n_1-1)S_1^2+(n_2-1)S_2^2}{n_1+n_2-2}=\frac{(50-1)\times 1.5+(60-1)\times 1.5}{50+60-2}=1.5,$$

因此,

$$S_w=\sqrt{1.5}\approx 1.224\ 7.$$

在比较两个模型预测误差的均值差异时, 通常原假设为两个模型预测误差的总体均值相等, 即 $\mu_1=\mu_2$, 所以 $\mu_1-\mu_2=0$. 计算 T 值:

$$T=\frac{(2.1-2.6)-0}{1.224\,7\sqrt{\dfrac{1}{50}+\dfrac{1}{60}}}\approx -2.13.$$

通过定理4 (3), 我们计算出了两个模型预测误差均值差异的标准化统计量 T. 计算结果为 $T\approx -2.13$, 要判断模型A与模型B在预测误差上的均值差异是否显著, 需要进一步根据给定的显著性水平, 查阅 t 分布表确定临界值, 并将 T 与临界值进行比较. 若 $|T|$ 大于临界值, 则表明均值差异显著; 反之, 则不显著. 此类分析方法在人工智能领域的模型评估中非常有用, 可以帮助开发者理解不同模型在误差分布上的差异, 进而选择最合适的模型.

例 11 设总体 X 和 Y 相互独立, 且都服从正态分布 $N(30, 3^2)$; $X_1, X_2, \cdots, X_{20}$ 和 $Y_1, Y_2, \cdots, Y_{25}$ 分别是来自总体 X 和 Y 的样本, $\overline{X}$, $\overline{Y}$, S_1^2 和 S_2^2 分别是这两个样本的均值和方差, 求

$$P\left\{\frac{S_1^2}{S_2^2}\leqslant 0.4\right\}.$$

解 题设总体 X 和 Y 相互独立且都服从正态分布 $N(30, 3^2)$, 即有 $\sigma_1^2=\sigma_2^2=3^2$. 而 $X_1, X_2, \cdots, X_{20}$ 和 $Y_1, Y_2, \cdots, Y_{25}$ 分别是取自 X 和 Y 的简单随机样本, 故其样本均值 $\overline{X}$ 与 $\overline{Y}$, 样本方差 S_1^2 与 S_2^2 均相互独立. 于是, 根据定理 4 (2), 有

$$\frac{S_1^2}{S_2^2}\sim F(20-1, 25-1), \text{即} \frac{S_1^2}{S_2^2}\sim F(19, 24).$$

因 F 分布的分位数表中没有 $n_1=19$, 可用 F 分布的性质化为

$$\frac{S_2^2}{S_1^2}\sim F(24, 19).$$

于是, 有

$$P\left\{\frac{S_1^2}{S_2^2}\leqslant 0.4\right\}=P\left\{\frac{S_2^2}{S_1^2}\geqslant\frac{1}{0.4}\right\}=P\left\{\frac{S_2^2}{S_1^2}\geqslant 2.5\right\}.$$

查 F 分布表, 得其分位数

$$F_{0.025}(24, 19)=2.45, \text{即} P\{F(24, 19)>2.45\}=0.025,$$

F 分布查表

所以, $P\left\{\dfrac{S_1^2}{S_2^2} \leqslant 0.4\right\} \approx 0.025$.

四、一般总体抽样分布的极限分布

在统计学中, 一般正态总体抽样分布的极限分布是指从一个正态分布总体中抽取样本, 随着样本容量增大, 样本均值的分布趋近于正态分布. 这一结论可以通过中心极限定理来解释. 因此, 极限分布始终是正态分布.

下面将针对一般的总体, 推导出统计量

$$U_n = \frac{\overline{X}-\mu}{\sigma/\sqrt{n}} \text{ 和 } T_n = \frac{\overline{X}-\mu}{S/\sqrt{n}}$$

的极限分布, 其中 μ 为总体均值, σ^2 为总体方差, $\overline{X}$ 为样本均值, S^2 为样本方差. 为此, 需引入随机变量依分布收敛的概念.

定义 1　设 $F_n(x)$ 为随机变量 X_n 的分布函数, $F(x)$ 为随机变量 X 的分布函数, 并记 $C(F)$ 为由 $F(x)$ 的全体连续点组成的集合, 若

$$\lim_{n\to\infty} F_n(x) = F(x), \ \forall x \in C(F),$$

则称随机变量 X_n **依分布收敛** (convergence in distribution) **于 X**, 简记为

$$X_n \xrightarrow{d} X \text{ 或 } F_n(x) \xrightarrow{d} F(x).$$

随机变量的依分布收敛也称为**弱收敛**, 是指一系列随机变量的分布函数逐渐趋近于某个特定分布的过程. 与几乎处处收敛 (如依概率收敛) 不同, 依分布收敛不要求随机变量值本身收敛, 而是要求它们的概率分布趋近于目标分布. 依分布收敛在大数定律和中心极限定理中扮演着重要的角色. 中心极限定理中的正态极限定理就是通过依分布收敛来描述独立同分布随机变量的标准化及求和行为, 表明它们在适当的标准化下收敛于正态分布.

关于一般总体抽样分布的极限分布, 有下述定理:

定理 5　设 $X_1, X_2, \cdots, X_n$ 为总体 X 的样本, 并设总体 X 的数学期望与方差均存在, 且 $E(X)=\mu$, $D(X)=\sigma^2$. 记统计量 $U_n = \dfrac{\overline{X}-\mu}{\sigma/\sqrt{n}}$, $T_n = \dfrac{\overline{X}-\mu}{S/\sqrt{n}}$, 其中 $\overline{X}$ 与 S^2 分别表示上述样本的样本均值与样本方差, 则

(1) $F_{U_n}(x) \xrightarrow{d} \Phi(x)$;　　(3.10)

(2) $F_{T_n}(x) \xrightarrow{d} \Phi(x)$.　　(3.11)

以上 $F_{U_n}(x)$, $F_{T_n}(x)$ 与 $\Phi(x)$ 分别表示 U_n, T_n 与标准正态分布的分布函数.

注: 定理5的结论表明, 当样本容量n充分大时, U_n和T_n都近似服从标准正态分布. 因此, 当σ^2已知时, 可用U_n对μ进行统计推断; 当σ^2未知时, 可用T_n对μ进行统计推断.

例12　在工程技术领域, 一家制造企业正在分析某种零件的生产误差分布. 假设零件的生产误差服从均值为0、方差为25的正态分布. 工程师从生产过程中随机抽取了50个样本, 并计算它们的平均误差. 请应用一般总体抽样分布的极限分布定理, 推导出样本均值的标准化统计量在大样本情况下的分布.

解　根据定理5, 给定总体X的数学期望为$\mu=0$, 方差为$\sigma^2=25$, 统计量为

$$U_n=\frac{\overline{X}-\mu}{\sigma/\sqrt{n}},$$

其中, $\overline{X}$为样本均值, $n=50$为样本容量, $\mu=0$为总体均值, $\sigma=5$为总体标准差.

根据定理5, 当样本容量n趋于无穷大时, 标准化统计量U_n的分布将趋近于标准正态分布, 即

$$F_{U_n}(x)\xrightarrow{d}\Phi(x).$$

在本题中, 样本均值的标准差为

$$\frac{\sigma}{\sqrt{n}}=\frac{5}{\sqrt{50}}=\frac{5}{7.071}\approx 0.707,$$

因此, 样本均值的标准化统计量U_n在样本容量为50时, 已经接近标准正态分布$\Phi(x)$, 这一结论表明, 随着样本容量增加, 样本均值的标准化统计量的分布将更精确地趋近于标准正态分布.

通过定理5, 我们可以得出, 随着样本容量增加, 样本均值的标准化统计量的分布趋近于标准正态分布. 这一结果对于工程技术领域中的质量控制尤为重要, 有助于在生产过程中进行误差分析与调整.

例13　在工程技术领域, 某机械制造公司正在研究某型号机器的使用寿命, 假设该机器的使用寿命服从正态分布, 均值为1 500小时, 方差为90 000. 公司随机抽取了40台机器, 测量它们的使用寿命并计算样本均值. 请根据一般总体抽样分布的极限分布定理, 推导出样本均值的标准化统计量的分布趋近于标准正态分布的情况.

解　根据一般总体抽样分布的极限分布定理, 给定总体X的均值为$\mu=1\,500$小时, 方差为$\sigma^2=90\,000$, 统计量为

$$U_n=\frac{\overline{X}-\mu}{\sigma/\sqrt{n}},$$

其中, $\overline{X}$为样本均值, $n=40$为样本容量, $\mu=1\,500$小时为总体均值, $\sigma=300$小时为总体标准差.

根据定理, 当样本量 n 趋于无穷大时, 标准化统计量 U_n 的分布将趋近于标准正态分布, 即

$$F_{U_n}(x) \xrightarrow{d} \Phi(x).$$

在本题中, 样本均值的标准差为

$$\frac{\sigma}{\sqrt{n}} = \frac{300}{\sqrt{40}} \approx 47.43,$$

由于在实际问题中, 当样本容量 $n \geqslant 30$ 时可视为大样本, 能运用中心极限定理, 因此, 样本均值的标准化统计量 U_n 的分布趋近于标准正态分布.

由定理5可知, 在大样本情况下 (通常 $n \geqslant 30$), 无论总体分布如何, 样本均值的标准化统计量趋近于标准正态分布. 在本题中, 研究某型号机器的使用寿命时, 抽取40台机器作为样本, 其样本均值的标准化统计量 U_n 的分布趋近于标准正态分布. 这一结论对于工程技术领域中的质量控制和生产优化十分重要, 有助于在大样本条件下更准确地推测机器使用寿命的均值, 从而为优化生产流程和提高产品质量提供有力的数据支持 .

习题 5-3

1. 已知离散型均匀总体 X, 其分布律为

X	2	4	6
p_i	1/3	1/3	1/3

取容量为 $n=54$ 的样本, 求:

(1) 样本均值 $\overline{X}$ 在 4.1 ~ 4.4 之间的概率; (2) 样本均值 $\overline{X}$ 超过 4.5 的概率.

2. 设总体 X 服从正态分布 $N(10, 3^2)$, $X_1, X_2, \cdots, X_6$ 是它的一组样本, $\overline{X} = \frac{1}{6}\sum_{i=1}^{6} X_i$.

(1) 写出 $\overline{X}$ 所服从的分布; (2) 求 $\overline{X} > 11$ 的概率.

3. 设 $X_1, X_2, \cdots, X_n$ 是总体 X 的简单随机样本, 且 $\overline{X} = \frac{1}{n}\sum_{i=1}^{n} X_i$, 分别按总体服从下列指定分布, 试求 $E(\overline{X})$, $D(\overline{X})$.

(1) X 服从 0 − 1 分布 $b(1, p)$; *(2) X 服从二项分布 $b(m, p)$; (3) X 服从泊松分布 $P(\lambda)$;

(4) X 服从均匀分布 $U(a, b)$; (5) X 服从指数分布 $e(\lambda)$.

4. 某厂生产的搅拌机的平均寿命为 5 年, 标准差为 1 年, 假设这些搅拌机的寿命近似服从正态分布, 求:

(1) 容量为 9 的样本平均寿命在 4.4 ~ 5.2 年之间的概率;

(2) 容量为 9 的样本平均寿命小于 6 年的概率.

5. 设 $X_1, X_2, \cdots, X_{16}$ 及 $Y_1, Y_2, \cdots, Y_{25}$ 分别是取自两个独立总体 $N(0, 16)$ 和 $N(1, 9)$ 的样本, 以 $\overline{X}$ 和 $\overline{Y}$

分别表示两个样本均值, 求 $P\{|\overline{X}-\overline{Y}|>1\}$.

6. 假设总体 X 服从正态分布 $N(20, 3^2)$, 简单随机样本 $X_1, X_2, \cdots, X_{25}$ 来自总体 X, 计算

$$P\left\{\sum_{i=1}^{16} X_i - \sum_{i=17}^{25} X_i \leqslant 182\right\}.$$

7. 设总体 $X \sim N(2.5, 6^2)$, X_1, X_2, X_3, X_4, X_5 是来自 X 的样本, 求概率

$$P\{(1.3<\overline{X}<3.5)\cap(6.3<S^2<9.6)\}.$$

8. 设 $X_1, X_2, \cdots, X_n$ 是来自正态总体 $N(\mu, \sigma^2)$ 的一个简单随机样本, S^2 为其样本方差, 且

$$P\left\{\frac{S^2}{\sigma^2} \leqslant 1.5\right\} \geqslant 0.95,$$

若样本容量 n 满足 $\chi^2_{0.05}(n-1) \geqslant 38.9$, 求满足上述条件的 n 的最小值.

9. 从一正态总体中抽取容量为 $n=16$ 的样本, 假定样本均值与总体均值之差的绝对值大于 2 的概率为 0.01, 试求总体的标准差.

10. 设从总体 $N(\mu, \sigma^2)$ 中抽取一容量为 16 的样本, 这里 μ, σ^2 均未知. 求:

(1) $P\left\{\dfrac{S^2}{\sigma^2} \leqslant 2.041\right\}$, 其中 S^2 为样本方差; (2) $D(S^2)$.

11. 设总体 $X \sim N(\mu, 16)$, $X_1, X_2, \cdots, X_{10}$ 为取自该总体的样本, 已知 $P\{S^2>a\}=0.1$, 求常数 a.

12. 设 $X_1, X_2, \cdots, X_n$ 和 $Y_1, Y_2, \cdots, Y_n$ 分别取自正态总体 $X \sim N(\mu_1, \sigma^2)$ 和 $Y \sim N(\mu_2, \sigma^2)$, 且相互独立, 则以下统计量服从什么分布?

(1) $\dfrac{(n-1)(S_1^2+S_2^2)}{\sigma^2}$; (2) $\dfrac{n[(\overline{X}-\overline{Y})-(\mu_2-\sigma^2)]^2}{S_1^2+S_2^2}$.

13. 分别从方差为 20 和 35 的正态总体中抽取容量为 8 和 10 的两个样本, 求第一个样本方差不小于第二个样本方差的两倍的概率.

14. 设某厂生产的灯泡的使用寿命 $X \sim N(1\,000, \sigma^2)$ (单位: 小时), 随机抽取一容量为 9 的样本, 并测得样本均值及样本方差. 但是由于工作失误, 事后丢失了此试验的结果, 只记得样本方差为 $S^2=100^2$, 试求 $P\{\overline{X}>1\,062\}$.

15. 某门课程的考试成绩服从正态分布, 随机抽取 36 位考生的成绩, 算得成绩的均值 $\overline{x}=71.5$ 分, 标准差 $S=15$ 分, 问这次考试全体考生的平均成绩不足 75 分的概率是多少? ($u_{0.05}=1.645$, $u_{0.025}=1.960$, $t_{0.10}(35)=1.306\,2$, $t_{0.05}(35)=1.689\,6$, $t_{0.05}(36)=1.688$, $t_{0.025}(36)=2.028$.)

16. 制造商 A 生产的 LED 颗粒的平均寿命为 1 200 小时, 标准差为 100 小时, 而制造商 B 生产的 LED 颗粒的平均寿命为 1600 小时, 标准差为 200 小时. 如果对每个品牌随机抽取 100 个颗粒进行测试, 那么品牌 A 的 LED 颗粒的平均寿命至少比品牌 B 的 LED 颗粒的平均寿命少 380 小时的概率是多少?

17. 某电商平台对用户点击率 (CTR) 进行了大量的实验测试, 历史数据显示, CTR近似服从正态分布 $N(\mu, \sigma^2)$, 其中 $\mu=0.12$, $\sigma^2=0.01$. 现随机抽取 $n=40$ 个用户样本进行检测, 记相应的样本均值为 $\overline{X}$. 试求 $\overline{X}$ 落在区间 [0.115, 0.125] 内的概率.

18. 某机器学习研究团队在分析一批数据集的分类模型的准确率时, 假设每个模型的准确率 X 服从正态分布 $N(\mu, \sigma^2)$. 随机选取了 $n=6$ 个模型进行评估, 得到的准确率观察值为

$$x_1=0.83,\ x_2=0.79,\ x_3=0.81,\ x_4=0.85,\ x_5=0.80,\ x_6=0.82.$$

设样本均值记为 $\overline{X}$, 样本方差记为 S^2. 请结合定理2, 说明 $\overline{X}$ 与 S^2 的分布特征, 并写出相应的分布形式.

19. 某力学研究实验室正在研究一种新型陶瓷材料的屈服强度, 并假设该材料的屈服强度服从正态分布 $N(\mu, \sigma^2)$. 实验计算表明, 该材料的理论屈服强度的均值为 $\mu=320$ MPa. 现从同一批次材料中随机选取 $n=6$ 个样品, 分别测量其屈服强度, 得到如下观察值:

$$x_1=321.4,\ x_2=319.8,\ x_3=320.6,\ x_4=318.2,\ x_5=320.3,\ x_6=321.1.$$

记总体方差为 σ^2 (数值未知), 样本均值为 $\overline{X}$, 样本方差为 S^2. 请结合定理3, 说明以下统计量的分布形式:

(1) $\chi^2=\dfrac{1}{\sigma^2}\sum\limits_{i=1}^{n}(X_i-\mu)^2$; (2) $T=\dfrac{\overline{X}-\mu}{S/\sqrt{n}}$.

20. 某网络研究团队正在评估两种网络协议 (协议A与协议B) 的数据传输延迟差异. 假设协议A的样本容量为15, 协议B的样本容量为18, 且两组样本的均值和方差已知. 协议A的均值为45毫秒, 方差为8.4; 协议B的均值为48毫秒, 方差为7.2. 请使用双正态总体的抽样分布定理, 检验两种协议的均值差异是否显著.

21. 某网络研究团队正在比较两种网络协议的延迟稳定性. 协议A和协议B的延迟时间均服从正态分布, 且已知协议A和协议B的方差分别为5.6和4.3. 团队从两种协议中各抽取了样本, 协议A的样本大小为18, 协议B的样本大小为22. 假设样本方差分别为6.0和4.1, 请利用双正态总体的抽样分布定理计算 F 值, 并据此分析两种协议延迟时间的波动差异.

22. 某建筑公司正在开发两种不同的施工方法 (方法A和方法B) 来提高建筑工程的施工效率. 公司从采用方法A的工地中抽取了45个样本, 从采用方法B的工地中抽取了55个样本. 已知两种施工方法的施工时间误差均服从正态分布且方差相等. 方法A的样本均值为8.3小时, 方法B的样本均值为8.9小时. 样本方差均为2.3. 请计算这两种施工方法的施工时间误差均值差异的标准化统计量 T, 并求 T 值.

23. 某机器学习公司正在分析其模型的预测误差分布. 假设模型的预测误差服从均值为0、方差为16的正态分布. 公司从模型的测试集中随机抽取了60个样本, 并计算它们的平均预测误差. 请应用一般总体抽样分布的极限分布定理, 推导出样本均值的标准化统计量在大样本情况下的分布.

24. 某力学研究公司正在研究某型号材料的抗压强度, 假设该材料的抗压强度服从正态分布, 均值为350MPa, 方差为2 500. 公司随机抽取了50个样本, 测量它们的抗压强度并计算样本均值. 请根据一般总体抽样分布的极限分布定理, 推导出样本均值的标准化统计量的分布趋近于标准正态分布的情况.

总习题五

1. 设总体 X 服从泊松分布. 一个容量为 10 的样本值为 1, 2, 4, 3, 3, 4, 5, 6, 4, 8, 计算样本均值、样本方差和经验分布函数.

2. A 厂生产的某种电器的使用寿命服从指数分布, 参数 λ 未知. 为此, 抽查了 n 件电器, 测量其使用寿命, 试确定本问题的总体、样本及其密度.

3. 给定以下常见种类的48种灌木的直径x(单位: cm)的频率表:

x	2	3	4	5	6	7	8	9	10	11
y	1	5	8	12	10	4	5	0	2	1

(1) 绘制其频率直方图; (2) 计算样本均值与样本方差.

4. 设总体服从$N(\mu,\sigma^2)$, 现得其样本值为14.7, 15.1, 14.8, 15.0, 15.2, 试用顺序统计量估计总体均值μ及方差σ^2. (已知$d_5=2.3259$, $d_6=2.5344$, $d_7=2.7044$.)

5. 设总体X在区间$[a,b]$上服从均匀分布, 求:

(1) 取自X的简单随机样本$X_1,X_2,\cdots,X_n$的密度$f(x_1,x_2,\cdots,x_n)$;

(2) $Y=\max\{X_1,X_2,\cdots,X_n\}$的密度$f_Y(x)$, $Z=\min\{X_1,X_2,\cdots,X_n\}$的密度$f_Z(x)$.

6. 在天平上重复称量一重量为a的物品, 假设各次称量的结果相互独立, 且服从正态分布$N(a,0.2^2)$. 若以$\overline{X}$表示n次称量结果的算术平均值, 求使$P\{|\overline{X}-a|<0.1\}\geqslant 0.95$成立的称量次数$n$的最小值.

7. 设总体$X\sim N(20,3)$, 从X中抽取两个样本$X_1,X_2,\cdots,X_{10}$和$Y_1,Y_2,\cdots,Y_{15}$, 求概率

$$P\{|\overline{X}-\overline{Y}|>0.3\}.$$

8. 设总体$X\sim N(\mu,\sigma^2)$, 假如要以0.9606的概率保证偏差$|\overline{X}-\mu|<0.1$, 试问: 当$\sigma^2=0.25$时, 样本容量n应取多大?

9. 设$\overline{X}_1$和$\overline{X}_2$分别为取自正态总体$N(\mu,\sigma^2)$的容量为n的两个简单随机样本

$$X_{11},X_{12},\cdots,X_{1n}\ 和\ X_{21},X_{22},\cdots,X_{2n}$$

的均值, 试确定n, 使两个样本的均值之差超过σ的概率小于0.05.

10. 设总体$X\sim f(x)=\begin{cases}|x|, & |x|<1\\ 0, & 其他\end{cases}$, $X_1,X_2,\cdots,X_{50}$为取自总体X的一个样本, 试求:

(1) $\overline{X}$的数学期望与方差; (2) S^2的数学期望; (3) $P\{|\overline{X}|>0.02\}$.

11. 从一正态总体中抽取容量为10的样本, 设样本均值与总体均值之差的绝对值在4以上的概率为0.02, 求总体的标准差.

12. 设$X_1,X_2,\cdots,X_n$是取自总体X的样本, $\overline{X}$, S^2分别为样本均值与样本方差, 若$\mu=E(X)$, $\sigma^2=D(X)$均存在, 试求$E(\overline{X})$, $D(\overline{X})$, $E(S^2)$.

13. 设总体X服从正态分布$N(\mu,\sigma^2)$ $(\sigma>0)$, 从总体中抽取简单随机样本$X_1,X_2,\cdots,X_{2n}$ $(n\geqslant 2)$, 其样本均值为$\overline{X}=\dfrac{1}{2n}\sum\limits_{i=1}^{2n}X_i$, 求统计量$Y=\sum\limits_{i=1}^{n}(X_i+X_{n+i}-2\overline{X})^2$的数学期望.

14. 假设在三维空间中随机选择一个点(X,Y,Z), 其中X, Y和Z是独立的随机变量, 并且都服从标准正态分布. 求从原点到该点的距离小于2个单位的概率.

15. 设有k个正态总体$X_i\sim N(\mu_i,\sigma^2)$, 从第$i$个总体中抽取容量为$n_i$的样本$X_{i1},X_{i2},\cdots,X_{in_i}$, 且各个样本间相互独立, 记

$$\overline{X}_i=\frac{1}{n_i}\sum_{j=1}^{n_i}X_{ij}\ (i=1,2,\cdots,k),\ n=n_1+n_2+\cdots+n_k,$$

求 $W=\dfrac{1}{\sigma^2}\sum_{i=1}^{k}\sum_{j=1}^{n_i}(X_{ij}-\overline{X}_i)^2$ 的分布.

16. 已知 $X\sim t(n)$, 求证: $X^2\sim F(1, n)$.

17. 设 $X_1, X_2, \cdots, X_9$ 是取自正态总体 $X\sim N(\mu, \sigma^2)$ 的样本, 且

$$Y_1=\frac{1}{6}(X_1+X_2+\cdots+X_6),\quad Y_2=\frac{1}{3}(X_7+X_8+X_9),\quad S^2=\frac{1}{2}\sum_{i=7}^{9}(X_i-Y_2)^2 .$$

求证: $Z=\dfrac{\sqrt{2}(Y_1-Y_2)}{S}\sim t(2)$.

18. 设 $X_1, \cdots, X_n, X_{n+1}$ 是取自正态总体 $X\sim N(\mu, \sigma^2)$ 的样本.

$$\overline{X}_n=\frac{1}{n}\sum_{i=1}^{n}X_i,\quad S_n^2=\frac{1}{n-1}\sum_{i=1}^{n}(X_i-\overline{X}_n)^2 ,$$

试确定统计量 $\sqrt{\dfrac{n}{n+1}}\cdot\dfrac{X_{n+1}-\overline{X}_n}{S_n}$ 的分布.

19. 假设 $X_1, X_2, \cdots, X_9$ 是取自总体 $X\sim N(0, 2^2)$ 的简单随机样本, 求系数 a, b, c, 使

$$Q=a(X_1+X_2)^2+b(X_3+X_4+X_5)^2+c(X_6+X_7+X_8+X_9)^2$$

服从 χ^2 分布, 并求其自由度.

20. 从总体 $X\sim N(\mu, \sigma^2)$ 中抽取容量为 16 的样本. 在下列情形下分别求 $\overline{X}$ 与 μ 之差的绝对值小于 2 的概率:

(1) 已知 $\sigma^2=25$; (2) σ^2 未知, 但 $s^2=20.8$.

21. 设 $X_1, X_2, \cdots, X_{10}$ 取自正态总体 $N(0, 0.3^2)$, 试求:

(1) $P\left\{\sum_{i=1}^{10}X_i^2>1.44\right\}$; (2) $P\left\{\dfrac{1}{2}\times 0.3^2\leqslant\dfrac{1}{10}\sum_{i=1}^{10}(X_i-\overline{X})^2\leqslant 2\times 0.3^2\right\}$.

22. (1) 设总体 X, Y 的方差分别为 $\sigma_1^2=400$, $\sigma_2^2=900$. 两总体的均值相等, 分别自这两个总体中抽取容量均为 400 的样本, 设这两个样本相互独立, 并记样本均值为 $\overline{X}$, $\overline{Y}$, 试用切比雪夫不等式估计 k, 使得

$$P\{|\overline{X}-\overline{Y}|<k\}\geqslant 0.99 .$$

(2) 设在 (1) 中总体 X 和 Y 均为正态变量, 求 k.

23. 假设随机变量 F 服从分布 $F(5,10)$, 求 λ 的值, 使其满足 $P\{F\geqslant\lambda\}=0.95$.

24. 设 $X_1, X_2, \cdots, X_n$ 是总体 $X\sim N(\mu, \sigma^2)$ 的一个样本, 证明: $E\left[\sum_{i=1}^{n}(X_i-\overline{X})^2\right]^2=(n^2-1)\sigma^4$.

25. 某种织物的强力指标的均值为 $\mu=21\,\text{kg}$, 改进工艺后生产一批织物, 今抽取 25 件, 测得

$$\bar{x}=21.55\,\text{kg},\quad s=1.2\,\text{kg}.$$

假设强力指标服从正态分布, 求新生产的织物比过去生产的织物的强力提高 1kg 的概率. ($u_{0.01}=2.33$, $u_{0.025}=1.96$, $t_{0.05}(24)=1.711$, $t_{0.005}(24)=2.796\,9$, $t_{0.01}(25)=2.485$, $t_{0.025}(25)=2.059\,5$.)

26. A, B 两个厂家生产的手机电池的充电循环次数分别近似服从正态分布 $N(500,25)$, $N(500,20)$, 若从 A 厂抽取 10 个电池, B 厂抽取 6 个电池, 求第一个样本方差小于第二个样本方差的概率.

27. A 厂和 B 厂生产一规格电缆的平均断裂强度分别为 1 500N 和 1 300N, 标准差分别为 200N 和 80N. 如果测试 50 条 A 厂生产的电缆和 100 条 B 厂生产的电缆, 求:

(1) A 厂生产的电缆的平均断裂强度至少比 B 厂生产的电缆高 180N 的概率;

(2) A 厂生产的电缆的平均断裂强度最多比 B 厂生产的电缆高 250N 的概率.

第 6 章　参数估计

参数估计是统计推断中的一项核心任务, 用于从样本数据中推断未知总体参数 (例如均值、方差、比例、回归系数等) 的合理取值. 通过参数估计, 研究者可在不确定的条件下对总体特征做出科学判断, 从而支持决策和研究结论. 参数估计的方法主要分为点估计和区间估计两类. 点估计给出参数的一个单独数值, 是最直接的估计方式, 但不包含不确定的信息; 区间估计则利用统计分布和样本特征构建一个区间, 在给定的置信水平下该区间有较大的概率包含真实参数值, 提供比点估计更充分的不确定性量化.

构建参数估计量的方法多种多样. (1) 最大似然估计法 (MLE), 基于使样本数据出现的概率最大化来求得参数估计值. 当模型假设合理、样本量充分时, MLE通常是相合、高效且渐近无偏的. (2) 矩估计法 (MOM), 利用样本矩近似总体矩, 从而求出参数估计值. 该方法计算简单, 但在统计特性上不如MLE优良. (3) 贝叶斯估计法, 将参数视为随机变量, 通过结合先验分布与样本数据来更新后验分布, 从而求得参数的后验估计值. 该方法灵活性高, 可纳入先验知识, 但结果依赖于先验选择. 本章我们将介绍前两种估计法.

总之, 参数估计是连接样本与总体的桥梁. 在实际应用中, 研究者需根据数据特征、模型假设和研究目的选择合适的估计方法, 并通过分析估计量的统计性质来确保结果可靠, 为科学研究、工程实践与决策制定奠定坚实的理论基础.

§6.1　点估计问题概述

点估计是统计推断中的基本方法之一, 通过样本数据给出总体参数的一个单一数值的估计值, 而非范围区间或概率分布. 与区间估计不同, 点估计将关注点集中在一个特定数值上, 代表对总体参数的“最佳猜测”. 常见的点估计量包括样本均值、样本方差、样本比例等, 它们分别用于估计总体均值、总体方差及总体比例.

点估计法的选择和构造需要考虑多个因素. 首先是计算的简便性和直观性: 有些点估计量 (如样本均值) 计算简单且易于解释. 其次是统计性质: 评价点估计量时, 通常考虑无偏性、一致性和有效性等标准. 无偏估计量的期望值等于真实参数, 保证长期平均下的准确性; 一致估计量在样本量增加时逐渐趋近于真实参数, 提高估计的可靠性; 有效估计量在无偏性条件下具有最小方差, 提升估计的精确度. 点估计为研究者提供快速、直观的参数猜测方式, 在科学研究、工程实践、市场分析及社会调查中广泛使用.

一、点估计的概念

设$X_1, X_2, \cdots, X_n$是取自总体X的一个样本，而$x_1, x_2, \cdots, x_n$是相应的一个样本值. θ是总体分布中的未知参数，为估计未知参数θ，需构造一个适当的统计量$\widehat{\theta}(X_1, X_2, \cdots, X_n)$，然后用其观察值$\widehat{\theta}(x_1, x_2, \cdots, x_n)$来估计$\theta$的值.

我们称$\widehat{\theta}(X_1, X_2, \cdots, X_n)$为$\theta$的**估计量**，称$\widehat{\theta}(x_1, x_2, \cdots, x_n)$为$\theta$的**估计值**. 估计量与估计值统称为**点估计**，简称为**估计**，并简记为$\widehat{\theta}$.

注: 估计量$\widehat{\theta}(X_1, X_2, \cdots, X_n)$是一个随机变量，是样本的函数，即一个统计量. 对不同的样本值，θ的估计值$\widehat{\theta}$一般是不同的.

例 1　设X表示某种型号的电子元件的寿命（单位：小时），它服从指数分布，其概率密度为

$$f(x;\theta)=\begin{cases}\dfrac{1}{\theta}\mathrm{e}^{-x/\theta}, & x>0\\ 0, & x\leqslant 0\end{cases},$$

其中θ为未知参数，$\theta>0$. 现得样本值为

168　130　169　143　174　198　108　212　252

试估计未知参数θ.

解　依题设，总体X服从均值为θ的指数分布，即$\theta=E(X)$，因此，用样本均值$\overline{X}$作为θ的估计量看起来是最自然的. 对给定的样本值，计算得

$$\overline{x}=\frac{1}{9}(168+130+\cdots+252)\approx 172.7,$$

所以，未知参数θ的估计量与估计值分别为$\widehat{\theta}=\overline{X}$，$\widehat{\theta}=\overline{x}=172.7$.

二、评价估计量的标准

评价估计量的标准旨在衡量一种估计方法统计属性的优良程度，为研究者从多种可能的估计方法中选择最适合的工具提供依据.

从例 1 可见，参数点估计的概率相当宽松，对同一个参数，可用不同的方法来估计，得到不同的估计量，故有必要建立一些评价估计量的标准.

估计量的评价一般有三条标准:

(1) **无偏性**;

(2) **有效性**;

(3) **相合性 (一致性)**.

在本节的后面将逐一介绍.

注: 在具体介绍估计量的评价标准之前，需指出：评价估计量，不能仅仅依据一次试验的结果，而必须用多次试验的结果来衡量. 因为估计量是一个随机变量，是样本的函数，故由不

同的观察结果, 就会求得不同的参数估计值. 因此, 一个好的估计应在多次重复试验中体现出其优良性.

1. 无偏性

无偏性 (unbiasedness) 是评价估计量质量的基本标准之一, 用于衡量估计过程在长期重复试验中对真实参数值的偏离程度. 若一个估计量的期望值等于真实参数值, 则称该估计量是无偏的. 这意味着在无限次重复抽样中, 估计值在平均意义上不会系统地偏大或偏小.

估计量是随机变量, 对于不同的样本值会得到不同的估计值. 一个自然的要求是希望估计值在未知参数真值的附近, 不要偏高也不要偏低. 由此引入无偏性标准.

定义 1 设 $\hat{\theta}(X_1, X_2, \cdots, X_n)$ 是未知参数 θ 的估计量, 若数学期望 $E(\hat{\theta})=\theta$, 则称 $\hat{\theta}$ 为 θ 的**无偏估计量**.

注: 在科学技术领域, 称 $E(\hat{\theta})-\theta$ 为用 $\hat{\theta}$ 估计 θ 而产生的系统偏差. 无偏性是对估计量的一个常见而重要的要求, 其实际意义是指估计量没有系统偏差, 只存在随机偏差. 例如, 用样本均值作为总体均值的估计时, 虽无法说明一次估计所产生的偏差, 但这种偏差随机地在零的周围波动, 对同一统计问题大量重复使用不会产生系统偏差.

对一般总体而言, 我们有如下定理.

定理 1 设 $X_1, X_2, \cdots, X_n$ 为取自总体 X 的样本, 总体 X 的均值为 μ, 方差为 σ^2, 则

(1) 样本均值 $\overline{X}$ 是 μ 的无偏估计量;

(2) 样本方差 S^2 是 σ^2 的无偏估计量;

(3) 样本二阶中心矩 $\dfrac{1}{n}\sum\limits_{i=1}^{n}(X_i-\overline{X})^2$ 是 σ^2 的有偏估计量.

证明 依题设, $X_1, X_2, \cdots, X_n$ 为取自总体 X 的简单随机样本, 且总体 X 的数学期望与方差分别为 μ 与 σ^2, 故有

$$E(X_i)=E(X)=\mu,\ i=1,2,\cdots,n;\ \ D(X_i)=D(X)=\sigma^2,\ i=1,2,\cdots,n.$$

(1) 根据样本均值的定义与数学期望的性质, 有

$$E(\overline{X})=E\left(\frac{1}{n}\sum_{i=1}^{n}X_i\right)=\frac{1}{n}\sum_{i=1}^{n}E(X_i)=E(X)=\mu,$$

所以, $\hat{\mu}=\overline{X}$ 是 μ 的一个无偏估计量.

(2) 由样本方差的定义与方差的性质, 有

$$D(\overline{X})=D\left(\frac{1}{n}\sum_{i=1}^{n}X_i\right)=\frac{1}{n}D(X)=\frac{\sigma^2}{n},$$

于是, 利用数学期望的性质与方差计算的简化公式, 得

$$E(S^2)=E\left[\frac{1}{n-1}\sum_{i=1}^{n}(X_i-\overline{X})^2\right]=E\left[\frac{1}{n-1}\left(\sum_{i=1}^{n}X_i^2-n\overline{X}^2\right)\right]$$

$$=\frac{1}{n-1}\left[\sum_{i=1}^{n}E(X_i^2)-nE(\overline{X}^2)\right]=\frac{1}{n-1}\{n(\mu^2+\sigma^2)-n[D(\overline{X})+[E(\overline{X})]^2]\}$$

$$=\frac{1}{n-1}\left[n\mu^2+n\sigma^2-n\left(\frac{\sigma^2}{n}+\mu^2\right)\right]=\frac{1}{n-1}(n\sigma^2-\sigma^2)=\sigma^2,$$

所以 $\hat{\sigma}^2=S^2$ 是 σ^2 的一个无偏估计量.

(3) 利用 (2) 的运算结果, 有

$$E\left[\frac{1}{n}\sum_{i=1}^{n}(X_i-\overline{X})^2\right]=E\left(\frac{n-1}{n}S^2\right)=\frac{n-1}{n}E(S^2)=\frac{n-1}{n}\sigma^2\neq\sigma^2,$$

故样本二阶中心矩是 σ^2 的有偏估计量. 但

$$\lim_{n\to\infty}E\left[\frac{1}{n}\sum_{i=1}^{n}(X_i-\overline{X})^2\right]=\sigma^2,$$

因此, 它是 σ^2 的一个渐近无偏估计量. 证毕.

注: *若 $\hat{\theta}$ 是 θ 的无偏估计量, $g(\theta)$ 是 θ 的函数, 未必能推出 $g(\hat{\theta})$ 是 $g(\theta)$ 的无偏估计量.*

例如, 设总体 X 服从正态分布 $N(\mu,\sigma^2)$, 其均值 $\overline{X}$ 是 μ 的无偏估计量, 但 $\overline{X}^2$ 却不是 μ^2 的无偏估计量. 因为

$$E(\overline{X}^2)=D(\overline{X})+[E(\overline{X})]^2=\frac{\sigma^2}{n}+\mu^2,$$

而 $\sigma^2>0$, 所以 $E(\overline{X}^2)\neq\mu^2$.

例 2　设总体 $X\sim N(0,\sigma^2)$, $X_1,X_2,\cdots,X_n$ 是来自总体 X 的简单随机样本.

(1) 证明 $\hat{\sigma}^2=\frac{1}{n}\sum_{i=1}^{n}X_i^2$ 是 σ^2 的无偏估计;　　(2) 求 $D(\hat{\sigma}^2)$.

(1) **证明**　利用数学期望的性质与方差计算的简化公式, 因为

$$E(\hat{\sigma}^2)=\frac{1}{n}\sum_{i=1}^{n}E(X_i^2)=\frac{1}{n}\sum_{i=1}^{n}D(X_i)=\frac{1}{n}n\sigma^2=\sigma^2,$$

所以, $\hat{\sigma}^2$ 是 σ^2 的无偏估计. 证毕.

(2) **解**　因为 $\dfrac{\sum_{i=1}^{n}X_i^2}{\sigma^2}=\sum_{i=1}^{n}\left(\dfrac{X_i}{\sigma}\right)^2$, 而 $\dfrac{X_i}{\sigma}\sim N(0,1)\ (i=1,2,\cdots,n)$, 且它们相互独立, 故由 χ^2 分布的定义, 有

$$\frac{\sum_{i=1}^{n}X_i^2}{\sigma^2}\sim\chi^2(n),\quad D\left(\frac{\sum_{i=1}^{n}X_i^2}{\sigma^2}\right)=2n,$$

由此可得

$$D(\widehat{\sigma}^2)=D\left(\frac{1}{n}\sum_{i=1}^{n}X_i^2\right)=\frac{\sigma^4}{n^2}D\left(\sum_{i=1}^{n}\frac{X_i^2}{\sigma^2}\right)=\frac{\sigma^4}{n^2}\cdot 2n=\frac{2\sigma^4}{n}.$$

例 3　在工程技术领域, 某制造公司正在分析其生产过程中机器部件的重量 (单位: 克). 假设机器部件的重量服从正态分布, 其均值未知, 方差已知, 且方差为4. 公司从生产过程中抽取了30个部件样本, 测得其重量分别为

50.2	49.8	50.4	49.7	50.1	50.0	50.3	50.5	49.9	50.2
50.4	50.6	49.8	50.1	50.3	50.0	50.2	50.1	49.9	50.0
50.4	50.2	50.3	49.7	50.0	50.5	50.3	49.8	50.4	50.2

试使用无偏估计量来估计机器部件重量的均值.

解　假设机器部件的重量 X 服从正态分布, 其均值未知, 方差已知. 根据评价估计量的无偏性标准, 一个估计量是无偏的, 意味着该估计量的期望值等于所估计的参数值.

我们可以使用样本均值 $\overline{X}$ 作为机器部件重量均值的估计量. 根据统计学中的无偏性理论, 样本均值 $\overline{X}$ 的期望值等于总体均值 μ, 即

$$E(\overline{X})=\mu.$$

因此, 样本均值 $\overline{X}$ 是机器部件重量均值的无偏估计量.

给定的样本数据包括30个机器部件的重量, 可计算样本均值:

$$\overline{X}=\frac{1}{30}\sum_{i=1}^{30}X_i,$$

代入样本数据, 计算样本总和 $\sum_{i=1}^{30}X_i=1\,504.3$, 故样本均值为

$$\overline{X}=\frac{1\,504.3}{30}\approx 50.14,$$

因此, 机器部件重量均值的无偏估计值为50.14克.

通过应用无偏估计量的标准, 我们得出样本均值 $\overline{X}$ 作为机器部件重量均值的无偏估计量. 在工程技术领域, 利用无偏估计量来推断总体参数能够确保估计的期望值与真实参数一致, 从而提高预测的准确性. 这种方法常用于质量控制和生产优化, 以确保生产过程中各项指标的稳定性和精确性.

例 4　设 $X_1, X_2, \cdots, X_n$ 是总体 $N(\mu, \sigma^2)$ 的一个简单随机样本. 求 k, 使

$$\widehat{\sigma}=k\sum_{i=1}^{n}\sum_{j=1}^{n}|X_i-X_j|$$

为 σ 的无偏估计.

解　由于 $X_i \sim N(\mu, \sigma^2)$，且它们相互独立，因此，当 $i \neq j$ 时，有 $X_i - X_j \sim N(0, 2\sigma^2)$，且

$$E(|X_i - X_j|) = \int_{-\infty}^{+\infty} |x| \frac{1}{\sqrt{2\pi} \cdot \sqrt{2\sigma^2}} e^{-\frac{x^2}{4\sigma^2}} dx = \frac{2}{2\sqrt{\pi}\sigma} \int_0^{+\infty} x e^{-\frac{x^2}{4\sigma^2}} dx$$

$$= \frac{2\sigma}{\sqrt{\pi}} \left(-e^{-\frac{x^2}{4\sigma^2}} \right) \Bigg|_0^{+\infty} = \frac{2\sigma}{\sqrt{\pi}},$$

因为当 $i = j$ 时，有 $E(|X_i - X_j|) = 0$，所以

$$E(\hat{\sigma}) = k \sum_{i=1}^{n} \sum_{j=1}^{n} E(|X_i - X_j|) = k \cdot n(n-1) \frac{2\sigma}{\sqrt{\pi}},$$

故当 $k = \dfrac{\sqrt{\pi}}{2n(n-1)}$ 时，有 $E(\hat{\sigma}) = \sigma$，即 $\hat{\sigma} = \dfrac{\sqrt{\pi}}{2n(n-1)} \sum_{i=1}^{n} \sum_{j=1}^{n} |X_i - X_j|$ 为 σ 的无偏估计.

无偏性为估计量提供了一个基本保证：在大量重复试验下，其平均估计值恰好等于真实参数. 这使得无偏估计量没有系统地倾向于高估或低估参数，为后续的决策和判断奠定了公正的基础. 然而，无偏性并非估计量优良性的全部. 无偏估计量虽然在长期平均上准确，但可能在实际中方差较大、不够精确. 因而，除无偏性之外，还需综合考虑估计量的有效性与一致性等特征，才能对估计方法的好坏做出更加全面和合理的评估.

2. 有效性

有效性 (efficiency) 是衡量估计量品质的一项重要标准，用于评价在满足无偏性的条件下，估计量在统计推断中所达到的精度. 当我们比较多个无偏估计量时，通常希望选择方差最小的那个. 这是因为方差越小，意味着估计量在重复抽样过程中产生的波动越小，对真实参数的估计也就越精确. 由此引入评价估计量的另一个标准——有效性.

定义 2　设 $\hat{\theta}_1 = \hat{\theta}_1(X_1, X_2, \cdots, X_n)$ 和 $\hat{\theta}_2 = \hat{\theta}_2(X_1, X_2, \cdots, X_n)$ 都是参数 θ 的无偏估计量，若

$$D(\hat{\theta}_1) < D(\hat{\theta}_2),$$

则称 $\hat{\theta}_1$ 较 $\hat{\theta}_2$ **有效**.

由上述定义可见，有效性可通过相对效率 (relative efficiency) 来度量，即比较两个无偏估计量的方差，方差之比越小，所比较的估计量越有效.

在数理统计中还常用到最小方差无偏估计，其定义如下：

定义 3　设 $X_1, X_2, \cdots, X_n$ 是取自总体 X 的一个样本，而 $\hat{\theta}(X_1, X_2, \cdots, X_n)$ 是未知参数 θ 的一个估计量，若 $\hat{\theta}$ 满足：

(1) $E(\hat{\theta}) = \theta$，即 $\hat{\theta}$ 为 θ 的无偏估计，

(2) $D(\hat{\theta}) \leqslant D(\hat{\theta}^*)$，$\hat{\theta}^*$ 是 θ 的任一无偏估计，

则称 $\hat{\theta}$ 为 θ 的**最小方差无偏估计** (也称**最佳无偏估计**).

有效估计量具有以下意义:

(1) 在相同样本量下, 有效估计量能提供更准确的参数估计;

(2) 在相同精度要求下, 有效估计量可能需要更少的样本量, 从而降低试验成本或数据收集的难度.

例 5 设 $X_1, X_2, \cdots, X_n$ 为来自均值为 μ、方差为 σ^2 的总体 X 的样本, 而 $\overline{X}$, $X_i(i=1,2,\cdots,n)$ 均为总体均值 $E(X)=\mu$ 的无偏估计量, 试问哪一个估计量更有效?

解 依题设, 由于 $\overline{X}$, $X_i\,(i=1,2,\cdots,n)$ 为 μ 的无偏估计量, 因此

$$E(X_i)=\mu\,(i=1,2,\cdots,n),\quad E(\overline{X})=\mu,$$

但

$$D(\overline{X})=D\left(\frac{1}{n}\sum_{i=1}^{n}X_i\right)=\frac{1}{n^2}\sum_{i=1}^{n}D(X_i)=\frac{\sigma^2}{n},$$

$$D(X_i)=\sigma^2\,(i=1,2,\cdots,n),$$

所以 $\overline{X}$ 较 $X_i\,(i=1,2,\cdots,n)$ 更有效.

例 6 设分别自总体 $N(\mu_1,\sigma^2)$ 和 $N(\mu_2,\sigma^2)$ 中抽取容量为 n_1, n_2 的两独立样本, 其样本方差分别为 S_1^2, S_2^2. 试证对于任意常数 a, b $(a+b=1)$, $Z=aS_1^2+bS_2^2$ 都是 σ^2 的无偏估计, 并确定常数 a, b, 使 $D(Z)$ 达到最小.

解 由§5.3的定理 2, 得

$$\frac{n_1-1}{\sigma^2}S_1^2\sim\chi^2(n_1-1),\quad \frac{n_2-1}{\sigma^2}S_2^2\sim\chi^2(n_2-1),$$

且它们相互独立, 所以

$$D(S_1^2)=\frac{\sigma^4}{(n_1-1)^2}D\left(\frac{n_1-1}{\sigma^2}S_1^2\right)=\frac{2\sigma^4}{n_1-1},$$

$$D(S_2^2)=\frac{\sigma^4}{(n_2-1)^2}D\left(\frac{n_2-1}{\sigma^2}S_2^2\right)=\frac{2\sigma^4}{n_2-1}.$$

又由于 $E(S_1^2)=\sigma^2$, $E(S_2^2)=\sigma^2$, 因此, 当 $a+b=1$ 时, 有

$$E(Z)=aE(S_1^2)+bE(S_2^2)=\sigma^2,$$

即 Z 是 σ^2 的无偏估计. 由 S_1^2, S_2^2 相互独立, 有

$$D(Z)=D(aS_1^2+bS_2^2)=\left(\frac{a^2}{n_1-1}+\frac{b^2}{n_2-1}\right)\cdot 2\sigma^4=\left(\frac{a^2}{n_1-1}+\frac{(1-a)^2}{n_2-1}\right)\cdot 2\sigma^4,$$

令 $\dfrac{\mathrm{d}D(Z)}{\mathrm{d}a}=2\sigma^4\left[\dfrac{2a}{n_1-1}-\dfrac{2(1-a)}{n_2-1}\right]=0$, 解得

$$a=\frac{n_1-1}{n_1+n_2-2},\quad b=\frac{n_2-1}{n_1+n_2-2}.$$

又

$$\frac{d^2D(Z)}{da^2}=2\sigma^4\left(\frac{2}{n_1-1}+\frac{2}{n_2-1}\right)>0,$$

得 $a=\frac{n_1-1}{n_1+n_2-2}$ 为 $D(Z)$ 的极小值点. 所以, 当 $a=\frac{n_1-1}{n_1+n_2-2}$, $b=\frac{n_2-1}{n_1+n_2-2}$ 时, 变量

$$Z=\frac{1}{n_1+n_2-2}[(n_1-1)S_1^2+(n_2-1)S_2^2]\overset{\text{Def}}{=\!=}S_w^2$$

具有最小方差.

注: 对于方差相等的双正态总体, §5.3定理4中的统计量 S_w^2 是方差 σ^2 的最佳无偏估计.

例7 在工程技术领域, 某制造公司正在分析其生产过程中机器部件的表面粗糙度. 假设机器部件的表面粗糙度服从正态分布, 均值未知, 方差已知, 且方差为0.04. 公司从生产过程中抽取了26个部件样本, 测得其表面粗糙度值 (单位: μm) 如下:

2.5 2.6 2.7 2.4 2.5 2.6 2.5 2.4 2.7 2.6 2.5 2.4 2.6

2.7 2.5 2.4 2.5 2.6 2.4 2.7 2.6 2.5 2.4 2.7 2.6 2.5

试使用有效估计量来估计机器部件的表面粗糙度均值.

解 假设机器部件的表面粗糙度 X 服从正态分布, 其均值未知, 方差已知. 根据评价估计量有效性的标准, 一个估计量是有效的, 意味着该估计量在所有无偏估计量中具有最小的方差.

对于这个问题, 我们可以用样本均值 $\overline{X}$ 作为表面粗糙度均值的估计量. 根据有效性理论, 在方差已知的情况下, 样本均值 $\overline{X}$ 是无偏且有效的估计量, 因为它具有最小的方差.

根据统计学理论, 样本均值 $\overline{X}$ 的期望值为总体均值 μ, 并且它的方差为 $\frac{\sigma^2}{n}$, 其中 σ^2 为已知的方差, n 为样本大小. 根据给定样本数据, 我们可以计算样本均值:

$$\overline{X}=\frac{1}{26}\sum_{i=1}^{26}X_i=\frac{2.5+2.6+\cdots+2.5}{26}\approx 2.54\,\mu\text{m},$$

因此, 机器部件表面粗糙度均值的有效估计值为2.54μm.

通过应用有效估计量的标准, 我们得出样本均值 $\overline{X}$ 作为机器部件表面粗糙度均值的有效估计量. 在工程技术领域, 利用有效估计量来推断总体参数能够确保估计量具有最小的方差, 从而提高估计的精度. 这种方法常用于质量控制和生产优化, 以确保产品表面质量符合标准并减少生产过程中的误差.

需要指出的是, 有效性并非估计量选择的唯一标准. 在实际应用中, 还需考虑无偏性、相合性及稳健性等特征. 若某些前提条件 (如分布假设) 无法完全满足或样本量有限, 最有效

的估计量在实际中可能并非最佳选择. 综合考虑各种评判标准才能为研究和决策提供最为可靠的统计支持.

3. 相合性 (一致性)

相合性 (asymptotic efficiency) 又称一致性 (consistency), 是评价估计量的重要标准之一, 用于判断估计量在样本量不断增大时能否渐进逼近真实参数值. 当样本量趋于无穷大时, 一个具有相合性的估计量的估计值将以概率趋近于真实参数, 从而使估计误差随样本量的增大而不断缩小. 与无偏性关注估计值在长期平均意义上的准确性不同, 相合性强调在大样本条件下的收敛性. 由此我们引入相合性的评价标准.

定义 4 设 $\hat{\theta}=\hat{\theta}(X_1, X_2, \cdots, X_n)$ 为未知参数 θ 的估计量, 若 $\hat{\theta}$ 依概率收敛于 θ, 即对任意 $\varepsilon>0$, 有

$$\lim_{n\to\infty}P\{|\hat{\theta}-\theta|<\varepsilon\}=1 \text{ 或 } \lim_{n\to\infty}P\{|\hat{\theta}-\theta|\geqslant\varepsilon\}=0,$$

则称 $\hat{\theta}$ 为 θ 的 (弱) **相合估计量**.

例8 设 $X_1, X_2, \cdots, X_n$ 是取自总体 X 的样本, 且 $E(X^k)$ 存在, k 为正整数, 试证 $\frac{1}{n}\sum_{i=1}^{n}X_i^k$ 为 $E(X^k)$ 的相合估计量.

证明 对指定的正整数 k, 令 $Y=X^k$, $Y_i=X_i^k$, 则 $Y_1, Y_2, \cdots, Y_n$ 相互独立并与 Y 同分布, 且 $E(Y_i)=E(Y)=E(X^k)$, 故由辛钦大数定律知, 对任意 $\varepsilon>0$, 有

$$\lim_{n\to\infty}P\left\{\left|\frac{1}{n}\sum_{i=1}^{n}Y_i-E(Y)\right|<\varepsilon\right\}=\lim_{n\to\infty}P\left\{\left|\frac{1}{n}\sum_{i=1}^{n}X_i^k-E(X^k)\right|<\varepsilon\right\}=1,$$

所以, $\frac{1}{n}\sum_{i=1}^{n}X_i^k$ 是 $E(X^k)$ 的相合估计量.

作为特例, **样本均值 $\overline{X}$ 是总体均值 $E(X)$ 的相合估计量**.

例9 设总体 $X\sim N(\mu, \sigma^2)$, $X_1, X_2, \cdots, X_n$ 为其简单随机样本, 试证样本方差 S^2 是 σ^2 的相合估计量.

证明 由本节定理 1, $E(S^2)=\sigma^2$, 又由§5.3 定理 2, $\frac{(n-1)S^2}{\sigma^2}\sim\chi^2(n-1)$, 从而

$$D\left[\frac{(n-1)S^2}{\sigma^2}\right]=2(n-1),$$

于是, $D(S^2)=\frac{2\sigma^4}{n-1}$. 再由切比雪夫不等式推得, 对任意 $\varepsilon>0$, 有

$$0\leqslant P\{|S^2-E(S^2)|\geqslant\varepsilon\}=P\{|S^2-\sigma^2|\geqslant\varepsilon\}\leqslant\frac{1}{\varepsilon^2}D(S^2)=\frac{2\sigma^4}{\varepsilon^2(n-1)},$$

当 $n\to\infty$ 时, 上式左、右两端均趋于 0, 由相合性的定义知, S^2 是 σ^2 的相合估计量. 证毕.

例10　在工程技术领域, 某制造公司正在研究一批钢材的抗拉强度, 假设钢材的抗拉强度服从正态分布, 均值和方差均未知. 公司从生产过程中随机抽取了15个钢材样本, 测得其抗拉强度的样本数据 (单位: MPa) 为

250　255　245　260　240　250　265　255　245　260　255　250　245　265　255

试以样本方差作为钢材抗拉强度方差的相合估计量.

解　假设钢材的抗拉强度服从正态分布, 均值和方差均未知. 根据相合性 (一致性) 的理论, 随着样本量的增加, 样本方差将趋近于总体方差, 故样本方差是总体方差的相合估计量.

我们可以利用样本方差来估计总体方差. 样本方差的计算公式为

$$S^2=\frac{1}{n-1}\sum_{i=1}^{n}(X_i-\overline{X})^2,$$

其中, n 为样本量, X_i 为第 i 个样本数据, $\overline{X}$ 为样本均值.

样本均值:

$$\overline{X}=\frac{1}{15}\sum_{i=1}^{15}X_i=\frac{1}{15}(250+255+\cdots+255)=253\ \text{MPa};$$

样本方差:

$$S^2=\frac{1}{15-1}\sum_{i=1}^{15}(X_i-253)^2\approx 56.43,$$

因此, 钢材抗拉强度的样本方差的估计值为56.43.

通过应用相合性 (一致性) 的标准, 我们得出样本方差作为钢材抗拉强度方差的相合估计量. 随着样本量的增加, 样本方差将收敛于总体方差, 这意味着在大样本情况下, 样本方差可以准确地估计总体方差. 这种方法在工程技术领域中广泛应用于质量控制和性能分析, 以确保产品质量的一致性和稳定性.

相合性 (一致性) 为研究者提供了提升估计精度的可行路径——通过增加样本量即可获得更为接近真实参数的估计结果. 若无相合性, 则即使估计量无偏, 也难在大样本条件下确保参数估计的稳定与可靠. 因此, 相合性在统计方法选择和数据分析策略制定中具有重要地位, 为在不确定的条件下实现更高质量的统计推断提供了坚实基础.

总之, 无偏性、有效性、相合性等构成了评价估计量的核心标准. 研究者可根据实际数据特征、样本量大小以及模型假定选择满足相应标准的估计方法, 以获得更可靠、合理的统计推断.

习题　6-1

1. 总体 X 在区间 $[0,\theta]$ 上均匀分布, $X_1,X_2,\cdots,X_n$ 是它的样本, 则下列估计量 $\widehat{\theta}$ 是 θ 的一致估计的是(　).

(A) $\widehat{\theta}=X_n$；　(B) $\widehat{\theta}=2X_n$；　(C) $\widehat{\theta}=\overline{X}=\frac{1}{n}\sum_{i=1}^{n}X_i$；　(D) $\widehat{\theta}=\max\{X_1,X_2,\cdots,X_n\}$.

2. 设σ是总体X的标准差, $X_1,X_2,\cdots,X_n$ 是它的样本, 则样本标准差S是总体标准差σ的(　).

(A) 矩估计量;　(B) 最大似然估计量;　(C) 无偏估计量;　(D) 相合估计量.

3. 设总体X的数学期望为μ, $X_1,X_2,\cdots,X_n$ 是来自X的样本, a_1, a_2, $\cdots$, a_n 是任意常数, 验证

$$\left(\sum_{i=1}^{n}a_iX_i\right)\Big/\left(\sum_{i=1}^{n}a_i\right)\ \left(\sum_{i=1}^{n}a_i\neq 0\right)$$

是μ的无偏估计量.

4. 设$\widehat{\theta}$是参数θ的无偏估计, 且有$D(\widehat{\theta})>0$, 试证$\widehat{\theta}^{\,2}$不是θ^2的无偏估计.

5. 设$X_1,X_2,\cdots,X_n$ 是来自参数为λ的泊松分布的简单随机样本, 试求λ^2 的无偏估计量.

6. 设$X_1,X_2,\cdots,X_n$来自参数为n, p的二项分布总体, 试求p^2 的无偏估计量.

7. 设总体X服从参数为λ的泊松分布, λ未知, $X_1, X_2, \cdots, X_n$为取自总体X的一个简单随机样本.

(1) 证明: $(-2)^{X_1}$是$\mathrm{e}^{-3\lambda}$的无偏估计量, 说明这个估计量有明显的弊端;

(2) 证明: $\overline{X}$ 是λ的相合估计量.

8. 设总体X服从参数为λ的泊松分布, λ未知, $X_1, X_2, \cdots, X_n$为取自总体X的一个简单随机样本. 记

$$S^2=\frac{1}{n-1}\sum_{i=1}^{n}(X_i-\overline{X})^2,$$

证明: $\overline{X}$, S^2, $\alpha\overline{X}+(1-\alpha)S^2$ 均为λ的无偏估计.

9. 设X_1,X_2为来自总体$N(\mu,\sigma^2)$的简单随机样本, 其中$\sigma(\sigma>0)$是未知参数, 若$\widehat{\sigma}=a|X_1-X_2|$为$\sigma$的无偏估计, 求$a$的值.

10. 设X_1, $X_2,\cdots$, X_n $(n>2)$ 为来自总体 $N(0,\sigma^2)$ 的简单随机样本, 其样本均值为$\overline{X}$, 记$Y_i=X_i-\overline{X}$, $i=1,2,\cdots,n$, 已知$D(Y_i)=\frac{n-1}{n}\sigma^2$, $\mathrm{cov}(Y_1,Y_n)=-\frac{1}{n}\sigma^2$, 若$c\,(Y_1+Y_n)^2$是$\sigma^2$的无偏估计量, 求常数$c$.

11. 设总体X服从均值为θ的指数分布, 其概率密度为

$$f(x;\theta)=\begin{cases}\frac{1}{\theta}\mathrm{e}^{-x/\theta}, & x>0\\ 0, & x\leqslant 0\end{cases},$$

其中参数$\theta(\theta>0)$未知. 又设 $X_1,X_2,\cdots,X_n$ 是来自该总体的样本, 试证$\overline{X}$ 和 $n\min\{X_1,X_2,\cdots,X_n\}$ 都是θ的无偏估计量且$\overline{X}$是相合的, 并比较哪个更有效.

12. 设总体X服从正态分布$N(m,1)$, (X_1,X_2)是总体X的子样本, 试验证

$$\widehat{m}_1=\frac{2}{3}X_1+\frac{1}{3}X_2,\quad \widehat{m}_2=\frac{1}{4}X_1+\frac{3}{4}X_2,\quad \widehat{m}_3=\frac{1}{2}X_1+\frac{1}{2}X_2$$

都是m的无偏估计量, 并指出哪个估计量的方差最小.

13. 设有k台仪器, 已知用第i台仪器测量时, 测定值总体的标准差分别为σ_i $(i=1,2,\cdots,k)$, 用这些仪器独立地对某一物理量θ各观察一次, 分别得到X_1, X_2, $\cdots$, X_k, 设仪器都没有系统误差, 即有

$$E(X_i)=\theta,\ i=1,2,\cdots,k.$$

问 $a_1, a_2, \cdots, a_k$ 应取何值, 方能使得用 $\widehat{\theta}=\sum_{i=1}^{k} a_i X_i$ 估计 θ 时, $\widehat{\theta}$ 是无偏的, 并且 $D(\widehat{\theta})$ 最小?

14. 设 (X_1, X_2) 是取自正态总体 $X \sim N(\mu, 1)$ 的一个容量为 2 的样本, 则易证

$$\widehat{\mu}=\alpha X_1+\beta X_2 \text{ (其中 } \alpha+\beta=1\text{)}$$

是 μ 的无偏估计量, 且当 α 为多少时, $\widehat{\mu}$ 是 μ 的最小方差无偏估计? 求其最小方差.

15. 设总体 X 服从均匀分布 $U[a, b]$, $X_1, X_2, \cdots, X_n$ 为取自总体 X 的简单随机样本, 试证明:

$$\alpha=\min\{X_1, X_2, \cdots, X_n\}, \quad \beta=\max\{X_1, X_2, \cdots, X_n\}$$

分别是参数 a 和 b 的相合估计.

16. 叶子可分为四种类型: 淀粉绿色、糖白色、淀粉白色和糖绿色. 根据遗传理论, 这些类型出现的概率依次为 $\frac{1}{4}(\theta+2)$, $\frac{1}{4}\theta$, $\frac{1}{4}(1-\theta)$ 和 $\frac{1}{4}(1-\theta)$, 其中 $0<\theta<1$. 假设一株植物有 n 片叶子, 则淀粉绿色叶子的数量由服从 $B(n,p_1)$ 分布的随机变量 N_1 表示, 其中 $p_1=\frac{1}{4}(\theta+2)$, 糖白色叶子的数量由服从 $B(n,p_2)$ 分布的随机变量 N_2 表示, 其中 $p_2=\frac{1}{4}\theta$. 下表列出了 3 839 片叶子中自交杂合子后代的数量.

类型	淀粉绿色	糖白色	淀粉白色	糖绿色
数量	1 997	32	906	904

考虑 θ 的两个估计量: $T_1=\frac{4}{n}N_1-2$, $T_2=\frac{4}{n}N_2$.

(1) 检查 T_1 和 T_2 是否都是 θ 的无偏估计量; (2) 计算 θ 的两个估计量的值.

17. 某力学实验室正在分析其生产过程中钢铁棒材的拉伸强度, 假设钢铁棒材的拉伸强度服从正态分布, 均值未知, 方差已知, 且方差为25. 实验室从生产过程中随机抽取了30个钢铁棒材样本, 测得其拉伸强度数据 (单位: MPa) 如下:

490.2 493.5 491.8 489.7 492.4 493.1 491.2 490.9 491.4 492.0
490.7 493.3 491.5 492.6 489.8 490.3 491.0 490.4 491.1 492.2
490.6 493.0 491.7 492.5 490.1 492.3 491.3 490.8 491.6 492.1

试使用无偏估计量来估计钢铁棒材的拉伸强度均值.

18. 某生态研究机构正在分析某地区水体的溶解氧含量, 假设水体的溶解氧含量服从正态分布, 均值未知, 方差已知, 且方差为 0.16. 该机构从水体中随机抽取了 27 个样本, 测得其溶解氧含量值 (单位: mg/L) 如下:

7.8 7.9 8.1 8.0 7.7 8.2 7.9 8.1 8.0 7.8 7.9 8.0 7.8 8.1
7.7 8.2 7.9 8.0 7.8 8.1 7.9 8.0 7.7 8.2 7.9 8.1 8.0

试使用有效估计量来估计水体溶解氧含量的均值.

19. 某科研机构正在研究一批新型材料的抗压强度, 假设该材料的抗压强度服从正态分布, 均值和方差均未知. 科研人员从实验中随机抽取了12个样本, 测得其抗压强度数据 (单位: MPa) 如下:

250 260 245 265 240 255 250 255 245 270 255 265

试以样本方差作为材料抗压强度方差的相合估计量.

§6.2　点估计的常用方法

在概率论与数理统计中, 点估计是根据样本信息对未知总体参数做出数值估计的重要途径. 它通过将一个具体的数值作为参数的代表来帮助我们理解数据分布的特征, 从而为后续的推断分析或决策提供依据. 本节将聚焦点估计的常用方法, 力求揭示其核心思想与适用情境. 常见的方法包括矩估计法、最大似然估计法与贝叶斯估计法等. 矩估计法利用样本矩与总体矩的相符性, 推导出对参数的估计; 最大似然估计法则基于样本出现的概率分布, 寻找最能使观察结果出现的参数值; 贝叶斯估计法则将参数视为随机变量, 结合先验分布与样本信息, 获得后验分布, 并据此提取估计值. 通过对各种方法的假设前提、优缺点及适用场景的介绍, 读者将能更深入地理解各估计方法的内在逻辑与实用性, 为后续学习统计推断以及在实际研究中选择恰当的估计工具奠定基础. 本节将重点讨论矩估计法与最大似然估计法.

一、矩估计法

矩估计法 (method of moments, MOM) 是统计学中一种利用样本矩来对总体参数进行估计的方法. 其基本思想是通过将总体矩 (如均值、方差、偏度等特征量) 用样本矩来替代, 得到参数的估计值. 相比下一小节即将介绍的最大似然估计法, 矩估计法的推导通常较为直接、简单, 不需要求出似然函数的极值, 在一定程度上降低了计算复杂度.

具体来说, 设有一参数化分布, 其参数向量为 $\boldsymbol{\theta}$, 且该分布有已知的矩表达式 (如一阶矩等于 $f(\boldsymbol{\theta})$, 二阶矩等于 $g(\boldsymbol{\theta})$, 依此类推). 给定一组样本数据, 可从样本中计算出样本矩 (如样本均值、样本方差等), 然后将这些样本矩与对应的总体矩方程建立等式, 求解所需的参数估计值. 这样, 一组样本矩方程就能为参数提供简单明了的估计式.

矩估计法的基本思想是用样本矩估计总体矩. 由大数定律知, 当总体的 k 阶矩存在时, 样本的 k 阶矩依概率收敛于总体的 k 阶矩. 例如, 我们可用样本均值 $\overline{X}$ 作为总体均值 $E(X)$ 的估计量. 一般地, 记

总体 k 阶原点矩: $\mu_k = E(X^k)$;　　样本 k 阶原点矩: $A_k = \dfrac{1}{n}\sum_{i=1}^{n} X_i^k$;

总体 k 阶中心矩: $\nu_k = E[X-E(X)]^k$;　　样本 k 阶中心矩: $B_k = \dfrac{1}{n}\sum_{i=1}^{n}(X_i - \overline{X})^k$.

定义 1　用相应的样本矩去估计总体矩的方法就称为**矩估计法**. 用矩估计法确定的估计量称为**矩估计量**. 相应的估计值称为**矩估计值**. 矩估计量与矩估计值统称为**矩估计**.

求矩估计的方法

设总体 X 的分布函数为 $F(x;\theta_1,\theta_2,\cdots,\theta_k)$, 其中参数 $\theta_1,\theta_2,\cdots,\theta_k$ 未知, 而 $X_1, X_2, \cdots, X_n$ 是来自总体的样本, 则

(1) 求总体X的前k阶原点矩$\mu_1, \mu_2, \cdots, \mu_k$，它们一般都是这$k$个未知参数的函数，记为

$$\mu_i = g_i(\theta_1, \theta_2, \cdots, \theta_k),\ i=1, 2, \cdots, k. \tag{2.1}$$

(2) 从(1)中解得$\theta_j = h_j(\mu_1, \mu_2, \cdots, \mu_k)$，$j=1, 2, \cdots, k$.

(3) 用样本矩A_i分别代替上式中的总体矩μ_i $(i=1, 2, \cdots, k)$，即可得θ_j $(j=1, 2, \cdots, k)$的矩估计量：

$$\hat{\theta}_j = h_j(A_1, A_2, \cdots, A_k),\ j=1, 2, \cdots, k.$$

注：求总体k阶中心矩$v_1, v_2, \cdots, v_k$，也类似于上述步骤，最后用$B_1, B_2, \cdots, B_k$代替$v_1, v_2, \cdots, v_k$，求出矩估计$\hat{\theta}_j = \hat{\theta}_j(B_1, B_2, \cdots, B_k)$ $(j=1, 2, \cdots, k)$.

例1 设总体X的概率密度为

$$f(x)=\begin{cases}(\alpha+1)x^{\alpha}, & 0<x<1 \\ 0, & \text{其他}\end{cases},$$

其中，$\alpha\,(\alpha>-1)$是未知参数；$X_1, X_2, \cdots, X_n$是取自X的样本. 求参数α的矩估计.

解 总体X的数学期望是一阶原点矩

$$\mu_1 = E(X) = \int_0^1 x(\alpha+1)x^{\alpha}\,dx = (\alpha+1)\int_0^1 x^{\alpha+1}\,dx = \frac{\alpha+1}{\alpha+2},$$

其样本矩为$\overline{X} = \dfrac{\alpha+1}{\alpha+2}$，由此解得$\hat{\alpha} = \dfrac{2\overline{X}-1}{1-\overline{X}}$，此即为$\alpha$的矩估计.

例2 设总体X的均值μ及方差σ^2都存在，且有$\sigma^2>0$，但μ, σ^2均未知. 又设$X_1, X_2, \cdots, X_n$是取自X的样本. 试求μ, σ^2的矩估计量.

解 由$\begin{cases}\mu_1 = E(X) = \mu \\ \mu_2 = E(X^2) = D(X) + [E(X)]^2 = \sigma^2 + \mu^2\end{cases}$得到$\begin{cases}\mu_1 = \mu \\ \mu_2 = \sigma^2 + \mu^2\end{cases}$，依题设，$X_1, X_2, \cdots, X_n$是取自$X$的简单随机样本，现用样本矩$A_1, A_2$代替总体矩$\mu_1, \mu_2$，得

$$\begin{cases}A_1 = \mu \\ A_2 = \sigma^2 + \mu^2\end{cases}，\ \text{即}\ \begin{cases}\mu = A_1 = \overline{X} \\ \sigma^2 = A_2 - A_1^2\end{cases},$$

于是，得μ和σ^2的矩估计量分别为

$$\hat{\mu} = A_1 = \overline{X},\quad \hat{\sigma}^2 = A_2 - A_1^2 = \frac{1}{n}\sum_{i=1}^{n} X_i^2 - \overline{X}^2 = \frac{1}{n}\sum_{i=1}^{n}(X_i - \overline{X})^2.$$

上述结果表明：**总体均值与方差的矩估计量的表达式不会因不同的总体分布而不同**.

例如，设$X \sim N(\mu, \sigma^2)$，μ, σ^2未知，则可得μ, σ^2的矩估计量为

$$\hat{\mu} = \overline{X},\quad \hat{\sigma}^2 = \frac{1}{n}\sum_{i=1}^{n}(X_i - \overline{X})^2.$$

例 3 设总体X的概率分布为

X	1	2	3
P_i	θ^2	$2\theta(1-\theta)$	$(1-\theta)^2$

其中θ为未知参数. 现抽得一个样本$x_1=1$, $x_2=2$, $x_3=1$, 求θ的矩估计量.

解 总体X的一阶原点矩μ_1:

$$\mu_1=E(X)=1\times\theta^2+2\times2\theta(1-\theta)+3\times(1-\theta)^2=3-2\theta,$$

依题设, 样本一阶矩 (样本均值) 为

$$\bar{x}=\frac{1}{3}(1+2+1)=\frac{4}{3}.$$

现用样本一阶矩$\bar{x}$代替总体一阶矩μ_1, 得$\dfrac{4}{3}=3-2\theta$, 解得θ的矩估计值$\widehat{\theta}=\dfrac{5}{6}$.

例 4 在机器学习领域, 某公司正在开发一个模型来预测客户的购买频率. 假设客户的购买频率服从正态分布, 均值和方差均未知. 公司从所有客户中随机抽取了10个样本, 测得其购买频率的样本数据 (单位: 次/月) 为

12 15 13 14 16 11 15 14 13 12

试使用矩估计法来估计该数据的方差.

解 假设客户的购买频率X服从正态分布, 其中均值μ和方差σ^2均未知. 根据矩估计法的思想, 我们可以通过样本矩来估计总体矩. 对于正态分布, 一阶矩是均值, 二阶矩是方差. 矩估计法的基本步骤如下:

(1) 计算样本一阶矩 (即样本均值);

(2) 计算样本二阶矩 (即样本二阶中心矩), 用来估计总体方差.

首先, 计算样本均值$\overline{X}$:

$$\overline{X}=\frac{1}{10}\sum_{i=1}^{10}X_i=\frac{12+15+\cdots+12}{10}=13.5,$$

根据矩估计法, 一阶矩即为样本均值, 所以我们可以得出:

$$\mu=\overline{X}=13.5;$$

接下来, 计算样本的二阶中心矩, 即总体方差的矩估计. 样本二阶中心矩的公式为

$$S^2=\frac{1}{n}\sum_{i=1}^{n}(X_i-\overline{X})^2$$

代入数据进行计算:

$$\widehat{\sigma}^2=2.25,$$

因此, 客户购买频率的方差的矩估计值为2.25.

矩估计法通过样本矩来推断总体矩, 是一种常用的估计方法. 在机器学习领域, 这种方

法能够帮助我们在缺乏准确参数的情况下，利用样本数据对模型的参数进行有效估计，从而提高模型的预测能力和准确性.

矩估计法适用于分布的矩存在且可简单表述的情况，对于常见分布 (如正态分布、泊松分布、几何分布等)，其矩表达式往往易于获取. 矩估计法的优点是操作简便，不需要进行复杂的微分和优化. 然而，其估计量在统计性质上未必如最大似然估计量那么理想. 矩估计量不一定是无偏的、有效的或相合的，尤其当样本量不大或分布复杂时，矩估计的表现可能不如其他更精练的方法. 尽管如此，矩估计法仍是一种重要的参数估计工具，在理论研究及某些实际应用中发挥着作用. 当最大似然估计法难以求解或计算复杂时，矩估计法往往可提供一个较为简易的近似估计，为进一步分析和改进提供初步参考.

二、最大似然估计法

最大似然估计法 (maximum likelihood estimation, MLE) 是一种利用样本数据对未知参数进行估计的统计方法. 其基本思想是：给定参数化模型及观察数据，将参数代入概率分布中构建似然函数，用以衡量在该参数值下数据出现的可能性. 通过求出使似然函数达到最大值的参数，即可得到最大似然估计. 当样本量充分且模型假设合理时，最大似然估计法所得的估计量可收敛于真实参数，具有相合性与有效性. 最大似然估计法广泛应用于经济学、生物统计、工程、机器学习等领域，辅助研究者进行参数估计、模型选择与推断分析. 然而，其对分布假设较为敏感，小样本条件下的估计不够稳健，可能导致偏差和不稳定性. 尽管如此，最大似然估计法仍是统计推断中常用且基础的方法，为科学研究与实践决策提供了有力支持. 在现代统计与机器学习中，最大似然估计法常与其他估计方法相辅相成，丰富了参数估计的工具箱.

具体而言，设有一总体分布，参数为θ. 抽取样本后，可根据参数θ的取值，用概率密度 (或质量) 函数计算该样本出现的概率. 当将该概率函数视为θ的函数时，即得到似然函数$L(\theta)$，它衡量在参数为θ时数据出现的合理性或可能性. 最大似然估计法的目标是通过求解$L(\theta)$的最大值 (或等价的对数似然函数 $\ln L(\theta)$ 的最大值) 来确定参数的估计值. 最大似然估计法具有清晰的逻辑解释：若某参数值能使已有数据出现的概率最高，那么这组参数值便是对真实参数最自然的估计.

引例 某同学与一位猎人一起去打猎，一只野兔从前方窜过，只听一声枪响，野兔应声倒下，试猜测是谁打中的?

由于只发一枪便打中，而猎人命中的概率一般大于这位同学命中的概率，故一般会猜测这一枪是猎人打中的.

1. 最大似然估计法的思想

最大似然估计法的思想源于对样本数据最有可能来自某参数设置的概率模型的直观理解. 给定一组观察数据与一个概率模型，模型中存在未知参数需要确定. 最大似然估计法的核心思路是: 选择那些使得所观察的数据出现的可能性 (即似然) 最大的参数值. 即在已得到试验结果的情况下, 应该寻找使这个结果出现的可能性最大的那个 θ 值作为 θ 的估计 $\widehat{\theta}$.

注: 最大似然估计法最初由德国数学家高斯于 1821 年提出, 英国统计学家费希尔于 1922 年重新发现并做了进一步的研究.

下面分别就离散型总体和连续型总体情形做具体讨论.

(1) **离散型总体**的情形: 设总体 X 的概率分布为

$$P\{X=x\}=p(x;\theta)\ (\text{其中}\ \theta\ \text{为未知参数}).$$

若 $X_1, X_2, \cdots, X_n$ 是取自总体 X 的样本, 样本观察值为 $x_1, x_2, \cdots, x_n$, 则离散样本的联合概率分布为

$$p(x_1, x_2, \cdots, x_n)=P\{X_1=x_1, X_2=x_2, \cdots, X_n=x_n\}=\prod_{i=1}^{n} p(x_i;\theta),$$

对确定的样本观察值 $x_1, x_2, \cdots, x_n$, 它是未知参数 θ 的函数, 记为

$$L(\theta)=L(x_1, x_2, \cdots, x_n;\theta)=\prod_{i=1}^{n} p(x_i;\theta),$$

并称为**似然函数**.

(2) **连续型总体**的情形: 设总体 X 的概率密度为 $f(x;\theta)$(其中 θ 为未知参数).

若 $X_1, X_2, \cdots, X_n$ 是取自总体 X 的样本, 样本观察值为 $x_1, x_2, \cdots, x_n$, 则连续样本的联合概率密度为

$$f(x_1, x_2, \cdots, x_n)=\prod_{i=1}^{n} f(x_i;\theta),$$

对确定的样本观察值 $x_1, x_2, \cdots, x_n$, 它是未知参数 θ 的函数, 记为

$$L(\theta)=L(x_1, x_2, \cdots, x_n;\theta)=\prod_{i=1}^{n} f(x_i;\theta),$$

并称为**似然函数**.

似然函数是统计推断中用于描述样本数据在给定参数条件下发生概率大小的一种函数工具. 与概率密度函数或概率质量函数不同的是, 似然函数将样本数据视为已知量, 并将参数视为未知变量, 以此来衡量参数值对观察数据的解释能力.

最大似然估计法是最常用的参数估计方法之一, 它通过寻找使似然函数最大化的参数值, 使得所观察的数据在该参数下最有可能出现. 将似然函数对数化 (称为对数似然函数) 可将乘法变为加法, 简化计算与分析, 并便于凸优化方法的求解. 似然函数广泛应用于生物统计、经济学、机器学习和工程领域, 为参数估计、模型比较以及复杂模型构建提供了理论基础. 它通过将数据与模型参数关联起来, 帮助研究者在不确定的条件下对参数做出理性的估计与推断, 为科学研究与实践决策提供可靠的统计支持.

似然函数 $L(\theta)$ 的值的大小意味着该样本值出现的可能性的大小, 在已经得到样本值

$x_1, x_2, \cdots, x_n$ 的情况下,则应选择使 $L(\theta)$ 达到最大值的那个 θ 值作为 θ 的估计 $\hat{\theta}$. 这种求点估计的方法称为**最大似然估计法**.

定义 2 若对任意给定的样本值 $x_1, x_2, \cdots, x_n$, 存在 $\hat{\theta}=\hat{\theta}(x_1, x_2, \cdots, x_n)$, 使

$$L(\hat{\theta}) = \max_{\theta} L(\theta),$$

则称 $\hat{\theta}=\hat{\theta}(x_1, x_2, \cdots, x_n)$ 为 θ 的**最大似然估计值**,并称相应的统计量 $\hat{\theta}(X_1, X_2, \cdots, X_n)$ 为 θ 的**最大似然估计量**. 它们统称为 θ 的**最大似然估计**.

2. 求最大似然估计的一般方法

求未知参数 θ 的最大似然估计问题, 可归结为求似然函数 $L(\theta)$ 的最大值点的问题. 当似然函数关于未知参数可微时, 可利用微分学中求最大值的方法求之. 其主要步骤如下:

(1) 写出似然函数: $L(\theta)=L(x_1, x_2, \cdots, x_n;\ \theta)$.

(2) 令 $\dfrac{\mathrm{d}L(\theta)}{\mathrm{d}\theta}=0$ 或 $\dfrac{\mathrm{d}\ln L(\theta)}{\mathrm{d}\theta}=0$, 求出驻点.

注: 因函数 $\ln L$ 是 L 的单调增函数, 且函数 $\ln L(\theta)$ 与函数 $L(\theta)$ 有相同的极值点, 故常转化为求函数 $\ln L(\theta)$ 的最大值点, 这样较方便.

(3) 判断并求出最大值点, 在最大值点的表达式中, 将样本值代入就得到参数的最大似然估计值.

注: 当似然函数关于未知参数不可微时, 只能按最大似然估计法的基本思想求出最大值点. 此外, 上述方法可推广至多个未知参数的情形.

例 5 设总体 $X \sim b(1, p)$, $X_1, X_2, \cdots, X_n$ 是取自总体 X 的一个样本, 试求参数 p 的最大似然估计.

解 用最大似然估计法求解. 依题设, 总体 X 服从 $n=1$ 的二项分布, 即 $X \sim b(1, p)$, 因此, X 的分布律为

$$P\{X=x\}=p^x(1-p)^{1-x},\ x=0, 1.$$

$X_1, X_2, \cdots, X_n$ 是取自 X 的简单随机样本, 设 $x_1, x_2, \cdots, x_n$ 是相应于该样本的一组样本观察值, 则该样本的似然函数为

$$L(p)=\prod_{i=1}^{n} p^{x_i}(1-p)^{1-x_i}=p^{\sum\limits_{i=1}^{n} x_i}(1-p)^{n-\sum\limits_{i=1}^{n} x_i},$$

取对数, 得

$$\ln L(p)=\left(\sum_{i=1}^{n} x_i\right)\ln p+\left(n-\sum_{i=1}^{n} x_i\right)\ln(1-p),$$

利用导数的四则运算法则, 对上式两端关于 p 求导, 并令

$$\frac{\mathrm{d}}{\mathrm{d}p}\ln L(p)=\frac{\sum_{i=1}^{n}x_i}{p}-\frac{n-\sum_{i=1}^{n}x_i}{1-p}=0,$$

解得p的最大似然估计值为

$$\widehat{p}=\frac{1}{n}\sum_{i=1}^{n}x_i=\overline{x}.$$

p的最大似然估计量为

$$\widehat{p}=\frac{1}{n}\sum_{i=1}^{n}X_i=\overline{X}.$$

由此可见,这一估计量与矩估计量是相同的.

例 6　在人工智能领域某神经网络的训练过程中,模型的输出误差服从正态分布,均值为0,方差未知.假设我们有一个包含20个样本的误差数据集,样本数据为

0.1	0.2	−0.3	0.4	0.3	−0.2	0.5	−0.4	0.2	0.1
−0.3	0.4	0.3	−0.1	0.2	−0.5	0.4	0.3	−0.2	0.1

试使用最大似然估计法来估计该数据的方差.

解　在此问题中,我们假设神经网络训练过程中的误差服从正态分布,均值为0,方差未知.我们需要使用最大似然估计法来估计误差的方差.

对于正态分布,最大似然估计法的基本思路是通过最大化似然函数来得到估计量.假设误差数据集中的数据点为$x_1,x_2,\cdots,x_n$,其概率密度函数为

$$f(x;\sigma^2)=\frac{1}{\sqrt{2\pi\sigma^2}}\mathrm{e}^{-\frac{x^2}{2\sigma^2}}.$$

对于一个样本数据集,似然函数为所有样本点概率密度函数的乘积

$$L(\sigma^2)=\prod_{i=1}^{n}f(x_i;\sigma^2)=\prod_{i=1}^{n}\frac{1}{\sqrt{2\pi\sigma^2}}\mathrm{e}^{-\frac{x_i^2}{2\sigma^2}}.$$

对数似然函数为似然函数的对数:

$$\ln L(\sigma^2)=\sum_{i=1}^{n}\ln\left(\frac{1}{\sqrt{2\pi\sigma^2}}\mathrm{e}^{-\frac{x_i^2}{2\sigma^2}}\right)=-\frac{n}{2}\ln(2\pi\sigma^2)-\frac{1}{2\sigma^2}\sum_{i=1}^{n}x_i^2,$$

为了最大化对数似然函数,我们对σ^2求偏导数并令其为0:

$$\frac{\partial\ln L(\sigma^2)}{\partial\sigma^2}=-\frac{n}{2\sigma^2}+\frac{1}{2(\sigma^2)^2}\sum_{i=1}^{n}x_i^2=0,$$

解得$\sigma^2=\frac{1}{n}\sum_{i=1}^{n}x_i^2$,因此,最大似然估计法下,样本方差的估计量为

$$\hat{\sigma}^2=\frac{1}{n}\sum_{i=1}^{n}x_i^2,$$

代入样本数据进行计算:

$$\hat{\sigma}^2=\frac{1}{20}(0.1^2+0.2^2+\cdots+0.1^2)=0.091\,5.$$

因此, 误差的方差的最大似然估计值为0.091 5.

在人工智能神经网络领域, 最大似然估计法广泛应用于参数估计, 尤其是在对未知分布的模型进行参数估计时. 这种方法能够有效地通过样本数据推断模型的参数, 从而优化模型的预测性能和稳定性.

例7 设总体X服从指数分布, 其概率密度函数

$$f(x;\lambda)=\begin{cases}\lambda e^{-\lambda x}, & x>0\\ 0, & x\leqslant 0\end{cases},$$

其中$\lambda>0$是未知参数. $x_1,x_2,\cdots,x_n$是取自总体X的一组样本观察值, 求参数λ的最大似然估计值.

解 依题设, 根据最大似然估计法, X服从指数分布, 即$X\sim e(\lambda)$, 故其似然函数为

$$L(x_1,x_2,\cdots,x_n;\lambda)=\begin{cases}\lambda^n e^{-\lambda\sum\limits_{i=1}^{n}x_i}, & x_i>0\\ 0, & \text{其他}\end{cases},$$

显然, $L(x_1,x_2,\cdots,x_n;\lambda)$的最大值点一定是

$$L_1(x_1,x_2,\cdots,x_n;\lambda)=\lambda^n e^{-\lambda\sum\limits_{i=1}^{n}x_i}$$

的最大值点, 对上式两端取对数, 得

$$\ln L_1(x_1,x_2,\cdots,x_n;\lambda)=n\ln\lambda-\lambda\sum_{i=1}^{n}x_i.$$

利用导数的四则运算法则对上式两端关于λ求导, 并令

$$\frac{\mathrm{d}\ln L_1(x_1,x_2,\cdots,x_n;\lambda)}{\mathrm{d}\lambda}=\frac{n}{\lambda}-\sum_{i=1}^{n}x_i=0,$$

由此可解得参数λ的最大似然估计值

$$\hat{\lambda}=\frac{n}{\sum\limits_{i=1}^{n}x_i}=\frac{1}{\bar{x}}.$$

例8 设$x_1,x_2,\cdots,x_n$是正态总体$N(\mu,\sigma^2)$的样本观察值, 其中μ,σ^2是未知参数, 试求μ和σ^2的最大似然估计值.

解 依题设, 根据最大似然估计法的基本步骤, 似然函数为

$$L(x_1, x_2, \cdots, x_n; \mu, \sigma^2) = \prod_{i=1}^{n}\left(\frac{1}{\sqrt{2\pi}\sigma}\mathrm{e}^{-\frac{(x_i-\mu)^2}{2\sigma^2}}\right)$$

$$= (\sqrt{2\pi})^{-n}(\sigma^2)^{-\frac{n}{2}}\exp\left\{-\frac{1}{2\sigma^2}\sum_{i=1}^{n}(x_i-\mu)^2\right\},$$

对上式两端取对数, 得

$$\ln L(x_1, x_2, \cdots, x_n; \mu, \sigma^2) = -n\ln\sqrt{2\pi} - \frac{n}{2}\ln\sigma^2 - \frac{1}{2\sigma^2}\sum_{i=1}^{n}(x_i-\mu)^2 .$$

利用求多元函数最值的方法, 解下列偏微分方程组:

$$\begin{cases} \dfrac{\partial \ln L(x_1, x_2, \cdots, x_n; \mu, \sigma^2)}{\partial \mu} = \dfrac{1}{\sigma^2}\sum\limits_{i=1}^{n}(x_i-\mu) = 0 \\ \dfrac{\partial \ln L(x_1, x_2, \cdots, x_n; \mu, \sigma^2)}{\partial \sigma^2} = \dfrac{1}{2\sigma^4}\sum\limits_{i=1}^{n}(x_i-\mu)^2 - \dfrac{n}{2\sigma^2} = 0 \end{cases},$$

可得参数μ和σ^2的最大似然估计值为

$$\hat{\mu} = \frac{1}{n}\sum_{i=1}^{n}x_i = \bar{x}, \quad \hat{\sigma}^2 = \frac{1}{n}\sum_{i=1}^{n}(x_i-\bar{x})^2,$$

因此, 最大似然估计量为

$$\hat{\mu} = \frac{1}{n}\sum_{i=1}^{n}X_i = \overline{X}, \quad \hat{\sigma}^2 = \frac{1}{n}\sum_{i=1}^{n}(X_i-\overline{X})^2,$$

与例 2 中的矩估计量相同.

一般, 若总体X的分布中含有k个未知参数$\theta_1, \theta_2, \cdots, \theta_k$, 而$x_1, x_2, \cdots, x_n$为取自总体$X$的样本观察值, 则似然函数$L(x_1, x_2, \cdots, x_n; \theta_1, \theta_2, \cdots, \theta_k)$为$\theta_1, \theta_2, \cdots, \theta_k$的$k$元函数. 由方程组

$$\frac{\partial \ln L(x_1, x_2, \cdots, x_n; \theta_1, \theta_2, \cdots, \theta_k)}{\partial \theta_i} = 0 \ (i = 1, 2, \cdots, k)$$

解得$\ln L(x_1, x_2, \cdots, x_n; \theta_1, \theta_2, \cdots, \theta_k)$的最大值点$\hat{\theta}_1, \hat{\theta}_2, \cdots, \hat{\theta}_k$分别是参数$\theta_1, \theta_2, \cdots, \theta_k$的最大似然估计值.

最大似然估计法在统计学和应用科学中具有广泛应用, 如生物统计学、经济学、信号处理、机器学习等领域. 最大似然估计法在正态分布、泊松分布和指数分布等经典分布中有解析解, 有时也可借助数值优化方法来求解. 然而, 最大似然估计法对数据分布假设敏感, 且在小样本情况下可能不够稳健. 当数据不满足模型假定或存在异常值时, 最大似然估计法的结果可能会产生偏差. 尽管如此, 最大似然估计法仍是参数估计中最为常用和基础的方

法之一，为推断与决策提供了统计依据.

习题 6-2

1. 设$X_1, X_2, \cdots, X_n$为总体的一个简单随机样本，$x_1, x_2, \cdots, x_n$为一组相应的样本观察值，求下述各总体的密度函数或分布律的未知参数θ的矩估计量和矩估计值与最大似然估计量.

(1) $f(x)=\begin{cases}\theta c^{\theta}x^{-(\theta+1)}, & x>c\\ 0, & 其他\end{cases}$，其中$c\,(c>0)$已知，$\theta\,(\theta>1)$为未知参数.

(2) $f(x)=\begin{cases}\sqrt{\theta}x^{\sqrt{\theta}-1}, & 0\leqslant x\leqslant 1\\ 0, & 其他\end{cases}$，其中$\theta\,(\theta>0)$为未知参数.

(3) $P\{X=x\}=\mathrm{C}_m^x\theta^x(1-\theta)^{m-x}$，其中$x=0, 1, \cdots, m$，$0<\theta<1$，$\theta$为未知参数.

2. 设总体X服从均匀分布$U[0,\theta]$，它的密度函数为$f(x;\theta)=\begin{cases}1/\theta, & 0\leqslant x\leqslant\theta\\ 0, & 其他\end{cases}$.

(1) 求未知参数θ的矩估计量；

(2) 当样本观察值为0.3, 0.8, 0.27, 0.35, 0.62, 0.55时，求θ的矩估计值.

3. 设总体X以等概率$1/\theta$取值$1, 2, \cdots, \theta$，求未知参数θ的矩估计量.

4. 设X服从$(0,\theta]$上的均匀分布，$X_1, X_2, \cdots, X_n$是取自总体X的一个简单随机样本，求θ的矩估计量和最大似然估计量.

5. 设总体X服从参数为λ的泊松分布，λ未知，$X_1, X_2, \cdots, X_n$为取自总体X的一个简单随机样本.

(1) 求参数λ的矩估计；　(2) 求参数λ的最大似然估计.

6. 设总体X的概率密度$f(x)=\begin{cases}\dfrac{6x}{\theta^3}(\theta-x), & 0<x<\theta\\ 0, & 其他\end{cases}$，$X_1, X_2, \cdots, X_n$是取自总体$X$的简单随机样本.

(1) 求θ的矩估计量$\widehat{\theta}$；　(2) 求$\widehat{\theta}$的方差$D(\widehat{\theta})$.

7. 设总体X服从均匀分布$U[0,\theta]$，$X_1, X_2, \cdots, X_n$是来自该总体的样本，证明θ的最大似然估计

$$\widehat{\theta}=X_{(n)}=\max_i X_i$$

不是θ的无偏估计，求一个估计量，使它是θ的无偏估计.

8. 一批产品中含有废品，从中随机地抽取60件，发现废品4件，试用矩估计法估计这批产品的废品率.

9. 设总体X具有分布律

X	1	2	3
P_i	θ^2	$2\theta(1-\theta)$	$(1-\theta)^2$

其中$\theta\,(0<\theta<1)$为未知参数. 已知取得了样本值$x_1=1$，$x_2=2$，$x_3=1$，试求θ的最大似然估计值.

10. (1) 设$X_1, X_2, \cdots, X_n$是来自总体X的一个样本，且$X\sim\pi(\lambda)$(泊松分布)，求$P\{X=0\}$的最大似然估计.

(2) 某铁路局证实一个扳道员在五年内所引起的严重事故的次数服从泊松分布，求一个扳道员在五年

内未引起严重事故的概率 p 的最大似然估计, 使用下表中的 122 个观察值统计情况. 下表中, r 表示一扳道员某五年中引起严重事故的次数, s 表示观察到的扳道员人数.

r	0	1	2	3	4	5
s	44	42	21	9	4	2

11. 设某种产品的寿命 X 服从指数分布, 其概率密度为

$$f(x;\lambda)=\begin{cases}\lambda \mathrm{e}^{-\lambda x}, & x>0\\ 0, & x\leqslant 0\end{cases},$$

其中 λ 未知. 现抽得 n 个这样的产品, 测得其寿命数据为 $X_1, X_2, \cdots, X_n$. 试分别求产品平均寿命 $1/\lambda$、产品失效率 λ 及产品可靠度 $P\{T>t\}=\mathrm{e}^{-\lambda t}$ 的矩估计.

12. 某公司正在分析其计算机网络中设备的平均数据传输延迟, 假设设备的传输延迟服从正态分布, 均值和方差均未知. 公司从所有设备中随机抽取了 12 个样本, 并测得其数据传输延迟数据 (单位: 毫秒) 如下:

24 28 22 30 25 26 29 31 23 27 27 29

试使用矩估计法来估计该数据的方差.

13. 某工程公司正在分析其施工项目中每道工序的误差值, 假设这些误差服从正态分布, 均值为 0, 方差未知. 假设公司从一个施工项目中随机抽取的 27 个样本误差数据如下:

0.15	0.18	0.20	−0.25	0.30	−0.18	0.22	0.17	0.21
−0.20	0.19	−0.23	0.14	0.16	−0.19	0.24	−0.18	−0.22
0.25	−0.16	0.20	0.18	−0.21	0.22	0.19	0.23	−0.24

试使用最大似然估计法来估计该数据的方差.

§6.3 置信区间

在统计推断中, 我们常常面临这样的问题: 当仅有样本信息时, 如何估计总体参数以及如何量化这个估计结果的不确定性? **置信区间** (confidence interval) 便应运而生, 它是由奈曼 (Neyman) 于 1934 年提出的. 与点估计相比, 它不仅给出了某个参数的估计值, 还给出了一个区间范围, 以一定概率 (称为置信水平) 确保该区间涵盖了真正的总体参数值. 这种区间估计方式充分体现了统计推断的不确定性与随机性, 是人们在处理现实问题时寻求 "有信心" 的推断结果的重要手段.

在本节, 我们将深入研究置信区间的构造方法与基本原理. 通过回顾样本均值、方差等统计量的分布特性, 我们会逐步建立起相应参数的置信区间. 同时, 我们会探讨如何选择合适的置信水平, 以在精确度与置信度之间取得平衡. 置信区间通常以若干经典的分布理论 (如正态分布、t 分布、χ^2 分布和 F 分布等) 为基础, 也可以运用非参数方法或计算机仿真技术来构建. 当面对较复杂的估计问题时, 利用近似理论和大样本方法同样可获得有用的置信区间.

置信区间的意义在于提供了一种更加灵活与信息丰富的估计方式: 相对于仅提供一个点估计值, 置信区间通过明确一段区间与相应的置信度, 使研究者了解参数估计中的不确定性. 科研人员、政策制定者与工程师无须仅凭直觉判断估计值的可信程度, 而是能依据置信区间的长度和所选定的置信度来更客观地评估估计结果的稳健性. 此外, 在比较不同模型、样本规模及抽样方法时, 置信区间也可作为评价依据, 为模型改进和实验设计提供定量参考. 总而言之, 本节对置信区间的分析与说明, 旨在帮助读者深刻理解这一概念的理论基础与实际意义, 从而在实际问题中更为谨慎地估计参数、评估不确定性, 并做出更为合理与稳健的推断和决策.

一、置信区间的概念

定义 1 设 θ 为总体分布的未知参数, $X_1, X_2, \cdots, X_n$ 是取自总体 X 的一个样本, 对给定的数 $1-\alpha\ (0<\alpha<1)$, 若存在统计量 $\underline{\theta}=\underline{\theta}(X_1, X_2, \cdots, X_n)$, $\overline{\theta}=\overline{\theta}(X_1, X_2, \cdots, X_n)$, 使得

$$P\{\underline{\theta}<\theta<\overline{\theta}\}=1-\alpha, \tag{3.1}$$

则称随机区间 $(\underline{\theta}, \overline{\theta})$ 为 θ 的 $1-\alpha$ **双侧置信区间**, 称 $1-\alpha$ 为**置信度** (也称**置信水平**), 分别称 $\underline{\theta}$ 与 $\overline{\theta}$ 为 θ 的**双侧置信下限**与**双侧置信上限**.

注: ① 置信度 $1-\alpha$ 的含义: 在随机抽样中, 若重复抽样多次, 得到样本 $X_1, X_2, \cdots, X_n$ 的多组样本值 $x_1, x_2, \cdots, x_n$, 每组样本值都确定了一个置信区间 $(\underline{\theta}, \overline{\theta})$, 每个这样的区间要么包含 θ 的真值, 要么不包含 θ 的真值. 根据大数定律, 当抽样次数 k 充分大时, 这些区间中包含 θ 的真值的频率接近置信度 (即概率) $1-\alpha$, 即在这些区间中包含 θ 的真值的区间大约有 $k(1-\alpha)$ 个, 不包含 θ 的真值的区间大约有 $k\alpha$ 个. 例如, 若令 $1-\alpha=0.95$, 重复抽样 100 次, 则其中大约有 95 个区间包含 θ 的真值, 大约有 5 个区间不包含 θ 的真值.

② 置信区间 $(\underline{\theta}, \overline{\theta})$ 也是对未知参数 θ 的一种估计, 区间的长度意味着误差, 故区间估计与点估计是互补的两种参数估计.

③ 置信度与估计精度是一对矛盾. 置信度 $1-\alpha$ 越大, 置信区间 $(\underline{\theta}, \overline{\theta})$ 包含 θ 的真值的概率就越大, 区间 $(\underline{\theta}, \overline{\theta})$ 的长度就越长, 对未知参数 θ 的估计精度也就越低. 反之, 对参数 θ 的估计精度越高, 置信区间 $(\underline{\theta}, \overline{\theta})$ 的长度就越短, $(\underline{\theta}, \overline{\theta})$ 包含 θ 的真值的概率就越低, 置信度 $1-\alpha$ 就越小. 一般准则是: 在保证置信度的条件下尽可能提高估计精度.

二、寻求置信区间的方法

寻求置信区间的基本思想: 先在点估计的基础上, 构造合适的含样本及待估参数的函数 U, 且已知 U 的分布; 再针对给定的置信度导出置信区间.

一般步骤如下:

(1) 选取未知参数 θ 的某个较优估计量 $\widehat{\theta}$;

(2) 围绕 $\widehat{\theta}$ 构造一个依赖于样本与参数 θ 的函数 $U=U(X_1, X_2, \cdots, X_n; \theta)$, 并且该函数的分布是已知的 (与 θ 无关), 称具有这种性质的随机变量为**枢轴变量**;

(3) 对给定的置信度 $1-\alpha$, 确定 λ_1 与 λ_2, 使

$$P\{\lambda_1 \leqslant U \leqslant \lambda_2\}=1-\alpha, \tag{3.2}$$

通常可选取满足 $P\{U \leqslant \lambda_1\}=P\{U \geqslant \lambda_2\}=\alpha/2$ 的 λ_1 与 λ_2, 在常用分布情况下, 这可由分位数表查得;

(4) 对不等式 $\lambda_1 \leqslant U \leqslant \lambda_2$ 做恒等变形后化为

$$P\{\underline{\theta} \leqslant \theta \leqslant \overline{\theta}\}=1-\alpha, \tag{3.3}$$

则 $(\underline{\theta}, \overline{\theta})$ 就是 θ 的置信度为 $1-\alpha$ 的双侧置信区间.

例 1　在工程技术领域, 某制造公司正在测试其生产的零件的尺寸是否符合设计标准. 假设零件的尺寸服从正态分布, 均值未知, 方差已知. 公司从生产过程中抽取了25个零件, 测得其尺寸数据 (单位: 毫米) 为

10.1　10.2　10.0　10.3　10.1　10.0　10.2　10.1　10.0　10.3　10.2　10.1　10.3

10.0　10.2　10.1　10.0　10.2　10.1　10.0　10.2　10.1　10.3　10.0　10.2

已知该零件尺寸的方差为 0.01, 试求该零件尺寸均值的95%的双侧置信区间.

解　假设零件的尺寸服从正态分布, 均值未知, 方差已知. 要求该零件尺寸均值的双侧置信区间.

根据统计学中的双侧置信区间公式, 置信区间的计算方法为

$$\left(\overline{X}-u_{\alpha/2}\cdot\frac{\sigma}{\sqrt{n}}, \overline{X}+u_{\alpha/2}\cdot\frac{\sigma}{\sqrt{n}}\right),$$

其中, $\overline{X}$ 为样本均值, σ 为总体标准差, n 为样本容量, $u_{\alpha/2}$ 为标准正态分布的临界值, α 为显著性水平.

首先, 计算样本均值 $\overline{X}$:

$$\overline{X}=\frac{1}{25}\sum_{i=1}^{25}X_i=\frac{10.1+10.2+\cdots+10.2}{25}=10.132,$$

由于置信水平为95%, $\alpha=0.05$, 所以 $\alpha/2=0.025$, 对应的 $u_{\alpha/2}$ 为1.96.

已知方差 $\sigma^2=0.01$, 样本容量 $n=25$, 置信区间的半宽度

$$u_{\alpha/2}\cdot\frac{\sigma}{\sqrt{n}}=1.96\times\frac{\sqrt{0.01}}{\sqrt{25}}=0.039\,2,$$

因此, 均值的95%的双侧置信区间为

$$(10.132-0.039\,2, 10.132+0.039\,2)\approx(10.09, 10.17),$$

所以, 零件尺寸均值的95%的双侧置信区间为 $(10.09, 10.17)$.

在工程技术领域,置信区间可以帮助我们在一定的置信水平下估计总体参数,评估生产过程中是否存在显著的误差,从而为质量控制提供科学依据.这种方法在产品检测和制造过程中具有重要的应用价值.

例 2　设总体 $X\sim N(\mu,\sigma^2)$, σ^2 已知, μ 未知,设 $X_1, X_2, \cdots, X_n$ 是取自 X 的样本,求 μ 的置信水平为 $1-\alpha$ 的置信区间.

解　我们知道 $\overline{X}$ 是 μ 的无偏估计,且有 $\dfrac{\overline{X}-\mu}{\sigma/\sqrt{n}}\sim N(0,1)$,其中 $N(0,1)$ 不依赖于任何未知参数.按标准正态分布的双侧 α 分位数的定义,有

$$P\left\{\left|\frac{\overline{X}-\mu}{\sigma/\sqrt{n}}\right|<u_{\alpha/2}\right\}=1-\alpha,\text{即 } P\left\{\overline{X}-\frac{\sigma}{\sqrt{n}}u_{\alpha/2}<\mu<\overline{X}+\frac{\sigma}{\sqrt{n}}u_{\alpha/2}\right\}=1-\alpha .$$

这样就得到了 μ 的一个置信水平为 $1-\alpha$ 的置信区间:

$$\left(\overline{X}-\frac{\sigma}{\sqrt{n}}u_{\alpha/2},\ \overline{X}+\frac{\sigma}{\sqrt{n}}u_{\alpha/2}\right). \tag{3.4}$$

这样的置信区间常写成 $\left(\overline{X}\pm\dfrac{\sigma}{\sqrt{n}}u_{\alpha/2}\right)$.

标准正态分布查表

如果取 $\alpha=0.05$,即 $1-\alpha=0.95$,又若 $\sigma=1$, $n=16$,查标准正态分布表,得

$$u_{\alpha/2}=u_{0.025}=1.96 .$$

于是,我们得到一个置信水平为0.95的置信区间:

$$\left(\overline{X}\pm\frac{1}{\sqrt{16}}\times 1.96\right),\text{即}(\overline{X}\pm 0.49). \tag{3.5}$$

再者,若由一组样本值算得样本均值的观察值 $\bar{x}=5.20$,则我们得到一个置信水平为0.95的置信区间:

$$(5.20\pm 0.49),\text{即}(4.71,5.69).$$

注意,这已经不是随机区间了,但我们仍称它为置信水平为0.95的置信区间.其含义是:若重复抽样多次,每组样本值 $(n=16)$ 按式(3.5)确定一个区间,按上面的解释,在这么多的区间中,包含 μ 的约占95%,不包含 μ 的仅仅约占5%.现在抽样得到区间(4.71, 5.69),则该区间属于那些包含 μ 的区间的可信程度为95%,或"该区间包含 μ"这一陈述的可信程度为95%.

三、0-1分布参数的置信区间

0-1分布(伯努利分布)的参数为成功概率 p.基于独立样本观测,我们可利用样本频率

构建 p 的区间估计, 即置信区间, 以量化抽样的不确定性. 例如, 经典的正态近似区间或 Clopper-Pearson区间, 都能在给定置信水平下保证参数 p 的真值有相应概率落入此区间.

设 $0-1$ 总体 X 的分布律为

$$P\{X=1\}=p,\quad P\{X=0\}=1-p\ (0<p<1),$$

现求 p 的置信度为 $1-\alpha$ 的置信区间.

已知 $0-1$ 分布的均值和方差分别为 $E(X)=p, D(X)=p(1-p)$. 设 $X_1, X_2, \cdots, X_n$ 是总体 X 的一个样本, 则由中心极限定理知, 当 n 充分大时, 枢轴变量

$$U=\frac{\overline{X}-E(X)}{\sqrt{D(X)/n}}=\frac{\overline{X}-p}{\sqrt{p(1-p)/n}} \tag{3.6}$$

近似服从 $N(0,1)$ 分布, 对给定的置信度 $1-\alpha$, 则有

$$P\left\{\left|\frac{\overline{X}-p}{\sqrt{p(1-p)/n}}\right|<u_{\alpha/2}\right\}\approx 1-\alpha,$$

经不等式变形, 得 $P\{ap^2+bp+c<0\}\approx 1-\alpha$, 其中

$$a=n+u_{\alpha/2}^2,\quad b=-2n\overline{X}-u_{\alpha/2}^2,\quad c=n\overline{X}^2. \tag{3.7}$$

解上式中的不等式, 得 $P\{p_1<p<p_2\}\approx 1-\alpha$, 这里

$$p_1=\frac{1}{2a}(-b-\sqrt{b^2-4ac}),\quad p_2=\frac{1}{2a}(-b+\sqrt{b^2-4ac}). \tag{3.8}$$

于是, (p_1, p_2) 可作为 **p 的置信度为 $1-\alpha$ 的置信区间**.

例 3　设抽自一大批产品的100个样品中, 一级品有60个, 求这批产品的一级品率 p 的置信水平为0.95的置信区间.

解　一级品率 p 是 $0-1$ 分布的参数, 这里

$$n=100,\ \bar{x}=60/100=0.6,\ 1-\alpha=0.95,\ \alpha/2=0.025,$$

查标准正态分布表, 得 $u_{\alpha/2}=1.96$, 现按上述方法来求 p 的置信区间, 由

$$a=n+u_{\alpha/2}^2\approx 103.84,\ b=-(2n\bar{x}+u_{\alpha/2}^2)\approx -123.84,\ c=n\bar{x}^2=36,$$

标准正态分布查表

代入 $0-1$ 分布参数的置信区间端点表达式, 计算得

$$p_1\approx 0.50,\quad p_2\approx 0.69.$$

所以 p 的一个置信水平为0.95的置信区间近似为 $(0.50, 0.69)$.

四、单侧置信区间

前面讨论的置信区间 $(\underline{\theta}, \overline{\theta})$ 称为双侧置信区间, 但在有些实际问题中只需考虑选取满足

$$P\{U\leqslant\lambda_1\}=\alpha\quad 或\quad P\{U\geqslant\lambda_2\}=\alpha$$

的 λ_1 与 λ_2, 对不等式做恒等变形后化为

$$P\{\underline{\theta}<\theta\}=1-\alpha \text{ 或 } P\{\theta<\overline{\theta}\}=1-\alpha . \tag{3.9}$$

从而得到形如$(\underline{\theta}, +\infty)$或$(-\infty, \overline{\theta})$的置信区间.

例如, 对产品设备、电子元件等来说, 我们关心的是平均寿命的置信下限, 而在讨论产品的废品率时, 我们感兴趣的是其置信上限. 于是, 我们引入单侧置信区间.

定义 2 设θ为总体分布的未知参数, $X_1, X_2, \cdots, X_n$是取自总体X的一个样本, 对给定的数$1-\alpha\,(0<\alpha<1)$, 若存在统计量$\underline{\theta}=\underline{\theta}(X_1, X_2, \cdots, X_n)$, 满足

$$P\{\underline{\theta}<\theta\}=1-\alpha,$$

则称$(\underline{\theta}, +\infty)$为$\theta$的置信度为$1-\alpha$的**单侧置信区间**, 称$\underline{\theta}$为$\theta$的**单侧置信下限**; 若存在统计量$\overline{\theta}=\overline{\theta}(X_1, X_2, \cdots, X_n)$, 满足

$$P\{\theta<\overline{\theta}\}=1-\alpha,$$

则称$(-\infty, \overline{\theta})$为$\theta$的置信度为$1-\alpha$的**单侧置信区间**, 称$\overline{\theta}$为$\theta$的**单侧置信上限**.

例 4 从一批灯泡中随机地抽取5只做寿命试验, 测得其寿命 (单位: 小时) 如下:

1 050 1 100 1 120 1 250 1 280

已知这批灯泡的寿命$X\sim N(\mu, \sigma^2)$, 求平均寿命μ的置信度为95%的单侧置信下限.

解 由$T=\dfrac{\overline{X}-\mu}{S/\sqrt{n}}\sim t(n-1)$, 对于给定的置信度$1-\alpha$, 有

$$P\left\{\frac{\overline{X}-\mu}{S/\sqrt{n}}<t_\alpha(n-1)\right\}=1-\alpha \text{, 即 } P\left\{\mu>\overline{X}-t_\alpha(n-1)\frac{S}{\sqrt{n}}\right\}=1-\alpha ,$$

t分布查表

故μ的置信度为$1-\alpha$的单侧置信下限为$\overline{X}-t_\alpha(n-1)\dfrac{S}{\sqrt{n}}$, 代入题设数据, 算得

$$\overline{x}=1\,160\,,\ s\approx 99.75\,,\ n=5\,,\ \alpha=0.05\,.$$

查t分布表, 得$t_{0.05}(4)=2.131\,8$, 从而平均寿命μ的置信度为95%的置信下限为

$$\overline{x}-t_\alpha(n-1)\frac{s}{\sqrt{n}}\approx 1\,064.9\,.$$

即这批灯泡的平均寿命至少为1 064.9小时, 可靠程度为95%.

例 5 在工程技术领域, 某制造公司正在测试其生产的电动机的效率, 假设电动机的效率服从正态分布, 均值未知, 方差已知. 公司从生产过程中抽取了25个电动机样本, 测得其效率数据 (单位: %) 为

85.2 86.0 84.5 85.1 86.3 84.8 85.6 86.1 85.3 85.0 84.7 85.4 85.6
85.1 84.9 85.5 85.2 84.6 85.3 85.0 85.7 84.8 85.1 85.3 85.4

已知该电动机效率的方差为0.25, 试求该电动机效率均值的95%的单侧置信区间 (下限).

解 假设电动机的效率服从正态分布, 均值未知, 方差已知. 我们要求该电动机效率均

值的95%的单侧置信区间 (下限). 单侧置信区间的计算公式为

$$\left(\overline{X}-u_{\alpha}\cdot\frac{\sigma}{\sqrt{n}},+\infty\right),$$

其中, $\overline{X}$为样本均值, σ为总体标准差, n为样本容量, u_{α} 为标准正态分布的临界值, α为显著性水平. 首先, 计算样本均值$\overline{X}$:

$$\overline{X}=\frac{1}{25}\sum_{i=1}^{25}X_i=\frac{85.2+86.0+\cdots+85.4}{25}\approx 85.26$$

由于置信水平为95%, 所以$\alpha=0.05$, 对应的u_{α}为1.645.

已知方差$\sigma^2=0.25$, 样本容量$n=25$, 可得置信区间的半宽度:

$$u_{\alpha}\cdot\frac{\sigma}{\sqrt{n}}=1.645\times\frac{\sqrt{0.25}}{\sqrt{25}}=0.164\,5,$$

因此, 电动机效率均值的95%的单侧置信区间的下限为

$$85.26-0.164\,5=85.095\,5$$

所以, 该电动机效率均值的95%的单侧置信区间下限为85.1%.

单侧置信区间在工程技术领域中广泛应用于生产质量控制、产品验证和性能评估等方面. 它能够为公司提供关于产品性能的下限估计, 帮助企业更好地进行生产过程的优化和质量控制.

习题 6-3

1. 对参数的一种区间估计及一组观察值$(x_1,x_2,\cdots,x_n)$来说, 下列结论中正确的是 ( ).

(A) 置信度越大, 对参数取值范围的估计越准确; (B) 置信度越大, 置信区间越长;

(C) 置信度越大, 置信区间越短; (D) 置信度的大小与置信区间的长度无关.

2. 设(θ_1,θ_2)是参数θ的置信度为$1-\alpha$的区间估计, 则以下结论正确的是 ( ).

(A) 参数θ落在区间(θ_1,θ_2)之内的概率为$1-\alpha$;

(B) 参数θ落在区间(θ_1,θ_2)之外的概率为α;

(C) 区间(θ_1,θ_2)包含参数θ的概率为$1-\alpha$;

(D) 对不同的样本观察值, 区间(θ_1,θ_2)的长度相同.

3. 设总体的数学期望μ和方差σ^2均存在, 如何求μ的置信度为$1-\alpha$的置信区间?

4. 某总体的标准差为$\sigma=3$ cm, 从中抽取40个个体, 其样本均值为$\overline{x}=642$ cm, 试给出该总体期望值μ的95%的置信上、下限 (即置信区间的上、下限).

5. 某商店为了解居民对某种商品的需要, 调查了100家住户, 得出每户每月的平均需求量为10 kg, 方

差为9, 如果这个商店供应10 000户, 试就居民对该种商品的平均需求量进行区间估计 ($\alpha=0.01$), 并依此考虑最少要准备多少这种商品才能以0.99的概率满足需求.

6. 某研究小组观测了100棵“豫农一号”玉米穗位, 整理后得到如下数据表 (组限不包括上限):

分组编号	1	2	3	4	5	6	7	8	9
组限	70 ~ 80	80 ~ 90	90 ~ 100	100 ~ 110	110 ~ 120	120 ~ 130	130 ~ 140	140 ~ 150	150 ~ 160
组中值	75	85	95	105	115	125	135	145	155
频数	3	9	13	16	26	20	7	4	2

试以95%的置信度, 求出该品种玉米平均穗位的置信区间.

7. 某城镇抽样调查的500名应就业的人中, 有13名待业者, 试求该城镇的待业率p的置信度为0.95的置信区间.

8. 设$X_1, X_2, \cdots, X_n$为来自正态总体$N(\mu, \sigma^2)$的一个简单随机样本, 求总体均值μ的置信度为$1-\alpha$的单侧置信限.

9. 假设0.50, 1.25, 0.80, 2.00是来自总体X的简单随机样本. 已知$Y=\ln X$服从正态分布$N(\mu, 1)$. 求μ的置信度为0.95的置信区间.

10. 当取得一组样本值$x_1, x_2, \cdots, x_n$时, 记$c_1=\underline{\theta}(x_1, x_2, \cdots, x_n)$, $c_2=\overline{\theta}(x_1, x_2, \cdots, x_n)$, c_1, c_2为常数, 问能否写成

$$P\{c_1<\theta<c_2\}=1-\alpha?$$

11. 某电子厂某天生产了一大批芯片, 从中抽取了10个进行寿命试验, 得数据 (单位: 小时) 如下:

1 050　1 100　1 080　1 120　1 200　1 250　1 040　1 130　1 300　1 200

若知道该天生产的芯片寿命的方差是8, 试求芯片平均寿命的置信区间 ($\alpha=0.05$).

12. 从总共200个数学成绩中随机抽取50个样本, 其均值为75, 标准差为10.

(1) 这200个数学成绩均值的95%的置信区间是多少?

(2) 我们可以以多大的置信度说所有200个数学成绩的均值是75 ± 1?

13. 某机器学习公司正在测试其训练的模型的预测误差是否符合预期标准. 假设模型的预测误差服从正态分布, 均值未知, 方差已知. 公司从模型训练过程中随机抽取了30个样本, 测得其预测误差数据为

0.15　0.12　0.18　0.16　0.14　0.17　0.19　0.16　0.13　0.15

0.14　0.15　0.16　0.18　0.17　0.15　0.14　0.16　0.19　0.13

0.14　0.18　0.15　0.17　0.16　0.15　0.18　0.14　0.13　0.16

已知该模型的预测误差的方差为0.000 1, 试求该模型的预测误差均值的99%的双侧置信区间.

14. 某物理实验室正在测试其新开发的光电探测器的光电转换效率. 假设光电探测器的效率服从正态分布, 均值未知, 方差已知. 实验室从多个探测器中随机抽取了20个样本, 测得其效率数据 (单位: %) 为

91.5　92.1　90.8　91.2　92.5　91.3　91.9　92.0　91.0　91.6

91.7 92.3 91.4 92.2 91.0 91.8 91.6 91.1 91.9 92.4

已知该光电探测器效率的方差为 0.36, 试求该光电探测器效率均值的99%的单侧置信区间 (下限).

§6.4 正态总体的置信区间

在统计学的参数估计中, 正态总体的置信区间是一个基础且重要的概念与工具. 给定一个服从正态分布的总体, 当其均值与方差为未知量时, 我们常以样本的统计量为依据, 对总体参数 (如均值、方差) 进行点估计与区间估计. 相较于点估计仅给出一个单值, 区间估计则能对不确定性进行定量描述, 为研究者与决策者提供更广阔的视角和更可靠的信息基础.

在本节, 我们将重点介绍如何针对正态总体构建各类置信区间, 包括总体均值与总体方差的置信区间. 具体而言, 当总体方差已知且数据来自正态分布时, 利用正态分布可以构建总体均值的精确置信区间; 当总体方差未知时, 则需以样本方差作为无偏估计量, 用 t 分布构建更加合理、稳健的置信区间. 同时, 我们还会讨论总体方差本身的区间估计方法, 该估计通常基于 χ^2 分布. 通过这些知识点的系统介绍与案例演示, 读者可深入理解参数估计中区间估计的理论基础与实际应用场景.

正态总体的置信区间构建不仅有助于定量衡量估计值的不确定性, 还能帮助研究者为后续的数据采集与实验设计提供参考依据. 通过明确信心水平、风险承受度与精度要求, 相关研究人员能据此进行科学决策, 从而提高结果的可信度. 无论是在学术研究、质量控制还是在金融风险管理与医疗试验分析中, 正态总体的置信区间方法都占有举足轻重的地位. 与其他总体相比, 正态总体参数的置信区间是最完善的. 在构造正态总体参数的置信区间的过程中, t 分布、χ^2 分布、F 分布以及标准正态分布都扮演了重要角色.

本节介绍正态总体的置信区间, 主要讨论下列情形:

(1) 单正态总体均值 (方差已知) 的置信区间;

(2) 单正态总体均值 (方差未知) 的置信区间;

(3) 单正态总体方差的置信区间;

(4) 双正态总体均值差 (方差已知) 的置信区间;

(5) 双正态总体均值差 (方差未知但相等) 的置信区间;

(6) 双正态总体方差比的置信区间.

一、单正态总体均值的置信区间 (1)

对于方差已知的单正态总体的均值, 可直接利用标准正态分布构建置信区间. 具体方法是以样本均值为中心, 将均值加减临界值 $u_{\alpha/2}$ 乘以标准差除以样本量的平方根, 从而得出在给定置信水平下的区间估计. 该方法应用广泛, 例如, 在工业质量控制中用于评估生产过程的稳定性, 在医疗研究中帮助确定治疗效果参数的可信范围, 并为经济数据分析提供可靠的估计基础. 通过这种区间估计, 研究者能在不确定性下仍对总体均值做出合适的判断与决策.

设总体 $X \sim N(\mu, \sigma^2)$，其中参数 μ 未知，σ^2 已知，而 $X_1, X_2, \cdots, X_n$ 是取自总体 X 的一个样本. 对给定的置信水平 $1-\alpha$，由 §6.3 例 1 已经得到了 μ 的置信区间

$$\left(\overline{X} - u_{\alpha/2} \cdot \frac{\sigma}{\sqrt{n}},\ \overline{X} + u_{\alpha/2} \cdot \frac{\sigma}{\sqrt{n}}\right). \tag{4.1}$$

注: 由于标准正态分布具有对称性，见图 6－4－1，利用双侧分位数来计算未知参数的置信度为 $1-\alpha$ 的置信区间，其区间长度在所有这类区间中是最短的.

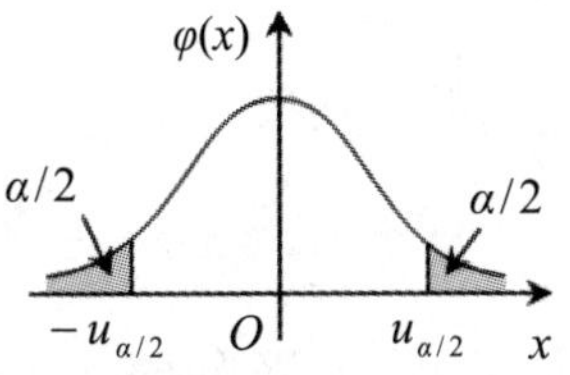

图 6－4－1

事实上，对给定的置信度 $1-\alpha$，对任意的 $\alpha_1 > 0$，$\alpha_2 > 0$，$\alpha_1 + \alpha_2 = \alpha$，按定义，凡满足

$$P\left\{u_{1-\alpha_2} < \frac{\overline{X} - \mu}{\sigma/\sqrt{n}} < u_{\alpha_1}\right\} = 1 - \alpha$$

的区间 $\left(\overline{X} - u_{\alpha_1} \cdot \dfrac{\sigma}{\sqrt{n}},\ \overline{X} - u_{1-\alpha_2} \cdot \dfrac{\sigma}{\sqrt{n}}\right)$ 都是 μ 的置信区间，见图 6－4－2，但在所有这类区间中，仅当 $\alpha_1 = \alpha_2 = \alpha/2$ 时，区间长度最短.

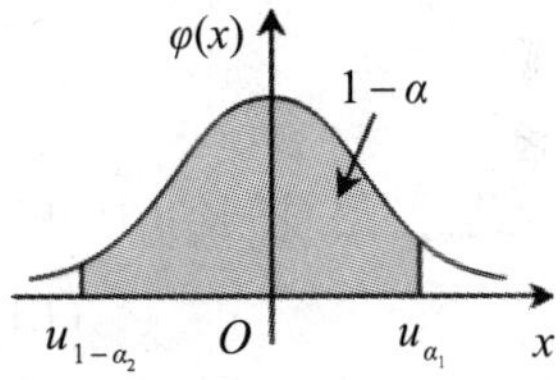

图 6－4－2

例 1　某旅行社为调查当地旅游者的平均消费额，随机访问了 100 名旅游者，得知平均消费额 $\bar{x} = 80$ 元. 根据经验，已知旅游者的消费额服从正态分布，且标准差 $\sigma = 12$ 元，求该地旅游者平均消费额 μ 的置信度为 95% 的置信区间.

解　对于给定的置信度

$$1-\alpha = 0.95,\ \alpha = 0.05,\ \alpha/2 = 0.025,$$

查标准正态分布表，得分位数 $u_{0.025} = 1.96$. 将数据 $n = 100$，$\bar{x} = 80$，$\sigma = 12$，$u_{0.025} = 1.96$ 代入式 (4.1) 中，计算得 μ 的置信度为 95% 的置信区间为 (77.6, 82.4)，所以，在已知 $\sigma = 12$ 的情形下，可以 95% 的置信度认为每名旅游者的平均消费额在 77.6 ~ 82.4 元之间.

例 2　某网络公司正在分析其数据传输的延迟时间，假设该网络的延迟时间服从正态分布，均值未知，方差已知. 公司从一段时间内的网络传输数据中抽取了30个样本，测得其延迟时间的数据 (单位: 毫秒) 为

12.4	12.1	12.3	12.5	12.2	12.6	12.3	12.7	12.4	12.5
12.1	12.3	12.2	12.6	12.5	12.4	12.7	12.3	12.6	12.2
12.4	12.3	12.5	12.6	12.3	12.4	12.2	12.3	12.5	12.6

已知该网络延迟时间的方差为 0.04，求该网络数据传输延迟时间均值的95%的置信区间.

解　假设网络的延迟时间服从正态分布，均值未知，方差已知. 我们要求的是该网络数据传输延迟时间均值的95%的置信区间.

单正态总体均值 (方差已知) 的置信区间的计算公式为

$$\left(\overline{X}-u_{\alpha/2}\cdot\frac{\sigma}{\sqrt{n}},\overline{X}+u_{\alpha/2}\cdot\frac{\sigma}{\sqrt{n}}\right),$$

其中, $\overline{X}$ 为样本均值, σ 为总体标准差, n 为样本容量, $u_{\alpha/2}$ 为标准正态分布的临界值, α 为显著性水平.

样本均值:

$$\overline{X}=\frac{1}{30}\sum_{i=1}^{30}X_i=\frac{12.4+12.1+\cdots+12.6}{30}=12.4,$$

由于置信水平为95%, $\alpha=0.05$, 所以 $\alpha/2=0.025$, 对应的 $u_{\alpha/2}$ 为1.96.

已知方差 $\sigma^2=0.04$, 样本容量 $n=30$, 可得置信区间的半宽度:

$$u_{\alpha/2}\cdot\frac{\sigma}{\sqrt{n}}=1.96\times\frac{\sqrt{0.04}}{\sqrt{30}}\approx 0.071\,57,$$

因此, 延迟时间均值的95%的置信区间为

$$(12.4-0.071\,57,12.4+0.071\,57)\approx(12.33,12.47),$$

所以, 网络数据传输延迟时间的均值以95%的概率在12.33 ~ 12.47毫秒之间.

在计算机网络领域, 置信区间可以帮助我们估计网络性能的整体水平, 确保网络延迟在一定的范围内, 进而优化网络设计和提升服务质量. 这种方法在网络性能评估和质量控制中具有重要应用.

例 3　设总体 $X\sim N(\mu,\sigma^2)$, 其中 μ 未知, $\sigma^2=4$, $X_1,X_2,\cdots,X_n$ 为其样本.

(1) 当 $n=16$ 时, 试求置信度分别为0.9及0.95的总体均值 μ 的置信区间的长度.

(2) n 多大方能使 μ 的90%的置信区间的长度不超过1?

(3) n 多大方能使 μ 的95%的置信区间的长度不超过1?

解　(1) 记总体均值 μ 的置信区间长度为 Δ, 则

$$\Delta=\left(\overline{X}+u_{\alpha/2}\cdot\frac{\sigma}{\sqrt{n}}\right)-\left(\overline{X}-u_{\alpha/2}\cdot\frac{\sigma}{\sqrt{n}}\right)=2u_{\alpha/2}\cdot\frac{\sigma}{\sqrt{n}}.$$

于是, 当 $1-\alpha=90\%$ 时, 查标准正态分布表, 得

$$\Delta=2\times1.65\times\frac{2}{\sqrt{16}}=1.65,$$

同理, 当 $1-\alpha=95\%$ 时, 得

$$\Delta=2\times1.96\times\frac{2}{\sqrt{16}}=1.96.$$

标准正态分布查表

(2) 欲使 $\Delta\leqslant1$, 即 $2u_{\alpha/2}\cdot\frac{\sigma}{\sqrt{n}}\leqslant1$, 必须令 $n\geqslant(2\sigma u_{\alpha/2})^2$, 于是, 当 $1-\alpha=90\%$ 时, 有

$$n \geqslant (2\times 2\times 1.65)^2\text{，即 } n\geqslant 44.$$

也就是说，样本容量n至少为44时，μ的90%的置信区间的长度不超过1.

(3) 当$1-\alpha=95\%$时，类似可得$n\geqslant 62$.

注：① 在样本容量一定的条件下，置信度越高，置信区间就越长，估计精度也就越低.

② 在置信区间的长度（即估计精度）不变的条件下，要提高置信度，就必须增大样本容量n，以获得总体更多的信息.

二、单正态总体均值的置信区间(2)

当单正态总体的方差未知时，需借助t分布来构建均值的置信区间. 具体方法是：以样本均值为中心，用样本标准差代替未知总体标准差，并用t分布临界值代替正态分布的u值，得到所求的置信区间. 在小样本和方差未知的情形下，这种区间估计方法尤为适用. 它能为医疗实验、工程研究和质量控制等领域提供更为稳健、可信的参数估计，使研究者在决策和规划中更具信心.

设总体$X\sim N(\mu,\sigma^2)$，其中μ,σ^2未知，而$X_1,X_2,\cdots,X_n$是取自总体X的一个样本. 此时可用σ^2的无偏估计S^2代替σ^2，构造枢轴变量$T=\dfrac{\overline{X}-\mu}{S/\sqrt{n}}$，由§5.3的定理3，有

$$T=\frac{\overline{X}-\mu}{S/\sqrt{n}}\sim t(n-1)\ (t\text{分布}).$$

对给定的置信度$1-\alpha$，由

$$P\left\{-t_{\alpha/2}(n-1)<\frac{\overline{X}-\mu}{S/\sqrt{n}}<t_{\alpha/2}(n-1)\right\}=1-\alpha,$$

得

$$P\left\{\overline{X}-t_{\alpha/2}(n-1)\cdot\frac{S}{\sqrt{n}}<\mu<\overline{X}+t_{\alpha/2}(n-1)\cdot\frac{S}{\sqrt{n}}\right\}=1-\alpha,$$

因此，均值μ的$1-\alpha$的置信区间为

$$\left(\overline{X}-t_{\alpha/2}(n-1)\cdot\frac{S}{\sqrt{n}},\ \overline{X}+t_{\alpha/2}(n-1)\cdot\frac{S}{\sqrt{n}}\right), \tag{4.2}$$

其中$t_{\alpha/2}(n-1)$为t分布的双侧分位数.

例4 某旅行社随机访问了25名旅游者，得知平均消费额$\overline{x}=80$元，样本标准差$s=12$元，已知旅游者的消费额服从正态分布，求旅游者平均消费额u的95%的置信区间.

解 依题设，旅游者的消费额服从正态分布，样本容量$n=25$，对于给定的置信度95%（$\alpha=0.05$），查t分布表，得

$$t_{\alpha/2}(n-1)=t_{0.025}(24)=2.0639.$$

将$\overline{x}=80$，$s=12$，$n=25$，$t_{0.025}(24)=2.0639$代入式(4.2)，可得μ的置信度

t分布查表

为95%的置信区间约为(75.05, 84.95), 即在方差σ^2未知的情况下, 估计每名旅游者的平均消费额在75.05～84.95元之间, 这个估计的可信度是95%.

注: 与例1相比, 在总体标准差σ未知时, 利用样本标准差S给出的置信区间偏差不太大.

例5 在工程技术领域, 某制造公司正在测试其生产的电池的使用寿命, 假设电池的使用寿命服从正态分布, 均值和方差均未知. 公司从生产过程中随机抽取了26个电池样本, 测得其使用寿命数据 (单位: 小时) 为

120	125	118	130	122	127	119	126	128	124	121	123	129
120	127	125	122	128	131	124	126	119	121	130	122	128

试求该电池使用寿命均值的95%的置信区间.

解 假设电池的使用寿命服从正态分布, 均值和方差均未知. 我们要求该电池使用寿命均值的95%的置信区间.

由于方差未知, 我们需要使用t分布来构建置信区间. 单正态总体均值 (方差未知) 的置信区间的计算公式为

$$\left(\overline{X}-t_{\alpha/2}(n-1)\cdot\frac{S}{\sqrt{n}}, \overline{X}+t_{\alpha/2}(n-1)\cdot\frac{S}{\sqrt{n}}\right),$$

其中, $\overline{X}$为样本均值, S为样本标准差, n为样本容量, $t_{\alpha/2}(n-1)$为t分布的临界值, α为显著性水平.

样本均值:

$$\overline{X}=\frac{1}{26}\sum_{i=1}^{26}X_i=\frac{120+125+\cdots+128}{26}\approx 124.423,$$

样本标准差的公式为

$$S=\sqrt{\frac{1}{n-1}\sum_{i=1}^{n}(X_i-\overline{X})^2}.$$

我们先计算每个数据点与样本均值的差的平方, 然后求和:

$$\begin{aligned}S^2&=\frac{1}{25}[(120-124.423)^2+(125-124.423)^2+\cdots+(128-124.423)^2]\\&\approx 14.654.\end{aligned}$$

由于置信水平为95%, $\alpha=0.05$, 所以$\alpha/2=0.025$, 自由度为$n-1=25$, 查得t分布的临界值$t_{0.025}(25)\approx 2.059\,54$. 可得置信区间的半宽度:

$$t_{\alpha/2}(n-1)\cdot\frac{\sqrt{S^2}}{\sqrt{n}}=2.059\,54\times\frac{\sqrt{14.654}}{\sqrt{26}}\approx 1.546,$$

因此, 电池使用寿命均值的95%的置信区间为

$$(124.423-1.546, 124.423+1.546)=(122.877, 125.969).$$

在工程技术领域, 置信区间的计算可以帮助我们估计产品的整体性能, 确定产品是否符合设计要求. 通过样本数据推算总体均值的范围, 在生产控制、质量检验和优化设计等方面具有重要意义.

例 6　有一大批袋装糖果, 现从其中随机地取出16袋, 称得重量 (单位: 克) 分别如下:

506	508	499	503	504	510	497	512
514	505	493	496	506	502	509	496

设袋装糖果的重量近似服从正态分布, 试求总体均值μ的置信度为0.95的置信区间.

解　依题设, 袋装糖果的重量近似服从正态分布, 样本容量$n=16$, 对于给定的置信度0.95 $(\alpha=0.05)$, 有$1-\alpha=0.95$, $\alpha/2=0.025$, 查t分布表, 得t分布的双侧分位数

$$t_{\alpha/2}(n-1)=t_{0.025}(15)=2.131\,4.$$

依题设数据算得

$$\bar{x}=503.75,\ s\approx 6.202\,2,$$

可得到总体均值μ的一个置信度为0.95的置信区间为

$$\left(503.75\pm\frac{6.202\,2}{\sqrt{16}}\times 2.131\,4\right), \text{即} (500.4, 507.1).$$

这就是说, 估计袋装糖果重量的均值在500.4 ~ 507.1克之间, 这个估计的可信度为95%. 若以此区间内任一值作为μ的近似值, 其误差不大于

$$\frac{6.202\,2}{\sqrt{16}}\times 2.131\,4\times 2\approx 6.61,$$

这个误差估计的可信度为95%.

三、单正态总体方差的置信区间

对于单正态总体方差的区间估计, 可利用 χ^2分布建立置信区间: 以样本方差为基础, 通过自由度为$n-1$的χ^2分布的临界值求得方差的上下限. 该方法在工业质量控制、实验误差分析中应用广泛, 有助于判断过程的稳定性与估计不确定性程度. 同时, 在实验设计、科学研究及医疗数据分析中, 它能明确参数的不确定性，提高结果的可信度.

设总体$X\sim N(\mu,\sigma^2)$, 其中μ, σ^2未知, $X_1, X_2, \cdots, X_n$是取自总体X的一个样本. 求方差σ^2的置信度为$1-\alpha$的置信区间. σ^2的无偏估计为S^2, 由§5.3的定理2, 有

$$\frac{n-1}{\sigma^2}S^2\sim\chi^2(n-1)\ (\chi^2\text{ 分布}).$$

对给定的置信度$1-\alpha$, 由$P\left\{\chi^2_{1-\alpha/2}(n-1)<\dfrac{n-1}{\sigma^2}S^2<\chi^2_{\alpha/2}(n-1)\right\}=1-\alpha$, 得

$$P\left\{\frac{(n-1)S^2}{\chi^2_{\alpha/2}(n-1)}<\sigma^2<\frac{(n-1)S^2}{\chi^2_{1-\alpha/2}(n-1)}\right\}=1-\alpha .$$

于是, 方差σ^2的$1-\alpha$的置信区间为

$$\left(\frac{(n-1)S^2}{\chi^2_{\alpha/2}(n-1)},\ \frac{(n-1)S^2}{\chi^2_{1-\alpha/2}(n-1)}\right), \tag{4.3}$$

而标准差σ的$1-\alpha$的置信区间为

$$\left(\sqrt{\frac{(n-1)S^2}{\chi^2_{\alpha/2}(n-1)}},\ \sqrt{\frac{(n-1)S^2}{\chi^2_{1-\alpha/2}(n-1)}}\right). \tag{4.4}$$

例 7　为考察某大学成年男性的胆固醇水平, 现抽取了一个样本容量为25的样本, 并测得样本均值$\overline{x}=186$, 样本标准差$s=12$. 假定所讨论的胆固醇水平$X\sim N(\mu,\sigma^2)$, μ与σ^2均未知. 试分别求出μ以及σ的90%的置信区间.

解　先求μ的置信区间. 依题设, 所讨论的男性的胆固醇水平X服从正态分布$N(\mu,\sigma^2)$, 样本容量$n=25$, 对于给定的置信度90% ($\alpha=0.1$), 查t分布表, 得

$$t_{0.1/2}(25-1)=1.710\ 9,$$

将题设数据$\overline{x}=186$, $s=12$, $n=25$与上述结果代入单正态总体均值的双侧置信区间(方差未知): $\left(\overline{X}\pm t_{\alpha/2}(n-1)\cdot\frac{S}{\sqrt{n}}\right)$, 计算得

t 分布查表

$$t_{\alpha/2}(n-1)\cdot\frac{s}{\sqrt{n}}=1.710\ 9\times\frac{12}{\sqrt{25}}\approx 4.106 .$$

从而μ的90%的置信区间为

$$(186-4.106,186+4.106)=(181.894,190.106).$$

再求单正态总体方差的置信区间, 可知σ的$1-\alpha$的置信区间为

$$\left(\sqrt{\frac{(n-1)S^2}{\chi^2_{\alpha/2}(n-1)}},\ \sqrt{\frac{(n-1)S^2}{\chi^2_{1-\alpha/2}(n-1)}}\right).$$

查χ^2分布表, 得

$$\chi^2_{0.1/2}(25-1)=36.42,\quad \chi^2_{1-0.1/2}(25-1)=13.85.$$

于是, 置信下限为

$$\sqrt{\frac{24\times 12^2}{36.42}}\approx 9.74,$$

χ^2 分布查表

置信上限为

$$\sqrt{\frac{24\times 12^2}{13.85}}\approx 15.80,$$

所求标准差σ的90%的置信区间为(9.74, 15.80).

四、双正态总体均值差的置信区间(1)

对于两个方差已知的独立正态总体，其均值差的置信区间可利用样本均值差来构建，在给定置信水平下得到均值差的可能范围. 当该区间不包含零时，表明两总体均值之间存在统计显著差异. 该置信区间的意义在于为评估两组间的真实差别提供了更直观且可信的依据. 无论在医疗试验 (比较两种疗法的疗效)、工业生产 (对比新、旧工艺的性能) 还是科学研究 (验证实验处理间的差异) 中，都能通过此区间估计方法有效揭示潜在的规律与差异.

设$\overline{X}$是总体$N(\mu_1,\sigma_1^2)$的容量为n_1的样本的均值，$\overline{Y}$是总体$N(\mu_2,\sigma_2^2)$的容量为n_2的样本的均值，且两总体相互独立，其中方差σ_1^2，σ_2^2已知.

因$\overline{X}$与$\overline{Y}$分别是μ_1与μ_2的无偏估计，由§5.3的定理4，有

$$\frac{(\overline{X}-\overline{Y})-(\mu_1-\mu_2)}{\sqrt{\sigma_1^2/n_1+\sigma_2^2/n_2}}\sim N(0,\ 1).$$

对于给定的置信度$1-\alpha$，由

$$P\left\{\left|\frac{(\overline{X}-\overline{Y})-(\mu_1-\mu_2)}{\sqrt{\sigma_1^2/n_1+\sigma_2^2/n_2}}\right|<u_{\alpha/2}\right\}=1-\alpha,$$

可导出$\mu_1-\mu_2$的置信度为$1-\alpha$的置信区间为

$$\left(\overline{X}-\overline{Y}-u_{\alpha/2}\cdot\sqrt{\frac{\sigma_1^2}{n_1}+\frac{\sigma_2^2}{n_2}},\ \overline{X}-\overline{Y}+u_{\alpha/2}\cdot\sqrt{\frac{\sigma_1^2}{n_1}+\frac{\sigma_2^2}{n_2}}\right). \tag{4.5}$$

例8　2023年在某地区分行业调查了职工平均工资的情况：已知体育、卫生、社会福利事业职工的工资X(元)$\sim N(\mu_1,218^2)$；文教、艺术、广播事业职工的工资Y(元)$\sim N(\mu_2,227^2)$，从总体X中调查25人，平均工资1 286元，从总体Y中调查30人，平均工资1 272元，求这两大类行业职工平均工资之差的99%的置信区间.

解　由于$1-\alpha=0.99$，故$\alpha=0.01$，查标准正态分布表，得分位数$u_{0.005}=2.576$，又由题设，两个样本的容量分别为

$$n_1=25,\ n_2=30,$$

两总体的方差与样本均值分别为

$$\sigma_1^2=218^2,\ \sigma_2^2=227^2,\ \bar{x}=1286,\ \bar{y}=1\,272,$$

于是，$\mu_1-\mu_2$的置信度为99%的置信区间约为$[-140.96,\ 168.96]$，即两大类行业职工平均工资之差在$-140.96\sim 168.96$元之间，估计的可信度为99%.

注: 双正态总体均值差的置信区间的意义在于: 如果$\mu_1-\mu_2$的置信区间的下限大于零, 则认为$\mu_1>\mu_2$; 如果$\mu_1-\mu_2$的置信区间的上限小于零, 则认为$\mu_1<\mu_2$.

例 9　在工程技术领域, 某公司正在对比测试两种新型发动机 (发动机A和发动机B) 的燃油效率, 假设两种发动机的燃油效率均服从正态分布, 且方差已知: 发动机A的方差为0.01, 发动机B的方差为0.015. 公司从发动机A中随机抽取了30个样本, 测得其燃油效率 (单位: 升/百千米) 如下:

7.5　7.4　7.6　7.3　7.5　7.7　7.6　7.5　7.4　7.5　7.6　7.5　7.3　7.7　7.6

7.4　7.5　7.7　7.5　7.6　7.4　7.5　7.3　7.6　7.5　7.4　7.6　7.7　7.4　7.5

从发动机B中随机抽取了25个样本, 测得其燃油效率如下:

7.2　7.1　7.3　7.0　7.2　7.4　7.1　7.3　7.2　7.1　7.0　7.3　7.2

7.1　7.4　7.0　7.3　7.2　7.1　7.4　7.0　7.3　7.2　7.1　7.4

试求发动机A与发动机B燃油效率均值差$\mu_1-\mu_2$的95%的置信区间.

解　根据双正态总体均值差 (方差已知) 的置信区间公式, 置信区间的计算方法为

$$\left(\overline{X}_1-\overline{X}_2-u_{\alpha/2}\cdot\sqrt{\frac{\sigma_1^2}{n_1}+\frac{\sigma_2^2}{n_2}},\ \overline{X}_1-\overline{X}_2+u_{\alpha/2}\cdot\sqrt{\frac{\sigma_1^2}{n_1}+\frac{\sigma_2^2}{n_2}}\right),$$

其中, $\overline{X}_1$和$\overline{X}_2$分别为发动机A和发动机B的样本均值, σ_1^2和σ_2^2分别为总体方差, n_1和n_2为样本容量, $u_{\alpha/2}$为标准正态分布的临界值, α为显著性水平.

首先, 计算样本均值:

$$\overline{X}_1=\frac{1}{30}\sum_{i=1}^{30}X_{1i}=\frac{7.5+7.4+\cdots+7.5}{30}=7.51,$$

$$\overline{X}_2=\frac{1}{25}\sum_{i=1}^{25}X_{2i}=\frac{7.2+7.1+\cdots+7.4}{25}=7.196,$$

接下来, 计算均值差的估计值:

$$\overline{X}_1-\overline{X}_2=7.51-7.196=0.314.$$

已知$\sigma_1^2=0.01$, $n_1=30$, $\sigma_2^2=0.015$, $n_2=25$, 查标准正态分布表, 由于置信水平为95%, $\alpha=0.05$, 所以

$$\alpha/2=0.025,$$

对应的$u_{\alpha/2}$为1.96.

然后, 计算置信区间的半宽度:

$$u_{\alpha/2}\cdot\sqrt{\frac{\sigma_1^2}{n_1}+\frac{\sigma_2^2}{n_2}}=1.96\times\sqrt{\frac{0.01}{30}+\frac{0.015}{25}}\approx0.06,$$

因此, 两种发动机燃油效率均值差 $\mu_1-\mu_2$ 的95%的置信区间为

$$(0.314-0.06, 0.314+0.06)=(0.254, 0.374).$$

在本例中, 双正态总体均值差的置信区间的构建, 实现了基于样本数据对两种发动机燃油效率总体特征的精准推断, 明确界定了发动机A与发动机B燃油效率均值差的波动范围, 使制造公司能够量化产品性能的差异. 这一结果不仅为发动机的优化设计提供了关键数据依据, 还能辅助企业制定更贴合产品性能差异的市场策略, 助力在技术研发与市场竞争中进行科学决策.

五、双正态总体均值差的置信区间(2)

对于两个正态总体方差未知但相等的情形, 可通过合并方差来构建均值差的置信区间. 首先计算两样本的合并样本方差 S_w^2, 然后以均值差为中心, 得到在给定置信水平下的区间. 当此区间不包含零时, 表明两总体均值存在显著差异. 该置信区间的意义在于: 相比点估计, 它清晰呈现了参数差异的可能范围与不确定性程度, 为医学试验、工业比较或政策评估提供了科学的决策依据.

设 $\overline{X}$ 是总体 $N(\mu_1,\sigma^2)$ 的容量为 n_1 的样本的均值, $\overline{Y}$ 是总体 $N(\mu_2,\sigma^2)$ 的容量为 n_2 的样本的均值, 并且两总体相互独立, 其中 μ_1, μ_2 及 σ 未知. 由§5.3的定理4知

$$T=\frac{(\overline{X}-\overline{Y})-(\mu_1-\mu_2)}{S_w\sqrt{1/n_1+1/n_2}}\sim t(n_1+n_2-2),$$

其中

$$S_w^2=\frac{n_1-1}{n_1+n_2-2}S_1^2+\frac{n_2-1}{n_1+n_2-2}S_2^2.$$

对给定的置信水平 $1-\alpha$, 根据 t 分布的对称性, 由

$$P\{|T|<t_{\alpha/2}(n_1+n_2-2)\}=1-\alpha,$$

可导出均值差 $\mu_1-\mu_2$ 的 $1-\alpha$ 的置信区间为

$$\left((\overline{X}-\overline{Y})-t_{\alpha/2}(n_1+n_2-2)\cdot S_w\cdot\sqrt{\frac{1}{n_1}+\frac{1}{n_2}},\right.$$

$$\left.(\overline{X}-\overline{Y})+t_{\alpha/2}(n_1+n_2-2)\cdot S_w\cdot\sqrt{\frac{1}{n_1}+\frac{1}{n_2}}\right). \tag{4.6}$$

例 10　A, B 两个地区种植同一型号的小麦. 现抽取了19块面积相同的麦田, 其中9块属于地区A, 另外10块属于地区B, 测得它们的小麦产量 (单位: kg) 分别如下:

地区A: 100　105　110　125　110　98　105　116　112

地区B: 101　100　105　115　111　107　106　121　102　92

设地区A的小麦产量 $X \sim N(\mu_1, \sigma^2)$, 地区B的小麦产量 $Y \sim N(\mu_2, \sigma^2)$, 其中 μ_1, μ_2, σ^2 均未知. 试求这两个地区小麦的平均产量之差 $\mu_1 - \mu_2$ 的90%的置信区间.

解　由题意知, 所求置信区间的两个端点分别为

$$(\overline{X} - \overline{Y}) \pm t_{\alpha/2}(n_1 + n_2 - 2) \cdot S_w \cdot \sqrt{1/n_1 + 1/n_2}\ .$$

由 $\alpha = 0.1$, $n_1 = 9$, $n_2 = 10$, 查 t 分布表, 得

$$t_{0.1/2}(17) = 1.739\,6\,,$$

利用题设数据, 分别计算得

$$\overline{x} = 109\,,\ \overline{y} = 106\,,\ s_1^2 = \frac{550}{8}\,,\ s_2^2 = \frac{606}{9}\,,$$

$$s_w^2 = \frac{(n_1 - 1)s_1^2 + (n_2 - 1)s_2^2}{n_1 + n_2 - 2} = 68\,,\ s_w \approx 8.246\,,$$

t分布查表

于是, 所求置信下限为

$$(109 - 106) - 1.739\,6 \times 8.246 \times \sqrt{1/9 + 1/10} \approx -3.59\,,$$

置信上限为

$$(109 - 106) + 1.739\,6 \times 8.246 \times \sqrt{1/9 + 1/10} \approx 9.59\,.$$

故均值差 $\mu_1 - \mu_2$ 的90%的置信区间为 $(-3.59,\ 9.59)$.

六、双正态总体方差比的置信区间

比较两个正态总体的方差时, 可用样本方差比和 F 分布构建置信区间. 以 S_1^2/S_2^2 为基准, 利用 F 分布的临界值给出上下限, 从而在给定置信水平下确定方差比的范围. 当区间不含1时, 表示两总体方差存在显著差异. 该区间估计有助于在质量控制、医学研究和实验设计中判断群体稳定性和离散度, 为研究与决策提供可靠依据.

设 S_1^2 是总体 $N(\mu_1, \sigma_1^2)$ 的容量为 n_1 的样本的方差, S_2^2 是总体 $N(\mu_2, \sigma_2^2)$ 的容量为 n_2 的样本的方差, 并且两总体相互独立, 其中 $\mu_1, \sigma_1^2, \mu_2, \sigma_2^2$ 未知. S_1^2 与 S_2^2 分别是 σ_1^2 与 σ_2^2 的无偏估计, 由§5.3的定理4知

$$F = \left(\frac{\sigma_2}{\sigma_1}\right)^2 \frac{S_1^2}{S_2^2} \sim F(n_1 - 1,\ n_2 - 1)\,,$$

对于给定的置信水平 $1 - \alpha$, 由

$$P\{F_{1-\alpha/2}(n_1 - 1,\ n_2 - 1) < F < F_{\alpha/2}(n_1 - 1,\ n_2 - 1)\} = 1 - \alpha\,,$$

$$P\left\{\frac{1}{F_{\alpha/2}(n_1 - 1, n_2 - 1)} \cdot \frac{S_1^2}{S_2^2} < \frac{\sigma_1^2}{\sigma_2^2} < \frac{1}{F_{1-\alpha/2}(n_1 - 1, n_2 - 1)} \cdot \frac{S_1^2}{S_2^2}\right\} = 1 - \alpha\,,$$

可导出方差比 σ_1^2/σ_2^2 的置信度为 $1 - \alpha$ 的置信区间为

$$\left(\frac{1}{F_{\alpha/2}(n_1-1,n_2-1)}\cdot\frac{S_1^2}{S_2^2},\ \frac{1}{F_{1-\alpha/2}(n_1-1,n_2-1)}\cdot\frac{S_1^2}{S_2^2}\right). \tag{4.7}$$

例11　某公司的管理人员为比较新、旧两个电炉的温度状况, 抽取了新电炉的31个温度数据及旧电炉的25个温度数据, 并计算得样本方差分别为$s_1^2=75$及$s_2^2=100$. 设新电炉的温度$X\sim N(\mu_1,\sigma_1^2)$, 旧电炉的温度$Y\sim N(\mu_2,\sigma_2^2)$. 试求方差比$\sigma_1^2/\sigma_2^2$的95%的置信区间.

解　方差比σ_1^2/σ_2^2的$1-\alpha$的置信区间的两个端点分别为

$$(F_{\alpha/2}(n_1-1,\ n_2-1))^{-1}\cdot\frac{s_1^2}{s_2^2},\quad F_{\alpha/2}(n_2-1,\ n_1-1)\cdot\frac{s_1^2}{s_2^2},$$

其中$\alpha=0.05$, $n_1=31$, $n_2=25$, 查F分布表, 得

$$F_{0.05/2}(30,\ 24)=2.21,\quad F_{0.05/2}(24,\ 30)=2.14.$$

*F*分布查表

故所求置信下限为

$$\frac{1}{2.21}\times\frac{75}{100}\approx 0.34,$$

置信上限为

$$2.14\times\frac{75}{100}\approx 1.61,$$

即所求置信区间为$(0.34, 1.61)$.

例12　某工厂正在评估两种生产工艺下的零件加工精度, 假设工艺1和工艺2下的加工误差服从正态分布, 且均值和方差均未知. 工厂在两种工艺下各随机抽取了30个零件样本, 根据测得的加工误差数据 (单位: 毫米) 得工艺1的样本方差

$$S_1^2=1.172\,4\times10^{-4},$$

工艺2的样本方差

$$S_2^2=1.696\,6\times10^{-4},$$

计算这两种工艺下加工误差方差比的 95% 的置信区间, 以判断两种工艺的加工精度是否有显著差异.

解　假设两种工艺下的加工误差方差服从正态分布, 均值未知. 我们要计算两种工艺下加工误差方差比的 95% 的置信区间.

根据双正态总体方差比的置信区间的计算公式(4.7), 我们可以构建如下置信区间:

$$\left(\frac{S_1^2}{S_2^2}\times\frac{1}{F_{\alpha/2}(v_1,v_2)},\ \frac{S_1^2}{S_2^2}\times F_{\alpha/2}(v_2,v_1)\right),$$

其中, v_1 和 v_2 分别为两组数据的自由度, S_1^2 和 S_2^2 分别为工艺1和工艺2的样本方差, $F_{\alpha/2}(v_1,v_2)$和$F_{\alpha/2}(v_2,v_1)$是F分布的临界值.

首先, 计算自由度.

工艺1的自由度 $v_1 = 30 - 1 = 29$;

工艺2的自由度 $v_2 = 30 - 1 = 29$.

然后, 根据95%的置信水平, 查找 F 分布的临界值: 由于置信水平为95%, $\alpha = 0.05$, 所以

$$\alpha/2 = 0.025,$$

我们查得

$$F_{0.025}(29, 29) \approx 2.1.$$

最后, 计算方差比的置信区间. 由题得

$$\frac{S_1^2}{S_2^2} = \frac{1.1724 \times 10^{-4}}{1.6966 \times 10^{-4}} \approx 0.6910,$$

方差比的置信区间为

$$\left(0.6910 \times \frac{1}{2.1}, 0.6910 \times 2.1\right) \approx (0.33, 1.45).$$

因此, 两种工艺下加工误差方差比的95%的置信区间为 $(0.33, 1.45)$.

这一结果表明, 两种工艺在加工精度上存在较小的差异, 工艺1的方差大约是工艺2的方差的2/3. 工程技术领域中的置信区间计算可以帮助我们评估不同工艺的稳定性和精度, 从而为工艺改进和质量控制提供科学依据.

例 13　在科学技术领域, 某研究团队正在对两种不同类型的传感器的测量精度进行比较. 假设两种传感器的测量误差服从正态分布, 且总体方差未知. 研究团队从两种传感器中分别抽取了10个样本, 测得其误差数据 (单位: 毫米) 如下:

传感器1 (样本容量为10): 0.2　0.3　0.4　0.5　0.3　0.4　0.3　0.4　0.3　0.5

传感器2 (样本容量为10): 0.5　0.6　0.5　0.7　0.6　0.6　0.7　0.6　0.7　0.6

试求两种传感器测量误差方差比的95%的置信区间.

解　根据双正态总体方差比的置信区间公式, 对于两个方差未知的正态总体, 我们用 F 分布来构建置信区间.

假设传感器1的方差为 σ_1^2, 传感器2的方差为 σ_2^2, 方差比的估计量为

$$F = \frac{S_1^2}{S_2^2},$$

其中, S_1^2 和 S_2^2 分别为传感器1和传感器2的样本方差. 我们可以用 F 分布来计算方差比的置信区间.

首先, 计算样本方差 S_1^2 和 S_2^2.

对于传感器1的样本数据, 样本均值:

$$\overline{X}_1=\frac{1}{10}(0.2+0.3+\cdots+0.5)=0.36;$$

样本方差:

$$S_1^2=\frac{1}{9}\sum_{i=1}^{10}(X_{1i}-\overline{X}_1)^2$$
$$=\frac{1}{9}[(0.2-0.36)^2+(0.3-0.36)^2+\cdots+(0.5-0.36)^2]\approx 0.009\,33.$$

对于传感器2的样本数据, 样本均值:

$$\overline{X}_2=\frac{1}{10}(0.5+0.6+\cdots+0.6)=0.61;$$

样本方差:

$$S_2^2=\frac{1}{9}\sum_{i=1}^{10}(X_{2i}-\overline{X}_2)^2$$
$$=\frac{1}{9}[(0.5-0.61)^2+(0.6-0.61)^2+\cdots+(0.6-0.61)^2]$$
$$=0.005\,44.$$

方差比的估计值:

$$F=\frac{S_1^2}{S_2^2}=\frac{0.009\,33}{0.005\,44}\approx 1.715.$$

由于样本容量为10, 显著性水平为0.05, 因此自由度为 $\mathrm{df}_1=9$ 和 $\mathrm{df}_2=9$, 查得 F 分布的临界值为

$$F_{0.025}(9,9)\approx 4.026,\quad F_{0.975}(9,9)\approx 0.248\,4,$$

最后, 计算置信区间的上下限:

$$F_{\text{lower}}=\frac{1}{F_{0.025}(9,9)}\cdot F=\frac{1}{4.026}\times 1.715\approx 0.426,$$

$$F_{\text{upper}}=\frac{1}{F_{0.975}(9,9)}\cdot F=\frac{1}{0.248\,4}\times 1.715\approx 6.904,$$

因此, 传感器 1 和传感器 2 测量误差方差比的95%的置信区间为 (0.426, 6.904).

在科学技术领域, 方差比的置信区间可以帮助我们比较不同设备或系统的性能差异, 判断它们的稳定性和精度. 通过对样本数据的分析, 研究人员能够得出关于系统性能的科学结论, 从而优化设计和提升产品质量.

表 6-4-1 和表 6-4-2 分别总结了有关单正态总体参数和双正态总体参数的置信区间，以方便查用.

表 6-4-1　单正态总体参数的置信区间

待估参数	条件	枢轴变量	分布	双侧置信区间	单侧置信下、上限
均值 μ	σ^2 已知	$\dfrac{\overline{X}-\mu}{\sigma/\sqrt{n}}$	$N(0,1)$	$\left(\overline{X}-u_{\alpha/2}\cdot\dfrac{\sigma}{\sqrt{n}},\ \overline{X}+u_{\alpha/2}\cdot\dfrac{\sigma}{\sqrt{n}}\right)$	$\overline{X}-u_{\alpha}\cdot\dfrac{\sigma}{\sqrt{n}}$ $\overline{X}+u_{\alpha}\cdot\dfrac{\sigma}{\sqrt{n}}$
均值 μ	σ^2 未知	$\dfrac{\overline{X}-\mu}{S/\sqrt{n}}$	$t(n-1)$	$\left(\overline{X}-t_{\alpha/2}(n-1)\cdot\dfrac{S}{\sqrt{n}},\ \overline{X}+t_{\alpha/2}(n-1)\cdot\dfrac{S}{\sqrt{n}}\right)$	$\overline{X}-t_{\alpha}(n-1)\cdot\dfrac{S}{\sqrt{n}}$ $\overline{X}+t_{\alpha}(n-1)\cdot\dfrac{S}{\sqrt{n}}$
方差 σ^2	μ 已知	$\dfrac{\sum_{i=1}^{n}(X_i-\mu)^2}{\sigma^2}$	$\chi^2(n)$	$\left(\dfrac{\sum_{i=1}^{n}(X_i-\mu)^2}{\chi^2_{\alpha/2}(n)},\ \dfrac{\sum_{i=1}^{n}(X_i-\mu)^2}{\chi^2_{1-\alpha/2}(n)}\right)$	$\sum_{i=1}^{n}(X_i-\mu)^2/\chi^2_{\alpha}(n)$ $\sum_{i=1}^{n}(X_i-\mu)^2/\chi^2_{1-\alpha}(n)$
方差 σ^2	μ 未知	$\dfrac{(n-1)S^2}{\sigma^2}$	$\chi^2(n-1)$	$\left(\dfrac{(n-1)S^2}{\chi^2_{\alpha/2}(n-1)},\ \dfrac{(n-1)S^2}{\chi^2_{1-\alpha/2}(n-1)}\right)$	$(n-1)S^2/\chi^2_{\alpha}(n-1)$ $(n-1)S^2/\chi^2_{1-\alpha}(n-1)$

表6-4-2　双正态总体参数的置信区间

待估参数	条件	枢轴变量	分布	双侧置信区间	单侧置信下、上限
均值差 $\mu_1-\mu_2$	σ_1^2,σ_2^2 均已知	$\dfrac{(\overline{X}-\overline{Y})-(\mu_1-\mu_2)}{\sqrt{\sigma_1^2/n_1+\sigma_2^2/n_2}}$	$N(0,1)$	$\left((\overline{X}-\overline{Y})-u_{\alpha/2}\sqrt{\dfrac{\sigma_1^2}{n_1}+\dfrac{\sigma_2^2}{n_2}},\ (\overline{X}-\overline{Y})+u_{\alpha/2}\sqrt{\dfrac{\sigma_1^2}{n_1}+\dfrac{\sigma_2^2}{n_2}}\right)$	$(\overline{X}-\overline{Y})-u_{\alpha}\sqrt{\dfrac{\sigma_1^2}{n_1}+\dfrac{\sigma_2^2}{n_2}}$ $(\overline{X}-\overline{Y})+u_{\alpha}\sqrt{\dfrac{\sigma_1^2}{n_1}+\dfrac{\sigma_2^2}{n_2}}$
均值差 $\mu_1-\mu_2$	σ_1^2,σ_2^2 均未知 但 $\sigma_1^2=\sigma_2^2$	$\dfrac{(\overline{X}-\overline{Y})-(\mu_1-\mu_2)}{S_w\sqrt{1/n_1+1/n_2}}$ 其中 S_w^2 为 $\dfrac{(n_1-1)S_1^2+(n_2-1)S_2^2}{n_1+n_2-2}$	$t(n_1+n_2-2)$	$\left((\overline{X}-\overline{Y})-t_{\alpha/2}(n_1+n_2-2)\cdot S_w\sqrt{\dfrac{1}{n_1}+\dfrac{1}{n_2}},\right.$ $\left.(\overline{X}-\overline{Y})+t_{\alpha/2}(n_1+n_2-2)\cdot S_w\sqrt{\dfrac{1}{n_1}+\dfrac{1}{n_2}}\right)$	$(\overline{X}-\overline{Y})-t_{\alpha}(n_1+n_2-2)\cdot S_w\sqrt{\dfrac{1}{n_1}+\dfrac{1}{n_2}}$ $(\overline{X}-\overline{Y})+t_{\alpha}(n_1+n_2-2)\cdot S_w\sqrt{\dfrac{1}{n_1}+\dfrac{1}{n_2}}$
方差比 σ_1^2/σ_2^2	μ_1,μ_2 均未知	$\dfrac{S_1^2/\sigma_1^2}{S_2^2/\sigma_2^2}$	$F(n_1-1,n_2-1)$	$\left(\dfrac{1}{F_{\alpha/2}(n_1-1,n_2-1)}\cdot\dfrac{S_1^2}{S_2^2},\right.$ $\left.F_{\alpha/2}(n_2-1,n_1-1)\cdot\dfrac{S_1^2}{S_2^2}\right)$	$\dfrac{1}{F_{\alpha}(n_1-1,n_2-1)}\cdot\dfrac{S_1^2}{S_2^2}$ $F_{\alpha}(n_2-1,n_1-1)\cdot\dfrac{S_1^2}{S_2^2}$

习题 6-4

1. 设总体 $X \sim N(\mu, \sigma^2)$, 已知 $\sigma = \sigma_0$, 要使 μ 的置信度为 $1-\alpha$ 的置信区间的长度不大于 l. 问: 应抽取多大容量的样本?

2. 已知灯泡寿命的标准差 $\sigma = 50$ 小时, 抽出 25 个灯泡检验, 得平均寿命 $\bar{x} = 500$ 小时, 试以 95% 的可靠性对灯泡的平均寿命进行区间估计 (假设灯泡寿命服从正态分布).

3. 一个随机样本来自正态总体 X, 总体标准差 $\sigma = 1.5$, 抽样前希望有 95% 的置信水平使得 μ 的估计的置信区间的长度为 $L = 1.7$, 试问应抽取一个多大的样本?

4. 设某种电子管的使用寿命服从正态分布. 从中随机抽取 15 个进行检验, 得平均使用寿命为 1 950 小时, 标准差 s 为 300 小时, 以 95% 的可靠性估计整批电子管平均使用寿命的置信上、下限.

5. 某车间生产滚珠, 从长期实践中知道, 滚珠直径可以认为服从正态分布. 从某天的产品中任取 6 个, 测得直径 (单位: mm) 如下:

$$15.6 \quad 16.3 \quad 15.9 \quad 15.8 \quad 16.2 \quad 16.1$$

若已知直径的标准差是 0.06, 试求总体均值 μ 的置信度为 0.95 的置信区间与置信度为 0.90 的置信区间.

6. 人的身高服从正态分布, 从初一女生中随机抽取 6 名, 测得其身高 (单位: cm) 如下:

$$149 \quad 158.5 \quad 152.5 \quad 165 \quad 157 \quad 142$$

求初一女生平均身高的置信区间 ($\alpha = 0.05$).

7. 为研究 10 ~ 12 岁儿童的看电视习惯, 从 $N = 39\,200$ 个儿童中不放回地抽取 $n = 50$ 个儿童作为样本, 得到每周看电视的平均时间为 $\bar{x} = 12.5$ 小时. 假设儿童每周看电视的时间的总体服从正态分布, 且已知 $\sigma = 2.2$ 小时, 试问儿童每周看电视的平均时间 μ 的置信度为 95% 的置信区间是多少?

8. 设总体 $X \sim N(\mu, \sigma^2)$, $x_1, x_2, \cdots, x_n$ 为来自 X 的样本, μ 和 σ^2 为未知参数, 若以 L 表示 μ 的置信区间的长度, 求 $E(L^2)$.

9. 设某车间生产的螺杆的直径服从正态分布 $N(\mu, \sigma^2)$, 今从中随机地抽取 5 支, 测得直径 (单位: mm) 为

$$22.3 \quad 21.5 \quad 22.0 \quad 21.8 \quad 21.4$$

求直径均值 μ 的 0.95 的置信区间, 其中总体标准差 $\sigma = 0.3$. 若 σ 未知, 则置信区间又如何?

10. 设 $x_1, x_2, \cdots, x_n$ 为来自总体 $N(\mu, \sigma^2)$ 的简单随机样本, 样本均值 $\bar{x} = 9.5$, 参数 μ 的置信度为 0.95 的双侧置信区间的置信上限为 10.8, 试求 μ 的置信度为 0.95 的双侧置信区间.

11. 已知一批零件的长度 X (单位: cm) 服从正态分布 $N(\mu, 1)$, 从中随机地抽取 16 个零件, 得到长度的均值为 40 cm, 试求均值 μ 的置信度为 0.95 的置信区间. (标准正态分布函数值 $\Phi(1.96) = 0.975$, $\Phi(1.645) = 0.95$.)

12. 对某高校大学数学测验成绩进行统计分析, 抽得 20 个学生的分数的均值 $\bar{x} = 72$, 样本方差 $s^2 = 16$, 假设分数服从正态分布, 试求 σ^2 的置信度为 98% 的置信区间.

13. 随机取某种炮弹 9 发做试验, 得炮口速度的样本标准差 $s = 11\,\mathrm{m/s}$. 设炮口速度服从正态分布, 求这种炮弹的炮口速度的标准差 σ 的置信度为 0.95 的置信区间.

14. 设抽取自总体 $X \sim N(\mu_1, 16)$ 的一个容量为 15 的样本 X_1, 其样本均值为 $\bar{x}_1 = 14.6$; 而抽取自总体

$Y \sim N(\mu_2, 9)$ 的一个容量为20的样本 X_2，其样本均值为 $\bar{x}_2 = 13.2$. 而且两样本是相互独立的, 试求总体均值差 $\mu_1 - \mu_2$ 的90%的置信区间.

15. 物理系学生可选择一学期3学分没有实验课, 也可选择一学期4学分有实验课. 期末考试每一章节的考试内容都一样, 上实验课的12名学生的平均分数为84，标准差为4，未上实验课的18名学生的平均分数为77，标准差为6. 假设总体均服从正态分布且其方差相等, 求两种课程平均分数差的置信度为99%的置信区间.

16. 随机地从A批导线中抽取4根, 又从B批导线中抽取5根, 测得电阻 (单位: 欧) 为

A批导线	0.143	0.142	0.143	0.137	
B批导线	0.140	0.142	0.136	0.138	0.140

设测定数据分别来自分布 $N(\mu_1, \sigma^2)$, $N(\mu_2, \sigma^2)$, 且两样本相互独立, 又 μ_1, μ_2, σ^2 均未知, 试求 $\mu_1 - \mu_2$ 的置信水平为0.95的置信区间.

17. 用金球和铂球测定引力常数(单位: $10^{-11}\text{m}^3 \cdot \text{kg}^{-1} \cdot \text{s}^{-2}$), 分别得数据如下:

金球	6.683	6.681	6.676	6.678	6.679	6.672
铂球	6.661	6.661	6.667	6.667	6.664	

假定金球与铂球的测定值分别服从正态分布 $N(\mu_1, \sigma^2)$ 与 $N(\mu_2, \sigma^2)$, 而且它们的方差相等, 试求 $\mu_1 - \mu_2$ 的置信水平为90%的双侧置信区间.

18. 设甲、乙两家工厂生产的蓄电池的电容量 (单位: A·h) X 和 Y 分别服从正态分布 $N(\mu_1, \sigma^2)$, $N(\mu_2, \sigma^2)$, 且 σ^2 未知. 分别独立地从两个总体中抽取容量 $n_1 = 8$, $n_2 = 10$ 的简单随机样本, 经计算得样本均值分别为 $\bar{x} = 141$, $\bar{y} = 140$, 样本方差分别为 $s_1^2 = 6.6$, $s_2^2 = 4.8$, 试求总体均值差 $\mu_1 - \mu_2$ 的置信度为0.90的置信区间. ($t_{0.05}(16) = 1.745\,9$.)

19. 设两位化验员A, B独立地对某种聚合物含氯量用相同的方法各做10次测定, 其测定值的样本方差依次为 $s_A^2 = 0.541\,9$, $s_B^2 = 0.606\,5$. 设 σ_A^2, σ_B^2 分别为A, B的测定值的总体方差, 又设总体均为正态的, 两样本独立, 求方差比 σ_A^2 / σ_B^2 的置信水平为0.95的置信区间.

20. 在甲、乙两城市进行家庭消费调查, 在甲市抽取500户, 每户的年均消费支出为3 000元, 标准差 $s_1 = 400$ 元; 在乙市抽取1 000户, 每户的年均消费支出为4 200元, 标准差 $s_2 = 500$ 元. 设两城市家庭消费支出分别服从正态分布 $N(\mu_1, \sigma_1^2)$ 和 $N(\mu_2, \sigma_2^2)$, 试求:

(1) 甲、乙两城市家庭年均消费支出差异的置信区间 (置信度为0.95);

(2) 甲、乙两城市家庭年均消费支出方差比的置信区间 (置信度为0.95).

21. 在生态领域, 某环境保护组织正在研究某地区水质的污染物浓度, 假设该地区的水质污染物浓度服从正态分布, 均值未知, 方差已知. 组织从多个水源中随机抽取了 35 个样本, 测得其污染物浓度数据 (单位: 毫克/升) 为

1.2 1.3 1.5 1.3 1.3 1.2 1.4 1.5 1.6 1.3 1.2 1.4 1.5 1.3 1.4 1.5 1.6 1.3

1.4 1.2 1.5 1.6 1.4 1.3 1.2 1.5 1.5 1.4 1.5 1.4 1.5 1.4 1.4 1.5 1.5

已知该地区水质污染物浓度的方差为0.02, 试求该地区水质污染物浓度均值的95%的置信区间.

22. 在力学领域, 某汽车制造公司正在测试其生产的轮胎的耐久性 (即在不同条件下的行驶里程), 假设

轮胎的耐久性服从正态分布, 均值和方差均未知. 公司从生产过程中随机抽取了30个轮胎样本, 测得其耐久性数据 (单位: 千米) 为

50 000	52 000	51 000	48 000	50 500	53 000	49 500	51 500	54 000	49 000
51 000	52 500	53 000	49 500	50 500	48 500	52 000	50 500	51 500	53 000
49 000	52 500	50 500	49 500	51 500	50 000	51 000	53 500	50 500	52 000

试求该轮胎耐久性均值的99%的置信区间.

23. 在工程领域, 某建筑公司正在比较两种不同品牌混凝土的强度. 假设两种混凝土的强度误差服从正态分布, 且总体方差未知. 公司从两种混凝土中分别抽取了12个样本, 测得其强度误差数据 (单位: MPa) 如下:

混凝土 1 (样本容量为12):

0.15 0.18 0.20 0.17 0.16 0.19 0.18 0.21 0.16 0.15 0.17 0.19

混凝土 2 (样本容量为12):

0.25 0.23 0.27 0.24 0.26 0.25 0.28 0.23 0.26 0.27 0.25 0.24

试求两种混凝土的强度误差方差比的95%的置信区间.

24. 在生态学领域, 某研究团队正在对比两种植被恢复方法 (方法A和方法B) 对草原土壤水分的影响. 假设两种方法下的土壤水分含量 (单位: %) 均服从正态分布, 且方差已知: 方法A的方差为$\sigma_1^2=0.02$, 方法B的方差为$\sigma_2^2=0.03$. 团队从方法A覆盖的草原地区随机抽取了40个样本, 测得土壤水分含量如下:

13.1	13.3	13.2	13.4	13.0	13.5	13.3	13.2	13.1	13.3
13.4	13.2	13.1	13.3	13.2	13.4	13.3	13.1	13.2	13.3
13.0	13.2	13.3	13.1	13.2	13.3	13.4	13.2	13.1	13.3
13.0	13.1	13.3	13.2	13.4	13.1	13.2	13.3	13.1	13.5

从方法B覆盖的草原地区随机抽取了30个样本, 测得土壤水分含量如下:

12.5	12.7	12.6	12.8	12.4	12.9	12.7	12.6	12.5	12.7
12.8	12.6	12.5	12.7	12.6	12.8	12.7	12.5	12.6	12.7
12.4	12.6	12.7	12.5	12.6	12.7	12.8	12.6	12.5	12.6

试求方法A与方法B土壤水分含量均值差$\mu_1-\mu_2$的95%的置信区间.

25. 某机械工程公司正在研究两种材料的抗拉强度, 假设这两种材料的抗拉强度服从正态分布, 均值和方差均未知. 公司从每种材料中各随机抽取了25个样本, 由测得的抗拉强度数据 (单位: MPa) 得材料 1 的样本方差$S_1^2=47.75$, 材料2的样本方差$S_2^2=68.75$. 计算这两种材料抗拉强度方差比的90%的置信区间, 以判断两种材料的抗拉强度的变异性差异.

总习题六

1. 设总体X服从参数为λ^{-1} $(\lambda>0)$的指数分布, $X_1, X_2, \cdots, X_n$为一随机样本, 令

$$Y=\min\{X_1, X_2, \cdots, X_n\},$$

问常数c为何值时, 才能使cY是λ的无偏估计量?

2. 设$X_1, X_2, \cdots, X_n$是来自总体X的一个样本, 已知$E(X)=\mu$, $D(X)=\sigma^2$.

(1) 确定常数c, 使$c\sum_{i=1}^{n-1}(X_{i+1}-X_i)^2$为$\sigma^2$的无偏估计;

(2) 确定常数c, 使 $\overline{X}^2-cS^2$ 是μ^2的无偏估计 ($\overline{X}, S^2$分别是样本均值和样本方差).

3. 设X_1, X_2, X_3, X_4是来自均值为θ的指数分布总体的样本, 其中θ未知. 设有估计量

$$T_1=\frac{1}{6}(X_1+X_2)+\frac{1}{3}(X_3+X_4), \quad T_2=\frac{X_1+2X_2+3X_3+4X_4}{5}, \quad T_3=\frac{X_1+X_2+X_3+X_4}{4}.$$

(1) 指出T_1, T_2, T_3中哪几个是θ的无偏估计量;

(2) 在上述θ的无偏估计中指出一个较为有效的.

4. 设从均值为μ、方差为$\sigma^2(\sigma>0)$的总体中, 分别抽取容量为n_1, n_2的两独立样本, $\overline{X}_1$和$\overline{X}_2$分别是两样本的均值, 试证对于任意常数a, b $(a+b=1)$, $Y=a\overline{X}_1+b\overline{X}_2$都是$\mu$的无偏估计, 并确定常数$a, b$, 使$D(Y)$达到最小.

5. 设有一批产品, 为估计其废品率p, 随机抽取一样本$X_1, X_2, \cdots, X_n$, 记

$$X_i=\begin{cases}1, & \text{取到废品}\\ 0, & \text{未取到废品}\end{cases}, \quad i=1, 2, \cdots, n,$$

证明: $\hat{p}=\overline{X}=\frac{1}{n}\sum_{i=1}^{n}X_i$是$p$的一致无偏估计量 (即同时满足一致性与无偏性的估计量).

6. 设$X_1, X_2, \cdots, X_n$是取自总体$N(\mu, \sigma^2)$的简单随机样本. 记

$$\overline{X}=\frac{1}{n}\sum_{i=1}^{n}X_i, \quad S^2=\frac{1}{n-1}\sum_{i=1}^{n}(X_i-\overline{X})^2, \quad T=\overline{X}^2-\frac{1}{n}S^2.$$

(1) 证明T是μ^2的无偏估计量; (2) 当$\mu=0$, $\sigma=1$时, 求$D(T)$.

7. 设$X_1, X_2, \cdots, X_n$ $(n>2)$是来自总体$N(0, \sigma^2)$的简单随机样本, 其样本均值为$\overline{X}$, 记

$$Y_i=X_i-\overline{X}, \ i=1, 2, \cdots, n.$$

(1) 求Y_i的方差$D(Y_i)$ $(i=1, 2, \cdots, n)$;

(2) 求Y_1与Y_n的协方差$\mathrm{cov}(Y_1, Y_n)$;

(3) 若$c(Y_1+Y_n)^2$是σ^2的无偏估计量, 求常数c.

8. 设总体$X\sim b(k, p)$, $k\in\mathbf{Z}^+$, $0<p<1$, k, p都未知, $X_1, X_2, \cdots, X_n$是一样本, 试求k和p的矩估计.

9. 求泊松分布中参数λ的最大似然估计.

10. 已知总体X的概率分布为$P\{X=k\}=\mathrm{C}_2^k(1-\theta)^k\theta^{2-k}$, $k=0, 1, 2$, 求参数θ的矩估计.

11. 设总体X的概率密度为

$$f(x)=\begin{cases}(\theta+1)x^{\theta}, & 0<x<1\\ 0, & \text{其他}\end{cases},$$

其中$\theta\,(\theta>-1)$是未知参数, $X_1, X_2, \cdots, X_n$为一个样本, 试求参数θ的矩估计量和最大似然估计量.

12. 设X具有概率密度

$$f(x;\theta)=\begin{cases}\dfrac{\theta^x \mathrm{e}^{-\theta}}{x!}, & x=0,1,2,\cdots \\ 0, & \text{其他}\end{cases},\quad 0<\theta<+\infty,$$

$X_1, X_2, \cdots, X_n$ 是 X 的一个样本, 求 θ 的最大似然估计量.

13. 设总体 X 的概率密度为

$$f(x;\theta)=\begin{cases}\theta, & 0<x<1 \\ 1-\theta, & 1\leqslant x<2, \\ 0, & \text{其他}\end{cases}$$

其中 θ $(0<\theta<1)$ 是未知参数. $X_1, X_2, \cdots, X_n$ 为来自总体 X 的简单随机样本, 记 N 为样本值 $x_1, x_2, \cdots, x_n$ 中小于 1 的个数. 求:

(1) θ 的矩估计;　(2) θ 的最大似然估计.

14. 某工程师为了解一台天平的精度, 用该天平对一物体的质量做了 n 次测量, 该物体的质量 μ 是已知的. 设 n 次测量结果 $X_1, X_2, \cdots, X_n$ 相互独立且均服从正态分布 $N(\mu, \sigma^2)$, 该工程师记录的是 n 次测量的绝对误差 $Z_i=|X_i-\mu|$ $(i=1, 2, \cdots, n)$. 利用 $Z_1, Z_2, \cdots, Z_n$ 估计 σ.

(1) 求 Z_i 的概率密度;　(2) 利用一阶矩求 σ 的矩估计量;　(3) 求 σ 的最大似然估计量.

15. 设使用某种仪器对同一量进行了 12 次独立的测量, 其数据 (单位: 毫米) 如下:

232.50	232.48	232.15	232.53	232.45	232.30
232.48	232.05	232.45	232.60	232.47	232.30

试用矩估计法估计测量值的均值与方差 (设仪器无系统误差).

16. 设随机变量 X 服从二项分布 $P\{X=k\}=\mathrm{C}_n^k p^k(1-p)^{n-k}$, $k=0, 1, 2, \cdots, n$, 试求 p^2 的无偏估计量.

17. 设 $X_1, X_2, \cdots, X_n$ 是取自总体 X 的随机样本, 试证估计量

$$\overline{X}=\frac{1}{n}\sum_{i=1}^{n}X_i \text{ 和 } Y=\sum_{i=1}^{n}C_iX_i\ (C_i\geqslant 0 \text{ 为常数}, \sum_{i=1}^{n}C_i=1)$$

都是总体期望 $E(X)$ 的无偏估计, 但 $\overline{X}$ 比 Y 有效.

18. 设 $X_1, X_2, \cdots, X_n$ 是取自总体 $X\sim U(0,\theta)$ 的一个样本, 证明: $\widehat{\theta}_1=2\overline{X}$ 和 $\widehat{\theta}_2=\dfrac{n+1}{n}X_{(n)}$ 是 θ 的相合估计.

19. 某面粉厂接到许多顾客的订货, 厂内采用自动流水线灌装面粉, 按每袋 25 千克出售. 现从中随机地抽取 50 袋, 其结果如下:

25.8	24.7	25.0	24.9	25.1	25.0	25.2	24.8	25.4	25.3
23.1	25.4	24.9	25.0	24.6	25.0	25.1	25.3	24.9	24.8
24.6	21.1	25.4	24.9	24.8	25.3	25.0	25.1	24.7	25.0
24.7	25.3	25.2	24.8	25.1	25.1	24.7	25.0	25.3	24.9
25.0	25.3	25.0	25.1	24.7	25.3	25.1	24.9	25.2	25.1

试求该厂自动流水线灌装袋重总体 X 的数学期望的点估计值和数学期望的置信区间 (置信度为 0.95).

20. 在一批货物的容量为 100 的样本中, 经检验发现有 16 只次品, 试求这批货物次品率的置信度为

0.95 的置信区间.

21. 在某校的一个班的体检记录中, 随意抄录 25 名男生的身高数据, 测得平均身高为 170 厘米, 标准差为 12 厘米, 试求该班男生的平均身高 μ 和身高的标准差 σ 的置信度为 0.95 的置信区间 (假设身高近似服从正态分布).

22. 为了研究某种汽车轮胎的磨损特性, 随机地选择了 16 只轮胎, 每只轮胎行驶到磨坏为止. 记录所行驶的路程 (单位: 千米) 如下:

41 250 40 187 43 175 41 010 39 265 41 872 42 654 41 287
38 970 40 200 42 550 41 095 40 680 43 500 39 775 40 440

假设这些数据来自正态总体 $N(\mu, \sigma^2)$, 其中 μ, σ^2 未知, 试求 μ 的置信水平为 0.95 的单侧置信下限.

23. 某车间生产钢丝, 设钢丝折断力服从正态分布, 现随机地抽取 10 根, 检查折断力, 得数据 (单位: N) 如下:

578 572 570 568 572 570 570 572 596 584

试求钢丝折断力方差的置信区间和置信上限 (置信度为 0.95).

24. 设某批铝材料的比重 X 服从正态分布 $N(\mu, \sigma^2)$, 现测量它的比重 16 次, 算得 $\overline{x}=2.705$, $s=0.029$, 分别求 μ 和 σ^2 的置信度为 0.95 的置信区间.

25. 某公司欲估计自己生产的电池的寿命. 现从其产品中随机抽取 50 只电池做寿命试验, 这些电池的寿命 (单位:100 小时) 的均值 $\overline{x}=2.266$, $s=1.935$, 求该公司生产的电池的平均寿命的置信度为 95% 的置信区间.

26. 某印染厂配制一种染料时, 在 40 次试验中成功了 34 次, 求配制成功的概率 p 的置信度为 0.95 的置信区间.

27. 某手表厂生产的手表的走时误差 (单位: 秒/日) 服从正态分布, 检验员从装配线上随机地抽取 9 只进行检测, 检测的结果如下:

-4.0 3.1 2.5 -2.9 0.9 1.1 2.0 -3.0 2.8

若置信水平为 0.95, 求该手表的走时误差的均值 μ 和方差 σ^2 的置信区间.

28. 两家电影公司出品的影片的放映时间 (单位: 分钟) 如下表所示, 假设放映时间均服从正态分布, 求两家电影公司的影片放映时间方差比的置信度为 90% 的置信区间.

公司 I	103	94	110	87	98		
公司 II	97	82	123	92	175	88	118

29. 比较 A, B 两种灯泡的寿命, 从 A 种中取 80 只作为样本, 计算出样本均值 $\overline{x}=2\,000$, 样本标准差 $s_1=80$. 从 B 种中取 100 只作为样本, 计算出样本均值 $\overline{y}=1\,900$, 样本标准差 $s_2=100$. 假设灯泡的寿命服从正态分布, 方差相同且相互独立, 求均值差 $\mu_1-\mu_2$ 的置信区间 ($\alpha=0.05$).

30. 公共汽车站在一单位时间 (如半小时或一小时或一天等) 内到达的乘客数服从泊松分布 $P(\lambda)$, 对不同的车站, 所不同的仅仅是参数 λ 的取值. 现对一城市某一公共汽车站进行了 100 个单位时间的调查, 这里单位时间是 20 分钟, 计算得到每 20 分钟内来到该车站的乘客数的均值 $\overline{x}=15.2$ 人, 试求参数 λ 的置信度为 95% 的置信区间.

31. 在一项新药的临床试验中, 患者被分为两组, 一组规模为 $n=608$, 接受药物治疗; 另一组规模为 $m=520$, 接受安慰剂治疗. 研究的副作用之一是头痛. 在药物组中, 有 208 人出现头痛; 在安慰剂组中, 有

192 人出现头痛. 求出 95% 的置信区间来分析该药物是否会增加患头痛的风险.

32. 从 A 批导线中随机地抽取 4 根导线, 测得其平均电阻为 $\bar{x}=0.143\,\Omega$, 样本方差为 $s_2^2=0.000\,4$; 又从 B 批导线中随机地抽取 5 根导线, 测得其平均电阻为 $\bar{y}=0.137\,\Omega$, 样本方差为 $s_2^2=0.000\,9$, 假定两批导线的电阻分别服从正态分布, 即 $X \sim N(\mu_1,\sigma^2)$, $Y \sim N(\mu_2,\sigma^2)$, 其中 μ_1, μ_2, σ^2 均未知, 且两个总体 X 与 Y 相互独立, 试求 $\mu_1-\mu_2$ 的置信度为 0.95 的置信区间. ($t_{0.025}(7)=2.364\,6$.)

33. 一商店销售的某种商品来自甲、乙两个厂家, 为考虑商品性能的差异, 现从甲、乙两个厂家的产品中分别抽取 8 件和 9 件产品, 测其性能指标 X, 得到两组数据, 对其做相应的运算, 得

$$\bar{x}_1=0.190\,,\ \ s_1^2=0.006\,,\ \ \bar{x}_2=0.238\,,\ \ s_2^2=0.008\,,$$

假设测定结果服从正态分布 $N(\mu_i,\sigma_i^2)$ $(i=1,\,2)$. 试求 σ_1^2/σ_2^2 和 $\mu_1-\mu_2$ 的 90% 的置信区间, 并对所得结果加以说明.

第 7 章　假设检验

在统计学的研究框架中, **假设检验**是一种关键的理论与实践工具. 所谓假设检验, 是指利用样本信息对关于总体参数的假设进行判断的一套方法和步骤. 当研究者面临各类数据与不确定性时, 他们常需要得出特定统计量 (如均值、方差、比例) 或分布性质的各种结论, 但无法直接得知总体真值. 这时, 便可通过设立原假设 (通常为无差异或特定参数值的假设) 与备择假设 (表示某种有别于原假设的情况), 并以样本数据为依据, 对假设进行检验, 从而降低决策中的不确定性与风险.

在本章中, 我们将系统介绍假设检验的基本思想、步骤与方法, 包括参数假设检验与非参数假设检验两大类方法. **参数假设检验**是基于已知分布形式与参数特性的检验, 典型案例如正态总体均值检验、方差检验以及比例检验. 这类方法对于样本容量较大或数据确实符合某些特定分布假设的情况, 可提供强有力且精确的推断工具.

然而, 许多实际应用中数据并不严格满足参数假设, 或者研究者无法清晰界定数据的分布形态. 此时, **非参数假设检验**便能发挥重要作用. 非参数假设检验无须做出关于总体分布形式的严格假定, 而更多地基于顺序统计量、秩次信息或分布自由的方法来进行推断. 典型的非参数假设检验包括 Wilcoxon 符号秩检验、Mann-Whitney U检验、χ^2 检验等. 这些检验方法对分布形态的要求更为宽松, 更具适应性和稳健性, 因而在非正态或异质性数据的分析中得到了广泛应用.

本章将从假设检验的基本逻辑入手, 探讨检验统计量的构建、显著性水平、检验效能与样本容量规划等相关问题. 通过参数与非参数假设检验方法的对比与综合运用, 读者将了解如何在不同数据特征与研究背景下选用合适的统计检验手段, 从而为科学实验、商业决策与工程质量控制提供可靠的统计依据与策略支持.

§7.1　假设检验的基本概念

假设检验的基本概念是指通过样本数据对有关总体参数或分布特性的假设进行判断与决策的统计方法. 其核心思想在于: 先提出原假设 (通常表示无变化或无差异的情况), 并通过样本信息计算相应的检验统计量, 再根据统计分布规律判断该结果的显著性. 如果样本证据对原假设不利, 则倾向于拒绝原假设; 反之则维持之. 其意义在于帮助研究者在不确定的条件下做出合理的判断, 避免凭直觉或偏差决策, 为科学实验、商业投资与政策制定提供客观的统计依据. 鉴于本章主要讨论单参数假设检验问题, 故本节就以此为背景来探讨一般的假设检验问题.

一、引例

设一箱中有红、白两种颜色的球共100个, 甲说这里有98个白球, 乙从箱中任取一个, 发现是红球, 问甲的说法是否正确?

先做假设H_0: 箱中确有98个白球.

如果假设H_0正确, 则从箱中任取一个球是红球的概率只有0.02, 是小概率事件, 即通常认为"概率很小的随机事件在个别试验中几乎不会发生". 因此, 若乙从箱中任取一个, 发现是白球, 则没有理由怀疑假设H_0的正确性. 今乙从箱中任取一个, 发现是红球, 即小概率事件竟然在一次试验中发生了, 故有理由拒绝假设H_0, 即认为甲的说法不正确.

二、假设检验的基本思想

假设检验的基本思想实质上是带有某种概率性质的反证法. 为了检验一个假设H_0是否正确, 首先假定该假设H_0正确, 然后根据抽取到的样本对假设H_0做出接受或拒绝的决策. 如果样本观察值导致了不合理的现象发生, 就应拒绝假设H_0, 否则应接受假设H_0.

假设检验中所谓的"不合理", 并非逻辑中的绝对矛盾, 而是基于人们在实践中广泛采用的原则, 即小概率事件在一次试验中是几乎不发生的. 但概率小到什么程度才能算作"小概率事件"? 显然, "小概率事件"的概率越小, 拒绝原假设H_0就越有说服力. 常记这个概率值为$\alpha\ (0<\alpha<1)$, 称为**检验的显著性水平**. 对不同的问题, 检验的显著性水平α不一定相同, 但一般应取为较小的值, 例如: $\alpha=0.1$, $\alpha=0.05$, $\alpha=0.01$.

三、假设检验的两类错误

在假设检验中, 我们基于有限样本信息对总体特征做出判断, 难免出现误判. 这些误判可归结为两类错误: 第一类错误是将真实的原假设误拒, "弃真", 犹如"错杀无辜"; 第二类错误则是错误保留应被拒绝的原假设, "取伪", 犹如"放走真凶". 理解与平衡这两类错误是假设检验决策的关键. 研究者应在显著性水平与检验方法的选择中谨慎考虑犯这两类错误的风险, 以期获得更可靠的推断. 通过合理设定检验水平与样本容量, 我们可以在限定资源与条件下适当控制这些风险, 使统计推断更具可靠性与稳健性, 从而做出科学严谨的决策.

当假设H_0正确时, 小概率事件也有可能发生, 此时我们会拒绝假设H_0, 因而犯了**弃真**的错误, 称此为**第一类错误**. 犯第一类错误的概率恰好就是**小概率事件**发生的概率α, 即

$$P\{\text{拒绝}H_0 \mid H_0\text{为真}\}=\alpha.$$

反之, 如果假设H_0不正确, 但一次抽样检验未发生不合理的结果, 这时我们就会接受H_0, 因而犯了**取伪**的错误, 称此为**第二类错误**. 记β为犯第二类错误的概率, 即

$$P\{\text{接受}H_0 \mid H_0\text{不真}\}=\beta.$$

理论上, 自然希望犯这两类错误的概率都很小. 当样本容量n固定时, α, β不能同时都小, 即α变小时, β就会变大; 而β变小时, α就会变大. 一般只有当样本容量n增大时, 才有可能使两者同时变小. 在实际应用中, 一般原则是: 控制犯第一类错误的概率, 即给定α, 然

后通过增大样本容量n来减小β.

关于显著性水平α的选取: 若注重经济效益, α可取小些, 如$\alpha=0.01$; 若注重社会效益, α可取大些, 如$\alpha=0.1$; 若要兼顾经济效益和社会效益, 一般可取$\alpha=0.05$.

四、假设检验问题的一般提法

在假设检验中, 把要检验的假设H_0称为**原假设** (**零假设**或**基本假设**), 把原假设H_0的对立面称为**备择假设** (**对立假设**), 记为H_1.

例如, 有一封装罐装可乐的生产流水线, 每罐的标准容量规定为350毫升. 质检员每天都要检验可乐的容量是否合格, 已知每罐的容量服从正态分布, 且生产比较稳定时, 其标准差$\sigma=5$毫升. 某日上班后, 质检员每隔半小时从生产线上取一罐, 共抽测了6罐, 测得容量(单位: 毫升)如下:

353　345　357　339　355　360

试问生产线工作是否正常?

本例的假设检验问题可简记为

$$H_0: \mu=\mu_0,\ H_1: \mu\neq\mu_0\ (\text{其中}\ \mu_0=350). \tag{1.1}$$

形如式(1.1)的备择假设H_1, 表示μ可能大于μ_0, 也可能小于μ_0, 称为**双侧 (边) 备择假设**. 形如式(1.1)的假设检验称为**双侧 (边) 检验**.

在实际问题中, 有时还需要检验下列形式的假设:

$$H_0: \mu\leqslant\mu_0, H_1: \mu>\mu_0. \tag{1.2}$$

$$H_0: \mu\geqslant\mu_0, H_1: \mu<\mu_0. \tag{1.3}$$

形如式(1.2)的假设检验称为**右侧 (边) 检验**.

形如式(1.3)的假设检验称为**左侧 (边) 检验**.

右侧 (边) 检验和左侧 (边) 检验统称为**单侧 (边) 检验**.

为检验提出的假设, 通常需构造检验统计量, 并取总体的一组样本值, 根据该样本提供的信息来判断假设是否成立. 当检验统计量取某个区域W中的值时, 我们拒绝原假设H_0, 称区域W为**拒绝域**, 拒绝域的边界点称为**临界点**.

而当检验统计量取某个区域中的值时, 我们接受原假设H_0, 称该区域为**接受域**.

拒绝域与接受域是互补的区域, 它们之间的边界即为临界点.

五、假设检验的一般步骤

(1) 根据实际问题的要求, 考虑和利用已知的背景知识, 提出原假设H_0及备择假设H_1;

(2) 给定检验的显著性水平α以及样本容量n;

(3) 确定检验统计量U, 并在原假设H_0成立的前提下导出U的概率分布, 要求U的分布不依赖于任何未知参数;

(4) 确定拒绝域, 即依据直观分析先确定拒绝域的形式, 然后根据给定的显著性水平α和

U 的分布, 由

$$P\{\text{拒绝}H_0 \mid H_0\text{为真}\}=\alpha$$

确定拒绝域的临界值, 从而确定拒绝域 W;

(5) 做一次具体的抽样, 根据得到的样本观察值和所得的拒绝域, 对假设 H_0 做出拒绝或接受的判断.

例 1　某化学日用品有限责任公司用包装机包装洗衣粉, 洗衣粉包装机在正常工作时, 装包量 $X \sim N(500, 2^2)$, 每天开工后, 需先检验包装机工作是否正常. 某天开工后, 在装好的洗衣粉中任取 9 袋, 其重量 (单位: g) 如下:

505　499　502　506　498　498　497　510　503

假设总体标准差 σ 不变, 即 $\sigma=2$, 试问这天包装机工作是否正常 $(\alpha=0.05)$?

解　(1) 提出假设检验: $H_0: \mu=500$, $H_1: \mu \neq 500$.

(2) 以 H_0 成立为前提, 确定检验 H_0 的统计量及其分布:

$$U=\frac{\overline{X}-\mu_0}{\sigma/\sqrt{n}}=\frac{\overline{X}-500}{2/3} \sim N(0, 1).$$

(3) 对于给定的显著性水平 $\alpha=0.05$, 确定 H_0 的接受域 $\overline{W}$ 或拒绝域 W, 查标准正态分布表, 得分位数 $u_{\alpha/2}=1.96$, 取该分位数为临界点, 使 $P\{|U|>u_{\alpha/2}\}=\alpha$, 于是, H_0 被接受与被拒绝的区域分别为

$$\overline{W}=[-1.96, 1.96],\ W=(-\infty, -1.96)\cup(1.96, +\infty).$$

(4) 利用题设样本数据, 计算统计量 U 的值 $u=\dfrac{502-500}{2/3}=3$.

(5) 对假设 H_0 做出推断: 因为 $u \in W$ (拒绝域), 所以认为这天洗衣粉包装机工作不正常.

标准正态分布查表

例 2　某工厂生产一种螺丝钉, 标准要求长度是 68 mm. 实际生产的产品长度服从正态分布 $N(\mu, 3.6^2)$, 考虑假设检验问题: $H_0: \mu=68$, $H_1: \mu \neq 68$. 设 $\overline{X}$ 为样本均值, 按下列方式进行假设检验:

当 $|\overline{X}-68|>1$ 时, 拒绝假设 H_0; 当 $|\overline{X}-68| \leqslant 1$ 时, 接受假设 H_0.

(1) 当样本容量 $n=36$ 时, 求犯第一类错误的概率 α;

(2) 当样本容量 $n=64$ 时, 求犯第一类错误的概率 α.

解　犯第一类错误就是犯了“弃真”的错误, 犯第一类错误的概率恰好就是“小概率事件”发生的概率 α, 即 $P\{\text{拒绝}H_0 \mid H_0\text{为真}\}=\alpha$.

依题设, 总体 (长度) 服从正态分布 $N(\mu, 3.6^2)$, 根据单正态总体的抽样分布 (§5.3 定理1), 样本均值 $\overline{X}$ 服从正态分布 $\overline{X} \sim N(\mu, 3.6^2/n)$.

(1) 当 $n=36$ 时, 统计量

$$\overline{X} \sim N\left(\mu, \frac{3.6^2}{36}\right) = N(\mu, 0.6^2),$$

故由标准正态分布定理与性质, 查标准正态分布函数表, 得

$$\alpha = P\{|\overline{X} - 68| > 1 | H_0 \text{成立}\} = P\{\overline{X} < 67 | H_0 \text{成立}\} + P\{\overline{X} > 69 | H_0 \text{成立}\}$$

$$= \Phi\left(\frac{67-68}{0.6}\right) + \left[1 - \Phi\left(\frac{69-68}{0.6}\right)\right] \approx \Phi(-1.67) + [1 - \Phi(1.67)]$$

$$= 2[1 - \Phi(1.67)] = 2(1 - 0.9525) = 0.0950.$$

(2) 同理, 当 $n = 64$ 时, 统计量

$$\overline{X} \sim N\left(\mu, \frac{3.6^2}{64}\right) = N(\mu, 0.45^2).$$

标准正态分布函数查表

同上可得

$$\alpha = P\{|\overline{X} < 67 | H_0 \text{成立}\} + P\{|\overline{X} > 69 | H_0 \text{成立}\}$$

$$= \Phi\left(\frac{67-68}{0.45}\right) + \left[1 - \Phi\left(\frac{69-68}{0.45}\right)\right]$$

$$\approx 2[1 - \Phi(2.22)] = 2(1 - 0.9868) = 0.0264.$$

注: 易见, 随着样本容量 n 增大, 得到关于总体的信息更多, 故犯弃真错误的概率更小.

例 3　某力学研究所评估新型合金材料的拉伸强度, 已知合金的拉伸强度服从正态分布, 均值为650MPa, 方差为40 000. 研究所抽取70个样本, 样本均值为655MPa. 在显著性水平 $\alpha = 0.05$ 下, 检验该合金的拉伸强度是否为650MPa; 若实际拉伸强度的均值为670MPa, 分析是否存在犯第二类错误的可能性.

解　建立假设:

原假设 $H_0: \mu = 650$ (合金拉伸强度的均值为650MPa);

备择假设 $H_1: \mu \neq 650$ (合金拉伸强度的均值不为650MPa).

已知总体方差 $\sigma^2 = 40000$, 即 $\sigma = 200$, 样本容量 $n = 70$, 样本均值 $\overline{X} = 655$. 采用 u 检验:

$$u = \frac{\overline{x} - \mu}{\sigma/\sqrt{n}} = \frac{655 - 650}{200/\sqrt{70}} \approx 0.21,$$

双侧检验, 显著性水平 $\alpha = 0.05$, 查标准正态分布函数表得临界值

$$u_{0.025} = 1.96.$$

因 $|u| \approx 0.21 < 1.96$, 未落入拒绝域, 故不拒绝原假设 H_0, 即无充分证据表明合金的拉伸强度与650MPa存在显著差异.

计算 H_0 的接受域:

$$650 \pm 1.96 \times \frac{200}{\sqrt{70}} \approx (603.15, 696.85),$$

实际均值 $\mu_1 = 670$, $\overline{X} \sim N\left(670, \dfrac{200^2}{70}\right)$, 标准化后:

$$\beta = \Phi\left(\frac{696.85 - 670}{200/\sqrt{70}}\right) - \Phi\left(\frac{603.15 - 670}{200/\sqrt{70}}\right)$$

$$\approx \Phi(1.123\,2) - \Phi(-2.796\,5) \approx 0.869\,3 - 0.002\,6 = 0.866\,7.$$

因 $\beta = 0.866\,7 > 0$, 当实际均值为670MPa时, 仍存在显著犯第二类错误的可能性.

在材料性能评估中, 分析假设检验的两类错误的风险至关重要, 这既能帮助研究人员全面评估检验结论的可靠性, 又为材料性能的判定提供了更严谨的依据, 避免因统计误差导致对材料性能的误判.

六、多参数与非参数假设检验问题

原则上, 以上介绍的所有单参数假设检验的内容也适用于多参数与非参数假设检验问题, 只需在某些细节上做适当的调整即可. 这里仅说明下列两点:

(1) 对多参数假设检验问题, 要寻求一个不包含所有待检验参数的检验统计量, 使之服从一个已知的确定分布;

(2) 非参数假设检验问题可近似地化为一个多参数假设检验问题.

鉴于正态总体是统计应用中最为常见的总体, 在§7.2和§7.3, 我们将先分别讨论单正态总体与双正态总体的假设检验.

例 4　某机器学习团队评估模型A和模型B的房价预测表现, 需检验两种模型的预测误差的均值是否存在显著差异. 已知模型A的预测误差服从正态分布, 均值为2.5, 方差为 1.6; 模型B的预测误差也服从正态分布, 均值为3.0, 方差为 1.8. 团队从每个模型的测试结果中各抽取50个样本, 模型A的样本均值为2.6; 模型B的样本均值为3.2. 在显著性水平 $\alpha = 0.05$ 下, 检验两种模型的预测误差的均值是否存在显著差异.

解　建立假设:

原假设 H_0: $\mu_A = \mu_B$ (两种模型的预测误差的均值相等);

备择假设 H_1: $\mu_A \neq \mu_B$ (两种模型的预测误差的均值不等).

两总体方差已知且不等, 采用 u 检验, 统计量公式为

$$U = \frac{\overline{X}_A - \overline{X}_B}{\sqrt{\dfrac{\sigma_A^2}{n_A} + \dfrac{\sigma_B^2}{n_B}}},$$

代入数据:

$$\overline{X}_A = 2.6, \ \overline{X}_B = 3.2, \ \sigma_A^2 = 1.6, \ \sigma_B^2 = 1.8, \ n_A = n_B = 50,$$

得

$$u=\frac{2.6-3.2}{\sqrt{\frac{1.6}{50}+\frac{1.8}{50}}}\approx-2.30,$$

显著性水平$\alpha=0.05$, 双侧检验, 查标准正态分布表得临界值

$$u_{0.025}=\pm1.96,$$

标准正态分布查表

由于$|u|\approx2.30>1.96$, 落入拒绝域, 故拒绝原假设H_0, 即有充分证据表明模型A和模型B的预测误差的均值存在显著差异.

通过多参数假设检验, 利用u检验分析两种模型的预测误差均值. 因两总体方差已知且不等, 计算统计量并与临界值比较后, 拒绝原假设. 结果表明, 模型A与模型B的预测误差的均值有显著差异, 为机器学习模型的优化与选择提供了数据支持, 帮助研究人员依据量化结果筛选最优模型方案.

习题 7-1

1. 样本容量n确定后, 在一个假设检验中, 给定显著性水平为α, 设犯第二类错误的概率为β, 则必有( ).

(A) $\alpha+\beta=1$; (B) $\alpha+\beta>1$; (C) $\alpha+\beta<1$; (D) $\alpha+\beta<2$.

2. 设总体$X\sim N(\mu,\sigma^2)$, 其中σ^2已知, 若要检验μ, 需用统计量$U=\dfrac{\overline{X}-\mu_0}{\sigma/\sqrt{n}}$.

(1) 若对单侧检验, 统计假设为$H_0:\mu=\mu_0$ (μ_0已知), $H_1:\mu>\mu_0$, 求拒绝域;

(2) 若单侧假设为$H_0:\mu=\mu_0$, $H_1:\mu<\mu_0$, 求拒绝域. (给定显著性水平为α, 样本均值为$\overline{X}$, 样本容量为n, 且可记$u_{1-\alpha}$为标准正态分布的$1-\alpha$分位数).

3. 如何理解假设检验所做出的“拒绝原假设H_0”和“接受原假设H_0”的判断?

4. 犯第一类错误的概率α与犯第二类错误的概率β之间有何关系?

5. 在假设检验中, 如何理解指定的显著性水平α?

6. 在假设检验中, 如何确定原假设H_0和备择假设H_1?

7. 假设检验的基本步骤有哪些?

8. 假设检验与区间估计有何异同?

9. 在一项关于高铁延误的研究中, 需要对比高峰时段与非高峰时段延误时间的变化是否有差异. 记高峰时段的延误时间的方差为σ_1^2, 非高峰时段的延误时间的方差为σ_2^2. 应选什么作为原假设与备择假设?

10. 某天开工时, 需检验自动包装机工作是否正常. 根据以往的经验, 其包装的质量在正常情况下服从正态分布$N(100,1.5^2)$. 现抽测了9包, 其质量(单位: kg)为

99.3 98.7 100.5 101.2 98.3 99.7 99.5 102.0 100.5

问这天包装机工作是否正常? 将这一问题转化为假设检验问题, 并写出该假设检验的步骤($\alpha=0.05$).

11. 设袋中有10个球, 其颜色有白与黑两种, p表示白球所占的比例. 有待检验的统计假设是:

$$H_0: p=1/2,\quad H_1: p=1/5.$$

从袋中有放回地抽取4个球，当其中白球少于2个时，拒绝 H_0，否则接受 H_0. 试给出:

(1) 检验的拒绝域与接受域; (2) 犯第一类错误及第二类错误的概率.

12. 设总体 X 的概率分布为

X	1	2	3
p_i	θ^2	$2\theta(1-\theta)$	$(1-\theta)^2$

检验假设 $H_0: \theta=0.1$, $H_1: \theta=0.9$, 抽取3个样本, 并取拒绝域 $W=\{X_1=1, X_2=1, X_3=1\}$，试求此时犯第一类错误和第二类错误的概率.

13. 设总体 $X \sim N(\mu, 1)$, $X_1, X_2, \cdots, X_n$ 是取自 X 的样本. 对于假设检验 $H_0: \mu=0$, $H_1: \mu \neq 0$, 取显著性水平 α, 拒绝域为 $W=\{|u|>u_{\alpha/2}\}$，其中 $u=\sqrt{n}\overline{X}$，求:

(1) 当 H_0 成立时, 犯第一类错误的概率 α_0;

(2) 当 H_0 不成立时(即 $\mu \neq 0$), 犯第二类错误的概率 β.

14. 设需要对某一正态分布的均值进行假设检验: $H_0: \mu \geqslant 15$, $H_1: \mu<15$. 已知 $\sigma^2=2.5$, 取 $\alpha=0.05$. 若要求当 H_1 中的 $\mu \leqslant 13$ 时犯第二类错误的概率不超过 $\beta=0.05$, 求所需的样本容量.

15. 设样本 $X_1, X_2, \cdots, X_n$ 取自正态总体 $N(\mu, \sigma_0^2)$(σ_0^2 已知). 对检验假设 $H_0: \mu=\mu_0$, $H_1: \mu>\mu_0$ 的问题, 取拒绝域 $W=(x_1, x_2, \cdots, x_n: \bar{x}>C_0)$.

(1) 求此检验犯第一类错误的概率为 α 时, 犯第二类错误的概率 β, 并讨论它们之间的关系.

(2) 设 $\mu_0=0.5$, $\sigma_0^2=0.04$, $\alpha=0.05$, $n=9$, 求 $\mu=0.65$ 时不犯第二类错误的概率.

16. 某工程公司分析其生产的建筑材料的抗压强度, 已知该材料的抗压强度服从正态分布, 均值为500MPa,方差为2 500. 公司从生产批次中随机抽取了60个样本, 样本均值为510MPa. 在显著性水平0.05下, 检验该材料的抗压强度是否与500MPa显著不同; 若实际均值为520 MPa, 分析是否存在犯第二类错误的可能性.

§7.2 单正态总体的假设检验

在统计推断的研究中, 当我们确定总体服从正态分布时, 对总体参数进行假设检验将更为明确与高效. 其中, 对单一正态总体的参数推断最常见的目标是总体均值与总体方差的假设检验. 在此情形下, 我们通常掌握一定的样本数据, 并假定或估计总体标准差, 以构造适当的检验统计量进行决策. 若总体方差已知, 可使用基于标准正态分布的 u 检验对均值进行推断; 若总体方差未知, 则采用 t 检验更为合理. 此外, 对于总体方差本身的检验, 则使用基于 χ^2 分布的 χ^2 检验. 通过设定原假设与备择假设, 以及选择合适的显著性水平, 我们能够依据样本数据所得的 P 值或临界值区域, 有效判断是否拒绝原假设, 从而实现对总体参数的科学推断. 理解并掌握这些基本方法, 将为更复杂的统计分析及实践应用打下稳固的基础. 同时, 在实际应用中, 需要平衡第一类错误和第二类错误, 从而在既定资源与条件下, 最大限度地提高决策的精度与稳健性. 本节将通过原理与示例的整合, 为读者提供形象而直观的理解.

一、总体均值的假设检验

在检验关于总体均值 μ 的假设时, 该总体中的另一个参数(即方差 σ^2)是否已知会影响对检验统计量的选择，故下面分两种情形进行讨论.

1. 方差 σ^2 已知的情形

设总体 $X \sim N(\mu, \sigma^2)$，其中总体方差 σ^2 已知，而 $X_1, X_2, \cdots, X_n$ 是取自总体 X 的一个样本，$\overline{X}$ 为样本均值.

(1) **双侧检验**：检验假设 $H_0: \mu = \mu_0$，$H_1: \mu \neq \mu_0$，其中 μ_0 为已知常数.

由§5.3知，当 H_0 为真时，有

$$U = \frac{\overline{X} - \mu_0}{\sigma/\sqrt{n}} \sim N(0, 1), \tag{2.1}$$

故选取 U 作为检验统计量，记其观察值为 u，相应的检验法称为 ***u* 检验法**.

因为样本均值 $\overline{X}$ 是总体均值 μ 的无偏估计量，当 H_0 成立时，$|u|$ 不应太大，当 H_1 成立时，$|u|$ 有偏大的趋势，故拒绝域的形式为

$$|u| = \left| \frac{\bar{x} - \mu_0}{\sigma/\sqrt{n}} \right| > k \quad (k\text{待定}).$$

对于给定的显著性水平 α，查标准正态分布表，得分位数 $k = u_{\alpha/2}$，使 $P\{|U| > u_{\alpha/2}\} = \alpha$，由此即得拒绝域为

$$|u| = \left| \frac{\bar{x} - \mu_0}{\sigma/\sqrt{n}} \right| > u_{\alpha/2}, \tag{2.2}$$

即 $W = (-\infty, -u_{\alpha/2}) \cup (u_{\alpha/2}, +\infty)$.

根据一次抽样后得到的样本观察值 $x_1, x_2, \cdots, x_n$ 计算出 U 的观察值 u. 若 $|u| > u_{\alpha/2}$，则拒绝原假设 H_0，即认为总体均值与 μ_0 有显著差异；若 $|u| \leqslant u_{\alpha/2}$，则接受原假设 H_0，即认为总体均值与 μ_0 无显著差异.

类似地，还可给出对总体均值 μ 的单侧检验的拒绝域 (这一点后面不再说明).

(2) **右侧检验**：检验假设 $H_0: \mu \leqslant \mu_0$，$H_1: \mu > \mu_0$，其中 μ_0 为已知常数，可得拒绝域为

$$u = \frac{\bar{x} - \mu_0}{\sigma/\sqrt{n}} > u_{\alpha}. \tag{2.3}$$

(3) **左侧检验**：检验假设 $H_0: \mu \geqslant \mu_0$，$H_1: \mu < \mu_0$，其中 μ_0 为已知常数，可得拒绝域为

$$u = \frac{\bar{x} - \mu_0}{\sigma/\sqrt{n}} < -u_{\alpha}. \tag{2.4}$$

例1　某车间生产钢丝，用 X 表示钢丝的折断力，由经验判断 $X \sim N(\mu, \sigma^2)$，其中

$$\mu = 570, \ \sigma^2 = 8^2.$$

今换了一批材料，从性能上看，估计折断力的方差 σ^2 不会有什么变化 (即仍有 $\sigma^2 = 8^2$)，但不知折断力的均值 μ 和原先有无差别. 现抽得样本，测得其折断力为

$$578\ \ 572\ \ 570\ \ 568\ \ 572\ \ 570\ \ 570\ \ 572\ \ 596\ \ 584$$

取 $\alpha=0.05$, 试检验折断力的均值有无变化.

解 (1) 建立检验假设: $H_0: \mu=\mu_0=570$, $H_1: \mu\neq 570$.

(2) 选择统计量 $U=\dfrac{\overline{X}-\mu_0}{\sigma/\sqrt{n}}\sim N(0,1)$.

(3) 对于给定的显著性水平 α, 确定 k, 使 $P\{|U|>k\}=\alpha$, 查标准正态分布表, 得

$$k=u_{\alpha/2}=u_{0.025}=1.96,$$

从而拒绝域为 $|u|>1.96$.

标准正态分布查表

(4) 利用题设条件与样本值, 有

$$\overline{x}=\frac{1}{10}\sum_{i=1}^{10}x_i=575.20,\quad \sigma^2=64,$$

代入上述数据算得统计量 U 的观察值:

$$|u|=\left|\frac{\overline{x}-\mu_0}{\sigma/\sqrt{n}}\right|\approx 2.06>1.96.$$

因为 $|u|\approx 2.06>u_{0.025}=1.96$, 故应拒绝 H_0, 即认为折断力的均值发生了变化.

例 2 某工厂生产一种灯管, 设灯管的寿命为 X, 且已知 $X\sim N(\mu, 40\,000)$, 根据以往的生产经验, 知道灯管的平均寿命不会超过 1 500 小时. 为了提高灯管的平均寿命, 工厂采用了新的工艺. 为了弄清楚新工艺是否真的能提高灯管的平均寿命, 他们测试了采用新工艺生产的25只灯管的寿命, 其均值是 1 575 小时. 样本的均值大于 1 500 小时, 试问: 可否由此判定这恰是新工艺的效应, 而非偶然的原因使得抽出的这25只灯管的平均寿命较长呢(显著性水平 $\alpha=0.05$)?

解 本题是单正态总体均值的右侧检验问题:

$$H_0: \mu\leqslant 1\,500,\quad H_1: \mu>1\,500.$$

从而可利用 u 检验法的右侧检验, 相应地, $\mu_0=1\,500$, $\sigma=200$, $n=25$. 显著性水平 $\alpha=0.05$, 查标准正态分布表, 得分位数 $u_\alpha=1.645$, 由题设, 已测出样本均值 $\overline{x}=1\,575$, 从而

$$u=\frac{\overline{x}-\mu_0}{\sigma/\sqrt{n}}=\frac{1\,575-1\,500}{200}\times\sqrt{25}=1.875,$$

由此可得拒绝域为 $u=1.875>u_\alpha=1.645$, 从而拒绝原假设 H_0, 接受备择假设 H_1, 即认为新工艺事实上提高了灯管的平均寿命.

例 3 某网络服务公司评估新网络优化方案对网络延迟的影响, 优化前网络延迟的均值为50毫秒, 方差为64. 优化后抽取40个样本, 平均延迟为48毫秒. 请在 0.05 的显著性水平下, 使用总体均值的单侧检验方法 (方差已知情形), 检验优化方案是否显著降低了网络延迟.

解 根据单侧检验的基本概念, 建立假设:

原假设 $H_0: \mu=50$ (优化方案未降低网络延迟, 延迟均值仍为50毫秒);

备择假设 $H_1: \mu<50$ (优化方案显著降低了网络延迟, 延迟均值小于50毫秒).

已知总体方差 $\sigma^2=64$, 即 $\sigma=8$, 样本容量 $n=40$, 样本均值 $\bar{x}=48$. 检验统计量为

$$u=\frac{\bar{x}-\mu_0}{\sigma/\sqrt{n}}=\frac{48-50}{8/\sqrt{40}}\approx -1.58,$$

标准正态分布查表

显著性水平 $\alpha=0.05$, 单侧检验, 查标准正态分布表得临界值

$$u_\alpha=-1.645.$$

由于 $u\approx -1.58>-1.645$, 未落入拒绝域, 故不能拒绝原假设 H_0, 即没有充分证据表明优化方案显著降低了网络延迟.

通过总体均值的单侧检验 (方差已知情形), 计算得出检验统计量未满足拒绝原假设的条件. 此类检验为企业评估技术改进效果提供了科学依据, 帮助决策者理性判断方案价值, 避免因偶然因素而误判结果, 从而合理规划后续优化资源.

2. 方差 σ^2 未知的情形

设总体 $X\sim N(\mu,\sigma^2)$, 其中总体方差 σ^2 未知, 而 $X_1, X_2, \cdots, X_n$ 是取自正态总体 X 的一个样本, $\bar{X}$ 与 S^2 分别为样本均值与样本方差. 检验假设

$$H_0: \mu=\mu_0, \quad H_1: \mu\neq\mu_0,$$

其中 μ_0 为已知常数. 由§5.3知, 当 H_0 为真时, 有

$$T=\frac{\bar{X}-\mu_0}{S/\sqrt{n}}\sim t(n-1), \tag{2.5}$$

所以选取 T 作为检验统计量, 记其观察值为 t, 相应的检验法称为 **t 检验法**.

因为样本均值 $\bar{X}$ 是总体均值 μ 的无偏估计量, 样本方差 S^2 是总体方差 σ^2 的无偏估计量, 当 H_0 成立时, $|t|$ 不应太大, 当 H_1 成立时, $|t|$ 有偏大的趋势, 故拒绝域的形式为

$$|t|=\left|\frac{\bar{x}-\mu_0}{s/\sqrt{n}}\right|>k \ (k\text{待定}).$$

对于给定的显著性水平 α, 查 t 分布表, 得分位数 $k=t_{\alpha/2}(n-1)$, 使

$$P\{|T|>t_{\alpha/2}(n-1)\}=\alpha,$$

由此即得拒绝域为 $|t|=\left|\dfrac{\bar{x}-\mu_0}{s/\sqrt{n}}\right|>t_{\alpha/2}(n-1)$, 即

$$W=(-\infty,-t_{\alpha/2}(n-1))\cup(t_{\alpha/2}(n-1),+\infty). \tag{2.6}$$

根据一次抽样后得到的样本观察值 $x_1, x_2, \cdots, x_n$ 计算出 T 的观察值 t, 若

$$|t|>t_{\alpha/2}(n-1),$$

则拒绝原假设 H_0, 即认为总体均值与 μ_0 有显著差异; 若

$$|t| \leqslant t_{\alpha/2}(n-1),$$

则接受原假设 H_0, 即认为总体均值与 μ_0 无显著差异.

例 4　水泥厂用自动包装机包装水泥, 每袋额定重量是 50 kg, 某日开工后随机抽查了 9 袋, 称得重量如下:

49.6　49.3　50.1　50.0　49.2　49.9　49.8　51.0　50.2

设每袋的重量服从正态分布, 问包装机工作是否正常 ($\alpha = 0.05$)?

解　(1) 建立检验假设: $H_0: \mu = 50$, $H_1: \mu \neq 50$.

(2) 选择统计量 $T = \dfrac{\overline{X} - \mu_0}{S/\sqrt{n}} \sim t(n-1)$.

(3) 对于给定的显著性水平 α, 确定 k, 使 $P\{|T| > k\} = \alpha$, 查 t 分布表, 得

$$k = t_{\alpha/2} = t_{0.025}(8) = 2.306,$$

从而拒绝域为 $|t| > 2.306$.

(4) 由于 $\overline{x} = 49.9$, $s^2 \approx 0.29$, 所以

$$|t| = \left| \frac{\overline{x} - 50}{s/\sqrt{n}} \right| \approx 0.56.$$

t 分布查表

因 $|t| \approx 0.56 < 2.306$, 故应接受 H_0, 即认为包装机工作正常.

例 5　某机械制造公司检测生产的精密零件的尺寸是否符合设计要求. 设计规定该零件的长度应为 100 毫米. 公司随机抽取 25 个样本, 测得样本均值为 98.5 毫米, 样本标准差为 2.5 毫米. 请在 0.05 的显著性水平下, 使用总体均值的双侧检验方法 (方差未知情形), 检验该批次零件的平均长度是否符合设计要求.

解　根据总体均值的双侧假设检验公式 (方差未知情形), 建立假设:

原假设 $H_0: \mu = 100$ (零件的平均长度符合设计要求);

备择假设 $H_1: \mu \neq 100$ (零件的平均长度不符合设计要求).

总体方差未知, 样本容量 $n = 25$, 样本标准差 $s = 2.5$, 自由度 $\mathrm{df} = n - 1 = 24$. 选取检验统计量为

$$t = \frac{\overline{x} - \mu_0}{s/\sqrt{n}} = \frac{98.5 - 100}{2.5/\sqrt{25}} = -3,$$

双侧检验, 显著性水平 $\alpha = 0.05$, 查 t 分布表得临界值

$$t_{0.025}(24) = \pm 2.064.$$

因 $|t| = 3 > 2.064$, 故拒绝原假设 H_0, 即有充分证据表明该批次零件的平均长度与设计要求存在显著差异, 即该批次零件的平均长度与设计标准存在显著偏差. 这一结论对质量控制和生产调整具有指导意义, 可帮助公司识别并纠正生产过程中的潜在偏差.

例 6 一公司声称某种类型的电池的平均寿命至少为21.5小时. 有一实验室检验了该公司制造的6套电池, 得到如下的寿命小时数:

19 18 22 20 16 25

设该类型电池的寿命服从正态分布, 试问: 这些结果是否表明这种类型的电池的寿命低于该公司所声称的寿命 (显著性水平 $\alpha=0.05$)?

解 (1) 建立检验假设: $H_0: \mu \geqslant 21.5$, $H_1: \mu < 21.5$.

(2) 选择统计量 $T=\dfrac{\overline{X}-\mu_0}{S/\sqrt{n}} \sim t(n-1)$.

(3) 对于给定的显著性水平 α, 确定 k, 使 $P\{T<-k\}=\alpha$, 题设样本容量 $n=6$, 故查 t 分布表, 得 t 分位数

$$k=t_\alpha(n-1)=t_{0.05}(5)=2.015,$$

从而拒绝域为

$$t<-2.015.$$

t分布查表

(4) 利用题设样本观察值, 得样本均值与样本方差分别为 $\overline{x}=20$, $s^2=10$, 所以

$$t=\frac{\overline{x}-\mu_0}{s/\sqrt{n}}=\frac{20-21.5}{\sqrt{10}}\times\sqrt{6}\approx-1.162.$$

因 $t=-1.162>-2.015=-t_{0.05}(5)$, 故不能拒绝原假设 H_0, 从而认为这种类型的电池的寿命并不比公司声称的寿命短.

二、总体方差的假设检验

设 $X\sim N(\mu, \sigma^2)$, $X_1, X_2, \cdots, X_n$ 是取自总体 X 的一个简单随机样本, $\overline{X}$ 与 S^2 分别为样本均值与样本方差.

检验假设 $H_0: \sigma^2=\sigma_0^2$, $H_1: \sigma^2\neq\sigma_0^2$, 其中 σ_0 为已知常数.

由§5.3知, 当 H_0 为真时, 有

$$\chi^2=\frac{n-1}{\sigma_0^2}S^2\sim\chi^2(n-1), \tag{2.7}$$

故选取 χ^2 作为检验统计量, 相应的检验法称为 **χ^2 检验法 (卡方检验法)**.

由于样本方差 S^2 是 σ^2 的无偏估计量, 当 H_0 成立时, S^2 应在 σ_0^2 附近, 当 H_1 成立时, χ^2 有偏小或偏大的趋势, 故拒绝域的形式为

$$\chi^2=\frac{n-1}{\sigma_0^2}S^2<k_1 \ \text{或}\ \chi^2=\frac{n-1}{\sigma_0^2}S^2>k_2\ (k_1, k_2\text{待定}).$$

对给定的显著性水平 α, 查 χ^2 分布表, 得分位数 $k_1=\chi^2_{1-\alpha/2}(n-1)$, $k_2=\chi^2_{\alpha/2}(n-1)$, 使

$$P\{\chi^2<\chi^2_{1-\alpha/2}(n-2)\}=\frac{\alpha}{2},\ P\{\chi^2>\chi^2_{\alpha/2}(n-1)\}=\frac{\alpha}{2}.$$

由此即得拒绝域为 $\chi^2=\dfrac{n-1}{\sigma_0^2}s^2<\chi^2_{1-\alpha/2}(n-1)$ 或 $\chi^2=\dfrac{n-1}{\sigma_0^2}s^2>\chi^2_{\alpha/2}(n-1)$, 即

$$W=[0,\ \chi^2_{1-\alpha/2}(n-1))\cup(\chi^2_{\alpha/2}(n-1),\ +\infty). \tag{2.8}$$

根据一次抽样得到的样本观察值 $x_1, x_2, \cdots, x_n$ 计算出 χ^2 的观察值, 若

$$\chi^2<\chi^2_{1-\alpha/2}(n-1)\ \text{或}\ \chi^2>\chi^2_{\alpha/2}(n-1),$$

则拒绝原假设 H_0; 若 $\chi^2_{1-\alpha/2}(n-1)\leqslant\chi^2\leqslant\chi^2_{\alpha/2}(n-1)$, 则接受原假设 H_0.

例 7　某厂生产的某种型号电池的寿命 (单位: 小时) 长期以来服从方差 $\sigma^2=5\,000$ 的正态分布, 现有一批这种电池, 从其生产情况来看, 寿命的波动性有所改变. 现随机取 26 只电池, 测出其寿命的样本方差 $s^2=9\,200$. 问根据这一数据能否推断这批电池的寿命的波动性较以往有显著变化 (取 $\alpha=0.02$)?

解　(1) 建立检验假设: $H_0: \sigma^2=5\,000$, $H_1: \sigma^2\neq 5\,000$.

(2) 选择统计量 $\chi^2=\dfrac{n-1}{\sigma_0^2}S^2\sim\chi^2(n-1)$.

(3) 对于给定的显著性水平 α, 确定 k_1, k_2, 使

$$P\{\chi^2<k_1\}=\frac{\alpha}{2},\ P\{\chi^2>k_2\}=\frac{\alpha}{2}.$$

χ^2 分布查表

依题设, 样本容量 $n=26$, 对于给定的显著性水平 $\alpha=0.02$, 查 χ^2 分布表, 得

$$\chi^2_{\alpha/2}(n-1)=\chi^2_{0.01}(25)=44.314,\quad \chi^2_{1-\alpha/2}(n-1)=\chi^2_{0.99}(25)=11.524,$$

从而拒绝域为

$$W=[0,\ 11.524)\cup(44.314,\ +\infty),$$

代入样本方差的观察值 $s^2=9\,200$, 得

$$\chi^2=\frac{(n-1)s^2}{\sigma_0^2}=\frac{(26-1)\times 9\,200}{5\,000}=46>44.314,$$

故拒绝 H_0, 认为这批电池的寿命的波动性较以往有显著变化.

例 8　某机械制造公司检验生产的钢管的直径 (单位: 毫米) 是否符合标准, 标准要求该钢管直径的方差为 0.000 4. 公司从生产批次中随机抽取 40 根钢管, 测得样本方差为 0.000 5. 请在0.05的显著性水平下, 使用总体方差的双侧检验方法, 检验该钢管直径的方差是否符合标准.

解　根据总体方差的双侧检验公式, 设定假设:

原假设 H_0: 钢管直径的方差符合标准, 即 $\sigma^2=0.000\,4$.

备择假设 H_1：钢管直径的方差不符合标准，即 $\sigma^2 \neq 0.000\,4$.

根据 χ^2 分布，检验统计量的公式为

$$\chi^2 = \frac{(n-1)s^2}{\sigma_0^2},$$

代入数据 $n=40$，$s^2=0.000\,5$，$\sigma_0^2=0.000\,4$，得

$$\chi^2 = \frac{39\times 0.000\,5}{0.000\,4} = 48.75,$$

显著性水平 $\alpha=0.05$，自由度 $n-1=39$，查 χ^2 分布表，得双侧临界值

$$\chi^2_{0.975}=23.654, \quad \chi^2_{0.025}=58.120.$$

由于 $\chi^2=48.75$ 落在临界值区间 [23.654, 58.120] 内，故不能拒绝原假设 H_0，即在 0.05 的显著性水平下，没有充分证据表明该钢管直径的方差不符合标准，表明样本方差 0.000 5 与标准方差 0.000 4 无显著差异，说明生产流程稳定性未出现显著异常. 需注意，统计检验结果是"不能拒绝原假设"，而非证明符合标准，建议结合其他质量指标进一步监控生产波动.

例 9 某工厂生产金属丝，产品指标为折断力 (服从正态分布). 折断力的方差可作为工厂生产精度的表征. 方差越小，表明精度越高. 以往工厂一直把该方差保持在 64 及以下. 最近从一批产品中抽取 10 根做折断力试验，测得的结果 (单位: 千克) 如下:

578 572 570 568 572 570 572 596 584 570

由上述样本数据算得

$$\bar{x}=575.2, \quad s^2\approx 75.73.$$

为此，厂方怀疑金属丝折断力的方差变大了. 如确实变大了，表明生产精度不如以前了，就需对生产流程做一番检验，以发现生产环节中存在的问题. 试在 $\alpha=0.05$ 的显著性水平下，检验厂方的怀疑是否正确.

解 (1) 为确认上述怀疑是否为真，假定金属丝折断力服从正态分布，并做下述关于方差的右侧检验假设:

$$H_0: \sigma^2 \leqslant \sigma_0^2 = 64, \quad H_1: \sigma^2 > \sigma_0^2 = 64.$$

(2) 选择统计量

$$\chi^2 = \frac{n-1}{\sigma_0^2}S^2 \sim \chi^2(n-1).$$

(3) 对于给定的显著性水平 $\alpha=0.05$，确定 k_1，使

$$P\{\chi^2 < k_1\} = \frac{\alpha}{2}.$$

依题设，样本容量 $n=10$，对于给定的显著性水平 $\alpha=0.05$，查 χ^2 分布表，得

$$\chi^2_{\alpha}(n-1) = \chi^2_{0.05}(9) = 16.919,$$

故

$$\chi^2 = \frac{n-1}{\sigma_0^2}s^2 = \frac{9\times 75.73}{64} \approx 10.65 < 16.919 = \chi_{0.05}^2(9).$$

所以不能拒绝原假设H_0，从而可认为样本方差的偏大系偶然因素造成的，生产流程正常，无须再做进一步的检查.

习题 7-2

1. 已知某炼铁厂铁水含碳量服从正态分布$N(4.55, 0.108^2)$. 现在测定了 9 炉铁水，其平均含碳量为 4.484. 如果估计方差没有变化，可否认为现在生产的铁水平均含碳量仍为 4.55 $(\alpha = 0.05)$？

2. 要求一种元件的平均使用寿命不得低于 1 000 小时，生产者从一批这种元件中随机抽取 25 件，测得其寿命的均值为 950 小时. 已知该种元件的寿命服从标准差为$\sigma = 100$小时的正态分布，试在显著性水平$\alpha = 0.05$下确定这批元件是否合格. 设总体均值为μ(μ未知)，即需检验假设$H_0: \mu \geqslant 1\,000$，$H_1: \mu < 1\,000$.

3. 我国出口的凤尾鱼罐头，标准规格是每罐净重 250 克，依据以往经验，标准差是 3 克，现在某食品厂生产一批供出口用的这种罐头，从中抽取 100 罐进行检验，得其平均净重是 251 克. 按显著性水平$\alpha = 0.05$，问该批罐头是否合乎出口标准? 据经验，每罐净重X服从正态分布$N(\mu, \sigma^2)$(已知$u_{0.05} = 1.645$).

4. 打包机装糖入包，标准包重为 100 kg. 每天开工后，要检验所装糖包包含的总体期望值是否合乎标准 (100 kg). 某日开工后，测得 9 包糖重 (单位: kg) 如下:

99.3　98.7　100.5　101.2　98.3　99.7　99.5　102.1　100.5

打包机装糖的包重服从正态分布，问该天打包机工作是否正常$(\alpha = 0.05)$？

5. 为了保护环境，在排放的工业废水中，某有害物质含量不得超过 0.5%. 现取 5 份水样，测定该有害物质的含量 (%)，得如下数据:

0.53　0.542　0.51　0.495　0.515

能否据此抽样结果说明该有害物质的含量超过了规定$(\alpha = 0.05)$？

6. 有一批枪弹，其初速$V \sim N(\mu, \sigma^2)$，其中$\mu = 950$，$\sigma = 10$，经过较长时间的存储后，随机抽 9 发试射，测得初速 (单位: 米/秒) 为

914　920　910　934　953　945　912　924　940

给定显著性水平$\alpha = 0.05$，问这批枪弹的初速是否发生了变化(设σ不变)?

7. 设某个计算公司所使用的现行系统，通每个程序的平均时间为 45 秒. 今在一个新的系统中进行试验，试通 9 个程序，所需的计算时间(单位: 秒)如下:

30　37　42　35　36　40　47　48　45

由此数据能否断言“新系统能减少通程序的平均时间”(假定通每个程序的时间服从正态分布$N(\mu, \sigma^2)$，$\alpha = 0.025$，$t_{0.025}(8) = 2.306\,0$)?

8. 机器包装食盐，假设每袋食盐的净重服从正态分布，规定每袋的标准含量为 500 g，标准差不得超过 10g. 某天开工后，随机抽取 9 袋，测得净重 (单位: g) 如下:

497　507　510　475　515　484　488　524　491

试在显著性水平$\alpha = 0.05$下，检验假设: $H_0: \mu = 500$，$H_1: \mu \neq 500$.

9. 从清凉饮料自动售货机中随机抽样 36 杯，测得其平均含量为 219mL，标准差为 14.2mL，在$\alpha = 0.05$

的显著性水平下, 试检验假设: $H_0: \mu=\mu_0=222$, $H_1: \mu<\mu_0=222$.

10. 某种导线的电阻服从正态分布 $N(\mu, 0.005^2)$. 今从新生产的一批导线中抽取 9 根, 测其电阻, 得 $s=0.008\Omega$, 对于 $\alpha=0.05$, 能否认为这批导线电阻的标准差仍为 0.005?

11. 某工厂生产的某种钢索的断裂强度服从分布 $N(\mu,\sigma^2)$, 其中 $\sigma=400\,\mathrm{Pa}$, 现从一批此种钢索的容量为 9 的样本中测得断裂强度的均值 $\overline{X}$, 与以往正常生产时的 μ 相比, $\overline{X}$ 较 μ 大 200 Pa, 设总体方差不变. 问在显著性水平 $\alpha=0.01$ 下, 能否认为这批钢索的质量显著提高?

12. 某厂生产的铜丝, 要求其折断力的方差不超过 16. 今从某日生产的铜丝中随机抽取容量为 9 的样本, 测得其折断力 (单位: N) 如下:

289 286 285 286 284 285 286 298 292

设总体服从正态分布, 问该日生产的铜丝的折断力的方差是否符合标准 ($\alpha=0.05$)?

13. 过去的经验显示, 高三学生完成标准考试的时间为一正态变量, 其标准差为 6 分钟. 若随机样本为 20 位学生, 其标准差为 $s=4.51$ 分钟, 试在显著性水平 $\alpha=0.05$ 下, 检验假设: $H_0:\sigma\geqslant 6$, $H_1:\sigma<6$.

14. 测定某种溶液中的水分, 它的 10 个测定值给出 $s=0.037\%$, 设测定值总体服从正态分布, σ^2 为总体方差, σ^2 未知, 试在显著性水平 $\alpha=0.05$ 下, 检验假设: $H_0: \sigma\geqslant 0.04\%$, $H_1: \sigma<0.04\%$.

15. 设某种电子元件的寿命 X (单位: 小时) 服从正态分布 $N(\mu, \sigma^2)$, μ, σ^2 均未知. 现测得 16 只元件的寿命如下:

159 280 101 212 224 379 178 164

222 362 158 250 149 260 485 170

问是否有理由认为元件的寿命为 225 小时? 是否有理由认为这种元件寿命的方差不大于 85^2?

16. 设圆珠直径服从正态分布 $N(\mu, \sigma^2)$, 现随机抽取 6 个, 测得直径 (单位: mm) 分别为

14.70 15.21 14.90 14.91 15.32 15.32

设 $\sigma^2=0.05$, 问:

(1) 这批圆珠的平均直径是否为 15.25 mm ($\alpha=0.05$)?

(2) 这批圆珠的平均直径是否大于 15.25 mm ($\alpha=0.05$)?

17. 某厂生产乐器用的一种含镍金属弦线, 长期以来, 其抗拉强度的总体均值为 10 560 kg/cm². 今生产了一批弦线, 随机取其中 10 根做抗拉试验, 测得其抗拉强度 (单位: kg/cm²) 为

10 512 10 623 10 668 10 554 10 776

10 707 10 557 10 581 10 666 10 670

设弦线的抗拉强度 X 服从正态分布, 问这批弦线的抗拉强度是否较以往生产的弦线的抗拉强度高 ($\alpha=0.05$, $t_{0.05}(9)=1.833\,1$)?

18. 某厂用填装机将香水装入同一规格的瓶内, 每瓶内的香水量 (单位: mL) $X\sim N(\mu,5^2)$. 现研制一种新的装速较快的填装机, 已知它装入每瓶内的香水量服从正态分布 $N(\mu,\sigma^2)$. 现从新机器所装的香水瓶中任取 20 瓶, 测得香水量为 $x_1, x_2, \cdots, x_{20}$, 经计算得

$$\sum_{i=1}^{20}(x_i-\overline{x})^2=221.75,$$

其中 $\overline{x}$ 为样本均值. 试问用新的机器投入生产, 每瓶香水量的标准差与原来的标准差是否有显著差异 (显著性水平 $\alpha=0.05$)? (已知:

$t_{0.025}(20)=2.086$, $t_{0.05}(20)=1.725$, $\chi^2_{0.025}(19)=32.852$, $\chi^2_{0.025}(20)=34.170$,
$\chi^2_{0.05}(19)=30.144$, $\chi^2_{0.95}(19)=10.117$, $\chi^2_{0.975}(19)=8.907$, $\chi^2_{0.975}(20)=9.591$,
$\chi^2_{0.95}(20)=10.851$, $\chi^2_{0.05}(20)=31.410$, $\Phi(2.36)=0.9909$.)

19. 某机械制造公司验证生产的某型号轴承的寿命是否符合设计要求. 已知轴承的寿命服从正态分布, 总体均值为 3 000 小时. 公司抽取 40 个轴承样本, 测得样本均值为 3 050 小时, 总体方差为 40 000. 请在 0.05 的显著性水平下, 使用总体均值的双侧检验方法, 检验该批次轴承的平均寿命是否符合设计要求.

20. 某网络管理公司评估新部署的网络优化系统是否显著降低了网络延迟. 优化前的网络延迟的均值为 70 毫秒. 优化后随机抽取 30 个样本, 测得样本均值为 65 毫秒, 样本标准差为 8 毫秒. 请在 0.05的显著性水平下, 使用总体均值的单侧检验方法, 检验该网络优化系统是否显著降低了网络延迟.

21. 某生态研究团队关注一片湿地中的日降水量 (单位: mm) 波动情况. 根据历史数据, 团队认为该区域日降水量的方差应为 25. 为验证此推断, 团队随机抽取 30 天的降水量样本, 计算得样本方差为 28. 请使用总体方差的双侧检验方法, 在 0.05 的显著性水平下, 检验该区域日降水量的方差是否为 25.

§7.3 双正态总体的假设检验

在统计推断领域, 对比两个独立正态总体的参数往往是研究者关心的问题之一. 此类问题不仅包括检验两个总体均值是否存在显著差异, 也涵盖比较两个总体方差以及相关性结构等方面的考量. 当我们已知或可近似认为两个总体均匀分布于各自的正态分布中时, 便可通过相应的统计量与分布特征对其参数关系进行严格检验. 典型的方法包括用于均值差检验的两样本 t 检验 (方差已知时也可用 u 检验), 以及用于方差比检验的 F 检验. 利用样本数据所构建的合适的检验统计量, 我们得以在设定的显著性水平下, 通过 P 值或拒绝域判断原假设是否应被拒绝. 对双正态总体的假设检验不仅要求我们熟悉正态分布的性质及相应的分布族, 还需在实际应用中审慎考虑样本容量、方差齐性、分组独立性等前提条件.

上节中我们讨论了单正态总体的假设检验, 通过本节的介绍, 读者将深入理解双正态总体假设检验的基本框架、典型方法与适用条件, 并为后续更为复杂或实际应用情境中的统计决策奠定坚实的基础.

设 $X\sim N(\mu_1,\sigma_1^2)$, $Y\sim N(\mu_2,\sigma_2^2)$, X, Y 相互独立, 而 $X_1, X_2, \cdots, X_{n_1}$ 与 $Y_1, Y_2, \cdots, Y_{n_2}$ 分别是取自总体 $N(\mu_1,\sigma_1^2)$ 与 $N(\mu_2,\sigma_2^2)$ 的简单随机样本, 并记 $\overline{X}$ 与 S_1^2 分别为样本 $X_1, X_2, \cdots, X_{n_1}$ 的均值和方差, 记 $\overline{Y}$ 与 S_2^2 分别为样本 $Y_1, Y_2, \cdots, Y_{n_2}$ 的均值和方差.

一、双正态总体均值差的假设检验

在统计分析中, 比较两个独立正态总体均值差是常见的问题. 例如, 通过对两组实验处理 (试验组与对照组) 所得数据进行假设检验, 我们可判断两者平均水平是否显著不同. 其过程通常假设两总体方差已知或相等,从而运用 u 检验或两样本 t 检验构造统计量,并在给定的显著性水平下依据P值或临界值做出决策. 当检验结果显示差异显著时, 我们可判断所施加的因素确实对总体均值造成影响, 反之, 则可能说明两总体基本无差别. 此类检验在医学、农业、工业质量控制及社会科学等领域均有广泛意义, 有助于科学决策与有效配置资源.

1. 方差σ_1^2, σ_2^2已知

检验假设$H_0:\mu_1-\mu_2=\mu_0$, $H_1:\mu_1-\mu_2\neq\mu_0$, 其中μ_0为已知常数.

由§5.3知, 当H_0为真时, 有

$$U=\frac{\overline{X}-\overline{Y}-\mu_0}{\sqrt{\sigma_1^2/n_1+\sigma_2^2/n_2}}\sim N(0,\ 1), \tag{3.1}$$

故选取U作为检验统计量, 记其观察值为u, 称相应的检验法为***u*检验法**.

由于样本均值$\overline{X}$与$\overline{Y}$是μ_1与μ_2的无偏估计量, 当H_0成立时, $|u|$不应太大, 当H_1成立时, $|u|$有偏大的趋势, 故拒绝域的形式为

$$|u|=\left|\frac{\overline{x}-\overline{y}-\mu_0}{\sqrt{\sigma_1^2/n_1+\sigma_2^2/n_2}}\right|>k\ (k\text{待定}).$$

对给定的显著性水平α, 查标准正态分布表得$k=u_{\alpha/2}$, 使$P\{|U|>u_{\alpha/2}\}=\alpha$, 故得拒绝域为

$$|u|=\left|\frac{\overline{x}-\overline{y}-\mu_0}{\sqrt{\sigma_1^2/n_1+\sigma_2^2/n_2}}\right|>u_{\alpha/2}. \tag{3.2}$$

根据一次抽样得到的样本观察值$x_1, x_2, \cdots, x_{n_1}$和$y_1, y_2, \cdots, y_{n_2}$计算出$U$的观察值$u$. 若$|u|>u_{\alpha/2}$, 则拒绝原假设$H_0$, 特别地, 当$\mu_0=0$时即认为总体均值$\mu_1$与$\mu_2$有显著差异; 若$|u|\leqslant u_{\alpha/2}$, 则接受原假设$H_0$, 当$\mu_0=0$时即认为总体均值$\mu_1$与$\mu_2$无显著差异.

例1 设甲、乙两厂生产同样的灯泡, 其寿命X, Y分别服从正态分布$N(\mu_1,\sigma_1^2)$, $N(\mu_2,\sigma_2^2)$, 已知它们的寿命的标准差分别为84小时和96小时, 现从两厂生产的灯泡中各取60只, 测其平均寿命得甲厂为1 295小时, 乙厂为1 230小时, 能否认为两厂生产的灯泡的寿命无显著差异($\alpha=0.05$)?

解 (1) 建立检验假设$H_0: \mu_1=\mu_2$, $H_1: \mu_1\neq\mu_2$.

(2) 选择统计量$U=\dfrac{\overline{X}-\overline{Y}}{\sqrt{\sigma_1^2/n_1+\sigma_2^2/n_2}}\sim N(0,\ 1)$.

(3) 对于给定的显著性水平α, 确定k, 使$P\{|U|>k\}=\alpha$, 查标准正态分布表, 得

$$k=u_{\alpha/2}=u_{0.025}=1.96,$$

从而拒绝域为$|u|>1.96$.

标准正态分布查表

(4) 由题设样本数据, 得

$$\overline{x}=1\,295,\ \overline{y}=1\,230,\ \sigma_1=84,\ \sigma_2=96,$$

代入算得统计量 U 的观察值:

$$|u|=\left|\frac{\overline{x}-\overline{y}}{\sqrt{\sigma_1^2/n_1+\sigma_2^2/n_2}}\right|\approx 3.95\,.$$

因 $|u|\approx 3.95>u_{0.025}=1.96$, 故拒绝 H_0, 即认为两厂生产的灯泡的寿命有显著差异.

例 2　某人工智能公司评估模型 A 和模型 B 在图像识别任务中的表现, 需检验两者的平均预测误差是否存在显著差异. 已知模型 A 的预测误差 (单位: %) 服从正态分布, 均值为 3.5, 方差为 1.2; 模型 B 的预测误差也服从正态分布, 均值为 4.0, 方差为 1.5. 公司从每个模型的预测结果中各抽取 30 个样本, 模型 A 的样本均值为 3.8, 模型 B 的样本均值为 4.2. 在 0.05的显著性水平下, 使用双正态总体均值差的假设检验方法, 检验两模型的预测误差均值是否存在显著差异.

解　根据双正态总体均值差的假设检验公式 (方差已知情形), 设立假设:

原假设 H_0: 模型 A 和模型 B 的预测误差均值相等, 即 $\mu_A=\mu_B$.

备择假设 H_1: 模型 A 和模型 B 的预测误差均值不等, 即 $\mu_A\neq\mu_B$.

已知总体方差, 用双正态总体均值差的 u 检验, 统计量公式为

$$U=\frac{(\overline{X}_A-\overline{X}_B)-(\mu_A-\mu_B)}{\sqrt{\dfrac{\sigma_A^2}{n_A}+\dfrac{\sigma_B^2}{n_B}}}$$

代入数据:

$$\overline{X}_A=3.8,\ \overline{X}_B=4.2,\ \sigma_A^2=1.2,\ \sigma_B^2=1.5,\ n_A=n_B=30,\ \mu_A-\mu_B=0,$$

得

$$u=\frac{(3.8-4.2)-0}{\sqrt{\dfrac{1.2}{30}+\dfrac{1.5}{30}}}=-\frac{4}{3}\approx -1.33,$$

显著性水平 $\alpha=0.05$, 双侧检验, 查标准正态分布表得临界值为 ± 1.96. 因为 $|u|\approx 1.33<1.96$, 未落入拒绝域, 故未能拒绝原假设 H_0, 即无充分证据表明模型A和模型B的预测误差均值存在显著差异. 这一结论为人工智能领域的模型评估与选择提供了依据, 有助于开发者判断是否需要进一步优化模型, 对资源分配和研发方向具有指导意义.

例 3　一药厂生产一种新的止痛片, 厂方希望验证服用新药片后至开始起作用的时间间隔较原有止痛片至少缩短一半, 因此, 厂方提出需检验假设:

$$H_0:\mu_1\geqslant 2\mu_2,\ \ H_1:\mu_1<2\mu_2,$$

此处 μ_1, μ_2 分别是服用原有止痛片和服用新止痛片后至起作用的时间间隔的总体均值. 设两总体均为正态总体, 并且方差分别为已知值 σ_1^2, σ_2^2, 现分别从两总体中抽取样本 $X_1, X_2, \cdots, X_{n_1}$ 和 $Y_1, Y_2, \cdots, Y_{n_2}$, 设两个样本独立. 试给出上述假设 H_0 的拒绝域, 取显著性水平为 α.

解　(1) 建立检验假设 $H_0: \mu_1 \geqslant 2\mu_2$, $H_1: \mu_1 < 2\mu_2$.

(2) 依题设, 利用正态随机变量线性函数的分布, 有

$$\overline{X} - 2\overline{Y} \sim N(\mu_1 - 2\mu_2, \sigma_1^2/n_1 + 4\sigma_2^2/n_2),$$

故选择统计量

$$U = \frac{\overline{X} - 2\overline{Y} - (\mu_1 - 2\mu_2)}{\sqrt{\sigma_1^2/n_1 + 4\sigma_2^2/n_2}} \sim N(0, 1).$$

(3) 对于给定的显著性水平 α, 确定 k, 使 $P\{U > k\} = \alpha$, 其中 $k = u_\alpha$ 可查标准正态分布表得到.

(4) 由 $P\{U > u_\alpha\} = \alpha$, 得所求拒绝域为

$$W = \left\{ \frac{\overline{x} - 2\overline{y}}{\sqrt{\sigma_1^2/n_1 + 4\sigma_2^2/n_2}} < -u_\alpha \right\}.$$

标准正态分布查表

2. 方差 σ_1^2, σ_2^2 未知, 但 $\sigma_1^2 = \sigma_2^2 = \sigma^2$

检验假设 $H_0: \mu_1 - \mu_2 = \mu_0$, $H_1: \mu_1 - \mu_2 \neq \mu_0$, 其中 μ_0 为已知常数.

由§5.3 知, 当 H_0 为真时, 有

$$T = \frac{\overline{X} - \overline{Y} - \mu_0}{S_w\sqrt{1/n_1 + 1/n_2}} \sim t(n_1 + n_2 - 2), \tag{3.3}$$

其中

$$S_w^2 = \frac{(n_1 - 1)S_1^2 + (n_2 - 1)S_2^2}{n_1 + n_2 - 2},$$

所以选取 T 作为检验统计量, 记其观察值为 t, 相应的检验法称为 ***t* 检验法**.

由于 S_w^2 也是 σ^2 的最小方差无偏估计量, 当 H_0 成立时, $|t|$ 不应太大, 当 H_1 成立时, $|t|$ 有偏大的趋势, 故拒绝域的形式为

$$|t| = \left| \frac{\overline{x} - \overline{y} - \mu_0}{s_w\sqrt{1/n_1 + 1/n_2}} \right| > k \ (k\text{待定}).$$

对于给定的显著性水平 α, 查 t 分布表, 得分位数 $k = t_{\alpha/2}(n_1 + n_2 - 2)$, 使

$$P\{|T| > t_{\alpha/2}(n_1 + n_2 - 2)\} = \alpha, \tag{3.4}$$

由此即得拒绝域为

$$|t|=\left|\frac{\overline{x}-\overline{y}-\mu_0}{S_w\sqrt{1/n_1+1/n_2}}\right|>t_{\alpha/2}(n_1+n_2-2).$$

根据一次抽样得到的样本观察值 $x_1, x_2, \cdots, x_{n_1}$ 和 $y_1, y_2, \cdots, y_{n_2}$ 计算出统计量 T 的观察值 t, 若 $|t|>t_{\alpha/2}(n_1+n_2-2)$, 则拒绝原假设 H_0, 否则接受原假设 H_0.

例 4 某地某年高考后随机抽得15名男生、12名女生的物理考试成绩:

男生: 49 48 47 53 51 43 39 57 56 46 42 44 55 44 40

女生: 46 40 47 51 43 36 43 38 48 54 48 34

这27名学生的成绩能说明这个地区男生与女生的物理考试成绩不相上下吗(显著性水平 $\alpha=0.05$)?

解 记该地区男生与女生的物理考试成绩的总体分别为 X 与 Y, 则总体 X 与 Y 近似服从正态分布, 并设 $X\sim N(\mu_1, \sigma^2)$, $Y\sim N(\mu_2, \sigma^2)$, 这就是方差未知但相等情形下的双正态总体均值差的检验, 用 t 检验法, 并根据假设检验的一般步骤进行检验.

(1) 建立检验假设 H_0: $\mu_1-\mu_2=0$, H_1: $\mu_1-\mu_2\neq 0$.

(2) 选择统计量 $T=\dfrac{\overline{X}-\overline{Y}}{S_w\sqrt{1/n_1+1/n_2}}\sim t(n_1+n_2-2)$, 其中, 右侧是自由度为 n_1+n_2-2 的 t 分布, 且

$$S_w^2=\frac{(n_1-1)S_1^2+(n_2-1)S_2^2}{n_1+n_2-2}.$$

依题设, 两样本的容量分别为 $n_1=15$, $n_2=12$, 故

$$n=n_1+n_2=27.$$

再由题设数据, 计算得 $\overline{x}=47.6$, $\overline{y}=44$, 且

$$(n_1-1)s_1^2=\sum_{i=1}^{15}(x_i-\overline{x})^2=469.6,$$

$$(n_2-1)s_2^2=\sum_{i=1}^{12}(y_i-\overline{y})^2=412.$$

$$s_w=\sqrt{\frac{(n_1-1)s_1^2+(n_2-1)s_2^2}{n_1+n_2-2}}=\sqrt{\frac{1}{25}(469.6+412)}\approx 5.94.$$

将上述计算结果代入统计量 T 的表达式, 算得其观察值:

$$t=\frac{\overline{x}-\overline{y}}{s_w\sqrt{1/n_1+1/n_2}}=\frac{47.6-44}{5.94\sqrt{1/15+1/12}}\approx 1.565.$$

(3) 对于给定的显著性水平 $\alpha=0.05$, 查 t 分布表, 得

$$t_{\alpha/2}(n-2)=t_{0.025}(25)=2.060,$$

从而可得拒绝域为 $|t|>t_{0.025}(25)=2.060$.

t 分布查表

(4) 因为 $|t|=1.565<2.060=t_{0.025}(25)$, 所以没有充分理由拒绝原假设 H_0, 即认为这一地区男生与女生的物理考试成绩不相上下.

例 5　某科学技术研究所评估材料 A 和材料 B 的耐高温性能, 检验两者在高温条件下的抗拉强度均值是否存在显著差异. 已知材料 A 和材料 B 的抗拉强度均服从正态分布且方差相等. 抽取 20 单位的材料 A, 测得样本均值为 280MPa, 标准差为 15MPa; 抽取 25 单位的材料 B, 测得样本均值为 290MPa, 标准差为 17MPa. 在显著性水平 0.05 下, 使用双正态总体均值差的假设检验方法进行检验.

解　根据双正态总体均值差的假设检验公式 (方差未知但相等情形), 设立假设:

原假设 H_0: 材料 A 和材料 B 的抗拉强度均值相等, 即 $\mu_A=\mu_B$.

备择假设 H_1: 材料 A 和材料 B 的抗拉强度均值不等, 即 $\mu_A\neq\mu_B$.

因方差未知但相等, 采用合并方差的 t 检验:

$$S_w^2=\frac{(20-1)\times 15^2+(25-1)\times 17^2}{20+25-2}=\frac{19\times 225+24\times 289}{43}\approx 260.7,$$

$$t=\frac{\overline{X}_A-\overline{X}_B}{S_w\sqrt{1/n_A+1/n_B}}=\frac{280-290}{\sqrt{260.7}\times\sqrt{1/20+1/25}}=\frac{-10}{4.84}\approx -2.07,$$

显著性水平 $\alpha=0.05$, 双侧检验, 自由度

$$\mathrm{df}=n_A+n_B-2=43,$$

查 t 分布表得临界值为

$$\pm t_{0.025}(43)=\pm 2.017.$$

因为

$$|t|\approx 2.07>t_{0.025}(43)=2.017,$$

落入拒绝域, 故拒绝原假设 H_0, 即材料 A 和材料 B 的抗拉强度均值存在显著差异.

通过双正态总体均值差的假设检验 (方差未知但相等情形), 在显著性水平 $\alpha=0.05$ 下, 拒绝"材料 A 和材料 B 的抗拉强度均值相等"的原假设, 表明材料 A 与材料 B 的抗拉强度均值有显著差异. 这一结论为科研人员选择材料提供了依据, 有助于优化材料应用方案.

***3. 方差 σ_1^2, σ_2^2 未知, 且 $\sigma_1^2\neq\sigma_2^2$**

检验假设 H_0: $\mu_1-\mu_2=\mu_0$, H_1: $\mu_1-\mu_2\neq\mu_0$, 其中 μ_0 为已知常数.

当 H_0 为真时, 统计量

$$T=\frac{\overline{X}-\overline{Y}-\mu_0}{\sqrt{S_1^2/n_1+S_2^2/n_2}}\overset{\text{近似}}{\sim} t(f), \tag{3.5}$$

上式右端的 $t(f)$ 是自由度为 f 的 t 分布, 其中

$$f=\frac{\left(\dfrac{S_1^2}{n_1}+\dfrac{S_2^2}{n_2}\right)^2}{\dfrac{S_1^4}{n_1^2(n_1-1)}+\dfrac{S_2^4}{n_2^2(n_2-1)}}. \tag{3.6}$$

故选取 T 作为检验统计量. 记其观察值为 t, 得拒绝域为

$$|t|=\left|\frac{\overline{x}-\overline{y}-\mu_0}{\sqrt{s_1^2/n_1+s_2^2/n_2}}\right|>t_{\alpha/2}(f). \tag{3.7}$$

根据一次抽样得到的样本观察值 $x_1, x_2, \cdots, x_{n_1}$ 和 $y_1, y_2, \cdots, y_{n_2}$ 计算出 T 的观察值 t, 若 $|t|>t_{\alpha/2}(f)$, 则拒绝原假设 H_0, 否则接受原假设 H_0.

注: 对此类情况的一般情形进行假设检验比较复杂, 已经超出了教学大纲的要求, 这里不再深入讨论. 但在实际应用中, 对于大样本问题, 常采用如下简化方法: 把 s_1, s_2 近似看作 σ_1, σ_2, 从而将问题转化为方差 σ_1^2, σ_2^2 已知情形下的假设检验, 即可用 u 检验法进行检验.

例 6　甲、乙两机床加工同一种零件, 抽样测量其产品的数据(单位: 毫米), 经计算得

甲机床: $n_1=80$, $\overline{x}=33.75$, $s_1=0.1$;　乙机床: $n_2=100$, $\overline{y}=34.15$, $s_2=0.15$.

问: 在 $\alpha=0.01$ 的显著性水平下, 两机床加工的产品尺寸有无显著差异?

解　本题中, 样本容量 $n\geqslant 50$, 可视为大样本问题, 把 s_1, s_2 近似看作 σ_1, σ_2, 将问题转化为方差 σ_1^2, σ_2^2 已知情形下的假设检验, 故可利用双正态总体均值差 (方差已知) 的假设检验方法 (u 检验法) 进行检验.

待检验假设为 $H_0: \mu_1=\mu_2$, $H_1: \mu_1\neq\mu_2$.

利用 u 检验法, 在原假设 H_0 为真时, 其拒绝域为

$$|u|=\left|\frac{\overline{x}-\overline{y}}{\sqrt{\sigma_1^2/n_1+\sigma_2^2/n_2}}\right|>k\ (k\text{待定}).$$

标准正态分布查表

对 $\alpha=0.01$, 查标准正态分布表, 得分位数 $k=u_{\alpha/2}=u_{0.005}=2.58$.

利用题设数据, 计算得

$$|u|=\frac{|\overline{x}-\overline{y}|}{\sqrt{s_1^2/n_1+s_2^2/n_2}}=\frac{0.4}{\sqrt{0.000\,125+0.000\,225}}\approx 21.38.$$

因 $|u|=21.38>u_{0.005}=2.58$, 故拒绝 H_0, 可认为两机床加工的产品尺寸有显著差异.

例 7　某机器学习公司评估算法 A 和算法 B 在图像分类任务中的表现, 检验两者的分

类准确率均值是否存在显著差异. 已知算法 A 的分类准确率 (单位: %) 服从正态分布, 样本均值为85, 样本标准差为 5, 样本容量为30; 算法 B 的分类准确率也服从正态分布, 样本均值为 88, 样本标准差为 6, 样本容量为 35. 在显著性水平 $\alpha=0.05$ 下, 使用双正态总体均值差的假设检验方法 (方差未知且不等情形) 进行检验.

解 根据双正态总体均值差的假设检验公式 (方差未知且不等情形), 建立假设:

原假设 H_0: 算法 A 和算法 B 的分类准确率均值相等, 即 $\mu_A=\mu_B$.

备择假设 H_1: 算法 A 和算法 B 的分类准确率均值不等, 即 $\mu_A\neq\mu_B$.

由于方差未知且不相等, 选取检验统计量为

$$T=\frac{\overline{X}_A-\overline{X}_B}{\sqrt{\dfrac{S_A^2}{n_A}+\dfrac{S_B^2}{n_B}}},$$

代入数据 $\overline{x}_A=85$, $\overline{x}_B=88$, $s_A=5$, $s_B=6$, $n_A=30$, $n_B=35$, 得

$$t=\frac{85-88}{\sqrt{\dfrac{5^2}{30}+\dfrac{6^2}{35}}}=\frac{-3}{\sqrt{\dfrac{25}{30}+\dfrac{36}{35}}}\approx-2.20,$$

根据显著性水平 $\alpha=0.05$ 下的双侧检验, 自由度的计算公式为

$$\mathrm{df}=\frac{\left(\dfrac{S_A^2}{n_A}+\dfrac{S_B^2}{n_B}\right)^2}{\dfrac{\left(\dfrac{S_A^2}{n_A}\right)^2}{n_A-1}+\dfrac{\left(\dfrac{S_B^2}{n_B}\right)^2}{n_B-1}},$$

代入数据, 得

$$\mathrm{df}=\frac{\left(\dfrac{5^2}{30}+\dfrac{6^2}{35}\right)^2}{\dfrac{\left(\dfrac{5^2}{30}\right)^2}{30-1}+\dfrac{\left(\dfrac{6^2}{35}\right)^2}{35-1}}\approx 63,$$

查 t 分布表得临界值为 ± 2.00. 因为

$$|t|\approx 2.20>2.00,$$

t 分布查表

故拒绝原假设 H_0, 即算法 A 和算法 B 的分类准确率均值存在显著差异. 这一结论为机器学习领域的算法优化与选择提供了依据, 有助于研究人员筛选更优算法, 提升模型性能.

二、双正态总体方差相等的假设检验

在统计检验中, 判断两个正态总体的方差是否相等是关键前提之一. 若方差相等, 则能在两总体均值差的比较中使用假定方差相等的 t 检验等方法, 提高推断的效率与可靠性. 对方差相等性的检验通常采用 F 检验, 通过构建 F 统计量并与理论分布比较确定 P 值. 当 P 值小于预定的显著性水平时, 拒绝方差相等的原假设, 否则不能拒绝方差相等的原假设. 此检验在生物、化学、工程质量控制及社会科学研究中广泛应用, 有助于合理选择分析方法, 确保结果解释更为合理.

设 $X_1, X_2, \cdots, X_{n_1}$ 为取自总体 $N(\mu_1, \sigma_1^2)$ 的一个样本, 而 $Y_1, Y_2, \cdots, Y_{n_2}$ 为取自总体 $N(\mu_2, \sigma_2^2)$ 的一个样本, 并且两个样本相互独立, 记 $\overline{X}$ 与 $\overline{Y}$ 分别为相应的样本均值, S_1^2 与 S_2^2 分别为相应的样本方差.

检验假设 $H_0: \sigma_1^2 = \sigma_2^2$, $H_1: \sigma_1^2 \neq \sigma_2^2$. 由§5.3 知, 当 H_0 为真时, 有

$$F = \frac{S_1^2}{S_2^2} \sim F(n_1 - 1, n_2 - 1), \tag{3.8}$$

故选取 F 作为检验统计量, 相应的检验法称为 ***F* 检验法**.

由于 S_1^2 与 S_2^2 是 σ_1^2 与 σ_2^2 的无偏估计量, 当 H_0 成立时, F 的取值应集中在 1 的附近, 当 H_1 成立时, F 的取值有偏小或偏大的趋势, 故拒绝域的形式为

$$F < k_1 \text{ 或 } F > k_2 \ (k_1, k_2 \text{ 待定}).$$

对于给定的显著性水平 α, 查 F 分布表, 得分位数

$$k_1 = F_{1-\alpha/2}(n_1 - 1, n_2 - 1), \quad k_2 = F_{\alpha/2}(n_1 - 1, n_2 - 1),$$

使 $P\{F < F_{1-\alpha/2}(n_1 - 1, n_2 - 1)\} = P\{F > F_{\alpha/2}(n_1 - 1, n_2 - 1)\} = \dfrac{\alpha}{2}$, 由此即得拒绝域为

$$F < F_{1-\alpha/2}(n_1 - 1, n_2 - 1) \ \text{ 或 } \ F > F_{\alpha/2}(n_1 - 1, n_2 - 1). \tag{3.9}$$

根据一次抽样得到的样本观察值 $x_1, x_2, \cdots, x_{n_1}$ 和 $y_1, y_2, \cdots, y_{n_2}$ 计算出统计量 F 的观察值, 若式(3.9)成立, 则拒绝原假设 H_0, 否则接受原假设 H_0.

例 8 甲、乙两厂生产同一种电阻, 现从甲、乙两厂的产品中分别随机抽取 12 个和 10 个样品, 测得它们的电阻阻值后, 计算出样本方差分别为 $s_1^2 = 1.40$, $s_2^2 = 4.38$. 假设电阻阻值服从正态分布, 在显著性水平 $\alpha = 0.10$ 下, 我们可否认为两厂生产的电阻阻值的方差相等?

解 本题属于双正态总体方差比的检验, 采用 F 检验法, 并根据假设检验的一般步骤进行检验.

(1) 建立检验假设 $H_0: \sigma_1^2 = \sigma_2^2$, $H_1: \sigma_1^2 \neq \sigma_2^2$.

(2) 由双正态总体的抽样分布 (§5.3 定理4), 当 H_0 为真时, 选择统计量

$$F=\frac{S_1^2}{S_2^2}\sim F(n_1-1, n_2-1).$$

(3) 由于 S_1^2 与 S_2^2 是 σ_1^2 与 σ_2^2 的无偏估计量, 当 H_0 成立时, F 的取值应集中在1的附近, 当 H_1 成立时, F 的取值有偏小或偏大的趋势, 故拒绝域的形式为

$$F<k_1 \text{ 或 } F>k_2 \quad (k_1, k_2 \text{待定}).$$

(4) 依题设, 两样本的容量分别为 $n_1=12$, $n_2=10$, 对于给定的显著性水平 $\alpha=0.10$, 利用 F 分布的性质, 查 F 分布表, 得分位数:

$$F_{0.95}(11, 9)=\frac{1}{F_{0.05}(9, 11)}=\frac{1}{2.9}\approx 0.34.$$

F分布查表

(5) 根据题设样本方差的观察值, 有

$$\frac{s_1^2}{s_2^2}=\frac{1.40}{4.38}\approx 0.32<0.34=F_{0.95}(11, 9),$$

故拒绝原假设 H_0, 即可以认为两厂生产的电阻阻值的方差不同.

例 9 某电子工程公司评估电路板 A 和 B 的信号噪声比 (SNR) 方差的差异, 检验两者在相同条件下的SNR方差是否存在显著差异. 已知两种电路板的 SNR 均服从正态分布. 随机抽取25个电路板A (样本标准差2dB) 和30个电路板B (样本标准差3dB). 在显著性水平 $\alpha=0.05$ 下, 使用双正态总体方差相等的假设检验方法进行检验.

解 根据双正态总体方差相等的假设检验公式, 建立假设:

原假设 H_0: $\sigma_A=\sigma_B$ (电路板A和B的SNR方差相等).

备择假设 H_1: $\sigma_A\neq\sigma_B$ (电路板A和B的SNR方差不等).

选取 F 检验统计量: $F=\dfrac{S_A^2}{S_B^2}$. 代入数据 $S_A=2$, $S_B=3$, 得

$$F=\frac{2^2}{3^2}=\frac{4}{9}\approx 0.44,$$

显著性水平 $\alpha=0.05$, 双侧检验, 自由度

$$(n_A-1, n_B-1)=(24, 29).$$

查 F 分布表, 得下侧临界值

$$F_{1-\alpha/2}(24,29)=F_{0.975}(24, 29)\approx 0.45,$$

上侧临界值

$$F_{\alpha/2}(24,29)=F_{0.025}(24, 29)\approx 2.15.$$

由于

$$F\approx 0.44<0.45,$$

落入拒绝域, 故拒绝原假设 H_0, 即电路板 A 和 B 的SNR方差存在显著差异. 这一结论为电

子工程领域选择和优化电路板提供了依据, 有助于工程师根据方差差异做出更合理的决策.

例 10　为比较甲、乙两种安眠药的疗效, 将20名患者分成两组, 每组10人, 设服药后延长的睡眠时间均服从正态分布, 其数据 (单位: 小时) 为

甲: 5.5　4.6　4.4　3.4　1.9　1.6　1.1　0.8　0.1　−0.1

乙: 3.7　3.4　2.0　2.0　0.8　0.7　0　−0.1　−0.2　−1.6

问: 在显著性水平 $\alpha=0.05$ 下, 两种安眠药的疗效有无显著差异?

解　设甲药与乙药服后延长的睡眠时间分别为 X, Y, 依题设, 它们分别服从正态分布:

$$X \sim N(\mu_1, \sigma_1^2),\ Y \sim N(\mu_2, \sigma_2^2),$$

其中 $\mu_1, \mu_2, \sigma_1^2, \sigma_2^2$ 均未知.

(1) 首先在均值 μ_1, μ_2 未知的条件下, 做双正态总体方差相等的假设检验, 检验假设为

$$H_0: \sigma_1^2=\sigma_2^2,\quad H_1: \sigma_1^2 \neq \sigma_2^2.$$

由双正态总体的抽样分布 (§5.3 定理4), 当 H_0 为真时, 有

$$F=\frac{S_1^2}{S_2^2} \sim F(n_1-1, n_2-1),$$

故选取 $F=S_1^2/S_2^2$ 作为统计量, 则其拒绝域的形式为

$$F<k_1 \text{ 或 } F>k_2\ (k_1, k_2 \text{ 待定}).$$

依题设, 两样本容量为 $n_1=10$, $n_2=10$, 样本均值与样本方差的观察值分别为

$$\bar{x}=2.33,\ \bar{y}=1.07;\ s_1^2 \approx 4.01,\ s_2^2 \approx 2.84.$$

代入算出统计量 F 的观察值

$$F=\frac{s_1^2}{s_2^2} \approx 1.412,$$

对于给定的显著性水平 $\alpha=0.05$, 利用 F 分布的性质, 查 F 分布表, 得分位数:

$$F_{0.025}(9, 9)=4.03,\ F_{0.975}(9, 9)=\frac{1}{F_{0.025}(9, 9)}=\frac{1}{4.03}.$$

***F*分布查表**

因 $\frac{1}{4.03}<1.412<4.03$, 故接受原假设 $H_0: \sigma_1^2=\sigma_2^2$, 因此, 在显著性水平 $\alpha=0.05$ 下, 不能认为两种安眠药的疗效的方差有显著差异.

(2) 再在方差 $\sigma_1^2=\sigma_2^2$ 但其值未知的条件下, 做双正态总体均值差的假设检验. 检验假设为 $H_0': \mu_1=\mu_2$, 所用统计量为 $T=\frac{\overline{X}-\overline{Y}}{S_w\sqrt{1/n_1+1/n_2}}$, 其中

$$S_w=\sqrt{\frac{(n_1-1)S_1^2+(n_2-1)S_2^2}{n_1+n_2-2}},$$

利用题设数据, 计算出 S_w 的值

$$s_w=\sqrt{\frac{9\times 4.01+9\times 2.84}{18}}\approx 1.85,$$

从而得到

$$t=\frac{2.33-1.07}{1.85\sqrt{1/10+1/10}}\approx 1.523.$$

t 分布查表

查 t 分布表, 得 $t_{0.025}(18)=2.101$.

因 $|t|=|1.523|<2.101$, 故接受原假设 $H'_0: \mu_1=\mu_2$, 因此, 在显著性水平 $\alpha=0.05$ 下, 不能认为两种安眠药的疗效的均值有显著差异.

综合上述讨论结果, 可以认为两种安眠药的疗效无显著差异.

例 11 设总体 $X\sim N(\mu_1, \sigma^2)$, 总体 $Y\sim N(\mu_2, \sigma^2)$. 从两总体中分别抽取容量为 n 的样本 (即两样本容量相等), 两样本独立. 试设计一种较简单的检验法, 做假设检验:

$$H_0: \mu_1=\mu_2,\ H_1: \mu_1\neq\mu_2.$$

解 因两样本容量相等. 令 $Z_i=X_i-Y_i$, $i=1, 2, \cdots, n$, 它可视为来自总体 $Z=X-Y$ 的样本. 因 X, Y 均为正态总体, 故由正态随机变量线性函数的分布, 有

$$Z\sim N(\mu_1-\mu_2, 2\sigma^2)=N(\mu_z, \sigma_z^2),$$

其中 $\mu_z=\mu_1-\mu_2$, $\sigma_z^2=2\sigma^2$. 于是, 问题可视为方差未知情形下单正态总体均值的假设检验, 采用 t 检验法, 并根据假设检验的一般步骤进行检验.

检验假设为 $H_0: \mu_z=0$, $H_1: \mu_z\neq 0$.

由单正态总体的抽样分布 (§5.3 定理3), 当 H_0 为真时, 选择统计量:

$$T=\frac{\overline{Z}}{S_z/\sqrt{n}}=\frac{\overline{Z}}{S_z}\sqrt{n}\sim t(n-1),$$

其中 $\overline{Z}$, S_Z 分别为 $Z_i\,(i=1, 2, \cdots, n)$ 的样本均值与样本标准差.

因样本均值 $\overline{X}$ 是总体均值 μ 的无偏估计量, 样本方差 S^2 是总体方差 σ^2 的无偏估计量, 设 t 为统计量 T 的观察值, 则当 H_0 成立时, $|t|$ 不应太大, 当 H_1 成立时, $|t|$ 有偏大的趋势, 故拒绝域的形式为

$$|t|=\left|\frac{\overline{Z}}{S}\sqrt{n}\right|>k\ (k\text{待定}).$$

对于给定的显著性水平 α, 查 t 分布表, 得分位数 $k=t_{\alpha/2}(n-1)$, 由此即得拒绝域为

$$|t|>t_{\alpha/2}(n-1).$$

根据一次抽样后得到的样本观察值, 计算出 T 的观察值 t, 若

$$|t|>t_{\alpha/2}(n-1),$$

则拒绝原假设 H_0，即认为总体均值与 μ_0 有显著差异; 若

$$|t| \leqslant t_{\alpha/2}(n-1),$$

则接受原假设 H_0，即认为总体均值与 μ_0 无显著差异.

表 7－3－1 总结了§7.2 和§7.3 中有关正态总体的假设检验, 以方便查用.

表 7－3－1 正态总体的假设检验一览表

H_0	H_1	条件	检验统计量及分布	拒绝域
$\mu=\mu_0$	$\mu\neq\mu_0$	方差 σ^2 已知	$U=\dfrac{\overline{X}-\mu_0}{\sigma/\sqrt{n}}\sim N(0,1)$	$\lvert u\rvert>u_{\alpha/2}$
$\mu\leqslant\mu_0$	$\mu>\mu_0$			$u>u_\alpha$
$\mu\geqslant\mu_0$	$\mu<\mu_0$			$u<-u_\alpha$
$\mu=\mu_0$	$\mu\neq\mu_0$	方差 σ^2 未知	$T=\dfrac{\overline{X}-\mu_0}{S/\sqrt{n}}\sim t(n-1)$	$\lvert t\rvert>t_{\alpha/2}(n-1)$
$\mu\leqslant\mu_0$	$\mu>\mu_0$			$t>t_\alpha(n-1)$
$\mu\geqslant\mu_0$	$\mu<\mu_0$			$t<-t_\alpha(n-1)$
$\sigma^2=\sigma_0^2$	$\sigma^2\neq\sigma_0^2$	均值 μ 未知	$\chi^2=\dfrac{(n-1)S^2}{\sigma_0^2}\sim\chi^2(n-1)$	$\chi^2<\chi^2_{1-\alpha/2}(n-1)$ 或 $\chi^2>\chi^2_{\alpha/2}(n-1)$
$\sigma^2\leqslant\sigma_0^2$	$\sigma^2>\sigma_0^2$			$\chi^2>\chi^2_\alpha(n-1)$
$\sigma^2\geqslant\sigma_0^2$	$\sigma^2<\sigma_0^2$			$\chi^2<\chi^2_{1-\alpha}(n-1)$
$\mu_1-\mu_2=\mu_0$	$\mu_1-\mu_2\neq\mu_0$	方差 σ_1^2,σ_2^2 已知	$U=\dfrac{\overline{X}-\overline{Y}-\mu_0}{\sqrt{\sigma_1^2/n_1+\sigma_2^2/n_2}}\sim N(0,1)$	$\lvert u\rvert>u_{\alpha/2}$
$\mu_1-\mu_2\leqslant\mu_0$	$\mu_1-\mu_2>\mu_0$			$u>u_\alpha$
$\mu_1-\mu_2\geqslant\mu_0$	$\mu_1-\mu_2<\mu_0$			$u<-u_\alpha$
$\mu_1-\mu_2=\mu_0$	$\mu_1-\mu_2\neq\mu_0$	方差 σ_1^2,σ_2^2 未知, 但 $\sigma_1^2=\sigma_2^2$	$T=\dfrac{\overline{X}-\overline{Y}-\mu_0}{S_w\sqrt{1/n_1+1/n_2}}\sim t(n_1+n_2-2)$	$\lvert t\rvert>t_{\alpha/2}(n_1+n_2-2)$
$\mu_1-\mu_2\leqslant\mu_0$	$\mu_1-\mu_2>\mu_0$			$t>t_\alpha(n_1+n_2-2)$
$\mu_1-\mu_2\geqslant\mu_0$	$\mu_1-\mu_2<\mu_0$			$t<-t_\alpha(n_1+n_2-2)$
$\mu_1-\mu_2=\mu_0$	$\mu_1-\mu_2\neq\mu_0$	方差 σ_1^2,σ_2^2 未知, 且 $\sigma_1^2\neq\sigma_2^2$	$T=\dfrac{\overline{X}-\overline{Y}-\mu_0}{\sqrt{S_1^2/n_1+S_2^2/n_2}}\sim t(f)$	$\lvert t\rvert>t_{\alpha/2}(f)$
$\mu_1-\mu_2\leqslant\mu_0$	$\mu_1-\mu_2>\mu_0$			$t>t_\alpha(f)$
$\mu_1-\mu_2\geqslant\mu_0$	$\mu_1-\mu_2<\mu_0$			$t<-t_\alpha(f)$
$\sigma_1^2=\sigma_2^2$	$\sigma_1^2\neq\sigma_2^2$	均值 μ_1,μ_2 未知	$F=\dfrac{S_1^2}{S_2^2}\sim F(n_1-1,n_2-1)$	$F<F_{1-\alpha/2}(n_1-1,n_2-1)$ 或 $F>F_{\alpha/2}(n_1-1,n_2-1)$
$\sigma_1^2\leqslant\sigma_2^2$	$\sigma_1^2>\sigma_2^2$			$F>F_\alpha(n_1-1,n_2-1)$
$\sigma_1^2\geqslant\sigma_2^2$	$\sigma_1^2<\sigma_2^2$			$F<F_{1-\alpha}(n_1-1,n_2-1)$

习题 7-3

1. 某制造厂家宣称, 线 A 的平均张力比线 B 至少强 120N. 为证实其说法, 在同样情况下测试两种线各

50 条. 线 A 的平均张力为 $\bar{x}=867\text{N}$, 标准差为 $\sigma_1=62.8\text{N}$; 而线 B 的平均张力为 $\bar{y}=778\text{N}$, 标准差为 $\sigma_2=56.1\text{N}$. 在 $\alpha=0.05$ 的显著性水平下, 试检验此制造厂家的说法.

2. 欲知某新血清是否能抑制白血球过多症, 选择已患该病的老鼠 9 只, 并将其中 5 只施予此种血清, 另外 4 只则不然. 从实验开始, 其存活年限表示如下:

接受血清	2.1	5.3	1.4	4.6	0.9
未接受血清	1.9	0.5	2.8	3.1	

假设两总体均服从方差相同的正态分布, 试在显著性水平 $\alpha=0.05$ 下, 检验此种血清是否有效.

3. 据现在的推测, 矮个子的人比高个子的人寿命要长一些. 下面给出美国 31 个自然死亡的总统的寿命, 将他们分为矮个子与高个子两类, 数据如下:

矮个子总统: 85 79 67 90 80

高个子总统: 68 53 63 70 88 74 64 66 60 60 78 71 67
90 73 71 77 72 57 78 67 56 63 64 83 65

假设两总体服从方差相同的正态分布, 试问这些数据是否符合上述推测 ($\alpha=0.05$)?

4. 在 20 世纪 70 年代后期, 人们发现酿造啤酒时, 在麦芽干燥过程中会形成致癌物质亚硝基二甲胺 (NDMA). 到了 20 世纪 80 年代初期, 人们开发了一种新的麦芽干燥过程, 下面给出了分别在新、老两种过程中形成的 NDMA 含量 (以 10 亿份中的份数计):

老过程	6	4	5	5	6	5	5	6	4	6	7	4
新过程	2	1	2	2	1	0	3	2	1	0	1	3

设两样本均来自正态总体, 且两总体的方差相等, 但参数均未知, 两样本独立. 分别以 μ_1, μ_2 记对应于老、新过程的总体的均值, 试检验假设 (取 $\alpha=0.05$):

$$H_0: \mu_1-\mu_2 \leqslant 2, \ H_1: \mu_1-\mu_2>2.$$

5. 有两台车床生产同一种型号的滚珠. 根据过去的经验, 可以认为这两台车床生产的滚珠的直径都服从正态分布. 现要比较两台车床所生产的滚珠的直径的方差, 分别抽出 8 个和 9 个样品, 测得滚珠的直径 (单位: mm) 如下:

甲车床 x_i : 15.0 14.5 15.2 15.5 14.8 15.1 15.2 14.8

乙车床 y_i : 15.2 15.0 14.8 15.2 15.0 15.0 14.8 15.1 14.8

问乙车床生产的产品的直径的方差是否比甲车床的小 ($\alpha=0.05$)?

6. 某灯泡厂在采用一项新工艺的前后, 分别抽取 10 只灯泡进行寿命试验. 计算得到: 采用新工艺前灯泡寿命的样本均值为 2 460 小时, 样本标准差为 56 小时; 采用新工艺后灯泡寿命的样本均值为 2 550 小时, 样本标准差为 48 小时. 设灯泡的寿命服从正态分布, 是否可以认为采用新工艺后灯泡的平均寿命显著提高 ($\alpha=0.01$)?

7. 随机地选了 8 个人, 分别测量了他们在早晨起床时和晚上就寝时的身高 (单位: cm), 得到以下数据:

序号	1	2	3	4	5	6	7	8
早晨(x_i)	172	168	180	181	160	163	165	177
晚上(y_i)	172	167	177	179	159	161	166	175

设各对数据的差 Z_i 是来自正态总体 $N(\mu_z, \sigma_z^2)$ 的样本, μ_z, σ_z^2 均未知, 问是否可以认为早晨起床时的身高比

晚上就寝时的身高要高 ($\alpha=0.05$)?

8. 用 5 个含铁物质的样本做实验, 以决定化学分析和 X 光分析所测得的铁含量是否有差异. 每个样本分为两个小样本, 以两种分析方法做对比实验, 得到如下数据:

样本 i	1	2	3	4	5
X 光分析 (x_i)	2.0	2.0	2.3	2.1	2.4
化学分析 (y_i)	2.2	1.9	2.5	2.3	2.4

假设两总体均服从正态分布, 试在 $\alpha=0.05$ 的显著性水平下, 检验两种分析方法所得的均值是否相同.

9. 杜鹃总是把蛋生在别的鸟巢中, 现有从两种鸟巢中得到的蛋共24个, 其中 9 个来自同一种鸟巢, 15个来自另一种鸟巢. 测得杜鹃蛋的长度数据 (单位: 毫米) 如下:

样本 1 $n_1=9$	21.2	21.6	21.9			$\bar{x}\approx 22.18$
	22.0	22.0	22.2			$s_x^2\approx 0.3769$
	22.8	22.9	23.0			
样本 2 $n_2=15$	19.8	20.0	20.3	20.8	20.9	$\bar{y}\approx 21.12$
	20.9	21.0	21.0	21.0	21.2	$s_y^2\approx 0.5689$
	21.5	22.0	22.0	22.1	22.3	

假设两个样本来自同方差的正态总体, 试鉴别杜鹃蛋的长度与它们被发现的鸟巢不同是否有关 ($\alpha=0.05$)?

10. 两箱中分别装有甲、乙两厂生产的产品, 欲比较两厂产品的质量, 甲厂产品的质量 $X\sim N(\mu_1,\sigma_1^2)$, 乙厂产品的质量 $Y\sim N(\mu_2,\sigma_2^2)$. 假设 $\sigma_1^2=\sigma_2^2$, 现从 X 中取出 10 件, 测得的质量均值为 4.95kg, 标准差为 0.07kg; 从 Y 中取出15件, 测得的质量均值为5.02kg, 标准差为 0.12kg. 试检验两者的平均质量有无显著差异.

11. 检查了26匹马, 测得每 100 mL 的血清中所含的无机磷平均为 3.29 mL, 标准差为 0.27 mL; 又检查了 16 头羊, 测得每 100 mL 的血清中所含的无机磷平均为 3.96 mL, 标准差为 0.40 mL. 设马和羊每 100 mL 的血清中所含的无机磷分别为 X, Y, 有 $X\sim N(\mu_1,\sigma_1^2)$, $Y\sim N(\mu_2,\sigma_2^2)$, 且两总体相互独立. 检验马和羊的血清中平均所含的无机磷是否有显著差异 ($\alpha=0.05$, $F_{0.025}(15,25)=2.41$, $t_{0.025}(40)=2.0211$)?

12. 从甲、乙两地段分别取岩心10块和 8 块进行磁化率测定, 测得样本均方差

$$S_1=0.1179,\ S_2=0.0728,$$

设两地段的岩心磁化率都服从正态分布, 试问甲、乙两地段的岩心磁化率的均方差有无显著差异 ($\alpha=0.05$, $F_{0.025}(9,7)=4.82$, S_1^2, S_2^2 均为方差的无偏估计)?

13. 某一橡胶配方中, 原用氧化锌 5 克, 现减为 1 克. 若分别用两种配方做一批试验, 5 克配方测 9 个值, 得橡胶伸长率的样本方差 $S_1^2=63.86$; 1 克配方测 10 个值, 得橡胶伸长率的样本方差 $S_2^2=236.8$. 设橡胶伸长率服从正态分布, 问两配方伸长率的总体标准差有无显著差异 ($\alpha=0.10$, $F_{0.10}(9,8)=2.56$, $F_{0.05}(9,8)=3.39$, 且 S_1^2 及 S_2^2 均为方差的无偏估计)?

14. 对 5 个正常人和 6 个矽肺病患者分别测肺活量, 测得数据如下:

正常人的肺活量	2.5	2.8	2.9	3.1	2.7	
矽肺病患者的肺活量	2.1	2.9	2.7	2.4	2.7	2.2

设正常人的肺活量为 $\xi\sim N(\mu_1,\sigma_1^2)$, 矽肺病患者的肺活量为 $\eta\sim N(\mu_2,\sigma_2^2)$, 检验 $H_0:\sigma_1=\sigma_2$ (显著性水平 $\alpha=0.05$).

15. 某工程公司评估两种混凝土配比对抗压强度的影响, 需检验两种配比的抗压强度均值是否存在显著差异. 已知配比A的抗压强度服从正态分布, 均值为35MPa, 方差为4; 配比B的抗压强度也服从正态分布, 均值为37MPa, 方差为5. 公司从每种配比中各抽取25个样本, 配比A的样本均值为34MPa, 配比B的样本均值为36MPa. 在显著性水平0.05下, 使用双正态总体均值差的假设检验方法, 检验两种配比的抗压强度均值是否存在显著差异.

16. 某计算机网络公司评估算法A和算法B对网络数据传输延迟的影响, 检验两者的平均传输延迟是否存在显著差异. 已知两种算法的传输延迟均服从正态分布且方差相等. 从每种算法中各抽取25个样本, 算法A的传输延迟均值为30ms, 方差为4; 算法B的传输延迟均值为32ms, 方差为5. 在显著性水平0.05下, 使用双正态总体均值差的假设检验方法进行检验.

17. 某化学工程公司评估催化剂A和B对化学反应速率的影响, 检验两者的反应速率均值是否存在显著差异. 已知催化剂A的反应速率服从正态分布, 样本均值为12.5mol/L·h, 样本标准差为1.8mol/L·h, 样本容量为18; 催化剂B的反应速率也服从正态分布, 样本均值为13.0mol/L·h, 样本标准差为2.2mol/L·h, 样本容量为22. 在显著性水平0.05下, 使用双正态总体均值差的假设检验方法 (方差未知且不等情形) 进行检验.

18. 某生态研究团队评估治理方法A和B对水体中水生植物生长速度方差的影响, 检验两种方法下水生植物生长速度的方差是否存在显著差异. 已知治理方法A下水生植物生长速度服从正态分布, 样本标准差为0.8mm/天, 样本容量为18; 治理方法B下水生植物生长速度也服从正态分布, 样本标准差为1.0mm/天, 样本容量为22. 在显著性水平0.05下, 使用双正态总体方差相等的假设检验方法进行检验.

§7.4　关于一般总体数学期望的假设检验

在实际统计分析中, 我们经常关心总体平均水平 (即总体的数学期望) 是否为某特定值. 然而, 在许多情境中我们无法假定总体分布为正态分布, 甚至有时对总体分布的具体形态并无先验知识. 面对这种普遍但复杂的情况, 假设检验仍能提供有用的指导. 其基本思路是: 先提出一个关于总体数学期望的原假设, 如 “总体数学期望等于某特定值”, 然后利用样本数据计算出相应的检验统计量, 并在预设显著性水平下判断是否拒绝原假设. 当样本容量较大时, 我们可借助中心极限定理, 利用样本均值的大样本近似正态性来构造 u 检验等方法, 从而在不要求严格分布假定的前提下进行假设检验.

对于分布不明且样本有限的情况, 非参数假设检验如符号检验和秩和检验可作为替代方案, 这些方法不依赖于原假设的分布形式, 而是利用样本数据的相对大小关系来推断总体数学期望. 此外, Bootstrap等自助抽样方法亦可在未知分布下提供稳健的近似推断, 使研究者在有限的信息条件下尽量接近真实情况. 无论采用何种方法, 对一般总体数学期望的检验都是在信息不完备条件下所做的谨慎决策. 这类检验方法的选择应根据实际问题的限制、数据特性以及对错误风险的可容忍程度而定.

本节我们讨论一般总体数学期望的假设检验问题, 此类问题可借助一些统计量的极限分布近似地进行假设检验, 属于大样本统计范畴, 其理论依据就是中心极限定理.

一、一般总体数学期望的假设检验

1. 一个总体均值的大样本假设检验

在大样本条件下，一般总体均值的假设检验可利用中心极限定理使样本均值近似服从正态分布. 先提出总体均值的原假设，用样本均值与假设值构成U统计量，并计算P值. 当P值低于显著性水平时，拒绝原假设. 此方法无需严格的分布假定，适用于各类数据环境，并通过大样本量确保结果稳健，为统计决策提供可靠的依据.

设非正态总体X的均值为μ，方差为σ^2，而$X_1, X_2, \cdots, X_n$为总体X的一个样本，样本均值为$\overline{X}$，样本方差为S^2，则当样本容量n充分大时，由中心极限定理知

$$U_n = \frac{\overline{X}-\mu}{\sigma/\sqrt{n}} \overset{\text{近似}}{\sim} N(0, 1)\ (\text{标准正态分布}).$$

所以，对均值μ的假设检验可以用前面讲过的u检验法. 这里所不同的是拒绝域是近似的，这就是关于一般总体数学期望的假设检验的简单有效的方法.

(1) 双侧检验: $H_0:\mu=\mu_0$，$H_1:\mu\neq\mu_0$，可得近似的拒绝域为$|U_n|>u_{\alpha/2}$；

(2) 右侧检验: $H_0:\mu\leqslant\mu_0$，$H_1:\mu>\mu_0$，可得近似的拒绝域为$U_n>u_\alpha$；

(3) 左侧检验: $H_0:\mu\geqslant\mu_0$，$H_1:\mu<\mu_0$，可得近似的拒绝域为$U_n<-u_\alpha$.

注: 若总体标准差σ未知，可以用样本标准差S来代替，即当n充分大时，由中心极限定理知，$T_n=\dfrac{\overline{X}-\mu_0}{S/\sqrt{n}}$近似服从$N(0,1)$. 只需将上述的$\sigma$用$S$代替，$U_n$用$T_n$代替，即可得到类似的结论.

例 1　某厂的生产管理员认为该厂第一道工序加工完的产品送到第二道工序进行加工之前的平均等待时间超过90分钟. 现得到对100件产品的随机抽样结果是平均等待时间为96分钟，样本标准差为30分钟. 问抽样的结果是否支持该管理员的看法($\alpha=0.05$)?

解　用X表示第一道工序加工完的产品送到第二道工序进行加工之前的等待时间，总体均值为μ. 是否支持管理员的看法，也就是检验$\mu>90$是否成立，故待检假设为

$$H_0:\mu\leqslant 90,\quad H_1:\mu>90.$$

由于样本容量$n=100$，故本题可视为一般总体均值的大样本假设检验问题，具体可用u检验法进行检验. 由于总体标准差σ未知，可用样本标准差S代替. 于是，当H_0成立时，统计量

$$T_n = \frac{\overline{X}-90}{S/\sqrt{100}} = \frac{\overline{X}-\mu}{S/\sqrt{100}} \overset{\text{近似}}{\sim} N(0,1).$$

其中$N(0, 1)$为标准正态分布.

对给定的显著性水平$\alpha=0.05$，查标准正态分布表，得

$$u_\alpha = u_{0.05} = 1.645,$$

标准正态分布查表

故近似拒绝域为

$$W=\{t>1.645\}.$$

由题设样本数据得 $\overline{x}=96$, $s=30$, 从而可算得统计量 T_n 的观察值:

$$t=\frac{96-90}{30/\sqrt{100}}=2>1.645.$$

T_n 的观察值落入拒绝域, 故拒绝 H_0, 即支持该管理员的看法.

例 2　在机器学习模型开发中, 训练误差是评估模型性能的重要指标. 某数据科学团队开发了一款图像分类模型, 假设模型的训练误差应为0.15, 为验证该训练误差是否符合预期, 团队从训练过程中随机选取120次训练结果, 计算得平均训练误差为0.18, 样本标准差为0.04. 使用大样本假设检验方法, 验证模型的训练误差的均值是否达到预期的0.15 ($\alpha=0.05$).

解　利用大样本假设检验方法, 根据问题描述, 我们设定原假设和备择假设如下:

原假设 H_0: 模型训练误差的均值 $\mu=0.15$.

备择假设 H_1: 模型训练误差的均值 $\mu\neq 0.15$.

检验方法采用 u 检验, 因为样本容量 n 大于30, 符合大样本的条件. 选取统计量

$$T=\frac{\overline{X}-\mu}{S/\sqrt{n}},$$

根据题意, 已知

$$\overline{x}=0.18,\ \mu=0.15,\ s=0.04,\ \ n=120,$$

将这些值代入, 得

$$t=\frac{0.18-0.15}{\dfrac{0.04}{\sqrt{120}}}\approx 8.22,$$

查标准正态分布表, 显著性水平为0.05时, 双侧检验的临界值为

$$u_{0.025}=1.96.$$

由于

$$u\approx 8.22>u_{0.025}=1.96,$$

故拒绝原假设 H_0, 即模型的训练误差的均值显著不同于预期的 0.15. 这意味着, 模型的训练误差大于预期值, 需要对模型进行优化和调整, 以提高其性能并满足预期的误差水平.

2. 两个总体均值的大样本假设检验

在比较两个一般总体的均值时, 若样本容量足够大, 可借助中心极限定理使两样本的均值差近似服从正态分布. 通过构建 U 统计量, 对“均值差为零”的原假设进行检验, 并根据 P 值决定是否拒绝该假设. 当 P 值低于预定显著性水平时, 认为两总体均值存在显著差异, 否则无法拒绝无差异假设. 该方法不依赖于严苛的分布假定, 可广泛应用于各类研究.

设有两个独立的总体X, Y, 其均值分别为μ_1, μ_2, 方差分别为σ_1^2, σ_2^2, 且均值与方差均未知. 现从两个总体中分别抽取样本容量为n_1, n_2 (n_1, n_2 均大于 100) 的大样本$X_1, X_2, \cdots, X_{n_1}$与$Y_1, Y_2, \cdots, Y_{n_2}$, $\overline{X}$与$\overline{Y}$及S_1^2与S_2^2分别为这两个样本的样本均值及样本方差, 记S_w^2是S_1^2与S_2^2的加权平均:

$$S_w^2=\frac{(n_1-1)S_1^2+(n_2-1)S_2^2}{n_1+n_2-2}.$$

检验假设:

(1) $H_0: \mu_1=\mu_2$, $H_1: \mu_1\neq\mu_2$.

(2) $H_0: \mu_1\leqslant\mu_2$, $H_1: \mu_1>\mu_2$.

(3) $H_0: \mu_1\geqslant\mu_2$, $H_1: \mu_1<\mu_2$.

若$\sigma_1^2\neq\sigma_2^2$, 当H_0为真时, 可采用以下检验统计量及其近似分布 ($\mu_1=\mu_2$):

$$U=\frac{\overline{X}-\overline{Y}}{\sqrt{S_1^2/n_1+S_2^2/n_2}}\overset{\text{近似}}{\sim}N(0, 1).$$

若$\sigma_1^2=\sigma_2^2$, 可采用以下检验统计量及其近似分布($\mu_1=\mu_2$):

$$U=\frac{\overline{X}-\overline{Y}}{S_w\sqrt{1/n_1+1/n_2}}\overset{\text{近似}}{\sim}N(0, 1).$$

利用u检验法, 对于给定的显著性水平α, 有

(1) 对检验假设 (1), $P\{|U|\geqslant u_{\alpha/2}\}\approx\alpha$, 可得近似拒绝域为$|U|>u_{\alpha/2}$.

(2) 对检验假设 (2), $P\{U>u_\alpha\}\approx\alpha$, 可得近似拒绝域为$U>u_\alpha$.

(3) 对检验假设 (3), $P\{U<-u_\alpha\}\approx\alpha$, 可得近似拒绝域为$U<-u_\alpha$.

例 3　为比较两种小麦植株的高度 (单位: cm), 在相同条件下进行高度测定, 算得样本均值与样本方差分别如下:

甲小麦: $n_1=100$, $\overline{x}=28$, $s_1^2=35.8$;　乙小麦: $n_2=100$, $\overline{y}=26$, $s_2^2=32.3$.

在显著性水平$\alpha=0.05$下, 这两种小麦株高之间有无显著差异 (假设上述两个总体方差相等)?

解　本题属于大样本情形下两个总体分布未知、两个总体方差未知但相等的均值差的假设检验. 提出待检假设$H_0: \mu_1=\mu_2$, $H_1: \mu_1\neq\mu_2$.

采用以下检验统计量及其近似分布 (标准正态分布):

$$U=\frac{\overline{X}-\overline{Y}}{S_w\sqrt{1/n_1+1/n_2}}\overset{\text{近似}}{\sim}N(0, 1),$$

其中

$$S_w^2=\frac{(n_1-1)S_1^2+(n_2-1)S_2^2}{n_1+n_2-2}.$$

根据u检验法, 依题设, 有

$$n_1 = n_2 = 100,\ \bar{x} = 28,\ \bar{y} = 26,\ s_1^2 = 35.8,\ s_2^2 = 32.3,$$

对给定的显著性水平$\alpha = 0.05$, 查标准正态分布表, 得$u_{\alpha/2} = 1.96$, 根据上述数据, 算得统计量U的观察值:

计算实验

$$u = \frac{\bar{x} - \bar{y}}{\sqrt{\frac{(n_1 - 1)s_1^2 + (n_2 - 1)s_2^2}{n_1 + n_2 - 2}}\sqrt{\frac{1}{n_1} + \frac{1}{n_2}}}$$

$$= \frac{28 - 26}{\sqrt{\frac{(100 - 1) \times 35.8 + (100 - 1) \times 32.3}{100 + 100 - 2}}\sqrt{\frac{1}{100} + \frac{1}{100}}} \approx 2.42.$$

因为$|u| \approx 2.42 > u_{\alpha/2} = 1.96$, 故拒绝原假设$H_0$, 从而在显著性水平$\alpha = 0.05$下可认为两种小麦株高之间有显著差异.

例 4 某机械制造厂生产了型号A和型号B两种发动机. 为比较生产效率 (以每小时生产的发动机数量衡量), 厂方从两条生产线各随机抽取100个样本. 型号A生产效率的均值为22台/小时, 样本标准差为3台/小时; 型号B生产效率的均值为20台/小时, 样本标准差为2.5台/小时. 使用大样本假设检验方法, 检验两种型号发动机的生产效率是否存在显著差异$(\alpha = 0.05)$.

解 利用两个总体均值的大样本假设检验方法, 根据问题描述, 我们设定原假设和备择假设如下:

原假设H_0: 型号A和型号B生产效率的均值相等, 即$\mu_1 = \mu_2$.

备择假设H_1: 型号A和型号B生产效率的均值不等, 即$\mu_1 \neq \mu_2$.

检验方法采用u检验, 对于两个独立样本的u检验, 选取统计量

$$U = \frac{\overline{X}_1 - \overline{X}_2}{\sqrt{S_1^2/n_1 + S_2^2/n_2}}.$$

根据题意, 已知

$$\bar{x}_1 = 22,\ \bar{x}_2 = 20,\ s_1 = 3,\ s_2 = 2.5,\ n_1 = 100,\ n_2 = 100,$$

将这些值代入, 得

$$u = \frac{22 - 20}{\sqrt{\frac{3^2}{100} + \frac{2.5^2}{100}}} = \frac{2}{\sqrt{\frac{9}{100} + \frac{6.25}{100}}} \approx 5.12,$$

根据标准正态分布表, 显著性水平为0.05时, 双侧检验的临界值为

$$u_{0.025} = 1.96,$$

由于

$$|u| \approx 5.12 > u_{0.025} = 1.96,$$

故拒绝原假设H_0,即表明型号A和型号B的生产效率存在显著差异. 厂方可进一步分析原因,优化生产工艺,提升型号B的生产效率,缩小与型号A的差距.

二、0－1分布总体数学期望的假设检验

在许多实际问题中,我们所研究的总体仅能取0与1两个值,这类数据可视为来自具有参数p的伯努利分布. 无论是一个0–1分布总体,还是比较两个0–1分布总体的情况,对其数学期望的检验在统计实践中都广为应用. 对单总体而言,我们通常关心总体参数p是否等于某特定值,通过构造基于样本比例的检验统计量,并利用大样本下近似正态性的性质,判断原假设是否成立. 对于两个0–1分布总体的比较,我们可考察其比例差是否为零,并同样借助近似正态分布的统计方法进行假设检验. 由于此类数据直观、采集容易,相关检验技术常用于问卷调查、医学临床试验与社会科学研究,为科学决策和政策制定提供可靠依据.

1. 一个0－1分布总体参数的检验

设总体$X\sim b(1,p)$, $X_1,X_2,\cdots,X_n$是取自X的一个样本,p为未知参数. 关于参数p的检验问题有三种类型,其待检假设分别为

(1) $H_0: p=p_0$, $H_1: p\neq p_0$.

(2) $H_0: p\leqslant p_0$, $H_1: p>p_0$.

(3) $H_0: p\geqslant p_0$, $H_1: p<p_0$.

对于这种类型的假设检验无现成的统计量可利用,一般借助中心极限定理进行检验. 因$E(\overline{X})=p$, $D(\overline{X})=p(1-p)/n$. 于是,根据中心极限定理,当样本容量n充分大($n\geqslant 30$)时,将随机变量标准化,有

$$\frac{\overline{X}-p}{\sqrt{p(1-p)/n}}\overset{\text{近似}}{\sim}N(0,1),$$

其中$\overline{X}=\dfrac{\mu_n}{n}$, μ_n是n次独立重复试验中事件A发生的次数. 如果原假设H_0为真,则统计量

$$U=\frac{\overline{X}-p_0}{\sqrt{p_0(1-p_0)/n}}\overset{\text{近似}}{\sim}N(0,1).$$

利用u检验法,对于给定的显著性水平α,有

(1) 对检验假设(1), $P\{|U|\geqslant u_{\alpha/2}\}\approx\alpha$, 得近似拒绝域为$|U|>u_{\alpha/2}$.

(2) 对检验假设(2), $P\{U>u_{\alpha}\}\approx\alpha$, 得近似拒绝域为$U>u_{\alpha}$.

(3) 对检验假设(3), $P\{U<-u_{\alpha}\}\approx\alpha$, 得近似拒绝域为$U<-u_{\alpha}$.

例 5 某地区主管工业的负责人收到一份报告,该报告中说他主管的工厂中执行环境保护条例的厂家不足60%,这位负责人认为应不低于60%,于是,他在该地区众多的工厂中随机抽查了60个厂家,结果发现有33家执行了环境保护条例,那么由他本人的调查结果能

否发现那份报告中的说法有问题($\alpha=0.05$)?

解 (1) 建立检验假设 $H_0: p\geqslant 0.6$, $H_1: p<0.6$.

(2) 当 H_0 为真时, 下列统计量近似服从标准正态分布

$$U=\frac{p-p_0}{\sqrt{p_0(1-p_0)/n}}\overset{\text{近似}}{\sim} N(0,1).$$

故选取统计量 U, 并利用 u 检验法, 求出其近似拒绝域.

(3) 给定显著性水平 α, 确定 k, 使

$$P\left\{\frac{p-p_0}{\sqrt{p_0(1-p_0)/n}}<k\right\}\approx\alpha,$$

查标准正态分布表, 得 $k=-u_\alpha=-u_{0.05}=-1.645$, 所以近似拒绝域为 $u<-1.645$.

(4) 由题设数据, $n=60$, $p=\dfrac{33}{60}=0.55$, $p_0=0.6$, 代入算出统计量 U 的观察值:

$$u=\frac{p-p_0}{\sqrt{p_0(1-p_0)/n}}\approx -0.79,$$

由于

$$u\approx -0.79>-u_{0.05}=-1.645,$$

标准正态分布查表

故不能拒绝原假设 H_0, 即认为执行环境保护条例的厂家不低于60%.

例 6 某机械制造公司进行新型零件耐用性实验, 希望检验零件的失效率是否符合预期标准(失效率不超过5%). 实验组测试100个零件, 记录失效情况(失效记1, 未失效记0), 发现6个零件失效. 通过假设检验判断实际失效率是否与预期5%存在显著差异($\alpha=0.05$).

解 本题涉及一个0-1分布的总体参数检验, 建立假设:

原假设 $H_0: p\leqslant 0.05$ (零件失效率不超过预期5%).

备择假设 $H_1: p>0.05$ (零件失效率超过预期5%).

采用 u 检验, 统计量为

$$U=\frac{p-p_0}{\sqrt{p_0(1-p_0)/n}},$$

其中, p 是样本的失效率, p_0 是原假设中的失效率, n 是样本容量. 根据题意, 已知

$$n=100,\ p=\frac{6}{100}=0.06,\ p_0=0.05,$$

代入公式, 得

$$u=\frac{0.06-0.05}{\sqrt{\dfrac{0.05(1-0.05)}{100}}}=\frac{0.01}{\sqrt{\dfrac{0.05\times 0.95}{100}}}\approx 0.46,$$

显著性水平为 0.05 时, 查标准正态分布表, 得单侧检验临界值

$$u_{0.05}=1.645,$$

由于

$$u\approx 0.46<1.645.$$

故不能拒绝原假设 H_0, 表明零件实际失效率未显著超过预期5%, 可认为零件耐用性符合要求, 适合投入生产.

2. 两个 0－1 分布总体参数的检验

对两个相互独立的 0－1 分布总体 X 与 Y, 我们要检验的是两个总体参数 p_1, p_2 的差异, 故提出如下检验假设:

(1) $H_0: p_1=p_2$, $H_1: p_1\neq p_2$.

(2) $H_0: p_1\leqslant p_2$, $H_1: p_1>p_2$.

(3) $H_0: p_1\geqslant p_2$, $H_1: p_1<p_2$.

由中心极限定理, 当 H_0 为真且样本容量 n_1, n_2 充分大 (例如均大于 100) 时, 选取检验统计量

$$U=\frac{P_1-P_2}{\sqrt{P(1-P)(1/n_1+1/n_2)}}\overset{\text{近似}}{\sim}N(0,1),$$

其中

$$P_1=\frac{\mu_{n_1}}{n_1},\quad P_2=\frac{\mu_{n_2}}{n_2},\quad P=\frac{\mu_{n_1}+\mu_{n_2}}{n_1+n_2},$$

μ_{n_1} 是 n_1 次独立重复试验中事件 A 发生 (即 $X=1$) 的次数, μ_{n_2} 是 n_2 次独立重复试验中事件 B 发生 (即 $Y=1$) 的次数.

利用 u 检验法, 对于给定的显著性水平 α, 有

(1) 对检验假设 (1), $P\{|U|\geqslant u_{\alpha/2}\}\approx\alpha$, 得近似拒绝域为 $|U|>u_{\alpha/2}$;

(2) 对检验假设 (2), $P\{U>u_\alpha\}\approx\alpha$, 得近似拒绝域为 $U>u_\alpha$;

(3) 对检验假设 (3), $P\{U<-u_\alpha\}\approx\alpha$, 得近似拒绝域为 $U<-u_\alpha$.

例 7 在 A 县调查了 $n_1=1\,500$ 个农户, 其中有中小型农业机械的农户 $\mu_{n_1}=300$ 户; 在 B 县调查了 $n_2=1800$ 个农户, 其中有中小型农业机械的农户 $\mu_{n_2}=320$ 户. 试在显著性水平 $\alpha=0.05$ 下, 检验两县有中小型农业机械的农户的比例有无显著差异.

解 本题中, 两总体 X, Y 的样本容量分别为 $n_1=1\,500$, $n_2=1\,800$, 故可视为两个 0－1 分布总体的大样本概率检验问题.

检验假设 $H_0: p_1=p_2$, $H_1: p_1\neq p_2$. 选取检验统计量:

$$U=\frac{P_1-P_2}{\sqrt{P(1-P)(1/n_1+1/n_2)}}\overset{\text{近似}}{\sim}N(0,1),$$

其中

$$P_1=\frac{\mu_{n_1}}{n_1},\ P_2=\frac{\mu_{n_2}}{n_2},\ P=\frac{\mu_{n_1}+\mu_{n_2}}{n_1+n_2}.$$

依题设, $\mu_{n_1}=300$, $\mu_{n_2}=320$, 计算得

$$p_1=\frac{\mu_{n_1}}{n_1}=0.2,\quad p_2=\frac{\mu_{n_2}}{n_2}=0.178,\quad p=\frac{\mu_{n_1}+\mu_{n_2}}{n_1+n_2}\approx 0.188,$$

计算实验

故统计量U的观察值:

$$u=\frac{p_1-p_2}{\sqrt{p(1-p)\left(\frac{1}{n_1}+\frac{1}{n_2}\right)}}=\frac{0.2-0.178}{\sqrt{0.188\times(1-0.188)\times\left(\frac{1}{1\,500}+\frac{1}{1\,800}\right)}}\approx 1.61.$$

利用u检验法, 对于给定的显著性水平$\alpha=0.05$, 查标准正态分布表, 得分位数$u_{\alpha/2}=1.96$, 由于$|u|<u_{\alpha/2}$, 故接受原假设H_0, 即可认为两县有中小型农业机械的农户的比例无显著差异.

例 8 某人工智能公司训练分类模型A和B, 评估处理相同数据集的表现. 模型A在1 000个样本中正确分类800个, 模型B在1 000个样本中正确分类780个. 公司希望检验两种模型的准确率是否存在显著差异($\alpha=0.05$).

解 本题涉及两个0－1分布总体参数的检验, 根据问题描述, 我们设定原假设和备择假设如下:

原假设H_0: 模型A和模型B的准确率相等, 即$p_1=p_2$.

备择假设H_1: 模型A和模型B的准确率不等, 即$p_1\neq p_2$.

采用u检验, 对于两个0－1分布的总体参数P的假设检验, 选取检验统计量为

$$U=\frac{P_1-P_2}{\sqrt{P(1-P)\left(\frac{1}{n_1}+\frac{1}{n_2}\right)}},$$

其中, P_1和P_2是模型A和模型B的样本准确率, n_1和n_2是样本容量, P是两个样本的合并样本准确率. 根据题意, 已知

$$n_1=n_2=1\,000,\ p_1=\frac{800}{1\,000}=0.80,\ p_2=\frac{780}{1\,000}=0.78,$$

$$p=\frac{\mu_{n_1}+\mu_{n_2}}{n_1+n_2}=\frac{800+780}{1\,000+1\,000}=\frac{1\,580}{2\,000}=0.79,$$

将这些值代入公式, 计算得

$$u=\frac{0.80-0.78}{\sqrt{0.79\times(1-0.79)\times\left(\frac{1}{1\,000}+\frac{1}{1\,000}\right)}}\approx 1.10,$$

查标准正态分布表，显著性水平为0.05时，双侧检验的临界值为

$$u_{0.025} = 1.96,$$

由于

$$|u| \approx 1.10 < u_{0.025} = 1.96,$$

故不能拒绝原假设H_0，表明模型A与模型B的准确率无显著差异. 尽管模型A的准确率略高，但统计上不显著，因此基于此数据，无法证明模型A优于模型B.

习题 7-4

1. 设两总体X, Y分别服从泊松分布$P(\lambda_1)$，$P(\lambda_2)$，给定显著性水平α，试设计一个检验统计量，使之能确定检验$H_0: \lambda_1 = \lambda_2$，$H_1: \lambda_1 \neq \lambda_2$的拒绝域，并说明设计的理论依据.

2. 设某段高速公路上汽车限速 104.6 km/h，现检验$n = 85$辆汽车的样本，测出平均车速为$\bar{x} = 106.7$ km/h，已知总体标准差为$\sigma = 13.4$ km/h，但是不知道总体是否服从正态分布. 在显著性水平$\alpha = 0.05$下，试检验高速公路上汽车的车速是否比限速 104.6 km/h 显著快？

3. 某药品广告上声称该药品对某种疾病的治愈率为90%，一家医院对该种药品临床使用120例，治愈85人，问该药品广告是否真实$(\alpha = 0.02)$？

4. 一位中学校长在报纸上看到这样的报道："这一城市的初中学生平均每周看8小时电视." 她认为她所领导的学校，学生看电视的时间明显小于该数字. 为此，她向其学校的100名初中学生做了调查，得知平均每周看电视的时间$\bar{x} = 6.5$小时，样本标准差为$s = 2$小时，问是否可以认为这位校长的看法是对的$(\alpha = 0.05)$？

5. 已知某种电子元件的使用寿命X（单位：小时）服从指数分布$e(\lambda)$，抽查100个元件，得样本均值$\bar{x} = 950$小时，能否认为参数$\lambda = 0.001$ $(\alpha = 0.05)$？

6. 某产品的次品率为0.17，现对此产品进行新工艺试验，从中抽取400件检查，发现次品56件，能否认为这项新工艺显著影响了产品质量$(\alpha = 0.05)$？

7. 某厂生产了一大批产品，按规定次品率$p \leqslant 0.05$才能出厂，否则不能出厂，现从产品中随机抽查50件，发现有4件次品，问该批产品能否出厂$(\alpha = 0.05)$？

8. 从选区A中抽取了300名选民的选票，从选区B中抽取了200名选民的选票，在这两组选票中，分别有168票和96票支持所提候选人，试在显著性水平$\alpha = 0.05$下，检验两选区之间对候选人的支持是否存在显著差异.

9. 某电器零件的平均电阻一直保持在2.64Ω，改变加工工艺后，测得100个零件的平均电阻为2.64Ω，如果改变工艺前后的标准差保持在0.06Ω，问新工艺对此零件的电阻有无显著影响$(\alpha = 0.01, u_{0.01} = 2.326)$？

10. 某材料研究所做某种板材防腐试验，用两种不同的防腐剂各给200块样材做涂抹处理，经过试验后，第一类样材有56块被腐蚀，第二类样材有28块被腐蚀，试问两种防腐剂在性能上有无真正的差异$(\alpha = 0.05,\ u_{0.025} = 1.96)$？

11. 长期观察的结果确信，患某种病的人服药A后，完全痊愈的概率为0.8，指定800名患者服新药B，其中有660名完全痊愈，在显著性水平$\alpha = 0.025$下，可认为新药B比原来的药A有更显著的效果吗$(u_{0.025} = 1.96)$？

12. 一个会计部门的负责人发现开出去的发票中有笔误, 而且相信在这些开出去的发票中, 至少有一个错误的发票占5%以上. 在一个由400张发票构成的随机样本中, 发现至少有一个错误的发票有28张. 这些数据能否支持这个负责人的看法 ($\alpha=0.05$, $u_{0.05}=1.645$; $\alpha=0.10$, $u_{0.10}=1.28$)?

13. 在某机电工程公司, 生产线上的电动机的质量控制至关重要. 为确保电动机的质量稳定, 生产经理希望通过统计分析检查电动机的电压是否符合标准. 假设电动机电压的期望值应为120伏特, 现从生产线上随机抽取100台电动机, 测得电压均值为118.5伏特, 样本标准差为3.5伏特. 使用大样本假设检验, 验证电动机电压的均值是否为120伏特 ($\alpha=0.05$).

14. 某人工智能研究团队开发了模型A (传统CNN架构) 与模型 B (新深度学习架构) 用于图像分类任务. 为评估训练效果, 团队用1 000张图像测试准确率. 模型A测试准确率的样本均值为85%, 样本标准差为4%; 模型B测试准确率的样本均值为82%, 样本标准差为5%. 每个模型的样本容量均为100. 使用大样本假设检验方法, 验证两模型测试准确率是否存在显著差异 ($\alpha=0.05$).

15. 某互联网公司评估新广告系统的效果, 验证点击率是否超过行业标准5%. 随机抽取100次展示数据, 8次被点击 (点击记1, 未点击记0). 通过假设检验判断广告点击率是否显著大于5% ($\alpha=0.05$).

16. 某研究院测试两种材料的断裂行为, 验证相同载荷下断裂概率是否存在显著差异. 实验选取100块样本A和100块样本B, 施加相同载荷并记录断裂情况. 材料A有20块断裂, 材料B有15块断裂. 检验两种材料的断裂概率是否相同 ($\alpha=0.05$).

§7.5　分布拟合检验

常用的分布拟合检验方法包括 χ^2 拟合优度检验 (chi-square goodness-of-fit test) 与柯尔莫哥洛夫-斯米尔诺夫检验 (Kolmogorov-Smirnov test, 简称K-S检验), 此外还有安德森-达令检验 (Anderson-Darling test)、Lilliefors检验以及Shapiro-Wilk检验 (检验正态性) 等. 这些方法各有特点, 如 χ^2 检验通过将数据分组与理论概率进行比对, 偏重频数分布的差异; K-S检验则直接利用累积分布函数 (CDF) 进行比较, 更适用于连续型分布且无须分组; 安德森-达令检验和Shapiro-Wilk检验对特定分布 (如正态分布) 的拟合性也有更高的灵敏度.

在实际应用中, 研究者应根据数据类型 (离散或连续)、样本大小以及目标分布 (如正态分布、指数分布或泊松分布等), 选择合适的拟合检验方式, 并仔细权衡不同方法的适用性与敏感度. 拟合检验并非仅用于确认数据是否精确服从特定分布, 也可辅助识别数据的偏差来源, 为进一步的模型修正或转换 (如对数据进行对数变换和Box-Cox变换) 提供线索. 通过对分布拟合度的判断, 统计分析人员能更稳健地进行后续假设检验、参数估计以及模型构建. 在大数据和复杂数据环境下, 分布拟合检验方法的合理使用可以显著提高分析决策的质量与解释力.

本章之前所介绍的各种检验法, 是在总体分布类型已知的情况下, 对其中的未知参数进行检验, 这类统计检验统称为**参数假设检验**. 在实际问题中, 有时我们并不能确切预知总体服从何种分布, 这时就需要根据来自总体的样本对总体的分布进行推断, 以判断总体服从何种分布, 这类统计检验称为**非参数假设检验**. 分布拟合检验是解决这类问题的主要工具之一, 利用的是英国统计学家卡·皮尔逊在1900年发表的一篇文章中引入的χ^2检验法. 不少人把此项工作视为近代统计学的开端, 本节我们主要介绍这一检验法.

一、引例

例如, 1500—1931年的432年间, 每年爆发战争的次数可以看作一个随机变量, 据统计, 这432年间共爆发了299次战争, 具体数据如表7－5－1所示.

表7－5－1

战争次数X	发生X次战争的年数
0	223
1	142
2	48
3	15
4	4

根据所学知识和经验, 每年爆发战争的次数X可以用一个泊松随机变量来近似描述, 即可以假设每年爆发战争的次数X的分布近似泊松分布. 于是, 问题可归结为: 如何利用上述数据检验X服从泊松分布的假设.

又如, 某工厂制造一批骰子, 声称骰子是均匀的, 即在抛掷试验中, 出现1点, 2点, …, 6点的概率都应该是1/6. 为检验骰子是否均匀, 要重复地进行掷骰子的试验, 并统计各点出现的频率与1/6的差距. 问题可归结为: 如何利用得到的统计数据对"骰子均匀"的结论进行检验, 即检验掷骰子的点数服从6点均匀分布.

二、χ^2检验法的基本思想

χ^2检验法是在总体X的分布未知时, 根据来自总体的样本, 检验总体分布的假设的一种检验方法. 具体进行检验时, 先提出原假设:

$$H_0: \text{总体} X \text{的分布函数为} F(x).$$

然后根据样本的经验分布和所假设的理论分布之间的吻合程度来决定是否接受原假设.

这种检验通常称作**拟合优度检验**. 它是一种非参数假设检验. 一般, 我们总是根据样本观察值并利用其直方图和经验分布函数来推断出总体可能服从的分布, 然后做检验.

三、χ^2检验法的基本原理和步骤

(1) 提出原假设:

$$H_0: \text{总体} X \text{的分布函数为} F(x).$$

如果总体分布为**离散型**, 则假设具体为

$$H_0: \text{总体} X \text{的分布律为} P\{X=x_i\}=p_i,\ i=1, 2, \cdots.$$

如果总体分布为**连续型**, 则假设具体为

$$H_0: \text{总体}X\text{的概率密度函数为} f(x).$$

(2) 将总体X的取值范围分成k个互不相交的小区间$A_1, A_2, \cdots, A_k$, 即构造完备事件组. 例如, 可取

$$A_1=(a_0, a_1], A_2=(a_1, a_2], \cdots, A_k=(a_{k-1}, a_k),$$

其中, a_0 可取 $-\infty$, a_k 可取 $+\infty$. 区间的划分视具体情况而定, 但要使每个小区间所含样本值个数不小于5, 而区间个数k不要太大也不要太小.

(3) 把落入第i个小区间A_i的样本值的个数记作f_i, 称为**组频数**, 所有组频数之和$f_1+f_2+\cdots+f_k$等于样本容量n.

(4) 当H_0为真时, 根据所假设的总体理论分布, 可算出总体X的值落入第i个小区间A_i的概率p_i, 于是, np_i就是落入第i个小区间A_i的样本值的**理论频数**.

(5) 当H_0为真时, n次试验中样本值落入第i个小区间A_i的频率f_i/n与概率p_i应很接近; 当H_0不为真时, 则f_i/n与p_i相差较大. 基于这种思想, 皮尔逊引入如下检验统计量

$$\chi^2=\sum_{i=1}^{k}\frac{(f_i-np_i)^2}{np_i},$$

并给出了著名的皮尔逊定理, 由此可得下述结论:

定理 1 当样本容量n充分大 ($n\geqslant 50$) 时, 统计量

$$\chi^2=\sum_{i=1}^{k}\frac{(f_i-np_i)^2}{np_i}\overset{\text{近似}}{\sim}\chi^2(k-1).$$

(6) 根据定理1, 对所给的显著性水平α, 确定l值, 使$P\{\chi^2>l\}=\alpha$, 查χ^2分布表, 得

$$l=\chi^2_\alpha(k-1),$$

故所求拒绝域为$\chi^2>\chi^2_\alpha(k-1)$.

(7) 根据所给的样本值$x_1, x_2, \cdots, x_n$算得统计量χ^2的实测值落入拒绝域, 则拒绝原假设H_0, 否则就认为差异不显著而不能拒绝原假设H_0.

四、总体含未知参数的情形

在实际应用中, 我们往往并非已知目标分布的参数, 而是需要依据样本数据进行估计. 在此情形下, 分布拟合检验的关键是先利用样本数据对分布参数进行点估计 (如最大似然估计或矩估计), 然后将估计值代回理论分布, 再比较样本分布与已插入参数估计值的理论分布间的差异. 这时, 检验的分布理论基础会较为复杂, 因为参数估计引入了额外的不确定性. 为此, 一些经典的检验方法 (如K-S检验、安德森 – 达令检验) 在应用时需借助蒙特卡罗模拟或表格修正, 获取经过参数估计调整后的临界值和P值区间. 这种方法确保在参数未知的前提下, 仍能实现对数据分布拟合程度的准确评估, 从而在更为真实的分析环境下获得合理的统计推断与决策.

在总体分布的假设检验中, 有时只知道总体 X 的分布函数的形式, 但其中还含有未知参数, 即分布函数为 $F(x;\theta_1,\theta_2,\cdots,\theta_r)$, 其中 $\theta_1,\theta_2,\cdots,\theta_r$ 为未知参数. 设 $X_1,X_2,\cdots,X_n$ 是取自总体 X 的样本, 现要用此样本来检验假设:

$$H_0: \text{总体}X\text{的分布函数为}F(x;\theta_1,\theta_2,\cdots,\theta_r).$$

此类情况可根据费希尔定理, 按如下步骤进行检验:

(1) 利用样本 $X_1,X_2,\cdots,X_n$, 求出 $\theta_1,\theta_2,\cdots,\theta_r$ 的最大似然估计 $\hat{\theta}_1,\hat{\theta}_2,\cdots,\hat{\theta}_r$;

(2) 在分布函数 $F(x;\theta_1,\theta_2,\cdots,\theta_r)$ 中用 $\hat{\theta}_i$ 代替 $\theta_i\ (i=1,2,\cdots,r)$, 则得到一个完全已知的分布函数 $F(x;\hat{\theta}_1,\hat{\theta}_2,\cdots,\hat{\theta}_r)$;

(3) 利用 $F(x;\hat{\theta}_1,\hat{\theta}_2,\cdots,\hat{\theta}_r)$, 计算 p_i 的估计值 $\hat{p}_i\ (i=1,2,\cdots,k)$;

(4) 计算要检验的统计量

$$\chi^2=\sum_{i=1}^{k}(f_i-n\hat{p}_i)^2/n\hat{p}_i,$$

当 n 充分大时, 统计量 χ^2 近似服从 $\chi^2_\alpha(k-r-1)$ 分布;

(5) 对给定的显著性水平 α, 得拒绝域

$$\chi^2=\sum_{i=1}^{k}(f_i-n\hat{p}_i)^2/n\hat{p}_i>\chi^2_\alpha(k-r-1).$$

注: 在使用皮尔逊的 χ^2 检验法时, 要求 $n\geqslant 50$, 以及每个理论频数 $np_i\geqslant 5\ (i=1,2,\cdots,k)$, 否则应适当地合并相邻的小区间, 使 np_i 满足要求.

例 1 将一颗骰子掷 120 次, 所得数据见表 7-5-2.

表 7-5-2

点数 i	1	2	3	4	5	6
出现次数 f_i	23	26	21	20	15	15

问这颗骰子是否均匀、对称(取 $\alpha=0.05$)?

解 若这颗骰子是均匀、对称的, 则 1~6 点中每点出现的可能性相同, 都为 1/6. 如果用 $A_i\ (i=1,2,\cdots,6)$ 表示第 i 点出现, 则本题属于总体分布已知的拟合优度检验问题.

待检假设为

$$H_0: P(A_i)=1/6,\ i=1,2,\cdots,6.$$

在 H_0 成立的条件下, 理论概率

$$\hat{p}_i=p(A_i)=1/6,$$

由样本容量 $n=120$, 得频率

$$n\hat{p}_i=20,\ i=1,2,\cdots,6.$$

计算结果如表 7-5-3 所示.

表 7-5-3

i	f_i	$\hat{p}_i$	$n\hat{p}_i$	$(f_i-n\hat{p}_i)^2/(n\hat{p}_i)$
1	23	1/6	20	9/20
2	26	1/6	20	36/20
3	21	1/6	20	1/20
4	20	1/6	20	0
5	15	1/6	20	25/20
6	15	1/6	20	25/20
合计	120			4.8

因所求分布不含未知参数, 且完备事件组的个数 $k=6$, 故对所给显著性水平 $\alpha=0.05$, 查 χ^2 分布表, 得分位数

$$\chi_{\alpha}^{2}(k-1)=\chi_{0.05}^{2}(5)=11.071,$$

χ^2 分布查表

又从表 7－5－3 可得

$$\chi^{2}=\sum_{i=1}^{6}\frac{(f_{i}-n\widehat{p}_{i})^{2}}{n\widehat{p}_{i}}=4.8<11.071,$$

所以不能拒绝原假设 H_0, 可认为这颗骰子是均匀、对称的.

例 2　某人工智能公司开发神经网络模型预测用户的行为, 需验证模型输出的预测概率是否服从均值为 0.5、标准差为 0.1 的正态分布. 从测试数据中选取 1 000 个预测结果, 按区间划分频数, 如表 7－5－4 所示.

表 7－5－4

预测概率	[0, 0.2)	[0.2, 0.4)	[0.4, 0.6)	[0.6,0.8)	[0.8,1]
频数	20	130	360	350	140

使用 χ^2 检验判断预测结果是否服从正态分布 $(\alpha=0.05)$.

解　首先, 设定 χ^2 检验的原假设和备择假设:

原假设 H_0: 神经网络模型输出的预测概率服从正态分布 $N(0.5, 0.1^2)$.

备择假设 H_1: 神经网络模型输出的预测概率不服从正态分布 $N(0.5, 0.1^2)$.

查标准正态分布函数表, 计算各区间理论概率:

$$\widehat{p}_1=P\{0\leqslant x<0.2\}=\Phi\left(\frac{0.2-0.5}{0.1}\right)-\Phi\left(\frac{0-0.5}{0.1}\right)$$

$$=\Phi(-3)-\Phi(-5)=0.001\,3,$$

$$\widehat{p}_2=P\{0.2\leqslant x<0.4\}=\Phi\left(\frac{0.4-0.5}{0.1}\right)-\Phi\left(\frac{0.2-0.5}{0.1}\right)$$

$$=\Phi(-1)-\Phi(-3)=0.157\,3,$$

$$\widehat{p}_3=P\{0.4\leqslant x<0.6\}=\Phi\left(\frac{0.6-0.5}{0.1}\right)-\Phi\left(\frac{0.4-0.5}{0.1}\right)$$

$$=\Phi(1)-\Phi(-1)=0.682\,7,$$

$$\widehat{p}_4=P\{0.6\leqslant x<0.8\}=\Phi\left(\frac{0.8-0.5}{0.1}\right)-\Phi\left(\frac{0.6-0.5}{0.1}\right)$$

$$=\Phi(3)-\Phi(1)=0.157\,3,$$

$$\widehat{p}_5=P\{0.8\leqslant x\leqslant 1\}=\Phi\left(\frac{1-0.5}{0.1}\right)-\Phi\left(\frac{0.8-0.5}{0.1}\right)$$

$$=\Phi(5)-\Phi(3)=0.001\,3,$$

计算期望频数:

$$n\hat{p}_1=1\,000\times 0.001\,3=1.3,\quad n\hat{p}_2=1\,000\times 0.157\,3=157.3,$$
$$n\hat{p}_3=1\,000\times 0.682\,7=682.7,\quad n\hat{p}_4=1\,000\times 0.157\,3=157.3,$$
$$n\hat{p}_5=1\,000\times 0.001\,3=1.3.$$

计算 χ^2 统计量:

$$\begin{aligned}\chi^2&=\sum_{i=1}^{5}\frac{(f_i-n\hat{p}_i)^2}{n\hat{p}_i}\\&=\frac{(20-1.3)^2}{1.3}+\frac{(130-157.3)^2}{157.3}+\cdots+\frac{(140-1.3)^2}{1.3}\\&\approx 15\,460.55.\end{aligned}$$

自由度

$$\mathrm{df}=k-r-1=5-2-1=2\ (k=5\text{ 为分组数, }r=2\text{ 为估计的参数数量}).$$

查χ^2 分布表, 得

$$\chi^2_{0.05}(2)=5.991\,.$$

由于

$$\chi^2=15\,460.55>\chi^2_{0.05}(2)=5.991,$$

因此, 拒绝原假设H_0, 即神经网络模型输出的预测概率不服从正态分布$N(0.5,\ 0.1^2)$. 因此, 模型预测结果不符合预期概率分布, 需调整模型以优化输出.

例 3　本节引例中, 对1500—1931年的432年间爆发的299次战争进行了统计, 具体数据如表7-5-5所示. 提出假设H_0: 每年爆发战争的次数X服从参数为λ的泊松分布$P(\lambda)$. 试利用上述数据做假设检验($\alpha=0.05$).

表 7-5-5

战争次数 X	发生 X 次战争的年数
0	223
1	142
2	48
3	15
4	4

解　本题属于总体分布含未知参数的拟合优度检验问题. 此类问题可根据费希尔定理, 按如下步骤检验.

直接利用泊松分布的最大似然估计, 或利用最大似然估计法, 求出泊松分布$P(\lambda)$的参数λ的最大似然估计, 再利用题设样本值, 可得

$$\hat{\lambda}=\overline{X}=0.69,$$

按参数$\lambda=0.69$的泊松分布$P(\lambda)$, 计算事件$\{X=i\}$的概率p_i, 得p_i的估计值:

$$\widehat{p}_i = \frac{e^{-0.69}0.69^i}{i!},\ i=0,1,2,3,4.$$

将有关计算结果列表如下(见表 7－5－6).

表 7－5－6

战争次数 x	0	1	2	3	4	
实测频数 f_i	223	142	48	15	4	
$\widehat{p}_i$	0.501 576	0.346 087	0.119 4	0.027 462	0.004 74	
$n\widehat{p}_i$	216.7	149.5	51.6	11.9	2.05	
				13.95		
$\dfrac{(f_i-n\widehat{p}_i)^2}{n\widehat{p}_i}$	0.183	0.376	0.251	1.828		$\sum\approx 2.638$

将 $n\widehat{p}_i<5$ 的组予以合并,即将发生 3 次及 4 次战争的组归并为一组.

因 H_0 所假设的理论分布中有一个未知参数,故自由度为

$$4-1-1=2,$$

又所给的显著性水平 $\alpha=0.05$,自由度为 2,查 χ^2 分布表,得分位数

$$\chi^2_{0.05}(2)=5.991.$$

χ^2 分布查表

由于统计量 χ^2 的观察值 $\chi^2=2.638<5.991$,未落入拒绝域,所以可认为每年爆发战争的次数 X 服从参数为 0.69 的泊松分布.

例 4　某机械制造公司生产精密零件,为检验生产过程是否正常,质量控制人员从生产线上随机抽取 500 个零件测长度,分组数据如表 7－5－7 所示.

表 7－5－7

长度(mm)	$(-\infty,97)$	$[97,98)$	$[98,99)$	$[99,100)$	$[100,101)$	$[101,+\infty)$
频数	3	16	108	239	116	18

已知样本均值为 99.5mm,样本标准差为 0.8mm. 试在显著性水平 $\alpha=0.05$ 下,用 χ^2 拟合优度检验判断零件长度是否服从正态分布.

解　建立假设:

原假设 H_0:零件长度服从正态分布 $N(99.5,0.8^2)$.

备择假设 H_1:零件长度不服从正态分布 $N(99.5,0.8^2)$.

计算各组概率与期望频数:

$$P_{(-\infty,97)}=\Phi\left(\frac{97-99.5}{0.8}\right)=\Phi(-3.125)\approx 0.000\,9,$$

$$E_1=500P_1=0.45<5,$$

合并前两组, 得新组:

$$O_1 = 3 + 16 = 19,$$

$$P_{(-\infty,98)} = \Phi\left(\frac{98-99.5}{0.8}\right) = \Phi(-1.875) \approx 0.030\,4,\ E_{(-\infty,98)} \approx 15.2,$$

$$P_{[98,99)} \approx 0.235\,6,\ E_{[98,99)} \approx 117.8,\quad P_{[99,100)} \approx 0.468\,0,\ E_{[99,100)} \approx 234.0,$$

$$P_{[100,101)} \approx 0.235\,6, E_{[100,101)} \approx 117.8,\ P_{[101,+\infty)} \approx 0.030\,4, E_{[101,+\infty)} \approx 15.2,$$

计算 χ^2 统计量:

$$\chi^2 = \sum_{i=1}^{5} \frac{(O_i - E_i)^2}{E_i} \approx 2.415,$$

自由度

$$\mathrm{df} = k - r - 1 = 5 - 2 - 1 = 2,$$

查 χ^2 分布表, 得

$$\chi^2_{0.05}(2) = 5.991.$$

由于

$$\chi^2 \approx 2.415 < 5.991,$$

故不能拒绝 H_0, 认为零件长度服从正态分布 $N(99.5, 0.8^2)$.

通过 χ^2 拟合优度检验, 在显著性水平 $\alpha = 0.05$ 下, χ^2 统计量 2.415 小于临界值 5.991, 故不能拒绝原假设, 即零件长度服从正态分布 $N(99.5, 0.8^2)$. 检验过程严格遵循参数估计、概率计算、统计量构造及临界值比较的步骤, 确保结论的可靠性.

例 5　为检验棉纱的拉力强度 (单位: Mpa) X 服从正态分布, 从一批棉纱中随机抽取 300 条进行拉力试验, 结果列在表 7-5-8 中. 我们的问题是检验假设 ($\alpha = 0.01$):

$$H_0: 拉力强度\ X \sim N(\mu, \sigma^2).$$

表 7-5-8

i	x	f_i	i	x	f_i
1	0.5 ~ 0.64	1	8	1.48 ~ 1.62	53
2	0.64 ~ 0.78	2	9	1.62 ~ 1.76	25
3	0.78 ~ 0.92	9	10	1.76 ~ 1.90	19
4	0.92 ~ 1.06	25	11	1.90 ~ 2.04	16
5	1.06 ~ 1.20	37	12	2.04 ~ 2.18	3
6	1.20 ~ 1.34	53	13	2.18 ~ 2.32	1
7	1.34 ~ 1.48	56			

解　本题属于总体分布含未知参数的拟合优度检验问题. 此类问题可根据费希尔定理, 按如下步骤检验.

(1) 将样本的观察值 x_i 分成 13 组, 这相当于

$$a_0 = -\infty,\ a_1 = 0.64,\ a_2 = 0.78,\ \cdots,\ a_{12} = 2.18,\ a_{13} = +\infty.$$

但是这样分组后, 前两组和最后两组的理论频数 $n\hat{p}_i$ 比较小, 于是, 我们把它们合并成为一组 (见表 7-5-9).

表 7－5－9

区间序号	区间	f_i	$\widehat{p}_i$	$n\widehat{p}_i$	$f_i-n\widehat{p}_i$
1	$\leqslant 0.78$ 或 >2.04	7	0.035 7	10.718 7	−3.72
2	0.78～0.92	9	0.033 3	10.000 5	−1
3	0.92～1.06	25	0.070 5	21.141 9	3.858
4	1.06～1.20	37	0.120 3	36.087 3	0.913
5	1.20～1.34	53	0.165 8	49.736 3	3.264
6	1.34～1.48	56	0.184 5	55.349 2	0.651
7	1.48～1.62	53	0.165 8	49.736 3	3.264
8	1.62～1.76	25	0.120 3	36.087 3	−11.1
9	1.76～1.90	19	0.070 5	21.141 9	−2.14
10	1.90～2.04	16	0.033 3	10.000 5	5.999

(2) 计算每个区间上的理论频数. 这里, $F(x)$ 就是正态分布 $N(\mu,\sigma^2)$ 的分布函数, 含有两个未知参数 μ 和 σ^2, 可分别利用正态分布的最大似然估计

$$\widehat{\mu}=\overline{X},\quad \widehat{\sigma}^2=\frac{1}{n}\sum_{i=1}^{n}(X_i-\overline{X})^2$$

来代替. 关于 $\overline{X}$ 的计算做如下说明: 因为表 7－5－8 中每个区间都很狭窄, 我们可以认为每个区间内 X_i 都取这个区间的中点, 将每个区间的中点值乘以该区间的样本数, 然后相加再除以总样本数就得到样本均值 $\overline{X}$, 由此得计算结果:

$$\widehat{\mu}\approx 1.41,\quad \widehat{\sigma}^2\approx 0.30^2.$$

对于服从正态分布 $N(1.41,0.30^2)$ 的随机变量 Y, 利用标准正态分布及其性质与概率的性质 3, 查标准正态分布函数表, 可计算得到它在上面第 i 个区间上的概率 p_i, 例如:

$$\widehat{p}_1=P\{Y\leqslant 0.78\}+P\{Y>2.04\}=P\left\{\frac{Y-1.41}{0.30}\leqslant -2.1\right\}+P\left\{\frac{Y-1.41}{0.30}>2.1\right\}$$

$$=\Phi(-2.1)+1-\Phi(2.1)\approx 0.035\,7,$$

$$\widehat{p}_2=P\{0.78<Y\leqslant 0.92\}=P\left\{-2.1<\frac{Y-1.41}{0.30}\leqslant -1.633\right\}$$

$$=\Phi(-1.633)-\Phi(-2.1)\approx 0.033\,3.$$

……

(3) 计算样本值 $x_1,x_2,\cdots,x_{300}$ 中落在每个区间上的实际频数 f_i, 如表 7－5－9 所示.

(4) 计算统计量的值: $\chi^2=\sum\limits_{k=1}^{10}\dfrac{(f_i-n\widehat{p}_i)^2}{n\widehat{p}_i}\approx 9.776\,0$.

因为 $k=10$, $r=2$, 所以, χ^2 的自由度为 $10-2-1=7$, 查 χ^2 分布表, 得分位数

$$\chi^2_{0.01}(7)=18.48>\chi^2=9.776\,0.$$

故不能拒绝原假设, 即认为棉纱拉力强度服从正态分布.

习题 7-5

1. 一个正 20 面体, 每个面上都标有 0, 1, 2, ⋯, 9 中的某个数字, 并且这 10 个数字中的每个都标在两个面上. 现在抛掷这个正 20 面体 800 次, 标有数字 0, 1, 2, ⋯, 9 的各面朝上的次数如下表所示, 判断这个正 20 面体是否由均匀材料制成 ($\alpha=0.05$).

朝上一面的数字 x	0	1	2	3	4	5	6	7	8	9
频数 f_i	85	93	84	79	78	69	74	71	91	76

2. 检查了 100 个零件的疵点数, 结果如下表所示.

疵点数	0	1	2	3	4	5	6
频数 f_i	14	27	26	20	7	3	3

根据观察到的数据, 检验整批零件上的疵点数是否服从泊松分布 ($\alpha=0.05$).

3. 检查了一本书的 100 页, 记录各页中印刷错误的个数, 其结果为

错误个数 f_i	0	1	2	3	4	5	6	≥7
含 f_i 个错误的页数	36	40	19	2	0	2	1	0

问能否认为一页的印刷错误个数服从泊松分布 (取 $\alpha=0.05$)?

4. 某车床生产滚珠, 随机抽取了 50 个产品, 测得它们的直径 (单位: mm) 为

15.0　15.8　15.2　15.1　15.9　14.7　14.8　15.5　15.6　15.3　15.1　15.3　15.0
15.6　15.7　14.8　14.5　14.2　14.9　14.9　15.2　15.0　15.3　15.6　15.1　14.9
14.2　14.6　15.8　15.2　15.9　15.2　15.0　14.9　14.8　14.5　15.1　15.5　15.5
15.1　15.1　15.0　15.3　14.7　14.5　15.5　15.0　14.7　14.6　14.2

经计算知, 样本均值 $\bar{x}=15.1$, 样本方差 $s^2=0.432\,5^2$, 问滚珠直径是否服从正态分布 $N(15.1, 0.432\,5^2)$?

5. 根据某市公路交通部门某一年中前 6 个月的交通事故记录, 统计得到星期一至星期日发生交通事故的次数如下表所示.

星期	一	二	三	四	五	六	日
次数	36	23	29	31	34	60	25

问交通事故发生是否与星期几无关 ($\alpha=0.05$)?

6. 下表记录了 2 880 个婴儿的出生时刻:

时间区间	[0,1)	[1,2)	[2,3)	[3,4)	[4,5)	[5,6)	[6,7)	[7,8)	[8,9)	[9,10)
出生人数 f_i	127	139	143	138	134	115	129	113	126	122

时间区间	[10,11)	[11,12)	[12,13)	[13,14)	[14,15)	[15,16)	[16,17)
出生人数 f_i	121	119	130	125	112	97	115

时间区间	[17,18)	[18,19)	[19,20)	[20,21)	[21,22)	[22,23)	[23,24)
出生人数 f_i	94	99	97	100	119	127	139

试问婴儿的出生时刻是否服从均匀分布 $U[0, 24]$ (显著性水平 $\alpha = 0.05$)?

7. 7 台自动机床在相同条件下独立完成相同工序, 在相同一段时间内统计 7 台机床故障数的资料如下:

机床代号	1	2	3	4	5	6	7
故障频数	2	10	11	8	13	19	7

问: 故障的发生是否与机床本身质量有关, 还是仅仅由随机因素造成 ($\alpha = 0.05, \chi^2_{0.05}(6) = 12.6$)?

8. 一家工厂分早、中、晚三班, 每班 8 小时, 近期内发生了一些事故, 计早班 6 次, 中班 3 次, 晚班 6 次, 现怀疑事故发生率与班次有关, 试用这些数据做出检验 ($\alpha = 0.05, \chi^2_{0.05}(2) = 5.991$).

9. 某船厂根据以往的资料知道, 本厂生产的农用船只分别以 20%、28%、8%、12% 和 32% 的比例卖给 A, B, C, D, E 五个地区, 从今年生产的农用船只中, 观察到其中 500 艘分别售于上述五个地区 120、123、43、66、148 艘, 问今年这五个地区的销售比例与以往是否有显著不同 ($\alpha = 0.05$)?

10. 从一副扑克牌中进行有放回抽取, 共抽取 3 张牌, 并记录黑桃数 X, 进行重复试验 64 次, 其结果如下:

X	0	1	2	3
频数	21	31	12	0

理论上, X 服从二项分布 $B\left(3, \frac{1}{4}\right)$, 检验假设:

$$H_0: p_i = \mathrm{C}_3^i \left(\frac{1}{4}\right)^i \left(\frac{3}{4}\right)^{3-i}, \quad i = 0, 1, 2, 3.$$

11. 研究混凝土抗压强度的分布, 200 件混凝土制件的抗压强度 (单位: $\mathrm{kg/cm^2}$) 分组形式列表如下:

区间	190 ~ 200	200 ~ 210	210 ~ 220	220 ~ 230	230 ~ 240	240 ~ 250
频数 y_i	10	26	56	64	30	14

(1) 试用组中值计算样本均值 X 与样本方差 S^2;

(2) 问混凝土制件的抗压强度是否服从正态分布 $N(u, \sigma^2)$?

(已知 $\alpha = 0.05$, $\chi^2_{0.05}(3) = 7.815$, $\chi^2 = \sum_{i=1}^{6} \frac{(v_i - np_i)^2}{np_i} = 1.35$.)

12. 为了了解色盲与性别的联系, 调查了 1 000 个人, 按性别及是否色盲分类如下:

	男	女
正常	442	514
色盲	38	6

在显著性水平 $\alpha = 0.05$ 下, 试问色盲与性别是否相互独立?

13. 工厂在制造长度为 20cm 的金属棒时会先将它们粗略地切割, 长度在 20 ~ 20.1cm 之间, 然后改用精密仪器再切割一次即可得到 20cm 的金属棒. 在切下来的废料中随机抽取了 30 段, 测得其长度 (单位: cm) 如下:

0.008	0.008	0.011	0.012	0.014	0.023	0.026	0.039	0.044	0.045
0.047	0.051	0.055	0.059	0.063	0.065	0.068	0.070	0.072	0.074
0.077	0.078	0.079	0.083	0.086	0.088	0.089	0.091	0.092	0.094

问这种截断废料的长度是否服从[0, 0.1]上的均匀分布($\alpha = 0.05$)?

14. 在关于一项选举投票行为的研究中, 研究了投票与学历之间的关系. 已知某地区各学历人口的比例为

学历	初中及以下学历	高中学历	大学学历	硕士及以上学历
人口占比	0.25	0.44	0.26	0.05

从该地区随机抽取 700 位选民, 统计数据如下:

学历	初中及以下学历	高中学历	大学学历	硕士及以上学历
选民人数	176	268	211	45

问参与投票是否与学历无关($\alpha = 0.05$)?

15. 某网络运营公司在监控其数据传输延迟时, 假设数据包的延迟时间服从正态分布, 均值为100毫秒, 标准差为20毫秒. 为了验证这一假设, 网络管理员从其网络设备中随机抽取了500个数据包, 并记录了这些数据包的延迟时间. 网络管理员将这些延迟时间数据划分为5个区间, 如下表所示.

延迟 (ms)	[60,80)	[80,100)	[100,120)	[120,140)	[140,160]
频数	10	65	180	150	95

试使用χ^2检验来判断这些延迟时间是否服从预期的正态分布.

16. 某生态研究团队希望检验某地区植物的年均生长高度是否服从正态分布. 研究人员从该地区随机选择了100株植物, 测得年均生长高度(单位: cm), 分组数据如下:

年均生长高度	[70,85)	[85, 100)	[100, 115)	[115, 130]
频数	10	50	30	10

已知样本均值为99.5cm, 样本标准差为15cm. 试在显著性水平$\alpha = 0.05$下, 用χ^2拟合优度检验判断植物年均生长高度是否服从正态分布.

总习题七

1. 下面列出的是某工厂随机选取的 20 只部件的装配时间 (分钟):

9.8	10.4	10.6	9.6	9.7	9.9	10.9	11.1	9.6	10.2
10.3	9.6	9.9	11.2	10.6	9.8	10.5	10.1	10.5	9.7

设装配时间的总体服从正态分布$N(\mu, \sigma^2)$, μ, σ^2均未知, 是否可以认为装配时间的均值显著大于10(取$\alpha = 0.05$)?

2. 某地早稻收割根据长势估计平均亩产为310 kg, 收割时, 随机抽取了 10 个地块, 测出每个地块的实际亩产量为$x_1, x_2, \cdots, x_{10}$, 计算得$\bar{x} = \dfrac{1}{10}\sum_{i=1}^{10} x_i = 320$. 如果已知早稻亩产量$X$服从正态分布$N(\mu, 144)$, 显

著性水平 $\alpha=0.05$, 试问所估产量是否正确?

3. 设某次考试的考生的成绩服从正态分布, 从中随机抽取36位考生的成绩, 算得平均成绩为66.5分, 样本标准差为15分, 问在显著性水平0.05下, 是否可认为这次考试全体考生的平均成绩为70分? 并给出检验过程.

4. 设容量为100的样本来自正态总体 $X\sim N(\mu,\sigma^2)$, μ,σ^2 均未知, 样本均值 $\overline{x}=2.7$, 且

$$\sum_{i=1}^{n}(x_i-\overline{x})^2=225,$$

试在显著性水平 $\alpha=0.05$ 下, 检验下列假设:

(1) $H_0:\mu=3$, $H_1:\mu\neq3$; (2) $H_0:\sigma^2=2.5$, $H_1:\sigma^2\neq2.5$.

5. 设某大学男生的体重 X 为正态总体, $X\sim N(\mu,\sigma^2)$, 欲检验假设: $H_0:\mu=68\,\text{kg}$, $H_1:\mu>68\,\text{kg}$. 已知 $\sigma=5$, 取显著性水平 $\alpha=0.05$, 若当真正均值为 $69\,\text{kg}$ 时, 犯第二类错误的概率不超过 $\beta=0.05$, 求所需样本的大小.

6. 某装置的平均工作温度据制造厂家称不高于 190°C. 今从一个由16台装置构成的随机样本测得工作温度的均值和标准差分别为 195°C 和 8°C, 根据这些数据能否说明平均工作温度比制造厂家所说的要高(设 $\alpha=0.05$, 并假设工作温度近似服从正态分布)?

7. 电工器材厂生产一批保险丝, 抽取10根试验其熔断时间, 结果为

42 65 75 78 71 59 57 68 54 55

假设熔断时间服从正态分布, 能否认为整批保险丝的熔断时间的方差不大于80 ($\alpha=0.05$)?

8. 某系学生被允许可以选修3学分有实验的物理课和4学分无实验的物理课, 11名学生选修3学分的课, 考试平均分数为85分, 标准差为4.7分; 17名学生选修4学分的课, 考试平均分数为79分, 标准差为6.1分. 假定两总体近似服从方差相同的正态分布, 试在显著性水平 $\alpha=0.05$ 下, 检验有实验的物理课是否能使平均分数增加8分.

9. 某校从经常参加体育锻炼的男生中随机地选50名, 测得平均身高为174.34厘米; 从不经常参加体育锻炼的男生中随机地选50名, 测得平均身高为172.42厘米. 统计资料表明两种男生的身高都服从正态分布, 其标准差分别为5.35厘米和6.11厘米, 问该校经常参加体育锻炼的男生是否比不经常参加体育锻炼的男生的平均身高要高些 ($\alpha=0.05$)?

10. 在漂白工艺中要改变温度对针织品断裂强力的影响, 在两种不同温度下分别做了8次试验, 测得断裂强力数据(单位: kg)如下:

70°C: 20.8 18.8 19.8 20.9 21.5 19.5 21.0 21.2

80°C: 17.7 20.3 20.0 18.8 19.0 20.1 20.2 19.1

试判断两种温度下的断裂强力有无显著差别 (断裂强力可认为服从正态分布, $\alpha=0.05$).

11. 一出租车公司欲检验装配哪种轮胎省油, 以12部装有I型轮胎的车辆进行预定的测试. 在不变换驾驶员的情况下, 将这12部车辆换装II型轮胎并重复测试. 其汽油耗量 (单位: km/L) 如下表所示.

汽车编号 i	1	2	3	4	5	6	7	8	9	10	11	12
I型轮胎(x_i)	4.2	4.7	6.6	7.0	6.7	4.5	5.7	6.0	7.4	4.9	6.1	5.2
II型轮胎(y_i)	4.1	4.9	6.2	6.9	6.8	4.4	5.7	5.8	6.9	4.7	6.0	4.9

设两总体均服从正态分布, 试在显著性水平 $\alpha=0.025$ 下, 检验安装I型轮胎是否要比安装II型轮胎省油.

12. 有两台机器生产金属部件, 分别在两台机器所生产的部件中各取一容量 $n_1 = 60$, $n_2 = 40$ 的样本, 测得部件重量 (单位: kg) 的样本方差分别为 $s_1^2 = 15.46$, $s_2^2 = 9.66$. 设两样本相互独立, 两总体分别服从分布 $N(\mu_1, \sigma_1^2)$, $N(\mu_2, \sigma_2^2)$. μ_i, σ_i^2 $(i = 1, 2)$ 均未知, 试在 $\alpha = 0.05$ 的显著性水平下, 检验假设

$$H_0 : \sigma_1^2 \leqslant \sigma_2^2, \quad H_1 : \sigma_1^2 > \sigma_2^2 .$$

13. 有 9 名学生到英语培训班学习, 培训前后各进行了一次水平测验, 成绩如下表所示.

学生编号 i	1	2	3	4	5	6	7	8	9
入学前成绩 X_i	76	71	70	57	49	69	65	26	59
入学后成绩 Y_i	81	85	70	52	52	63	83	33	62
$Z_i = X_i - Y_i$	-5	-14	0	5	-3	6	-18	-7	-3

假设测验成绩服从正态分布, 试在显著性水平 $\alpha = 0.05$ 下, 检验学生的培训效果是否显著.

14. 每次检查产品时, 都抽取 10 件产品来检查, 统计 100 次检查结果, 得到每 10 件产品中次品数的分布如下表所示.

次品数 x_i	0	1	2	3	4	5	$\geqslant 6$
频数 f_i	32	45	17	4	1	1	0

试用 χ^2 拟合优度检验法检验次品数总体是否服从二项分布 $(\alpha = 0.05)$.

15. 在一批灯泡中抽取 300 只做寿命试验, 结果如下:

寿命 t (小时)	$t < 100$	$100 \leqslant t < 200$	$200 \leqslant t < 300$	$t \geqslant 300$
灯泡数	121	78	43	58

试在 $\alpha = 0.05$ 的显著性水平下, 检验这批灯泡的寿命 T 是否服从指数分布:

$$H_0 : T \sim f(t) = \begin{cases} 0.005\mathrm{e}^{-0.005t}, & t \geqslant 0 \\ 0, & t < 0 \end{cases}.$$

16. 关于正态总体 $X \sim N(\mu, 1)$ 的数学期望有如下二者必居其一的假设: $H_0 : \mu = 0$, $H_1 : \mu = 1$. 考虑检验规则: 当 $\overline{X} \geqslant 0.98$ 时, 拒绝假设 H_0, 接受 H_1, 其中 $\overline{X} = (X_1 + X_2 + \cdots + X_4)/4$, 而 $X_1, X_2, \cdots, X_4$ 是来自总体 X 的简单随机样本. 试求检验的犯两类错误的概率 α 和 β.

17. 考察某城市购买 A 公司牛奶的比例, 做假设 $H_0 : p = 0.6$, $H_1 : p < 0.6$. 随机抽取 50 个家庭, 设 x 为其中购买 A 公司牛奶的家庭数, 拒绝域 $W = \{x \leqslant 24\}$.

(1) 当 H_0 成立时, 求犯第一类错误的概率 α.

(2) 当 H_1 成立且 $p = 0.4$ 时, 求犯第二类错误的概率 $\beta(0.4)$; 又当 $p = 0.5$ 时, 求犯第二类错误的概率 $\beta(0.5)$.

18. 已知 $X_1, X_2, \cdots, X_n$ 是取自正态总体 $N(\mu, 0.04)$ 的简单随机样本, 对检验假设

$$H_0 : \mu = 0.5, \quad H_1 : \mu = 0.65 > 0.5,$$

取单边检验拒绝域 $W = \{(x_1, x_2, \cdots, x_n) : \bar{x} \geqslant C\}$, 其中 $\bar{x} = \dfrac{1}{n}\sum_{i=1}^{n} x_i$, 则样本容量 n 至少应取多少 $(\alpha = 0.05)$?

19. 设 $X_1, X_2, \cdots, X_{25}$ 是取自正态总体 $N(\mu, 9)$ 的样本, 对检验假设

$$H_0: \mu=\mu_0, \quad H_1: \mu>\mu_0,$$

在显著性水平 $\alpha=0.05$ 下, 取检验 H_0 的拒绝域

$$C_1=\{(X_1, X_2, \cdots, X_{25}): |\bar{x}-\mu_0| \geqslant C_1\}, \quad C_2=\{(X_1, X_2, \cdots, X_{25}): \bar{x}-\mu_0 \geqslant C_2\}.$$

若已知 $\mu_1-\mu_0=1$, 试确定哪一个拒绝域犯第二类错误的概率 β_i 较小.

20. 一台最新型号的测谎仪被要求对总共200条记录中的每一条做出判断, 其中100条来自有罪嫌疑人, 100条来自无辜嫌疑人. 结果列于下表. 我们将每个判断视为假设检验问题, 提出原假设与备择假设分别为 H_0 : 嫌疑人有罪, H_1 : 嫌疑人无罪; 估计适用于此测谎仪方法的犯第一类错误和第二类错误的概率.

测谎仪结果	实际情况	
	有罪嫌疑人	无辜嫌疑人
判定为无罪	8	88
判定为有罪	92	12

21. 用传统工艺加工的某种水果罐头中, 每瓶平均维生素 C 的含量为 19 mg. 现改进了加工工艺, 抽查了16瓶罐头. 测得维生素含量 (单位: mg) 为

23　20.5　21　22　20　22.5　19　20

23　20.5　18.8　20　19.5　22　18　23

已知水果罐头中维生素 C 的含量服从正态分布. 分别在方差 $\sigma^2=4$ 和 σ^2 未知的情况下, 问新工艺下维生素 C 的含量是否比旧工艺下维生素 C 的含量有显著提高 $(\alpha=0.01)$?

22. 一种燃料的辛烷等级服从正态分布, 其平均等级为98.0, 标准差为0.8, 得一大小为25的辛烷等级样本, 算得样本均值为97.7, 假定标准差与原来一样. 问新燃料的辛烷平均等级是否比原来燃料的辛烷平均等级偏低 $(\alpha=0.05, u_{0.05}=1.645)$?

23. 将某种农药施入土中防治为害甘蔗的蛴螬, 经三年后土壤中如有 5ppm 以上的浓度, 则认为仍有残效. 今在一施药田随机抽取10个土样进行分析, 其浓度 (ppm) 为

4.8　3.2　2.6　6.0　5.4　7.6　2.1　2.5　3.1　3.5

问该农药经三年后是否仍有残效 (假定残留浓度 X 服从正态分布 $N(\mu, \sigma^2)$, $\alpha=0.05$, $t_{0.05}(9)=1.833$)?

24. 对锰的熔点做了4次测定, 结果是

1 269°C　1 271°C　1 263°C　1 265°C

假定数据服从正态分布, 在显著性水平 $\alpha=0.05$ 下, 问:

(1) 锰的熔点是否符合分布的数学期望为 1 260°C?

(2) 可否认为测定值的均方差不超过 2 ($t_{0.025}(3)=3.182\,5$, $\chi^2_{0.05}(3)=7.815$)?

25. 某厂生产一批某种型号的汽车蓄电池, 根据以往的经验知, 其寿命近似服从正态分布, 它的均方差 $\sigma=0.80$ 年, 现从该厂生产的该型号蓄电池中任意抽取13个, 算得样本均方差

$$s=\sqrt{\frac{1}{n-1}\sum_{i=1}^{n}(x_i-\bar{x})^2}=0.92,$$

取显著性水平 $\alpha=0.10$, 问该厂生产的这批蓄电池寿命的方差是否明显地增大 $(\chi^2_{0.10}(12)=18.55)$?

26. 一家安眠药制造厂想对新型安眠药B和目前市场上流行的安眠药A两者的疗效进行比较, 抽取了

25 名受试验者组成一个独立随机样本, 使之服用安眠药 B 三个晚上;另抽取了 25 名受试验者组成另一个独立随机样本, 使之服用安眠药 A 三个晚上. 可认为服药者所延长的睡眠小时数 X 服从正态分布. 试验结果为

$$A: \overline{x}_1 = 1.4,\ S_1^2 = 0.09; \qquad B: \overline{x}_2 = 1.9,\ S_2^2 = 0.16.$$

能否认为安眠药 B 优于安眠药 A ($\alpha = 0.01$, $F_{0.005}(24,24) = 2.97$, $t_{0.01}(48) \approx u_{0.01} = 2.33$)?

27. 长期观察的结果确信, 患某种病的人服药 A 后, 完全痊愈的概率为 0.8, 指定 800 名患者服新药 B, 其中有 660 名完全痊愈, 在显著性水平 $\alpha = 0.025$ 下, 可以认为新药 B 比原来的药 A 有更显著的效果吗 ($u_{0.025} = 1.96$)?

28. 对 200 个某种电池的工作寿命 X (单位: 天) 进行试验, 得数据如下:

寿命区间	0 ~ 5	5 ~ 10	10 ~ 15	15 ~ 20	20 ~ 25	25 ~ 30
频数 f_i	133	45	15	4	2	1

(1) 用组中值计算样本均值 $\overline{X}$;

(2) 若用 χ^2 拟合优度检验法, 检验假设: $H_0: X$ 服从指数分布, 即 $H_0: X$ 的分布密度为

$$f(x) = \begin{cases} \lambda e^{-\lambda x}, & x > 0 \\ 0, & x < 0 \end{cases},$$

如何求 $p_3 = P\{10 \leqslant x \leqslant 15\}$?

(3) 若 $\chi^2 = \sum_{i=1}^{6} \frac{(f_i - np_i)^2}{np_i} = 1.29$, 在 $\alpha = 0.05$ 下, 对 (2) 中假设检验的检验结论是什么 ($\chi_{0.05}^2(4) = 9.488$)?

29. 对某汽车零件制造厂生产的汽缸螺栓口径进行抽样检查, 测得 100 个数据列表如下:

组限	10.93 ~ 10.95	10.95 ~ 10.97	10.97 ~ 10.99	10.99 ~ 11.01
频数	5	8	20	34
组限	11.01 ~ 11.03	11.03 ~ 11.05	11.05 ~ 11.07	11.07 ~ 11.09
频数	17	6	6	4

试检验螺栓口径是否服从正态分布 ($\alpha = 0.01$)?

30. 国际上一般将“特大地震”定义为里氏震级 ≥ 8.0 的地震. 下表列出了 1969 — 2001 年之间的特大地震次数. 有人认为每年全球特大地震的次数服从参数为 1.2 的泊松分布. 数据支持这一说法吗? 在 5% 的显著性水平下进行检验.

特大地震次数	0	1	2	3	4	5	…
发生年份	15	13	4	1	0	0	…

第 8 章　方差分析与回归分析

方差分析 (ANOVA) 与回归分析是统计推断中两类既紧密相关又各有特色的重要方法. 它们都以解释与量化数据中因子和变量之间的关系为核心, 通过合理的模型构建和参数估计, 为研究者提供深入理解数据结构、寻找影响因素及预测结果的途径. 在方差分析中, 我们通常关心某一响应变量在不同实验处理或分组下的平均差异是否显著. 典型情境是比较多组均值是否相同, 以判断分组因素对响应变量的影响. 当仅有一个分组因素时, 单因素方差分析可帮助研究者在较大样本框架下检验各组均值之间是否存在总体层面的显著差异; 若有多个分组因素, 则多因素方差分析可进一步考量各因素及其交互作用的影响, 从而呈现更丰富的实验结果与解释.

与方差分析相呼应, 回归分析则专注于连续预测变量 (自变量) 与响应变量 (因变量) 之间的函数关系. 无论是简单一元线性回归, 用一条直线刻画一对变量间的线性相关, 还是多元回归模型, 通过多个自变量共同解释因变量的波动, 回归分析都为定量关系的探索与预测奠定了基础. 回归分析可帮助研究者发现变量间的趋势、评估模型的拟合优度、检验预测因子的重要性, 并在合适的条件下进行预测与外推.

方差分析与回归分析在概念和模型框架上存在深层次的联系. 例如, 单因素方差分析可转化为一类特殊的回归模型, 其分组效果可视为回归中的分类变量, 通过哑变量 (虚拟变量) 引入; 多因素方差分析与多元回归分析的联系更为紧密, 二者都可采用线性模型的统一框架来理解. 正是因为这一内在关联, 学习方差分析有助于深入掌握线性模型的思想, 而理解回归分析又可为方差分析的扩展与应用提供新视角和技术手段.

本章将系统介绍方差分析与回归分析的基本原理、模型假设、应用条件与方法选择. 首先, 我们将从方差分析入手, 剖析单因素与多因素方差分析模型及其计算过程, 随后探讨均值比较、主效应与交互作用解析的方法和意义. 然后, 我们将介绍回归分析的基础框架, 从简单线性回归模型的构建与参数估计, 到多元回归分析、模型诊断与修正, 以及模型选择与预测. 通过本章的学习, 读者不仅可掌握两类经典统计方法的核心思想与适用条件, 更能在实际数据分析中灵活应用, 为科学决策与理论建模打下坚实的基础.

§8.1　单因素假设检验的方差分析

在科学试验、生产实践和社会生活中, 影响一个事件的因素往往有很多. 例如, 在工业生产中, 产品的质量往往受到原材料、设备、技术及员工素质等因素的影响; 又如, 在工作中, 影响个人收入的因素也是多方面的, 除了学历、专业、工作时间、性别等方面外, 还受到个人能力、经历及机遇等偶然因素的影响. 虽然在众多因素中, 每个因素的改变都可能影响最终的结果, 但有些因素影响较大, 有些因素影响较小, 故在实际问题中, 就有必要找出那些对事件最终结果有显著影响的因素. 方差分析就是根据试验的结果进行分析, 通过建立数学模型, 鉴别各个因素影响效应的一种有效方法.

一、基本概念

在方差分析中, 我们把要考察的对象的某种特征称为**试验指标**. 影响试验指标的条件称为**因素**. 因素可分为两类: 一类是人们可以控制的 (如上面提到的原材料、设备、学历与专业等因素), 称为**系统因素**; 另一类是人们无法控制的 (如上面提到的员工素质与机遇等因素), 称为**随机因素**.

今后, 我们所讨论的因素都是指系统因素. 如果在一项试验中只有一个因素在改变, 则称为**单因素试验**; 如果有多于一个因素在改变, 则称为**多因素试验**.

因素所处的不同状态或等级称为因素的水平, 简称**水平**, 若单因素试验中有 r 个水平, 则称试验为**单因素 r 水平的试验**. 每个水平的重复试验次数 n_i 称为**重复度**.

为方便起见, 今后用大写字母 A, B, C 等表示因素, 用大写字母加下标表示该因素的水平, 如 A_1, A_2 等.

下面通过例题来说明问题的提法.

例 1 设有三台机器, 用来生产规格相同的铝合金薄板. 抽样并测量薄板的厚度, 精确至千分之一厘米, 结果如表 8-1-1 所示.

表 8-1-1 铝合金板的厚度

机器 I	机器 II	机器 III
0.236	0.257	0.258
0.238	0.253	0.264
0.248	0.255	0.259
0.245	0.254	0.267
0.243	0.261	0.262

这里, 试验指标是薄板的厚度, 机器为因素, 三台不同的机器就是该因素的三个不同的水平. 如果假定除机器这一因素外, 材料的规格、操作人员的水平等其他条件都相同, 这就是单因素试验. 试验的目的是考察各台机器所生产的薄板的厚度有无显著差异, 即考察机器这一因素对厚度有无显著影响. 如果厚度有显著差异, 就表明机器这一因素对厚度的影响是显著的.

例 2 某食品公司对一种食品设计了四种新包装. 为了考察哪种包装最受欢迎, 抽取了10家有近似销售量的商店做试验, 其中两种包装各指定两家商店销售, 另两种包装各指定三家商店销售. 在试验期间, 各商店的货架摆放位置、空间都尽量一致, 营业员的促销方法也基本相同. 观察在一定时期内的销售量, 数据如表 8-1-2 所示.

表 8-1-2 销售量

包装	商店			商店数 n_i
	1	2	3	
A_1	12	18		2
A_2	14	12	13	3
A_3	19	17	21	3
A_4	24	30		2

在本例中,我们要比较的是四种包装的销售量是否一致,为此把包装类型看作一个因素,记为因素 A,它有四种不同的包装,四种包装看作因素 A 的四个水平,记为 A_1, A_2, A_3, A_4. 一般将第 i 种包装在第 j 家商店的销售量记为 x_{ij}, $i=1, 2, 3, 4$; $j=1, 2, \cdots, n_i$ (对本例, $n_1=2$, $n_2=3$, $n_3=3$, $n_4=2$).

由于商店间的差异已被控制在最小的范围内,因此,一种包装在不同商店的销售量看作一种包装的若干次重复观察,所以可以把一种包装看作一个总体. 比较四种包装的销售量是否相同,相当于比较四个总体的均值是否一致. 为简化起见,需要给出若干假定,把要回答的问题归结为某类统计问题,然后设法解决它.

二、假设前提

设单因素 A 具有 r 个水平,分别记为 $A_1, A_2, \cdots, A_r$, 在每个水平 $A_i\,(i=1, 2, \cdots, r)$ 下,要考察的指标可以看作一个总体,故有 r 个总体,并假设:

(1) 每个总体均服从正态分布;

(2) 每个总体的方差相同;

(3) 从每个总体中抽取的样本相互独立.

那么,要比较各个总体的均值是否一致,就是要检验各个总体的均值是否相等,设第 i 个总体的均值为 μ_i, 则要检验的假设为

$$H_0: \mu_1=\mu_2=\cdots=\mu_r, \quad H_1: \mu_1, \mu_2, \cdots, \mu_r \text{ 不全相等}.$$

通常备择假设 H_1 可以不写.

在水平 $A_i\,(i=1, 2, \cdots, r)$ 下,进行 n_i 次独立的试验,得到表 8-1-3 的试验数据 $X_{i1}, X_{i2}, \cdots, X_{in_i}$, 记数据的总个数为 $n=\sum_{i=1}^{r} n_i$.

表 8-1-3 单因素 r 水平的实验数据表

A_1	X_{11}	X_{12}	$\cdots$	X_{1n_1}
A_2	X_{21}	X_{22}	$\cdots$	X_{2n_2}
$\vdots$	$\vdots$	$\vdots$		$\vdots$
A_r	X_{r1}	X_{r2}	$\cdots$	X_{rn_r}

由假设有 $X_{ij} \sim N(\mu_i, \sigma^2)$ (μ_i 和 σ^2 未知), 即有

$$X_{ij}-\mu_i \sim N(0, \sigma^2),$$

故 $X_{ij}-\mu_i$ 可视为随机误差,记 $X_{ij}-\mu_i=\varepsilon_{ij}$, 从而得到如下数学模型:

$$\begin{cases} X_{ij}=\mu_i+\varepsilon_{ij}, & i=1, 2, \cdots, r; j=1, 2, \cdots, n_i \\ \varepsilon_{ij} \sim N(0, \sigma^2), & \text{各个 } \varepsilon_{ij} \text{ 相互独立}, \mu_i \text{ 和 } \sigma^2 \text{ 未知} \end{cases}. \tag{1.1}$$

方差分析的任务如下:

(1) 检验该模型中 r 个总体 $N(\mu_i, \sigma^2)\,(i=1, 2, \cdots, r)$ 的均值是否相等.

(2) 做出未知参数 $\mu_1, \mu_2, \cdots, \mu_r, \sigma^2$ 的估计.

为了更仔细地描述数据,常在方差分析中引入总平均和效应的概念. 称各均值的加权平

均 $\mu=\dfrac{1}{n}\sum_{i=1}^{r}n_i\mu_i$ 为**总平均**. 再引入 $\delta_i=\mu_i-\mu\ (i=1, 2, \cdots, r)$, δ_i 表示在水平 A_i 下总体的均值 μ_i 与总平均 μ 的差异, 称为**因素 A 的第 i 个水平 A_i 的效应**. 易见, 效应间有如下关系式:

$$\sum_{i=1}^{r}n_i\delta_i=\sum_{i=1}^{r}n_i(\mu_i-\mu)=0,$$

利用上述记号, 前述数学模型可改写为

$$\begin{cases} X_{ij}=\mu+\delta_i+\varepsilon_{ij}, \quad i=1, 2, \cdots, r;\ j=1, 2, \cdots, n_i \\ \sum_{i=1}^{r}n_i\delta_i=0 \\ \varepsilon_{ij}\sim N(0, \sigma^2), \qquad \text{各个 } \varepsilon_{ij} \text{ 相互独立}, \mu_i \text{ 和 } \sigma^2 \text{ 未知} \end{cases}. \tag{1.2}$$

而前述假设则等价于:

$$H_0: \delta_1=\delta_2=\cdots=\delta_r=0, \quad H_1: \delta_1, \delta_2, \cdots, \delta_r \text{ 不全为零}.$$

三、偏差平方和及其分解

在统计分析中, **偏差平方和**是度量数据偏离中心趋势的重要指标. 无论是方差分析还是回归分析, 都可将总偏差平方和分解为解释平方和与误差两部分, 从而评估模型拟合优度并检验影响因素的显著性. 偏差平方和与正态分布假设有密切关系, 是构建检验统计量与确定其分布特征的基础. 正确理解偏差平方和的统计特性, 有助于研究者更准确地解读分析结果, 优化模型选择与推断决策, 从而在实际应用中提高预测精度与决策稳健性.

为了使各 X_{ij} 之间的差异能定量表示出来, 我们先引入如下记号.

记在水平 A_i 下的数据和为 $X_{i\cdot}=\sum_{j=1}^{n_i}X_{ij}$, 其样本均值为 $\overline{X}_{i\cdot}=\dfrac{1}{n_i}\sum_{j=1}^{n_i}X_{ij}$, 因素 A 下的所有水平的样本总均值为

$$\overline{X}=\frac{1}{n}\sum_{i=1}^{r}\sum_{j=1}^{n_i}X_{ij}=\frac{1}{n}\sum_{i=1}^{r}n_i\overline{X}_{i\cdot}.$$

为了通过分析对比导致样本 $X_{ij}\ (i=1, 2, \cdots, r;\ j=1, 2, \cdots, n_i)$ 之间差异性的原因, 从而确定因素 A 的影响是否显著, 我们引入**偏差平方和**

$$S_T=\sum_{i=1}^{r}\sum_{j=1}^{n_i}(X_{ij}-\overline{X})^2 \tag{1.3}$$

来度量各个体间的差异程度, 由于 S_T 能反映全部试验数据之间的差异, 所以又称为**总偏差平方和**.

针对单因素方差分析要检验的假设, 如果 H_0 成立, 则 r 个总体间无显著差异, 也就是说, 因素 A 对指标没有显著影响, 所有的 X_{ij} 可以认为来自同一正态总体 $N(\mu, \sigma^2)$, 各个 X_{ij} 间的差异只是由随机因素引起的. 如果 H_0 不成立, 则在总偏差中, 除随机因素引起的差异外, 还

包括由因素A的不同水平的作用而产生的差异. 如果不同水平作用产生的差异比随机因素引起的差异大得多, 就认为因素A对指标有显著影响, 否则, 认为无显著影响.

基于上述考虑, 我们可将总偏差中的这两种差异分开, 然后进行比较. 记

$$S_T = S_A + S_E, \tag{1.4}$$

其中

$$S_A = \sum_{i=1}^{r} n_i (\overline{X}_{i\cdot} - \overline{X})^2, \quad S_E = \sum_{i=1}^{r}\sum_{j=1}^{n_i}(X_{ij} - \overline{X}_{i\cdot})^2. \tag{1.5}$$

S_A反映每个水平下的样本均值与样本总均值的差异, 它是由因素A取不同水平引起的, 称为**组间 (偏差) 平方和**, 也称为**因素A的偏差平方和**.

S_E表示在水平A_i下样本值与该水平下的样本均值之间的差异, 它是由随机误差引起的, 称为**组内 (偏差) 平方和**, 也称为**误差 (偏差) 平方和**.

等式$S_T = S_A + S_E$称为**平方和分解式**. 事实上

$$\begin{aligned} S_T &= \sum_{i=1}^{r}\sum_{j=1}^{n_i}(X_{ij} - \overline{X})^2 = \sum_{i=1}^{r}\sum_{j=1}^{n_i}[(X_{ij} - \overline{X}_{i\cdot}) + (\overline{X}_{i\cdot} - \overline{X})]^2 \\ &= \sum_{i=1}^{r}\sum_{j=1}^{n_i}(X_{ij} - \overline{X}_{i\cdot})^2 + 2\sum_{i=1}^{r}\sum_{j=1}^{n_i}(X_{ij} - \overline{X}_{i\cdot})(\overline{X}_{i\cdot} - \overline{X}) + \sum_{i=1}^{r} n_i (\overline{X}_{i\cdot} - \overline{X})^2, \end{aligned}$$

由样本均值$\overline{X}_{i\cdot}$和$\overline{X}$的定义知, $\sum_{i=1}^{r}\sum_{j=1}^{n_i}(X_{ij} - \overline{X}_{i\cdot})(\overline{X}_{i\cdot} - \overline{X}) = 0$, 所以

$$S_T = \sum_{i=1}^{r}\sum_{j=1}^{n_i}(X_{ij} - \overline{X}_{i\cdot})^2 + \sum_{i=1}^{r} n_i (\overline{X}_{i\cdot} - \overline{X})^2 = S_E + S_A.$$

四、S_E与S_A的统计特性

由于偏差平方和分解式$S_T = S_E + S_A$中各项S_T, S_E, S_A都是统计量, 在单因素方差分析的假设前提下, 如果H_0成立, 则所有的样本X_{ij}都服从正态分布$N(\mu, \sigma^2)$, 且相互独立. 可证明下列结论:

(1) $\dfrac{S_T}{\sigma^2} \sim \chi^2(n-1)$;

(2) $\dfrac{S_E}{\sigma^2} \sim \chi^2(n-r)$, 且$E(S_E) = (n-r)\sigma^2$, 即$E\left(\dfrac{S_E}{n-r}\right) = \sigma^2$, 故$\dfrac{S_E}{n-r}$为$\sigma^2$的无偏估计;

(3) $\dfrac{S_A}{\sigma^2} \sim \chi^2(r-1)$, 且$E(S_A) = (r-1)\sigma^2$, 即$E\left(\dfrac{S_A}{r-1}\right) = \sigma^2$, 故$\dfrac{S_A}{r-1}$为$\sigma^2$的无偏估计;

(4) S_E与S_A相互独立.

证明 见教材配套的网络学习空间.

五、检验方法

根据单因素方差分析的假设前提及其数学模型的另一表述, 我们继续讨论单因素方差分析的假设检验问题.

在单因素方差分析的偏差平方和分解式 $S_T=S_E+S_A$ 中, 如果组间差异 S_A 比组内差异 S_E 大得多, 就说明因素的各水平间有显著差异, r 个总体不能认为是同一正态总体, 应认为 H_0 不成立, 此时, 根据偏差平方和各项的抽样分布, 比值

$$\left(\frac{S_A}{r-1}\right)\Bigg/\left(\frac{S_E}{n-r}\right)=\frac{(n-r)S_A}{(r-1)S_E}$$

有偏大的趋势. 为此, 选用统计量

$$F=\frac{(n-r)S_A}{(r-1)S_E}.$$

在 H_0 为真时, 有

$$F=\frac{(n-r)S_A}{(r-1)S_E}\sim F(r-1,\ n-r)\,. \tag{1.6}$$

对给定的显著性水平 α, 查 $F_\alpha(r-1,\ n-r)$ 的值, 并利用样本观察值计算出 S_E 和 S_A, 从而计算出统计量 F 的观察值. 由于 H_0 不为真时, S_A 值偏大, 导致 F 值偏大. 因此,

(1) 当 $F>F_\alpha(r-1,\ n-r)$ 时, 拒绝 H_0, 表示因素 A 的各水平下的效应有显著差异;

(2) 当 $F<F_\alpha(r-1,\ n-r)$ 时, 接受 H_0, 表示没有理由认为因素 A 的各水平下的效应有显著差异.

实际计算中, 我们常常直接用公式与原始数据的关系式来计算, 即

$$T_{i\cdot}=\sum_{j=1}^{n_i}X_{ij}\,,\ i=1,\ 2,\cdots,\ r,\quad T=\sum_{i=1}^{r}\sum_{j=1}^{n_i}X_{ij}=\sum_{i=1}^{r}T_{i\cdot}\,,$$

$$S_T=\sum_{i=1}^{r}\sum_{j=1}^{n_i}X_{ij}^2-\frac{T^2}{n}\,,\quad S_A=\sum_{i=1}^{r}\frac{T_{i\cdot}^2}{n_i}-\frac{T^2}{n}\,,\quad S_E=S_T-S_A\,.$$

为表达的方便和直观, 将上述分析过程和结果制成一张表格 (见表 8−1−4), 称为**单因素方差分析表**.

表 8−1−4

方差来源	平方和	自由度	均方和	F 值
因素 A	S_A	$r-1$	$\mathrm{MS}_A=\dfrac{S_A}{r-1}$	$F=\dfrac{\mathrm{MS}_A}{\mathrm{MS}_E}$
误差 E	S_E	$n-r$	$\mathrm{MS}_E=\dfrac{S_E}{n-r}$	
总和 T	S_T	$n-1$		

单因素方差分析表是方差分析过程的核心展示工具, 用于将观察数据的变异分解为源于组间 (由处理或分组差异引起的变异) 和组内 (由随机误差或个体差异引起的变异) 两大部分. 分析表包括若干关键信息: 偏差平方和, 总偏差平方和可分解为组间偏差平方和与组内偏差平方和; 自由度 (degrees of freedom), 用于确定各部分变异的独立贡献度; 将偏差平方和分别除以相应自由度, 即可得到均方 (mean square, MS), 代表每个独立信息单元平均承担的变异程度; 组间均方与组内均方的比值构成F统计量, 用来判断分组因素是否对响应变量存在显著影响. 该表格的意义在于直观、系统地呈现方差分析的核心结果, 使研究者清晰了解总体变异从何而来. 若F统计量及相应的P值表明组间差异显著, 则可推断不同处理组间的均值确有差异, 为后续的深入分析 (如事后多重比较) 提供方向. 若无显著差异, 则可认为分组因素对响应变量影响不大. 通过单因素方差分析表, 研究者能够更有效地对数据展开解释, 帮助优化实验设计与资源配置, 为科学决策和理论检验提供坚实的数据基础.

例 3　在例 1 中, 检验假设 ($\alpha=0.05$):

$$H_0: \mu_1=\mu_2=\mu_3,\quad H_1: \mu_1,\ \mu_2,\ \mu_3 \text{ 不全相等.}$$

解　根据单因素方差分析的检验方法, 这里

$$r=3,\ n_1=n_2=n_3=5,\ n=15,$$

计算实验

由此进一步计算得

$$S_T=\sum_{i=1}^{r}\sum_{j=1}^{n_i}x_{ij}^2-\frac{1}{n}\left(\sum_{i=1}^{r}\sum_{j=1}^{n_i}x_{ij}\right)^2=0.963\,912-\frac{1}{15}\times 3.8^2$$

$$=0.001\,245\,33,$$

$$S_E=\sum_{i=1}^{r}\sum_{j=1}^{n_i}x_{ij}^2-\sum_{i=1}^{r}\left(\frac{1}{n_i}(\sum_{j=1}^{n_i}x_{ij})^2\right)=0.963\,912-0.963\,72=0.000\,192,$$

利用总偏差平方和分解式 $S_T=S_E+S_A$, 得

$$S_A=S_T-S_E=0.001\,245\,33-0.000\,192=0.001\,053\,33.$$

统计量 S_T, S_A, S_E 的自由度依次为 $n-1=14$, $r-1=2$, $n-r=12$, 由此得到单因素方差分析表, 如表 8-1-5 所示.

表 8-1-5

方差来源	平方和	自由度	均方和	F值
因素 A	0.001 053 33	2	0.000 526 67	32.92
误差 E	0.000 192	12	0.000 016	
总和 T	0.001 245 33	14		

F分布查表

查F分布表得 $F_{0.05}(2, 12)=3.89$, 因为

$$F=32.92>F_{0.05}(2,\ 12)=3.89,$$

故在显著性水平$\alpha=0.05$下拒绝H_0, 即认为各台机器生产的薄板厚度有显著差异.

例 4　某互联网公司正在测试其广告投放策略对不同用户群体的广告点击率的影响. 公司将用户群体分为三组, 分别为年轻用户 (18~30 岁)、中年用户 (31~50 岁) 和老年用户 (51岁及以上). 公司希望检验这三个用户群体的广告点击率是否存在显著差异. 为此, 公司从每个用户群体中随机抽取了30名用户, 记录了他们在广告投放期间的点击率 (即点击广告的次数与展示次数之比). 以下是每组的广告点击率数据.

年轻用户 (18~30岁):

0.12	0.15	0.10	0.14	0.13	0.16	0.11	0.13	0.12	0.14
0.15	0.16	0.11	0.10	0.12	0.13	0.14	0.15	0.16	0.12
0.14	0.13	0.11	0.12	0.15	0.14	0.13	0.14	0.12	0.16

中年用户 (31~50 岁):

0.18	0.17	0.16	0.19	0.18	0.17	0.16	0.19	0.17	0.18
0.16	0.19	0.18	0.17	0.19	0.16	0.18	0.19	0.16	0.17
0.18	0.19	0.17	0.18	0.16	0.19	0.18	0.19	0.16	0.17

老年用户 (51岁及以上):

0.10	0.08	0.09	0.07	0.08	0.09	0.08	0.09	0.07	0.08
0.09	0.10	0.08	0.09	0.07	0.08	0.09	0.08	0.10	0.07
0.08	0.09	0.08	0.07	0.09	0.08	0.07	0.09	0.08	0.09

公司希望用方差分析来检验这三个用户群体的广告点击率是否存在显著差异($\alpha=0.05$).

解　首先, 设定假设检验的原假设和备择假设:

H_0: 三个用户群体的广告点击率的均值相等, 即$\mu_1=\mu_2=\mu_3$.

H_1: 至少有一个用户群体的广告点击率均值不同.

然后, 计算每组的均值和方差, 以及总均值与组间、组内平方和:

年轻用户组均值: $\overline{x}_1\approx 0.132\,7$, 方差: $s_1^2\approx 0.000\,31$;

中年用户组均值: $\overline{x}_2\approx 0.175\,7$, 方差: $s_2^2\approx 0.000\,12$;

老年用户组均值: $\overline{x}_3\approx 0.083\,3$, 方差: $s_3^2\approx 0.000\,082$;

总均值: $\overline{x}\approx 0.130\,6$;

组间平方和:

$$S_A=n_1(\overline{x}_1-\overline{x})^2+n_2(\overline{x}_2-\overline{x})^2+n_3(\overline{x}_3-\overline{x})^2\approx 0.128\,1;$$

组内平方和:

$$S_E=(n_1-1)s_1^2+(n_2-1)s_2^2+(n_3-1)s_3^2\approx 0.014\,9.$$

根据F检验法, 选取统计量

$$F=\frac{(n-r)S_A}{(r-1)S_E}=\frac{(90-3)\times 0.128\,1}{(3-1)\times 0.014\,9}=\frac{11.144\,7}{0.029\,8}\approx 373.98,$$

查F分布表得$F_{0.05}(2,87)=3.10$, 因为

$$F=373.98>F_{0.05}(2,87)=3.10,$$

故在显著性水平$\alpha=0.05$下拒绝H_0, 即不同用户群体之间的广告点击率存在显著差异. 年轻用户和中年用户的广告点击率明显高于老年用户, 这表明广告投放策略可能需要针对不同年龄段的用户进行调整.

例 5　在例2中, 检验假设($\alpha=0.05$):

$$H_0: \mu_1=\mu_2=\mu_3=\mu_4,\quad H_1: \mu_1,\mu_2,\mu_3,\mu_4\text{ 不全相等}.$$

解　根据单因素方差分析的检验方法, 这里$r=4$, $n_1=n_4=2$, $n_2=n_3=3$, $n=10$, 由此进一步计算得

$$S_T=\sum_{i=1}^{r}\sum_{j=1}^{n_i}x_{ij}^2-\frac{1}{n}\left(\sum_{i=1}^{r}\sum_{j=1}^{n_i}x_{ij}\right)^2=3\,544-\frac{1}{10}\times 180^2=304,$$

$$S_E=\sum_{i=1}^{r}\sum_{j=1}^{n_i}x_{ij}^2-\sum_{i=1}^{r}\left(\frac{1}{n_i}(\sum_{j=1}^{n_i}x_{ij})^2\right)=3\,544-3\,498=46,$$

计算实验

利用总偏差平方和分解式$S_T=S_E+S_A$, 得

$$S_A=S_T-S_E=304-46=258.$$

统计量S_T, S_A, S_E的自由度依次为$n-1=9$, $r-1=3$, $n-r=6$, 由此得到单因素方差分析表, 如表8－1－6所示.

表8－1－6

方差来源	平方和	自由度	均方和	F值
因素A	258	3	86	11.22
误差E	46	6	7.67	
总和T	304	9		

查F分布表得$F_{0.05}(3,6)=4.76$, 因为

$$F=11.22>F_{0.05}(3,6)=4.76,$$

故在显著性水平$\alpha=0.05$下拒绝H_0, 即认为四种包装的销售量有显著差异, 这说明不同包装受欢迎的程度不同.

例 6　某电子电器公司生产了三种不同品牌的电池, 分别为A品牌、B品牌和C品牌.

公司希望检验这三种电池在正常使用条件下的使用寿命是否存在显著差异. 为了进行比较, 公司从每种电池品牌中随机选择了15个样本, 测量了每个电池的使用寿命 (单位: 小时). 以下是每组电池的使用寿命数据.

A 品牌电池: 120 125 130 118 123 126 121 129 124 122 128 127 119 124 125

B 品牌电池: 110 115 120 118 116 112 117 114 113 118 119 120 116 115 117

C 品牌电池: 140 145 150 138 142 146 149 148 143 141 140 144 145 142 143

公司希望通过单因素方差分析来检验这三种电池的使用寿命是否存在显著差异 ($\alpha=0.05$).

解 首先, 设定假设检验的原假设和备择假设:

H_0: 三种电池的使用寿命的均值相等, 即 $\mu_1=\mu_2=\mu_3$.

H_1: 至少有一种电池的使用寿命均值不同.

然后, 计算每组的均值和方差, 以及总均值与组间、组内平方和:

A 品牌电池均值: $\overline{x}_1\approx 124.07$, 方差: $s_1^2\approx 13.07$;

B 品牌电池均值: $\overline{x}_2=116$, 方差: $s_2^2\approx 8.43$;

C 品牌电池均值: $\overline{x}_3\approx 143.73$, 方差: $s_3^2\approx 12.07$;

总均值: $\overline{x}\approx 127.93$;

组间平方和:

$$S_A=n_1(\overline{x}_1-\overline{x})^2+n_2(\overline{x}_2-\overline{x})^2+n_3(\overline{x}_3-\overline{x})^2\approx 6\,102.97;$$

组内平方和:

$$S_E=(n_1-1)s_1^2+(n_2-1)s_2^2+(n_3-1)s_3^2\approx 469.98.$$

根据 F 检验法, 选取统计量

$$F=\frac{(n-r)S_A}{(r-1)S_E}=\frac{(45-3)\times 6\,102.97}{(3-1)\times 469.98}\approx 272.7,$$

查 F 分布表得 $F_{0.05}(2,42)=3.22$, 因为

$$F=272.7>F_{0.05}(2,42)=3.22,$$

故在显著性水平 $\alpha=0.05$ 下拒绝 H_0, 即不同品牌电池的使用寿命存在显著差异. C 品牌电池的使用寿命显著高于 A 品牌和 B 品牌, 这表明 C 品牌电池在长期使用中的表现更为优异. 公司可以考虑根据这一结果进一步优化电池产品线, 推广 C 品牌电池, 提升市场竞争力.

*数学实验

实验 8.1 美国的一家机构做了一项调查, 研究地理位置与患抑郁症之间的关系. 该机构选择了 60 个 65 岁以上的健康人组成一个样本, 其中 20 人居住在佛罗里达州, 20 人居住在纽约州, 20 人居住在北卡罗来纳州. 对选出的每个人都进行了测量抑郁症的标准化检验, 搜集到如下资料 (较高的得分表示较高的抑郁

症水平):

佛罗里达州	3	7	7	3	8	8	8	5	5	2	6	2	6	6	9	7	5	4	7	3
纽约州	8	11	9	7	8	7	8	4	13	10	6	8	12	8	6	8	5	7	7	8
北卡罗来纳州	10	7	3	5	11	8	4	3	7	8	8	7	3	9	8	12	6	3	8	11

研究的第二部分考虑地理位置与患有慢性病的65岁以上的人患抑郁症之间的关系，这些慢性病包括关节炎、高血压、心脏失调等. 从患有这些慢性病的人中也选出60个组成样本, 同样地, 20人居住在佛罗里达州, 20人居住在纽约州, 20人居住在北卡罗来纳州. 这项研究记录的抑郁症水平资料如下:

佛罗里达州	13	12	17	17	2	21	16	14	13	17	12	9	12	15	16	15	13	10	11	17
纽约州	14	9	15	12	16	24	18	14	15	17	20	11	23	19	17	14	9	14	13	11
北卡罗来纳州	10	12	15	18	12	14	17	8	14	16	18	17	19	15	13	14	11	12	13	11

通过对以上两个数据集的统计分析, 你能从中得出什么结论? 你对该疾病有什么认识? (详见教材配套的网络学习空间.)

习题 8-1

1. 粮食加工厂试验5种贮藏方法, 检验它们对粮食含水率是否有显著影响. 在贮藏前这些粮食的含水率几乎没有差别, 贮藏后含水率如下表所示, 在显著性水平 $\alpha=0.05$ 下, 问不同的贮藏方法对含水率的影响是否有明显差异?

因素 A (贮藏方法)	试验批号				
	1	2	3	4	5
A_1	7.3	8.3	7.6	8.4	8.3
A_2	5.4	7.4	7.1		
A_3	8.1	6.4			
A_4	7.9	9.5	10.0		
A_5	7.1				

2. 设有三种机器A、B、C制造一种产品, 对每种机器各观测5天, 其日产量如下表所示, 问机器与机器之间是否真正存在差别 $(\alpha=0.05)$?

机器	试验批号				
	1	2	3	4	5
A	41	48	41	49	57
B	65	57	54	72	64
C	45	51	56	48	48

3. 设有某种型号的电池三批, 它们分别是A、B、C三个工厂生产的, 为评比其质量, 各随机抽取5只电池作为样品, 经试验测得其寿命 (单位: 小时) 数据如右表所示. 试在显著性水平0.05下, 检验电池的平

均寿命有无显著差异; 若差异显著, 试求均值差 $\mu_A-\mu_B$, $\mu_A-\mu_C$ 及 $\mu_B-\mu_C$ 的置信度为95% 的置信区间, 设各工厂生产的电池的寿命服从同方差的正态分布.

A	40	48	38	42	45
B	26	34	30	28	32
C	39	40	43	50	50

4. 一个年级有三个小班, 他们进行了一次数学考试, 现从各个班级随机地抽取了一些学生, 记录的成绩如下表所示.

班级	I	73	66	89	60	82	45	43	93	80	36	73	77			
	II	88	77	78	31	48	78	91	62	51	76	85	96	74	80	56
	III	68	41	79	59	56	68	91	53	71	79	71	15	87		

试在显著性水平0.05下, 检验各班级的平均分数有无显著差异, 设各个总体服从正态分布, 且方差相等.

5. 某化工厂在用钡泥制取硝酸钡的试验中, 考虑到钡的溶出率随酸度的增大而提高, 为研究溶钡酸度对反应后的废水中硝酸钡的质量分数 (%) 的影响, 今将溶钡酸度从 pH = 4 降至 pH = 1 , 取 4 个水平:

$$A_1\,(\mathrm{pH}=4),\ A_2\,(\mathrm{pH}=3),\ A_3\,(\mathrm{pH}=2),\ A_4\,(\mathrm{pH}=1).$$

每个水平做 4 次试验, 测得硝酸钡含量如下:

溶钡酸度	硝酸钡含量			
A_1	6.17	6.73	6.45	6.53
A_2	5.89	5.73	5.50	5.61
A_3	5.01	5.19	5.37	5.26
A_4	4.28	4.75	4.79	4.50

(1) 溶钡酸度对废水中的硝酸钡含量是否有显著影响 ($\alpha=0.01$)?

(2) 求因素水平 μ_1, μ_2, μ_3, μ_4 及方差 σ^2 的点估计.

(3) 求 $\mu_1-\mu_2$ 的 95% 的置信区间.

6. 试验四种不同农药, 看它们的杀虫率 (单位: %) 有无明显不同, 试验结果如下:

农药	A_1	A_2	A_3	A_4
杀虫率	87.4 85.0 80.2	56.2 62.4	55.0 48.2	75.2 72.3 81.3

问这四种农药在杀虫方面是否存在显著差异 ($\alpha=0.01,\ F_{0.01}(3,6)=9.78$)?

7. 用于计算器的 4 种类型的电路响应时间如下:

类型	响应时间				
1	19	22	20	18	15
2	20	21	33	27	40
3	16	15	18	26	17
4	18	22	19		

设 4 种类型电路的响应时间的总体服从正态分布且各总体方差相同, 又设各样本独立, 检验各类电路的响应时间是否有显著差异 ($\alpha=0.05$).

8. 某钢厂检查一月上旬的5天中生产的钢锭的质量 (单位: kg), 结果见下表.

日期	质量			
1	5 500	5 800	5 740	5 710
2	5 440	5 680	5 240	5 600
4	5 400	5 410	5 430	5 400
9	5 640	5 700	5 660	5 700
10	5 610	5 700	5 610	5 400

试检验不同日期生产的钢锭的质量有无显著差别 ($\alpha=0.05$).

9. 将抗生素注入人体会产生抗生素与血浆蛋白质结合的现象, 导致药效减弱, 下表列出5种常用的抗生素注入牛的体内时, 抗生素与血浆蛋白质结合的百分比, 试在 $\alpha=0.05$ 的显著性水平下, 检验这些百分比的均值有无显著差异 (设各总体为正态总体, 且方差相同).

青霉素	四环素	链霉素	红霉素	氯霉素
29.6	27.3	5.8	21.6	29.2
24.3	32.6	6.2	17.4	32.8
28.5	30.8	11.0	18.3	25.0
32.0	34.8	8.3	19.0	24.2

10. 下表给出小白鼠在接种三种不同菌型的伤寒杆菌后的存活日数, 问三种菌型对小白鼠的平均存活日数有无显著差异 ($\alpha=0.001$, $F_{0.001}(2,27)=9.02$)?

菌型	接种后存活日数									
A_1	2	4	3	2	4	7	7	2	5	4	
A_2	5	6	8	10	7	12	6	5			
A_3	7	11	6	6	7	9	5	10	6	3	10

11. 某医院应用克矽平治疗矽肺, 治疗前、中、后期患者血液中粘蛋白含量 (单位: mg/dL) 的观察结果如下表所示, 问用克矽平治疗矽肺对血液中粘蛋白含量是否有影响 ($\alpha=0.05$, $F_{0.05}(2,18)=3.55$)?

患者编号	1	2	3	4	5	6	7
治疗前期	6.5	7.3	7.3	3.0	7.3	5.6	7.3
治疗中期	4.5	4.4	5.9	3.6	5.5	4.5	5.2
治疗后期	4.5	3.6	3.7	2.6	4.3	3.7	7.0

12. 某机械工程公司正在测试三种不同材料的抗拉强度. 为了评估这三种材料在相同条件下的抗拉强度差异, 研究人员随机选择了每种材料的 10 个样本, 测量了它们的抗拉强度 (单位: MPa):

材料 A 的抗拉强度数据: 45 47 49 46 48 47 44 50 49 46

材料 B 的抗拉强度数据: 42 44 43 45 46 44 43 45 42 44

材料 C 的抗拉强度数据: 40 42 41 43 42 41 40 42 43 41

试通过方差分析来判断这三种材料的抗拉强度是否存在显著差异 ($\alpha=0.05$).

13. 某生态研究团队希望评估三种不同植被类型 (草地、森林、灌木丛) 对土壤酸度的影响. 为了进行比较, 研究人员从每种植被类型的代表区域中随机选取了 10 个样本, 测量了土壤的 pH 值. 以下是每组土壤

的 pH 值数据:

草地: 5.2 5.4 5.3 5.5 5.6 5.2 5.4 5.3 5.5 5.4

森林: 4.8 5.0 4.9 5.1 5.0 4.9 4.8 4.9 5.0 4.8

灌木丛: 6.0 6.2 6.1 6.0 6.3 6.1 6.2 6.0 6.1 6.2

研究团队希望通过单因素方差分析来检验三种植被类型对土壤酸度的影响是否存在显著差异 ($\alpha = 0.05$).

§8.2 双因素假设检验的方差分析

在统计学实践中, 许多研究问题并不仅限于单一因素对响应变量的影响. 往往我们需要同时考察两个 (或更多) 因素对研究对象的作用, 并分析这些因素之间是否存在交互影响. **双因素方差分析** (two-way ANOVA) 正是为此目的而设计的一种统计方法. 与单因素方差分析不同, 双因素方差分析不再局限于考量单个因素的**主效应** (main effect), 而是能够同时检验两个因素各自的主效应及它们的**交互效应** (interaction effect).

通过双因素方差分析, 我们可对数据中两个不同因素的水平组合进行全面比较, 从而了解它们如何独立或协同地影响响应变量. 例如, 在农业试验中, 我们可能同时关心施肥方式与灌溉频率对作物产量的影响; 在工业质量控制中, 我们可能探索不同原材料与工艺参数的组合对产品质量的作用; 在行为科学研究中, 我们或许会考察教学方法与课时分配对学生成绩的交互影响. 双因素方差分析的核心是对总偏差平方和进行更细致的分解: 将总变异分为两个因素各自的变异、两因素交互作用引起的变异以及无法解释的误差变异.

通过构建合适的方差分析表, 我们可计算出各来源的均方、F 统计量及相应的 P 值, 在预先设定的显著性水平下判断主效应及交互效应的显著性. 若某因素的主效应显著, 说明该因素对响应变量的平均水平有独立影响; 若交互效应显著, 则表示某个因素的影响会因另一因素的取值不同而改变.

本节将介绍双因素方差分析的基本原理与方法, 包括数据组织与模型构建、方差分解过程、F 统计量计算及相应的检验步骤. 同时, 我们也将讨论在实际应用中需要注意的前提条件, 如方差齐性、独立性与正态分布假设等. 此外, 通过示例与解释, 我们将帮助读者更直观地理解双因素方差分析的结果诠释与潜在问题的处理方式. 掌握这一方法, 研究者可在多因素影响的复杂背景下依然做出科学严谨的推断与决策.

对于双因素试验的方差分析, 我们分为无重复试验和等重复试验两种情况来讨论. 对无重复试验只需检验两个因素对试验结果有无显著影响; 而对等重复试验还要考察两个因素的交互作用对试验结果有无显著影响.

一、无重复试验双因素方差分析

设因素 A, B 作用于试验指标, 因素 A 有 r 个水平 A_1, A_2, $\cdots$, A_r, 因素 B 有 s 个水平 B_1,

$B_2, \cdots, B_s$. 对因素 A, B 的每个水平的一对组合

$$(A_i, B_j)\ (i=1, 2, \cdots, r;\ j=1, 2, \cdots, s)$$

只进行一次试验, 得到 rs 个试验结果 X_{ij}, 列于表 8－2－1 中.

表 8－2－1

因素 A	因素 B			
	B_1	B_2	$\cdots$	B_s
A_1	X_{11}	X_{12}	$\cdots$	X_{1s}
A_2	X_{21}	X_{22}	$\cdots$	X_{2s}
$\vdots$	$\vdots$	$\vdots$		$\vdots$
A_r	X_{r1}	X_{r2}	$\cdots$	X_{rs}

1. 假设前提

与单因素方差分析的假设前提类似, 我们仍假设:

(1) 每个总体均服从正态分布, 即 $X_{ij} \sim N(\mu_{ij}, \sigma^2)$, μ_{ij}, σ^2 未知 $(i=1, 2, \cdots, r; j=1,2,\cdots, s)$;

(2) 每个总体的方差相同;

(3) 从每个总体中抽取的样本 $X_{ij}\ (i=1,2,\cdots, r;\ j=1,2,\cdots, s)$ 相互独立.

引入记号: $\mu = \dfrac{1}{rs}\sum_{i=1}^{r}\sum_{j=1}^{s}\mu_{ij}$, 其中

$$\mu_{i\cdot} = \frac{1}{s}\sum_{j=1}^{s}\mu_{ij},\ i=1, 2, \cdots, r;\quad \mu_{\cdot j} = \frac{1}{r}\sum_{i=1}^{r}\mu_{ij},\ j=1, 2, \cdots, s.$$

那么, 要比较同一因素的各个总体的均值是否一致, 就是要检验各个总体的均值是否相等, 故检验假设为

$$\begin{cases} H_{0A}:\ \mu_{1\cdot} = \mu_{2\cdot} = \cdots = \mu_{r\cdot} \\ H_{0B}:\ \mu_{\cdot 1} = \mu_{\cdot 2} = \cdots = \mu_{\cdot s} \end{cases};\quad \begin{cases} H_{1A}:\ \mu_{1\cdot}, \mu_{2\cdot}, \cdots, \mu_{r\cdot}\ \text{不全相等} \\ H_{1B}:\ \mu_{\cdot 1}, \mu_{\cdot 2}, \cdots, \mu_{\cdot s}\ \text{不全相等} \end{cases}.$$

由上述假设前提, 有 $X_{ij} \sim N(\mu_{ij}, \sigma^2)\ (\mu_{ij}, \sigma^2$ 未知), 记 $X_{ij} - \mu_{ij} = \varepsilon_{ij}$, 则有

$$\varepsilon_{ij} = X_{ij} - \mu_{ij} \sim N(0, \sigma^2),$$

故 $X_{ij} - \mu_{ij}$ 可视为随机误差, 从而得到如下数学模型:

$$\begin{cases} X_{ij} = \mu_{ij} + \varepsilon_{ij}\ (i=1,2,\cdots, r;\ j=1,2,\cdots, s) \\ \varepsilon_{ij} \sim N(0, \sigma^2),\ \mu_{ij}, \sigma^2\ \text{未知}, \varepsilon_{ij}\ \text{相互独立} \end{cases}. \tag{2.1}$$

再记 $\alpha_i = \mu_{i\cdot} - \mu$, $i=1, 2, \cdots, r$; $\beta_j = \mu_{\cdot j} - \mu$, $j=1, 2, \cdots, s$. 易见 $\sum_{i=1}^{r}\alpha_i = 0$, $\sum_{j=1}^{s}\beta_j = 0$, 称 μ 为**总平均**, 称 α_i 为**水平 A_i 的效应**, 称 β_j 为**水平 B_j 的效应**, 且 $\mu_{ij} = \mu + \alpha_i + \beta_j$.

于是, 上述数学模型可进一步写成

$$\begin{cases} X_{ij} = \mu + \alpha_i + \beta_j + \varepsilon_{ij} \ (i=1,2,\cdots,r;\ j=1,2,\cdots,s) \\ \varepsilon_{ij} \sim N(0,\sigma^2),\ \mu_{ij}, \sigma^2 \text{未知, 各 } \varepsilon_{ij} \text{ 相互独立} \\ \sum_{i=1}^{r}\alpha_i = 0,\ \sum_{j=1}^{s}\beta_j = 0 \end{cases}. \tag{2.2}$$

检验假设为

$$\begin{cases} H_{0A}: \alpha_1 = \alpha_2 = \cdots = \alpha_r = 0 \\ H_{1A}: \alpha_1, \alpha_2, \cdots, \alpha_r \text{ 不全为零} \end{cases};\quad \begin{cases} H_{0B}: \beta_1 = \beta_2 = \cdots = \beta_s = 0 \\ H_{1B}: \beta_1, \beta_2, \cdots, \beta_s \text{ 不全为零} \end{cases}.$$

若 H_{0A} (或 H_{0B}) 成立, 则认为因素 A (或 B) 的影响不显著, 否则认为其影响是显著的.

2. 偏差平方和及其分解

在无重复试验双因素方差分析中, 偏差平方和的正确分解是理解试验数据变异构成的基础环节. 此方法将总偏差平方和拆解为主效应 A 与主效应 B 两者的交互作用以及误差项等组成部分, 能够清晰呈现各因素对观察值离差的贡献度. 在无重复设计下, 每一处理组合仅有一个观察值, 这使得总样本变异不必考虑重复测量间的差异, 从而更直接、有效地识别因素间相互作用的影响. 通过对偏差平方和的合理分配, 可确定主效应及交互效应的显著性, 从而为试验设计的优化及后续数据分析提供实证依据. 在此基础上, 研究者可更准确地解释结果、揭示潜在机制, 最终为科学决策与实践应用提供坚实的统计支持与参考.

类似于单因素方差分析, 下面我们具体对总偏差平方和进行分解.

记样本均值 $\overline{X} = \dfrac{1}{rs}\sum_{i=1}^{r}\sum_{j=1}^{s}X_{ij}$, 且

$$\overline{X}_{i\cdot} = \frac{1}{s}\sum_{j=1}^{s}X_{ij},\ i=1,2,\cdots,r;\quad \overline{X}_{\cdot j} = \frac{1}{r}\sum_{i=1}^{r}X_{ij},\ j=1,2,\cdots,s.$$

对总偏差平方和进行分解:

$$S_T = \sum_{i=1}^{r}\sum_{j=1}^{s}(X_{ij}-\overline{X})^2 = \sum_{i=1}^{r}\sum_{j=1}^{s}[(\overline{X}_{i\cdot}-\overline{X}) + (\overline{X}_{\cdot j}-\overline{X}) + (X_{ij}-\overline{X}_{i\cdot}-\overline{X}_{\cdot j}+\overline{X})]^2.$$

由于在 S_T 的展开式中三个交叉项的乘积都等于零, 故上述总偏差平方和可分解为

$$S_T = S_A + S_B + S_E, \tag{2.3}$$

其中

$$S_A = \sum_{i=1}^{r}\sum_{j=1}^{s}(\overline{X}_{i\cdot}-\overline{X})^2 = s\sum_{i=1}^{r}(\overline{X}_{i\cdot}-\overline{X})^2, \tag{2.4}$$

$$S_B = \sum_{i=1}^{r}\sum_{j=1}^{s}(\overline{X}_{\cdot j}-\overline{X})^2 = r\sum_{j=1}^{s}(\overline{X}_{\cdot j}-\overline{X})^2, \tag{2.5}$$

$$S_E=\sum_{i=1}^{r}\sum_{j=1}^{s}(X_{ij}-\overline{X}_{i\cdot}-\overline{X}_{\cdot j}+\overline{X})^2 .\tag{2.6}$$

我们称S_E为**误差平方和**，分别称S_A与S_B为因素A与因素B的**偏差平方和**.

类似地，可以证明当H_{0A}, H_{0B}成立时，有

(1) 根据χ^2分布的定义，统计量S_T/σ^2, S_A/σ^2, S_B/σ^2, S_E/σ^2分别服从自由度依次为

$$rs-1\,,\ r-1\,,\ s-1\,,\ (r-1)(s-1)$$

的χ^2分布；

(2) S_T, S_A, S_B, S_E相互独立.

3. 检验方法

根据无重复试验双因素方差分析的假设前提及其偏差平方和的分解和F分布的定义，讨论无重复试验双因素方差分析的假设检验方法.

当假设H_{0A}为真时，可以证明

$$F_A=\frac{S_A/(r-1)}{S_E/((r-1)(s-1))}\sim F(r-1,\,(r-1)(s-1)),\tag{2.7}$$

取显著性水平为α，得假设H_{0A}的拒绝域为

$$F_A=\frac{S_A/(r-1)}{S_E/((r-1)(s-1))}\geqslant F_\alpha(r-1,\,(r-1)(s-1)).\tag{2.8}$$

类似地，当假设H_{0B}为真时，可以证明

$$F_B=\frac{S_B/(s-1)}{S_E/((r-1)(s-1))}\sim F(s-1,\,(r-1)(s-1)),\tag{2.9}$$

取显著性水平为α，得假设H_{0B}的拒绝域为

$$F_B=\frac{S_B/(s-1)}{S_E/((r-1)(s-1))}\geqslant F_\alpha(s-1,\,(r-1)(s-1)) .\tag{2.10}$$

实际计算中，我们常常直接利用公式与原始数据的关系式来计算，即

$$S_T=\sum_{i=1}^{r}\sum_{j=1}^{s}x_{ij}^2-\frac{1}{rs}\left(\sum_{i=1}^{r}\sum_{j=1}^{s}x_{ij}\right)^2,\qquad S_A=\frac{1}{s}\sum_{i=1}^{r}\left(\sum_{j=1}^{s}x_{ij}\right)^2-\frac{1}{rs}\left(\sum_{i=1}^{r}\sum_{j=1}^{s}x_{ij}\right)^2,$$

$$S_B=\frac{1}{r}\sum_{j=1}^{s}\left(\sum_{i=1}^{r}x_{ij}\right)^2-\frac{1}{rs}\left(\sum_{i=1}^{r}\sum_{j=1}^{s}x_{ij}\right)^2,$$

$$S_E=\sum_{i=1}^{r}\sum_{j=1}^{s}x_{ij}^2+\frac{1}{rs}\left(\sum_{i=1}^{r}\sum_{j=1}^{s}x_{ij}\right)^2-\frac{1}{r}\sum_{j=1}^{s}\left(\sum_{i=1}^{r}x_{ij}\right)^2-\frac{1}{s}\sum_{i=1}^{r}\left(\sum_{j=1}^{s}x_{ij}\right)^2,$$

或$S_E=S_T-S_A-S_B$，从而得到无重复试验双因素方差分析表，见表8－2－2.

表 8－2－2

方差来源	平方和	自由度	均方和	F 值
因素 A	S_A	$r-1$	$\overline{S}_A=\dfrac{S_A}{r-1}$	$F_A=\overline{S}_A/\overline{S}_E$
因素 B	S_B	$s-1$	$\overline{S}_B=\dfrac{S_B}{s-1}$	$F_B=\overline{S}_B/\overline{S}_E$
误差	S_E	$(r-1)(s-1)$	$\overline{S}_E=\dfrac{S_E}{(r-1)(s-1)}$	
总和	S_T	$rs-1$		

无重复试验双因素方差分析表是显示两个分类因素 (A, B) 对试验结果影响的统计工具, 其结构包括: 方差来源 (因素 A、因素 B 及误差项)、偏差平方和 (衡量各来源对总体变异的贡献)、自由度、均方和 (偏差平方和除以相应的自由度) 以及 F 值 (用于检验主效应的显著性). 在无重复条件下, 每一处理组合下仅有一个观察值, 因此无法直接以重复误差来估计试验变异的随机波动. 这时, 通常需要假设交互作用项为零, 或将交互作用项并入误差项, 以获得主效应的均方误差. 通过该分析表, 研究者可明确各因素对试验结果的影响程度.

例 1 设四名工人 B_1, B_2, B_3, B_4 操作三台机器 A_1, A_2, A_3 各一天, 其日产量见表 8－2－3, 问不同机器或不同工人对日产量是否有显著影响 $(\alpha=0.05)$?

表 8－2－3

机器	工人			
	B_1	B_2	B_3	B_4
A_1	50	47	47	53
A_2	53	54	57	58
A_3	52	42	41	48

解 本题属于无重复试验双因素方差分析的假设检验, 这里 $r=3, s=4$, 直接利用公式与原始数据的关系式, 计算得

$$S_T=\sum_{i=1}^{r}\sum_{j=1}^{s}x_{ij}^2-\frac{1}{rs}\left(\sum_{i=1}^{r}\sum_{j=1}^{s}x_{ij}\right)^2=30\,518-\frac{1}{12}\times 602^2\approx 317.67,$$

计算实验

$$S_A=\frac{1}{s}\sum_{i=1}^{r}\left(\sum_{j=1}^{s}x_{ij}\right)^2-\frac{1}{rs}\left(\sum_{i=1}^{r}\sum_{j=1}^{s}x_{ij}\right)^2$$

$$=\frac{1}{4}(197^2+222^2+183^2)-\frac{1}{12}\times 602^2\approx 195.17,$$

$$S_B=\frac{1}{r}\sum_{j=1}^{s}\left(\sum_{i=1}^{r}x_{ij}\right)^2-\frac{1}{rs}\left(\sum_{i=1}^{r}\sum_{j=1}^{s}x_{ij}\right)^2$$

$$=\frac{1}{3}(155^2+143^2+145^2+159^2)-\frac{1}{12}\times 602^2\approx 59.67,$$

因此, 利用总偏差平方和分解式 $S_T=S_A+S_B+S_E$, 得

$$S_E = S_T - S_A - S_B = 317.67 - 195.17 - 59.67 = 62.83.$$

利用上述已知数据算出统计量 F_A, F_B 的观察值:

$$F_A = \frac{195.17/2}{62.83/6} \approx 9.32, \quad F_B = \frac{59.67/3}{62.83/6} \approx 1.90.$$

对显著性水平 $\alpha = 0.05$, 查 F 分布表, 得

$$F_\alpha(r-1, (r-1)(s-1)) = F_{0.05}(2, 6) = 5.14,$$

$$F_\alpha(s-1, (r-1)(s-1)) = F_{0.05}(3, 6) = 4.76.$$

F 分布查表

从而得到方差分析表, 见表 8-2-4.

表 8-2-4

方差来源	平方和	自由度	F 值	F 的临界值
因素 A	$S_A = 195.17$	2	$F_A \approx 9.32$	$F_{0.05}(2, 6) = 5.14$
因素 B	$S_B = 59.67$	3	$F_B \approx 1.90$	$F_{0.05}(3, 6) = 4.76$
误差	$S_E = 62.83$	6		
总和	$S_T = 317.67$	11		

由上表可见

$$F_A > F_{0.05}(2, 6), \quad F_B < F_{0.05}(3, 6),$$

这说明机器的差异对日产量有显著影响, 而不同工人对日产量则无显著影响.

例 2 某机器学习团队在开发分类模型时, 尝试了两种超参数设置 (超参数 1 和超参数 2) 和两种数据预处理方法 (归一化和标准化). 由于试验成本限制, 每个组合仅进行 1 次试验, 记录模型精度 (准确率, %) 如下:

超参数 1 与归一化: 86;　　超参数 1 与标准化: 81;

超参数 2 与归一化: 90;　　超参数 2 与标准化: 79.

团队希望通过无重复试验双因素方差分析, 检验超参数设置和数据预处理方法对模型精度的主效应 (不考虑交互作用, $\alpha = 0.05$).

解 整理原始数据 (见表 8-2-5).

表 8-2-5

超参数	预处理		行均值 (超参数效应)
	归一化	标准化	
超参数1	86	81	$\overline{x}_1 = 83.5$
超参数2	90	79	$\overline{x}_2 = 84.5$
列均值 (预处理效应)	$\overline{y}_1 = 88$	$\overline{y}_2 = 80$	总均值 $\overline{x} = 84$

总平方和(SST):

$$\begin{aligned}\text{SST}&=\sum(x_{ij}-\overline{x})^2\\&=(86-84)^2+(81-84)^2+(90-84)^2+(79-84)^2\\&=4+9+36+25=74.\end{aligned}$$

超参数主效应平方和(SSR):

$$\begin{aligned}\text{SSR}&=c\sum(\overline{x}_i-\overline{x})^2\\&=2\times[(83.5-84)^2+(84.5-84)^2]\\&=2\times(0.25+0.25)=1.\end{aligned}$$

预处理主效应平方和(SSC):

$$\begin{aligned}\text{SSC}&=r\sum(\overline{y}_j-\overline{x})^2\\&=2\times[(88-84)^2+(80-84)^2]\\&=2\times(16+16)=64.\end{aligned}$$

误差平方和(SSE):

$$\text{SSE}=\text{SST}-\text{SSR}-\text{SSC}=74-1-64=9.$$

自由度:

超参数 (行): $\text{df}_R=r-1=2-1=1$;

预处理 (列): $\text{df}_C=c-1=2-1=1$;

误差: $\text{df}_E=(r-1)(c-1)=(2-1)(2-1)=1$.

均方和: $\text{MSR}=\dfrac{\text{SSR}}{\text{df}_R}=1$, $\text{MSC}=\dfrac{\text{SSC}}{\text{df}_C}=64$, $\text{MSE}=\dfrac{\text{SSE}}{\text{df}_E}=9$.

计算F统计量:

超参数主效应: $F_R=\dfrac{\text{MSR}}{\text{MSE}}=\dfrac{1}{9}\approx 0.11$;

预处理主效应: $F_C=\dfrac{\text{MSC}}{\text{MSE}}=\dfrac{64}{9}\approx 7.11$;

从而得到方差分析表(见表 8－2－6).

表 8－2－6

方差来源	平方和	自由度	均方和	F值	F的临界值
超参数	1	1	1	0.11	$F_{0.05}(1,1)=161.4$
预处理	64	1	64	7.11	
误差	9	1	9		
总和	74	3			

注: 无重复试验双因素方差分析对样本容量极度敏感, 可以补充试验 (如每个组合重复 3～5 次), 以提高结论的可信度.

超参数: $F_R = 0.11 < 161.4$, 无显著主效应, 即不同超参数对精度无显著影响.

预处理: $F_C = 7.11 < 161.4$, 无显著主效应, 即不同预处理对精度无显著影响.

局限性: 因每个组合仅 1 次试验, 误差自由度极低 (df = 1). 检验力不足, 建议增加重复试验以提高可靠性.

二、等重复试验双因素方差分析

在等重复试验双因素方差分析中, 每一处理组合 (由因素 A 与因素 B 各自的水平组合构成) 都具有相同数量的重复观察值, 这一均衡设计方式为数据分析带来了诸多便利. 首先, 它使得总变异能更为清晰地分解为主效应 A、主效应 B、交互作用 $A \times B$ 以及误差部分, 从而更直观地呈现各因素及其交互关系对观察值的影响. 其次, 等重复条件下, 每一处理组合的观察值数量相同, 有助于保证统计检验的稳健性, 减少不均衡样本容量带来的复杂性. 在此基础上, 研究者可更容易地对主效应和交互效应的显著性进行检验, 从而获得更可靠的分析结果. 总之, 等重复试验条件下的双因素方差分析为识别因素影响、优化试验设计及解释结果提供了坚实的统计基础, 具有重要意义.

设因素 A, B 作用于试验指标, 因素 A 有 r 个水平 $A_1, A_2, \cdots, A_r$, 因素 B 有 s 个水平 $B_1, B_2, \cdots, B_s$. 对因素 A, B 的每个水平的一对组合 $(A_i, B_j)(i=1, 2, \cdots, r; j=1, 2, \cdots, s)$ 进行 $t\,(t \geqslant 2)$ 次试验 (称为**等重复试验**), 得到各试验结果

$$X_{ijk}\ (i=1, 2, \cdots, r; j=1, 2, \cdots, s; k=1, 2, \cdots, t).$$

1. 假设前提

(1) 每个总体均服从正态分布, 即 $X_{ijk} \sim N(\mu_{ij}, \sigma^2)$, μ_{ij}, σ^2 未知, 其中 $i=1, 2, \cdots, r; j=1, 2, \cdots, s;\ k=1, 2, \cdots, t$;

(2) 每个总体的方差相同;

(3) 从每个总体中抽取的样本 $X_{ijk}\,(i=1, 2, \cdots, r; j=1, 2, \cdots, s; k=1, 2, \cdots, t)$ 相互独立.

由假设有 $X_{ijk} \sim N(\mu_{ij}, \sigma^2)\,(\mu_{ij}, \sigma^2$ 未知), 记 $X_{ijk} - \mu_{ij} = \varepsilon_{ijk}$, 即有

$$\varepsilon_{ijk} = X_{ijk} - \mu_{ij} \sim N(0, \sigma^2),$$

故 $X_{ijk} - \mu_{ij}$ 可视为随机误差, 从而得到如下数学模型:

$$\begin{cases} X_{ijk} = \mu_{ij} + \varepsilon_{ijk}, \quad \varepsilon_{ijk} \sim N(0, \sigma^2) \\ \text{各 } \varepsilon_{ijk} \text{ 相互独立}, i=1, 2, \cdots, r; j=1, 2, \cdots, s; k=1, 2, \cdots, t \end{cases}. \tag{2.11}$$

类似地, 如前引入记号: μ, $\mu_{i\cdot}$, $\mu_{\cdot j}$, α_i, β_j. 易见有 $\sum_{i=1}^{r} \alpha_i = 0$, $\sum_{j=1}^{s} \beta_j = 0$. 仍称 μ 为**总平均**, 称

α_i 为**水平 A_i 的效应**, 称 β_j 为**水平 B_j 的效应**. 这样就可以将 μ_{ij} 表示成

$$\mu_{ij}=\mu+\alpha_i+\beta_j+\gamma_{ij}\ (i=1, 2, \cdots, r;\ j=1, 2, \cdots, s),$$

其中 $\gamma_{ij}=\mu_{ij}-\mu_{i\cdot}-\mu_{\cdot j}+\mu\ (i=1, 2, \cdots, r;\ j=1, 2, \cdots, s)$, 称为**水平 A_i 和水平 B_j 的交互效应**, 这是由 A_i 与 B_j 搭配联合起作用而引起的. 易见

$$\sum_{j=1}^{s}\gamma_{ij}=0,\ i=1, 2, \cdots, r,\quad \sum_{i=1}^{r}\gamma_{ij}=0,\ j=1, 2, \cdots, s,$$

从而前述数学模型可改写为

$$\begin{cases} X_{ijk}=\mu+\alpha_i+\beta_j+\gamma_{ij}+\varepsilon_{ijk},\ \varepsilon_{ijk}\sim N(0, \sigma^2) \\ \text{各 } \varepsilon_{ijk} \text{ 相互独立},\ i=1, 2, \cdots, r;\ j=1, 2, \cdots, s;\ k=1, 2, \cdots, t \\ \sum\limits_{i=1}^{r}\alpha_i=0,\ \sum\limits_{j=1}^{s}\beta_j=0,\ \sum\limits_{i=1}^{r}\gamma_{ij}=0,\ \sum\limits_{j=1}^{s}\gamma_{ij}=0 \end{cases}, \tag{2.12}$$

其中 μ, α_i, β_j, γ_{ij} 及 σ^2 都是未知参数.

检验假设为

$$\begin{cases} H_{0A}:\ \alpha_1=\alpha_2=\cdots=\alpha_r=0 \\ H_{1A}:\ \alpha_1, \alpha_2, \cdots, \alpha_r \text{ 不全为零} \end{cases};$$

$$\begin{cases} H_{0B}:\ \beta_1=\beta_2=\cdots=\beta_s=0 \\ H_{1B}:\ \beta_1, \beta_2, \cdots, \beta_s \text{ 不全为零} \end{cases};$$

$$\begin{cases} H_{0A\times B}:\ \gamma_{11}=\gamma_{12}=\cdots=\gamma_{rs}=0 \\ H_{1A\times B}:\ \gamma_{11}, \gamma_{12}, \cdots, \gamma_{rs} \text{ 不全为零} \end{cases}.$$

与无重复试验的情况类似, 此类问题的检验方法也是建立在偏差平方和的分解上的.

2. 偏差平方和及其分解

在等重复试验双因素方差分析中, 对于总观察值的变异可通过偏差平方和的分解加以细化, 从而清晰阐明因素 A、因素 B 及其交互作用对响应变量所贡献的变异的比例. 当每一处理组合 (由 A 与 B 各自的水平形成) 拥有相同数量的重复观察值时, 数据结构更为对称与严谨, 使主效应和交互效应的估计与检验过程简化且更具统计效力. 此时, 可将总偏差平方和恰当分配为因素 A 偏差平方和、因素 B 偏差平方和、交互作用 $A\times B$ 偏差平方和及误差偏差平方和等部分, 从而更精确地把握影响结果的关键因素. 通过这一偏差平方和的合理拆解, 不仅能更直观地检验各效应的显著性与相对贡献, 也有助于优化试验设计、深化对数据结构与潜在机制的理解, 最终为科学研究与实践决策提供坚实而可靠的统计依据.

与无重复试验双因素方差分析的偏差平方和分解类似, 引入记号:

$$\overline{X}=\frac{1}{rst}\sum_{i=1}^{r}\sum_{j=1}^{s}\sum_{k=1}^{t}X_{ijk},$$

$$\overline{X}_{ij\cdot}=\frac{1}{t}\sum_{k=1}^{t}X_{ijk},\ i=1,2,\cdots,r;\ j=1,2,\cdots,s,$$

$$\overline{X}_{i\cdot\cdot}=\frac{1}{st}\sum_{j=1}^{s}\sum_{k=1}^{t}X_{ijk},\ i=1,2,\cdots,r,\ \ \overline{X}_{\cdot j\cdot}=\frac{1}{rt}\sum_{i=1}^{r}\sum_{k=1}^{t}X_{ijk},\ j=1,2,\cdots,s.$$

称下列 S_T 为**总偏差平方和** (或**总变差**):

$$S_T=\sum_{i=1}^{r}\sum_{j=1}^{s}\sum_{k=1}^{t}(X_{ijk}-\overline{X})^2, \tag{2.13}$$

上式可分解为

$$S_T=S_E+S_A+S_B+S_{A\times B}, \tag{2.14}$$

其中

$$S_E=\sum_{i=1}^{r}\sum_{j=1}^{s}\sum_{k=1}^{t}(X_{ijk}-\overline{X}_{ij\cdot})^2, \tag{2.15}$$

$$S_A=st\sum_{i=1}^{r}(\overline{X}_{i\cdot\cdot}-\overline{X})^2, \tag{2.16}$$

$$S_B=rt\sum_{j=1}^{s}(\overline{X}_{\cdot j\cdot}-\overline{X})^2, \tag{2.17}$$

$$S_{A\times B}=t\sum_{i=1}^{r}\sum_{j=1}^{s}(\overline{X}_{ij\cdot}-\overline{X}_{i\cdot\cdot}-\overline{X}_{\cdot j\cdot}+\overline{X})^2. \tag{2.18}$$

同样, 我们仍称 S_E 为**误差平方和**, S_A 与 S_B 分别称为因素 A 与因素 B 的**偏差平方和**, $S_{A\times B}$ 称为 ***A*、*B* 交互偏差平方和**.

类似地, 可证当假设 H_{0A}, H_{0B}, $H_{0A\times B}$ 成立时, 有

(1) 统计量 S_T/σ^2, S_A/σ^2, S_B/σ^2, $S_{A\times B}/\sigma^2$, S_E/σ^2 分别服从自由度依次为

$$rst-1,\ r-1,\ s-1,\ (r-1)(s-1),\ rs(t-1)$$

的 χ^2 分布;

(2) S_T, S_A, S_B, $S_{A\times B}$, S_E 相互独立.

3. 检验方法

根据等重复试验双因素方差分析的假设前提及其偏差平方和的分解与 F 分布的定义, 讨论等重复试验双因素方差分析的假设检验方法.

当检验假设 H_{0A} 为真时, 可以证明

$$F_A=\frac{S_A/(r-1)}{S_E/(rs(t-1))}\sim F(r-1,\ rs(t-1)), \tag{2.19}$$

取显著性水平为α，得假设H_{0A}的拒绝域为

$$F_A=\frac{S_A/(r-1)}{S_E/(rs(t-1))}\geqslant F_\alpha(r-1,\ rs(t-1)). \tag{2.20}$$

类似地，当H_{0B}为真时，可以证明

$$F_B=\frac{S_B/(s-1)}{S_E/(rs(t-1))}\sim F(s-1,\ rs(t-1)), \tag{2.21}$$

取显著性水平为α，得假设H_{0B}的拒绝域为

$$F_B=\frac{S_B/(s-1)}{S_E/(rs(t-1))}\geqslant F_\alpha(s-1,\ rs(t-1)). \tag{2.22}$$

当$H_{0A\times B}$为真时，可以证明

$$F_{A\times B}=\frac{S_{A\times B}/((r-1)(s-1))}{S_E/(rs(t-1))}\sim F((r-1)(s-1),\ rs(t-1)), \tag{2.23}$$

取显著性水平为α，得假设$H_{0A\times B}$的拒绝域为

$$F_{A\times B}=\frac{S_{A\times B}/((r-1)(s-1))}{S_E/(rs(t-1))}\geqslant F_\alpha((r-1)(s-1),\ rs(t-1)). \tag{2.24}$$

实际计算中，我们常常直接用公式与原始数据的关系式来计算，即

$$S_T=\sum_{i=1}^r\sum_{j=1}^s\sum_{k=1}^t x_{ijk}^2-\frac{1}{rst}\left(\sum_{i=1}^r\sum_{j=1}^s\sum_{k=1}^t x_{ijk}\right)^2,$$

$$S_E=\sum_{i=1}^r\sum_{j=1}^s\sum_{k=1}^t x_{ijk}^2-\frac{1}{t}\sum_{i=1}^r\sum_{j=1}^s\left(\sum_{k=1}^t x_{ijk}\right)^2,$$

$$S_A=\frac{1}{st}\sum_{i=1}^r\left(\sum_{j=1}^s\sum_{k=1}^t x_{ijk}\right)^2-\frac{1}{rst}\left(\sum_{i=1}^r\sum_{j=1}^s\sum_{k=1}^t x_{ijk}\right)^2,$$

$$S_B=\frac{1}{rt}\sum_{j=1}^s\left(\sum_{i=1}^r\sum_{k=1}^t x_{ijk}\right)^2-\frac{1}{rst}\left(\sum_{i=1}^r\sum_{j=1}^s\sum_{k=1}^t x_{ijk}\right)^2,$$

$$\begin{aligned}S_{A\times B}=&\frac{1}{rst}\left(\sum_{i=1}^r\sum_{j=1}^s\sum_{k=1}^t x_{ijk}\right)^2+\frac{1}{t}\sum_{i=1}^r\sum_{j=1}^s\left(\sum_{k=1}^t x_{ijk}\right)^2\\&-\frac{1}{st}\sum_{i=1}^r\left(\sum_{j=1}^s\sum_{k=1}^t x_{ijk}\right)^2-\frac{1}{rt}\sum_{j=1}^s\left(\sum_{i=1}^r\sum_{k=1}^t x_{ijk}\right)^2,\end{aligned}$$

或

$$S_{A\times B}=S_T-S_A-S_B-S_E,$$

从而可得方差分析表, 见表8－2－7.

表8－2－7

方差来源	平方和	自由度	均方和	F值
因素A	S_A	$r-1$	$\overline{S}_A=\dfrac{S_A}{r-1}$	$F_A=\dfrac{\overline{S}_A}{\overline{S}_E}$
因素B	S_B	$s-1$	$\overline{S}_B=\dfrac{S_B}{s-1}$	$F_B=\dfrac{\overline{S}_B}{\overline{S}_E}$
交互作用	$S_{A\times B}$	$(r-1)(s-1)$	$\overline{S}_{A\times B}=\dfrac{S_{A\times B}}{(r-1)(s-1)}$	$F_{A\times B}=\dfrac{\overline{S}_{A\times B}}{\overline{S}_E}$
误差	S_E	$rs(t-1)$	$\overline{S}_E=\dfrac{S_E}{rs(t-1)}$	
总和	S_T	$rst-1$		

在等重复试验双因素方差分析中, 分析表是呈现试验数据变异来源及其统计检验结果的关键工具. 该表通常包括因素A、因素B、交互作用$A\times B$以及误差项四个主要来源, 每一来源对应相应的自由度. 由偏差平方和除以自由度计算得出均方和. 通过比较主效应和交互效应的均方和与误差均方和, 可计算F值并进行显著性检验. 由于在等重复条件下, 各处理组合下的观察值数目相同, 这使得估计和检验主效应与交互效应的步骤更加简化与精确. 该分析表不仅便于清晰呈现各因素对响应变量变异的影响程度, 也为后续数据解释、理论验证、试验优化和决策支持提供了可靠的统计依据.

例 3 在某种金属材料的生产过程中, 对热处理温度(因素B)与时间(因素A)各取两个水平, 在同一条件下每个试验重复两次, 产品强度的测定结果(相对值)如表8－2－8所示. 设各水平组合的总体服从正态分布且方差相同, 各样本独立, 问热处理温度、时间以及这两者的交互作用对产品强度是否有显著影响($\alpha=0.05$)?

表8－2－8

A	B		$T_{i\cdot\cdot}$
	B_1	B_2	
A_1	38.0 38.6	47.0 44.8	168.4
A_2	45.0 43.8	42.4 40.8	172
$T_{\cdot j\cdot}$	165.4	175	340.4

解 根据题设数据, 得

$$S_T=(38.0^2+38.6^2+\cdots+40.8^2)-\frac{340.4^2}{8}=71.82,$$

$$S_A=\frac{1}{4}(168.4^2+172^2)-\frac{340.4^2}{8}=1.62,$$

$$S_B=\frac{1}{4}(165.4^2+175^2)-\frac{340.4^2}{8}=11.52,$$

$$S_{A\times B}=14\,551.24-14\,484.02-1.62-11.52=54.08,$$

$$S_E=71.82-S_A-S_B-S_{A\times B}=4.6.$$

可得方差分析表，见表 8 − 2 − 9.

表 8 − 2 − 9

方差来源	平方和	自由度	均方和	F 值
因素 A	1.62	1	1.62	$F_A \approx 1.4$
因素 B	11.52	1	11.52	$F_B \approx 10.0$
$A \times B$	54.08	1	54.08	$F_{A\times B} \approx 47.0$
误差	4.6	4	1.15	
总和	71.82	7		

F 分布查表

由 $F_{0.05}(1,4) = 7.71$，因为

$$F_A \approx 1.4 < F_{0.05}(1,\ 4) = 7.71, \quad F_B \approx 10.0 > F_{0.05}(1,\ 4) = 7.71,$$

$$F_{A\times B} \approx 47.0 > F_{0.05}(1,\ 4) = 7.71.$$

所以可认为时间对强度的影响不显著，而温度的影响显著，且交互作用的影响显著.

例 4　某人工智能研究团队正在研究神经网络模型训练过程中的超参数对模型精度的影响. 团队选择了两个因素：学习率 (低、中、高) 和激活函数 (ReLU、Sigmoid). 每个因素组合下，团队使用相同的神经网络架构进行训练，并进行10次重复实验，记录了每次训练的精度 (准确率). 以下是每组试验数据 (模型精度，%)：

学习率低，激活函数ReLU: 85 86 87 86 85 87 88 86 87 86

学习率低，激活函数Sigmoid: 80 81 79 82 80 81 80 82 81 79

学习率中，激活函数ReLU: 88 89 90 89 88 90 91 89 90 88

学习率中，激活函数Sigmoid: 83 84 85 82 83 84 83 85 84 83

学习率高，激活函数ReLU: 90 91 92 91 90 92 93 91 92 90

学习率高，激活函数Sigmoid: 85 86 87 85 86 86 85 87 86 85

团队希望通过等重复试验双因素方差分析来检验学习率、激活函数以及它们的交互作用对神经网络模型精度的影响是否显著 ($\alpha = 0.05$).

解　以 A_1、A_2、A_3 表示学习率因素的低、中、高；以 B_1 与 B_2 表示激活函数因素的函数ReLU与函数Sigmoid. 整理数据得表 8 − 2 − 10.

表 8 − 2 − 10

学习率	激活函数	
	B_1	B_2
A_1	85 86 87 86 85 87 88 86 87 86	80 81 79 82 80 81 80 82 81 79
A_2	88 89 90 89 88 90 91 89 90 88	83 84 85 82 83 84 83 85 84 83
A_3	90 91 92 91 90 92 93 91 92 90	85 86 87 85 86 86 85 87 86 85

根据等重复试验双因素方差分析的检验方法, 计算

$$S_T=\sum_{i=1}^{r}\sum_{j=1}^{s}\sum_{k=1}^{t}x_{ijk}^2-\frac{1}{rst}\left(\sum_{i=1}^{r}\sum_{j=1}^{s}\sum_{k=1}^{t}x_{ijk}\right)^2=785.4,$$

$$S_E=\sum_{i=1}^{r}\sum_{j=1}^{s}\sum_{k=1}^{t}x_{ijk}^2-\frac{1}{t}\sum_{i=1}^{r}\sum_{j=1}^{s}\left(\sum_{k=1}^{t}x_{ijk}\right)^2=51.8,$$

$$S_A=\frac{1}{st}\sum_{i=1}^{r}\left(\sum_{j=1}^{s}\sum_{k=1}^{t}x_{ijk}\right)^2-\frac{1}{rst}\left(\sum_{i=1}^{r}\sum_{j=1}^{s}\sum_{k=1}^{t}x_{ijk}\right)^2=262.8,$$

$$S_B=\frac{1}{rt}\sum_{j=1}^{s}\left(\sum_{i=1}^{r}\sum_{k=1}^{t}x_{ijk}\right)^2-\frac{1}{rst}\left(\sum_{i=1}^{r}\sum_{j=1}^{s}\sum_{k=1}^{t}x_{ijk}\right)^2=470.4,$$

$$S_{A\times B}=S_T-S_A-S_B-S_E=0.4,$$

这里, $r=3, s=2, t=10$. 检验统计量为

$$F_A=\frac{S_A/(r-1)}{S_E/(rs(t-1))}\sim F(r-1, rs(t-1)),$$

$$F_B=\frac{S_B/(s-1)}{S_E/(rs(t-1))}\sim F(s-1, rs(t-1)),$$

$$F_{A\times B}=\frac{S_{A\times B}/((r-1)(s-1))}{S_E/(rs(t-1))}\sim F((r-1)(s-1), rs(t-1)),$$

代入数据计算, 得

$$F_A\approx 136.98,\quad F_B\approx 490.38,\quad F_{A\times B}\approx 0.21,$$

查F分布表, 得

$$F_{0.05}(2, 54)=3.17,\quad F_{0.05}(1, 54)=4.02,\quad F_{0.05}(2, 54)=3.17,$$

显然

$$F_A\approx 136.98>F_{0.05}(2, 54)=3.17,$$

$$F_B\approx 490.38>F_{0.05}(1, 54)=4.02,$$

$$F_{A\times B}\approx 0.21<F_{0.05}(2, 54)=3.17.$$

通过等重复试验双因素方差分析, 我们得出结论: 学习率和激活函数对神经网络模型的精度均有显著影响, 但交互作用的影响不显著. 研究团队可以根据这一分析结果, 优化神经网络的超参数选择, 提高模型的性能.

习题 8-2

1. 酿造厂有 3 名化验员, 负责发酵粉的颗粒检验. 这 3 名化验员每天从该厂所产的发酵粉中抽样一次,

连续 10 天, 每天检验其中所含颗粒的百分率 (单位: %), 结果如下表所示. 在显著性水平 $\alpha=0.05$ 下, 试分析 3 名化验员的化验技术之间以及每日所抽取的样本之间有无显著差异.

因素 A (化验员)	因素 B(化验时间)									
	B_1	B_2	B_3	B_4	B_5	B_6	B_7	B_8	B_9	B_{10}
A_1	10.1	4.7	3.1	3.0	7.8	8.2	7.8	6.0	4.9	3.4
A_2	10.0	4.9	3.1	3.2	7.8	8.2	7.7	6.2	5.1	3.4
A_3	10.2	4.8	3.0	3.0	7.8	8.4	7.8	6.1	5.0	3.3

2. 下表给出了某种化工过程在 3 种浓度、4 种温度水平下得率的数据, 假设在诸水平搭配下得率的总体服从正态分布, 且方差相等, 试在显著性水平 $\alpha=0.05$ 下检验: 在不同浓度下得率有无显著差异; 在不同温度下得率有无显著差异; 交互作用的效应是否显著.

浓度(%)	温度(°C)			
	10	24	38	52
2	14 10	11 11	13 9	10 12
4	9 7	10 8	7 11	6 10
6	5 11	13 14	12 13	14 10

3. 为了研究金属管的防腐蚀功能, 考虑了 4 种不同的涂料层, 将金属管埋设在 3 种不同性质的土壤中, 经过一定的时间, 测得金属管腐蚀的最大深度如右表所示. 试在 $\alpha=0.05$ 的显著性水平下检验: 在不同涂层下腐蚀的最大深度的均值有无显著差异; 在不同土壤下腐蚀的最大深度的均值有无显著差异. 设两因素间没有交互作用效应.

涂层 (因素 A)	土壤类型(因素 B)		
	1	2	3
1	1.63	1.35	1.27
2	1.34	1.30	1.22
3	1.19	1.14	1.27
4	1.30	1.09	1.32

4. 设 3 种配料方案分别与 5 种不同的硫化时间 (单位: s) 搭配起来生产橡胶, 测得橡胶的抗断强度 (单位: kg/cm^2) 如下:

配料方案	硫化时间				
	B_1	B_2	B_3	B_4	B_5
A_1	152	158	149	143	126
A_2	146	163	163	151	137
A_3	125	144	144	130	121

在显著性水平 $\alpha=0.01$ 下, 分别检验各种配料方案与各种硫化时间对橡胶抗断强度是否有显著影响 ($F_{0.01}(2,8)=8.65$, $F_{0.01}(4,8)=7.01$).

5. 为寻找微型胶囊得率最高的工艺条件, 决定考察下列因素的水平.

水平	胶浓度 A(%)	包料与被包物之比 B	加胶方式 C
1	5.5	4 : 1	一次加胶
2	3.0	2 : 1	二次加胶

此外还要考虑交互作用 $A\times B$, $B\times C$, $A\times C$. 选用正交表 $L_8(2^7)$, 将 A,B,C 分别安排在 1,2,4 列上, 8 次试验结果(得率, %)为

73.7　75.3　80.5　79.4　67.4　70.0　79.4　77.7

试用直观分析法和方差分析法分析试验结果, 找出因素的主次顺序和最优搭配.

6. 下面记录了三位操作工分别在四台不同机器上操作三天的日产量:

机器	操作工		
	B_1	B_2	B_3
A_1	15 15 17	19 19 16	16 18 21
A_2	17 17 17	15 15 15	19 22 22
A_3	15 17 16	18 17 16	18 18 18
A_4	18 20 22	15 16 17	17 17 17

又查表得数据:

$$F_{0.05}(3,24)=3.01,\ F_{0.01}(3,24)=4.72,\ F_{0.05}(2,24)=3.40,$$
$$F_{0.01}(2,24)=5.61,\ F_{0.05}(6,24)=2.51,\ F_{0.01}(6,24)=3.67.$$

问: (1) 机器之间差异是否显著? (2) 操作工之间差异是否显著? (3) 交互作用是否显著?

7. 为考察某化学纤维的处理方法 A_1, A_2, A_3 及使用环境 B_1, B_2 是否对其耐热性能有影响, 在同一条件下各测定两次纤维溶解温度, 得数据如下表所示, 试进行方差分析. A 与 $A\times B$ 取 $\alpha=0.05$, B 取 $\alpha=0.01$ (已知 $F_{0.05}(2,6)=5.14$, $F_{0.05}(1,6)=5.99$, $F_{0.01}(1,6)=13.75$).

使用环境	处理方法		
	A_1	A_2	A_3
B_1	171.2 168.4	159.0 162.2	170.4 160.0
B_2	160.6 165.2	160.6 159.2	167.0 165.6

8. 某团队研究两种肥料 (A、B) 和三种灌溉方式 (滴灌、喷灌、浸灌) 对植物株高的影响. 受限于实验条件, 每个组合仅种植一株植物, 测得株高 (单位: cm) 如下:

施肥方式	肥料	
	A	B
滴灌	32	31
喷灌	30	26
浸灌	37	34

团队希望通过无重复试验双因素方差分析, 检验肥料类型和灌溉方式对植物株高的主效应 (不考虑交互作用, $\alpha=0.05$).

9. 某力学实验室正在研究不同材料和温度条件下钢铁的抗拉强度表现. 他们使用了两种材料 (材料 X 和材料 Y) 和三个不同的温度 (低温、中温和高温), 并测试了每种组合下钢铁的抗拉强度. 每种因素组合下, 实验重复进行了 5 次, 并记录了钢铁的抗拉强度 (单位: 兆帕), 如下表所示:

温度	材料	
	X	Y
低温	150 153 155 152 151	145 147 146 144 148
中温	160 163 162 161 164	155 157 156 154 159
高温	170 173 169 171 172	165 168 167 164 166

实验室希望使用等重复试验双因素方差分析来检验材料、温度以及它们的交互作用是否对钢铁的抗拉强度有显著影响 ($\alpha=0.05$).

§8.3　一元线性回归

一元线性回归是统计学与数据分析领域中最为基础且直观的一种方法, 用于研究一个自变量 (解释变量) 与一个因变量 (响应变量) 之间的线性关系. 当研究人员希望探讨某单一因素 (例如温度、浓度、时间或投入成本) 对结果指标 (如产量、销售额、反应速度或收益率) 所产生的影响时, 一元线性回归提供了清晰、简洁且易操作的分析工具. 通过为数据点拟合一条最佳线性趋势线, 我们不仅能够量化自变量变化对因变量的平均影响, 还可据此对未来观察值进行合理预测.

在一元线性回归模型中, 关键参数包括截距和斜率. 截距表示当自变量为零时, 因变量的预测值; 斜率则衡量了自变量每增加一个单位, 因变量平均增加或减少的数量. 参数估计通常采用最小二乘法实现, 即寻找使残差平方和最小的直线拟合, 从而达到对样本数据的最优解释. 该方法具有明确的数学基础和计算步骤, 计算过程简便易懂.

然而, 为使一元线性回归的推断与预测有效, 模型需满足一定的基本假设条件. 典型假设包括误差项独立同分布、期望值为零、方差恒定以及误差项呈正态分布等. 当这些假设大体满足时, 我们可对模型参数进行统计检验, 评估回归方程的显著性, 并通过决定系数 (R^2 值) 来衡量模型对数据变异的解释程度.

一元线性回归不仅是理解数据内在关系的入门途径, 也为后续更复杂的分析 (如多元线性回归、非线性回归或时间序列分析) 奠定了基础. 通过一元线性回归方法, 研究人员可在农业、工业、经济学、医学、环境科学及工程技术等众多领域中发掘潜在规律, 优化决策过程, 并为后续的试验设计和数据采集提供有价值的参考.

在具体介绍一元线性回归模型的估计、检验以及相应的预测和控制等问题之前, 我们先引入几个相关的概念. 在客观世界中, 普遍存在变量之间的关系. 数学的一个重要作用就是从数量上揭示、表达和分析这些关系. 而变量之间的关系一般可分为确定的和非确定的两类. 确定性关系可用函数关系表示, 而非确定性关系则不然.

例如, 人的身高和体重的关系、人的血压和年龄的关系、某产品的广告投入与销售额的关系等, 它们之间是有关联的, 但是它们之间的关系又不能用普通数学函数 (如相关系数) 来表示. 我们称这类非确定性关系为**相关关系**. 具有相关关系的变量虽然不具有确定的函数关系, 但是可以借助函数关系来表示它们之间的统计规律, 这种近似地表示它们之间的相关关系的函数称为**回归函数**. 回归分析就是研究两个或两个以上变量之间的相关关系的一种重要的统计方法.

在实际中，最简单的情形是由两个变量形成的关系，可用模型 $Y=f(x)$ 表示. 但由于两个变量之间不存在确定的函数关系，因此，必须把随机波动考虑进去，故引入模型如下：

$$Y=f(x)+\varepsilon,$$

其中，Y 是随机变量，x 是普通变量，ε 是随机变量（称为**随机误差**）.

回归分析就是根据已得到的试验结果及以往的经验来建立数学统计模型，并研究变量之间的相关关系，建立起变量之间关系的近似表达式，即**经验公式**，并由此对相应的变量进行预测和控制等.

一、引例

为了研究某一化学反应过程中温度 x 对产品得率 Y 的影响，测得数据如下：

温度 x_i (°C)	100	110	120	130	140	150	160	170	180	190
得率 y_i (%)	45	51	54	61	66	70	74	78	85	89

为了研究这些数据所蕴含的规律性，将温度 x_i 作为横坐标，得率 y_i 作为纵坐标，在 xOy 坐标系中作出散点图（见图 8-3-1）.

从图中易见，虽然这些点是散乱的，但大体上散布在某一条直线附近，即该化学反应过程中温度与产品得率之间大致呈线性关系，这些点与直线的偏离是测试过程中受随机因素影响的结果，故化学反应过程中产品得率与温度的数据可假设有如下的结构形式：

$$y_i=\beta_0+\beta_1 x_i+\varepsilon_i\ ,\ i=1, 2, \cdots, 10,$$

其中 ε_i 是测试误差，它反映了变量之间的不确定关系.

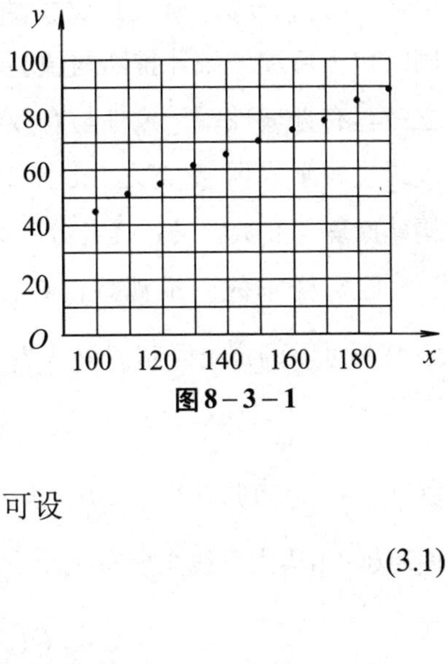

图 8-3-1

二、一元线性回归模型

一般，当随机变量 Y 与普通变量 x 之间有线性关系时，可设

$$Y=\beta_0+\beta_1 x+\varepsilon, \tag{3.1}$$

其中，β_0, β_1 为待定系数；$\varepsilon\sim N(0, \sigma^2)$（正态分布）.

设 (x_1,Y_1), (x_2,Y_2), $\cdots$, (x_n,Y_n) 是取自总体 (x, Y) 的一组样本，而 (x_1,y_1), (x_2,y_2), $\cdots$, (x_n,y_n) 是该样本的观察值，在样本及其观察值中的 $x_1, x_2, \cdots, x_n$ 是取定的不完全相同的数值，而样本中的 $Y_1, Y_2, \cdots, Y_n$ 在试验前为随机变量，在试验或观察后是具体的数值. 于是，一次抽样的结果可以取得 n 对数据 $(x_1, y_1), (x_2, y_2), \cdots, (x_n, y_n)$，则有

$$Y_i=\beta_0+\beta_1 x_i+\varepsilon_i\ ,\ i=1, 2, \cdots, n, \tag{3.2}$$

其中 $\varepsilon_1, \varepsilon_2, \cdots, \varepsilon_n$ 相互独立. 在线性模型中，由假设知

$$Y \sim N(\beta_0+\beta_1 x, \sigma^2), \quad E(Y)=\beta_0+\beta_1 x, \tag{3.3}$$

回归分析就是由样本观察值来求β_0, β_1的估计$\widehat{\beta}_0, \widehat{\beta}_1$. 对于给定的$x$值, 取

$$\widehat{Y}=\widehat{\beta}_0+\widehat{\beta}_1 x \tag{3.4}$$

作为$E(Y)=\beta_0+\beta_1 x$的估计, 方程(3.4)称为Y关于x的**线性回归方程**或**经验公式**, 其图形称为**回归直线**, β_1 称为**回归系数**.

三、最小二乘估计

在一元线性回归分析中, **普通最小二乘** (ordinary least squares, OLS) 方法是一种核心且广泛采用的参数估计手段. 其基本思想是通过寻找一条最佳拟合直线, 使实际观察值与预测值之间的残差 (偏差) 平方和达到最小, 从而实现对线性关系的优化描述. 在这一过程中, 我们设定因变量Y可由自变量X通过一个线性模型表示:

$$Y=\beta_0+\beta_1 x+\varepsilon,$$

其中, β_0 为截距, β_1 为斜率, ε为随机误差项. 最小二乘估计的关键在于从样本数据出发, 选取最优的 β_0 与 β_1 估计值, 使残差平方和最小. 这不仅为模型参数的点估计提供了客观依据, 同时也为后续的统计推断与检验奠定了基础. 通过最小二乘法得到的估计量在假设条件成立时具有无偏性、一致性与有效性, 可为解释因果关系、预测未来趋势以及应用于生产实践提供科学依据. 简言之, 最小二乘法是将数据与模型严谨挂钩的桥梁, 对理解回归模型的构建原理与参数含义、提升分析结果的可信度和实用性具有重要意义.

给定样本的一组观察值$(x_1, y_1), (x_2, y_2), \cdots, (x_n, y_n)$, 对每个$x_i$, 由线性回归方程(3.4)都可以确定一回归值$\widehat{y}_i=\widehat{\beta}_0+\widehat{\beta}_1 x_i$, 这个回归值$\widehat{y}_i$ 与实际观察值y_i之差

$$y_i-\widehat{y}_i=y_i-(\widehat{\beta}_0+\widehat{\beta}_1 x_i)$$

刻画了y_i 与回归直线$\widehat{y}=\widehat{\beta}_0+\widehat{\beta}_1 x$的偏离程度. 一个自然的想法就是: 对所有$x_i$, y_i 与$\widehat{y}_i$ 的偏离越小, 认为直线与所有试验点拟合得越好. 令

$$Q(\beta_0, \beta_1)=\sum_{i=1}^{n}(y_i-\beta_0-\beta_1 x_i)^2,$$

上式表示所有观察值y_i与回归值$\widehat{y}_i$的偏差平方和, 它刻画了所有观察值与回归直线的偏离程度. **最小二乘法**就是寻求β_0 与β_1 的估计$\widehat{\beta}_0, \widehat{\beta}_1$, 使

$$Q(\widehat{\beta}_0, \widehat{\beta}_1)=\min Q(\beta_0, \beta_1).$$

根据求多元函数极值与最值的一般步骤, 求二元函数Q关于参变量β_0, β_1的偏导数, 令其为零, 得方程组:

$$\begin{cases} \dfrac{\partial Q}{\partial \beta_0} = -2\sum\limits_{i=1}^{n}(y_i - \beta_0 - \beta_1 x_i) = 0 \\ \dfrac{\partial Q}{\partial \beta_1} = -2\sum\limits_{i=1}^{n}(y_i - \beta_0 - \beta_1 x_i)x_i = 0 \end{cases},$$

整理得

$$\begin{cases} n\beta_0 + \left(\sum\limits_{i=1}^{n} x_i\right)\beta_1 = \sum\limits_{i=1}^{n} y_i \\ \left(\sum\limits_{i=1}^{n} x_i\right)\beta_0 + \left(\sum\limits_{i=1}^{n} x_i^2\right)\beta_1 = \sum\limits_{i=1}^{n} x_i y_i \end{cases},$$

并称为**正规方程组**. 解正规方程组, 得

$$\widehat{\beta}_0 = \frac{\left(\sum\limits_{i=1}^{n} y_i\right)\left(\sum\limits_{i=1}^{n} x_i^2\right) - \left(\sum\limits_{i=1}^{n} x_i\right)\left(\sum\limits_{i=1}^{n} x_i y_i\right)}{n\left(\sum\limits_{i=1}^{n} x_i^2\right) - \left(\sum\limits_{i=1}^{n} x_i\right)^2}, \quad \widehat{\beta}_1 = \frac{n\left(\sum\limits_{i=1}^{n} x_i y_i\right) - \left(\sum\limits_{i=1}^{n} x_i\right)\left(\sum\limits_{i=1}^{n} y_i\right)}{n\left(\sum\limits_{i=1}^{n} x_i^2\right) - \left(\sum\limits_{i=1}^{n} x_i\right)^2}. \tag{3.5}$$

若记 $\overline{x} = \frac{1}{n}\sum\limits_{i=1}^{n} x_i$, $\overline{y} = \frac{1}{n}\sum\limits_{i=1}^{n} y_i$, 则

$$L_{xy} = \sum_{i=1}^{n}(x_i - \overline{x})(y_i - \overline{y}) = \sum_{i=1}^{n} x_i y_i - n\overline{x}\overline{y}, \tag{3.6}$$

$$L_{xx} = \sum_{i=1}^{n}(x_i - \overline{x})^2 = \sum_{i=1}^{n} x_i^2 - n\overline{x}^2, \tag{3.7}$$

则有

$$\widehat{\beta}_0 = \overline{y} - \overline{x}\,\widehat{\beta}_1, \quad \widehat{\beta}_1 = L_{xy} / L_{xx}. \tag{3.8}$$

式(3.5)或式(3.8)称为 β_0, β_1 的**最小二乘估计**, 而

$$\widehat{Y} = \widehat{\beta}_0 + \widehat{\beta}_1 x$$

为 Y 关于 x 的一元经验回归方程.

例 1 求引例中产品得率 Y 关于温度 x 的回归方程.

解 为方便起见, 再次列出例中的数据如下:

温度 x_i (°C)	100	110	120	130	140	150	160	170	180	190
得率 y_i (%)	45	51	54	61	66	70	74	78	85	89

根据上表数据与一元线性回归方程求法, 计算得

$$\sum_{i=1}^{10} x_i = 1\,450, \quad \sum_{i=1}^{10} y_i = 673, \quad \sum_{i=1}^{10} x_i y_i = 101\,570, \quad \sum_{i=1}^{10} x_i^2 = 218\,500.$$

于是

$$\widehat{\beta}_0=\frac{\left(\sum_{i=1}^{10}y_i\right)\left(\sum_{i=1}^{10}x_i^2\right)-\left(\sum_{i=1}^{10}x_i\right)\left(\sum_{i=1}^{10}x_i y_i\right)}{10\left(\sum_{i=1}^{10}x_i^2\right)-\left(\sum_{i=1}^{10}x_i\right)^2}$$

$$=\frac{673\times 218\ 500-1\ 450\times 101\ 570}{10\times 218\ 500-1\ 450^2}=-2.739\ 4,$$

计算实验

散点图与线性回归

$$\widehat{\beta}_1=\frac{10\left(\sum_{i=1}^{10}x_i y_i\right)-\left(\sum_{i=1}^{10}x_i\right)\left(\sum_{i=1}^{10}y_i\right)}{10\left(\sum_{i=1}^{10}x_i^2\right)-\left(\sum_{i=1}^{10}x_i\right)^2}$$

$$=\frac{10\times 101\ 570-1\ 450\times 673}{10\times 218\ 500-1\ 450^2}=0.483\ 0,$$

故所求一元线性回归方程为

$$\widehat{Y}=-2.739\,4+0.483\,0x.$$

注: 用户还可通过微信扫码打开软件并调入本例数据得出散点图与一元线性回归方程, 对上述计算结果进行验算.

例 2　对某地区生产同一产品的 8 个不同规模的乡镇企业进行生产费用调查, 得产量 x 和生产费用 Y 的数据如下:

x (万件)	1.5	2	3	4.5	7.5	9.1	10.5	12
y (万元)	5.6	6.6	7.2	7.8	10.1	10.8	13.5	16.5

试依据此数据建立 Y 关于 x 的回归方程.

解　作散点图如图 8 – 3 – 2 所示.

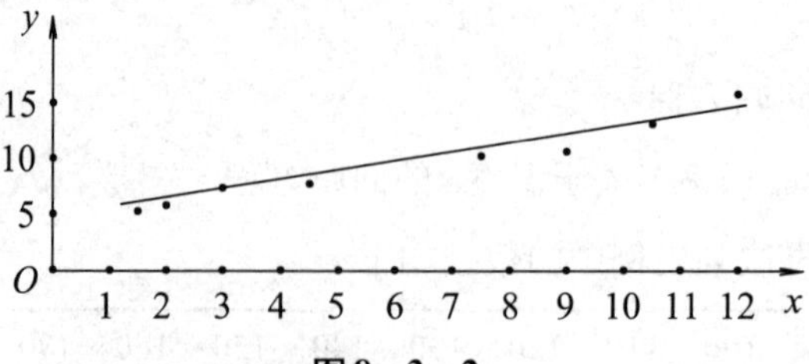

图 8 – 3 – 2

观察数据的趋势, 可对表中数据做一元线性回归.

根据上表数据与一元线性回归方程求法, 计算得

$$\sum_{i=1}^{8}x_i=50.1,\ \sum_{i=1}^{8}y_i=78.1,\ \sum_{i=1}^{8}x_i^2=428.81,\ \sum_{i=1}^{8}x_i y_i=592.08,$$

于是

计算实验

$$\widehat{\beta}_0=\frac{\left(\sum_{i=1}^{8}y_i\right)\left(\sum_{i=1}^{8}x_i^2\right)-\left(\sum_{i=1}^{8}x_i\right)\left(\sum_{i=1}^{8}x_iy_i\right)}{8\left(\sum_{i=1}^{8}x_i^2\right)-\left(\sum_{i=1}^{8}x_i\right)^2}$$

$$=\frac{78.1\times 428.81-50.1\times 592.08}{8\times 428.81-50.1^2}\approx 4.157\,5,$$

$$\widehat{\beta}_1=\frac{8\left(\sum_{i=1}^{8}x_iy_i\right)-\left(\sum_{i=1}^{8}x_i\right)\left(\sum_{i=1}^{8}y_i\right)}{8\left(\sum_{i=1}^{8}x_i^2\right)-\left(\sum_{i=1}^{8}x_i\right)^2}$$

$$=\frac{8\times 592.08-50.1\times 78.1}{8\times 428.81-50.1^2}\approx 0.895\,0,$$

故所求一元线性回归方程为

散点图与线性回归

$$\widehat{Y}=4.157\,5+0.895\,0x.$$

注: 用户还可通过微信扫码打开软件并调入本例数据得出散点图与一元线性回归方程, 对上述计算结果进行验算.

例 3　某神经网络研究团队正在研究学习率与神经网络训练误差之间的关系. 为了探究学习率对模型训练误差的影响, 团队记录了不同学习率下模型的训练误差 (均方误差, MSE). 他们选择了 5 个不同的学习率, 并进行了试验. 以下是每个学习率下的训练误差数据:

学习率	训练误差				
0.01	0.65	0.68	0.64	0.67	0.66
0.05	0.45	0.47	0.46	0.48	0.46
0.1	0.35	0.33	0.34	0.36	0.35
0.2	0.30	0.32	0.31	0.33	0.32
0.5	0.50	0.52	0.51	0.49	0.50

团队希望利用最小二乘法估计一元线性回归模型, 建立学习率与训练误差之间的关系.

解　首先, 设定回归模型的形式为

$$Y=\beta_0+\beta_1x+e,$$

其中, Y 为训练误差, x 为学习率, β_0 为截距, β_1 为回归系数, e 为误差项. 为使用最小二乘法估计回归系数 β_0 和 β_1, 先计算每组数据的均值:

学习率0.01组: $\overline{y}_1=\dfrac{0.65+0.68+0.64+0.67+0.66}{5}=0.66$;

学习率0.05组: $\overline{y}_2=\dfrac{0.45+0.47+0.46+0.48+0.46}{5}=0.464$;

学习率0.1组: $\overline{y}_3=\dfrac{0.35+0.33+0.34+0.36+0.35}{5}=0.346$;

学习率0.2组: $\overline{y}_4=\dfrac{0.30+0.32+0.31+0.33+0.32}{5}=0.316$;

学习率0.5组: $\overline{y}_5=\dfrac{0.50+0.52+0.51+0.49+0.50}{5}=0.504$;

学习率 $\overline{x}=\dfrac{0.01+0.05+0.1+0.2+0.5}{5}=0.172$;

训练误差 $\overline{y}=\dfrac{0.66+0.464+0.346+0.316+0.504}{5}=0.458$.

则由最小二乘估计, 得

$$L_{xy}=\sum_{i=1}^{n}(x_i-\overline{x})(y_i-\overline{y})=-0.014\,276,$$

$$L_{xx}=\sum_{i=1}^{n}(x_i-\overline{x})^2=0.154\,68,$$

计算回归系数 $\widehat{\beta}_1$ 和 $\widehat{\beta}_0$:

$$\widehat{\beta}_1=\frac{L_{xy}}{L_{xx}}\approx-0.092\,3,\ \ \widehat{\beta}_0=\overline{y}-\widehat{\beta}_1\overline{x}\approx0.473\,9,$$

故回归方程为

$$\widehat{Y}=0.473\,9-0.092\,3x.$$

通过最小二乘法建立的回归模型, 研究团队能够揭示学习率与训练误差之间的关系. 模型结果表明, 学习率与训练误差之间存在一定的线性关系, 且当学习率较小时, 训练误差较大, 而学习率提高时, 训练误差逐渐减小. 团队可以根据该模型调整学习率, 以优化神经网络的训练过程, 提高模型性能.

四、最小二乘估计的性质

对一元线性回归方程的最小二乘估计, 有下列定理:

定理 1 如果 $\widehat{\beta}_0,\widehat{\beta}_1$ 为 β_0,β_1 的最小二乘估计, 那么 $\widehat{\beta}_0,\widehat{\beta}_1$ 分别是 β_0,β_1 的无偏估计, 且

$$\widehat{\beta}_0\sim N\left(\beta_0,\sigma^2\left(\frac{1}{n}+\frac{\overline{x}^2}{L_{xx}}\right)\right),\quad \widehat{\beta}_1\sim N\left(\beta_1,\frac{\sigma^2}{L_{xx}}\right).$$

证明 略 (详见教材配套的网络学习空间).

五、一元线性回归方程的假设检验

在一元线性回归分析中, 假设检验是评估模型中参数是否具备统计显著性及模型整体

适用性的关键步骤. 当我们利用样本数据对回归方程 $Y=\beta_0+\beta_1X+\varepsilon$ 进行拟合后, 需要确定所估计的斜率与截距是否真正异于零, 以及模型在解释因变量变异方面是否具有足够的信度. 通过检验斜率参数 β_1 的显著性, 我们可以回答自变量 X 对因变量 Y 是否存在实质影响的核心问题; 对截距参数 β_0 的检验则能评估当自变量为零时, 因变量的均值是否显著偏离零. 与此同时, 整体回归方程的显著性检验 (如 F 检验) 可以判断模型整体对数据的拟合效果是否优于仅用均值进行预测. 在进行假设检验时, 我们一般假设原假设 (H_0) 为"斜率或截距为零", 并选取合适的显著性水平 (如 $\alpha=0.05$). 通过 t 检验或 F 检验, 将统计量与相应临界值或 P 值进行比较, 若有足够的证据拒绝 H_0, 则表明相应参数具有统计意义上的影响. 这一过程以满足若干假设条件为前提, 如误差项独立同分布、期望值为零、方差齐性与正态性等.总之, 假设检验为检定一元线性回归模型的有效性和稳健性提供了客观、可量化的依据.

前面关于线性回归方程 $\widehat{y}=\widehat{\beta}_0+\widehat{\beta}_1x$ 的讨论是在线性模型假设

$$Y=\beta_0+\beta_1x+\varepsilon,\ \varepsilon\sim N(0,\sigma^2)$$

下进行的. 这个线性回归方程是否有实用价值, 首先要根据有关专业知识和实践来判断, 其次要根据实际数据运用假设检验的方法来判断.

由线性回归模型 $Y=\beta_0+\beta_1x+\varepsilon,\ \varepsilon\sim N(0,\sigma^2)$ 可知, 当 $\beta_1=0$ 时, 就认为 Y 与 x 之间不存在线性回归关系, 故需检验如下假设: $H_0: \beta_1=0,\ H_1: \beta_1\neq 0$.

为了检验假设 H_0, 先分析样本观察值 $y_1, y_2, \cdots, y_n$ 的差异, 它可以用总偏差平方和来度量, 记为 $S_{总}=\sum\limits_{i=1}^{n}(y_i-\overline{y})^2$. 由正规方程组, 有

$$\begin{aligned}S_{总}&=\sum_{i=1}^{n}(y_i-\widehat{y}_i+\widehat{y}_i-\overline{y})^2=\sum_{i=1}^{n}(y_i-\widehat{y}_i)^2+2\sum_{i=1}^{n}(y_i-\widehat{y}_i)(\widehat{y}_i-\overline{y})+\sum_{i=1}^{n}(\widehat{y}_i-\overline{y})^2\\&=\sum_{i=1}^{n}(y_i-\widehat{y}_i)^2+\sum_{i=1}^{n}(\widehat{y}_i-\overline{y})^2,\end{aligned}$$

令

$$S_{回}=\sum_{i=1}^{n}(\widehat{y}_i-\overline{y})^2,\ S_{剩}=\sum_{i=1}^{n}(y_i-\widehat{y}_i)^2, \tag{3.9}$$

则有

$$S_{总}=S_{剩}+S_{回}. \tag{3.10}$$

上式称为**总偏差平方和分解公式**. $S_{回}$ 称为**回归平方和** (有时也记为 U), 它是由普通变量 x 的变化引起的, 它的大小 (在与误差相比下) 反映了普通变量 x 的重要程度; $S_{剩}$ 称为**剩余平方和** (有时也记为 Q), 它是由试验误差以及其他未加控制的因素引起的, 它的大小反映了试验误差及其他因素对试验结果的影响. $S_{回}$ 和 $S_{剩}$ 具有下面的性质.

定理 2　在线性模型假设下, 当 H_0 成立时, $\widehat{\beta}_1$ 与 $S_{剩}$ 相互独立, 且

$$\frac{S_{剩}}{\sigma^2} \sim \chi^2(n-2), \quad \frac{S_{回}}{\sigma^2} \sim \chi^2(1).$$

对 H_0 的检验有三种本质相同的检验方法:

t 检验法, F 检验法, 相关系数检验法.

在介绍检验方法之前, 为方便实际计算, 先给出公式与原始数据的关系式, 即

$$S_{总} = \frac{1}{n}\left(n\sum_{i=1}^{n} y_i^2 - \left(\sum_{i=1}^{n} y_i\right)^2\right) = L_{yy}, \tag{3.11}$$

$$S_{回} = \frac{1}{n}\frac{\left[n\left(\sum_{i=1}^{n} x_i y_i\right) - \left(\sum_{i=1}^{n} x_i\right)\left(\sum_{i=1}^{n} y_i\right)\right]^2}{n\left(\sum_{i=1}^{n} x_i^2\right) - \left(\sum_{i=1}^{n} x_i\right)^2}, \tag{3.12}$$

$$S_{剩} = S_{总} - S_{回},$$

或

$$S_{剩} = \frac{1}{n}\left(\left[n\sum_{i=1}^{n} y_i^2 - \left(\sum_{i=1}^{n} y_i\right)^2\right] - \frac{\left[n\left(\sum_{i=1}^{n} x_i y_i\right) - \left(\sum_{i=1}^{n} x_i\right)\left(\sum_{i=1}^{n} y_i\right)\right]^2}{n\left(\sum_{i=1}^{n} x_i^2\right) - \left(\sum_{i=1}^{n} x_i\right)^2}\right). \tag{3.13}$$

1. t 检验法

由定理 1, 有 $\hat{\beta}_1 \sim N\left(\beta_1, \dfrac{\sigma^2}{L_{xx}}\right)$, 故 $\dfrac{\hat{\beta}_1 - \beta_1}{\sigma/\sqrt{L_{xx}}} \sim N(0,1)$.

若令 $\hat{\sigma}^2 = S_{剩}/(n-2)$, 则由定理 2 知, 当 H_0 成立时, $\hat{\sigma}^2$ 为 σ^2 的无偏估计, 有

$$\frac{(n-2)\hat{\sigma}^2}{\sigma^2} = \frac{S_{剩}}{\sigma^2} \sim \chi^2(n-2),$$

且 $\dfrac{\hat{\beta}_1 - \beta_1}{\sigma/\sqrt{L_{xx}}}$ 与 $\dfrac{(n-2)\hat{\sigma}^2}{\sigma^2}$ 相互独立. 故取检验统计量

$$T = \frac{\hat{\beta}_1}{\hat{\sigma}}\sqrt{L_{xx}} \sim t(n-2). \tag{3.14}$$

由给定的显著性水平 α, 查 t 分布表得 $t_{\alpha/2}(n-2)$, 根据试验数据 (x_1, y_1), (x_2, y_2), $\cdots$, (x_n, y_n) 计算 T 的值 t. 当 $|t| > t_{\alpha/2}(n-2)$ 时, 拒绝 H_0, 即回归效果显著; 当 $|t| \leqslant t_{\alpha/2}(n-2)$ 时, 接受 H_0, 即没有理由认为回归效果显著.

2. F 检验法

由定理 2, 当 H_0 为真时, 取统计量

$$F=\frac{S_{回}}{S_{剩}/(n-2)}\sim F(1,n-2). \tag{3.15}$$

由给定的显著性水平α, 查F分布表得$F_\alpha(1,n-2)$, 根据试验数据(x_1,y_1), (x_2,y_2), $\cdots$, (x_n,y_n)计算F的值F_0. 当$F_0>F_\alpha(1,n-2)$时, 拒绝原假设H_0, 即回归效果显著; 当$F_0\leqslant F_\alpha(1,n-2)$时, 接受$H_0$, 即没有理由认为回归效果显著.

3. 相关系数检验法

由第4章知, 相关系数的大小可以表示两个随机变量线性关系的密切程度. 对于线性回归中的变量x与Y, 其样本的相关系数为

$$R=\frac{\sum_{i=1}^{n}(x_i-\bar{x})(Y_i-\bar{Y})}{\sqrt{\left[\sum_{i=1}^{n}(x_i-\bar{x})^2\right]\left[\sum_{i=1}^{n}(Y_i-\bar{Y})^2\right]}}=\frac{n\sum_{i=1}^{n}x_iY_i-\left(\sum_{i=1}^{n}x_i\right)\left(\sum_{i=1}^{n}Y_i\right)}{\sqrt{n\sum_{i=1}^{n}x_i^2-\left(\sum_{i=1}^{n}x_i\right)^2}\sqrt{n\sum_{i=1}^{n}Y_i^2-\left(\sum_{i=1}^{n}Y_i\right)^2}}$$

$$=\frac{L_{xY}}{\sqrt{L_{xx}}\sqrt{L_{YY}}},$$

它反映了普通变量x与随机变量Y之间的线性相关程度. 故取检验统计量为R, 则

$$r=\frac{L_{xY}}{\sqrt{L_{xx}}\sqrt{L_{YY}}}. \tag{3.16}$$

对给定的显著性水平α, 查相关系数表得$r_\alpha(n-2)$, 根据试验数据(x_1,y_1), (x_2,y_2), $\cdots$, (x_n,y_n)计算R的值r. 当$|r|>r_\alpha(n-2)$时, 拒绝H_0, 即回归效果显著; 当$|r|\leqslant r_\alpha(n-2)$时, 接受$H_0$, 即没有理由认为回归效果显著.

例4 某机器学习研究团队正在研究训练集大小与模型准确度之间的关系. 团队选取了5个不同大小的训练集, 并记录了每个训练集大小下模型的准确度. 以下是每个训练集大小与相应的模型准确度数据:

训练集大小	500	1 000	1 500	2 000	2 500
模型准确度	0.75	0.80	0.85	0.88	0.90

团队希望通过一元线性回归模型建立训练集大小与模型准确度之间的关系, 并使用t检验法检验训练集大小对模型准确度的影响是否显著($\alpha=0.05$).

解 首先, 设定回归模型的形式为

$$Y=\beta_0+\beta_1x+e,$$

其中, Y为模型准确度, x为训练集大小, β_0为截距, β_1为回归系数, e为误差项. 为使用最小二乘法估计回归系数β_0和β_1, 先计算每组数据的均值:

训练集大小的均值: $\bar{x}=\dfrac{500+1\,000+1\,500+2\,000+2\,500}{5}=1\,500$,

模型准确度的均值: $\bar{y}=\dfrac{0.75+0.80+0.85+0.88+0.90}{5}=0.836$,

则由最小二乘估计, 得

$$L_{xy}=\sum_{i=1}^{n}(x_i-\bar{x})(y_i-\bar{y})=190,$$

$$L_{xx}=\sum_{i=1}^{n}(x_i-\bar{x})^2=2\,500\,000,$$

$$L_{yy}=\sum_{i=1}^{n}(y_i-\bar{y})^2=0.014\,92,$$

计算回归系数 $\widehat{\beta}_1$ 和 $\widehat{\beta}_0$:

$$\widehat{\beta}_1=\frac{L_{xy}}{L_{xx}}=0.000\,076,\quad \widehat{\beta}_0=\bar{y}-\widehat{\beta}_1\bar{x}=0.722,$$

故回归方程为

$$\widehat{Y}=0.722+0.000\,076x,$$

进行 t 检验, 检验假设:

$$H_0:\beta_1=0,\quad H_1:\beta_1\neq 0.$$

根据 t 检验法, 已知问题的拒绝域为

$$|t|=\frac{\widehat{\beta}_1}{\widehat{\sigma}}\sqrt{L_{xx}}>t_{\alpha/2}(n-2),$$

利用上述数据算出方差的估计值与统计量 T 的观察值:

$$\widehat{\sigma}^2=\frac{L_{yy}-\widehat{\beta}_1L_{xy}}{n-2}=0.000\,16,\quad |t|=9.5.$$

查 t 分布表得 $t_{0.025}(3)=3.182\,5$, 因为

$$|t|=9.5>t_{0.025}(3)=3.182\,5,$$

故拒绝原假设 H_0, 即认为线性回归的效果是显著的.

通过最小二乘法得出的回归方程显示, 训练集大小与模型准确度之间存在正向的线性关系. t 检验法的结果将帮助研究团队确认训练集大小对模型性能的影响是否显著. 如果结果显著, 团队可以根据该模型预测不同训练集大小下的模型准确度, 并在模型训练过程中合理调整训练集大小以优化模型表现.

例 5　以家庭为单位, 某种商品年需求量与该商品价格之间的一组调查数据见下表:

价格 x(元)	5	2	2	2.3	2.5	2.6	2.8	3	3.3	3.5
需求量 y(kg)	1	3.5	3	2.7	2.4	2.5	2	1.5	1.2	1.2

(1) 求经验回归方程 $\widehat{Y}=\widehat{\beta}_0+\widehat{\beta}_1 x$;

(2) 用 F 检验法检验线性关系的显著性($\alpha=0.05$).

解　根据题设数据, 作出散点图(见图 8－3－3).

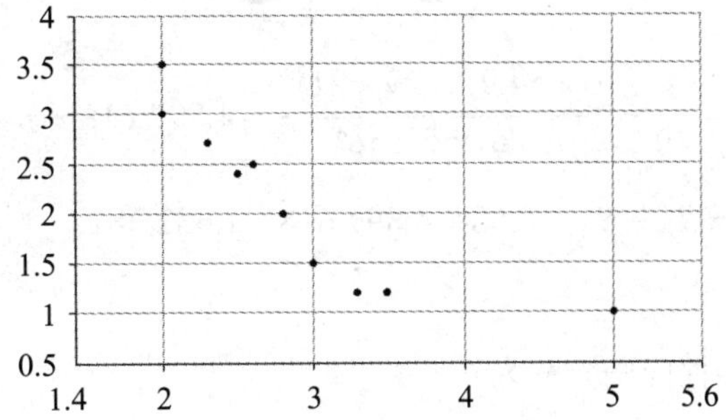

图 8－3－3

由上可见, 题设商品的年需求量与该商品的价格之间大致呈线性关系, 故可以利用一元线性回归模型求解. 根据题设数据与一元线性回归方程求法, 计算有关数据, 得

$$\sum_{i=1}^{10} x_i=29,\quad \sum_{i=1}^{10} y_i=21,$$

$$\sum_{i=1}^{10} x_i^2=91.28,\ \sum_{i=1}^{10} x_i y_i=54.97,\ \sum_{i=1}^{10} y_i^2=50.68,$$

计算实验

于是, 所求一元经验线性回归方程中:

$$\widehat{\beta}_0=\frac{\left(\sum_{i=1}^{10} y_i\right)\left(\sum_{i=1}^{10} x_i^2\right)-\left(\sum_{i=1}^{10} x_i\right)\left(\sum_{i=1}^{10} x_i y_i\right)}{10\left(\sum_{i=1}^{10} x_i^2\right)-\left(\sum_{i=1}^{10} x_i\right)^2}$$

$$=\frac{21\times 91.28-29\times 54.97}{10\times 91.28-29^2}=4.495\ 1,$$

$$\widehat{\beta}_1=\frac{10\left(\sum_{i=1}^{10} x_i y_i\right)-\left(\sum_{i=1}^{10} x_i\right)\left(\sum_{i=1}^{10} y_i\right)}{10\left(\sum_{i=1}^{10} x_i^2\right)-\left(\sum_{i=1}^{10} x_i\right)^2}$$

$$=\frac{10\times 54.97-29\times 21}{10\times 91.28-29^2}=-0.825\ 9.$$

总偏差平方和分解公式为 $S_{总}=S_{剩}+S_{回}$, 其中

$$S_{总}=\frac{1}{10}\left[10\sum_{i=1}^{10} y_i^2-\left(\sum_{i=1}^{10} y_i\right)^2\right]=\frac{1}{10}(10\times 50.68-21^2)=6.58,$$

$$S_{回} = \frac{1}{10}\frac{\left[10\left(\sum_{i=1}^{10} x_i y_i\right) - \left(\sum_{i=1}^{10} x_i\right)\left(\sum_{i=1}^{10} y_i\right)\right]^2}{10\left(\sum_{i=1}^{10} x_i^2\right) - \left(\sum_{i=1}^{10} x_i\right)^2}$$

$$= \frac{1}{10}\frac{(10\times 54.97 - 29\times 21)^2}{10\times 91.28 - 29^2} = 4.897\,618,$$

$$S_{剩} = S_{总} - S_{回} = 6.58 - 4.897\,618 = 1.682\,382.$$

于是, 有

(1) 所求一元经验线性回归方程为

$$\widehat{Y} = 4.495\,1 - 0.825\,9\,x.$$

(2) 由一元线性回归的 F 检验法, 对显著性水平 $\alpha = 0.05$, 查 F 分布表得

散点图与线性回归

$$F_0 = \frac{(n-2)S_{回}}{S_{剩}} = 23.289\,0.$$

F 分布查表

因为 $F_{0.05}(1, 8) = 5.32 < F_0$, 所以一元线性回归的效果是显著的.

又如对于例 2, 可采用一元线性回归的相关系数检验法, 计算得

$$L_{xx} = \sum_{i=1}^{8} x_i^2 - \frac{1}{8}\left(\sum_{i=1}^{8} x_i\right)^2 = 428.81 - \frac{50.1^2}{8} \approx 115.06,$$

$$L_{xy} = \sum_{i=1}^{8} x_i y_i - \frac{1}{8}\left(\sum_{i=1}^{8} x_i\right)\left(\sum_{i=1}^{8} y_i\right) = 592.08 - \frac{1}{8}\times 50.1\times 78.1 \approx 102.98,$$

$$L_{yy} = \sum_{i=1}^{8} y_i^2 - \frac{1}{8}\left(\sum_{i=1}^{8} y_i\right)^2 = 860.75 - \frac{1}{8}\times 78.1^2 \approx 98.3,$$

从而

$$r = \frac{L_{xy}}{\sqrt{L_{xx}L_{yy}}} = \frac{102.98}{\sqrt{115.06\times 98.3}} = 0.968\,3.$$

取显著性水平 $\alpha = 0.01$, 按自由度 $n-2 = 8-2 = 6$ 查相关系数表, 得

$$r_{0.01}(6) = 0.874\,3.$$

因 $|r| > r_{0.01}(6)$, 故认为 Y 与 x 之间的线性回归效果显著, 即 $\widehat{y} = 4.157\,5 + 0.895\,0x$ 可以表达 Y 与 x 之间存在的线性相关关系. 显然, 这一检验结果与 F 检验法检验的结果一致.

例 6　在某计算机网络中, 研究人员希望探讨带宽 (单位: Mbps) 与延迟 (单位: ms) 之间的关系. 为了了解这两个变量之间的关联, 研究人员记录了不同网络条件下的带宽和延迟数据. 以下是某次试验中, 5 种不同带宽条件下的延迟数据.

带宽	10	15	20	25	30
延迟	50	48	45	43	40

研究人员希望建立带宽与延迟之间的线性回归模型, 并通过相关系数检验法, 验证带宽与延迟之间是否存在显著的线性相关关系 ($\alpha=0.05$).

解　首先, 设定回归模型的形式为

$$Y=\beta_0+\beta_1 x+e,$$

其中, Y 为延迟, x 为带宽, β_0 为截距, β_1 为回归系数, e 为误差项. 先用最小二乘法估计回归系数 β_0 和 β_1, 计算每组数据的均值, 得

$$\bar{x}=\frac{10+15+20+25+30}{5}=20,$$

$$\bar{y}=\frac{50+48+45+43+40}{5}=45.2,$$

则由最小二乘估计, 得

$$L_{xy}=\sum_{i=1}^{5}(x_i-\bar{x})(y_i-\bar{y})=-125.0,$$

$$L_{xx}=\sum_{i=1}^{5}(x_i-\bar{x})^2=250,$$

$$L_{yy}=\sum_{i=1}^{5}(y_i-\bar{y})^2=62.8,$$

计算回归系数 $\widehat{\beta}_1$ 和 $\widehat{\beta}_0$:

$$\widehat{\beta}_1=\frac{L_{xy}}{L_{xx}}=-0.5,\quad \widehat{\beta}_0=\bar{y}-\widehat{\beta}_1\bar{x}=55.2,$$

故回归方程为

$$\widehat{Y}=55.2-0.5x,$$

进行相关系数检验, 计算

$$r=\frac{L_{xy}}{\sqrt{L_{xx}}\sqrt{L_{yy}}}\approx-0.997\,6,$$

查相关系数表得 $r_{0.05}(3)=0.878\,3$, 因为

$$|r|\approx 0.997\,6>r_{0.05}(3)=0.878\,3,$$

故可认为线性回归的效果是显著的.

通过相关系数检验法, 可以得出结论: 带宽与延迟之间具有显著的负相关关系, 带宽越大, 延迟越小. 这一结果对网络设计和优化具有重要意义, 提示我们提高网络带宽可能会有效减少网络延迟, 从而提升用户体验.

六、预测问题

在一元线性回归分析中, 预测问题是将模型的理论构建与实际应用紧密联系的关键环节. 当我们根据已有样本数据建立起回归方程后, 往往期望利用这一模型对尚未观测的情境进行预测, 从而评估未来趋势、预估某变量在特定条件下的响应值. 通过将新输入的自变量值代入求解, 我们可得到相应的预测值, 实现由数据分析向实务决策的转化. 然而, 在进行预测时需谨慎考量多个因素. 首先, 应明确预测值是基于拟合模型的延伸, 这意味着预测的前提是假设模型的基本条件 (如线性关系、误差独立同分布、方差齐性和正态性等) 仍然适用. 若新情境与原数据环境存在较大差异, 则预测结果可能会产生偏差. 其次, 应区分预测点估计与预测区间. 仅给出一个预测点可能过于乐观, 而预测区间则考虑了随机误差与参数估计的不确定性, 为预测结果的可信范围提供了定量依据. 最后, 必须警惕超出样本范围的外推预测, 因为在未知条件下, 模型的线性假设与其他条件可能并不成立. 总之, 一元线性回归的预测问题为研究者和决策者从理论框架走向实践应用提供了重要途径. 在严格遵守模型假设与合理评估数据边界条件的前提下, 预测结果可为科学研究、生产管理、政策制定和市场判断等提供有价值的参考和指导.

在回归问题中, 若回归方程检验效果显著, 回归值与实际值就拟合得较好, 因而可以利用它对因变量 Y 的新观察值 y_0 进行点预测或区间预测.

对给定的 x_0, 由回归方程可得到回归值 $\widehat{y}_0=\widehat{\beta}_0+\widehat{\beta}_1 x_0$, 我们称 $\widehat{y}_0$ 为 y 在 x_0 处的**预测值**. y 的观察值 y_0 与预测值 $\widehat{y}_0$ 之差称为**预测误差**.

例如, 在例 1 中回归方程为

$$\widehat{Y}=-2.739\,4+0.483\,0x,$$

对 $x_0=150$, y 的观察值为 70, 预测值为

$$\widehat{y}_0=-2.739\,4+0.483\,0\times 150=69.710\,6,$$

则预测误差为 0.285, 误差不大, 说明预测效果比较好.

在实际问题中, 预测的真正意义就是在一定的显著性水平 α 下, 寻找一个正数 $\delta(x_0)$, 使得实际观察值 y_0 以 $1-\alpha$ 的概率落入区间 $(\widehat{y}_0-\delta(x_0),\ \widehat{y}_0+\delta(x_0))$ 内, 即

$$P\{|y_0-\widehat{y}_0|<\delta(x_0)\}=1-\alpha.$$

由定理 1 知

$$y_0-\widehat{y}_0\sim N\left(0,\left[1+\frac{1}{n}+\frac{(x_0-\bar{x})^2}{L_{xx}}\right]\sigma^2\right),$$

记 $\widehat{\sigma}=\sqrt{\dfrac{S_{剩}}{n-2}}$, 则由定理 2 知

$$\frac{(n-2)\widehat{\sigma}^2}{\sigma^2}\sim\chi^2(n-2),$$

因 $y_0-\widehat{y}_0$ 与 $\widehat{\sigma}^2$ 相互独立, 故检验统计量

$$T=\frac{y_0-\widehat{y}_0}{\widehat{\sigma}\sqrt{1+\frac{1}{n}+\frac{(x_0-\overline{x})^2}{L_{xx}}}}\sim t(n-2),$$

所以对给定的显著性水平 α, 求得

$$\delta(x_0)=t_{\alpha/2}(n-2)\widehat{\sigma}\sqrt{1+\frac{1}{n}+\frac{(x_0-\overline{x})^2}{L_{xx}}}, \tag{3.17}$$

从而得到 y_0 的置信度为 $1-\alpha$ 的**预测区间**为

$$(\widehat{y}_0-\delta(x_0),\ \widehat{y}_0+\delta(x_0)). \tag{3.18}$$

易见, y_0 的预测区间长度为 $2\delta(x_0)$, 对于给定的 α, x_0 越靠近样本均值 $\overline{x}$, $\delta(x_0)$ 越小, 预测区间的长度越短, 效果就越好. 当 n 很大, 并且 x_0 较接近 $\overline{x}$ 时, 有

$$\sqrt{1+\frac{1}{n}+\frac{(x_0-\overline{x})^2}{L_{xx}}}\approx 1,\quad t_{\alpha/2}(n-2)\approx u_{\alpha/2},$$

则预测区间近似为

$$(\widehat{y}_0-u_{\alpha/2}\widehat{\sigma},\ \widehat{y}_0+u_{\alpha/2}\widehat{\sigma}). \tag{3.19}$$

注: 预测区间的几何解释如图 8－3－4 所示, 对任意 x, 根据样本可以作出两条曲线:

$$y_1(x)=\widehat{y}(x)-\delta(x),\ y_2(x)=\widehat{y}(x)+\delta(x).$$

回归直线 $\widehat{Y}=\widehat{\beta}_0+\widehat{\beta}_1x$ 夹在上述两条曲线中间. 当 $x=\overline{x}$ 时, 两条曲线形成的带域最窄.

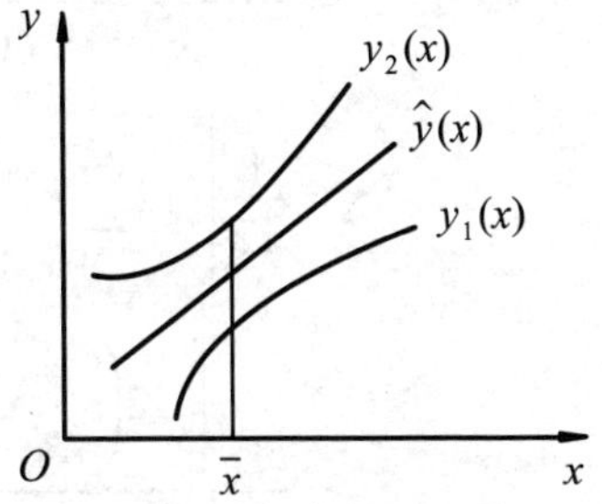

图 8－3－4

例 7　某建材实验室做陶粒混凝土试验时, 考察每立方米 (m^3) 混凝土的水泥用量 (kg) 对混凝土抗压强度 (kg/cm^2) 的影响, 测得下列数据:

水泥用量 x	150	160	170	180	190	200	210	220	230	240	250	260
抗压强度 y	56.9	58.3	61.6	64.6	68.1	71.3	74.1	77.4	80.2	82.6	86.4	89.7

(1) 求经验回归方程 $\widehat{y}=\widehat{\beta}_0+\widehat{\beta}_1x$;

(2) 检验一元线性回归的显著性 ($\alpha=0.05$);

(3) 设 $x_0=225$, 求 y 的预测值及置信度为 0.95 的预测区间.

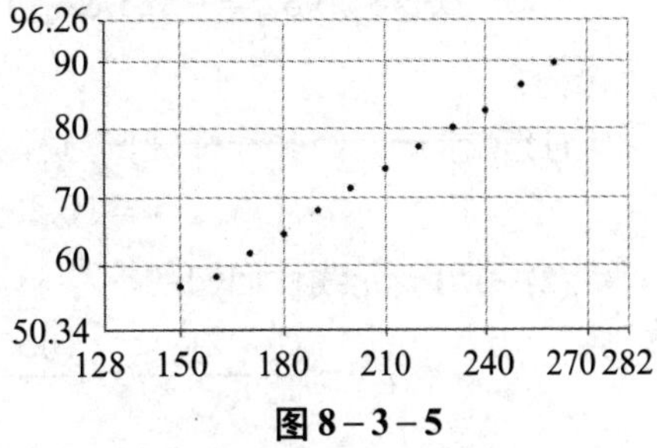

图 8－3－5

解　根据题设数据, 作出散点图 (见图 8－3－5).

由上可见, 题设混凝土的水泥用量与混凝土抗压强度之间大致呈线性关系, 故可利用一元线性回归模型求解. 根据题设数据与一元线性回归方程的求法, 计算得

$$\sum_{i=1}^{12} x_i = 2\,460,\ \sum_{i=1}^{12} x_i^2 = 518\,600,$$

$$\sum_{i=1}^{12} x_i y_i = 182\,943,\ \sum_{i=1}^{12} y_i = 871.2,\ \sum_{i=1}^{12} y_i^2 = 64\,572.94,$$

计算实验

于是, 所求一元经验线性回归方程中:

$$\widehat{\beta}_0 = \frac{\left(\sum_{i=1}^{12} y_i\right)\left(\sum_{i=1}^{12} x_i^2\right) - \left(\sum_{i=1}^{12} x_i\right)\left(\sum_{i=1}^{12} x_i y_i\right)}{12\left(\sum_{i=1}^{12} x_i^2\right) - \left(\sum_{i=1}^{12} x_i\right)^2}$$

$$= \frac{871.2 \times 518\,600 - 2\,460 \times 182\,943}{12 \times 518\,600 - 2\,460^2} = 10.282\,9,$$

$$\widehat{\beta}_1 = \frac{12\left(\sum_{i=1}^{12} x_i y_i\right) - \left(\sum_{i=1}^{12} x_i\right)\left(\sum_{i=1}^{12} y_i\right)}{12\left(\sum_{i=1}^{12} x_i^2\right) - \left(\sum_{i=1}^{12} x_i\right)^2}$$

$$= \frac{12 \times 182\,943 - 2\,460 \times 871.2}{12 \times 518\,600 - 2\,460^2} = 0.304\,0,$$

$$S_{总} = \frac{1}{12}\left[12\sum_{i=1}^{12} y_i^2 - \left(\sum_{i=1}^{12} y_i\right)^2\right] = \frac{1}{12}(12 \times 64\,572.94 - 871.2^2) = 1\,323.82,$$

$$S_{回} = \frac{1}{12}\frac{\left[12\left(\sum_{i=1}^{12} x_i y_i\right) - \left(\sum_{i=1}^{12} x_i\right)\left(\sum_{i=1}^{12} y_i\right)\right]^2}{12\left(\sum_{i=1}^{12} x_i^2\right) - \left(\sum_{i=1}^{12} x_i\right)^2}$$

散点图与线性回归

$$= \frac{1}{12}\frac{(12 \times 182\,943 - 2\,460 \times 871.2)^2}{12 \times 518\,600 - 2\,460^2} = 1\,321.427\,2,$$

$$S_{剩} = S_{总} - S_{回} = 1\,323.82 - 1\,321.427\,2 = 2.392\,8.$$

于是, 有

(1) 所求一元经验线性回归方程为

$$\widehat{y} = 10.282\,9 + 0.304\,0x.$$

(2) 利用一元线性回归的 F 检验法, 得

$$F_0 = \frac{(n-2)S_{回}}{S_{剩}} = \frac{10 \times 1\,321.427\,2}{2.392\,8} = 5\,522.514\,2,$$

F 分布查表

对显著性水平 $\alpha=0.05$, 查 F 分布表得 $F_{0.05}(1, 10)=4.96<F_0$, 故一元线性回归的效果是显著的.

t分布查表

(3) 依题设, 利用 (1) 的一元经验线性回归方程, 有

$$\alpha=0.05, \quad \widehat{y}(225)=10.282\,9+0.304\,0\times 225=78.682\,9,$$

根据一元线性回归的预测区间, 查 t 分布表, 得

$$\begin{aligned}\delta(255)&=t_{\alpha/2}(n-2)\cdot\widehat{\sigma}\cdot\sqrt{1+\frac{1}{n}+\frac{(225-\overline{x})^2}{L_{xx}}}\\&=2.228\,1\times\sqrt{\frac{2.392\,8}{12-2}}\times\sqrt{1+\frac{1}{12}+\frac{(225-2\,460/12)^2}{518\,600-2\,460^2/12}}\\&\approx 1.149\,0,\end{aligned}$$

于是, $\widehat{y}(225)$ 的置信度为95%的预测区间为

$$(78.682\,9\pm 1.149\,0), \text{即 } (77.533\,9,\ 79.831\,9).$$

例 8 某人工智能公司正在开发一款新的图像识别系统, 该系统的训练时间 (单位: 小时)与训练数据集大小 (单位: 万张图片) 之间存在一定的线性关系. 公司收集了过去几次训练试验的数据, 希望通过回归分析建立模型, 从而预测训练60万张图片的时间. 以下是过去5次试验的数据:

训练数据集大小	10	20	30	40	50
训练时间	12	25	38	51	63

解 首先, 设定回归模型的形式为

$$Y=\beta_0+\beta_1 x+e,$$

其中, Y 为训练时间, x 为训练数据集大小, β_0 为截距, β_1 为回归系数, e 为误差项. 为使用最小二乘法估计回归系数 β_0 和 β_1, 先计算每组数据的均值:

$$\overline{x}=\frac{10+20+30+40+50}{5}=30,$$

$$\overline{y}=\frac{12+25+38+51+63}{5}=37.8,$$

则由最小二乘估计, 得

$$L_{xy}=\sum_{i=1}^{5}(x_i-\overline{x})(y_i-\overline{y})=1\,280,$$

$$L_{xx}=\sum_{i=1}^{5}(x_i-\overline{x})^2=1\,000,$$

$$L_{yy}=\sum_{i=1}^{5}(y_i-\overline{y})^2=1\,638.8,$$

计算回归系数 $\widehat{\beta}_1$ 和 $\widehat{\beta}_0$:

$$\widehat{\beta}_1 = \frac{L_{xy}}{L_{xx}} = 1.28, \quad \widehat{\beta}_0 = \overline{y} - \widehat{\beta}_1 \overline{x} = -0.6,$$

故回归方程为

$$\widehat{Y} = -0.6 + 1.28x,$$

进行 t 检验, 检验假设:

$$H_0 : \beta_1 = 0, \quad H_1 : \beta_1 \neq 0.$$

根据 t 检验法, 已知问题的拒绝域为

$$|t| = \frac{\widehat{\beta}_1}{\widehat{\sigma}} \sqrt{L_{xx}} > t_{a/2}(n-2),$$

利用上述数据算出方差的估计值与统计量 T 的观察值:

$$\widehat{\sigma}^2 = \frac{L_{yy} - \widehat{\beta}_1 L_{xy}}{n-2} \approx 0.133\,3, \quad |t| \approx 110.851\,3.$$

查 t 分布表得 $t_{0.025}(3) = 3.182\,5$, 因为

$$|t| \approx 110.851\,3 > t_{0.025}(3) = 3.182\,5,$$

故拒绝原假设 H_0, 即认为线性回归的效果是显著的.

训练数据集大小为 60 万张图片时, 预测该次训练的时间为

$$\widehat{y} = -0.6 + 1.28 \times 60 = 76.2.$$

通过一元线性回归分析, 我们建立了训练数据集大小与训练时间之间的回归方程, 并对其进行了假设检验, 得出训练数据集大小与训练时间之间有显著的线性关系. 在此基础上, 我们利用回归方程预测了未来一次训练的时间. 这一分析为人工智能模型的训练调度和资源分配提供了参考依据, 有助于提高训练效率.

七、一元线性回归的控制问题

在一元线性回归模型中, 控制问题是指在分析自变量与因变量之间的线性关系时, 对可能影响这一关系但未纳入模型的其他因素加以合理处理与考量. 当研究者仅以单一自变量解释因变量变异时, 往往无法直接控制其他潜在影响因素的干扰. 这种控制的缺失可能导致模型拟合出现偏差, 使得所估计的斜率与截距对真实关系的刻画不够准确. 在实际应用中, 若潜在因素未被纳入模型, 则易产生混杂效应、异方差性或自相关等问题, 进而影响参数估计的稳健性与精确度. 为应对上述挑战, 研究者需从多方面入手进行适度控制. 首先, 在试验设计或数据收集阶段通过随机化、均衡处理、限制试验范围或统一试验条件, 尽可能减少无关因素的干扰. 其次, 若条件允许, 可采用多元回归分析或引入协变量, 从而在更丰富的模型框架中实现对潜在因素的控制. 此外, 诊断分析方法(如残差分析、稳健估计、加权最小二乘)也可帮助识别并缓解部分控制问题. 总之, 一元线性回归的控制问题强调对数据与模型内

在条件的审慎对待. 只有在清晰识别并适当处理干扰因素的前提下, 模型才能更准确地描述目标自变量与因变量间的真实线性关系, 为后续的预测与决策等统计分析奠定坚实的基础.

控制问题是预测问题的反问题, 所考虑的问题是: 如果要求将 y 控制在某一范围内, 问 x 应控制在什么范围内?

这里我们仅对 n 很大的情形给出控制方法, 对一般的情形, 也可类似地进行讨论.

对给出的 $y_1'<y_2'$ 和置信度 $1-\alpha$, 令

$$\begin{cases} y_1'(x)=\widehat{\beta}_0+\widehat{\beta}_1 x-u_{\alpha/2}\widehat{\sigma} \\ y_2'(x)=\widehat{\beta}_0+\widehat{\beta}_1 x+u_{\alpha/2}\widehat{\sigma} \end{cases}, \tag{3.20}$$

解得

$$\begin{cases} x_1'(x)=(y_1'-\widehat{\beta}_0+u_{\alpha/2}\widehat{\sigma})/\widehat{\beta}_1 \\ x_2'(x)=(y_2'-\widehat{\beta}_0-u_{\alpha/2}\widehat{\sigma})/\widehat{\beta}_1 \end{cases}. \tag{3.21}$$

当 $\widehat{\beta}_1>0$ 时, 控制范围为 (x_1', x_2'); 当 $\widehat{\beta}_1<0$ 时, 控制范围为 (x_2', x_1'), 见图 8-3-6.

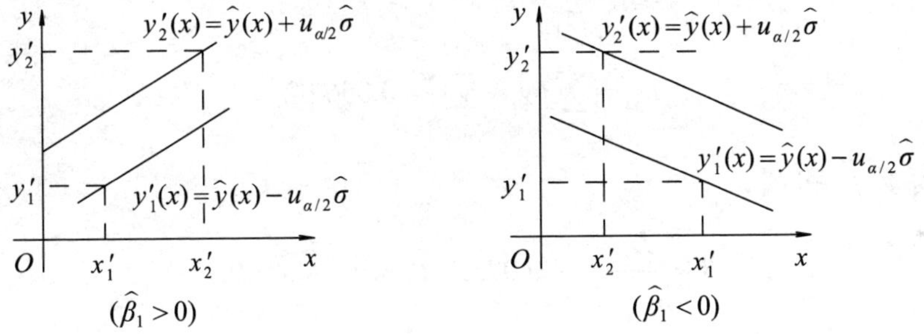

图 8-3-6

在实际应用中, 由式 (3.20) 知, 要实现控制, 必须要求区间 (y_1', y_2') 的长度大于 $2u_{\alpha/2}\widehat{\sigma}$, 否则控制区间不存在.

特别地, 当 $\alpha=0.05$ 时, 查标准正态分布表, 得到标准正态分布的双侧分位数:

$$u_{\alpha/2}=u_{0.025}=1.96\approx 2,$$

则此时式 (3.21) 近似为

$$\begin{cases} x_1'(x)=(y_1'-\widehat{\beta}_0+2\widehat{\sigma})/\widehat{\beta}_1 \\ x_2'(x)=(y_2'-\widehat{\beta}_0-2\widehat{\sigma})/\widehat{\beta}_1 \end{cases}.$$

例 9 在机器学习中, 训练模型时常常需要对模型的性能进行控制, 尤其是对训练过程中的损失函数. 如果损失函数值过高, 则说明模型的效果不理想, 需要调整训练过程中的超参数或优化策略. 以下是某机器学习模型训练过程中训练轮数与损失函数值的关系数据:

训练轮数	1	2	3	4	5
损失函数值	0.85	0.75	0.68	0.60	0.55

(1) 建立训练轮数与损失函数值的回归关系模型, 并检验回归的显著性 ($\alpha=0.05$);

(2) 若要使损失函数值在0.2 ~ 0.3之间, 训练轮数应控制在什么范围之内?

解　(1) 首先, 设定回归模型的形式为

$$Y=\beta_0+\beta_1 x+e,$$

其中, Y为损失函数值, x为训练轮数, β_0为截距, β_1为回归系数, e为误差项. 为用最小二乘法估计回归系数β_0和β_1, 先计算每组数据的均值:

$$\overline{x}=\frac{1+2+3+4+5}{5}=3,$$

$$\overline{y}=\frac{0.85+0.75+0.68+0.60+0.55}{5}=0.686,$$

则由最小二乘估计, 得

$$L_{xy}=\sum_{i=1}^{5}(x_i-\overline{x})(y_i-\overline{y})=-0.75,$$

$$L_{xx}=\sum_{i=1}^{5}(x_i-\overline{x})^2=10,$$

$$L_{yy}=\sum_{i=1}^{5}(y_i-\overline{y})^2=0.056\,92,$$

计算回归系数 $\widehat{\beta}_1$ 和 $\widehat{\beta}_0$:

$$\widehat{\beta}_1=\frac{L_{xy}}{L_{xx}}=-0.075,\quad \widehat{\beta}_0=\overline{y}-\widehat{\beta}_1\overline{x}=0.911,$$

故回归方程为

$$\widehat{Y}=0.911-0.075x,$$

检验假设: $H_0:\beta_1=0$, $H_1:\beta_1\neq 0$. 根据t检验法, 已知问题的拒绝域为

$$|t|=\frac{|\widehat{\beta}_1|}{\widehat{\sigma}}\sqrt{L_{xx}}>t_{a/2}(n-2),$$

利用上述数据算出方差的估计值与统计量T的观察值:

$$\widehat{\sigma}^2=\frac{L_{yy}-\widehat{\beta}_1 L_{xy}}{n-2}\approx 0.000\,2,\quad |t|\approx 15.870\,3.$$

查t分布表, 得

$$t_{0.025}(3)=3.182\,5,$$

因为

$$|t|\approx 15.870\,3>t_{0.025}(3)=3.182\,5,$$

故拒绝原假设H_0, 即认为线性回归的效果是显著的.

(2) 要使损失函数值在0.2 ~ 0.3之间, 即$(y_1,\ y_2)=(0.2,\ 0.3)$, 则

$$\begin{cases} x_1=(y_1-\widehat{\beta}_0+u_{\alpha/2}\widehat{\sigma})/\widehat{\beta}_1 \\ x_2=(y_2-\widehat{\beta}_0-u_{\alpha/2}\widehat{\sigma})/\widehat{\beta}_1 \end{cases},$$

查标准正态分布表得$u_{0.025}=1.96$, 代入方程解得

$$\begin{cases} x_1\approx 9.09 \\ x_2\approx 8.54 \end{cases},$$

故要使损失函数值在0.2 ~ 0.3之间, 训练轮数应控制在8.54 ~ 9.09, 即9轮.

通过一元线性回归分析, 我们成功建立了训练轮数与损失函数值之间的回归方程, 并对回归系数进行了假设检验, 确认训练轮数与损失函数值之间有显著的线性关系. 根据回归方程, 机器学习模型可以预测不同训练轮数下的损失函数值, 并根据预测结果调整训练策略, 以实现更好的训练效果. 这种回归分析方法为模型训练中的过程控制提供了有效的工具.

八、可化为一元线性回归的情形

前面讨论了一元线性回归问题, 但在实际应用中, 有时会遇到更复杂的回归问题, 其中有些情形可通过适当的变量替换化为一元线性回归问题来处理.

(1) 设β_0, β_1, σ^2是与x无关的未知参数, 且

$$Y=\beta_0+\frac{\beta_1}{x}+\varepsilon,\quad \varepsilon\sim N(0,\sigma^2). \tag{3.22}$$

令$x'=1/x$, $Y'=Y$, 则式(3.22)可化为一元线性回归模型:

$$Y'=\beta_0+\beta_1x'+\varepsilon,\quad \varepsilon\sim N(0,\sigma^2).$$

(2) 设α, β, σ^2是与x无关的未知参数, 且

$$Y=\alpha e^{\beta x}+\varepsilon,\ \varepsilon\text{为随机误差}. \tag{3.23}$$

此时, 可在$Y=\alpha e^{\beta x}+\varepsilon$两边取对数, 得

$$\ln Y=\ln\alpha+\beta x+\varepsilon',\quad \varepsilon'=\ln\left(1+\frac{\varepsilon}{\alpha e^{\beta x}}\right).$$

令$Y'=\ln Y$, $\beta_0=\ln\alpha$, $\beta_1=\beta$, $x'=x$, 假定$\varepsilon'\sim N(0,\sigma^2)$, 则式(3.23)可转化为下列一元线性回归模型:

$$Y'=\beta_0+\beta_1x'+\varepsilon',\ \varepsilon'\sim N(0,\sigma^2).$$

(3) 设α, β, σ^2是与x无关的未知参数, 且

$$Y=\alpha x^{\beta}+\varepsilon,\ \varepsilon\text{为随机误差}. \tag{3.24}$$

在$Y=\alpha x^{\beta}+\varepsilon$两边取对数, 得

$$\ln Y=\ln\alpha+\beta\ln x+\varepsilon',\quad \varepsilon'=\ln\left(1+\frac{\varepsilon}{\alpha x^{\beta}}\right).$$

令 $Y'=\ln Y$, $\beta_0=\ln\alpha$, $\beta_1=\beta$, $x'=\ln x$, 假定 $\varepsilon'\sim N(0,\sigma^2)$, 则式(3.24)可转化为下列一元线性回归模型:

$$Y'=\beta_0+\beta_1x'+\varepsilon',\ \varepsilon'\sim N(0,\sigma^2).$$

(4) 设 α,β,σ^2 是与 x 无关的未知参数, $h(x)$ 是 x 的已知函数, 且

$$Y=\alpha+\beta h(x)+\varepsilon,\ \varepsilon\sim N(0,\sigma^2). \tag{3.25}$$

令 $Y'=Y$, $\beta_0=\alpha$, $\beta_1=\beta$, $x'=h(x)$, 则式(3.25)可转化为

$$Y'=\beta_0+\beta_1x'+\varepsilon,\ \varepsilon\sim N(0,\sigma^2).$$

注: 其他函数(如双曲线 $Y=\dfrac{x}{\alpha+\beta x}$ 和S形曲线 $Y=\dfrac{1}{\alpha+\beta e^{-x}}$)等亦可通过适当的变量替换转化为一元线性回归模型来处理. 若在原模型下, 对于 (x, Y) 有样本 $(x_1,y_1),(x_2,y_2),\cdots,(x_n,y_n)$ 就相当于在新模型下有样本 $(x_1',y_1'),(x_2',y_2'),\cdots,(x_n',y_n')$, 因而就能利用一元线性回归方法进行估计、检验和预测, 在得到 Y' 关于 x' 的回归方程后, 再将原变量代回, 就得到 Y 关于 x 的回归方程, 它们的图形是一条曲线, 也称为**曲线回归方程**.

例 10 电容器充电达某电压值时为时间的计算原点, 此后电容器串联一电阻放电, 测定各时刻的电压 u, 测量结果如下:

时间 t(s)	0	1	2	3	4	5	6	7	8	9	10
电压 u(V)	100	75	55	40	30	20	15	10	10	5	5

若 u 与 t 的关系为 $u=u_0e^{-ct}$, 其中 u_0, c 未知, 求 u 对 t 的回归方程.

解 依题设, 在关系式 $u=u_0e^{-ct}$ 两端取对数, 得

$$\ln u=\ln u_0-ct.$$

令 $y=\ln u$, $\beta_0=\ln u_0$, $\beta_1=-c$, $x=t$, 则

$$y=\beta_0+\beta_1x.$$

由题设数据表, 可得关于 x 及 y 的数据表:

x	0	1	2	3	4	5	6	7	8	9	10
y	4.6	4.3	4.0	3.7	3.4	3	2.7	2.3	2.3	1.6	1.6

根据上表数据, 计算得

$$\sum_{i=1}^{11}x_i=55,\ \sum_{i=1}^{11}y_i=33.5,$$

$$\sum_{i=1}^{11}x_iy_i=133.1,\ \sum_{i=1}^{11}x_i^2=385,\ \sum_{i=1}^{11}y_i^2=112.89,$$

计算实验

于是, 所求一元经验线性回归方程中:

$$\widehat{\beta}_0=\frac{\left(\sum_{i=1}^{11}y_i\right)\left(\sum_{i=1}^{11}x_i^2\right)-\left(\sum_{i=1}^{11}x_i\right)\left(\sum_{i=1}^{11}x_iy_i\right)}{11\left(\sum_{i=1}^{11}x_i^2\right)-\left(\sum_{i=1}^{11}x_i\right)^2}$$

$$=\frac{33.5\times385-55\times133.1}{11\times385-55^2}\approx4.61,$$

$$\widehat{\beta}_1=\frac{11\left(\sum_{i=1}^{11}x_iy_i\right)-\left(\sum_{i=1}^{11}x_i\right)\left(\sum_{i=1}^{11}y_i\right)}{11\left(\sum_{i=1}^{11}x_i^2\right)-\left(\sum_{i=1}^{11}x_i\right)^2}$$

$$=\frac{11\times133.1-55\times33.5}{11\times385-55^2}\approx-0.31,$$

即得到线性回归方程

$$\widehat{y}=4.61-0.31x,$$

从而

$$\widehat{c}=0.31,\ \widehat{u}_0=\mathrm{e}^{\widehat{\beta}_0}=\mathrm{e}^{4.61}\approx100.48,$$

得u对于t的回归方程为

$$\widehat{u}=100.48\mathrm{e}^{-0.31t}.$$

散点图与线性回归

例 11　在材料工程中，材料的强度与温度之间的关系是一个重要的研究课题. 假设在某试验中，研究人员测量了不同温度下材料的抗拉强度，并发现其数据呈现出曲线关系. 为了简化分析，我们将其转化为一元线性回归模型进行建模. 试验数据如下 ($\alpha=0.05$)：

温度 (°C)	10	20	30	40	50
强度 (MPa)	9	21	54	148	400

解　我们注意到，强度与温度的关系看似是非线性的，对数据进行观察后，我们猜测其符合某种指数型的关系. 因此，我们对数据进行对数变换，使其转化为线性模型：

$$Y=\ln S=\beta_0+\beta_1x,$$

其中，Y 为强度的对数值，S 为实际强度值，x 为温度值. 首先，我们对强度数据取自然对数，得到新的数据集：

温度 (°C)	10	20	30	40	50
强度对数值	2.20	3.04	3.99	5.00	5.99

然后计算每组数据的均值：

$$\overline{x}=\frac{10+20+30+40+50}{5}=30,$$

$$\overline{y}=\frac{2.2+3.04+3.99+5+5.99}{5}=4.044,$$

则由最小二乘估计, 得

$$L_{xy}=\sum_{i=1}^{5}(x_i-\overline{x})(y_i-\overline{y})=95.411\,7,$$

$$L_{xx}=\sum_{i=1}^{5}(x_i-\overline{x})^2=1\,000,$$

$$L_{yy}=\sum_{i=1}^{5}(y_i-\overline{y})^2=9.113\,8,$$

计算回归系数 $\widehat{\beta}_1$ 和 $\widehat{\beta}_0$:

$$\widehat{\beta}_1=\frac{L_{xy}}{L_{xx}}=0.095\,4,\quad \widehat{\beta}_0=\overline{y}-\widehat{\beta}_1\overline{x}=1.181\,5,$$

故回归方程为

$$\widehat{Y}=1.181\,5+0.095\,4x,$$

使用相关系数检验法, 计算

$$r=\frac{L_{xy}}{\sqrt{L_{xx}}\sqrt{L_{yy}}}\approx 0.999\,4,$$

查相关系数表得

$$r_{0.05}(3)=0.878\,3,$$

因为

$$|r|=0.999\,4>r_{0.05}(3)=0.878\,3,$$

故可认为线性回归的效果是显著的, 从而 S 对 x 的回归方程为

$$\widehat{S}=\mathrm{e}^{1.181\,5+0.095\,4x}.$$

通过对强度与温度之间关系的曲线数据进行对数变换, 成功将其转化为一元线性回归问题. 回归分析结果表明, 强度的对数值与温度之间的关系是线性的. 在实际应用中, 工程师可以利用此回归方程来预测不同温度下材料的抗拉强度, 从而优化材料选择和工程设计.

*数学实验

实验 8.2 居民消费在社会经济的持续发展中有着重要作用. 居民合理的消费模式和居民适度的消费规模有利于经济持续健康地增长, 而且这也是人民生活水平的具体体现. 为了研究城市居民收入对消费支出的影响, 下表是从2023年《中国统计年鉴》获取的我国各地区 (不含港、澳、台) 城市居民人均年消费支出和可支配收入数据.

2023年我国各地区城市居民人均年消费支出和可支配收入

地区	X	Y	地区	X	Y
北京	84 023	43 640	河南	32 413	23 831
天津	53 242	29 841	湖北	43 278	28 304
河北	38 667	24 781	湖南	43 166	28 094
山西	39 532	24 524	广东	56 905	36 621
内蒙古	43 441	27 419	广西	30 184	24 427
辽宁	41 215	28 438	海南	40 150	27 418
吉林	36 647	26 677	重庆	45 509	27 959
黑龙江	33 864	25 882	四川	38 253	27 000
上海	84 034	46 045	贵州	29 999	27 693
江苏	60 178	33 991	云南	30 068	28 338
浙江	71 268	42 811	西藏	26 670	28 858
安徽	42 430	26 795	陕西	39 137	25 599
福建	53 817	31 000	甘肃	28 791	27 044
江西	41 968	25 971	青海	32 878	25 373
山东	49 129	28 555	宁夏	39 712	25 278
新疆	33 903	26 300			

注: Y表示城市居民人均年消费支出(元);

X表示城市居民人均年可支配收入(元).

试对此资料进行回归分析,并说明城市居民人均年可支配收入每增加1元,导致居民人均年消费支出的(平均)变化是多少(详见教材配套的网络学习空间).

习题 8-3

1. 在某种产品表面进行腐蚀刻线试验,得到腐蚀浓度y与腐蚀时间t之间对应的一组数据,如下表所示.

时间t(s)	5	10	15	20	30	40	50	60	70	90	120
浓度y(μm)	6	10	10	13	16	17	19	23	25	29	46

试求腐蚀浓度y对时间t的回归直线方程.

2. 随机抽取12个城市居民家庭关于家庭收入(单位:元)与每月食品支出(单位:元)的样本,数据如下表所示,试判断每月食品支出与家庭收入是否存在线性相关关系,并在显著性水平$\alpha=0.05$下,求出每月食品支出与家庭收入之间的回归直线方程.

家庭收入m_i	3 000	4 000	5 000	6 000	7 000	8 000	9 000	10 000	12 000	15 000	18 000	20 000
每月食品支出y_i	1 200	1 500	1 800	2 200	2 600	3 000	3 400	3 800	4 500	5 500	6 500	7 000

3. 根据下表中的数据判断某商品的供给量s与价格p之间的回归函数类型,并在显著性水平$\alpha=0.05$下,求出s对p的回归方程.

价格p_i(元)	7	12	6	9	10	8	12	6	11	9	12	10
供给量s_i(吨)	57	72	51	57	60	55	70	55	70	53	76	56

4. 有人认为, 企业的利润水平和它的研究费用间存在近似的线性关系, 下表所列资料能否证实这种论断 ($\alpha=0.05$)?

年份	2015	2016	2017	2018	2019	2020	2021	2022	2023	2024
研究费用(百万元)	10	10	8	8	8	12	12	12	11	11
利润(百万元)	100	150	200	180	250	300	280	310	320	300

5. 在钢线碳含量对电阻效应的研究中, 得到如下数据:

碳含量 x (%)	0.10	0.30	0.40	0.55	0.70	0.80	0.95
电阻 y (20°C时, 微欧)	15	18	19	21	22.6	23.8	26

设给定的 x, y 为正态变量, 且方差与 x 无关.

(1) 建立线性回归方程 $\widehat{y}=\widehat{a}+\widehat{b}x$;

(2) 检验假设 $H_0: b=0$, $H_1: b\neq 0$;

(3) 若回归效果显著, 求 b 的置信度为 0.95 的置信区间;

(4) 求 $x=0.5$ 处的置信度为 0.95 的预测区间.

6. 假设儿子的身高 (y) 与父亲的身高 (x) 符合一元正态线性回归模型, 测量了 10 对英国父子的身高 (单位: 英寸), 所得结果如下表所示:

x	60	62	64	65	66	67	68	70	72	74
y	63.6	65.2	66	65.5	66.9	67.1	67.4	63.3	70.1	70

(1) 建立 y 关于 x 的回归方程;

(2) 对线性回归方程做假设检验 (显著性水平为 0.05);

(3) 给出 $x_0=69$ 时, y_0 的置信度为 95% 的预测区间.

7. 硝酸钠溶解度试验中, 对不同温度 t (单位: °C) 测得溶解于 100mL 的水中的硝酸钠的质量 y (单位: g) 的观察值如下表所示.

t	0	4	10	15	21	29	36	51	68
y	66.7	71.0	76.3	80.6	85.7	92.9	99.9	113.6	125.1

(1) 建立 y 关于 t 的线性回归方程;

(2) 对一元线性回归方程做假设检验 ($\alpha=0.05$);

(3) 给出 $t=25$°C 时, y_0 的置信度为 95% 的预测区间.

8. 某生态学研究小组正在研究降水量与植物生长高度之间的关系. 为了分析这一关系, 他们在不同的降水量条件下, 记录了植物的生长高度. 研究小组选择了 5 个不同的降水量 (单位: 毫米), 并测量了相应的植物生长高度 (单位: 厘米), 实验数据如下.

降水量	植物生长高度
100	20 22 21 23 22
200	30 31 32 33 32
300	40 41 42 40 43
400	50 51 52 53 51
500	60 62 61 63 62

试利用最小二乘法估计一元线性回归模型, 以建立降水量与植物生长高度之间的关系.

9. 某工程公司正在研究温度对某种材料的抗拉强度的影响. 公司通过试验收集了不同温度条件下该材料的抗拉强度数据, 试验使用了五个不同的温度条件 (单位: 摄氏度) 和相应的材料抗拉强度 (单位: MPa). 以下是收集到的实验数据.

温度	10	20	30	40	50
材料抗拉强度	120	128	135	142	150

试建立一元线性回归模型, 探讨温度对材料抗拉强度的影响, 并通过 t 检验法检验回归系数是否显著.

10. 在某生态研究项目中, 研究人员希望探讨森林覆盖率与物种多样性指数 (Shannon-Wiener 指数) 之间的关系. 研究人员收集了不同区域的森林覆盖率 (单位: 百分比) 和相应的物种多样性指数, 以下是部分数据.

森林覆盖率	40	45	50	55	60
物种多样性指数	2.1	2.4	2.6	2.8	3.0

试建立森林覆盖率与物种多样性指数之间的线性回归模型, 并通过相关系数检验法, 检验森林覆盖率与物种多样性指数之间是否存在显著的线性相关关系.

11. 在电子工程中, 电阻阻值随温度的变化而变化, 通常会呈现线性关系. 某电子工程公司对一款电阻进行了测试, 记录了不同温度下电阻的阻值. 现要求通过回归分析建立温度 (单位: $^\circ$C) 与电阻阻值 (单位: Ω) 之间的关系, 并利用该关系预测 50°C 下的电阻阻值, 以下是测试数据.

温度	20	25	30	35	40
电阻阻值	5.2	5.6	6.0	6.4	6.8

12. 在材料工程中, 研究温度对材料抗拉强度的影响, 以下是温度 (单位: $^\circ$C) 与材料抗拉强度 (单位: MPa) 的实验数据.

温度	10	20	30	40	50
材料抗拉强度	80	75	70	65	60

(1) 通过回归分析建立温度与材料抗拉强度的关系模型, 并检验回归的显著性 ($\alpha=0.05$);

(2) 若要使材料抗拉强度在 62 ~ 68 MPa 之间, 温度应控制在什么范围之内?

13. 在电子元件特性测试中, 某非线性元件的电压-电流关系需进行建模分析. 测得 5 组数据如下 (电压 V, 电流 I).

电压 (V)	1	2	3	4	5
电流 (A)	0.24	0.30	0.36	0.45	0.54

观察发现电流随电压的变化呈指数增长趋势, 符合模型:

$$I=I_0\mathrm{e}^{kV}\ (I_0\text{ 为初始电流}, k\text{ 为常数}).$$

为便于线性回归分析, 请对电流值进行自然对数变换, 建立线性回归模型:

$$\ln I=\ln I_0+kV,$$

并求解参数 I_0 和 k.

*§8.4　多元线性回归

多元线性回归是统计学和数据科学领域中分析多重自变量对单一因变量影响关系的一种基础而又强大的方法. 当研究对象的结果 (因变量) 同时受多种因素 (自变量) 作用时, 仅依靠一元线性回归可能无法充分捕捉数据结构和内在规律, 此时多元线性回归就应运而生. 通过将多个自变量纳入同一线性模型, 我们不仅能更全面地解释因变量的变异来源, 也能更准确地评估各自变量的相对贡献和影响方向. 多元线性回归模型的基本形式可表示为

$$Y=\beta_0+\beta_1x_1+\beta_2x_2+\cdots+\beta_px_p+\varepsilon,$$

其中, Y 为因变量; $x_1, x_2, \cdots, x_p$ 为 p 个自变量; β_0 为截距项; $\beta_1, \beta_2, \cdots, \beta_p$ 为待估计的回归系数; ε 为误差项. 这些回归系数通过最小二乘估计获得, 旨在最小化模型预测值与实际观察值之间的残差平方和. 当模型满足一定条件 (误差项独立同分布、方差齐性、误差项期望值为零、无严重共线性等) 时, 所得参数具有无偏性与有效性.

与一元线性回归相比, 多元线性回归可在控制其他因素的前提下考察某一特定自变量的独立影响, 从而避免混淆效应. 此外, 通过引入更多变量, 模型能够为决策者、研究者在复杂系统中挖掘潜在规律、制定干预策略提供更科学的依据. 例如, 在经济、农业、医学、工程、环境科学和社会科学等众多领域, 多元线性回归可用于需求预测、风险评估、产量优化、质量控制或政策制定等诸多场景.

然而, 多元线性回归也面临一些挑战与要求, 如多重共线性、模型过度拟合、异常值与高杠杆点的影响, 以及模型假设条件的检验等. 为提升模型稳健性与可信度, 研究者可利用可视化诊断、偏回归图、稳健估计、正则化方法以及变量选择策略对模型进行优化和改进. 总之, 多元线性回归作为一种广泛使用的统计与分析方法, 为理解多因素共同作用下的复杂关系提供了可靠的工具与理论框架.

本节只简单介绍多元线性回归的数学模型及其最小二乘估计.

一、多元线性回归模型

设影响因变量 Y 的自变量个数为 p, 并分别记为 $x_1, x_2, \cdots, x_p$, 所谓多元线性模型是指这些自变量对 Y 的影响是线性的, 即

$$Y=\beta_0+\beta_1x_1+\beta_2x_2+\cdots+\beta_px_p+\varepsilon,$$

其中, $\varepsilon\sim N(0,\sigma^2)$ (正态分布); $\beta_0, \beta_1, \beta_2, \cdots, \beta_p$ 是与 $x_1, x_2, \cdots, x_p$ 无关的未知参数. 称变量 Y 为对自变量 $x_1, x_2, \cdots, x_p$ 的**线性回归函数**.

记 n 组样本分别是

$$(x_{i1}, x_{i2}, \cdots, x_{ip}, y_i)\ (i=1, 2, \cdots, n),$$

则有

$$\begin{cases} y_1=\beta_0+\beta_1x_{11}+\beta_2x_{12}+\cdots+\beta_px_{1p}+\varepsilon_1 \\ y_2=\beta_0+\beta_1x_{21}+\beta_2x_{22}+\cdots+\beta_px_{2p}+\varepsilon_2 \\ \cdots\cdots \\ y_n=\beta_0+\beta_1x_{n1}+\beta_2x_{n2}+\cdots+\beta_px_{np}+\varepsilon_n \end{cases},$$

其中$\varepsilon_1, \varepsilon_2, \cdots, \varepsilon_n$相互独立, 且

$$\varepsilon_i \sim N(0, \sigma^2),\ i=1, 2, \cdots, n,$$

这个模型称为**多元线性回归的数学模型**. 令

$$\boldsymbol{Y}=\begin{pmatrix} y_1 \\ y_2 \\ \vdots \\ y_n \end{pmatrix},\ \boldsymbol{X}=\begin{pmatrix} 1 & x_{11} & x_{12} & \cdots & x_{1p} \\ 1 & x_{21} & x_{22} & \cdots & x_{2p} \\ \vdots & \vdots & \vdots & & \vdots \\ 1 & x_{n1} & x_{n2} & \cdots & x_{np} \end{pmatrix},\ \boldsymbol{\beta}=\begin{pmatrix} \beta_0 \\ \beta_1 \\ \vdots \\ \beta_p \end{pmatrix},\ \boldsymbol{\varepsilon}=\begin{pmatrix} \varepsilon_1 \\ \varepsilon_2 \\ \vdots \\ \varepsilon_n \end{pmatrix},$$

则上述数学模型可用矩阵形式表示为$\boldsymbol{Y}=\boldsymbol{X}\boldsymbol{\beta}+\boldsymbol{\varepsilon}$, 其中$\boldsymbol{\varepsilon}$是$n$维随机向量, 它的分量相互独立.

二、最小二乘估计

在多元线性回归分析中, **最小二乘估计**是参数估计的核心基础. 面对多个自变量同时作用于因变量的复杂关系, 研究者需要一种合理且简明的途径为回归模型中的参数赋值, 从而真实刻画数据内在的结构和规律. 最小二乘估计通过寻找一组回归系数, 使得模型对观察数据的拟合误差 (即残差) 的平方和达到最小, 从而以最优方式解释观察值与预测值间的偏差.

在最小二乘框架中, 参数估计的过程等价于求解一组线性方程组, 使参数向量的估计值满足整体残差平方和的最小化目标. 最小二乘估计在一定假设条件 (如误差独立同分布、方差齐性、无严重共线性等) 下能够确保估计量是无偏、一致且有效的. 这意味着在所有线性无偏估计量中, 最小二乘估计量的方差达到了最小值, 为后续的统计推断与预测打下了坚实的基础. 该方法的简洁性和可操作性使得多元线性回归分析在经济、社会科学、工程与自然科学领域得以广泛应用.

类似一元线性回归, 可采用最小二乘法估计参数$\beta_0, \beta_1, \cdots, \beta_p$. 引入偏差平方和

$$Q(\beta_0, \beta_1, \cdots, \beta_p)=\sum_{i=1}^{n}(y_i-\beta_0-\beta_1x_{i1}-\cdots-\beta_px_{ip})^2.$$

最小二乘估计就是求$\widehat{\boldsymbol{\beta}}=(\widehat{\beta}_0, \widehat{\beta}_1, \cdots, \widehat{\beta}_p)^{\mathrm{T}}$, 使得

$$\min_{\beta} Q(\beta_0, \beta_1, \cdots, \beta_p)=Q(\widehat{\beta}_0, \widehat{\beta}_1, \cdots, \widehat{\beta}_p).$$

因$Q(\beta_0, \beta_1, \cdots, \beta_p)$是$\beta_0, \beta_1, \cdots, \beta_p$的非负二次型, 故其最小值一定存在. 根据多元微积分的极值原理, 令

$$\begin{cases} \dfrac{\partial Q}{\partial \beta_0} = -2\sum_{i=1}^{n}(y_i - \beta_0 - \beta_1 x_{i1} - \cdots - \beta_p x_{ip}) = 0 \\ \dfrac{\partial Q}{\partial \beta_j} = -2\sum_{i=1}^{n}(y_i - \beta_0 - \beta_1 x_{i1} - \cdots - \beta_p x_{ip}) x_{ij} = 0 \end{cases},$$

其中 $j=1, 2, \cdots, p$. 上述方程组称为**正规方程组**, 可用矩阵表示为

$$\boldsymbol{X}^{\mathrm{T}}\boldsymbol{X}\boldsymbol{\beta} = \boldsymbol{X}^{\mathrm{T}}\boldsymbol{Y},$$

在系数矩阵 $\boldsymbol{X}^{\mathrm{T}}\boldsymbol{X}$ 满秩的条件下, 可解得

$$\widehat{\boldsymbol{\beta}} = (\boldsymbol{X}^{\mathrm{T}}\boldsymbol{X})^{-1}\boldsymbol{X}^{\mathrm{T}}\boldsymbol{Y}.$$

$\widehat{\boldsymbol{\beta}}$ 就是 $\boldsymbol{\beta}$ 的最小二乘估计, 所以, $\widehat{\boldsymbol{\beta}}$ 为回归方程

$$\widehat{Y} = \widehat{\beta}_0 + \widehat{\beta}_1 x_1 + \cdots + \widehat{\beta}_p x_p$$

的**回归系数**.

注: 在实际应用中, 因多元线性回归所涉及的数据量较大, 相关分析与计算较复杂, 通常用统计分析软件SPSS或SAS完成, 感兴趣的读者可进一步参考相关资料.

例 1 设 $\boldsymbol{Y} = (y_1, y_2, y_3)^{\mathrm{T}}$ 服从线性模型

$$Y_i = \beta_0 + \beta_1 x_i + \beta_2(3x_i^2 - 2),\ i = 1, 2, 3,$$

其中 $x_1 = -1$, $x_2 = 0$, $x_3 = 1$, 试写出矩阵 $\boldsymbol{X}$, 并求出 β_0, β_1, β_2 的最小二乘估计.

解 本例可转化为多元线性回归问题, 其系数矩阵为

$$\boldsymbol{X} = \begin{pmatrix} 1 & x_1 & 3x_1^2 - 2 \\ 1 & x_2 & 3x_2^2 - 2 \\ 1 & x_3 & 3x_3^2 - 2 \end{pmatrix} = \begin{pmatrix} 1 & -1 & 1 \\ 1 & 0 & -2 \\ 1 & 1 & 1 \end{pmatrix},$$

利用矩阵的乘法与矩阵的转置运算, 有

$$\boldsymbol{X}^{\mathrm{T}}\boldsymbol{X} = \begin{pmatrix} 1 & -1 & 1 \\ 1 & 0 & -2 \\ 1 & 1 & 1 \end{pmatrix}^{\mathrm{T}} \begin{pmatrix} 1 & -1 & 1 \\ 1 & 0 & -2 \\ 1 & 1 & 1 \end{pmatrix} = \begin{pmatrix} 3 & 0 & 0 \\ 0 & 2 & 0 \\ 0 & 0 & 6 \end{pmatrix},$$

根据逆矩阵的运算性质, 得

$$(\boldsymbol{X}^{\mathrm{T}}\boldsymbol{X})^{-1} = \begin{pmatrix} 1/3 & 0 & 0 \\ 0 & 1/2 & 0 \\ 0 & 0 & 1/6 \end{pmatrix},\quad \boldsymbol{X}^{\mathrm{T}}\boldsymbol{Y} = \begin{pmatrix} y_1 + y_2 + y_3 \\ -y_1 + y_3 \\ y_1 - 2y_2 + y_3 \end{pmatrix},$$

于是, $(\beta_0, \beta_1, \beta_2)$ 的最小二乘估计为

$$\begin{pmatrix} \widehat{\beta}_0 \\ \widehat{\beta}_1 \\ \widehat{\beta}_2 \end{pmatrix} = (\boldsymbol{X}^{\mathrm{T}}\boldsymbol{X})^{-1}\boldsymbol{X}^{\mathrm{T}}\boldsymbol{Y} = \begin{pmatrix} (y_1 + y_2 + y_3)/3 \\ (-y_1 + y_3)/2 \\ (y_1 - 2y_2 + y_3)/6 \end{pmatrix}.$$

例 2　下表给出了某种产品平均单价 Y (单位: 元) 与批量 x (单位: 件) 之间关系的一组数据.

x	20	25	30	35	40	50
y	1.81	1.70	1.65	1.55	1.48	1.40
x	60	65	70	75	80	90
y	1.30	1.26	1.24	1.21	1.20	1.18

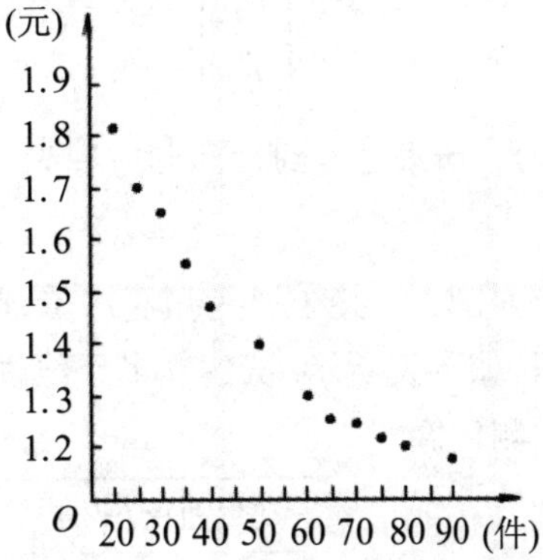

图 8-4-1

画出散点图, 如图 8-4-1 所示.

我们选取模型:

$$Y=\beta_0+\beta_1 x+\beta_2 x^2+\varepsilon,\quad \varepsilon\sim N(0,\sigma^2)$$

来拟合它, 现在来求回归方程.

令 $x_1=x,\ x_2=x^2$, 则上式可写成

$$Y=\beta_0+\beta_1 x_1+\beta_2 x_2+\varepsilon,\quad \varepsilon\sim N(0,\sigma^2)\ (\text{正态分布}).$$

这是一个二元线性回归模型, 这里

$$\boldsymbol{X}=\begin{pmatrix}1 & 20 & 400\\ 1 & 25 & 625\\ 1 & 30 & 900\\ 1 & 35 & 1\,225\\ 1 & 40 & 1\,600\\ 1 & 50 & 2\,500\\ 1 & 60 & 3\,600\\ 1 & 65 & 4\,225\\ 1 & 70 & 4\,900\\ 1 & 75 & 5\,625\\ 1 & 80 & 6\,400\\ 1 & 90 & 8\,100\end{pmatrix},\quad \boldsymbol{Y}=\begin{pmatrix}1.81\\ 1.70\\ 1.65\\ 1.55\\ 1.48\\ 1.40\\ 1.30\\ 1.26\\ 1.24\\ 1.21\\ 1.20\\ 1.18\end{pmatrix},\quad \boldsymbol{\beta}=\begin{pmatrix}\beta_0\\ \beta_1\\ \beta_2\end{pmatrix}.$$

利用矩阵的乘法与矩阵的转置运算, 有

$$\boldsymbol{X}^{\mathrm{T}}\boldsymbol{X}=\begin{pmatrix}12 & 640 & 40\,100\\ 640 & 40\,100 & 2\,779\,000\\ 40\,100 & 2\,779\,000 & 204\,702\,500\end{pmatrix},$$

计算实验

利用计算软件求其逆矩阵, 得

$$(\boldsymbol{X}^{\mathrm{T}}\boldsymbol{X})^{-1}=\frac{1}{\Delta}\begin{pmatrix}4.857\,292\,5\times 10^{11} & -1.957\,17\times 10^{10} & 170\,550\,000\\ -1.957\,17\times 10^{10} & 848\,420\,000 & -7\,684\,000\\ 170\,550\,000 & -7\,684\,000 & 71\,600\end{pmatrix},$$

其中 $\Delta=1.419\,18\times 10^{11}$.

由此可得正规方程组的解:

$$\widehat{\boldsymbol{\beta}}=\begin{pmatrix}\widehat{\beta}_0\\ \widehat{\beta}_1\\ \widehat{\beta}_2\end{pmatrix}=(\boldsymbol{X}^{\mathrm{T}}\boldsymbol{X})^{-1}\boldsymbol{X}^{\mathrm{T}}\boldsymbol{Y}=(\boldsymbol{X}^{\mathrm{T}}\boldsymbol{X})^{-1}\begin{pmatrix}16.98\\ 851.3\\ 51\,162\end{pmatrix}=\begin{pmatrix}2.198\,266\,29\\ -0.022\,522\,36\\ 0.000\,125\,07\end{pmatrix}.$$

于是, 所求二元线性回归方程为

$$\widehat{Y}=2.198\,266\,29-0.022\,522\,36x+0.000\,125\,07x^2.$$

例 3　某公司为预测房价, 收集了房屋面积、卧室数量、距市中心的距离与房价的数据, 如下表所示. 试建立多元线性回归方程, 通过房屋面积、卧室数量和距市中心的距离来预测房价.

房屋面积 (平方米)	70	80	90	100	120
卧室数量	2	3	3	4	4
距市中心的距离 (千米)	5	4	3	6	2
房价 (万元)	100	120	140	170	190

解　假设房价 Y 与房屋面积 X_1、卧室数量 X_2、距市中心的距离 X_3 存在线性关系, 模型为

$$Y=\beta_0+\beta_1X_1+\beta_2X_2+\beta_3X_3+e,$$

其中, β_0 为常数项; β_1, β_2 和 β_3 为回归系数; e 是误差项.

根据最小二乘法, 构造矩阵:

$$\boldsymbol{Y}=\begin{pmatrix}100\\120\\140\\170\\190\end{pmatrix},\quad \boldsymbol{X}=\begin{pmatrix}1&70&2&5\\1&80&3&4\\1&90&3&3\\1&100&4&6\\1&120&4&2\end{pmatrix},$$

回归系数的估计公式为

$$\boldsymbol{\beta}=(\boldsymbol{X}^{\mathrm{T}}\boldsymbol{X})^{-1}\boldsymbol{X}^{\mathrm{T}}\boldsymbol{Y},$$

计算得

$$\boldsymbol{X}^{\mathrm{T}}\boldsymbol{X}=\begin{pmatrix}5&460&16&20\\460&43\,800&1\,530&1\,780\\16&1\,530&54&63\\20&1\,780&63&90\end{pmatrix},\quad \boldsymbol{X}^{\mathrm{T}}\boldsymbol{Y}=\begin{pmatrix}720\\69\,000\\2\,420\\2\,800\end{pmatrix},$$

$$(\boldsymbol{X}^{\mathrm{T}}\boldsymbol{X})^{-1}\approx\begin{pmatrix}24.975&-0.394&6.25&-2.138\\-0.394&0.008&-0.163&0.034\\6.25&-0.163&3.5&-0.625\\-2.138&0.034&-0.625&0.244\end{pmatrix},$$

代入公式, 求得回归系数:

$$\boldsymbol{\beta} \approx \begin{pmatrix} -46.75 \\ 1.69 \\ 7.5 \\ 2.875 \end{pmatrix},$$

因此, 回归方程为

$$\widehat{Y} = -46.75 + 1.69X_1 + 7.5X_2 + 2.875X_3 .$$

若房屋面积为95平方米, 卧室数量为3个, 距市中心的距离为4千米, 预测房价:

$$\widehat{Y} = -46.75 + 1.69 \times 95 + 7.5 \times 3 + 2.875 \times 4 = 147.8 \text{ 万元}.$$

通过多元线性回归分析, 建立了房价与房屋面积、卧室数量、距市中心的距离的关系模型. 最小二乘法是求解回归系数的核心方法, 最终得到的回归方程可用于预测特定条件下的房价, 帮助优化房地产决策. 此过程体现了多元线性回归在实际问题中的应用, 即通过量化变量间的线性关系, 为决策提供数据支持.

*数学实验

实验 8.3　在农作物害虫发生趋势的预报研究中, 所涉及的5个自变量及因变量的10组观察数据如下表所示, 试建立 y 对 $x_1 \sim x_5$ 的回归模型, 指出哪些变量对 y 有显著的线性贡献, 以及贡献的大小排序 (详见教材配套的网络学习空间).

x_1	x_2	x_3	x_4	x_5	y
9.200	2.732	1.471	0.332	1.138	1.155
9.100	3.732	1.820	0.112	0.828	1.146
8.600	4.882	1.872	0.383	2.131	1.841
10.233	3.968	1.587	0.181	1.349	1.356
5.600	3.732	1.841	0.297	1.815	0.863
5.367	4.236	1.873	0.063	1.352	0.903
6.133	3.146	1.987	0.280	1.647	0.114
8.200	4.646	1.615	0.379	4.565	0.898
8.800	4.378	1.543	0.744	2.073	1.930
7.600	3.864	1.599	0.342	2.423	1.104

习题 8-4

1. 研究小组对一种合金在某种添加剂的不同浓度之下各做三次试验, 得到如下数据.

浓度 x	10.0	15.0	20.0	25.0	30.0
抗压强度 y	25.2	29.8	31.2	31.7	29.4
	27.3	31.1	32.6	30.1	30.0
	28.7	27.8	29.7	32.3	32.8

现用模型

$$y=b_0+b_1x+b_2x^2+\varepsilon,\ \varepsilon\sim N(0,\ \sigma^2)$$

进行数据拟合, 其中 b_0, b_1, b_2, σ^2 与 x 无关, 试求回归方程 $\widehat{y}=\widehat{b}_0+\widehat{b}_1x+\widehat{b}_2x^2$.

2. 某种化工产品的得率 Y 与反应温度 x_1、反应时间 x_2 及某反应物浓度 x_3 有关. 设对给定的 x_1, x_2, x_3, 得率 Y 服从正态分布, 且方差与 x_1, x_2, x_3 无关, 今得试验结果如下表所示, 其中 x_1, x_2, x_3 均为二水平且均以编码形式表示.

x_1	−1	−1	−1	−1	1	1	1	1
x_2	−1	−1	1	1	−1	−1	1	1
x_3	−1	1	−1	1	−1	1	−1	1
得率	7.6	10.3	9.2	10.2	8.4	11.1	9.8	12.6

(1) 设 $y=\widehat{b}_0+\widehat{b}_1x_1+\widehat{b}_2x_2+\widehat{b}_3x_3$, 求 Y 的多元线性回归方程.

(2) 若认为反应时间不影响得率, 即认为 $y=\beta_0+\beta_1x_1+\beta_2x_3$, 求 Y 的多元线性回归方程.

3. 某生态学研究小组为探究影响某地区物种数量的因素, 收集了温度、湿度、降水量和植被覆盖率数据, 如下表所示. 试建立多元线性回归模型, 预测物种数量.

温度 (°C)	18	20	22	25	27
湿度 (%)	65	70	76	80	85
降水量 (mm)	120	150	182	200	220
植被覆盖率 (%)	42	50	55	60	65
物种数量	40	45	48	50	52

附表 常用分布表

附表 1 常用的概率分布表

分布	参数	分布律或概率密度	数学期望	方差
0–1 分布	$0<p<1$	$P\{X=k\}=p^k(1-p)^{1-k},\quad k=0,1$	p	$p(1-p)$
二项分布	$n\geqslant 1,\ 0<p<1$	$P\{X=k\}=\binom{n}{k}p^k(1-p)^{n-k},\quad k=0,1,\cdots,n$	np	$np(1-p)$
负二项分布	$r\geqslant 1,\ 0<p<1$	$P\{X=k\}=\binom{k-1}{r-1}p^r(1-p)^{k-r},\quad k=r,r+1,\cdots$	$\frac{r}{p}$	$\frac{r(1-p)}{p^2}$
几何分布	$0<p<1$	$P\{X=k\}=p(1-p)^{k-1},\quad k=1,2,\cdots$	$\frac{1}{p}$	$\frac{1-p}{p^2}$
超几何分布	$N,M,n\ (n\leqslant M)$	$P\{X=k\}=\binom{M}{k}\binom{N-M}{n-k}\Big/\binom{N}{n},\quad k=0,1,\cdots,n$	$\frac{nM}{N}$	$\frac{nM}{N}\left(1-\frac{M}{N}\right)\left(\frac{N-n}{N-1}\right)$
泊松分布	$\lambda>0$	$P\{X=k\}=\frac{\lambda^k e^{-\lambda}}{k!},\quad k=0,1,\cdots$	λ	λ
均匀分布	$a<b$	$f(x)=\begin{cases}1/(b-a), & a<x<b\\ 0, & 其他\end{cases}$	$\frac{a+b}{2}$	$\frac{(b-a)^2}{12}$
正态分布	$\mu,\ \sigma>0$	$f(x)=\frac{1}{\sqrt{2\pi}\sigma}e^{-\frac{(x-\mu)^2}{2\sigma^2}}$	μ	σ^2
Γ 分布	$\alpha>0,\ \beta>0$	$f(x)=\begin{cases}\frac{1}{\beta^\alpha\Gamma(\alpha)}x^{\alpha-1}e^{-x/\beta}, & x>0\\ 0, & 其他\end{cases}$	$\alpha\beta$	$\alpha\beta^2$
指数分布	$\theta>0$	$f(x)=\begin{cases}\lambda e^{-\lambda x}, & x>0\\ 0, & 其他\end{cases},\quad \lambda>0$	$\frac{1}{\lambda}$	$\frac{1}{\lambda^2}$

续表

分布	参数	分布律或概率密度	数学期望	方差
χ^2分布	$n \geqslant 1$	$f(x)=\begin{cases}\dfrac{1}{2^{n/2}\Gamma(n/2)}x^{n/2-1}\mathrm{e}^{-x/2}, & x>0\\ 0, & \text{其他}\end{cases}$	n	$2n$
威布尔分布	$\eta>0,\ \beta>0$	$f(x)=\begin{cases}\dfrac{\beta}{\eta}\left(\dfrac{x}{\eta}\right)^{\beta-1}\mathrm{e}^{-\left(\frac{x}{\eta}\right)^{\beta}}, & x>0\\ 0, & \text{其他}\end{cases}$	$\eta\Gamma\left(\dfrac{1}{\beta}+1\right)$	$\eta^2\left\{\Gamma\left(\dfrac{2}{\beta}+1\right)-\left[\Gamma\left(\dfrac{1}{\beta}+1\right)\right]^2\right\}$
瑞利分布	$\sigma>0$	$f(x)=\begin{cases}\dfrac{x}{\sigma^2}\mathrm{e}^{-x^2/(2\sigma^2)}, & x>0\\ 0, & \text{其他}\end{cases}$	$\sqrt{\dfrac{\pi}{2}}\sigma$	$\dfrac{4-\pi}{2}\sigma^2$
β分布	$\alpha>0,\ \beta>0$	$f(x)=\begin{cases}\dfrac{\Gamma(\alpha+\beta)}{\Gamma(\alpha)\Gamma(\beta)}x^{\alpha-1}(1-x)^{\beta-1}, & 0<x<1\\ 0, & \text{其他}\end{cases}$	$\dfrac{\alpha}{\alpha+\beta}$	$\dfrac{\alpha\beta}{(\alpha+\beta)^2(\alpha+\beta+1)}$
对数正态分布	$\mu,\sigma>0$	$f(x)=\begin{cases}\dfrac{1}{\sqrt{2\pi}\sigma x}\mathrm{e}^{-\frac{(\ln x-\mu)^2}{2\sigma^2}}, & x>0\\ 0, & \text{其他}\end{cases}$	$\mathrm{e}^{\mu+\frac{\sigma^2}{2}}$	$\mathrm{e}^{2\mu+\sigma^2}(\mathrm{e}^{\sigma^2}-1)$
柯西分布	$\alpha,\lambda>0$	$f(x)=\dfrac{1}{\pi}\dfrac{1}{\lambda^2+(x-\alpha)^2}$	不存在	不存在
t分布	$n \geqslant 1$	$f(x)=\dfrac{\Gamma\left(\dfrac{n+1}{2}\right)}{\sqrt{n\pi}\,\Gamma(n/2)}\left(1+\dfrac{x^2}{n}\right)^{-(n+1)/2}$	0	$\dfrac{n}{n-2},\ n>2$
F分布	n_1, n_2	$f(x)=\begin{cases}\dfrac{\Gamma[(n_1+n_2)/2]}{\Gamma(n_1/2)\Gamma(n_2/2)}\left(\dfrac{n_1}{n_2}\right)\left(\dfrac{n_1}{n_2}x\right)^{(n_1/2)-1}\cdot\left(1+\dfrac{n_1}{n_2}x\right)^{-(n_1+n_2)/2}, & x>0\\ 0, & \text{其他}\end{cases}$	$\dfrac{n_2}{n_2-2},\ n_2>2$	$\dfrac{2n_2^2(n_1+n_2-2)}{n_1(n_2-2)^2(n_2-4)},\ n_2>4$

附表2　泊松分布概率值表

$$P\{X=m\}=\frac{\lambda^m}{m!}e^{-\lambda}$$

m \ λ	0.1	0.2	0.3	0.4	0.5	0.6	0.7	0.8
0	0.904837	0.818731	0.740818	0.670320	0.606531	0.548812	0.496585	0.449329
1	0.090484	0.163746	0.222245	0.268128	0.303265	0.329287	0.347610	0.359463
2	0.004524	0.016375	0.033337	0.053626	0.075816	0.098786	0.121663	0.143785
3	0.000151	0.001092	0.003334	0.007150	0.012636	0.019757	0.028388	0.038343
4	0.000004	0.000055	0.000250	0.000715	0.001580	0.002964	0.004968	0.007669
5		0.000002	0.000015	0.000057	0.000158	0.000356	0.000696	0.001227
6			0.000001	0.000004	0.000013	0.000036	0.000081	0.000164
7					0.000001	0.000003	0.000008	0.000019
8							0.000001	0.000002
9								
10								
11								
12								
13								
14								
15								
16								
17								

m \ λ	0.9	1.0	1.5	2.0	2.5	3.0	3.5	4.0
0	0.406570	0.367879	0.223130	0.135335	0.082085	0.049787	0.030197	0.018316
1	0.365913	0.367879	0.334695	0.270671	0.205212	0.149361	0.105691	0.073263
2	0.164661	0.183940	0.251021	0.270671	0.256516	0.224042	0.184959	0.146525
3	0.049398	0.061313	0.125511	0.180447	0.213763	0.224042	0.215785	0.195367
4	0.011115	0.015328	0.047067	0.090224	0.133602	0.168031	0.188812	0.195367
5	0.002001	0.003066	0.014120	0.036089	0.066801	0.100819	0.132169	0.156293
6	0.000300	0.000511	0.003530	0.012030	0.027834	0.050409	0.077098	0.104196
7	0.000039	0.000073	0.000756	0.003437	0.009941	0.021604	0.038549	0.059540
8	0.000004	0.000009	0.000142	0.000859	0.003106	0.008102	0.016865	0.029770
9		0.000001	0.000024	0.000191	0.000863	0.002701	0.006559	0.013231
10			0.000004	0.000038	0.000216	0.000810	0.002296	0.005292
11				0.000007	0.000049	0.000221	0.000730	0.001925
12				0.000001	0.000010	0.000055	0.000213	0.000642
13					0.000002	0.000013	0.000057	0.000197
14						0.000003	0.000014	0.000056
15						0.000001	0.000003	0.000015
16							0.000001	0.000004
17								0.000001

m \ λ	4.5	5.0	5.5	6.0	6.5	7.0	7.5	8.0
0	0.011109	0.006738	0.004087	0.002479	0.001503	0.000912	0.000553	0.000335
1	0.049990	0.033690	0.022477	0.014873	0.009772	0.006383	0.004148	0.002684
2	0.112479	0.084224	0.061812	0.044618	0.031760	0.022341	0.015555	0.010735
3	0.168718	0.140374	0.113323	0.089235	0.068814	0.052129	0.038889	0.028626
4	0.189808	0.175467	0.155819	0.133853	0.111822	0.091226	0.072916	0.057252
5	0.170827	0.175467	0.171401	0.160623	0.145369	0.127717	0.109375	0.091604
6	0.128120	0.146223	0.157117	0.160623	0.157483	0.149003	0.136718	0.122138
7	0.082363	0.104445	0.123449	0.137677	0.146234	0.149003	0.146484	0.139587
8	0.046329	0.065278	0.084871	0.103258	0.118815	0.130377	0.137329	0.139587
9	0.023165	0.036266	0.051866	0.068838	0.085811	0.101405	0.114440	0.124077
10	0.010424	0.018133	0.028526	0.041303	0.055777	0.070983	0.085830	0.099262
11	0.004264	0.008242	0.014263	0.022529	0.032959	0.045171	0.058521	0.072190
12	0.001599	0.003434	0.006537	0.011264	0.017853	0.026350	0.036575	0.048127
13	0.000554	0.001321	0.002766	0.005199	0.008926	0.014188	0.021101	0.029616
14	0.000178	0.000472	0.001087	0.002228	0.004144	0.007094	0.011304	0.016924
15	0.000053	0.000157	0.000398	0.000891	0.001796	0.003311	0.005652	0.009026
16	0.000015	0.000049	0.000137	0.000334	0.000730	0.001448	0.002649	0.004513
17	0.000004	0.000014	0.000044	0.000118	0.000279	0.000596	0.001169	0.002124
18	0.000001	0.000004	0.000014	0.000039	0.000101	0.000232	0.000487	0.000944
19		0.000001	0.000004	0.000012	0.000034	0.000085	0.000192	0.000397
20			0.000001	0.000004	0.000011	0.000030	0.000072	0.000159
21				0.000001	0.000003	0.000010	0.000026	0.000061
22					0.000001	0.000003	0.000009	0.000022
23						0.000001	0.000003	0.000008
24							0.000001	0.000003
25								0.000001
26								
27								
28								
29								

λ / m	8.5	9.0	9.5	10.0	λ / m	20	λ / m	30
0	0.000203	0.000123	0.000075	0.000045	5	0.0001	12	0.0001
1	0.001729	0.001111	0.000711	0.000454	6	0.0002	13	0.0002
2	0.007350	0.004998	0.003378	0.002270	7	0.0005	14	0.0005
3	0.020826	0.014994	0.010696	0.007567	8	0.0013	15	0.0010
4	0.044255	0.033737	0.025403	0.018917	9	0.0029	16	0.0019
5	0.075233	0.060727	0.048266	0.037833	10	0.0058	17	0.0034
6	0.106581	0.091090	0.076421	0.063055	11	0.0106	18	0.0057
7	0.129419	0.117116	0.103714	0.090079	12	0.0176	19	0.0089
8	0.137508	0.131756	0.123160	0.112599	13	0.0271	20	0.0134
9	0.129869	0.131756	0.130003	0.125110	14	0.0387	21	0.0192
10	0.110388	0.118580	0.123502	0.125110	15	0.0516	22	0.0261
11	0.085300	0.097020	0.106661	0.113736	16	0.0646	23	0.0341
12	0.060421	0.072765	0.084440	0.094780	17	0.0760	24	0.0426
13	0.039506	0.050376	0.061706	0.072908	18	0.0844	25	0.0511
14	0.023986	0.032384	0.041872	0.052077	19	0.0888	26	0.0590
15	0.013592	0.019431	0.026519	0.034718	20	0.0888	27	0.0655
16	0.007221	0.010930	0.015746	0.021699	21	0.0846	28	0.0702
17	0.003610	0.005786	0.008799	0.012764	22	0.0769	29	0.0726
18	0.001705	0.002893	0.004644	0.007091	23	0.0669	30	0.0726
19	0.000763	0.001370	0.002322	0.003732	24	0.0557	31	0.0703
20	0.000324	0.000617	0.001103	0.001866	25	0.0446	32	0.0659
21	0.000131	0.000264	0.000499	0.000889	26	0.0343	33	0.0599
22	0.000051	0.000108	0.000215	0.000404	27	0.0254	34	0.0529
23	0.000019	0.000042	0.000089	0.000176	28	0.0181	35	0.0453
24	0.000007	0.000016	0.000035	0.000073	29	0.0125	36	0.0378
25	0.000002	0.000006	0.000013	0.000029	30	0.0083	37	0.0306
26	0.000001	0.000002	0.000005	0.000011	31	0.0054	38	0.0242
27		0.000001	0.000002	0.000004	32	0.0034	39	0.0186
28			0.000001	0.000001	33	0.0020	40	0.0139
29				0.000001	34	0.0012	41	0.0102
							42	0.0073
							43	0.0051
					35	0.0007	44	0.0035
					36	0.0004	45	0.0023
					37	0.0002	46	0.0015
					38	0.0001	47	0.0010
					39	0.0001	48	0.0006

附表3 标准正态分布函数表

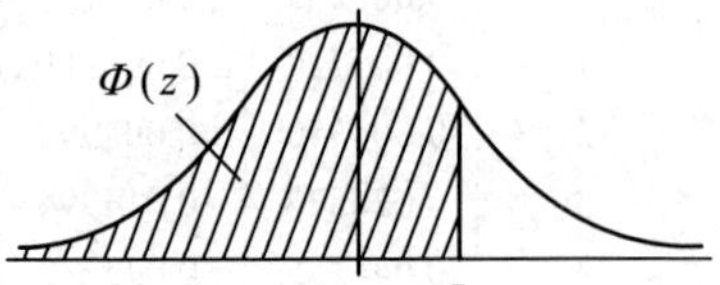

$$\Phi(z)=\int_{-\infty}^{z}\frac{1}{\sqrt{2\pi}}\mathrm{e}^{-u^2/2}\,\mathrm{d}u=P\{Z\leqslant z\}$$

z	0	1	2	3	4	5	6	7	8	9
0.0	0.5000	0.5040	0.5080	0.5120	0.5160	0.5199	0.5239	0.5279	0.5319	0.5359
0.1	0.5398	0.5438	0.5478	0.5517	0.5557	0.5596	0.5636	0.5675	0.5714	0.5753
0.2	0.5793	0.5832	0.5871	0.5910	0.5948	0.5987	0.6026	0.6064	0.6103	0.6141
0.3	0.6179	0.6217	0.6255	0.6293	0.6331	0.6368	0.6406	0.6443	0.6480	0.6517
0.4	0.6554	0.6591	0.6628	0.6664	0.6700	0.6736	0.6772	0.6808	0.6844	0.6879
0.5	0.6915	0.6950	0.6985	0.7019	0.7054	0.7088	0.7123	0.7157	0.7190	0.7224
0.6	0.7257	0.7291	0.7324	0.7357	0.7389	0.7422	0.7454	0.7486	0.7517	0.7549
0.7	0.7580	0.7611	0.7642	0.7673	0.7704	0.7734	0.7764	0.7794	0.7823	0.7852
0.8	0.7881	0.7910	0.7939	0.7967	0.7995	0.8023	0.8051	0.8078	0.8106	0.8133
0.9	0.8159	0.8186	0.8212	0.8238	0.8264	0.8289	0.8315	0.8340	0.8365	0.8389
1.0	0.8413	0.8438	0.8461	0.8485	0.8508	0.8531	0.8554	0.8577	0.8599	0.8621
1.1	0.8643	0.8665	0.8686	0.8708	0.8729	0.8749	0.8770	0.8790	0.8810	0.8830
1.2	0.8849	0.8869	0.8888	0.8907	0.8925	0.8944	0.8962	0.8980	0.8997	0.9015
1.3	0.9032	0.9049	0.9066	0.9082	0.9099	0.9115	0.9131	0.9147	0.9162	0.9177
1.4	0.9192	0.9207	0.9222	0.9236	0.9251	0.9265	0.9279	0.9292	0.9306	0.9319
1.5	0.9332	0.9345	0.9357	0.9370	0.9382	0.9394	0.9406	0.9418	0.9429	0.9441
1.6	0.9452	0.9463	0.9474	0.9484	0.9495	0.9505	0.9515	0.9525	0.9535	0.9545
1.7	0.9554	0.9564	0.9573	0.9582	0.9591	0.9599	0.9608	0.9616	0.9625	0.9633
1.8	0.9641	0.9649	0.9656	0.9664	0.9671	0.9678	0.9686	0.9693	0.9699	0.9706
1.9	0.9713	0.9719	0.9726	0.9732	0.9738	0.9744	0.9750	0.9756	0.9761	0.9767
2.0	0.9772	0.9778	0.9783	0.9788	0.9793	0.9798	0.9803	0.9808	0.9812	0.9817
2.1	0.9821	0.9826	0.9830	0.9834	0.9838	0.9842	0.9846	0.9850	0.9854	0.9857
2.2	0.9861	0.9864	0.9868	0.9871	0.9875	0.9878	0.9881	0.9884	0.9887	0.9890
2.3	0.9893	0.9896	0.9898	0.9901	0.9904	0.9906	0.9909	0.9911	0.9913	0.9916
2.4	0.9918	0.9920	0.9922	0.9925	0.9927	0.9929	0.9931	0.9932	0.9934	0.9936
2.5	0.9938	0.9940	0.9941	0.9943	0.9945	0.9946	0.9948	0.9949	0.9951	0.9952
2.6	0.9953	0.9955	0.9956	0.9957	0.9959	0.9960	0.9961	0.9962	0.9963	0.9964
2.7	0.9965	0.9966	0.9967	0.9968	0.9969	0.9970	0.9971	0.9972	0.9973	0.9974
2.8	0.9974	0.9975	0.9976	0.9977	0.9977	0.9878	0.9979	0.9979	0.9980	0.9981
2.9	0.9981	0.9982	0.9982	0.9983	0.9984	0.9984	0.9985	0.9985	0.9986	0.9986
3.0	0.9987	0.9990	0.9993	0.9995	0.9997	0.9998	0.9998	0.9999	0.9999	1.0000

注：表中末行系函数值 $\Phi(3.0), \Phi(3.1), \cdots, \Phi(3.9)$.

附表4　t 分布表

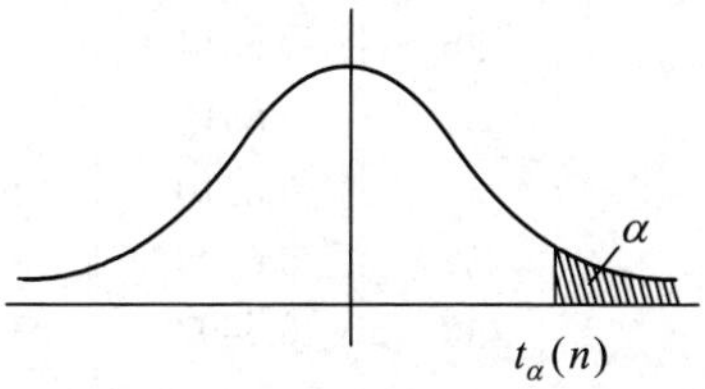

$P\{t(n)>t_\alpha(n)\}=\alpha$

n \ α	0.25	0.10	0.05	0.025	0.01	0.005
1	1.0000	3.0777	6.3138	12.7062	31.8205	63.6567
2	0.8165	1.8856	2.9200	4.3027	6.9646	9.9248
3	0.7649	1.6377	2.3534	3.1824	4.5407	5.8409
4	0.7407	1.5332	2.1318	2.7764	3.7469	4.6041
5	0.7267	1.4759	2.0150	2.5706	3.3649	4.0321
6	0.7176	1.4398	1.9432	2.4469	3.1427	3.7074
7	0.7111	1.4149	1.8946	2.3646	2.9980	3.4995
8	0.7064	1.3968	1.8595	2.3060	2.8965	3.3554
9	0.7027	1.3830	1.8331	2.2622	2.8214	3.2498
10	0.6998	1.3722	1.8125	2.2281	2.7638	3.1693
11	0.6974	1.3634	1.7959	2.2010	2.7181	3.1058
12	0.6955	1.3562	1.7823	2.1788	2.6810	3.0545
13	0.6938	1.3502	1.7709	2.1604	2.6503	3.0123
14	0.6924	1.3450	1.7613	2.1448	2.6245	2.9768
15	0.6912	1.3406	1.7531	2.1314	2.6025	2.9467
16	0.6901	1.3368	1.7459	2.1199	2.5835	2.9208
17	0.6892	1.3334	1.7396	2.1098	2.5669	2.8982
18	0.6884	1.3304	1.7341	2.1009	2.5524	2.8784
19	0.6876	1.3277	1.7291	2.0930	2.5395	2.8609
20	0.6870	1.3253	1.7247	2.0860	2.5280	2.8453
21	0.6864	1.3232	1.7207	2.0796	2.5176	2.8314
22	0.6858	1.3212	1.7171	2.0739	2.5083	2.8188
23	0.6853	1.3195	1.7139	2.0687	2.4999	2.8073
24	0.6848	1.3178	1.7109	2.0639	2.4922	2.7969
25	0.6844	1.3163	1.7081	2.0595	2.4851	2.7874
26	0.6840	1.3150	1.7056	2.0555	2.4786	2.7787
27	0.6837	1.3137	1.7033	2.0518	2.4727	2.7707
28	0.6834	1.3125	1.7011	2.0484	2.4671	2.7633
29	0.6830	1.3114	1.6991	2.0452	2.4620	2.7564
30	0.6828	1.3104	1.6973	2.0423	2.4573	2.7500
31	0.6825	1.3095	1.6955	2.0395	2.4528	2.7440
32	0.6822	1.3086	1.6939	2.0369	2.4487	2.7385
33	0.6820	1.3077	1.6924	2.0345	2.4448	2.7333
34	0.6818	1.3070	1.6909	2.0322	2.4411	2.7284
35	0.6816	1.3062	1.6896	2.0301	2.4377	2.7238

续表

n \ α	0.25	0.10	0.05	0.025	0.01	0.005
36	0.6814	1.3055	1.6883	2.0281	2.4345	2.7195
37	0.6812	1.3049	1.6871	2.0262	2.4314	2.7154
38	0.6810	1.3042	1.6860	2.0244	2.4286	2.7116
39	0.6808	1.3036	1.6849	2.0227	2.4258	2.7079
40	0.6807	1.3031	1.6839	2.0211	2.4233	2.7045
41	0.6805	1.3025	1.6829	2.0195	2.4208	2.7012
42	0.6804	1.3020	1.6820	2.0181	2.4185	2.6981
43	0.6802	1.3016	1.6811	2.0167	2.4163	2.6951
44	0.6801	1.3011	1.6802	2.0154	2.4141	2.6923
45	0.6800	1.3006	1.6794	2.0141	2.4121	2.6896

附表5　χ^2 分布表

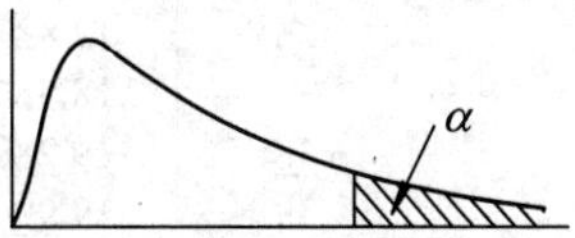

$P\{\chi^2(n) > \chi_\alpha^2(n)\} = \alpha$

n \ α	0.995	0.99	0.975	0.95	0.90	0.75
1	—	—	0.001	0.004	0.016	0.102
2	0.010	0.020	0.051	0.103	0.211	0.575
3	0.072	0.115	0.216	0.352	0.584	1.213
4	0.207	0.297	0.484	0.711	1.064	1.923
5	0.412	0.554	0.831	1.145	1.610	2.675
6	0.676	0.872	1.237	1.635	2.204	3.455
7	0.989	1.239	1.690	2.167	2.833	4.255
8	1.344	1.646	2.180	2.733	3.490	5.071
9	1.735	2.088	2.700	3.325	4.168	5.899
10	2.156	2.558	3.247	3.940	4.865	6.737
11	2.603	3.053	3.816	4.575	5.578	7.584
12	3.074	3.571	4.404	5.226	6.304	8.438
13	3.565	4.107	5.009	5.892	7.042	9.299
14	4.075	4.660	5.629	6.571	7.790	10.165
15	4.601	5.229	6.262	7.261	8.547	11.037
16	5.142	5.812	6.908	7.962	9.312	11.912
17	5.697	6.408	7.564	8.672	10.085	12.792
18	6.265	7.015	8.231	9.390	10.865	13.675
19	6.844	7.633	8.907	10.117	11.651	14.562
20	7.434	8.260	9.591	10.851	12.443	15.452
21	8.034	8.897	10.283	11.591	13.240	16.344
22	8.643	9.542	10.982	12.338	14.042	17.240
23	9.260	10.196	11.689	13.091	14.848	18.137
24	9.886	10.856	12.401	13.848	15.659	19.037
25	10.520	11.524	13.120	14.611	16.473	19.939
26	11.160	12.198	13.844	15.379	17.292	20.843
27	11.808	12.879	14.573	16.151	18.114	21.749
28	12.461	13.565	15.308	16.928	18.939	22.657
29	13.121	14.257	16.047	17.708	19.768	23.567
30	13.787	14.953	16.791	18.493	20.599	24.478
31	14.458	15.655	17.539	19.281	21.434	25.390
32	15.134	16.362	18.291	20.072	22.271	26.304
33	15.815	17.074	19.047	20.867	23.110	27.219
34	16.501	17.789	19.806	21.664	23.952	28.136
35	17.192	18.509	20.569	22.465	24.797	29.054

续表

n \ α	0.995	0.99	0.975	0.95	0.90	0.75
36	17.887	19.233	21.336	23.269	25.643	29.973
37	18.586	19.960	22.106	24.075	26.492	30.893
38	19.289	20.691	22.878	24.884	27.343	31.815
39	19.996	21.426	23.654	25.695	28.196	32.737
40	20.707	22.164	24.433	26.509	29.051	33.660
41	21.421	22.906	25.215	27.326	29.907	34.585
42	22.138	23.650	25.999	28.144	30.765	35.510
43	22.859	24.398	26.785	28.965	31.625	36.436
44	23.584	25.148	27.575	29.787	32.487	37.363
45	24.311	25.901	28.366	30.612	33.350	38.291

n \ α	0.25	0.10	0.05	0.025	0.01	0.005
1	1.323	2.706	3.841	5.024	6.635	7.879
2	2.773	4.605	5.991	7.378	9.210	10.597
3	4.108	6.251	7.815	9.348	11.345	12.838
4	5.385	7.779	9.488	11.143	13.277	14.860
5	6.626	9.236	11.071	12.833	15.086	16.750
6	7.841	10.645	12.592	14.449	16.812	18.548
7	9.037	12.017	14.067	16.013	18.475	20.278
8	10.219	13.362	15.507	17.535	20.090	21.955
9	11.389	14.684	16.919	19.023	21.666	23.589
10	12.549	15.987	18.307	20.483	23.209	25.188
11	13.701	17.275	19.675	21.920	24.725	26.757
12	14.845	18.549	21.026	23.337	26.217	28.300
13	15.984	19.812	22.362	24.736	27.688	29.819
14	17.117	21.064	23.685	26.119	29.141	31.319
15	18.245	22.307	24.996	27.488	30.578	32.801
16	19.369	23.542	26.296	28.845	32.000	34.267
17	20.489	24.769	27.587	30.191	33.409	35.718
18	21.605	25.989	28.869	31.526	34.805	37.156
19	22.718	27.204	30.144	32.852	36.191	38.582
20	23.828	28.412	31.410	34.170	37.566	39.997
21	24.935	29.615	32.671	35.479	38.932	41.401
22	26.039	30.813	33.924	36.781	40.289	42.796
23	27.141	32.007	35.172	38.076	41.638	44.181
24	28.241	33.196	36.415	39.364	42.980	45.559
25	29.339	34.382	37.652	40.646	44.314	46.928
26	30.435	35.563	38.885	41.923	45.642	48.290
27	31.528	36.741	40.113	43.194	46.963	49.645
28	32.620	37.916	41.337	44.461	48.278	50.993
29	33.711	39.087	42.557	45.722	49.588	52.336
30	34.800	40.256	43.773	46.979	50.892	53.672

续表

n \ α	0.25	0.10	0.05	0.025	0.01	0.005
31	35.887	41.422	44.985	48.232	52.191	55.003
32	36.973	42.585	46.194	49.480	53.486	56.328
33	38.058	43.745	47.400	50.725	54.776	57.648
34	39.141	44.903	48.602	51.966	56.061	58.964
35	40.223	46.059	49.802	53.203	57.342	60.275
36	41.304	47.212	50.998	54.437	58.619	61.581
37	42.383	48.363	52.192	55.668	59.892	62.883
38	43.462	49.513	53.384	56.896	61.162	64.181
39	44.539	50.660	54.572	58.120	62.428	65.476
40	45.616	51.805	55.758	59.342	63.691	66.766
41	46.692	52.949	56.942	60.561	64.950	68.053
42	47.766	54.090	58.124	61.777	66.206	69.336
43	48.840	55.230	59.304	62.990	67.459	70.616
44	49.913	56.369	60.481	64.201	68.710	71.893
45	50.985	57.505	61.656	65.410	69.957	73.166

附表 6　F 分布表

$$P\{F(n_1,n_2)>F_\alpha(n_1,n_2)\}=\alpha$$

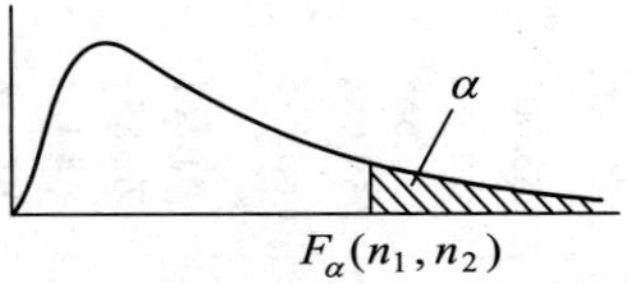

$\alpha=0.10$

n_2 \ n_1	1	2	3	4	5	6	7	8	9	10	12	15	20	24	30	40	60	120	∞
1	39.86	49.50	53.59	55.83	57.24	58.20	58.91	59.44	59.86	60.19	60.71	61.22	61.74	62.00	62.26	62.53	62.79	63.06	63.33
2	8.53	9.00	9.16	9.24	9.29	9.33	9.35	9.37	9.38	9.39	9.41	9.42	9.44	9.45	9.46	9.47	9.47	9.48	9.49
3	5.54	5.46	5.39	5.34	5.31	5.28	5.27	5.25	5.24	5.23	5.22	5.20	5.18	5.18	5.17	5.16	5.15	5.14	5.13
4	4.54	4.32	4.19	4.11	4.05	4.01	3.98	3.95	3.94	3.92	3.90	3.87	3.84	3.83	3.82	3.80	3.79	3.78	3.76
5	4.06	3.78	3.62	3.52	3.45	3.40	3.37	3.34	3.32	3.30	3.27	3.24	3.21	3.19	3.17	3.16	3.14	3.12	3.10
6	3.78	3.46	3.29	3.18	3.11	3.05	3.01	2.98	2.96	2.94	2.90	2.87	2.84	2.82	2.80	2.78	2.76	2.74	2.72
7	3.59	3.26	3.07	2.96	2.88	2.83	2.78	2.75	2.72	2.70	2.67	2.63	2.59	2.58	2.56	2.54	2.51	2.49	2.47
8	3.46	3.11	2.92	2.81	2.73	2.67	2.62	2.59	2.56	2.54	2.50	2.46	2.42	2.40	2.38	2.36	2.34	2.32	2.29
9	3.36	3.01	2.81	2.69	2.61	2.55	2.51	2.47	2.44	2.42	2.38	2.34	2.30	2.28	2.25	2.23	2.21	2.18	2.16
10	3.29	2.92	2.73	2.61	2.52	2.46	2.41	2.38	2.35	2.32	2.28	2.24	2.20	2.18	2.16	2.13	2.11	2.08	2.06
11	3.23	2.86	2.66	2.54	2.45	2.39	2.34	2.30	2.27	2.25	2.21	2.17	2.12	2.10	2.08	2.05	2.03	2.00	1.97
12	3.18	2.81	2.61	2.48	2.39	2.33	2.28	2.24	2.21	2.19	2.15	2.10	2.06	2.04	2.01	1.99	1.96	1.93	1.90
13	3.14	2.76	2.56	2.43	2.35	2.28	2.23	2.20	2.16	2.14	2.10	2.05	2.01	1.98	1.96	1.93	1.90	1.88	1.85
14	3.10	2.73	2.52	2.39	2.31	2.24	2.19	2.15	2.12	2.10	2.05	2.01	1.96	1.94	1.91	1.89	1.86	1.83	1.80
15	3.07	2.70	2.49	2.36	2.27	2.21	2.16	2.12	2.09	2.06	2.02	1.97	1.92	1.90	1.87	1.85	1.82	1.79	1.76
16	3.05	2.67	2.46	2.33	2.24	2.18	2.13	2.09	2.06	2.03	1.99	1.94	1.89	1.87	1.84	1.81	1.78	1.75	1.72
17	3.03	2.64	2.44	2.31	2.22	2.15	2.10	2.06	2.03	2.00	1.96	1.91	1.86	1.84	1.81	1.78	1.75	1.72	1.69
18	3.01	2.62	2.42	2.29	2.20	2.13	2.08	2.04	2.00	1.98	1.93	1.89	1.84	1.81	1.78	1.75	1.72	1.69	1.66
19	2.99	2.61	2.40	2.27	2.18	2.11	2.06	2.02	1.98	1.96	1.91	1.86	1.81	1.79	1.76	1.73	1.70	1.67	1.63
20	2.97	2.59	2.38	2.25	2.16	2.09	2.04	2.00	1.96	1.94	1.89	1.84	1.79	1.77	1.74	1.71	1.68	1.64	1.61
21	2.96	2.57	2.36	2.23	2.14	2.08	2.02	1.98	1.95	1.92	1.87	1.83	1.78	1.75	1.72	1.69	1.66	1.62	1.59
22	2.95	2.56	2.35	2.22	2.13	2.06	2.01	1.97	1.93	1.90	1.86	1.81	1.76	1.73	1.70	1.67	1.64	1.60	1.57
23	2.94	2.55	2.34	2.21	2.11	2.05	1.99	1.95	1.92	1.89	1.84	1.80	1.74	1.72	1.69	1.66	1.62	1.59	1.55
24	2.93	2.54	2.33	2.19	2.10	2.04	1.98	1.94	1.91	1.88	1.83	1.78	1.73	1.70	1.67	1.64	1.61	1.57	1.53
25	2.92	2.53	2.32	2.18	2.09	2.02	1.97	1.93	1.89	1.87	1.82	1.77	1.72	1.69	1.66	1.63	1.59	1.56	1.52

续表

$\alpha=0.10$

n_2 \ n_1	1	2	3	4	5	6	7	8	9	10	12	15	20	24	30	40	60	120	∞
26	2.91	2.52	2.31	2.17	2.08	2.01	1.96	1.92	1.88	1.86	1.81	1.76	1.71	1.68	1.65	1.61	1.58	1.54	1.50
27	2.90	2.51	2.30	2.17	2.07	2.00	1.95	1.91	1.87	1.85	1.80	1.75	1.70	1.67	1.64	1.60	1.57	1.53	1.49
28	2.89	2.50	2.29	2.16	2.06	2.00	1.94	1.90	1.87	1.84	1.79	1.74	1.69	1.66	1.63	1.59	1.56	1.52	1.48
29	2.89	2.50	2.28	2.15	2.06	1.99	1.93	1.89	1.86	1.83	1.78	1.73	1.68	1.65	1.62	1.58	1.55	1.51	1.47
30	2.88	2.49	2.28	2.14	2.05	1.98	1.93	1.88	1.85	1.82	1.77	1.72	1.67	1.64	1.61	1.57	1.54	1.50	1.46
40	2.84	2.44	2.23	2.09	2.00	1.93	1.87	1.83	1.79	1.76	1.71	1.66	1.61	1.57	1.54	1.51	1.47	1.42	1.38
60	2.79	2.39	2.18	2.04	1.95	1.87	1.82	1.77	1.74	1.71	1.66	1.60	1.54	1.51	1.48	1.44	1.40	1.35	1.29
120	2.75	2.35	2.13	1.99	1.90	1.82	1.77	1.72	1.68	1.65	1.60	1.55	1.48	1.45	1.41	1.37	1.32	1.26	1.19
∞	2.71	2.30	2.08	1.94	1.85	1.77	1.72	1.67	1.63	1.60	1.55	1.49	1.42	1.38	1.34	1.30	1.24	1.17	1.00

$\alpha=0.05$

n_2 \ n_1	1	2	3	4	5	6	7	8	9	10	12	15	20	24	30	40	60	120	∞
1	161.4	199.5	215.7	224.6	230.2	234.0	236.8	238.9	240.5	241.9	243.9	245.9	248.0	249.1	250.1	251.1	252.2	253.3	254.3
2	18.51	19.00	19.16	19.25	19.30	19.33	19.35	19.37	19.38	19.40	19.41	19.43	19.45	19.45	19.46	19.47	19.48	19.49	19.50
3	10.13	9.55	9.28	9.12	9.01	8.94	8.89	8.85	8.81	8.79	8.74	8.70	8.66	8.64	8.62	8.59	8.57	8.55	8.53
4	7.71	6.94	6.59	6.39	6.26	6.16	6.09	6.04	6.00	5.96	5.91	5.86	5.80	5.77	5.75	5.72	5.69	5.66	5.63
5	6.61	5.79	5.41	5.19	5.05	4.95	4.88	4.82	4.77	4.74	4.68	4.62	4.56	4.53	4.50	4.46	4.43	4.40	4.36
6	5.99	5.14	4.76	4.53	4.39	4.28	4.21	4.15	4.10	4.06	4.00	3.94	3.87	3.84	3.81	3.77	3.74	3.70	3.67
7	5.59	4.74	4.35	4.12	3.97	3.87	3.79	3.73	3.68	3.64	3.57	3.51	3.44	3.41	3.38	3.34	3.30	3.27	3.23
8	5.32	4.46	4.07	3.84	3.69	3.58	3.50	3.44	3.39	3.35	3.28	3.22	3.15	3.12	3.08	3.04	3.01	2.97	2.93
9	5.12	4.26	3.86	3.63	3.48	3.37	3.29	3.23	3.18	3.14	3.07	3.01	2.94	2.90	2.86	2.83	2.79	2.75	2.71
10	4.96	4.10	3.71	3.48	3.33	3.22	3.14	3.07	3.02	2.98	2.91	2.85	2.77	2.74	2.70	2.66	2.62	2.58	2.54
11	4.84	3.98	3.59	3.36	3.20	3.09	3.01	2.95	2.90	2.85	2.79	2.72	2.65	2.61	2.57	2.53	2.49	2.45	2.40
12	4.75	3.89	3.49	3.26	3.11	3.00	2.91	2.85	2.80	2.75	2.69	2.62	2.54	2.51	2.47	2.43	2.38	2.34	2.30
13	4.67	3.81	3.41	3.18	3.03	2.92	2.83	2.77	2.71	2.67	2.60	2.53	2.46	2.42	2.38	2.34	2.30	2.25	2.21
14	4.60	3.74	3.34	3.11	2.96	2.85	2.76	2.70	2.65	2.60	2.53	2.46	2.39	2.35	2.31	2.27	2.22	2.18	2.13
15	4.54	3.68	3.29	3.06	2.90	2.79	2.71	2.64	2.59	2.54	2.48	2.40	2.33	2.29	2.25	2.20	2.16	2.11	2.07
16	4.49	3.63	3.24	3.01	2.85	2.74	2.66	2.59	2.54	2.49	2.42	2.35	2.28	2.24	2.19	2.15	2.11	2.06	2.01
17	4.45	3.59	3.20	2.96	2.81	2.70	2.61	2.55	2.49	2.45	2.38	2.31	2.23	2.19	2.15	2.10	2.06	2.01	1.96
18	4.41	3.55	3.16	2.93	2.77	2.66	2.58	2.51	2.46	2.41	2.34	2.27	2.19	2.15	2.11	2.06	2.02	1.97	1.92
19	4.38	3.52	3.13	2.90	2.74	2.63	2.54	2.48	2.42	2.38	2.31	2.23	2.16	2.11	2.07	2.03	1.98	1.93	1.88
20	4.35	3.49	3.10	2.87	2.71	2.60	2.51	2.45	2.39	2.35	2.28	2.20	2.12	2.08	2.04	1.99	1.95	1.90	1.84

续表

$\alpha=0.05$

n_2 \ n_1	1	2	3	4	5	6	7	8	9	10	12	15	20	24	30	40	60	120	∞
21	4.32	3.47	3.07	2.84	2.68	2.57	2.49	2.42	2.37	2.32	2.25	2.18	2.10	2.05	2.01	1.96	1.92	1.87	1.81
22	4.30	3.44	3.05	2.82	2.66	2.55	2.46	2.40	2.34	2.30	2.23	2.15	2.07	2.03	1.98	1.94	1.89	1.84	1.78
23	4.28	3.42	3.03	2.80	2.64	2.53	2.44	2.37	2.32	2.27	2.20	2.13	2.05	2.01	1.96	1.91	1.86	1.81	1.76
24	4.26	3.40	3.01	2.78	2.62	2.51	2.42	2.36	2.30	2.25	2.18	2.11	2.03	1.98	1.94	1.89	1.84	1.79	1.73
25	4.24	3.39	2.99	2.76	2.60	2.49	2.40	2.34	2.28	2.24	2.16	2.09	2.01	1.96	1.92	1.87	1.82	1.77	1.71
26	4.23	3.37	2.98	2.74	2.59	2.47	2.39	2.32	2.27	2.22	2.15	2.07	1.99	1.95	1.90	1.85	1.80	1.75	1.69
27	4.21	3.35	2.96	2.73	2.57	2.46	2.37	2.31	2.25	2.20	2.13	2.06	1.97	1.93	1.88	1.84	1.79	1.73	1.67
28	4.20	3.34	2.95	2.71	2.56	2.45	2.36	2.29	2.24	2.19	2.12	2.04	1.96	1.91	1.87	1.82	1.77	1.71	1.65
29	4.18	3.33	2.93	2.70	2.55	2.43	2.35	2.28	2.22	2.18	2.10	2.03	1.94	1.90	1.85	1.81	1.75	1.70	1.64
30	4.17	3.32	2.92	2.69	2.53	2.42	2.33	2.27	2.21	2.16	2.09	2.01	1.93	1.89	1.84	1.79	1.74	1.68	1.62
40	4.08	3.23	2.84	2.61	2.45	2.34	2.25	2.18	2.12	2.08	2.00	1.92	1.84	1.79	1.74	1.69	1.64	1.58	1.51
60	4.00	3.15	2.76	2.53	2.37	2.25	2.17	2.10	2.04	1.99	1.92	1.84	1.75	1.70	1.65	1.59	1.53	1.47	1.39
120	3.92	3.07	2.68	2.45	2.29	2.18	2.09	2.02	1.96	1.91	1.83	1.75	1.66	1.61	1.55	1.50	1.43	1.35	1.25
∞	3.84	3.00	2.60	2.37	2.21	2.10	2.01	1.94	1.88	1.83	1.75	1.67	1.57	1.52	1.46	1.39	1.32	1.22	1.00

$\alpha=0.025$

n_2 \ n_1	1	2	3	4	5	6	7	8	9	10	12	15	20	24	30	40	60	120	∞
1	647.8	799.5	864.2	899.6	921.8	937.1	948.2	956.7	963.3	968.6	976.7	984.9	993.1	997.2	1001	1006	1010	1014	1018
2	38.51	39.00	39.17	39.25	39.30	39.33	39.36	39.37	39.39	39.40	39.41	39.43	39.45	39.46	39.46	39.47	39.48	39.49	39.50
3	17.44	16.04	15.44	15.10	14.88	14.73	14.62	14.54	14.47	14.42	14.34	14.25	14.17	14.12	14.08	14.04	13.99	13.95	13.90
4	12.22	10.65	9.98	9.60	9.36	9.20	9.07	8.98	8.90	8.84	8.75	8.66	8.56	8.51	8.46	8.41	8.36	8.31	8.26
5	10.01	8.43	7.76	7.39	7.15	6.98	6.85	6.76	6.68	6.62	6.52	6.43	6.33	6.28	6.23	6.18	6.12	6.07	6.02
6	8.81	7.26	6.60	6.23	5.99	5.82	5.70	5.60	5.52	5.46	5.37	5.27	5.17	5.12	5.07	5.01	4.96	4.90	4.85
7	8.07	6.54	5.89	5.52	5.29	5.12	4.99	4.90	4.82	4.76	4.67	4.57	4.47	4.41	4.36	4.31	4.25	4.20	4.14
8	7.57	6.06	5.42	5.05	4.82	4.65	4.53	4.43	4.36	4.30	4.20	4.10	4.00	3.95	3.89	3.84	3.78	3.73	3.67
9	7.21	5.71	5.08	4.72	4.48	4.32	4.20	4.10	4.03	3.96	3.87	3.77	3.67	3.61	3.56	3.51	3.45	3.39	3.33
10	6.94	5.46	4.83	4.47	4.24	4.07	3.95	3.85	3.78	3.72	3.62	3.52	3.42	3.37	3.31	3.26	3.20	3.14	3.08
11	6.72	5.26	4.63	4.28	4.04	3.88	3.76	3.66	3.59	3.53	3.43	3.33	3.23	3.17	3.12	3.06	3.00	2.94	2.88
12	6.55	5.10	4.47	4.12	3.89	3.73	3.61	3.51	3.44	3.37	3.28	3.18	3.07	3.02	2.96	2.91	2.85	2.79	2.72
13	6.41	4.97	4.35	4.00	3.77	3.60	3.48	3.39	3.31	3.25	3.15	3.05	2.95	2.89	2.84	2.78	2.72	2.66	2.60
14	6.30	4.86	4.24	3.89	3.66	3.50	3.38	3.29	3.21	3.15	3.05	2.95	2.84	2.79	2.73	2.67	2.61	2.55	2.49
15	6.20	4.77	4.15	3.80	3.58	3.41	3.29	3.20	3.12	3.06	2.96	2.86	2.76	2.70	2.64	2.59	2.52	2.46	2.40
16	6.12	4.69	4.08	3.73	3.50	3.34	3.22	3.12	3.05	2.99	2.89	2.79	2.68	2.63	2.57	2.51	2.45	2.38	2.32
17	6.04	4.62	4.01	3.66	3.44	3.28	3.16	3.06	2.98	2.92	2.82	2.72	2.62	2.56	2.50	2.44	2.38	2.32	2.25

续表

$\alpha = 0.025$

n_2 \ n_1	1	2	3	4	5	6	7	8	9	10	12	15	20	24	30	40	60	120	∞
18	5.98	4.56	3.95	3.61	3.38	3.22	3.10	3.01	2.93	2.87	2.77	2.67	2.56	2.50	2.44	2.38	2.32	2.26	2.19
19	5.92	4.51	3.90	3.56	3.33	3.17	3.05	2.96	2.88	2.82	2.72	2.62	2.51	2.45	2.39	2.33	2.27	2.20	2.13
20	5.87	4.46	3.86	3.51	3.29	3.13	3.01	2.91	2.84	2.77	2.68	2.57	2.46	2.41	2.35	2.29	2.22	2.16	2.09
21	5.83	4.42	3.82	3.48	3.25	3.09	2.97	2.87	2.80	2.73	2.64	2.53	2.42	2.37	2.31	2.25	2.18	2.11	2.04
22	5.79	4.38	3.78	3.44	3.22	3.05	2.93	2.84	2.76	2.70	2.60	2.50	2.39	2.33	2.27	2.21	2.14	2.08	2.00
23	5.75	4.35	3.75	3.41	3.18	3.02	2.90	2.81	2.73	2.67	2.57	2.47	2.36	2.30	2.24	2.18	2.11	2.04	1.97
24	5.72	4.32	3.72	3.38	3.15	2.99	2.87	2.78	2.70	2.64	2.54	2.44	2.33	2.27	2.21	2.15	2.08	2.01	1.94
25	5.69	4.29	3.69	3.35	3.13	2.97	2.85	2.75	2.68	2.61	2.51	2.41	2.30	2.24	2.18	2.12	2.05	1.98	1.91
26	5.66	4.27	3.67	3.33	3.10	2.94	2.82	2.73	2.65	2.59	2.49	2.39	2.28	2.22	2.16	2.09	2.03	1.95	1.88
27	5.63	4.24	3.65	3.31	3.08	2.92	2.80	2.71	2.63	2.57	2.47	2.36	2.25	2.19	2.13	2.07	2.00	1.93	1.85
28	5.61	4.22	3.63	3.29	3.06	2.90	2.78	2.69	2.61	2.55	2.45	2.34	2.23	2.17	2.11	2.05	1.98	1.91	1.83
29	5.59	4.20	3.61	3.27	3.04	2.88	2.76	2.67	2.59	2.53	2.43	2.32	2.21	2.15	2.09	2.03	1.96	1.89	1.81
30	5.57	4.18	3.59	3.25	3.03	2.87	2.75	2.65	2.57	2.51	2.41	2.31	2.20	2.14	2.07	2.01	1.94	1.87	1.79
40	5.42	4.05	3.46	3.13	2.90	2.74	2.62	2.53	2.45	2.39	2.29	2.18	2.07	2.01	1.94	1.88	1.80	1.72	1.64
60	5.29	3.93	3.34	3.01	2.79	2.63	2.51	2.41	2.33	2.27	2.17	2.06	1.94	1.88	1.82	1.74	1.67	1.58	1.48
120	5.15	3.80	3.23	2.89	2.67	2.52	2.39	2.30	2.22	2.16	2.05	1.94	1.82	1.76	1.69	1.61	1.53	1.43	1.31
∞	5.02	3.69	3.12	2.79	2.57	2.41	2.29	2.19	2.11	2.05	1.94	1.83	1.71	1.64	1.57	1.48	1.39	1.27	1.00

$\alpha = 0.01$

n_2 \ n_1	1	2	3	4	5	6	7	8	9	10	12	15	20	24	30	40	60	120	∞
1	4052	4999.5	5403	5625	5764	5859	5928	5981	6022	6056	6106	6157	6209	6235	6261	6287	6313	6339	6366
2	98.50	99.00	99.17	99.25	99.30	99.33	99.36	99.37	99.39	99.40	99.42	99.43	99.45	99.46	99.47	99.47	99.48	99.49	99.50
3	34.12	30.82	29.46	28.71	28.24	27.91	27.67	27.49	27.35	27.23	27.05	26.87	26.69	26.60	26.50	26.41	26.32	26.22	26.13
4	21.20	18.00	16.69	15.98	15.52	15.21	14.98	14.80	14.66	14.55	14.37	14.20	14.02	13.93	13.84	13.75	13.65	13.56	13.46
5	16.26	13.27	12.06	11.39	10.97	10.67	10.46	10.29	10.16	10.05	9.89	9.72	9.55	9.47	9.38	9.29	9.20	9.11	9.02
6	13.75	10.92	9.78	9.15	8.75	8.47	8.26	8.10	7.98	7.87	7.72	7.56	7.40	7.31	7.23	7.14	7.06	6.97	6.88
7	12.25	9.55	8.45	7.85	7.46	7.19	6.99	6.84	6.72	6.62	6.47	6.31	6.16	6.07	5.99	5.91	5.82	5.74	5.65
8	11.26	8.65	7.59	7.01	6.63	6.37	6.18	6.03	5.91	5.81	5.67	5.52	5.36	5.28	5.20	5.12	5.03	4.95	4.86
9	10.56	8.02	6.99	6.42	6.06	5.80	5.61	5.47	5.35	5.26	5.11	4.96	4.81	4.73	4.65	4.57	4.48	4.40	4.31
10	10.04	7.56	6.55	5.99	5.64	5.39	5.20	5.06	4.94	4.85	4.71	4.56	4.41	4.33	4.25	4.17	4.08	4.00	3.91
11	9.65	7.21	6.22	5.67	5.32	5.07	4.89	4.74	4.63	4.54	4.40	4.25	4.10	4.02	3.94	3.86	3.78	3.69	3.60
12	9.33	6.93	5.95	5.41	5.06	4.82	4.64	4.50	4.39	4.30	4.16	4.01	3.86	3.78	3.70	3.62	3.54	3.45	3.36
13	9.07	6.70	5.74	5.21	4.86	4.62	4.44	4.30	4.19	4.10	3.96	3.82	3.66	3.59	3.51	3.43	3.34	3.25	3.17
14	8.86	6.51	5.56	5.04	4.69	4.46	4.28	4.14	4.03	3.94	3.80	3.66	3.51	3.43	3.35	3.27	3.18	3.09	3.00

续表

$\alpha = 0.01$

n_2 \ n_1	1	2	3	4	5	6	7	8	9	10	12	15	20	24	30	40	60	120	∞
15	8.68	6.36	5.42	4.89	4.56	4.32	4.14	4.00	3.89	3.80	3.67	3.52	3.37	3.29	3.21	3.13	3.05	2.96	2.87
16	8.53	6.23	5.29	4.77	4.44	4.20	4.03	3.89	3.78	3.69	3.55	3.41	3.26	3.18	3.10	3.02	2.93	2.84	2.75
17	8.40	6.11	5.18	4.67	4.34	4.10	3.93	3.79	3.68	3.59	3.46	3.31	3.16	3.08	3.00	2.92	2.83	2.75	2.65
18	8.29	6.01	5.09	4.58	4.25	4.01	3.84	3.71	3.60	3.51	3.37	3.23	3.08	3.00	2.92	2.84	2.75	2.66	2.57
19	8.18	5.93	5.01	4.50	4.17	3.94	3.77	3.63	3.52	3.43	3.30	3.15	3.00	2.92	2.84	2.76	2.67	2.58	2.49
20	8.10	5.85	4.94	4.43	4.10	3.87	3.70	3.56	3.46	3.37	3.23	3.09	2.94	2.86	2.78	2.69	2.61	2.52	2.42
21	8.02	5.78	4.87	4.37	4.04	3.81	3.64	3.51	3.40	3.31	3.17	3.03	2.88	2.80	2.72	2.64	2.55	2.46	2.36
22	7.95	5.72	4.82	4.31	3.99	3.76	3.59	3.45	3.35	3.26	3.12	2.98	2.83	2.75	2.67	2.58	2.50	2.40	2.31
23	7.88	5.66	4.76	4.26	3.94	3.71	3.54	3.41	3.30	3.21	3.07	2.93	2.78	2.70	2.62	2.54	2.45	2.35	2.26
24	7.82	5.61	4.72	4.22	3.90	3.67	3.50	3.36	3.26	3.17	3.03	2.89	2.74	2.66	2.58	2.49	2.40	2.31	2.21
25	7.77	5.57	4.68	4.18	3.85	3.63	3.46	3.32	3.22	3.13	2.99	2.85	2.70	2.62	2.54	2.45	2.36	2.27	2.17
26	7.72	5.53	4.64	4.14	3.82	3.59	3.42	3.29	3.18	3.09	2.96	2.81	2.66	2.58	2.50	2.42	2.33	2.23	2.13
27	7.68	5.49	4.60	4.11	3.78	3.56	3.39	3.26	3.15	3.06	2.93	2.78	2.63	2.55	2.47	2.38	2.29	2.20	2.10
28	7.64	5.45	4.57	4.07	3.75	3.53	3.36	3.23	3.12	3.03	2.90	2.75	2.60	2.52	2.44	2.35	2.26	2.17	2.06
29	7.60	5.42	4.54	4.04	3.73	3.50	3.33	3.20	3.09	3.00	2.87	2.73	2.57	2.49	2.41	2.33	2.23	2.14	2.03
30	7.56	5.39	4.51	4.02	3.70	3.47	3.30	3.17	3.07	2.98	2.84	2.70	2.55	2.47	2.39	2.30	2.21	2.11	2.01
40	7.31	5.18	4.31	3.83	3.51	3.29	3.12	2.99	2.89	2.80	2.66	2.52	2.37	2.29	2.20	2.11	2.02	1.92	1.80
60	7.08	4.98	4.13	3.65	3.34	3.12	2.95	2.82	2.72	2.63	2.50	2.35	2.20	2.12	2.03	1.94	1.84	1.73	1.60
120	6.85	4.79	3.95	3.48	3.17	2.96	2.79	2.66	2.56	2.47	2.34	2.19	2.03	1.95	1.86	1.76	1.66	1.53	1.38
∞	6.63	4.61	3.78	3.32	3.02	2.80	2.64	2.51	2.41	2.32	2.18	2.04	1.88	1.79	1.70	1.59	1.47	1.32	1.00

$\alpha = 0.005$

n_2 \ n_1	1	2	3	4	5	6	7	8	9	10	12	15	20	24	30	40	60	120	∞
1	16211	20000	21615	22500	23056	23437	23715	23925	24091	24224	24426	24630	24836	24940	25044	25148	25253	25359	25464
2	198.5	199.0	199.2	199.2	199.3	199.3	199.4	199.4	199.4	199.4	199.4	199.4	199.4	199.5	199.5	199.5	199.5	199.5	199.5
3	55.55	49.80	47.47	46.19	45.39	44.84	44.43	44.13	43.88	43.69	43.39	43.08	42.78	42.62	42.47	42.31	42.15	41.99	41.83
4	31.33	26.28	24.26	23.15	22.46	21.97	21.62	21.35	21.14	20.97	20.70	20.44	20.17	20.03	19.89	19.75	19.61	19.47	19.32
5	22.78	18.31	16.53	15.56	14.94	14.51	14.20	13.96	13.77	13.62	13.38	13.15	12.90	12.78	12.66	12.53	12.40	12.27	12.14
6	18.63	14.54	12.92	12.03	11.46	11.07	10.79	10.57	10.39	10.25	10.03	9.81	5.59	9.47	9.36	9.24	9.12	9.00	8.88
7	16.24	12.40	10.88	10.05	9.52	9.16	8.89	8.68	8.51	8.38	8.18	7.97	7.75	7.64	7.53	7.42	7.31	7.19	7.08
8	14.69	11.04	9.60	8.81	8.30	7.95	7.69	7.50	7.34	7.21	7.01	6.81	6.61	6.50	6.40	6.29	6.18	6.06	5.95
9	13.61	10.11	8.72	7.96	7.47	7.13	6.88	6.69	6.54	6.42	6.23	6.03	5.83	5.73	5.62	5.52	5.41	5.30	5.19
10	12.83	9.43	8.08	7.34	6.87	6.54	6.30	6.12	5.97	5.85	5.66	5.47	5.27	5.17	5.07	4.97	4.86	4.75	4.64

续表

$\alpha=0.005$

n_2 \ n_1	1	2	3	4	5	6	7	8	9	10	12	15	20	24	30	40	60	120	∞
11	12.23	8.91	7.60	6.88	6.42	6.10	5.86	5.68	5.54	5.42	5.24	5.05	4.86	4.76	4.65	4.55	4.45	4.34	4.23
12	11.75	8.51	7.23	6.52	6.07	5.76	5.52	5.35	5.20	5.09	4.91	4.72	4.53	4.43	4.33	4.23	4.12	4.01	3.90
13	11.37	8.19	6.93	6.23	5.79	5.48	5.25	5.08	4.94	4.82	4.64	4.46	4.27	4.17	4.07	3.97	3.87	3.76	3.65
14	11.06	7.92	6.68	6.00	5.56	5.26	5.03	4.86	4.72	4.60	4.43	4.25	4.06	3.96	3.86	3.76	3.66	3.55	3.44
15	10.80	7.70	6.48	5.80	5.37	5.07	4.85	4.67	4.54	4.42	4.25	4.07	3.88	3.79	3.69	3.58	3.48	3.37	3.26
16	10.58	7.51	6.30	5.64	5.21	4.91	4.69	4.52	4.38	4.27	4.10	3.92	3.73	3.64	3.54	3.44	3.33	3.22	3.11
17	10.38	7.35	6.16	5.50	5.07	4.78	4.56	4.39	4.25	4.14	3.97	3.79	3.61	3.51	3.41	3.31	3.21	3.10	2.98
18	10.22	7.21	6.03	5.37	4.96	4.66	4.44	4.28	4.14	4.03	3.86	3.68	3.50	3.40	3.30	3.20	3.10	2.99	2.87
19	10.07	7.09	5.92	5.27	4.85	4.56	4.34	4.18	4.04	3.93	3.76	3.59	3.40	3.31	3.21	3.11	3.00	2.89	2.78
20	9.94	6.99	5.82	5.17	4.76	4.47	4.26	4.09	3.96	3.85	3.68	3.50	3.32	3.22	3.12	3.02	2.92	2.81	2.69
21	9.83	6.89	5.73	5.09	4.68	4.39	4.18	4.01	3.88	3.77	3.60	3.43	3.24	3.15	3.05	2.95	2.84	2.73	2.61
22	9.73	6.81	5.65	5.02	4.61	4.32	4.11	3.94	3.81	3.70	3.54	3.36	3.18	3.08	2.98	2.88	2.77	2.66	2.55
23	9.63	6.73	5.58	4.95	4.54	4.26	4.05	3.88	3.75	3.64	3.47	3.30	3.12	3.02	2.92	2.82	2.71	2.60	2.48
24	9.55	6.66	5.52	4.89	4.49	4.20	3.99	3.83	3.69	3.59	3.42	3.25	3.06	2.97	2.87	2.77	2.66	2.55	2.43
25	9.48	6.60	5.46	4.84	4.43	4.15	3.94	3.78	3.64	3.54	3.37	3.20	3.01	2.92	2.82	2.72	2.61	2.50	2.38
26	9.41	6.54	5.41	4.79	4.38	4.10	3.89	3.73	3.60	3.49	3.33	3.15	2.97	2.87	2.77	2.67	2.56	2.45	2.33
27	9.34	6.49	5.36	4.74	4.34	4.06	3.85	3.69	3.56	3.45	3.28	3.11	2.93	2.83	2.73	2.63	2.52	2.41	2.29
28	9.28	6.44	5.32	4.70	4.30	4.02	3.81	3.65	3.52	3.41	3.25	3.07	2.89	2.79	2.69	2.59	2.48	2.37	2.25
29	9.23	6.40	5.28	4.66	4.26	3.98	3.77	3.61	3.48	3.38	3.21	3.04	2.86	2.76	2.66	2.56	2.45	2.33	2.21
30	9.18	6.35	5.24	4.62	4.23	3.95	3.74	3.58	3.45	3.34	3.18	3.01	2.82	2.73	2.63	2.52	2.42	2.30	2.18
40	8.83	6.07	4.98	4.37	3.99	3.71	3.51	3.35	3.22	3.12	2.95	2.78	2.60	2.50	2.40	2.30	2.18	2.06	1.93
60	8.49	5.79	4.73	4.14	3.76	3.49	3.29	3.13	3.01	2.90	2.74	2.57	2.39	2.29	2.19	2.08	1.96	1.83	1.69
120	8.18	5.54	4.50	3.92	3.55	3.28	3.09	2.93	2.81	2.71	2.54	2.37	2.19	2.09	1.98	1.87	1.75	1.61	1.43
∞	7.88	5.30	4.28	3.72	3.35	3.09	2.90	2.74	2.62	2.52	2.36	2.19	2.00	1.90	1.79	1.67	1.53	1.36	1.00

附表7 相关系数临界值 r_α 表

$P\{|r|>r_\alpha\}=\alpha$

$n-2$ \ α	0.10	0.05	0.02	0.01	0.001
1	0.98769	0.99692	0.999507	0.999877	0.9999988
2	0.90000	0.95000	0.98000	0.99000	0.99900
3	0.8054	0.8783	0.93433	0.95874	0.99114
4	0.7293	0.8114	0.8822	0.91720	0.97407
5	0.6694	0.7545	0.8329	0.8745	0.95088
6	0.6215	0.7067	0.7887	0.8743	0.92490
7	0.5822	0.6664	0.7498	0.7977	0.8983
8	0.5494	0.6319	0.7155	0.7646	0.8721
9	0.5214	0.6021	0.6851	0.7348	0.8471
10	0.4973	0.5760	0.6581	0.7079	0.8233
11	0.4762	0.5529	0.6339	0.6835	0.8010
12	0.4575	0.5324	0.6120	0.6614	0.7800
13	0.4409	0.5140	0.5923	0.6411	0.7604
14	0.4259	0.4973	0.5742	0.6226	0.7420
15	0.4124	0.4821	0.5577	0.6055	0.7247
16	0.4000	0.4683	0.5425	0.5897	0.7084
17	0.3887	0.4555	0.5285	0.5751	0.6932
18	0.3783	0.4438	0.5155	0.5614	0.6788
19	0.3687	0.4329	0.5034	0.5487	0.6652
20	0.3598	0.4227	0.4921	0.5368	0.6524
25	0.3233	0.3809	0.4451	0.4869	0.5974
30	0.2960	0.3494	0.4093	0.4487	0.5541
35	0.2746	0.3246	0.3810	0.4182	0.5189
40	0.2573	0.3044	0.3578	0.3932	0.4896
45	0.2429	0.2876	0.3384	0.3721	0.4647
50	0.2306	0.2732	0.3218	0.3542	0.4432
60	0.2108	0.2500	0.2948	0.3248	0.4079
70	0.1954	0.2319	0.2737	0.3017	0.3798
80	0.1829	0.2172	0.2565	0.2830	0.3568
90	0.1726	0.2050	0.2422	0.2673	0.3375
100	0.1638	0.1946	0.2301	0.2540	0.3211

习题答案

第1章　答案

习题 1-1

2. $S=\{(正,正),(正,反),(反,正),(反,反)\}$；

$A=\{(正,正),(正,反)\}$；　$B=\{(正,正),(反,反)\}$；　$C=\{(正,正),(正,反),(反,正)\}$.

3. 样本空间为 $U=\{12, 13, 14, 21, 23, 24, 31, 32, 34, 41, 42, 43\}$；

(1) $A=\{12, 14, 24, 32, 34, 42\}$；　(2) $B=\{12, 21, 23, 24, 32, 42\}$；　(3) $C=\{12, 21, 24, 42\}$.

4. $A\supset D$, $C\supset D$, $\overline{A}=B$, B 与 D 互不相容.

5. $A_k\subset B\ (k=0, 1, 2, 3, 4)$；$B$ 与 C 相互对立；A_0, A_1, A_2, A_3, C 两两互不相容，B 与 C 不相容.

6. (1) 表示3次射击至少有一次没击中靶子；　(2) 表示前两次射击都没有击中靶子；

(3) 表示恰好连续两次击中靶子.

7. (1) 成立；　(2) 当 A, B 互不相容时，成立；　(3) 成立.　　8. $A(z)\cap B(z)$

9. 区别在于是否有 $A\cup B=S$.　　10. 当 $C\subset A$ 时，等式才成立.

11. $U=\{(x, y, z)|x+y+z=l, x>0, y>0, z>0\}$.　　12. $A\supset B$, $A\supset C$，而 A 与 D 为相容关系.

13. A 与 B 互为对立事件.

14. $C=A_1A_3\cup A_2A_3\cup A_4\cup A_5A_6$，$\overline{C}=(B_1\cup B_3)(B_2\cup B_3)B_4(B_5\cup B_6)$ 或 $(B_1\cap B_2\cup B_3)B_4(B_5\cap B_6)$.

15. $B-AC=B\overline{C}+\overline{A}BC$.　　16. $A(B\cup C)$.　　17. (1) $\varnothing$；　(2) AB.

18. (1) $A\cup B=\{x|1\leqslant x\leqslant 7\}$；　(2) $B\cap\overline{C}=\{x|3<x\leqslant 7\}$；

(3) $\overline{A}\cap\overline{B}\cap\overline{C}=\{x|x>7\}$；　(4) $(A\cup B)\cap\overline{C}=\{x|1\leqslant x\leqslant 7\}$.

20. (1) 三个模型中恰好有一个分类正确；　(2) 三个模型中至少有一个未分类正确；

(3) 三个模型中恰好有两个分类正确；　(4) 三个模型中至少有两个分类正确；

(5) 三个模型中至多一个分类正确；　(6) 三个模型中至多两个分类正确.

习题 1-2

1. 0.2.　　3. $1-p$.　　4. 0.8.　　5. 0.5.

6. 11/12.　　7. 3/8.　　8. (1) 当 $A\subset B$ 时，$P(AB)|_{\max}=0.6$；

(2) 当 $P(A\cup B)=1$ 时，$P(AB)|_{\min}=0.3$.　　9. 0.8.　　10. 0.225.　　11. (1) 0.2；　(2) 0.2.

12. 35%.　　13. 鹿: 0.3；兔: 0.4；狐狸: 0.2；狼: 0.1.　　14. (1) 约为 0.150 7；(2) 约为 0.008 847.

习题 1-3

1. (1) $\dfrac{15}{28}$；　(2) $\dfrac{9}{14}$.　　2. $\dfrac{8}{15}$.　　3. $\dfrac{17}{25}$.　　4. 0.25；0.375.

5. 约为 0.105 5.　　6. $1-\dfrac{C_{n-m}^k}{C_n^k}$.　　7. (1) 0.4；　(2) 0.6.

8. $\frac{1}{27}$; $\frac{8}{27}$; $\frac{2}{9}$; $\frac{8}{9}$.　　9. $P(A_1)=\frac{7}{15}$; $P(A_2)=\frac{14}{15}$.

10. $P(A)=P(B)=P(C)=\frac{1}{27}$; $P(D)=P(E)=\frac{8}{27}$; $P(F)=\frac{1}{9}$; $P(G)=\frac{2}{9}$; $P(H)=\frac{8}{9}$.

11. 约为 0.602.　12. $\frac{2}{9}$.　13. (1) $p=\frac{C_{400}^{90}C_{1\,100}^{110}}{C_{1\,500}^{200}}$;　(2) $p=1-\frac{C_{1\,100}^{200}}{C_{1\,500}^{200}}-\frac{C_{400}^{1}C_{1\,100}^{199}}{C_{1\,500}^{200}}$.

14. $\frac{13}{21}$.　15. $\frac{16}{17}$.　16. 约为 0.444.　17. 0.062 5.

18. 约为 0.134.　19. $\frac{1}{3}$.　20. $\frac{2}{21}$.　21. 约为 0.788.　22. $\frac{1}{1\,960}$.　23. $\frac{7}{9}$.

24. 0.214.　25. $\frac{5}{8}$.

习题 1-4

1. 0.8; 0.6; 0.5; 0.625; 约为 0.83.　2. $\frac{2}{3}$.　3. $\frac{1}{3}$.

4. $P(AB)=0.4$; $P(B-A)=0.1$; $P(\overline{B}|\overline{A})=\frac{2}{3}$.　8. 0.51.　9. 0.93.　10. 0.455.　11. 约为 0.92.

12. $\frac{3}{10}$, $\frac{3}{5}$.　13. 甲、丙搭配, 乙、丁搭配的组合好, 此时命中率为 0.807 6.　14. 约为 0.705 9.

15. 约为 0.194.　16. 0.18.　17. (1) 0.27;　(2) 0.15.

18. 0.16; 原发信号为"•"的可能性较大.

19. $P(Y_1|X)\approx 0.454\,5$, $P(Y_2|X)\approx 0.363\,6$, $P(Y_3|X)\approx 0.181\,8$.

20. 坐火车来的可能性最大.　21. 0.995 6.　22. (1) 0.025;　(2) 0.4.

23. (1) 0.026 25;　(2) 0.487 8.　24. (1) 0.106;　(2)不能断定该居民属于肥胖者.

25. 0.02.　26. 0.026.

习题 1-5

1. D.　2. $\frac{7}{8}$.　3. $1-P(\overline{A}_1\overline{A}_2\overline{A}_3)=1-(1-\alpha)(1-\beta)(1-\gamma)$.　5. $\frac{1}{4}$.

6. $(1-p_1)(1-p_2)\cdots(1-p_n)\sum_{k=1}^{n}\frac{p_k}{1-p_k}$.　7. $C_9^3p^4(1-p)^6$.　8. (1) 0.56;　(2) 0.24;　(3) 0.14.

9. (1) $\frac{3}{8}$;　(2) $\frac{5}{16}$.　10. 0.104.　11. 0.63.

12. 第一种工艺保证得到一级品的概率更大.　13. 0.6.

14. (1) $\left(1-\frac{M}{N}\right)^n$; (2) $1-\left(\frac{M}{N}\right)^n$; (3) $C_n^k\left(1-\frac{M}{N}\right)^k\left(\frac{M}{N}\right)^{n-k}$.　15. 0.059.　16. 0.66.

17. $P(A)=4/7$, $P(B)=3/7$.　18. $p_1p_2p_3+p_1p_4-p_1p_2p_3p_4$.

21. $1-\frac{2^{11}}{3^9}$.　22. 事件 A_1, A_2, A_3 两两独立, 但不相互独立.　23. (1) 0.384;　(2) 0.488.

24. (1) 约为 0.402；(2) 约为 0.201；(3) 约为 0.665 1．　25. (1) 0.163；　(2) 0.353．

26. 约为 0.230 4．　27. 0.998 4；$n \geqslant 3$，即至少 3 个开关.

28. (1) 0.349；(2) 0.581；(3) 0.590；(4) 0.343；(5) 0.692．　29. 必须发射161个粒子.

总习题一

1. (1) $A_1 \cup A_2$；　(2) $A_1\overline{A}_2\overline{A}_3$；　(3) $A_1A_2A_3$；

(4) $A_1 \cup A_2 \cup A_3$ 或 $\overline{\overline{A}_1\overline{A}_2\overline{A}_3}$ (三次都抽到合格品的逆事件)；　(5) $\overline{A}_1A_2A_3 \cup A_1\overline{A}_2A_3 \cup A_1A_2\overline{A}_3$．

2. (1) $A \cup B \cup C = A\overline{B}\overline{C} + A\overline{B}C + AB\overline{C} + ABC + \overline{A}BC + \overline{A}B\overline{C} + \overline{A}\overline{B}C$；　(2) $AB \cup C = AB\overline{C} + C$；

(3) $B - AC = AB\overline{C} + \overline{A}B\overline{C} + \overline{A}BC = B\overline{A} + AB\overline{C} = B\overline{C} + \overline{A}BC$．

4. 0.7；0.8．　5. $\dfrac{5}{8}$．　6. $a = \dfrac{1}{3}$，$P(A+B) = \dfrac{2}{3}$．　8. 100；5%．

9. 一次拿 3 件的情况：(1) 0.058 8；(2) 0.059 4．

每次拿 1 件，取后放回，拿 3 次的情况：(1) 0.057 6；(2) 0.058 8．

每次拿 1 件，取后不放回，拿 3 次的情况：(1) 0.058 8；(2) 0.059 4．

10. 0.62．　11. 约为 0.788．　12. (1) $\dfrac{1}{12}$；　(2) $\dfrac{1}{20}$．

13. (1) 0.363 32；(2) 0.214 76．　14. (1) 0.862；　(2) 0.058．

15. 0.018 144；0.999 999 9．　16. 乙的观点对.

17. (1) $\dfrac{2C_{48}^9}{C_{52}^{13}}$；　(2) $\dfrac{2C_{48}^9}{C_{52}^{13}} - \dfrac{C_{48}^9C_{48}^9}{C_{52}^{13}C_{52}^{13}}$．　18. $\dfrac{2(n-r-1)}{n(n-1)}$．

19. $\dfrac{1}{2} + \dfrac{1}{\pi}$．　20. (1) 0.30；(2) 0.07；(3) 0.73；(4) 0.14．　22. 0.999 3．

23. (1) 0.4；(2) 0.485．　24. 射手属于第二组最为可能.　25. 约为 0.923；0.75．

26. $\dfrac{a+2m}{a+b+3m} \cdot \dfrac{b}{a+b+2m} \cdot \dfrac{a+m}{a+b+m} \cdot \dfrac{a}{a+b}$．

27. 0.812 5；0.31．　28. $\dfrac{2}{3}$．　29. $\dfrac{C_{2n-r}^n}{2^{2n-r}}$．　30. 0.458．　31. 约为 0.557 2．

33. 因为第二次取到 1,2,3 号球的概率分别为 $\dfrac{1}{2}, \dfrac{13}{48}, \dfrac{11}{48}$，所以第二次取到 1 号球的概率最大.

34. 0.862 9．　35. (1) 0.140 2；(2) 一台不合格的仪器中有一个部件不是优质品的概率最大.

第 2 章　答案

习题 2-1

3. $X = X(\omega) = \begin{cases} 0, & \omega = \omega_1 \\ 1, & \omega = \omega_2 \\ 2, & \omega = \omega_3 \end{cases}$；　$P\{X=0\} = \dfrac{1}{2}$；　$P\{X=1\} = \dfrac{1}{10}$；　$P\{X=2\} = \dfrac{2}{5}$．

4. $X(\omega_i)=i$, $i=1, 2, \cdots, 20$, $X=k$表示抽检的20件产品中恰好有k件合格品.

5. $X(\omega)=\begin{cases} 100, & \omega=A \\ -50, & \omega=B \end{cases}$.　　6. $X(t)=t$.

习题 2-2

1. $\lambda=2$.

2.

X	0	1	2
p_k	0.36	0.48	0.16

3. (1) 1/5;　(2) 2/5;　(3) 3/5.

4. $c=2.3125$, $P\{X<1 \mid X\neq 0\}=0.32$.

5. (1) $50k^2-25k+3=0$, $k_1=0.2$, $k_2=0.3$;　(3) $P\{6\leqslant W<10\}=0.14$.　6. $\dfrac{1}{3}$.

7. $P(k)=\dbinom{10}{k}\cdot\left(\dfrac{1}{2}\right)^{10}$, $k=0,1,2,\cdots,10$.　8. X服从参数为0.98的两点分布.

9.

X	3	4	5
p_k	1/10	3/10	3/5

10.

X	0	1	2	3
p_i	1/2	1/4	1/8	1/8

11.

X	0	1	2
P	1/15	7/15	7/15

12. $P\{X=1\}=\dfrac{1}{8}$, $P\{X=2\}=\dfrac{5}{16}$, $P\{X=3\}=\dfrac{5}{16}$, $P\{X=4\}=\dfrac{1}{4}$.　13. 0.1329.　14. 0.6.

15. (1) $0.9^k\times 0.1$, $k=0,1,2,\cdots$;　(2) $P\{X\geqslant 5\}=0.9^5$;

(3) 以0.6的概率保证在两次调整之间生产的合格品数不少于5.

16.

X	0	1
P	0.4	0.6

17.

X	0	1	2	3
P	$\dfrac{35}{120}$	$\dfrac{63}{120}$	$\dfrac{21}{120}$	$\dfrac{1}{120}$

18. $P\{X=k\}=\left(\dfrac{3}{10}\right)^{k-1}\dfrac{7}{10}\ (k=1,2,\cdots)$.　19. $\dfrac{19}{27}$.　20. 约为0.2381.

21. (1) 0.2304; (2) 0.08704; (3) 0.91296.　22. $1-e^{-0.1}$.

23. $P\{X=2\}\approx 0.224$, $P\{X<2\}\approx 0.1991$, $P\{X>2\}=0.5769$, $P\{X\geqslant 1\}\approx 0.9502$.

24. e^{-8}.　25. $\dfrac{1}{25}(1+2\ln 5)$.　26. 15件.

27.

X	0	1	2
P	0.4096	0.4608	0.1296

需做如下假设: 选取的两个人是否是右利手和有红头发是相互独立的, 且每个人被选取的机会相同.

28. $P\{Y=1\}=0.2$, $P\{Y=0\}=0.8$.　29. 约为0.0307.　30. 约为0.1404.

31. 约为0.1404.　32. 约为0.04548.

习题 2-3

1. 离散.　2. $F(x)$是随机变量的分布函数.　3. $a=\dfrac{5}{16}$, $b=\dfrac{7}{16}$.

4. $F(x)=\begin{cases}0, & x<1\\ 0.3, & 1\leqslant x<3\\ 0.8, & 3\leqslant x<5\\ 1, & x\geqslant 5\end{cases}$.

5. (1)

X	-1	1	3
p_k	0.4	0.4	0.2

; (2) $\dfrac{2}{3}$.

6. 0.6；0.75；0.

7.(1) $A=\dfrac{1}{2}$, $B=\dfrac{1}{\pi}$； (2) $\dfrac{1}{2}$.

8. $F(x)=\begin{cases}0, & x<0\\ x/a, & 0\leqslant x<a\\ 1, & x\geqslant a\end{cases}$.

9. $F(x)=\begin{cases}0, & x<0\\ 0.9, & 0\leqslant x<1\\ 1, & x\geqslant 1\end{cases}$.

10.

X	3	4	5
p_k	1/10	3/10	6/10

; $F(x)=\begin{cases}0, & x<3\\ 1/10, & 3\leqslant x<4\\ 2/5, & 4\leqslant x<5\\ 1, & x\geqslant 5\end{cases}$.

11. $F(x)=\begin{cases}0, & x<-2\\ 0.15, & -2\leqslant x<-1\\ 0.4, & -1\leqslant x<0\\ 0.7, & 0\leqslant x<1\\ 0.9, & 1\leqslant x<2\\ 1, & x\geqslant 2\end{cases}$.

12. 0.6.

习题 2-4

1. $\dfrac{X+3}{\sqrt{2}}$.

2. 0.25；0；$F(x)=\begin{cases}0, & x\leqslant 0\\ x^2, & 0<x<1\\ 1, & x\geqslant 1\end{cases}$.

3. $a=\dfrac{1}{2}$, $b=0$.

4. $A=1$.

5. $b=1$；$F(x)=\begin{cases}0, & x<0\\ \dfrac{1}{2}x^2, & 0\leqslant x<1\\ \dfrac{3}{2}-\dfrac{1}{x}, & 1\leqslant x<2\\ 1, & x\geqslant 2\end{cases}$.

6. (1) $A=1$, $B=-1$； (2) $P\{-1<X<1\}=1-e^{-2}$； (3) $f(x)=\begin{cases}2e^{-2x}, & x>0\\ 0, & x\leqslant 0\end{cases}$.

7. $A=\dfrac{1}{2}$；$F(x)=\begin{cases}\dfrac{1}{2}e^{x}, & x<0\\ 1-\dfrac{1}{2}e^{-x}, & x\geqslant 0\end{cases}$.

8. $\dfrac{8}{27}$.

9. 约为33.33%.

10. 约为0.268.

11. $\dfrac{20}{27}$.

12. $\dfrac{4}{5}$.

13. $P(AB)=\dfrac{1}{8}$.

14. (1) $c=3$； (2) 0.436.

15. (1) $a=7.564$； (2) $a=5.16$.

16. 约为0.875.

17. $\mu=4$.

18. 1.96δ.

19. 0.675.

20. 想获超产奖的工人，每月必须装配产品 4 077 件以上.

21. (1) 0.337 2，0.595； (2) $x\geqslant 129.74$.

22. 车门的高度超过183.98cm时，男子与车门碰头的概率小于0.01.

23. 97.72%.　　24. (1) 有60分钟应走第二条路；　(2) 只有45分钟应走第一条路.

25. (1) $\lambda=\ln 2$；　(2) $\frac{1}{2}$.　　26. $\lambda=2$.

27. $P\{Y=k\}=C_5^k(e^{-2})^k(1-e^{-2})^{5-k}$，$k=0,1,2,3,4,5$；　$P\{Y\geqslant 1\}\approx 0.5167$.　　28. $\alpha=1-e^{-1}$.

29. 约为49.66%.　　31. 约为95.44%.　　32. 约为95.44%.

习题 2-5

1. (1) $a=\frac{1}{10}$；

(2)

Y	-1	0	3	8
p_i	3/10	1/5	3/10	1/5

.

2.

η	0	1	2
p_i	1/5	2/5	2/5

.

3.

Y	-1	0	1
P	2/15	1/3	8/15

.

4. 当 $c>0$ 时，$f_Y(y)=\begin{cases}\dfrac{1}{c(b-a)}, & ca+d\leqslant y\leqslant cb+d\\ 0, & 其他\end{cases}$；

当 $c<0$ 时，$f_Y(y)=\begin{cases}-\dfrac{1}{c(b-a)}, & cb+d\leqslant y\leqslant ca+d\\ 0, & 其他\end{cases}$.

5. $f_Y(y)=\begin{cases}1/y, & 1<y<e\\ 0, & 其他\end{cases}$.　　6. $f_Y(y)=\begin{cases}\dfrac{1}{2\sqrt{\pi(y-1)}}e^{-\frac{y-1}{4}}, & y>1\\ 0, & y\leqslant 1\end{cases}$.

7. (1) $f_Y(y)=\begin{cases}\dfrac{1}{y^2}\cdot f\left(\dfrac{1}{y}\right), & y\neq 0\\ 0, & y=0\end{cases}$；　(2) $f_Y(y)=\begin{cases}f(y)+f(-y), & y>0\\ 0, & y\leqslant 0\end{cases}$.

8. $f_\theta(y)=\dfrac{9}{10\sqrt{\pi}}e^{-\frac{81}{100}(y-37)^2}$，$-\infty<y<+\infty$.　　10. $\dfrac{63}{64}$.

11. $g(y)=\dfrac{1}{\pi(1+y^2)}$，$-\infty<u<+\infty$.　　12. $f_Y(y)=\dfrac{80.2-2y}{58.32}$，$32\leqslant y\leqslant 37.4$.

13. 约为0.1701.　　14. $k=\dfrac{2\pi}{3}$；约为0.1756.　　15. 约为0.6818.

总习题二

1. $\dfrac{11}{21}$.　　2. (1) 0.009；　(2) 0.998；　(3) 最可能命中7炮.

3. (1) 约为0.000 069；　(2) 约为0.986 305，约为0.615 961.　　4. 0.9261；9台.

5. 0.206.　　6. $4\left(\dfrac{\lambda^5}{5!}e^{-\lambda}\right)\left(1-\dfrac{\lambda^5}{5!}e^{-\lambda}\right)^3$.　　7. (1) 约为0.223；　(2) 约为0.918.

8. (1) 至少配备 4 人；　(2) 约为 0.017 5；　(3) 约为 0.014 4．

9. (1) $q=1-\sqrt{\dfrac{1}{2}}$；　(2) $F(x)=\begin{cases}0, & x<-1\\ \dfrac{1}{2}, & -1\leqslant x<0\\ \sqrt{2}-\dfrac{1}{2}, & 0\leqslant x<1\\ 1, & x\geqslant 1\end{cases}$．

10. (1) $12k^2+4k+11=0$，$k_1=-\dfrac{1}{2}$，$k_2=\dfrac{1}{6}$；　(3) $\dfrac{1}{12}$．

11. 1，$\dfrac{1}{2}$．　12. $F(x)=\begin{cases}0, & x\leqslant 0\\ 1-e^{-\lambda x}, & x>0\end{cases}(\lambda>0)$，$1-e^{-\lambda T}$．　13. $F(x)=\begin{cases}0, & x\leqslant 0\\ \dfrac{x^2}{2}, & 0<x\leqslant 1\\ -1+2x-\dfrac{x^2}{2}, & 1<x\leqslant 2\\ 1, & x>2\end{cases}$．

14. (1) $3e^{-2}$；　(2) $3e^{-2}-4e^{-3}$．　15. $c=e^{\lambda a}$；$1-e^{-\lambda}$．　16. 0.578 125．　17. (1) 不是.

19. $\dfrac{3}{5}$．　20. $\dfrac{20}{27}$．　21. 可以录取.

22. (1) 0.064 134．　(2) 电压超过 240V 的情况引起损坏的概率最大.

23. (1) $F(x)=\begin{cases}1-e^{-0.1x}, & x\geqslant 0\\ 0, & x<0\end{cases}$；　(2) 0.26；　(3) 0.13．

24. (1) 约为 0.32；　(2) 0.93．

25.

X^2	0	1	4	9
p_k	1/5	7/30	1/5	11/30

26. $f_Y(y)=\begin{cases}0, & y<3\\ \left(\dfrac{y-3}{2}\right)^3 e^{-\left(\frac{y-3}{2}\right)^2}, & y\geqslant 3\end{cases}$．　27. $f_Y(y)=\begin{cases}1/y^2, & 1<y<+\infty\\ 0, & \text{其他}\end{cases}$．

28. $F_Y(y)=\begin{cases}0, & y<1\\ 2\sqrt{y-1}-(y-1), & 1\leqslant y<2\\ 1, & y\geqslant 2\end{cases}$；$f_Y(y)=\begin{cases}\dfrac{1}{\sqrt{y-1}}-1, & 1<y<2\\ 0, & \text{其他}\end{cases}$．

29.

η	0	1	2	3	4	5	6
P	3/20	6/35	5/28	6/35	3/20	4/35	9/140

30. $F(x)=\begin{cases}0, & -\infty\leqslant x<0\\ 1/8, & 0\leqslant x<1\\ 1/2, & 1\leqslant x<2\\ 7/8, & 2\leqslant x<3\\ 1, & 3\leqslant x<+\infty\end{cases}$．　31. $2a+3b=4$．

32. $p_3 < p_2 < p_1$.　　33. $f_Y(y) = \frac{42.4}{315} - \frac{2y}{315}$，$3.2 \leqslant y \leqslant 15.2$.

第 3 章　答案

习题 3-1

1. $\frac{2}{9}$.　　2. (1) $F(b,c)-F(a,c)$；　(2) $F(+\infty,b)-F(+\infty,0)$；　(3) $F(+\infty,b)-F(a,b)$.

3. (1) 1/4；　(2) 5/16；　(3) 9/16.　　4. 5/7；4/7.

5.

X_1 \ X_2	0	1
0	0.1	0.1
1	0.8	0

.

6. (1)

X \ Y	0	1/3	1
−1	0	1/12	1/3
0	1/6	0	0
2	5/12	0	0

；(2)

Y	0	1/3	1
P_k	7/12	1/12	1/3

.

7. $\frac{1}{2}$.　　8. (1) $k=\frac{1}{8}$；　(2) $\frac{3}{8}$；　(3) $\frac{27}{32}$；　(4) $\frac{2}{3}$.

9. (1) $c=4$；　(2) $F(x,y)=\begin{cases} 0, & x<0 \text{ 或 } y<0 \\ x^2, & 0\leqslant x\leqslant 1, y>1 \\ x^2y^2, & 0\leqslant x\leqslant 1, 0\leqslant y\leqslant 1 \\ y^2, & x>1, 0\leqslant y\leqslant 1 \\ 1, & x>1, y>1 \end{cases}$.　　10. $f_Y(y)=\begin{cases} 2.4y^2(2-y), & 0\leqslant y\leqslant 1 \\ 0, & \text{其他} \end{cases}$.

11. $f(x,y)=\begin{cases} 6, & 0\leqslant x\leqslant 1, x^2\leqslant y\leqslant x \\ 0, & \text{其他} \end{cases}$；$f_X(x)=\begin{cases} 6(x-x^2), & 0\leqslant x\leqslant 1 \\ 0, & \text{其他} \end{cases}$；$f_Y(y)=\begin{cases} 6(\sqrt{y}-y), & 0\leqslant y\leqslant 1 \\ 0, & \text{其他} \end{cases}$.

12.

Y \ X	0	1	2
0	0.16	0.08	0.01
1	0.32	0.16	0.02
2	0.16	0.08	0.01

.

13. (1) $\frac{4}{9}$；　(2)

X \ Y	0	1	2
0	1/4	1/3	1/9
1	1/6	1/9	0
2	1/36	0	0

.

14.

X \ Y	0	1	2	3
0	0	0	0	1/10
1	0	0	3/5	0
2	0	3/10	0	0

.

15.

Y \ X	0	1	2
0	1/9	2/9	1/9
1	2/9	2/9	0
2	1/9	0	0

.　　16. 0.96.

17. (1)

Y	5~15	15~25	25~35	35以上
P_Y	0.54	0.28	0.15	0.03

；$F_X(x)=\begin{cases} 0, & x<0 \\ 0.05, & 0\leqslant x<1 \\ 0.6, & 1\leqslant x<2 \\ 0.92, & 2\leqslant x<3 \\ 1, & x\geqslant 3 \end{cases}$.　　(2) 0.32.

18. (1) $f(x,y)=\begin{cases}6x^2y, & 0<x<1,0<y<1\\ 0, & \text{其他}\end{cases}$;　　(2) 0.023 04.

19. (1) $F_X(x)=x,\ 0\leqslant x\leqslant 1$; $F_Y(y)=y,\ 0\leqslant y\leqslant 1$;　　(2) 0.21.

20. (1) $$f(x,y)=\frac{1}{2\pi\cdot 4\cdot 6\cdot\sqrt{1-(0.5)^2}}\exp\left(-\frac{1}{2(1-0.25)}\left[\left(\frac{x-30}{4}\right)^2-2(0.5)\cdot\frac{x-30}{4}\cdot\frac{y-35}{6}+\left(\frac{y-35}{6}\right)^2\right]\right);$$

(2) 约为 0.348 3.

习题 3-2

1. (1) $P\{Y=0\}=0.7$, $P\{Y=1\}=0.3$;　　(2) $\frac{2}{3},\frac{1}{3}$;　　(3) 不独立.

2. (1)

X	51	52	53	54	55
p_k	0.18	0.15	0.35	0.12	0.20

,

Y	51	52	53	54	55
p_k	0.28	0.28	0.22	0.09	0.13

;

(2)

k	51	52	53	54	55
$P\{X=k\mid Y=51\}$	6/28	7/28	5/28	5/28	5/28

.

3. (1)

$X\mid(Y=1)$	0	1	2
p_k	3/11	8/11	0

;　(2)

$Y\mid(X=2)$	0	1	2
p_k	4/7	0	3/7

.

4. (1) $\alpha+\beta=\frac{1}{3}$.　　(2) $\alpha=\frac{1}{9}$, $\beta=\frac{2}{9}$.

5. (1) $f_X(x)=\begin{cases}3x^2, & 0<x<1\\ 0, & \text{其他}\end{cases}$,　$f_Y(y)=\begin{cases}\frac{3}{2}(1-y^2), & 0<y<1\\ 0, & \text{其他}\end{cases}$;

(2) $f_{X\mid Y}(x\mid y)=\begin{cases}\frac{2x}{1-y^2}, & y<x<1\\ 0, & \text{其他}\end{cases}$,　$f_{Y\mid X}(y\mid x)=\begin{cases}1/x, & 0<y<x\\ 0, & \text{其他}\end{cases}$.

6.

X \ Y	$-1/2$	1	3
-2	1/8	1/16	1/16
-1	1/6	1/12	1/12
0	1/24	1/48	1/48
1/2	1/6	1/12	1/12

; $P\{X+Y=1\}=\frac{1}{12}$; $P\{X+Y\neq 0\}=\frac{3}{4}$.　　7. $\frac{1}{3}$.　　8. $\frac{1}{2\pi}\mathrm{e}^{-\frac{1}{2}(x^2+y^2)}$.

9. X 与 $|X|$ 不相互独立.　　10. (1) $f(x,y)=\begin{cases}\frac{1}{2}\mathrm{e}^{-y/2}, & 0<x<1,\ y>0\\ 0, & \text{其他}\end{cases}$;　　(2) 0.143 3.

11. (1) $k=1$;　(2) $F(x,y)=\begin{cases}(1-\mathrm{e}^{-x})(1-\mathrm{e}^{-y}), & x\geqslant 0,y\geqslant 0\\ 0, & \text{其他}\end{cases}$;　(3) $P\{(\xi,\eta)\in G\}=(1-\mathrm{e}^{-1})^2$.

12. $f_X(2)=\dfrac{1}{4}$.

13. (1) $f_X(x)=\begin{cases} x, & 0<x<1 \\ 2-x, & 1\leqslant x<2; \\ 0, & 其他 \end{cases}$ (2) $f_{X|Y}(x\mid y)=\begin{cases} \dfrac{1}{2(1-y)}, & y<x<2-y \\ 0, & 其他 \end{cases}$.

14. $A=\dfrac{1}{\pi}$, $f_{Y|X}(y|x)=\dfrac{1}{\sqrt{\pi}}e^{-(x-y)^2}$, $x\in\mathbf{R}, y\in\mathbf{R}$.

15. (1) $f_{Y|X}(y|x)=\dfrac{3x+y}{6x+2}$, $f_{X|Y}(x|y)=\dfrac{6x^2+2xy}{2+y}$; (2) $\dfrac{65}{72}, \dfrac{17}{24}, \dfrac{5}{32}$.

16. (1)

X \ Y	0	1	$p_{i\cdot}$
0	6/20	6/20	3/5
1	6/20	2/20	2/5
$p_{\cdot j}$	3/5	2/5	

; (2) 随机变量X与Y不相互独立.

17. (1) $f_X(x)=\begin{cases} 1/4, & 5<x<8 \\ 1/12, & 10<x<13, \\ 0, & 其他 \end{cases}$ $f_Y(y)=\begin{cases} 1, & 2<y<3 \\ 0, & 其他 \end{cases}$;

(2) 随机变量X与Y相互独立.

18. (1) $k=4$; (2) $f_X(x)=\begin{cases} 2xe^{-x^2}, & x\geqslant 0 \\ 0, & x<0 \end{cases}$, $f_Y(y)=\begin{cases} 2ye^{-y^2}, & y\geqslant 0 \\ 0, & y<0 \end{cases}$;

(3) X与Y相互独立; (4) $f_{X|Y}(x|y)=\begin{cases} 2xe^{-x^2}, & x\geqslant 0 \\ 0, & x<0 \end{cases}$, $f_{Y|X}(y|x)=\begin{cases} 2ye^{-y^2}, & y\geqslant 0 \\ 0, & y<0 \end{cases}$.

19. (1) $f_{X|Y}(x|y)=\dfrac{1}{\sqrt{2\pi\cdot 9\cdot 0.64}}\exp\left(-\dfrac{(x-20-0.45(y-30))^2}{2\cdot 9\cdot 0.64}\right)$;

(2) 约为0.676 6.

习题 3-3

1.

V \ U	1	2	3
1	1/9	2/9	2/9
2	0	1/9	2/9
3	0	0	1/9

.

2. (1)

$X+Y$	−2	0	1	3	4
p_i	1/10	1/5	1/2	1/10	1/10

; (2)

XY	−2	−1	1	2	4
p_i	1/2	1/5	1/10	1/10	1/10

;

(3)

X/Y	−2	−1	−1/2	1	2
p_i	1/5	1/5	3/10	1/5	1/10

; (4)

$\max\{X, Y\}$	−1	1	2
p_i	1/10	1/5	7/10

.

3. $P(\xi+\eta=n)=\dfrac{n-1}{2^n}(n=2,3,\cdots)$.

4.

$U \backslash V$	0	1
0	1/4	0
1	1/4	1/2

.

5. $\dfrac{1}{9}$.　6. $f_Z(z)=\begin{cases} z\mathrm{e}^{-z^2/2}, & z>0 \\ 0, & z\leqslant 0 \end{cases}$.　7. (1) X 与 Y 不相互独立；(2) $f_Z(z)=\begin{cases} \dfrac{1}{2}z^2\mathrm{e}^{-z}, & z>0 \\ 0, & z\leqslant 0 \end{cases}$.

8. (1) $\dfrac{11}{16}$；　(2) $f_Z(z)=\begin{cases} \dfrac{3}{8}z^2, & 0<z<1 \\ 0, & \text{其他} \end{cases}$.

9. $\varphi(z)=\dfrac{1}{\pi(1+z^2)}$.　10. $f_Z(z)=\begin{cases} 0, & z\leqslant 0 \\ 1-\mathrm{e}^{-z}, & 0<z\leqslant 1 \\ \mathrm{e}^{1-z}-\mathrm{e}^{-z}, & z>1 \end{cases}$.

11. (1) $b=\dfrac{1}{1-\mathrm{e}^{-1}}$；　(2) $f_X(x)=\begin{cases} \dfrac{\mathrm{e}^{-x}}{1-\mathrm{e}^{-1}}, & 0<x<1 \\ 0, & \text{其他} \end{cases}$，$f_Y(y)=\begin{cases} \mathrm{e}^{-y}, & y>0 \\ 0, & y\leqslant 0 \end{cases}$；

(3) $F_U(u)=\begin{cases} 0, & u<0 \\ \dfrac{(1-\mathrm{e}^{-u})^2}{1-\mathrm{e}^{-1}}, & 0\leqslant u<1 \\ 1-\mathrm{e}^{-u}, & u\geqslant 1 \end{cases}$.

14. $\dfrac{1}{2}$.　15. $f_Z(z)=\begin{cases} \mathrm{e}^{-z}, & z>0 \\ 0, & z\leqslant 0 \end{cases}$.

16. $F(s)=\begin{cases} 0, & s\leqslant 0 \\ \dfrac{s}{2}(1+\ln 2-\ln s), & 0<s<2 \\ 1, & s\geqslant 2 \end{cases}$.　17. $F(z)=\begin{cases} 0, & z<0 \\ \dfrac{1}{2}, & z=0 \\ 1-\dfrac{(20-z)^2}{800}, & 0<z\leqslant 20 \\ 1, & z>20 \end{cases}$.

18. (1) $P\{Z=z\}=\begin{cases} 1/9, & z=5 \\ 2/9, & z=6 \\ 1/3, & z=7 \\ 2/9, & z=8 \\ 1/9, & z=9 \\ 0, & \text{其他} \end{cases}$；　(2) $\dfrac{2}{9}$.

19. (1) $f_S(s)=\begin{cases} \dfrac{1}{2}(1-\mathrm{e}^{-s}), & 0\leqslant s<2 \\ \dfrac{1}{2}(\mathrm{e}^{2-s}-\mathrm{e}^{-2}), & s\geqslant 2 \end{cases}$；　(2) 约为 0.546 6.

总习题三

1. (1)

X \ Y	0	1
0	25/26	5/36
1	5/36	1/36

;

(2)

X \ Y	0	1
0	45/66	10/66
1	10/66	1/66

.

2.

X_1 \ X_2	0	1	$P\{X_1=i\}$
0	$1-e^{-1}$	0	$1-e^{-1}$
1	$e^{-1}-e^{-2}$	e^{-2}	e^{-1}
$P\{X_2=j\}$	$1-e^{-2}$	e^{-2}	

.

3.

X \ Y	0	1	2
0	0	2/70	3/70
1	3/70	18/70	9/70
2	9/70	18/70	3/70
3	3/70	2/70	0

.

4.

X \ Y	y_1	y_2	y_3	$p_{i\cdot}$
x_1	1/24		1/24	1/4
x_2		1/2	1/8	3/4
$p_{\cdot j}$		2/3	1/6	

.

5. (1) $a=\dfrac{1}{3}$;　(2) $F(x,y)=\begin{cases} 0, & x<1\text{ 或 }y<-1 \\ 1/4, & 1\leqslant x<2,\ -1\leqslant y<0 \\ 5/12, & x\geqslant 2,\ -1\leqslant y<0 \\ 1/2, & 1\leqslant x<2,\ y\geqslant 0 \\ 1, & x\geqslant 2,\ y\geqslant 0 \end{cases}$;

(3) $F_X(x)=\begin{cases} 0, & x<1 \\ 1/2, & 1\leqslant x<2 \\ 1, & x\geqslant 2 \end{cases}$, $F_Y(y)=\begin{cases} 0, & y<-1 \\ 5/12, & -1\leqslant y<0 \\ 1, & y\geqslant 0 \end{cases}$.

6. (1) $c=\dfrac{3}{\pi R^3}$;　(2) $\dfrac{3r^2}{R^2}\left(1-\dfrac{2r}{3R}\right)$.

7. $f_X(x)=\begin{cases} x, & 0\leqslant x<1 \\ 2-x, & 1\leqslant x\leqslant 2 \\ 0, & \text{其他} \end{cases}$, $f_Y(y)=\begin{cases} 1, & 0\leqslant y\leqslant 1 \\ 0, & \text{其他} \end{cases}$.　　8. $\alpha+\beta=\dfrac{1}{3}$; $\alpha=\dfrac{2}{9}$, $\beta=\dfrac{1}{9}$.

9. (1) $c=2$;　(2) $f_X(x)=\begin{cases} 2e^{-2x}, & x>0 \\ 0, & x\leqslant 0 \end{cases}$, $f_Y(y)=\begin{cases} e^{-y}, & y>0 \\ 0, & y\leqslant 0 \end{cases}$;

(3) $F(x,y)=\begin{cases} (1-e^{-2x})(1-e^{-y}), & x>0,\ y>0 \\ 0, & \text{其他} \end{cases}$;　(4) $P\{Y\leqslant X\}=\dfrac{1}{3}$;

(5) $f_{X|Y}(x|y)=\begin{cases} 2e^{-2x}, & x>0 \\ 0, & x\leqslant 0 \end{cases}\ (y>0)$;　(6) $P\{X<2|Y<1\}=1-e^{-4}$.

12. $a=\dfrac{1}{18}$, $b=\dfrac{2}{9}$, $c=\dfrac{1}{6}$.

13. (1)

X_2 \ X_1	-1	0	1	$P\{X_2=j\}$
0	1/4	0	1/4	1/2
1	0	1/2	0	1/2
$P\{X_1=i\}$	1/4	1/2	1/4	1

；　(2) X_1 与 X_2 不独立.

14.

Z	-1	0	1	2	3	4
p	1/5	1/10	3/20	1/4	1/20	1/4

.

15. (1) $f_X(x)=\begin{cases}\dfrac{2\sqrt{R^2-x^2}}{\pi R^2}, & -R\leqslant x\leqslant R\\ 0, & \text{其他}\end{cases}$，$f_Y(y)=\begin{cases}\dfrac{2\sqrt{R^2-x^2}}{\pi R^2}, & -R\leqslant y\leqslant R\\ 0, & \text{其他}\end{cases}$；

(2) $f_{X|Y}(x|y)=\begin{cases}\dfrac{1}{2\sqrt{R^2-y^2}}, & |x|\leqslant\sqrt{R^2-y^2}\\ 0, & \text{其他}\end{cases}$，

$f_{Y|X}(y|x)=\begin{cases}\dfrac{1}{2\sqrt{R^2-x^2}}, & |y|\leqslant\sqrt{R^2-x^2}\\ 0, & \text{其他}\end{cases}$，且 X 与 Y 不独立.

16. (1) $f_X(x)=\dfrac{2}{\pi(4+x^2)}$，$f_Y(y)=\dfrac{3}{\pi(9+y^2)}$；　(2) X 与 Y 相互独立.

17. (1) $f_X(x)=\begin{cases}x/2, & 0<x<2\\ 0, & \text{其他}\end{cases}$，$f_Y(y)=\begin{cases}2-2y, & 0<y<1\\ 0, & \text{其他}\end{cases}$，随机变量 X 与 Y 不相互独立；　(2) $\dfrac{2}{3}$.

18. (1) $A=\dfrac{1}{\pi^2}$，$B=\dfrac{\pi}{4}$，$C=\dfrac{\pi}{6}$；　(2) $f(x,y)=\dfrac{6}{\pi^2(4+x^2)(9+y^2)}$.

19. $A=6$；　$F(x,y)=\begin{cases}\dfrac{1}{(1+x+y)^2}-\dfrac{1}{(1+x)^2}-\dfrac{1}{(1+y)^2}+1, & x\geqslant 0, y\geqslant 0\\ 0, & \text{其他}\end{cases}$.

20. $f_Z(z)=\begin{cases}z, & 0\leqslant z<1\\ 2-z, & 1\leqslant z<2\\ 0, & \text{其他}\end{cases}$.　　21. $F_Z(z)=\begin{cases}0, & z\leqslant 0\\ 1-e^{-z}-ze^{-z}, & z>0\end{cases}$.

22. $f_Z(z)=\begin{cases}0, & z\leqslant 0\\ \dfrac{1}{2}, & 0<z\leqslant 1\\ \dfrac{1}{2z^2}, & z>1\end{cases}$.　　23. $f_Z(z)=\begin{cases}0, & z\leqslant 0\\ \dfrac{1}{2}(1-e^{-2z}), & 0<z\leqslant 2\\ \dfrac{1}{2}(e^{4-2z}-e^{-2z}), & z>2\end{cases}$.

24. (1) $A=1$；　(2) $f_Z(z)=\begin{cases}0, & z<0\\ \dfrac{1}{2}(1-e^{-z}), & 0\leqslant z<2\\ \dfrac{1}{2}(e^2-1)e^{-z}, & z\geqslant 2\end{cases}$.

25. $f_U(u)=\begin{cases} u, & 0<u<1 \\ 1/2, & 1\leqslant u<2 \\ 0, & 其他 \end{cases}$; $f_V(v)=\begin{cases} \frac{3}{2}-v, & 0<v<1 \\ 0, & 其他 \end{cases}$.

26. (1) $F_X(x)=\begin{cases} 1-e^{-0.01x}, & x>0 \\ 0, & 其他 \end{cases}$, $F_Y(y)=\begin{cases} 1-e^{-0.01y}, & y>0 \\ 0, & 其他 \end{cases}$; (2) $e^{-0.02}-2e^{-0.03}+e^{-0.04}$;

(3) $f(x, y)=\begin{cases} 0.01^2 e^{-0.01(x+y)}, & x>0, y>0 \\ 0, & 其他 \end{cases}$.

27. $\frac{1}{3}$. 28. $\frac{143}{288}$. 29. $(1-e^{-1})^2$.

30. $F_Z(z)=\begin{cases} 0 & z<14 \\ \frac{1}{28}(z-14)^2, & 14\leqslant z<16 \\ \frac{1}{7}z-\frac{10}{7}, & 16\leqslant z<21 \\ 1-\frac{1}{28}(23-z)^2, & 21\leqslant z<23 \\ 1, & z\geqslant 23 \end{cases}$.

第 4 章　答案

习题 4-1

1. p. 2. $E(X)=\frac{k(n+1)}{2}$. 3. 1.055 6.

4. $a<b<\frac{a}{1-p}$, 对于 m 个人可期望获益 $ma-mb(1-p)$.

5. $E(X)$. 6. 27. 7. $\frac{2}{5}$. 8. $2\ln 2-1$.

9. $E(X)=-0.2$, $E(X^2)=2.8$, $E(3X^2+5)=13.4$. 10. $k=3$, $a=2$. 11. $E(X)=1$.

12. 净盈利的数学期望 $E(L)=33.64$ 元. 13. (1) $E(Y)=2$; (2) $E(e^{-2X})=\frac{1}{3}$.

14. (1) $E(X)=2$, $E(Y)=0$; (2) $E(Z)=-\frac{1}{15}$; (3) $E[(X-Y)^2]=5$.

15. $E(Y^2)=1$. 16. $\frac{22}{9}$. 17. $E(X)=\frac{4}{5}$, $E(Y)=\frac{3}{5}$, $E(XY)=\frac{1}{2}$, $E(X^2+Y^2)=\frac{16}{15}$.

18. 4. 19. $\frac{1}{12}$. 20. $\frac{1}{2}$. 21. $\sqrt{\frac{\pi}{2}}\sigma$. 22. 1.

23. (1) $E(R)=11.6$; (2) 23.2π; (3) 不能, 正确做法是 $E(S)=E(\pi R^2)=\pi E(R^2)=135.4\pi$.

24. (1) $E[L(Z)]=mv\int_0^{+\infty}\sqrt{z+2}e^{-vz}\,dz$; (2) 2.467 6.

习题 4-2

1. $E(X)=2.3$, $D(X)=0.61$.　　2. 2, 2.　　3. B.　　4. 1.

5. $E(X)=\dfrac{a+b}{2}$, $D(X)=\dfrac{(b-a)^2}{12}$.　　6. $N\left(\mu,\dfrac{\sigma^2}{n}\right)$.

7. $N\left(\sum\limits_{i=1}^{n}(a_i\mu_i+b_i),\ \sum\limits_{i=1}^{n}a_i^2\sigma_i^2\right)$.　　8. $E(X)=\lambda=1$, $D(X)=\lambda=1$.

9. 因为$E(X)=E(Y)=1\,000$, 而$D(X)>D(Y)$, 故乙厂生产的灯泡质量较好.

10. X可取值$0,1,\cdots,9$; $P\{X\leqslant 8\}=1-\left(\dfrac{1}{3}\right)^9$.　　11. $D(XY)=27$.　　12. $E(Y)=7$, $D(Y)=37.25$.

13. (1) $E(X)=1\,200$, $D(X)=1\,225$;　　(2) 应至少储存1 282千克该产品.

*14. $E(Z)=\dfrac{1}{n}$, $D(Z)=\dfrac{1}{n^2}$.　　16. $\dfrac{1-p}{p^2}$.　　18. $D(Z)=\dfrac{2}{9}$.

19. 0.45.　　20. $D(Y)=33\beta+0.4\gamma^2$.

习题 4-3

1. D.　　2. $E(Y)=4$, $D(Y)=18$, $\operatorname{cov}(X,Y)=6$, $\rho_{XY}=1$.

3. $D(X+Y)=61$, $D(X-Y)=21$.　　5. $\rho_{X_1X_2}=-\dfrac{2}{3}$.　　6. $\rho_{Z_1Z_2}=\dfrac{\alpha^2-\beta^2}{\alpha^2+\beta^2}$.

7. $E(X)=\dfrac{7}{6}$, $E(Y)=\dfrac{7}{6}$, $\operatorname{cov}(X,Y)=-\dfrac{1}{36}$, $\rho_{XY}=-\dfrac{1}{11}$, $D(X+Y)=\dfrac{5}{9}$.

10. $f(x,y)=\dfrac{1}{3\sqrt{5}\pi}\mathrm{e}^{-\frac{8}{15}\left(\frac{x^2}{3}+\frac{xy}{4\sqrt{3}}+\frac{y^2}{4}\right)}$.　　12. $E\{[X-E(X)]^k\}=\begin{cases}0, & k\text{为奇数}\\ \lambda^k k!, & k\text{为偶数}\end{cases}$.

14. $-\dfrac{1}{3}$.　　15. $\dfrac{\sigma^2}{n}$.　　17. $1-2p$.

18. $\rho_{XY}=-\dfrac{1}{2}$, 所以随机变量X与Y相关.　　19. $-\dfrac{1}{2}$.　　20. $-\dfrac{9}{8}$.

21. 0.833 3; 位移与外力之间具有较强的正相关关系.

22. -0.283; 网络带宽与网络延迟之间存在较弱的负线性相关关系.

23. $\begin{pmatrix}25 & 10 & -2\\ 10 & 400 & -5\\ -2 & -5 & 0.5\end{pmatrix}$.

习题 4-4

1. $P\{10<X<18\}\geqslant 0.271$.　　2. $P\{|X+Y|\geqslant 6\}\leqslant\dfrac{1}{12}$.

3. $\forall\varepsilon>0$, $\lim\limits_{n\to\infty}P\{|X_n-a|\geqslant\varepsilon\}=0$.　　4. $\dfrac{1}{2}$.

5. 不能相信该工厂的废品率不超过 0.005.　6. 约为 0.006 2.　7. 约为 0.471 4.

8. 约为 0.211 9.　9. 0.916 2.　10. 所需电能为 2 265 个单位.

11. 至少 12 655 只.　12. (1) 约为 0.952;　(2) n 至少为 25.　13. 至少 147 个.

14. 0.999.　15. 0.719 0.　16. 0.894 4.　17. 0.983 8.

18. 0.748 6.　19. $\frac{8}{9}$.　20. 当 $n\to\infty$ 时, $\frac{1}{n}\sum_{i=1}^{n}X_i^2$ 依概率收敛于 $\frac{1}{6}$.

23. (1) $Y_n=Y_0+X_1+X_2+\cdots+X_n$;　(2) 0.497 2.

24. 0.25.　25. 3 255.

总习题四

1. $E(X)=7.47$.　2. $E(X)\approx 262$ 天.　3. $E(X)=1$.　4. $E(S)=\frac{\pi}{12}(a^2+ab+b^2)$.

5. $\sqrt{\frac{2}{\pi}}$.　6. $E(Z)=\sqrt{\frac{\pi}{2}}$.　7. $E(\max\{X,Y\})=\mu+\frac{\sigma}{\sqrt{\pi}}$; $E(\min\{X,Y\})=\mu-\frac{\sigma}{\sqrt{\pi}}$.

8. $21\leqslant a\leqslant 26$.　9. $\frac{1}{4}$ (小时).　10. 8.8 元.　11. (1) 0.6;　(2) 2.376 分.

12. $E(X)=0.6$, $D(X)=0.46$.　13. $a=12$, $b=-12$, $c=3$.

14. 最多装 39 袋才能使总重量超过 2 000kg 的概率不大于 0.05.　15. 46.

16. $\frac{4}{3}$; $\frac{29}{45}$.　17. $a=3$; $E(|\zeta|)=\frac{2}{\sqrt{\pi}}$; $D(|\zeta|)=2-\frac{4}{\pi}$.

18. (1) $f(x)=\begin{cases}\frac{1}{2}e^{-x}+e^{-2x}, & x>0\\ 0, & \text{其他}\end{cases}$;　(2) $\frac{11}{16}$.　19. $E(Z)=\frac{1}{3}$, $D(Z)=3$, $\rho_{XZ}=0$.

20. (1) $f_X(x)=\begin{cases}2x, & 0\leqslant x\leqslant 1\\ 0, & \text{其他}\end{cases}$, $f_Y(y)=\begin{cases}1-|y|, & -1\leqslant y\leqslant 1\\ 0, & \text{其他}\end{cases}$;

(2) $E(X)=\frac{2}{3}$, $D(X)=\frac{1}{18}$, $E(Y)=0$, $D(Y)=\frac{1}{6}$;　(3) $\operatorname{cov}(X,Y)=0$.

21. 1; $\frac{4}{9}$.　22. (1) 24;　(2) 27.

23. 当 $a=3$ 时, $E(W)$ 达到最小; $E(W)_{\min}=108$.　24. $E(X)=1$, $D(X)=1$.　25. $\frac{\sqrt{2}}{2}$.

27. $\rho_{UV}=\frac{\alpha^2-\beta^2}{\alpha^2+\beta^2}$.　29. $\tan 2\alpha=\frac{2\rho\sigma_1\sigma_2}{\sigma_1^2-\sigma_2^2}$ 时, X_1 与 X_2 不相关, 且 X_1 与 X_2 独立.　30. $\frac{39}{40}$.

31. 在 1 000 次试验中, 能以 0.999 7 的概率保证事件 A 发生的频率与 $\frac{1}{4}$ 相差约为 0.049 6. 此时 A 发生的次数 n_A 满足 $200.4\leqslant n_A\leqslant 299.6$.

32. n 充分大时, 可以.　34. 5 336.　35. 62.

36. 537.　　37. (1) 约为0；(2) 约为0.5.　　38. 0.078 7.

39. 约为0.999 99.　　40. 269件.　　42. $\overline{X}_n \sim N\left(\mu, \dfrac{\sigma^2}{n}\right)$.

第5章　答案

习题 5-1

1. C.　　4. $n=200$, $\overline{X}=7.945$, $S^2=2.599\,97$.　　5. $\dfrac{3}{10}$; $\dfrac{291(n-1)}{1\,000n}$.

6. 顺序统计量: $x_1^*=0.3<x_2^*=0.4<x_3^*=0.5<x_4^*=0.6<x_5^*=0.7$;

极差统计量: $D^*=x_5^*-x_1^*=0.7-0.3=0.4$; 经验分布函数: $F_5(x)=\begin{cases}0, & x<0.3\\ 1/5, & 0.3\leqslant x<0.4\\ 2/5, & 0.4\leqslant x<0.5\\ 3/5, & 0.5\leqslant x<0.6\\ 4/5, & 0.6\leqslant x<0.7\\ 1, & x\geqslant 0.7\end{cases}$.

7. 样本容量 $n=100$; 经验分布函数 $F_n(x)=\begin{cases}0, & x<2\\ 0.20, & 2\leqslant x<3\\ 0.50, & 3\leqslant x<4\\ 0.60, & 4\leqslant x<5\\ 0.85, & 5\leqslant x<6\\ 1, & x\geqslant 6\end{cases}$.

8. $f_1(x)=n[1-F(x)]^{n-1}f(x)$, $F_1(x)=1-[1-F(x)]^n$; $f_n(x)=n[F(x)]^{n-1}f(x)$, $F_n(x)=[F(x)]^n$.

9. $f_{(1)}(x)=\begin{cases}2\lambda e^{-2\lambda x}, & x>0\\ 0, & 其他\end{cases}$; $f_{(2)}(x)=\begin{cases}2\lambda e^{-2\lambda x}(1-e^{-\lambda x}), & x>0\\ 0, & 其他\end{cases}$.

10. (1) 0.000 747; (2) 0.935 17.　　11. n 最小应取385.　　12. 样本极差为70.

习题 5-2

1. B.　　2. (1) $t(2)$;　(2) $t(n-1)$;　(3) $F(3,n-3)$.

3. 当 $a=\dfrac{1}{20}$, $b=\dfrac{1}{100}$ 时, $Y\sim\chi^2(2)$, 自由度为 $n=2$.

5. $F(10,5)$.　　10. 0.253, 0.841 6, 1.28, 1.65.　　11. 1.145, 11.071, 2.558, 23.209.

12. 0.162 3, 0.068 4, 0.091 2.　　13. 2.353, 3.365, 1.415, 3.169.　　14. $\dfrac{2}{\pi}\arctan 2$.　　15. 2.45.

16. $P\{\eta\geqslant 40\}\approx 0.141$.　　17. $P\{\overline{X}\geqslant 185\}\approx 0.05$.　　18. $c=39.86$.

习题 5-3

1. (1) 0.290 5； (2) 0.012 2． 2. (1) $\overline{X}\sim N\left(10,\dfrac{3}{2}\right)$； (2) 约为 0.206 1．

3. (1) $p,\ \dfrac{1}{n}p(1-p)$； (2) $mp,\ \dfrac{1}{n}mp(1-p)$； (3) $\lambda,\ \dfrac{1}{n}\lambda$；

(4) $\dfrac{a+b}{2},\ \dfrac{(b-a)^2}{12n}$； (5) $\dfrac{1}{\lambda},\ \dfrac{1}{n\lambda^2}$．

4. (1) 0.689 8； (2) 0.998 7． 5. 0.543 1． 6. 约为 0.997． 7. 0.015 9． 8. 27．

9. $\sigma=3.11$． 10. (1) 0.99； (2) $D(S^2)=\dfrac{2}{15}\sigma^4$． 11. $a=26.105$．

12. (1) $\chi^2(2(n-1))$； (2) $F(1,2n-2)$． 13. $0.025\leqslant P\{S_1^2\geqslant 2S_2^2\}\leqslant 0.05$．

14. 0.05． 15. 0.925． 16. 0.813 3． 17. 0.248．

20. $U=-3.06$；两个协议的均值差异显著． 21. $F=1.124$． 22. $T=-1.958$．

23. $\dfrac{\overline{X}}{0.516}\sim N(0,1)$． 24. $\dfrac{\overline{X}-350}{7.071}\sim N(0,1)$．

总习题五

1. 4；4；$F_{10}(x)=\begin{cases}0, & x<1\\ 1/10, & 1\leqslant x<2\\ 2/10, & 2\leqslant x<3\\ 4/10, & 3\leqslant x<4\\ 7/10, & 4\leqslant x<5\\ 8/10, & 5\leqslant x<6\\ 9/10, & 6\leqslant x<8\\ 1, & x\geqslant 8\end{cases}$．

2. 总体是电器的使用寿命，其概率密度为

$$f(x)=\begin{cases}\lambda e^{-\lambda x}, & x>0\\ 0, & x\leqslant 0\end{cases}\ (\lambda\text{未知}),$$

样本 $X_1, X_2, \cdots, X_n$ 是 n 件该种电器的使用寿命，其样本密度为

$$f(x_1,x_2,\cdots,x_n)=\begin{cases}\lambda^n e^{-\lambda(x_1+x_2+\cdots+x_n)}, & x_1,x_2,\cdots,x_n>0\\ 0, & \text{其他}\end{cases}.$$

3. (1) 略； (2) 样本均值为 5.58，样本方差为 3.82． 4. 样本均值为 15.0，样本方差为 0.215^2．

5. (1) $f(x_1,x_2,\cdots,x_n)=\begin{cases}\dfrac{1}{(b-a)^n}, & a\leqslant x_1\leqslant\cdots\leqslant x_n\leqslant b\\ 0, & \text{其他}\end{cases}$；

(2) $f_Y(x)=\dfrac{n(x-a)^{n-1}}{(b-a)^n}$, $x\in[a,b]$; $f_Z(x)=\dfrac{n(b-x)^{n-1}}{(b-a)^n}$, $x\in[a,b]$.

6. 16.　7. 0.674 4.　8. $n=106$.　9. 取 $n=8$.

10. (1) $E(\overline{X})=0$, $D(\overline{X})=\dfrac{1}{100}$;　(2) $E(S^2)=\dfrac{1}{2}$;　(3) $P\{|\overline{X}|>0.02\}=0.841\,4$.

11. $\sigma=5.43$.　12. μ, $\dfrac{\sigma^2}{n}$, σ^2.　13. $2(n-1)\sigma^2$.　14. 0.739.　15. $\chi^2(n-k)$.

18. $t(n-1)$.　19. $a=1/8$, $b=1/12$, $c=1/16$, 自由度为3.　20. (1) 0.890 4;　(2) 0.90.

21. (1) 0.1;　(2) 0.725.　22. (1) $k=18.028$;　(2) $k\geqslant 4.651$.　23. $\lambda=0.21$.

25. 0.　26. 0.65.　27. (1) 0.751 7;　(2) 0.955 4.

第 6 章　答案

习题 6-1

1. D.　2. D.　5. $\hat{\lambda}^2=\dfrac{1}{n}\sum\limits_{i=1}^{n}X_i^2-\overline{X}$.　6. $\hat{p}^2=\dfrac{1}{n^2(n-1)}\sum\limits_{i=1}^{n}(X_i^2-X_i)$.

9. $\dfrac{\sqrt{\pi}}{2}$.　10. $\dfrac{n}{2(n-2)}$.　11. $\overline{X}$ 更有效.　12. $\widehat{m}_3$ 的方差最小.

13. 当 $a_i=\dfrac{1}{\sigma_i^2}\left(\sum\limits_{i=1}^{k}\dfrac{1}{\sigma_i^2}\right)^{-1}$ $(i=1,2,\cdots,k)$ 时, $\hat{\theta}=\sum\limits_{i=1}^{k}a_iX_i$ 是 θ 的无偏估计, 且方差最小.

14. $\alpha=\dfrac{1}{2}$, 最小方差为 $\dfrac{1}{2}$.　16. (1) T_1 和 T_2 都是 θ 的无偏估计量;　(2) $T_1\approx 0.08$, $T_2\approx 0.033$.

17. 491.5.　18. 7.96.　19. 83.9.

习题 6-2

1. (1) $\hat{\theta}=\dfrac{\overline{X}}{\overline{X}-c}$; $\hat{\theta}=\dfrac{\bar{x}}{\bar{x}-c}$, 其中 $\bar{x}=\dfrac{1}{n}\sum\limits_{i=1}^{n}x_i$; $\hat{\theta}_L=\dfrac{n}{\sum\limits_{i=1}^{n}\ln X_i-n\ln c}$.

(2) $\hat{\theta}=\left(\dfrac{\overline{X}}{1-\overline{X}}\right)^2$; $\hat{\theta}=\left(\dfrac{\bar{x}}{1-\bar{x}}\right)^2$; $\hat{\theta}_L=\left(\dfrac{n}{\sum\limits_{i=1}^{n}\ln X_i}\right)^2$.

(3) $\hat{p}=\dfrac{1}{m}\cdot\dfrac{1}{n}\sum\limits_{i=1}^{n}X_i$; $\hat{p}=\dfrac{1}{m}\cdot\dfrac{1}{n}\sum\limits_{i=1}^{n}x_i$; $\hat{p}_L=\dfrac{\overline{X}}{m}$.

2. (1) $\hat{\theta}=2\overline{X}$;　(2) $\hat{\theta}=2\bar{x}\approx 0.963\,4$.　3. $\hat{\theta}=2\overline{X}-1$.　4. $2\overline{X}$; $\max\{X_1,X_2,\cdots,X_n\}$.

5. (1) $\overline{X}$;　(2) $\overline{X}$.　6. (1) $2\overline{X}$;　(2) $\dfrac{\theta^2}{5n}$.　7. $\dfrac{n+1}{n}X_{(n)}$ 是 θ 的无偏估计.

8. 1/15.　9. $\hat{\theta}_L=\dfrac{5}{6}$.　10. (1) $\widehat{P}\{X=0\}=\mathrm{e}^{-\overline{X}}$;　(2) 0.325 3.

11. $\overline{X}$ 是 $\frac{1}{\lambda}$ 的矩估计; $\frac{1}{\overline{X}}$ 是λ的矩估计; $e^{-\frac{1}{\overline{X}}t}$ 是 $e^{-\lambda t}$ 的矩估计.　12. 7.35.　13. 0.042 6.

习题 6-3

1. B.　2. C.　4. 上限为642.93, 下限为641.07.

5. (9.226, 10.774), 107 740(kg).　6. (108.815, 115.785).

7. (0.015, 0.044).　8. 下限为$\overline{X}-t_{\alpha}(n-1)\frac{S}{\sqrt{n}}$; 上限为$\overline{X}+t_{\alpha}(n-1)\frac{S}{\sqrt{n}}$.

9. (−0.98, 0.98).　10. 不能.　11. (1 143, 1 151).　12.(1) (72.59, 77.41); (2) 58%.

13. (0.151 3,0.160 7).　14. 91.34%.

习题 6-4

1. $n \geqslant (2\sigma_0 u_{\alpha/2}/l)^2$.　2. (480.4, 519.6).　3. $n=12$.

4. 置信上限为2 116.15, 下限为1 783.85.

5. 置信度为0.95的置信区间是(15.935 3, 16.031 3);

置信度为0.90的置信区间是(15.943, 16.023 6).

6. (145.58, 162.42).　7. (11.89, 13.11).　8. $\frac{4\sigma^2}{n}t_{\alpha/2}^2(n-1)$.

9. (21.537, 22.063); (21.345, 22.255).　10. (8.2, 10.8).　11. (39.51, 40.49).　12. (8.400, 39.827).

13. (7.4, 21.1).　14. (−0.63, 3.43).　15. (1.53, 12.47).　16. (−0.002, 0.006).

17. (0.019 305, 0.027 095).　18. (−0.958, 2.958).　19. (0.222, 3.601).

20. (1) (−1 246.79, −1 153.21);　(2) (0.551, 0.747).　21. (1.353,1.447).

22. (50 241.98, 51 791.36).　23. (0.42,5.03).　24. (0.524,0.676).　25. (0.351, 1.375).

总习题六

1. $c=n$.　2. (1) $c=\frac{1}{2(n-1)}$;　(2) $c=\frac{1}{n}$.

3. (1) T_1, T_3 是θ的无偏估计量; (2) T_3 更有效.　4. $a=\frac{n_1}{n_1+n_2}$, $b=\frac{n_2}{n_1+n_2}$.

6. (2) $\frac{2}{n(n-1)}$.　7. (1) $\frac{n-1}{n}\sigma^2$;　(2) $-\frac{1}{n}\sigma^2$;　(3) $\frac{n}{2(n-2)}$.

8. $\hat{k}=\left[\frac{\overline{X}^2}{\overline{X}-\frac{1}{n}\sum\limits_{i=1}^{n}(X_i-\overline{X})^2}\right]$, $\hat{p}=\frac{\overline{X}-\frac{1}{n}\sum\limits_{i=1}^{n}(X_i-\overline{X})^2}{\overline{X}}$.　9. $\hat{\lambda}=\overline{X}$.　10. $\hat{\theta}=1-\frac{\overline{X}}{2}$.

11. $\hat{\theta}=\frac{2\overline{X}-1}{1-\overline{X}}$; $\hat{\theta}_L=-1-\frac{n}{\sum\limits_{i=1}^{n}\ln X_i}$.　12. $\hat{\theta}=\frac{1}{n}\sum\limits_{i=1}^{n}X_i$.　13. (1) $\frac{3}{2}-\overline{X}$;　(2) $\frac{N}{n}$.

14. (1) $f(z)=\begin{cases}0, & z\leqslant 0\\ \dfrac{2}{\sigma}\varphi\left(\dfrac{z}{\sigma}\right), & z>0\end{cases}$; (2) $\sqrt{\dfrac{\pi}{2}}\overline{Z}$; (3) $\sqrt{\dfrac{1}{n}\sum_{i=1}^{n}Z_i^2}$. 15. $\widehat{\mu}\approx 232.396\,7$; $\widehat{\sigma}^2=0.024\,5$.

16. $\widehat{p}^2=\dfrac{\overline{X}^2-\overline{X}}{n(n-1)}$. 19. $\widehat{\mu}=\overline{x}=24.92$ (kg), (24.737, 25.103).

20. (0.101, 0.244). 21. (165.06, 174.94); (9.37, 16.69). 22. 40 529.7.

23. (35.87, 252.44); 205. 24. (2.689, 2.721); (0.000 459, 0.002 015). 25. (1.730, 2.802).

26. (0.739 3, 0.960 7). 27. (−1.865, 2.425); (3.559, 28.624). 28. (0.016, 0.453).

29. (72.868, 127.132). 30. (14.44, 15.96).

31. 风险差95%的置信区间为(−0.083 2, 0.029 0)；相对风险95%的置信区间为(0.79, 1.08)；

在95%的置信水平下，没有统计学证据支持该药物会显著增加患头痛的风险.

32. (−0.039 16, 0.051 16).

33. $\dfrac{\sigma_1^2}{\sigma_2^2}$ 的90%的置信区间为(0.214, 2.798), 因为此区间包含1, 故可以认为$\sigma_1^2=\sigma_2^2$,因而可以利用方差相等的条件来构造$\mu_1-\mu_2$的置信区间;

$\mu_1-\mu_2$ 的90%的置信区间为(0.214, 2.798), 置信区间包含0, 故可以认为$\mu_1-\mu_2=0$, 即两个厂家的产品性能无显著差异.

第7章　答案

习题 7-1

1. D. 2. $U>u_{1-\alpha}$; $U<u_{\alpha}$. 9. 原假设$H_0:\sigma_1^2=\sigma_2^2$, 备择假设$H_1:\sigma_1^2\neq\sigma_2^2$.

10. 认为包装机工作正常.

11. (1) 拒绝域$W=\{(X_1,X_2,X_3,X_4)\mid X_1+X_2+X_3+X_4<2\}$;

接受域$\overline{W}=\{(X_1,X_2,X_3,X_4)\mid X_1+X_2+X_3+X_4\geqslant 2\}$;其中$X_i$取值为0或1, $i=1, 2, 3, 4$.

(2) 0.312 5; 0.180 8.

12. 0.000 001; 0.468 6.

13. (1) 犯第一类错误的概率是显著性水平α; (2) $\beta(u)=\Phi(u_{\alpha/2}-\sqrt{n}\mu)-\Phi(-u_{\alpha/2}-\sqrt{n}\mu)$.

14. 7. 15. (1) $\Phi\left(u_\alpha-\dfrac{(\mu-\mu_0)\sqrt{n}}{\sigma_0}\right)$; β随α增大而减小, β随α减小而增大. (2) 0.725 7.

16. 犯第二类错误的概率约为0.127 4.

习题 7-2

1. 可认为现在生产的铁水平均含碳量仍为4.55. 2. 可认为这批元件不合格.

3. 可认为罐头的净重量偏高. 4. 可认为该天打包机工作正常.

5. 可认为排放的废水中该有害物质的含量已超过了规定标准.

6. 可认为这批枪弹的初速变小.　　7. 可认为新系统能减少通程序的平均时间.

8. 接受 H_0, 该天每袋食盐的净重可视为 500g.

9. 可认为自动售货机售出的清凉饮料的平均含量为 $222\,\text{mL}$.

10. 不能认为这批导线电阻的标准差仍为 0.005.

11. 可认为这批钢索的质量没有显著提高.

12. 可认为铜丝的折断力的方差不超过 16.　　13. 可认为总体标准差 $\sigma \geqslant 6$.

14. 接受 $\sigma \geqslant 0.04\%$.　　15. 可认为平均寿命为 225 小时, 可认为方差不大于 85^2.

16. (1) 不认为这批圆珠的平均直径为 15.25 mm;　(2) 不认为这批圆珠的平均直径大于 15.25 mm.

17. 可认为这批弦线较以往生产的弦线在抗拉强度上有显著提高.

18. 可认为每瓶香水量的标准差较原来的标准差有显著差异.

19. 可认为轴承的平均寿命符合 3 000 小时的设计要求.

20. 可认为网络优化系统显著降低了网络延迟.　　21. 不认为降水量的方差显著偏离 25.

习题 7-3

1. 可认为厂家说法不对.　　2. 可认为此种血清无效.

3. 可认为矮个子总统的寿命比高个子总统的寿命长.

4. 可认为老、新过程中形成的 NDMA 的平均含量差大于 2.

5. 可认为乙车床生产的产品的直径的方差比甲车床生产的产品小.

6. 可认为采用新工艺后灯泡的平均寿命显著提高.

7. 可认为早晨起床时的身高比晚上就寝时的身高要高.　8. 可认为两种分析方法所得的均值结果相同.

9. 可认为杜鹃蛋的长度与它们被发现的鸟巢不同有关.　　10. 可认为两者的平均质量无显著差异.

11. 可认为马和羊的血清中所含无机磷的均值有显著差异.

12. 可认为甲、乙两地段的岩心磁化率的均方差无显著差异.

13. 可认为 1 克配方的橡胶伸长率的总体标准差显著地大于另一个.　　14. 接受 $H_0: \sigma_1 = \sigma_2$.

15. 可认为两种配比的抗压强度均值存在显著差异.

16. 可认为算法 A 和算法 B 的平均传输延迟均值存在显著差异.

17. 不认为催化剂 A 和 B 的反应速率均值存在显著差异.

18. 不认为治理方法A和治理方法B的水生植物生长速度的方差存在显著差异.

习题 7-4

1. $u = \dfrac{(\overline{X} - \overline{Y}) - (\lambda_1 - \lambda_2)}{\sqrt{\dfrac{S_1^2}{n_1} + \dfrac{S_2^2}{n_2}}}$.

2. 在 $\alpha = 0.05$ 的显著性水平下, 没有明显的证据说明汽车的车速比限速 $104.6\,\text{km/h}$ 快.

3. 可认为该药品广告不真实.　　4. 可认为校长的看法是对的.

5. 可认为参数 $\lambda = 0.001$ (即元件平均使用寿命为 1 000 小时).

6. 可认为新工艺没有显著地影响产品质量.　　7. 可认为这批产品可以出厂.

8. 两个选区之间对候选人的支持无显著差异.

9. 可认为新工艺生产的零件的平均电阻比旧工艺生产的零件的平均电阻小.

10. 可认为两种防腐剂在性能上有显著差异.

11. 可认为新药B并不比药A更有效.

12. 当$\alpha=0.05$时,检验结果不支持负责人的看法;当$\alpha=0.10$时,检验结果支持负责人的看法.

13. 可认为电动机电压的均值显著不同于120伏特.

14. 可认为模型A与模型B的测试准确率存在显著差异.

15. 不认为广告点击率显著超过行业标准5%.

16. 可认为材料A与材料B的断裂概率无显著差异.

习题 7-5

1. 可认为这个正20面体是由均匀材料制成的.　2. 服从泊松分布.

3. 可认为一页的印刷错误个数服从泊松分布.　4. 可认为滚珠直径服从$N(15.1, 0.432\,5^2)$.

5. 可认为交通事故的发生与星期几有关.　6. 可认为婴儿的出生时刻不服从均匀分布$U[0, 24]$.

7. 可认为故障的发生与机床本身的质量有关.　8. 可认为事故发生率与班次无关.

9. 可认为这五个地区的销售比例与以往无显著不同.　10. 可认为X服从二项分布$B\left(3, \frac{1}{4}\right)$.

11. (1) $X=221(\text{kg/cm}^2)$, $\sigma^2=152$;　(2) 可认为混凝土制件的抗压强度服从正态分布$N(u, \sigma^2)$.

12. 可认为色盲与性别有关.　13. 可认为这种截断废料的长度服从$[0, 0.1]$上的均匀分布.

14. 可认为参与投票与学历有关.

15. 可认为数据包的延迟时间不服从正态分布$N(100, 20^2)$.

16. 可认为该地区植物的年均生长高度不服从正态分布$N(99.5, 15^2)$.

总习题七

1. 可认为装配时间的均值显著大于10.　2. 不正确.

3. 可认为这次考试全体考生的平均成绩为70分.

4. (1) 拒绝H_0, 认为$\mu\neq 3$;　(2) 接受H_0, 可认为$\sigma^2=2.5$.

5. $n=271$.　6. 能说明平均工作温度比制造厂家所说的要高.

7. 可认为整批保险丝的熔断时间的方差不大于80.

8. 可认为有实验的物理课能使平均分数增加8分.

9. 可认为经常参加体育锻炼的男生的平均身高要比不经常参加体育锻炼的男生高些.

10. 可认为两种温度下的断裂强力有显著差别.　11. 可认为安装I型轮胎更省油.

12. 接受H_0.　13. 可认为培训效果不显著.

14. 可认为产品的次品数服从二项分布$b(10, 1/10)$.

15. 可认为灯泡的寿命服从指数分布.　16. $\alpha=0.025$; $\beta=0.484\,0$.

17. (1) $\alpha=0.041\,8$;　(2) $\beta(0.4)=0.125\,1$; $\beta(0.5)=0.610\,3$.

18. 20.　19. C_2.　20. 犯第一类错误的概率为0.08, 犯第二类错误的概率为0.12.

21. 可认为新工艺下维生素C的含量比旧工艺下维生素C的含量显著提高.

22. 可认为新燃料的辛烷平均等级比原来燃料的辛烷平均等级偏低.

23. 可认为该农药经三年后仍有残效.

24. (1)可认为熔点的均值符合分布的数学期望为1 260°C； (2)可认为测定值的均方差超过2 .

25. 可认为该厂生产的这批蓄电池寿命的方差没有明显地增大.

26. 可认为安眠药B优于安眠药A. 27. 可认为新药B并不比药A更有效.

28. (1) 5； (2) $e^{-2}-e^{-3}$； (3) 可认为X服从指数分布.

29. 可认为螺栓口径服从正态分布.

30. 可认为每年全球特大地震的次数服从参数为1.2的泊松分布.

第8章 答案

习题 8-1

1. 可认为不同的贮藏方法对含水率的影响没有显著差异.

2. 可认为机器与机器之间存在显著差异.

3. 电池的平均寿命有显著差异; 所求的$\mu_A-\mu_B$的置信区间为(6.75, 18.45)；$\mu_A-\mu_C$的置信区间为(−7.652, 4.052)；$\mu_B-\mu_C$的置信区间为(−20.252, −8.548) .

4. 可认为各班级的平均分数无显著差异.

5. (1) 可认为溶钡酸度对废水中的硝酸钡含量有显著影响;

(2) $\hat{\mu}_1=\bar{x}_1=6.47$, $\hat{\mu}_2=\bar{x}_2=5.68$, $\hat{\mu}_3=\bar{x}_3=5.21$, $\hat{\mu}_4=\bar{x}_4=4.58$, $\hat{\sigma}^2=0.040\,3$； (3) (0.48, 1.10) .

6. 可认为四种农药的杀虫效果有显著差异. 7. 可认为各类电路的响应时间有显著差异.

8. 可认为不同日期生产的钢锭的质量有显著差异.

9. 抗生素与血浆蛋白质结合的百分比的均值有显著差异.

10. 可认为小鼠在接种三种不同菌型的伤寒杆菌后的存活日数无显著差异.

11. 可认为克矽平对降低血液中粘蛋白含量有显著作用.

12. 可认为三种材料的抗拉强度存在显著差异.

13. 可认为不同植被类型对土壤酸度的影响存在显著差异.

习题 8-2

1. 3名化验员的化验技术之间无显著差异; 每日抽取的样本之间有显著差异.

2. 只有浓度因素的效应是显著的. 3. 两种因素的影响均不显著.

4. 配料方案和硫化时间对橡胶抗断强度都有显著影响.

5. 因素的主次顺序为B, A, C; 最优搭配为5.5%的胶浓度, 包料与被包物之比为2:1, 加胶方式为一次加胶.

6. (1) 机器之间的差异不显著； (2) 操作工之间的差异高度显著；

(3) 两个因素之间的相互作用也高度显著.

7. 因素A的水平间存在显著差异; 环境B对纤维溶解温度的影响不显著; A与B的交互作用不显著.

8. 灌溉方式对植物株高的影响存在显著差异; 施肥方式对植物株高的影响不存在显著差异.

9. 材料和温度对钢铁的抗拉强度均有显著影响; 交互作用对钢铁的抗拉强度无显著影响.

习题 8-3

1. $\hat{y}=5.36+0.304t$.

2. 每月食品支出与家庭收入之间的线性关系显著, 线性关系为$\hat{y}=154.33+0.35m$.

3. 可认为某商品的供给量s与价格p之间存在近似的线性关系，线性关系为$\hat{s}=30.48+3.27p$.

4. 资料不能证实企业的利润水平和它的研究费用之间存在线性关系.

5. (1) $\hat{y}=13.9565+12.5538x$; (2) 回归效果显著; (3) (11.870 0, 13.237 6); (4) (19.70, 20.77).

6. (1) $\hat{y}=41.7072+0.3713x$; (2) 可认为回归效果显著; (3) (63.043 3, 71.610 5).

7. (1) $\hat{y}=67.528+0.872t$; (2) 可认为回归效果显著; (3) (86.88, 91.776).

8. $\hat{y}=11.54+0.0998x$.

9. $\hat{y}=112.8+0.74x$; 可认为回归效果显著.

10. $\hat{y}=0.378+0.044x$; 可认为回归效果显著.

11. $\hat{y}=3.6+0.08x$; 可认为回归效果显著; 预测在50°C下的电阻阻值为$7.6\,\Omega$.

12. (1) $\hat{y}=85-0.5x$, 可认为回归效果显著; (2) 温度控制在[34, 46]的范围内.

13. $\ln\hat{I}=-1.6217+0.2027V$; $I_0=0.1976$, $k=0.2027$.

习题 8-4

1. $\hat{y}=18.66+1.059x-0.0219x^2$.

2. (1) $\hat{y}=9.9+0.575x_1+0.55x_2+1.15x_3$; (2) $\hat{y}=9.9+0.575x_1+1.15x_3$.

3. $\hat{y}=42.5-0.5x_1-0.5x_2+0.15x_3+0.5x_4$; 预测物种数量为49.5.

大学数学立体化教材　书目

主版

1. 《高等数学》(第6版)(上下册)　　配学习辅导与习题解答
2. 《线性代数》(理工类·第6版)　　配学习辅导与习题解答
3. 《概率论与数理统计》(理工类·第6版)　　配学习辅导与习题解答
4. 《微积分》(第6版)(上下册)　　配学习辅导与习题解答
5. 《线性代数》(经管类·第6版)　　配学习辅导与习题解答
6. 《概率论与数理统计》(经管类·第6版)　　配学习辅导与习题解答
7. 《大学文科数学》(第5版)　　配学习辅导与习题解答

简明版

1. 《高等数学》(简明版·第6版)(上下册)
2. 《线性代数》(理工类·简明版·第6版)
3. 《概率论与数理统计》(理工类·简明版·第6版)
4. 《微积分》(简明版·第6版)
5. 《线性代数》(经管类·简明版·第6版)
6. 《概率论与数理统计》(经管类·简明版·第6版)

高职高专版

1. 《高等数学》(高职高专版·第5版)　　配学习辅导与习题解答
2. 《线性代数》(理工类·高职高专版·第5版)
3. 《概率论与数理统计》(理工类·高职高专版·第5版)
4. 《微积分》(高职高专版·第5版)
5. 《线性代数和概率统计》(经管类·高职高专版·第5版)
6. 《应用数学基础》(高职高专版·第4版)
7. 《实用高等数学》(高职高专版·第4版)